Ernst Wiesmann

Medizinische Mikrobiologie

Ein kurzgefaßtes Lehrbuch

mit 150 Prüfungsfragen
und einem Schlüssel zum Gegenstandskatalog

4., überarbeitete und erweiterte Auflage

mit Beiträgen von J. Eckert, F. H. Kayser, J. Lindenmann und R. Wyler

75 Abbildungen, 27 Tabellen

Georg Thieme Verlag Stuttgart 1978

CIP-Kurztitelaufnahme der Deutschen Bibliothek

Wiesmann, Ernst
Medizinische Mikrobiologie : e. kurzgefaßtes Lehrbuch ; mit 150 Prüfungsfragen u. e. Schlüssel zum Gegenstandskatalog. – 4., überarb. u. erw. Aufl. / mit Beitr. von Johannes Eckert ... – Stuttgart : Thieme, 1978.
ISBN 3-13-444804-1

1. Auflage 1969
2. Auflage 1971
3. Auflage 1974
1. spanische Auflage 1974

Satz: Druckhaus Dörr, Inhaber Adam Götz, Ludwigsburg
Druck: Druckerei Georg Appl, Wemding

ISBN 3 13 444804 1 5 4 3 2 1 0

Vorwort zur 4. Auflage

Obwohl erst im April 1974 die 3. Auflage unseres Taschenbuches erschienen war, machte der erfreuliche Absatz des Buches sowie das Erscheinen des „Gegenstandskataloges für den Ersten Abschnitt der Ärztlichen Prüfung", gültig für die Deutsche Bundesrepublik, eine Neu-Auflage notwendig. Darin sollte die im Gegenstandskatalog vorgesehene Ausbildungsordnung voll berücksichtigt werden, ohne aber die bewährte Grundstruktur der vorhergehenden Auflagen des Taschenbuches wesentlich zu ändern.

Im *Allgemeinen Teil* sind die „Grundlagen der Immunologie" in moderner Formulierung neu geschrieben worden (Prof. J. LINDENMANN). Zusätzlich wurden die Blutgruppen berücksichtigt. Ein Kapitel „Bakteriengenetik" ist ebenfalls neu eingebaut und die „Grundlagen der Chemotherapie" sind erweitert worden (Prof. F. H. KAYSER).

Im *Speziellen Teil* erfuhren die Bakterienkapitel, mit Ausnahme der Nichtsporenbildenden Anaerobier, nur unwesentliche Ergänzungen. Dagegen wurde die „Allgemeine Virologie" nochmals völlig überarbeitet (Prof. R. WYLER) und auch die „Spezielle Virologie" ist soweit als möglich dem derzeitigen Stand angeglichen worden.

Neu aufgenommen wurde ein Abschnitt „Helminthen" und dieser, zusammen mit dem erweiterten Abschnitt „Protozoen", unter dem Oberbegriff „Parasiten" an den Schluß des Speziellen Teiles gestellt (Prof. J. ECKERT).

Im *Technischen Teil* ist das Kapitel „Mikroskop" aus Umfangsgründen fallen gelassen und dafür ein Kapitel „Parasitologische Diagnostik" eingeführt worden.

Mit einem Fragenkatalog von 150 Fragen-Beispielen wurde den Wünschen der Studenten entsprochen. Die Zusammenstellung der weiterführenden Literatur wurde erweitert.

Besonderen Dank gebührt den Mit-Autoren sowie dem Georg Thieme Verlag, dessen Zusammenarbeit wie immer vorbildlich war. Persönlich hoffe ich, daß unser Taschenbuch nicht nur der Examensvorbereitung diene, sondern auch ein bescheidenes Nachschlagewerk für die ärztliche Praxis darstelle.

Zürich, Frühjahr 1978 — ERNST WIESMANN

Vorwort zur 1. Auflage

Dem deutschsprachigen Studenten der Heilkunde fehlte bisher eine kurzgefaßte und in der Anschaffung erschwingliche Einführung in das gesamte Fachgebiet der medizinischen Mikrobiologie. Mit vorliegendem Taschenbuch haben wir versucht, diese Lücke zu füllen. Die Initiative dazu ging von Herrn Dr. med. h. c. GÜNTHER HAUFF aus.

Unser Leitfaden möchte den Studierenden nicht nur einführen in die Probleme der Mikroorganismen als solche, sondern ihn gleichzeitig vertraut machen mit den klinischen Auswirkungen, den epidemiologischen Begleitumständen sowie den therapeutischen und prophylaktischen Möglichkeiten auf dem Gesamtgebiet der menschlichen Infektionskrankheiten.

Daß das Taschenbuch fristgerecht abgeschlossen werden konnte, verdanke ich der unermüdlichen Mithilfe von Frau SILVIA STEHLI. Die Zeichnungen wurden mit Geschick von Herrn LOTHAR SCHNELLBÄCHER verfertigt. Zu Dank verpflichtet sind wir ebenfalls dem Georg Thieme Verlag für die angenehme und zuverlässige Zusammenarbeit.

Zürich, im Dezember 1968 ERNST WIESMANN

Autor:

WIESMANN, E., Prof. Dr., Direktor des Instituts für Medizinische Mikrobiologie der Universität, Gloriastr. 32, CH-8028 Zürich

Mitarbeiter:

ECKERT, J., Prof. Dr., Institut für Parasitologie der Universität, Winterthurer Str. 260, CH-8057 Zürich

(Beiträge „Helminthen“ und „Parasitologische Diagnostik“; Mitarbeit am Beitrag „Protozoen“)

KAYSER, F. H., Prof. Dr., Institut für Medizinische Mikrobiologie der Universität, Gloriastr. 32, CH-8028 Zürich

(Beitrag „Bakteriengenetik – Grundlagen der Chemotherapie“)

LINDENMANN, J., Prof. Dr., Abteilung für Experimentelle Mikrobiologie der Universität, Gloriastr. 32, CH-8028 Zürich

(Beitrag „Grundlagen der Immunologie“)

WYLER, R., Prof. Dr., Institut für Virologie der Universität, Winterthurer Str. 266 a, CH-8057 Zürich

(Beitrag „Allgemeine Virologie“, Mitarbeit am Beitrag „Spezielle Virologie“)

Inhaltsverzeichnis

Parasitologische Diagnostik 509

Einleitung

Unter medizinischer Mikrobiologie verstehen wir die Lehre von den Ursachen der *Infektionskrankheiten.*

Demzufolge soll das Taschenbuch den angehenden Mediziner bekanntmachen mit den Erregern der einzelnen Infektionskrankheiten und ihm zugleich pathogenetische, immunologische wie epidemiologische Grundbegriffe vermitteln.

Im *speziellen Teil* werden die wichtigsten Erreger menschlicher Infektionskrankheiten in einzelnen Kapiteln besprochen.

Veterinärmedizinische Aspekte behandeln wir nur, soweit sie für den Menschen von epidemiologischer oder gesundheitlicher Bedeutung sind.

Die Kariesbakteriologie ist nicht berücksichtigt.

Die Infektionserreger wurden unterteilt in Bakterien inkl. bakterienähnliche Mikroorganismen, in Pilze, in Viren sowie in Protozoen und Helminthen. Letztere sind in dieser 4. Auflage erstmals berücksichtigt. Helminthiosen hat man bisher zu den Invasionskrankheiten gezählt. In jüngster Zeit wird aber auch der Befall mit Helminthen vermehrt als Infektion bezeichnet. Krankheiten, verursacht durch Protozoen und Helminthen, faßt man zusammen unter dem Begriff *Parasitosen.* Die Parasitologie wird im Medizinischen Unterricht meistens in die Mikrobiologie integriert oder zumindest mit ihr koordiniert.

Die Disposition der speziellen Kapitel hält sich, soweit es sinnvoll ist, an nachstehende Reihenfolge:

- Definition und Klassifizierung;
- Erreger: morphologische, kulturelle und antigene Eigenschaften;
- Krankheit: Übertragungsart, Eintrittspforte, Inkubation, Pathogenese, klinisches Bild, Immunität;
- Diagnostik und Therapie;
- Epidemiologie und Prophylaxe.

Ein *allgemeiner Teil* geht dem *speziellen Teil* voran. Darin sind Gesichtspunkte, Kenntnisse und Phänomene, die für das Gesamtgebiet der Infektionskrankheiten Gültigkeit besitzen, in Kürze festgehalten. Es empfiehlt sich, diesen allgemeinen Teil nach Bearbeitung des speziellen Teiles nochmals zu überdenken.

Ein knapper *technischer Teil* bildet den Schluß des Buches. Darin finden sich u. a. die Erläuterungen zu den in vivo wie vor allem in vitro durchgeführten Antigen-Antikörper-Reaktionen.

Der technische Teil ist bewußt kurz gehalten, weil für den Akademiker das Verständnis des Grundsätzlichen im biologischen und biochemischen Geschehen wichtiger ist als technische Daten, die ihrem Wesen nach immer Äußerlichkeiten entsprechen. Solche können jederzeit nachgeschlagen und hinzugelernt werden.

ALLGEMEINER TEIL

Historisches

Exakte ätiologische Kenntnisse über Infektionskrankheiten sind höchstens 100 Jahre alt. Ihrer Erforschung ist die Idee des Kontagiösen vorangegangen.

Einzelne Infektionskrankheiten sind seit Jahrtausenden bekannt und epidemiologisches Denken ist uralt.

Im 16. Jahrhundert nach Christus hat Fracastorius, ohne Kenntnis von Infektionserregern, die Lehre vom Kontagiösen verbreitet und bereits auf verschiedene Übertragungsarten sowie auf Inkubationszeiten hingewiesen. Erst 120 Jahre später, 1660, beschreibt Leeuwenhoek die ersten, mit Linsensystemen beobachteten Mikroorganismen. Ohne die weitere Entwicklung optischer Hilfsmittel wäre deren Erforschung, wie sie vor allem von Louis Pasteur und Robert Koch ins Leben gerufen wurde, nicht denkbar gewesen. Die ersten mikrobiologischen Pionierarbeiten befaßten sich nicht mit menschlichen Krankheiten, sondern mit Veränderungen chemischer Substrate (Gärungen) und mit Tierkrankheiten. Noch vor 80 Jahren mußte Pasteur die Lehre von der Generatio spontanea bekämpfen, während Robert Koch am Beispiel der Tuberkulose gezeigt hat, wie man die Ätiologie einer Infektionskrankheit beweist (Kochsche Regeln).

Gegen Ende des 19. Jahrhunderts wurde bei einer Reihe längst bekannter Krankheiten der mikrobielle Erreger entdeckt und damit auch Einblick gewonnen in das epidemiologische Geschehen. Man hat festgestellt, daß bestimmte Krankheiten nur einmal im Leben durchgemacht werden, was zum Begriff und zur Erforschung der Immunität Anlaß gab.

Es blieb Medizinern, Mikrobiologen und Chemikern des 20. Jahrhunderts vorbehalten, spezifische Chemotherapeutika und Antibiotika zu schaffen. Durch die Entwicklung der medizinischen Mikrobiologie ist die Mortalität bei Infektionskrankheiten seit 1900 auf ein Zehntel zurückgegangen.

Der junge Mediziner muß sich – vor allem im Zusammenhang mit Nomenklatur- und Klassifizierungsfragen – immer wieder vor Augen halten, daß zuerst die Krankheit da war und einen Namen besaß und daß die Erreger erst hinterher entdeckt und nach der Krankheit benannt wurden.

Gast-Wirt-Beziehungen

Infektionskrankheiten werden verursacht durch pathogene, d. h. krankmachende *Mikroorganismen* (MO), die im menschlichen (tierischen) Körper parasitieren. Dabei kann der parasitierende Mikroorganismus als Gast, der menschliche Makroorganismus als Wirt betrachtet werden. Da die pathogenen Mikroorganismen durch ihre chemische Konstitution, durch ihre Stoffwechselprodukte sowie durch genetische Umregulierungen im Wirtsorganismus (Viren) eine Gegenreaktion auslösen, kommt es im Sinne biochemischer Wechselwirkungen zu einer Art Auseinandersetzung zwischen Gast und Wirt. Diese Auseinandersetzung dokumentiert sich uns als Krankheit.

Gemessen an der Gesamtzahl der in der Natur vorkommenden Arten von Mikroorganismen ist die Zahl menschenpathogener Krankheitserreger gering. Im Grund interessieren den Mediziner nur die *pathogenen* Mikroorganismen als Erreger spezifischer Krankheitsprozesse. Da aber apathogene Keime ebenfalls von großer medizinischer Bedeutung sein können (z. B. Antibiotikaproduzenten) und man immer wieder in die Lage versetzt wird, pathogene Organismen von morphologisch ähnlich oder gleich aussehenden apathogenen zu unterscheiden, muß der Mediziner auch über eine Reihe apathogener Arten Bescheid wissen.

Die meisten pathogenen Mikroorganismen sind parasitäre Kleinlebewesen, die zu ihrer Arterhaltung ganz oder teilweise auf einen Wirt angewiesen sind. Trotzdem darf der Begriff „parasitär" nicht gleichgesetzt werden mit dem Begriff „pathogen". Es gibt eine Großzahl im menschlichen (tierischen) Körper parasitierender Mikroorganismen, die normalerweise keinerlei pathogene Bedeutung besitzen. Umgekehrt entspricht „saprophytär" nicht unbedingt „apathogen", indem eindeutige Saprophyten, die sich in der unbelebten Natur zu halten und zu vermehren vermögen, unter bestimmten äußeren Begleiterscheinungen hoch pathogen sein können (Gasbrand, Tetanus).

Der Begriff pathogen = krankmachend ist nie ein absoluter Begriff, sondern immer nur ein relativer, der sich auf einen spezifischen Wirt bezieht. Ein bestimmter Mikroorganismus ist nicht pathogen schlechthin, sondern pathogen für eine bestimmte Wirtspezies. Der pathogene Mikroorganismus kann entweder nur für einen einzigen Wirt pathogen sein oder für eine ganze Reihe verschiedener Wirte. Pathogenität bedeutet also eine Spezieseigenschaft des Mikroorganismus in bezug auf eine bestimmte Art von Wirt. Ursachen und Mechanismus, welche die Pathogenität einzelner MO ausmachen, können vielfältig sein. Auch sind die Reaktionsweise des Wirtes und damit die zutage tretenden Pathogenitätserscheinungen verschiedenen Krankheitserregern gegenüber uneinheitlich. Mehr oder weniger einheitlich ist nur die Reaktion eines bestimmten Wirtes einem bestimmten Mikroorganismus gegenüber.

Während der Begriff „Pathogenität" in jedem Einzelfall klar definiert werden kann, ist der Begriff „Virulenz" verschwommener und bedeutet einen mehr praktischen Sammelbegriff im Sinne von Infektionskraft. Wo innerhalb einer Spezies Virulenzunterschiede bestehen, entspricht „Virulenz" einer Stammeseigenschaft. Virulenzunterschiede können zustande kommen durch unterschiedliche Vermehrungsschnelligkeit, durch Vorhandensein bestimmter biochemisch faßbarer Eigenschaften in einzelnen Stämmen oder durch erhöhtes Toxinbildungsvermögen. Eine verstärkte Virulenz kann vorgetäuscht werden bei großen Infektionsdosen oder bei reduziertem Allgemeinzustand des Wirtes.

Erreger von Infektionskrankheiten

Erreger von Infektionskrankheiten sind Protozoen, Pilze, Bakterien und bakterienähnliche Organismen sowie Viren.

Diese Mikroorganismen, die nicht ohne weiteres dem Pflanzen- oder dem Tierreich zugeordnet werden können, faßt man häufig in einer eigenen Gruppe, den *Protisten* zusammen. Protisten sind meistens einzellig und unterscheiden sich von Tieren wie von Pflanzen durch ihre geringe morphologische Differenzierung. Die höheren Protisten sind Eukaryonten. Zu ihnen gehören u. a. Pilze und Protozoen, die bezüglich ihres Zellaufbaues stark Pflanzen und Tieren ähneln. Die niederen Protisten sind Prokaryonten. Zu ihnen gehören die Bakterien. Prokaryonten unterscheiden sich in ihrem Zellaufbau beträchtlich von allen andern lebenden Organismen. Das auffälligste Merkmal der Prokaryonten ist das Fehlen eines von einer Membran umgebenen Zellkerns. Die Viren sind keine zellulären Elemente und können deshalb nicht ohne weiteres in obiges Schema eingegliedert werden. Häufigste und wichtigste Infektionserreger sind Bakterien und Viren. Wir werden uns – u. a. aus didaktischen Gründen – auch im speziellen Teil an nachstehende Reihenfolge halten:

Bakterien und bakterienähnliche Mikroorganismen;
Pilze;
Viren;
Protozoen;
Helminthen.

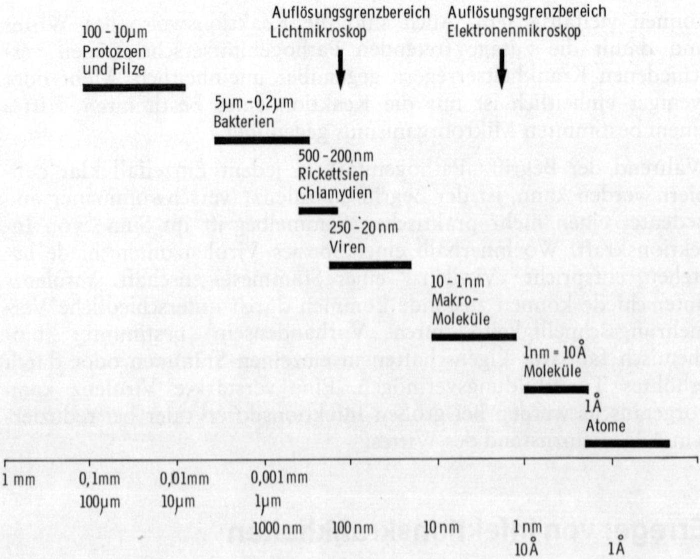

Abb. 1 Größenordnung der Mikroorganismen, Viren und Moleküle

Bakterien und bakterienähnliche Mikroorganismen

Bakterien sind einzellige, prokaryotische Lebewesen verschiedener Gestalt mit einem Mindestdurchmesser von 0,2–1,5 µm. Die Vermehrung erfolgt vor allem ungeschlechtlich durch Querteilung. Daher wurden die Bakterien früher als Spaltpilze bezeichnet.

Das Bakterium besteht aus Zytoplasma und enthält beide Nukleinsäuren: Ribonukleinsäure (RNA) [1] und Desoxyribonukleinsäure (DNA) [2]. Das Zytoplasma ist umhüllt von einer zarten Zellmembran. Diese wiederum ist eingeschlossen in eine feste Zellwand, die für die Bakterienform verantwortlich ist. Die Zellwand kann nach außen hin von einer schleimigen Kapsel umgeben sein oder Zellanhänge tragen, unter denen die Geißeln von größter Bedeutung sind. Die Bakterien besitzen die Fähigkeit, aus einfachen, oft nur anorganischen Verbindungen Energie zu gewinnen und eigene Körpersubstanzen aufzubauen. Das Zytoplasma des Bakteriums enthält keinen eigentlichen Zellkern und damit auch keine chromosomalen Strukturen. Es fehlen ebenfalls Mitochondrien und Chloroplasten.

1 engl. *r*ibo*n*ucleic *a*cid
2 engl. *d*esoxyribo*n*ucleic *a*cid

Die DNA ist in feinfädigen Gebilden angeordnet, die als Nukleoide oder Kernäquivalente bezeichnet werden. Weitere im Zytoplasma sich befindende Einschlüsse sind in Abb. 2 ersichtlich. Das Zytoplasma und seine Membran sind in eine starre Zellwand eingeschlossen, deren Grundgerüst aus Murein besteht. Bei den gramnegativen Bakterien ist die Mureinschicht der Zellwand dünner als bei den grampositiven. Die Wanddicke der gramnegativen Bakterien beträgt 6–10 nm, diejenige der grampositiven 15–35 nm.

Die Zellwand regelt zusammen mit der Zytoplasmamembran, der osmotischen Schranke der Zelle (mit hohem osmotischem Druck), die Aufnahme von Nährstoffen und die Ausscheidung von Stoffwechselprodukten. Zahlreiche Stoffwechselvorgänge spielen sich in der Zellwand selbst oder in ihrer Nähe ab. Auch die antigen wir-

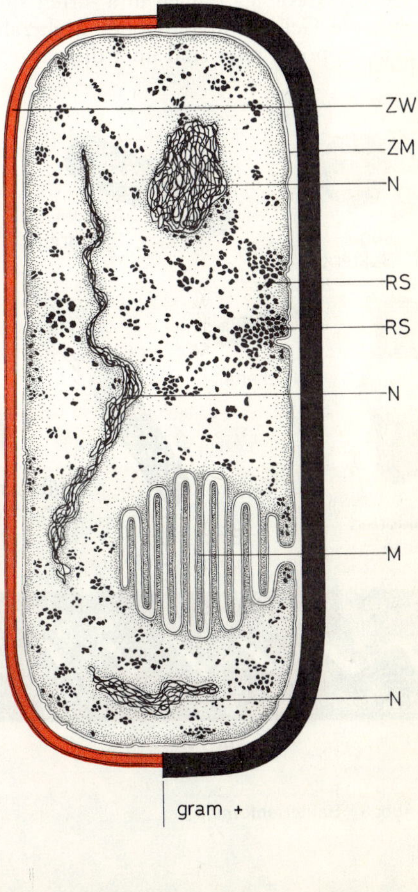

Abb. 2
Schema einer Bakterienzelle

ZW Zellwand (grampositiv 15–35 nm, gramnegativ 6–10 nm)

ZM Zellmembran

N Nukleoid (Kernäquivalent)

RS Ribosomen

M Mesosom (Sitz respiratorischer Enzyme; Mitochondrienäquivalent)

kenden Bestandteile der Bakterienzelle sowie verschiedene Rezeptoren sind größtenteils oberflächennahe in der Zellwand lokalisiert. Die Bakterienzelle enthält 70–85 % Wasser und besteht durchschnittlich zu 50 % aus Proteinen, zu 20 % aus Zellwandmaterial, zu 10 % aus Lipiden, zu ca. 15 % aus RNA und 5 % aus DNA. Die Trockensubstanz enthält ca. 50 % Kohlenstoff, 10–15 % Stickstoff, 5 % Phosphor und 1 % Schwefel.

Viele Bakterienarten sind von einer Schleimkapsel umgeben. Die Dichte dieser Kapsel kann je nach Art und Stamm verschieden sein. Die Kapselsubstanz besteht aus Polysacchariden oder Polypeptiden. Sie schützt die Bakterienzelle vor äußeren Einflüssen, vor allem gegen Phagozytose. Bekapselte Bakterien sind deshalb in der Regel „virulenter“ als unbekapselte.

Viele Bakteriengattungen und -arten sind begeißelt. Je nach Spezies sind die Geißeln in Ein- oder Mehrzahl vorhanden, sitzen nur an den Zellpolen oder sind über die ganze Bakterienoberfläche verteilt.

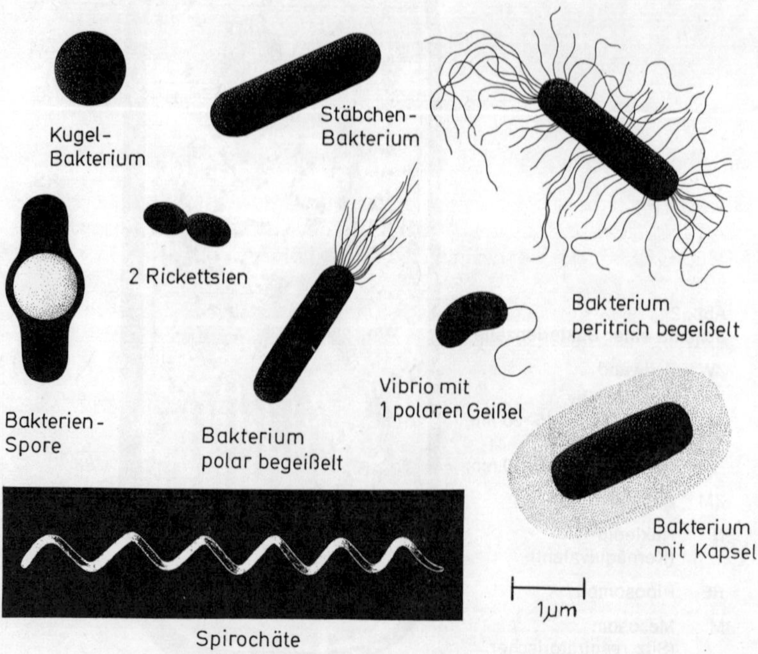

Abb. 3 Bakterienformen

Die Geißeln befähigen die Bakterienzellen zu aktiver Bewegung. Die aus Proteinen bestehenden Geißeln sind derart dünn, daß sie im Lichtmikroskop nicht ohne weiteres erkannt werden können. Die Art der Verankerung der Geißel an der Bakterienzelle ist nicht restlos geklärt und scheint auch nicht bei allen Bakterienarten einheitlich zu sein.

Als weitere Zellanhänge kommen bei vielen Bakterienarten auch Fimbrien vor, die in erster Linie als Haftorgane dienen.

Einzelne Bakteriengattungen bilden Sporen. Bakteriensporen sind Dauerformen. Die Fähigkeit zur Sporenbildung ist genetisch verankert und die Bildung selbst ein endogen gesteuerter Vorgang, der vor allem durch Umweltbedingungen ausgelöst wird. Die Spore erscheint als stark konturiertes ovaläres Gebilde verschiedener Größe. Für die erhöhte Resistenz der Spore gegen Umwelteinflüsse ist, abgesehen von der dicken Wand, vor allem die Wasserarmut verantwortlich.

Die Bakterien können nativ, besser jedoch in gefärbtem Zustande mikroskopisch betrachtet werden. Fast alle Bakterien lassen sich auf leblosen Nährsubstraten ohne Schwierigkeiten kultivieren.

L-Formen (L = Lister) sind Varianten von Bakterien, die Zellwanddefekte aufweisen. L-Formen sind demzufolge gegenüber osmotischen Einflüssen äußerst labil, besitzen keine konstante Form und lassen sich daher durch Bakterienfilter filtrieren. L-Formen vermögen sich zu vermehren. Ihre Kultivierung in vitro gelingt jedoch nur auf speziellen hypertonischen Nährmedien und verlangt besondere Methoden. L-Formen können in vitro aus normalen Bakterien u. a. durch Antibiotika, Antikörper, Lysozym induziert werden. Es scheint, daß sämtliche pathogenetisch bedeutsamen Bakterien L-Formen bilden. L-Formen sind trotz gewisser Ähnlichkeit (Zellwanddefekt) nicht zu verwechseln mit Mykoplasmen (S. 10).

L-Formen kommen auch im menschlichen Organismus vor, vor allem bei chronischen Infektionskrankheiten. Ihre pathogenetische Bedeutung ist nicht restlos geklärt. Sie sind weniger virulent als normale Bakterienformen, dafür aber resistent gegen Antibiotika, welche die Biosynthese des Zellwandmureins hemmen.

Rickettsien

Rickettsien sind aufzufassen als kleine bakterienähnliche, ausschließlich parasitäre Mikroorganismen, die maximal an bestimmte Wirte adaptiert sind und sich nur intrazellulär vermehren. Rickettsien sind ovaläre Gebilde von 0,25–0,3 zu 0,4–0,5 µm Durchmesser und können zu feinen Stäbchen auswachsen. Sie sind umgeben von einer Zellmembran, enthalten RNA und DNA, weisen Stoffwechselvorgänge auf und bilden Toxine.

Im Gegensatz zu echten Bakterien können die Rickettsien auf leblosen Nährsubstraten nicht kultiviert werden. Sie vermehren sich nur intrazellulär. Man züchtet die Rickettsien im Dottersack des Hühnerembryos oder bringt sie in Arthropoden zur Vermehrung.

Chlamydien

Chlamydien, Synonym: Bedsonien, Synonym: Miyagawanellen (früher: „Viren" der Psittakosegruppe) sind feine, intrazelluläre Parasiten, die sich in den Wirtszellen nach einem eigenen Entwicklungszyklus vermehren. Früher wurden diese Erreger bei den Viren eingereiht und als „große Viren" bezeichnet. Sie sind aber keine Viren, weil sie über RNA und DNA verfügen.

Die Chlamydien sind ovaläre, von einer Zellmembran umgebene Gebilde mit 0,3–0,5 μm Durchmesser. Intrazellulär machen sie einen eigenen Entwicklungszyklus durch, wobei die Vermehrung (im Gegensatz zu Viren) durch Zweiteilung erfolgt. Eine Chlamydie verliert nie ihre morphologische Integrität. Da die Chlamydien keine für Viren gültigen Merkmale aufweisen, muß man sie als hochspezialisierte, an das Zytoplasma empfänglicher Wirte gebundene, bakterienartige Mikroorganismen betrachten. Sie lassen sich aber, ähnlich den Rickettsien, auf leblosen Nährsubstraten nicht kultivieren, sondern sie müssen in Versuchstieren zur Vermehrung gebracht werden.

Mykoplasmen

Mykoplasmen sind aufzufassen als Bakterien ohne Zellwand. Ihr Zytoplasma ist nur von der Membran umschlossen. Die Form der Mykoplasmen ist deshalb nicht konstant und weitgehend durch äußere physikalische Umstände beeinflußt. Die Mykoplasmen können, wegen Fehlens einer Zellwand, nicht wie Bakterien gefärbt und dargestellt werden. Zu ihrer mikroskopischen Erfassung benötigt man andere Verfahren.

Mykoplasmen weisen alle möglichen Formen von feinsten Granula bis zu 10 μm langen, fadenförmigen Gebilden auf. Sie enthalten einen vollständigen genetischen Apparat und vermehren sich auf geeigneten Substraten selbständig. Die Vermehrung erfolgt durch Querteilung der Fäden und durch Bildung neuer Granula.

Da Mykoplasmen auch in der freien Natur vorkommen, muß man pathogene von apathogenen Arten unterscheiden können.

Pilze

Pilze sind chlorophyllose, zur Photosynthese nicht befähigte Thallophyten. Sie gewinnen ihre Baustoffe und die für den Stoffwechsel notwendige Energie vor allem aus dem Ab- und Umbau organischer Verbindungen und sind in dieser Beziehung weitgehend den Bakterien ähnlich. Die Pilze sind jedoch Eukarionten. Abgesehen davon, daß ihre Zellen linear ca. 10mal größer sind als die Bakterienzellen, besitzen sie echte Zellkerne mit Chromosomen und Kernmembran, und ihre Zellwand ist anders aufgebaut als diejenige der Bakterien. Die Zellwände der Pilze bestehen, je nach Pilzgruppe, vorwiegend aus Zellulose oder Chitin, was bei Bakterien nie der Fall ist. Die Fähigkeit zur Chitinsynthese gilt als wichtiges, taxonomisches Merkmal. Die Pilze vermehren sich durch Hyphen- und durch Sproßwachstum. Die Vermehrung der Kerne erfolgt prinzipiell unabhängig von der Zellteilung, so daß in einer einzigen Zelle viele Kerne vorkommen können. Die Pilzkerne sind relativ klein und messen meistens weniger als 1 µm. Die Pilze können aus einzelligen Elementen zu großen vielzelligen Gebilden auswachsen. Unter ungünstigen äußeren Bedingungen können die Pilze Dauerzellen (Chlamydosporen) bilden, die gegen Umwelteinflüsse besonders resistent sind.

Die Pilze werden dank ihrer relativen Größe mit dem Mikroskop nativ betrachtet. Man kann sie auch mit Hilfe bakterieller wie histologischer Färbeverfahren leicht darstellen. Fast alle Pilze lassen sich auf einfachen Nährmedien ohne weiteres kultivieren.

Die meisten Pilze kommen ubiquitär vor. Von den auf 200 000 geschätzten Arten können nur wenige, d. h. 50–100 menschen- oder tierpathogen sein.

Viren

Viren (Einzahl Virus, neutrum) besitzen im Gegensatz zu den Bakterien, Pilzen und Protozoen keine Zellstruktur; sie sind im Zusammenhang mit Infektionskrankheiten als infektiöse biologische Einheiten aufzufassen. Viren können als Teilchen definiert werden, die aus Komplexen von Makromolekülen bestehen und deren genetisches Material nur *eine* Nukleinsäure, entweder *DNA* oder *RNA*, aber nie beide enthält. Nachdem die Viren über keine Zellstruktur und damit auch über keine eigenen Enzyme verfügen, sind sie nicht in der Lage, selbständig Energie zu erzeugen. Sie sind unfähig zu wachsen und sich selbst zu vermehren. Viren können auf leblosen Nährsubstraten nicht kultiviert werden, bleiben durch Antibiotika unbeeinflußt und sind nur im Verein mit geeigneten Wirtszellen zur Vermehrung zu bringen, weil es die Wirtszellen sind, welche die

Viren replizieren. Das Virus kann dabei sein genetisches Material in eine Zelle (Tier-, Pflanzen- oder Bakterienzelle) einschleusen und den gesamten Stoffwechsel der Zelle zur Reproduktion von Virusnukleinsäure, Virusprotein und zum Aufbau kompletter infektionstauglicher Viruspartikel (Virionen) umprogrammieren. Pro Zelle können je nach Virus- und Zelltyp 100 bis 10 000 neue Virionen gebildet werden. Diese enthalten wieder das gesamte virusspezifische Material und können neue Zellen befallen.

Da Viren ausschließlich intrazellulär reproduziert werden, muß man grundsätzlich eine extra- und eine intrazelluläre Phase unterscheiden. Das extrazelluläre Viruspartikel, Virion genannt, entspricht dem, was man allgemein unter einem Virus versteht. Die extrazelluläre Phase ist eine Ruhephase. Aktivität kann das Virus nur intrazellulär entfalten (s. S. 261).

Die *Grundeigenschaften der Viren* lassen sich wie folgt zusammenfassen:

Viren sind die kleinsten Infektionserreger. Sie differieren in ihrer Größe stärker als die Bakterien. Die kleinsten menschenpathogenen Viren haben einen Durchmesser von 20 nm, die größten einen solchen von 250 nm. Mit Ausnahme der großen Pockenviren passieren die Viren bakteriendichte Filter und lassen sich nur im Elektronenmikroskop darstellen.

Viren enthalten nur *eine* Art von Nukleinsäure, entweder DNA oder RNA.

Die Virusvermehrung (Replikation) erfolgt ausschließlich intrazellulär in lebenden Zellen.

Den Viren fehlt ein metabolisches System sowie ein Bewegungsapparat. Sie können deshalb auf äußere Einflüsse nicht aktiv reagieren und sie wachsen auch nicht im eigentlichen Sinne des Wortes.

Viren sind potentiell pathogen und weisen eine hochentwickelte Wirtspezifität auf. Man unterscheidet Pflanzenviren, Bakterienviren (Bakteriophagen) und animale Viren (Viren bei Insekten, Mollusken, Vertebraten).

Die Virusvermehrung läßt sich durch die gegen Bakterieninfektionen wirksamen Antibiotika nicht beeinflussen, hingegen durch Interferon (s. S. 283).

Alles weitere über Viren s. S. 261 ff.

Erreger von Parasitosen

Parasiten (parasitos = Mitesser, Schmarotzer) sind Lebewesen, die auf Kosten eines Organismus einer anderen Art leben und sich zeitweise oder ständig in oder auf diesem aufhalten. Im weiteren Sinne gehören die menschenpathogenen Bakterien, Pilze und Viren zu den Parasiten, doch bezieht man im medizinischen Sprachgebrauch diesen Begriff im allgemeinen nur auf die dem *Tierreich* angehörenden Krankheitserreger. Dementsprechend werden im folgenden Text die durch tierische Parasiten (Zooparasiten) bedingten Infektionen des Menschen besprochen, die auch heute noch eine erhebliche Bedeutung besitzen, besonders in den warmen Ländern. Die Ausführungen mußten sich auf die wichtigsten Protozoen und Helminthen beschränken. Arthropoden konnten nur insoweit berücksichtigt werden, als sie Zwischenwirte und Überträger (Vektoren) von Erregern der genannten Gruppen sind.

Protozoen

Die in großer Artenzahl vorkommenden Protozoen (Ersttiere, Urtiere) sind frei oder parasitisch lebende, einzellige Organismen. Die parasitischen Protozoen sind 2–150 µm groß, sie besitzen einen oder mehrere Kerne und sind von einer Pellicula umschlossen. Der Fortbewegung dienen verschiedene Zellorganellen. Bei den *Zoomastigophora* (Flagellata, Geißeltierchen) sind es eine oder mehrere, aus Basalkörperchen entspringende und aus Fibrillenbündeln bestehende, ziemlich lange Geißeln. Diese treten frei aus dem Zelleib hervor oder sie sind so mit der Zelloberfläche verbunden, daß sie den Randfaden einer undulierenden Membran bilden. Kürzere, in Vielzahl vorhandene und die Zelloberfläche ganz oder teilweise bedeckende Wimpern sind die Bewegungsorganellen der Ciliata (Wimpertierchen), während sich die *Rhizopoda* (Wurzelfüßler) durch Pseudopodien, Ausstülpungen des Ektoplasmas, fortbewegen. Bestimmte Protozoenstadien bewegen sich durch Gleiten. Intrazelluläre Fibrillensysteme üben eine mechanische Stützfunktion aus – z. B. der Achsenstab (Axostyl) bei Trichomonaden –, kontraktile Fibrillen (Myoneme) sind an Bewegungsvorgängen beteiligt. Weitere Zellorganellen sind u. a. das endoplasmatische Retikulum, der Golgi- und Parabasalapparat, Mitochondrien und der bei den *Kinetoplastida* vorhandene Kinetoplast, eine Teilstruktur des Mitochondrions.

Die Nahrungsaufnahme geschieht durch Phagozytose, bei manchen Arten durch ein Zytostom, sowie durch Pinozytose und Permeation der Pellicula. Die Verdauung geht in Vakuolen vor sich.

Die Vermehrung erfolgt asexuell durch Zweiteilung, Vielfachteilung (Schizogonie) oder durch endogene Zweiteilung (Endodyogenie), bei der in einer Mutterzelle zwei Tochterindividuen entstehen. *Sporozoa* pflanzen sich auch geschlechtlich fort und bilden nach dem Befruchtungsvorgang Zygoten, die bei einigen Arten beweglich sind (Ookineten). Von einer resistenten Hülle umgebene Zygoten werden als Oozysten bezeichnet. In den Oozysten entstehen durch asexuelle Teilungsvorgänge (Sporogonie) die infektiösen Sporozoiten. Bei den *Ciliata* ist die Konjugation als Geschlechtsvorgang bekannt.

Verschiedene Protozoenarten bilden unbewegliche, von einer widerstandsfähigen Membran umgebene Zysten, die in die Außenwelt gelangen und der Infektionsausbreitung dienen.

Die Entwicklung findet in einem oder mehreren Wirten statt, als Zwischenwirte und Überträger sind Arthropoden von besonderer Bedeutung.

Helminthen

Als Helminthen (helmins = Wurm) bezeichnet man parasitisch lebende Würmer, die nach der zoologischen Systematik dem Stamm der *Parenchymia* zugeordnet werden. Davon haben der Unterstamm Plathelminthes (Plattwürmer) mit den *Trematoda* (Saugwürmer) und den *Cestoda* (Bandwürmer) sowie der Unterstamm *Nemathelminthes* (Rundwürmer) mit den *Nematoda* (Fadenwürmer) eine besondere medizinische Bedeutung. Die *Acanthocephala* (Kratzer) spielen eine nur geringe Rolle.

Trematoden und Cestoden sind ausschließlich parasitisch lebende Plattwürmer, von denen die meisten Zwitter sind. An der Entwicklung beteiligen sich ein oder zwei Zwischenwirte; bei den Trematoden- und bei einigen Cestoda-Arten ist sie mit einem Wechsel zwischen geschlechtlicher und ungeschlechtlicher Vermehrung verbunden.

Die faden- oder spindelförmigen Nematoden sind getrenntgeschlechtliche, parasitische oder freilebende Tiere. Ihre Entwicklung verläuft direkt oder indirekt unter Beteiligung eines Zwischenwirtes.

Wegen der Heterogenität der Helminthen-Gruppe sind weitere allgemeine Angaben jeweils am Anfang der Kapitel *Trematoda, Cestoda* und *Nematoda* zusammengestellt.

Allgemeine Epidemiologie und Prophylaxe

Epidemiologie

Unter Epidemiologie der Infektionskrankheiten versteht man die Lehre von der Ausbreitung übertragbarer Krankheiten, d. h. von Krankheiten, die durch vermehrungsfähige Erreger innerhalb einer

Bevölkerung zustande kommen. Der Begriff Epidemiologie ist weitgehend identisch mit Seuchenlehre. Sie befaßt sich zwangsläufig mit gruppenmedizinischen Problemen.

Für das Zustandekommen von Infektionskrankheiten, vor allem für ihr zeitlich gehäuftes Auftreten, sind im wesentlichen die Eigenschaften des Erregers, die Umweltbedingungen sowie die Abwehrmechanismen des Wirtes ausschlaggebend. Conditio sine qua non ist die Anwesenheit des Erregers irgendwo an der Außenwelt. Von dort kann er auf verschiedene Weise in den Wirtsorganismus gelangen. Die Eintrittspforte wird – nicht ausschließlich, aber in den meisten Fällen – durch den Erreger bestimmt. Man kann sich infizieren durch aerogene Aufnahme pathogener Mikroorganismen mit der Atemluft, durch perorale Aufnahme mit Wasser und Nahrungsmitteln, d. h. durch jede intakte Schleimhaut hindurch; jedoch nur über Verletzungen der äußeren Haut.

Nicht jeder Infizierte wird selbst kontagiös. Er ist dies nur, wenn er den Erreger wieder ausscheidet. Es gibt Krankheiten, bei denen der Mensch nie kontagiös ist, weil er den Erreger nicht ausscheidet. Daneben gibt es viele Krankheiten, bei denen der Infizierte nur zu gewissen Zeiten Ausscheider ist. Schließlich gibt es Krankheiten, bei denen das Befallensein bestimmter Organe für Ausscheidertum oder Nichtausscheidertum verantwortlich ist. Nicht nur der Erkrankte, sondern auch der (scheinbar) Gesunde kann Ausscheider von Krankheitserregern sein, weil nicht jeder Infizierte erkrankt. Die Krankheitsanfälligkeit (Kontagionsindex) ist bei den einzelnen Krankheiten ganz verschieden. Es gibt Krankheiten, bei denen praktisch alle Infizierten auch erkranken, und es gibt Krankheiten, bei denen nur ein kleiner Prozentsatz der Infizierten manifest erkrankt. Im allgemeinen wird der Erkrankte ärztlich erfaßt und kommt dadurch auch epidemiologisch unter Kontrolle, während der Nichterkrankte, d. h. Gesunde kaum erfaßt wird und deshalb meistens epidemiologisch von weit größerer Bedeutung ist als der Kranke.

Die Art der Ausscheidung des Erregers aus dem Wirtskörper ist epidemiologisch von wesentlicher Tragweite. In der Regel werden die Keime durch das gleiche Organsystem ausgeschieden, durch das sie aufgenommen wurden. Aerogen aufgenommene Infektionserreger scheidet man auch wieder mit der Atemluft aus, während peroral aufgenommene Erreger meistens mit den Fäkalien zurück an die Außenwelt gelangen. Daß die prophylaktischen Maßnahmen nicht die gleichen sein können, wenn der Erreger mit jedem Atemzug 16mal pro Minute, oder aber mit der Defäkation 1mal pro Tag an die Außenwelt befördert wird, liegt auf der Hand.

Wie können diejenigen menschlichen Infektionskrankheiten, bei denen der Erreger vom Menschen nie ausgeschieden wird, überhaupt weiter verbreitet werden? Solche Krankheiten stammen entweder von Tieren, wobei die Erreger, analog dem Menschen, von bestimmten Wirbeltierarten ausgeschieden werden; oder die Erreger werden durch blutsaugende Insekten (Vektoren) übertragen.

Die Tatsache, daß gewisse Krankheiten vom Tier auf den Menschen übertragen werden können, einzelne sogar ausschließlich vom Tier stammen, zeigt, daß bestimmte ätiologisch einheitliche Infektionen nicht nur beim Menschen, sondern auch bei Tieren vorkommen. Daß diese Krankheiten epidemiologisch anders beurteilt werden müssen (weil der Erreger nicht nur für Primaten pathogen ist), als solche, die auf den Menschen beschränkt bleiben, ist klar.

Wenn eine Infektion von einer einheitlichen Wirtspezies (Mensch oder Tier) nur auf Individuen der gleichen Spezies übertragen werden kann, spricht man von homologer Infektkette. Wenn die Krankheit vom Menschen auch auf das Tier übergehen kann, wenn sie primär vom Tier stammt oder wenn verschiedene Tierarten befallen werden, spricht man von heterologen Infektketten. Man gebraucht in diesem Zusammenhange den Ausdruck Wirtespektrum des Erregers. Ist ein solcher für viele Wirte pathogen, besitzt er ein breites (großes) Wirtespektrum, ist er es nur für einzelne Wirte, ein schmales (kleines).

Aus dem Gesagten mag hervorgehen, daß das epidemiologische Geschehen weitgehend abhängig ist

- von den Eigenschaften des Erregers, seiner Infektiosität und seiner Resistenz gegenüber Umwelteinflüssen,
- vom Infektionsspektrum des Erregers,
- von Art und Dauer der Ausscheidung,
- vom Infektionsweg und der Eintrittspforte in den neuen Wirt,
- vom Durchseuchungsgrad (Immunitätszustand) der Bevölkerung.

Die Häufung von Infektionskrankheiten zu bestimmten Jahreszeiten und bei bestimmten Bevölkerungsgruppen ist fast immer durch die äußeren Lebensbedingungen und die Berufstätigkeit bedingt. Die Altershäufigkeit kann ebenfalls berufsbedingt sein, ist aber viel eher abhängig vom Durchseuchungsgrad (Immunität). So sind Kinderkrankheiten in den wenigsten Fällen durch eine besondere Altersdisposition, sondern durch die postinfektiöse Immunität bedingt. Eine Krankheit ist dann eine Kinderkrankheit, wenn sie in einer Region endemisch vorkommt, kontagiös ist und die durchgemachte Infektion eine Immunität hinterläßt, so daß man kein zweites Mal erkranken kann. Chancenmäßig infiziert sich das Individuum schon in der Jugend und ist nachher, immunitätsbedingt, vor der Erkrankung geschützt.

Epidemiologische Definitionen und Begriffe

Nachfolgend werden einige wichtige epidemiologische Definitionen und Begriffe aufgeführt, welche u. a. die Basis für statistische Erhebungen darstellen. Zu statistisch verwertbaren Angaben kann man auf dem Sektor der Infektionskrankheiten nur mit Hilfe von Meldesystemen gelangen. So ist denn die Beweiskraft statistisch verwerteter Zahlen weitgehend abhängig von der Art und der Durchführung (Disziplin) des Meldesystems im betreffenden Land. Aus verschiedenen Ländern und Regionen stammende Morbiditätsstatistiken dürfen wegen unterschiedlicher Erfassung der Erkrankten nur mit Vorbehalt verglichen werden, während man Mortalitätsstatistiken wegen genauerer Registrierung aller Gestorbenen eher einander gegenüberstellen darf.

Epidemiologie	Lehre von Ursache und Verbreitung der Infektionskrankheiten; Seuchenlehre.
Epidemie	Zeitlich gehäuftes Auftreten einer bestimmten Infektionskrankheit innerhalb einer Bevölkerungsgruppe.
Pandemie	Große, über ganze Kontinente sich ausdehnende Epidemie.
Endemie	Dauernder, nicht erlöschender Durchseuchungszustand innerhalb einer Bevölkerung.
Morbidität	Erkrankungshäufigkeit; Anzahl an bestimmter Krankheit Erkrankter, bezogen auf die Gesamtzahl der Bevölkerung innerhalb einer bestimmten Zeitperiode (meistens bezogen auf 100 000 Einwohner innerhalb von 1 Jahr).
Kontagionsindex	Krankheitsbereitschaft; Anzahl an bestimmter Krankheit manifest Erkrankter, bezogen auf die Zahl aller mit dem gleichen Erreger Infizierten (gesunde Ausscheider!).
Mortalität	Anzahl Gestorbener, bezogen auf die Gesamtzahl der Bevölkerung innerhalb einer bestimmten Zeitperiode. (Im Rahmen der Infektionskrankheiten beziehen sich die Mortalitätszahlen meistens auf eine bestimmte Krankheit, 100 000 Einwohner und 1 Jahr.)
Letalität	Anzahl Gestorbener, bezogen auf die Zahl der an einer bestimmten Krankheit Erkrankter

während einer Beobachtungsperiode. (Die Letalität ist Gradmesser der Schwere einer Krankheit oder eines bestimmten epidemiologischen Geschehens. Die Kenntnis der Letalität ist für den Arzt von prognostischer Bedeutung.)

Infektionsquelle Mensch, Tier, Gegenstand oder Substanz, von der aus die Infektion ihren Ausgang nimmt; Erregerreservoir, in welchem sich der Erreger dauernd aufhält.

Infektkette Weg und Art der Übertragung des Infektionserregers von der Infektionsquelle bis zum Wirt.

Eintrittspforte Ort, an dem der Erreger in den Wirtsorganismus eintritt. Kann sich auf Organsysteme beziehen oder lokale Bedeutung besitzen.

Inkubation Zeitintervall zwischen Eintritt des Infektionserregers und Auftreten der ersten Krankheitserscheinungen.

Präpatenz Zeitintervall zwischen Eintritt eines Parasiten in den Organismus und Erscheinen der ersten Fortpflanzungsprodukte (z. B. Eier im Stuhl, Mikrofilarien in der Haut oder im Blut.

Infektion Eindringen und Haften des Krankheitserregers im Wirtsorganismus, Vermehrung desselben und Reaktion des Wirtes (nur ein lebender Organismus kann infiziert werden).

Invasion Eindringen und Ansiedlung eines Parasiten im Wirtsorganismus ohne Vermehrung. (Eine klare Trennung der Begriffe Infektion und Invasion ist nicht immer möglich und sinnvoll. Deshalb wird in der Folge mehrheitlich der Begriff Infektion verwendet.)

Kontamination Besiedlung; Haften des Infektionserregers an Gegenständen, Substanzen, Nahrungsmitteln, Körperoberflächen; ohne Reaktion des Wirtes.

Prophylaxe

Der Mediziner befaßt sich mit epidemiologischen Fragen, um die Infektionskrankheiten in ihrem ganzen Wesen zu erfassen und sie dank dieser Erkenntnisse bekämpfen zu können. Sinnvoller als Krankheiten durchzumachen und zu heilen ist – in den meisten, nicht in allen Fällen – sie zu verhüten. Deshalb treibt man Prophylaxe.

Grundsätzlich sind drei verschiedene Arten von Prophylaxe möglich:

Man verhindert das Zustandekommen einer Infektion: *Expositionsprophylaxe.*

Man erzeugt mit Schutzimpfungen auf künstliche Art eine Immunität: *Immunisierungsprophylaxe.*

Man verabreicht prophylaktisch Chemotherapeutika oder Antibiotika: *Chemoprophylaxe.*

Expositionsprophylaxe

Dabei schaltet man die Infektionsquelle aus oder unterbricht die Infektkette an einer geeigneten Stelle. Womöglich wird beides getan. Expositionsprophylaktische Maßnahmen sind relativ einfach und mit Erfolg durchzuführen:

bei Infektionen, die durch direkten Kontakt zustande kommen (Haut- und venerische Erkrankungen), indem man den Kontakt meidet;

bei peroral übertragenen Infektionen, indem man Lebensmittel und Getränke von pathogenen Mikroorganismen freihält oder sie vor dem Genuß aufbereitet (erhitzen, filtrieren);

bei Infektionskrankheiten, die durch Vektoren (Insekten) übertragen werden, indem man mit Hilfe von Insektiziden diese Vektoren eliminiert.

Expositionsprophylaktische Maßnahmen sollen auch die ausgeschiedenen Krankheitserreger vernichten. Dies ist möglich bei fäkaler Ausscheidung, sofern die Ausscheidung als solche und deren Dauer bekannt ist oder ermittelt werden kann. Desinfektion und Entwesung entsprechen einer Expositionsprophylaxe (s. S. 20 u. 21).

Expositionsprophylaktische Maßnahmen können nur beschränkt wirksam sein, wenn die Erreger aerogen, durch Atemluft und im Sinne der Tröpfcheninfektion an die Außenwelt gelangen. Sie sind unwirksam bei hochkontagiösen oder schwer nachweisbaren Erregern (Viren). Alle Isolierungsmaßnahmen, früher als *Quarantäne*maßnahmen bezeichnet, sind expositionsprophylaktische Maßnahmen. Dabei kann man infektiöse Einzelpersonen, befallene Kollektive oder ganze verseuchte Bezirke isolieren. Man kann aber je nach Umständen auch noch nicht befallene Gegenden isolieren und vor Einschleppung schützen. Isolierungsmaßnahmen wirken sich um so besser aus, je größer der Kontagionsindex einer Krankheit ist. Bei niedrigem Kontagionsindex, wenn nur wenige erkranken und viele gesunde Ausscheider existieren, kann die Isolierung nur der Kranken nicht zum Erfolg führen.

Immunisierungsprophylaxe

Mit Schutzimpfungen (aktiven Immunisierungen) will man eine künstliche Immunität, d. h. eine spezifische Widerstandsfähigkeit erzeugen. Dies ist im allgemeinen nur gegenüber Krankheiten möglich, die nach natürlichem Ablauf eine fundierte Immunität hinterlassen.

Die Immunisierungsprophylaxe ist die sicherste und souveränste Art der Prophylaxe. Im immunen Zustande kann man sich der entsprechenden Infektion ohne weiteres aussetzen, wobei keinerlei weitere Vorsichtsmaßnahmen notwendig sind. Deshalb bedient man sich wenn immer möglich der Immunisierungsprophylaxe.

Künstliche Immunisierungen haben sich vor allem bewährt gegenüber exotoxischen sowie gegenüber virämischen Krankheiten. Namentlich bei aerogen übertragenen Viruskrankheiten kann nur eine Immunisierungsprophylaxe erfolgreich sein (s. S. 281).

Von jeder Impfung muß grundsätzlich verlangt werden, daß sie
- gefahrlos ist,
- einen guten Impfschutz erzeugt,
- einfach applizierbar ist (Massenimpfungen).

Chemoprophylaxe

Bei dieser Art von Prophylaxe handelt es sich oftmals um keine eigentliche Prophylaxe, sondern um eine Frühtherapie während der Inkubation, vor Ausbruch der Krankheit.

Die Möglichkeiten einer medikamentösen Prophylaxe dürfen nicht überschätzt werden. Chemoprophylaxe ist zur Verhütung nur weniger Infektionskrankheiten (z. B. Malaria) brauchbar. Sie eignet sich nicht für Großmaßnahmen, kann aber sinnvoll sein in überblickbaren Kollektiven (s. S. 101).

Für die BRD gültige Gesetze und Vorschriften siehe: *Hygiene* von J. Borneff, Thieme, Stuttgart 1977.

Sterilisation und Desinfektion

Die Begriffe Sterilisation und Desinfektion beziehen sich ausschließlich auf Mikroorganismen, also auf einzellige Infektionserreger und Viren.

Sterilisation. Unter Sterilisation versteht man die biologische Eliminierung, d. h. Abtötung sämtlicher Mikroorganismen, von den Protozoen über die Pilze und Bakterien bis zu den Viren. Steril bedeutet einen Zustand frei von Leben jeglicher Art. Sterilität ist etwas Absolutes.

Desinfektion. Unter Desinfektion versteht man die biologische Eliminierung (Abtötung) bestimmter pathogener Mikroorganismen (Krankheitserreger) in bestimmten Situationen. Man will erreichen, daß durch einen spezifischen Infektionserreger keine Infektion mehr möglich ist. Desinfektion bedeutet, im Gegensatz zu Sterilisation, nie etwas Absolutes, sondern nur etwas Relatives. Während ein sterilisiertes Milieu zwangsläufig auch desinfiziert ist, braucht ein desinfiziertes Milieu nicht steril zu sein.

Beide, Sterilisation und Desinfektion bezwecken die Verhütung von Infektionen durch Unschädlichmachen der Erreger an der Außenwelt.

Desinfestation. Unter Desinfestation (Entwesung) versteht man die Vernichtung schädlicher Kleinlebewesen in einer bestimmten Situation oder einem bestimmten Milieu; z. B. die Vernichtung von Ektoparasiten wie Läusen und Flöhen oder von Schädlingen wie Ratten und Mäusen. Obwohl Desinfestationsmaßnahmen epidemiologisch von großer Bedeutung sein können, sollen sie hier nicht weiter berücksichtigt werden, da es sich um kein direktes mikrobiologisches Problem handelt.

Voraussetzung für eine wirksame Desinfestation sind u. a. exakte Kenntnisse von Biotopen verschiedenster Art, entomologisches Wissen sowie Orientiertsein über Insektizide und deren Anwendungsweise.

Sterilisation

Sterilisieren kann man durch Hitze, durch Filtration, durch Chemikalien sowie durch Bestrahlung.

Sterilisation durch Hitze

Die Hitzesterilisation ist die einfachste und sicherste Sterilisationsmethode. Hitzesterilisation soll deshalb angewandt werden, wo immer es möglich ist, d. h. wo das zu sterilisierende Material eine entsprechende Erhitzung zuläßt. Bei Sterilisation durch Hitze muß man grundsätzlich unterscheiden zwischen trockener und feuchter Hitze. Bei trockener Hitze sind um 40 ° bis 60 ° C höhere Temperaturen notwendig als bei feuchter Hitze.

Trockene Hitze. Unter „trockener Hitze" versteht man erwärmte atmosphärische Raumluft. Zur Sterilisation mit trockener Hitze verwendet man *Heißluftsterilisatoren (Trockensterilisatoren)*. Dies sind isolierte Schränke verschiedener Größe, versehen mit einem Heizelement und einem Thermostaten, also relativ einfache Apparaturen. Zum Sterilisieren benötigt man Temperaturen von 160 ° bis 180 ° C. Das zu sterilisierende Material muß während 15–30 Minuten dieser Temperatur ausgesetzt werden. In der Praxis ist die Sterilisationsdauer abhängig von der Menge des Materials, das gleichzeitig im selben Schrank sterilisiert wird.

Feuchte Hitze. Unter „feuchter Hitze" versteht man erhitztes Wasser oder „gespannten Wasserdampf". Wasser kocht bei 100 ° C und „strömender Wasserdampf" hat ebenfalls eine Temperatur von höchstens 100 ° C. Im kochenden Wasser und strömenden Dampf werden wohl alle Vegetativformen von Bakterien, alle Protozoen und Viren abgetötet, dagegen nicht Bakteriensporen. Mit Auskochen in Wasser erreichen wir deshalb nicht unter allen Umständen Sterilität. Zur sicheren Sterilisation muß die Wasser- und Dampftemperatur auf mindestens 120 ° C erhöht werden, was nur bei Überdruck möglich ist.

Zur Sterilisation mit feuchter Hitze verwendet man *Dampfdrucktöpfe (Autoklaven)*. Bei 1 Atmosphäre Überdruck (1 atü) kocht das Wasser bei 120 ° C, bei 2 atü erreicht es 134 ° C. In der Regel sterilisiert man bei 1 atü = 120 ° C und läßt den so hoch erhitzten gesättigten Wasserdampf nach Austreiben der Luft aus dem Autoklaven als gespannten Dampf während 10–30 Minuten einwirken.

Die *Hitzesterilisation* beruht auf der Inaktivierung von essentiellen Eiweißkomponenten oder von Enzymen. Bei trockener Hitze benötigt man höhere Temperaturen, weil die Wärmekapazität der Luft ungleich geringer ist als diejenige des Wassers. Kälte sterilisiert nicht!

Sterilisation durch Filtrieren

Flüssigkeiten, die wegen ihres chemischen Aufbaues und ihrer biologischen Eigenschaften nicht hitzesterilisiert werden können (eiweißhaltige Substrate, Seren u. dgl.), sterilisiert man durch Filtrieren. Dabei werden bakteriendichte Filter verwendet, deren Porengröße kleiner ist als der Durchmesser von Bakterien. Solche Filter können aus Ton, Glas, Membranen oder Asbest bestehen. Die zu filtrierenden Flüssigkeiten müssen wegen der geringen Porengröße der Filter durch diese hindurchgesogen oder hindurchgepreßt werden, wobei sie in ein Gefäß gelangen, das durch Hitze vorsterilisiert worden ist. Bakterienfilter können den Nachteil haben, daß kleine Viren (filtrierbare Viren) nicht zurückgehalten werden, so daß eine „steril filtrierte Lösung" wohl bakterienfrei, aber nicht unbedingt virusfrei zu sein braucht.

Sterilisation durch Äthylenoxyd oder Formaldehydgas

Äthylenoxyd (s. S. 27) wird verwendet zur Sterilisation von medizinischen Geräten und pharmazeutischen Produkten, deren Material eine Erhitzung nicht erträgt. Sterilisiert wird im Vakuumverfahren, im Druckkammerverfahren oder im Sterivitverfahren. Letzteres wird vor allem in chirurgischen Betrieben (weil wenig Zeit zur Verfügung steht) angewandt, wobei ein Überdruck von 4–6 Atmosphären sowie eine hohe relative Feuchtigkeit die Sterilisationszeit auf 20–40 Minuten verkürzen lassen. Das Sterivitverfahren ist (technisch bedingt) anfälliger als die zwei erstgenannten, die große Sicherheit gewährleisten, aber mehrere Stunden in Anspruch nehmen und deshalb nur in pharmazeutischen Betrieben (nicht in chirurgischen) zur Anwendung gelangen.

Formaldehydgas zur Sterilisation hitzelabiler Geräte wird in chirurgischen Betrieben seit einigen Jahren zunehmend anstelle von Äthylenoxyd verwendet. Zur Sterilisation benötigt man, ähnlich wie beim Äthylenoxyd, spezielle Apparaturen. Sterilisation mit Formaldehyd ist billiger als mit Äthylenoxyd. Sie gilt auch als einfacher und sicherer, weil sie von weniger Imponderabilien abhängig ist.

Sterilisation durch Bestrahlung

Nichtionisierende Strahlen. Unter den nichtionisierenden Strahlen besitzt das ultraviolette Licht im Wellenbereich zwischen 2400 Å und 2800 Å eine stark bakterizide Wirkung. Ihr Wirkungsmechanismus beruht auf photochemischen Vorgängen, verursacht durch die absorbierten Lichtquanten. Die Tiefenwirkung von Ultraviolettstrahlung ist gering. Ultraviolettstrahlen werden vor allem verwendet zur Keimverminderung in Steril- und Operationsräumen sowie bei Abfüllvorrichtungen.

Ionisierende Strahlen. Die Sterilisation mit ionisierenden Strahlen hat in den letzten Jahren auf dem pharmazeutischen, aber auch auf dem Lebensmittelsektor große Bedeutung erlangt. Wegen der ausgesprochenen Tiefenwirkung werden vor allem Gammastrahlen, die durch radioaktives Kobalt erzeugt werden, oder Korpuskularstrahlen von Elektronenbeschleunigern angewandt. Die sterilisierende Wirkung der ionisierenden Strahlen kommt durch Strukturveränderungen in den Nukleinsäuren oder Enzymen zustande. Alle ionisierenden Strahlen inaktivieren nicht nur zelluläre Mikroorganismen, sondern auch Viren. Ionisierende Strahlen können, im Gegensatz zu nichtionisierenden, benützt werden zur sicheren Sterilisation (auch Tiefensterilisation) von pharmazeutischen Produkten und medizinischen Geräten. Weil sich dabei das Sterilisationsgut nur geringfügig erwärmt, eignet sich dieses Verfahren vor allem zur Sterilisation sämtlicher hitzeempfindlicher Produkte, die überdies in der endgültigen Verpackung bestrahlt und sterilisiert werden können. Infolge der hohen Investitionskosten moderner Strahlensterilisationsanlagen sind solche nur in großen Zentren wirtschaftlich tragbar.

Desinfektion

Zur Desinfektion verwendet man meistens *Desinfektionsmittel;* das sind Stoffe bestimmter chemischer Konstitution mit keimschädigender Wirkung. In Sonderfällen kann auch mit Wärme desinfiziert werden. Pasteurisieren, d. h. kurzfristiges Erwärmen auf 70 ° bis 80 ° C entspricht definitionsgemäß einer Desinfektion. Man will z. B. in der Milch vorhandene pathogene Keime abtöten. Auch die Eliminierung von Mikroorganismen mit Ultraviolettstrahlen kommt höchstens einer Desinfektion gleich, weil durch ultraviolette Strahlen nur ausnahmsweise alle Mikroorganismen erfaßt werden.

Die Wirkung der Desinfektionsmittel beruht in den meisten Fällen entweder auf Proteinschädigung, auf Permeabilitätsveränderungen der Zellmembranen oder auf der Blockierung von Enzymsystemen. Dabei erfolgt die Abtötung nicht schlagartig, sondern im Sinne einer exponentiellen Kurve.

Je nach Wirkungsmechanismus erzielen bestimmte Desinfektionsmittelgruppen einen nur bakteriostatischen oder einen bakteriziden Effekt. Unter *Bakteriostase* versteht man Hemmung der Vermehrung, jedoch nicht Abtötung der Mikroorganismen. Unter *Bakterizidie* versteht man vollständige Abtötung der Mikroorganismen und Unfähigkeit derselben, sich wieder zu vermehren. Nur bakterizid wirkende Desinfektionsmittel werden den an sie gestellten Forderungen gerecht. Im übrigen hängt die bakteriostatische oder bakterizide Wirksamkeit nicht allein vom Desinfektionsmittel ab, sondern zusätzlich von dessen Konzentration, der Einwirkungszeit sowie der Temperatur, bei der es zur Anwendung kommt. Alle Desinfektionsmittel wirken stärker bakteriostatisch als bakterizid. Sie hemmen die Vermehrung der Keime bis zu höheren Verdünnungen als sie dieselben abtöten.

Bis heute existiert kein ideales Allround-Desinfektionsmittel, das allen Situationen gerecht wird und alle pathogenen Mikroorganismen in gleicher Weise beeinflußt. Im allgemeinen ist der Effekt gegenüber grampositiven Bakterien besser als gegenüber gramnegativen. Bei der Prüfung von Desinfektionsmitteln sind möglichst resistente Vertreter ganz verschiedener Gruppen von Mikroorganismen zu berücksichtigen. Die Prüfung hat sich unter allen Umständen zu erstrecken auf grampositive und gramnegative Erreger, auf Mykobakterien, auf Pilze; evtl. auf Bakteriensporen und Viren. Bei Temperaturen unter 40 ° C werden Bakteriensporen und Chlamydosporen der Pilze durch sämtliche Desinfektionsmittel kaum abgetötet, was vor allem mit der verminderten Permeabilität der Sporenmembran in Zusammenhang steht. Die Virusinaktivierung ist nicht ohne weiteres einwandfrei zu beurteilen, zumal der Mechanismus dieser Inaktivierung recht vielgestaltig sein kann (s. S. 285).

Nachstehend folgen einige wichtige Substanzen bestimmter chemischer Konstitution, die sich besonders als Desinfektionsmittel eignen. Auf Markennamen wird bewußt verzichtet und auf die Liste der von der Deutschen Gesellschaft für Hygiene und Mikrobiologie geprüften und anerkannten Desinfektionsmittel verwiesen.

Desinfektionsmittel

Säuren und Alkalien. Die Desinfektionswirkung von Säuren und Alkalien ist proportional zu ihrer H-Ionen-Konzentration. Säuren werden jedoch selten verwendet wegen ihrer Aggressivität gegenüber vielen Materialien. Alkalien, z. B. 1 %ige NaOH werden vor allem in der Veterinärmedizin zur Stalldesinfektion u. dgl. verwendet. Um Fäkalien zu desinfizieren, benützt man gelegentlich Ätzkalk (CaO), der zusammen mit Wasser in gelöschten Kalk ($Ca[OH]_2$) übergeführt wird. Dabei dürfte die beim Löschen entstehende Hitze stärker desinfizierend wirken als die Alkalinität des Kalziumhydroxyds.

Salze. Salzlösungen in hoher Konzentration hemmen die Entwicklung der meisten Mikroorganismen, sind aber keine eigentliche Desinfektionsmittel.

Oxydationsmittel. Als oxydierende Substanzen werden in der Medizin Wasserstoffsuperoxyd, H_2O_2, und Kaliumpermanganat, $KMnO_4$, angewandt. Beide Mittel spalten naszierenden Sauerstoff ab und sind nur schwache, oberflächlich und kurz wirkende Desinfizienten.

Halogene. Die Chlor- und Jodpräparate sind als vorzügliche Desinfektionsmittel weit verbreitet.

Chlor wird als Chlorgas oder unterchlorige Säure (Hypochlorit) zur Wasseraufbereitung verwendet. Weitere chlorhaltige Desinfektionsmittel sind: Chlorkalk $Ca\left\langle\begin{matrix}Cl\\O{-}Cl\end{matrix}\right.$ (der als Hypochlorit auch oxydativ wirkt) und Chloramin.

Jod, ein starkes Desinfektionsmittel, wird als 1–5 %ige alkoholische Lösung (Jodtinktur) zur Hautdesinfektion angewandt. Jodoform, Vioform und Yatren sind organische Jodverbindungen.

Schwermetalle. Alle Schwermetalle zeigen antimikrobielle Eigenschaften. Als Desinfektionsmittel werden namentlich Silber- und Quecksilbersalze verwendet.

Von den Silbersalzen wurde von jeher das Silbernitrat, $AgNO_3$, angewandt. Es wirkt in extremen Verdünnungen noch bakteriostatisch. Von den Quecksilbersalzen wird Sublimat, $HgCl_2$, nurmehr wenig benützt, wogegen sich Quecksilberoxyzyanat, $Hg(CN)_2 \cdot HgO$, immer noch einer gewissen Beliebtheit erfreut. Heute gebraucht man vor allem organische Quecksilberverbindungen, wie Merfen (Phenylquecksilberborat), Merthiolat und Mercurochrom, weil sie weniger toxisch sind. Die Quecksilberverbindungen wirken stark bakteriostatisch. Diese Wirksamkeit kann durch verschiedene Substanzen mit Sulfhydrylgruppen (Thioglykolat, Zystein) aufgehoben werden. Trotzdem dürfen die erwähnten Verbindungen wegen ihres breiten Wirkungsspektrums mit gutem Gewissen zur Eliminierung von Bakterien und Pilzen eingesetzt werden.

Alkohole. Die Alkohole sind gute bakterizide Desinfektionsmittel. Ihr Wirkungsoptimum liegt bei 77 Volumenprozent; also nicht bei konzentriertem Alkohol. Die Desinfektionskraft der Alkohole nimmt mit steigendem Molekulargewicht zu. Verwendet werden Äthyl-, Propyl- und Isopropylalkohol.

Aldehyde. Die Aldehyde sind ebenfalls gute Desinfektionsmittel. Man verwendet vor allem Formaldehyd in 0,5–1 %iger wässeriger Lösung oder in Gasform (Raumdesinfektion, Desinfektion und Sterilisation medizinischer Geräte), wobei sich bei der Raumdesinfektion die Reizwirkung auf die Schleimhäute unangenehm auswirkt.

Phenole. Die Phenole gehören zu den ältesten Desinfektionsmitteln. Lister verwendete 1867 Karbolsäure. Heute befindet sich eine große Zahl meistens kombinierter halogenisierter Phenolpräparate auf dem Markt. Sie verfügen über ein breites Wirkungsspektrum. Hexachlorophen allerdings ist ein schlechtes Desinfektionsmittel, weil es höchstens bakteriostatisch und gegenüber gramnegativen Keimen überhaupt nicht wirkt.

Quaternäre Ammoniumbasen *(Invertseifen).* Diese Verbindungen sind kationenaktive Seifen (die Anionen der gewöhnlichen Seifen sind durch Kationen ersetzt), die sich vor allem durch Oberflächenaktivität auszeichnen. Obwohl Invertseifen angenehme, desodorierende Desinfektionsmittel sind, ist deren Anwendungsmöglichkeit beschränkt. Sie wirken am besten gegen grampositive Erreger, jedoch nur schwach gegen einzelne Vertreter der gramnegativen Gruppe (Pseudomonas) und überhaupt nicht gegen Mykobakterien (Tuberkelbakterien). Durch gewöhnliche Seifen wird ihre Wirksamkeit aufgehoben, durch organische Substanzen wesentlich herabgesetzt.

Äthylenoxyd, $\begin{matrix}CH_2\\CH_2\end{matrix}\!>\!O$, besitzt einen Siedepunkt von 10,7 °C und ist deshalb bei Raumtemperatur gasförmig. Es wird verwendet zur Sterilisation von medizinischen Geräten, die eine Hitzesterilisation nicht ertragen (Plastics). In chirurgischen Betrieben gelangt Äthylenoxyd in speziellen Autoklaven zusammen mit Wasserdampf bei einem Überdruck von 4–6 Atmosphären zur Anwendung. Die Sicherheit der Kurzsterilisation (Sterivitverfahren, s. S. 23) reicht nicht an diejenige der Hitzesterilisation heran.

β-Propiolakton, $\begin{array}{l}CH_2{-}C=O\\ \,|\qquad\;|\\ CH_2{-}O\end{array}$, ist eine farblose Flüssigkeit mit einem Siedepunkt von 163 °C. Es wirkt auf sämtliche Mikroorganismen inkl. Viren letal. Man verwendet es in 0,2–0,5 %iger Konzentration zur Entkeimung thermolabiler Substanzen, im besonderen auch zur Inaktivierung von Vakzinen. β-Propiolakton darf deshalb, ähnlich wie Formaldehyd oder Äthylenoxyd (siehe S. 22), als Sterilisationsmittel betrachtet werden.

Immunologie

Natürliche Resistenz und erworbene Immunität

Natürliche Resistenz

Dem Begriff der Immunität, die definitionsgemäß immer individuell erworben und spezifisch ist, muß der Begriff der *natürlichen Resistenz* gegenübergestellt werden. Diese ist im Wirtsorganismus genetisch verankert, also angeboren. Wie im Kapitel Gast-Wirt-Beziehungen (S. 4) betont wurde, sind bestimmte pathogene Mikroorganismen nur für bestimmte Wirtarten pathogen, für andere dagegen nicht. Letztere sind gegenüber dem speziellen Mikroorganismus resistent. Wenn der Mensch an gewissen Tierkrankheiten nicht erkrankt, ist dies auf eine natürliche, dem Menschen eigene Resistenz den tierpathogenen Erregern gegenüber zuzuschreiben. Wegen der Artgebundenheit der natürlichen Resistenz ist Pathogenität kein absoluter Begriff, sondern immer nur ein relativer. Deshalb dürfen Mikroorganismen nicht generell als pathogen oder apathogen bezeichnet werden, sondern nur einschränkend als pathogen für bestimmte Wirtspezies. Angeborene oder natürliche Resistenz ist definiert als Fähigkeit des normalen Tieres (Menschen), sich frei zu halten von parasitären Mikroorganismen und sich von solchen wieder frei zu machen, wenn sie aus irgendwelcher Ursache ins Gewebe gelangt sind.

Die natürliche Resistenz beruht auf verschiedenartigsten Mechanismen. Schon die äußere Haut besitzt wegen ihrer Fettsäuren selbststerilisierende Wirkung. Infektionen durch die intakte Haut kommen nicht vor, ausgenommen durch keratolytische Pilze. Speichel und Tränenflüssigkeit wirken bakterizid. Das Sekret der Bronchialschleimhaut wird durch die Zilien in dauernder Bewegung gehalten, wodurch die meisten inhalierten Partikel nach außen befördert werden und nicht in die Alveolen gelangen. Magensaft ist so sauer, daß viele Mikroorganismen darin abgetötet werden. Das gesunde Gewebe verfügt über hochgradige Schutzmechanismen gegen Bakterien und Pilze, vor allem bedingt durch Enzyme, z. B. Lysozym. Frische Blutflüssigkeit besitzt natürliche bakterizide Eigenschaften, wobei Stoffe wie Komplement und Properdin von besonderer Bedeutung sind.

Neben humoralen sind auch zelluläre Abwehrmechanismen wichtig. Phagozyten werden durch bestimmte Substanzen chemotaktisch angelockt, vermögen dieselben zu phagozytieren und zu verdauen. Fast alle Entzündungsprozesse sind charakterisiert durch die Anwesenheit von Phagozyten.

Abgesehen von der artbedingten Resistenz beobachtet man immer wieder relative individuelle Resistenzunterschiede, die sich aber zwangsläufig nur auf Mikroorganismen beziehen können, für welche die Wirtspezies empfänglich ist. Die individuellen Resistenzunterschiede gegenüber pathogenen Mikroorganismen haben u. a. zur Folge, daß bei fast allen Krankheiten nicht alle Befallenen gleich schwer erkranken und daß in vielen Fällen Infektionen inapparent, d. h. ohne äußere Erscheinungen durchgemacht werden. Die individuelle Resistenz kann zeitlichen Schwankungen unterworfen und von Begleitumständen abhängig sein. Unterernährte, Übermüdete und seelisch Leidende erkranken häufiger und überwinden Infekte weniger leicht als Individuen in guter Allgemeinverfassung.

Rassenbedingte Resistenzunterschiede gibt es beim Menschen kaum. Wo sich solche scheinbar bemerkbar machen, sind sie meistens klima- oder umweltbedingt. Tatsächlich verlaufen gewisse Krankheiten in tropischen Ländern anders als in gemäßigten Zonen; jedoch nicht nur bei der eingeborenen Bevölkerung, sondern auch bei der zugezogenen.

Erworbene Immunität

Der Begriff *Immunität (immun sein)* entspricht – im Gegensatz zur angeborenen Resistenz – immer einem individuell erworbenen Zustand mit spezifischer Auswirkung. Unter Immunität im klinischen Sinne versteht man eine individuell erworbene spezifische Widerstandsfähigkeit gegen bestimmte Krankheitserreger oder deren Stoffwechselprodukte (Toxine), was Schutz vor Erkrankung bzw. Zweiterkrankung bedeutet.

Das nachfolgende Kapitel „Grundlagen der Immunologie", verfaßt von Prof. J. Lindenmann, vermittelt in moderner Weise die heutigen Kenntnisse über Immunitätsmechanismus.

Grundlagen der Immunologie

Die nachfolgende Einführung soll einerseits das Verständnis jener Immunreaktionen fördern, die in den speziellen Kapiteln dieses Buches immer wieder angetönt werden, andererseits zur Beschäftigung mit der Immunologie überhaupt anregen. Es gibt heute wenige Krankheiten des Menschen, die man völlig verstehen kann, ohne immunologische Zusammenhänge zu berücksichtigen.

Die Immunologie hat ihre Wurzel in der alten Beobachtung, daß ein Individuum von gewissen Infektionskrankheiten nur einmal befallen wird. Ist die Krankheit überstanden, so bleibt spätere, selbst massive Exposition in der Regel ohne Folgen. Besonders eindrücklich zeigt sich dies bei den Pocken, die ihre Spuren in Form von Pockennarben hinterlassen. Man wußte schon im Mittelalter, daß ein Pockennarbiger gefahrlos die Pflege von Pockenkranken übernehmen kann. Für diesen Tatbestand hat sich der Ausdruck *„Immunität"* eingebürgert; „immunus" hieß im alten Rom derjenige, der von gewissen Steuern und Abgaben befreit war.

Auffallend an der Immunität ist, daß die Erstbegegnung mit einem Krankheitserreger anders verläuft als spätere Begegnungen. Hinter diesem „anders" verbirgt sich ein generelles Prinzip. War bei der klassischen Infektimmunität, wie oben angedeutet, die Erstbegegnung mit dem Erreger von Krankheit gefolgt, während spätere Begegnungen symptomlos verliefen, so entdeckte man später Beispiele für ein gewissermaßen entgegengesetztes Verhalten: Die Erstbegegnung mit einem bestimmten Agens konnte völlig symptomfrei verlaufen, Wiederbegegnungen jedoch führten zu Krankheit. Obschon also das genaue Gegenteil von Immunität eintrat, ließ sich nicht leugnen, daß eine grundsätzliche Übereinstimmung eben in der Andersartigkeit des Verlaufs bei gleichem, wiederholt appliziertem Reiz bestand.

Damals schien es sinnvoll, einen neuen Begriff zu prägen, der in anschaulicher Weise die veränderte Reaktionsbereitschaft in den Mittelpunkt rücken sollte, und es wurde dafür der Ausdruck *„Allergie"* vorgeschlagen. Obschon dieses Wort in jeder Hinsicht glücklich gewählt und von klaren Vorstellungen untermauert war, gelang es ihm nicht, als Oberbegriff akzeptiert zu werden. Vielmehr versteht man heute unter Allergie nur ein Teilgebiet einer Lehre, für die sich *„Immunologie"* als Oberbegriff durchgesetzt hat. Der Ausdruck *Allergie* ist in seiner Bedeutung geschrumpft und bezeichnet heute nur noch die *krankmachenden* immunologischen Vorgänge. Der Gesamtbegriff Immunität dagegen hat eine enorme Erweiterung erfahren und reicht weit über den ursprünglichen Bereich eines Schutzes vor dem wiederholten Befall durch die gleiche Infektionskrankheit hinaus.

Immunologie umfaßt also Phänomene, die in ihrer Auswirkung sehr verschiedenartig sind und von der Gesunderhaltung bis zur Lebensbedrohung reichen; das zugrundeliegende Prinzip ist aber das gleiche. Es handelt sich um eine Interaktion zwischen Molekülbezirken, die in ihrer sterischen Konfiguration aufeinanderpassen. Dieses „Aufeinanderpassen" kann mehr oder weniger vollkommen sein, muß aber eine genügende Annäherung höckeriger oder buchtiger Moleküloberflächen erlauben, damit nicht-kovalente, auf kurze Distanz wirkende Kräfte zum Spielen kommen (polare Kräfte, Wasserstoffbrücken, Van-der-Waals-Kräfte, hydrophobe Bindungen). Dieses Grundprinzip erklärt bereits einige *wesentliche Züge der immunologischen Reaktionen:*

a) Die Spezifität, da die Forderung nach genügender Annäherung nur einen begrenzten Spielraum für Variationen der Struktur offenläßt.
b) Das Vorkommen von „gekreuzten" Reaktionen, indem nichtidentische Moleküle, vorausgesetzt, ihre Konfiguration erlaube eine hinlängliche Annäherung, einander in der Reaktion vertreten können.
c) Die Reversibilität, indem keine kovalenten Bindungen entstehen, so daß die intermolekularen Annäherungen mit geringem Energieaufwand wieder gelöst werden können.

Paratope und Epitope

Die angedeutete Wechselwirkung spielt sich zwischen spezialisierten Strukturen des Organismus und Molekülen seiner Umwelt ab. Dabei umfaßt die kritische Oberflächenkonfiguration, die eine für die Auslösung immunologischer Reaktionen hinreichende Annäherung erlaubt, relativ kleine Bezirke von der Größe einiger aneinanderhängender Aminosäuren oder einiger Zuckerreste. Der vom Organismus beigesteuerte Reaktionspartner heißt *„Paratop"*, der andere Partner heißt *„Epitop"*. Paratop und Epitop sind komplementär, das heißt, sie sind ungefähr gleich groß und gleich komplex, passen aber ineinander wie Gußform und Gußstück. Das Paratop ist gewissermaßen das Negativ des passenden Epitops.

Als kleine Gebilde sind Paratop und Epitop im allgemeinen Teile größerer Moleküle. Die Moleküle, welche Paratope tragen, heißen *„Rezeptoren"*, wenn sie Bestandteile von Zellmembranen sind oder *„Antikörper"*, wenn sie in gelöster Form vorliegen. Die Moleküle, welche Epitope tragen, heißen *„Antigene"* oder *„Immunogene"*. Ein Antikörper ist also ein Protein, welches mit Paratopen versehen ist. Ein Antigen ist ein Molekül, welches mit Epitopen gespickt ist. Der Ausdruck Antigen wird häufig auch auf komplexe Gebilde, etwa auf ganze Bakterien, angewendet. Synthetische Epitope nennt man *„Haptene"*. Man kann Antigene konstruieren, indem man Haptene an ein Trägermolekül knüpft. Auf diese Weise lassen sich künstliche Antigene mit chemisch definierten Epitopen herstellen.

Neben den Ausdrücken „Paratop" und „Epitop", die sich als zweckmäßig erweisen, sind noch andere Bezeichnungen gebräuchlich. So lautet ein häufig verwendeter Name für Paratop „Antigenbindungsstelle", nämlich die Stelle am Antikörper oder am Rezeptor, die das Antigen zu binden vermag. Dieses Wort hat zwar eine gewisse Anschaulichkeit, doch ist es nicht glücklich konstruiert, da aus ihm nicht hervorgeht, ob die Bindungsstelle *für* das Antigen oder *am* Antigen gemeint ist. Anstelle von Epitop verwendet man auch die Ausdrücke „antigene Determinante" oder, besonders bei künstlich eingeführten Epitopen, „Hapten". Antigene Determinante klingt stark an frühere Vorstellungen an, nach denen tatsächlich die Form des Antigens die passende Form des Antikörpers „determinierte", im Gegensatz zur heutigen Vorstellung, nach der diese passende Form spontan entsteht. Am Begriffspaar „Paratop – Epitop" ist die Symmetrie der molekularen Grundreaktion besonders einleuchtend, weshalb wir dieser Nomenklatur den Vorzug geben; sie geht auf Niels Jerne zurück.

Isolierte Epitope bzw. Haptene sind nicht in der Lage, eine Immunantwort zu provozieren, obschon sie durchaus mit dem Paratop reagieren können. Die Auslösung des immunogenen Signals setzt also mehr voraus als die einfache Bindung eines Epitops an ein Paratop. Unter einem *Immunogen* versteht man ein Antigen, das eine Immunisierung einleiten kann. Immunogene sind meist großmolekular, während die darauf sitzenden Epitope, wie schon erwähnt, lediglich kleine Bezirke ausmachen. Welche Eigenschaften letztlich für die Immunogenität entscheidend sind, steht noch nicht fest.

Der lymphatische Apparat, das anatomische Substrat des Immunsystems

Die Immunreaktionen sind Funktionen von Zellen, die in ihrer Gesamtheit eine Art diffusen Organs von beträchtlichem Ausmaß bilden. Es handelt sich um lymphoide Zellen, die fast überall in den

Geweben und Körpersäften vorkommen, sich aber in besonders hohen Konzentrationen in den lymphatischen Organen befinden. Primäre lymphatische Organe sind das Knochenmark und der Thymus, während Milz, Lymphknoten, Peyersche Plaques, Appendix und Waldeyerscher Rachenring sekundäre lymphatische Organe darstellen. Die Kenntnis des histologischen Feinbaus dieser Organe, der Anatomie der Lymphgefäße und der Embryologie muß in der Folge vorausgesetzt werden.

Im Zentrum des immunologischen Geschehens stehen die kleinen Lymphozyten. Obschon diese bei üblichen zytologischen und histologischen Färbungen keine Differenzierung erkennen lassen, sind sie von großer funktioneller Vielfalt. Jedenfalls sind die kleinen Lymphozyten nicht, wie früher angenommen wurde, Endzellen: Sie können Umwandlungen zu Blasten durchmachen und sind zu äußerst rascher Replikation befähigt.

Selbst bei relativ oberflächlicher Betrachtungsweise lassen sich am immunologischen Apparat zwei Teile unterscheiden, die funktionell und bis zu einem gewissen Grad auch anatomisch getrennt sind. Um die Terminologie ganz zu verstehen, muß man auf die Verhältnisse bei den Vögeln zurückgreifen. Die Vögel besitzen ein drittes primäres immunologisches Organ, die Bursa Fabricii am Enddarm. Wird bei einem Vogel der Thymus frühzeitig entfernt, so fällt eine Hälfte des immunologischen Systems aus, wird die Bursa Fabricii entfernt, die andere Hälfte. Jene lymphoiden Zellen, die vom Ausfall des Thymus betroffen werden, heißen T-Zellen; die andern, die bei Ausfall der Bursa nicht zur Ausbildung gelangen, heißen B-Zellen. Zwar haben die Säugetiere keine Bursa Fabricii, doch spricht verschiedenes dafür, daß auch sie ein zweigeteiltes Immunsystem besitzen. Man unterscheidet deshalb auch bei den Säugetieren T-Zellen oder thymusabhängige Zellen und B-Zellen, die allerdings nicht rechtens bursaabhängig genannt werden können. Auch der Ausweg, das B als „bone-marrow derived" zu interpretieren, ist nicht befriedigend, da auch die T-Zellen ursprünglich aus dem Knochenmark stammen. Es ist deshalb am besten, wenn man dem Buchstaben B keine allzugroße Bedeutung beimißt, sondern einfach festhält, daß es thymusabhängige Zellen (genannt T-Zellen) und nicht thymusabhängige Zellen (genannt B-Zellen) gibt.

Anatomisch drückt sich die Zweiteilung des Immunsystems darin aus, daß T-Zellen und B-Zellen verschiedene Abschnitte der sekundären lymphatischen Organe besiedeln. So finden sich die T-Zellen hauptsächlich im parakortikalen Bereich der Lymphknoten, die B-Zellen hauptsächlich in den Lymphfollikeln. Funktionell drückt sich die Zweiteilung des Immunsystems darin aus, daß die T-Zellen als Effektoren wiederum Zellen hervorbringen, während die B-Zellen als Effektoren lösliche Moleküle sezernieren, nämlich Antikörper; daher auch die Unterteilung der Immunreaktionen in zelluläre (T-Zell-) und humorale (B-Zell-)Immunität.

Die Paratope als Fahndungsliste

Die lymphoiden Zellen sind mit Paratopen ausgerüstet, die ihnen erlauben, Epitope zu erkennen. Der immunologische Apparat ist somit im Besitz einer „Fahndungsliste“ (einer Sammlung von Paratopen), mit deren Hilfe eine neu auftauchende Substanz nach Epitopen abgesucht wird. Paßt ein Epitop zu einem der Paratope und findet eine genügende Annäherung der beiden statt, so kann die immunologische Reaktionskette in Gang gesetzt werden. Eine Prädilektionsstelle für die Begegnung zwischen Epitop und Paratop scheint der regionäre Lymphknoten zu sein; doch durchwandern die Lymphozyten alle Organe (mit Ausnahme des ZNS) und können somit überall passende Epitope aufspüren.

Folgende zwei Hauptprobleme der Immunologie sind noch ungelöst:

1. Damit die Fahndungsliste umfassend wird, muß ein Mechanismus postuliert werden, der eine genügende Vielfalt von Paratopen erzeugt.
2. Gleichzeitig muß dieser Mechanismus daran gehindert werden, Paratope gegen ständig vorhandene körpereigene Epitope anzureichern. Zur Lösung dieser beiden Probleme sind mehrere Theorien in Vorschlag gebracht worden, von denen bisher keine allgemeine Zustimmung gefunden hat.

Über die tatsächliche Zahl der zu erkennenden Epitope existieren nur vage Schätzungen; sie liegen in der Größenordnung von 10^6. Die Gesamtzahl der Lymphozyten beim Erwachsenen beträgt ungefähr 10^{12}. Es scheint so zu sein, daß ein Lymphozyt nur mit einer Sorte Paratope ausgerüstet ist, das heißt nur eine eng begrenzte Gruppe kreuzreagierender Epitope zu erkennen vermag. Wenn die obengenannten Zahlen stimmen, trifft es immerhin im Mittel 10^6 Lymphozyten pro Epitop. Es ist somit glaubwürdig, daß das Eindringen eines fremden Antigens sehr bald vom Immunsystem wahrgenommen wird.

Der immunologische Reflexbogen

Die Begegnung zwischen Epitop und Paratop, die am Ursprung jeder immunologischen Reaktion steht, ist vielfach nicht dem reinen Zufall überlassen. Die Lymphknoten sind von ihrem Bau her geeignet, die in ihrem Drainagegebiet anfallenden Antigene mit

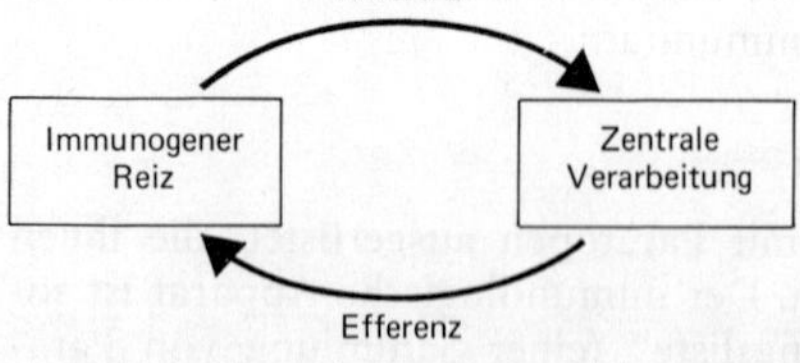

Abb. 4 Immunologischer Reflexbogen. Man kann den Ablauf einer Immunreaktion als Reflexbogen deuten, dessen afferenter Schenkel vom immunogenen Reiz ausgeht und zu einer zentralen Verarbeitung führt. Diese wiederum aktiviert den efferenten Schenkel, der durch eine gezielte Erkennung zum Ausgangspunkt zurückführt

lymphoiden Zellen zusammenzubringen. Die Makrophagen, die auf unspezifische Weise partikuläre Fremdsubstanzen phagozytieren und umwandeln, spielen eine wichtige Rolle als Vermittler zu den Lymphozyten. Auch darf man sich die Lymphozyten nicht als passive, unbewegliche Gebilde vorstellen, die gelangweilt auf Epitope warten. Vielmehr sind die Lymphozyten ständig auf Kontrollgängen.

Im allgemeinen wird eine immunologische Afferenz durch die gleichzeitige Stimulierung von T- und von B-Lymphozyten, möglicherweise unter Beizug von Makrophagen, ausgelöst. Dabei erkennen an einem komplexen Antigen die T-Zellen gewisse Epitope, die man „Trägerepitope" nennen kann, während die B-Zellen „Haptenepitope" erkennen. Unter „erkennen" ist immer die hinreichende Annäherung von Paratop und Epitop zu verstehen. Gewisse, eher seltene Antigene haben die Fähigkeit, entweder die T-Zellen allein oder die B-Zellen allein zu stimulieren. Diese Sonderfälle sind lehrreich, weil sie es erlauben, die Immunreaktion in ihre beiden Hauptkomponenten, die zelluläre und die humorale, zu zerlegen. Meistens werden aber beide Zweige des Immunsystems angesprochen. Ein prinzipieller, struktureller Unterschied zwischen „Träger-Epitopen" und „Hapten-Epitopen" konnte bisher nicht nachgewiesen werden. Bei der reinen T-Zell-Stimulation stellt man sich folgenden Ablauf vor: Eine T-Zelle erkennt passende Epitope in geeigneter Anordnung. Die Apposition der Paratope und Epitope löst in der T-Zelle einen blastogenen Impuls aus. Die Zelle verwandelt sich in einen Blasten und geht in Teilung über. Aus der Teilung gehen wiederum T-Zellen mit dem gleichen Paratop hervor.

Ähnlich hat man sich die reine B-Zell-Stimulation vorzustellen. Warum gewisse Antigene vor allem die T-Zellen stimulieren, andere vor allem die B-Zellen, während, wie bereits gesagt, die allermeisten unter normalen Bedingungen auf das Immunsystem eindringenden Antigene eine Doppelerkennung durch T- und B-Zellen bewirken, ist unklar.

Während man sich also die Afferenz bei reinen T- und bei reinen B-Reaktionen ähnlich vorzustellen hat, sind die Efferenzen unterschiedlich. Aus den T-Blasten gehen nach einigen Teilungsschritten Effektorzellen hervor, die neue aggressive Eigenschaften aufweisen, indem sie beispielsweise das Antigen, falls es seinerseits in Form von Zellen vorliegt (zum Beispiel in Form eines transplantierten Organs) zerstören. Es ist klar, daß diese Art von immunologischer Aggression, weil an Zellen gebunden, nur durch Zellen auf ein anderes Versuchstier übertragen werden kann („adoptiver Transfer"). Aus menschlichen Leukozyten (Buffy-coat-Zellen) läßt sich allerdings eine Substanz mit Molekulargewicht unter 20 000 extrahieren, die die Fähigkeit hat, gewisse zelluläre Immunfunktionen auf ein anderes Individuum zu transferieren. Diese Substanz heißt „Transfer factor". Seine genaue Stellung im Rahmen der Immunologie und das Ausmaß seiner Spezifität sind noch umstritten.

Aus einer stimulierten B-Zelle geht über ein paar Teilungsschritte ein Klon von Zellen hervor, von denen ein Teil zu Plasmazellen ausdifferenziert. Die Plasmazellen nun sind spezialisiert auf die massenweise Synthese von Antikörpern, und zwar von Antikörpern, die dasselbe Paratop tragen, welches den Rezeptor der ursprünglichen Mutterzelle auszeichnete. Die Antikörper können als Effektormoleküle des B-Systems angesehen werden. Auch sie sind gegenüber dem Antigen aggressiv und können, im Verein mit gewissen Serumkomponenten oder mit Zellen (die selber nicht spezifisch immun sind), das Antigen angreifen. Da die Antikörper im Serum oder in Sekreten gelöst sind, kann man diese Immunreaktionen zellfrei auf ein anderes Versuchstier übertragen. Diese Übertragung von Antikörpern, die man „passive Immunisierung" nennt, ist einer der klassischen Versuche der Immunologie.

Die Immunreaktion erschöpft sich aber nicht in der Bereitstellung von Effektorzellen oder Effektormolekülen. Ein anderer Teil der durch Proliferation entstehenden Zellen bleibt als „Gedächtniszellen" im Organismus. Diese Gedächtniszellen sind, soweit heute bekannt, den ursprünglich an der Einleitung der Immunreaktion beteiligten Zellen sehr ähnlich, nur sind sie zahlreicher. Der Ablauf einer Immunreaktion hinterläßt einen Organismus, der mehr Zellen mit dem kritischen Paratop enthält. Diese Tatsache erklärt eine der fundamentalen Beobachtungen der Immunologie, nämlich, daß Wiederbegegnungen mit einem Antigen anders verlaufen als Erstbegegnungen. An der Erstbegegnung können nur so viele paratoptragende Zellen beteiligt sein, wie „von selbst" vorher entstanden waren. Im Mittel trägt, wie wir gesehen haben, nur jeder millionste Lymphozyt das „richtige" Paratop. Diese Proportion ändert sich aber gewaltig, sobald im Verlauf einer spezifischen Immunreaktion eine große Zahl von Gedächtniszellen ausgeworfen worden ist. Es leuchtet darum ein, daß eine Wiederbegegnung mit dem gleichen Epitop zu einer viel rascheren und viel stärkeren Immunreaktion führt. Man nennt diese beschleunigte Immunreaktion eine „Sekundärantwort“ oder eine „anamnestische Reaktion“. Ein Teil der Gedächtniszellen muß sehr langlebig sein, da anamnestische Reaktionen auch dann noch entstehen können, wenn zwischen primärem und sekundärem Stimulus viele Jahre verflossen sind.

Selbstverständlich muß der immunologische Reflex auf irgendeine Weise reguliert werden, damit seine Reaktionen nicht überschießen. Wahrscheinlich besteht eine einfache Gegenkopplung zwischen Antikörperspiegel und Stimulierbarkeitsschwelle. Physiologische Regulationsvorgänge sind aber fast immer mehrfach abgesichert, es ist darum so gut wie sicher, daß noch zahlreiche, heute erst geahnte Reaktionen in den immunologischen Reflexbogen eingreifen.

Die Struktur der Antikörper

Während paratoptragende Lymphozyten und zelluläre Immunreaktionen experimentell schwer anzugehen sind, lassen sich die Effektormoleküle des B-Systems, die im Serum gut zugänglichen und chemisch recht stabilen Antikörper, verhältnismäßig leicht untersuchen. Alle Antikörper haben ein gleiches Grundskelett, das aus zwei identischen schweren und zwei identischen leichten Polypeptidketten besteht. Die leichten Ketten kommen in zwei Mustern vor, die man Lambda (λ) und Kappa ($\varkappa$) nennt. Ein Antikörpermolekül enthält immer entweder Lambda-Ketten oder Kappa-Ketten. Bei den schweren Ketten ist die Vielfalt größer. Je nachdem, welche schwere Kette vorliegt, wird ein Antikörpermolekül verschiedenen Klassen zugeordnet (Tab. 1). So definiert z. B. die schwere Kette My (μ) die Klasse IgM, die schwere Kette Epsilon (ε) die Klasse IgE usw. Die Abkürzung „Ig“ steht für „Immunglobulin“.

Am gründlichsten untersucht wurden Antikörper der IgG-Klasse. Die beiden Gamma-Ketten haben ein Molekulargewicht von je ca. 50 000, die beiden leichten Ketten (Kappa oder Lambda) von je ca. 25 000, womit das Gesamtmolekül etwa 150 000 Daltons schwer ist. Die Anordnung der 4 Ketten ist in Abb. 5 schematisch dargestellt.

Die C-terminalen Hälften der schweren Ketten bilden zusammen das sogenannte F_c-Fragment. Die beiden Arme des Moleküls, bestehend aus je einer leichten Kette und der N-terminalen Hälfte einer schweren Kette, heißen F_{ab}-Fragment. Sie sind um eine Art Scharnier beweglich. Je nach chemischer Manipulation lassen sich aus einem Molekül entweder drei Fragmente gewinnen (ein F_c und zwei F_{ab}), oder aber zwei Fragmente (F_c und zwei noch über eine

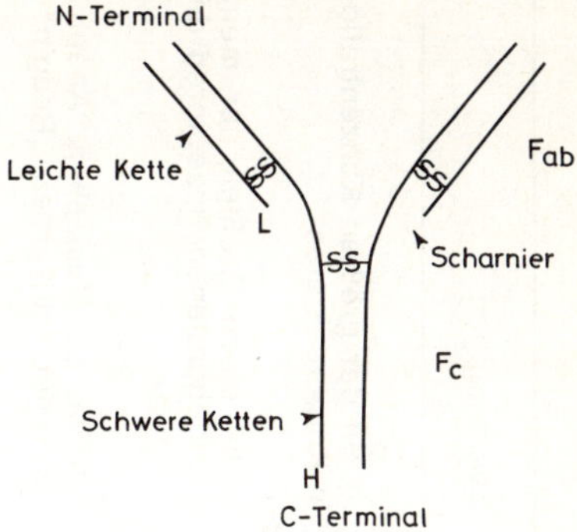

Abb. 5 Modell eines IgG-Moleküls. Die zwei schweren Ketten (H-Ketten) und die zwei leichten Ketten (L-Ketten) bilden ein Y-förmiges, beim angedeuteten Scharnier bewegliches Gebilde. Die Paratope (Antigenbindungsstellen) sitzen in den N-terminalen Hälften der beiden F_{ab}-Stükke. Zwischen den Ketten sind Disulfidbrücken angedeutet

SS-Brücke zusammenhängende F_{ab}, genannt $F_{(ab')2}$). Andere Abbauverfahren können das F_c-Fragment in kleine Stücke zerhacken oder das Molekül in die vier Polypeptidketten zerfallen lassen.

Die Funktion des Antikörpers als Effektormolekül einer Immunreaktion erlischt, wenn das Molekül in die 4 Polypeptidketten zerlegt wird. Die Erkennungsfunktion (das Paratop) ist im F_{ab}-Fragment lokalisiert. Da pro IgG zwei identische F_{ab}-Fragmente existieren, müssen zwei identische Paratope vorliegen, die in den N-terminalen Hälften der F_{ab}-Fragmente sitzen.

Betrachtet man die dreidimensionale Faltung des IgG, so fällt auf, daß das Gesamtmolekül 6 einigermaßen globäre Untereinheiten aufweist, zwei am F_c-Fragment und je zwei an jedem F_{ab}. Jeder dieser globären Bezirke besteht aus zwei Kettenabschnitten von ca. 110 Aminosäuren, die durch SS-Brücken verschlauft sind. Alle diese Kettenabschnitte oder „domains“ zeigen untereinander gewisse Sequenzhomologien, so daß man sich vorstellen kann, sie seien Abkömmlinge eines Ur-Gens, das durch Reduplikation und Mutation zu den heutigen Verhältnissen evoluiert hat. Interessanterweise findet man in jedem Serum ein kleines Protein, das Beta-Zwei-Mikroglobulin, das auch Ähnlichkeiten mit der „Urschlaufe“ von 110 Aminosäuren zeigt und aus dem gleichen Ur-Gen hervorgegangen sein könnte.

In unserem Organismus befinden sich sehr viele verschiedene Paratope und somit ist anzunehmen, daß im Serum gelöste Antikörper immer ein heterogenes Gemisch von Paratopen umfassen. Es wäre hoffnungslos, die Struktur eines Paratops aus einer solchen Mischung ableiten zu wollen. Ein Experiment der Natur hilft hier weiter: Es gibt Tumoren, die aus Plasmazellen bestehen, also aus den differenzierten Endzellen der B-Reihe. Diese Plasmazytome

Tabelle 1 Die verschiedenen Klassen der menschlichen Immunglobuline

Klasse	Leichte Kette L	Schwere Kette H	Mol.-Gew. der H-Kette	Gesamt-Mol.-Gew.	Unterklassen	Bemerkungen
IgA	$\varkappa$, λ	α	ca. 60 000	160 000–500 000	2	Ig mit der größten Konzentration in Körpersekreten
IgD	$\varkappa$, λ	δ	ca. 55 000	ca. 170 000	1	bildet einen Großteil der membrangebundenen Rezeptoren der B-Zellen
IgE	$\varkappa$, λ	ε	ca. 60 000	ca. 190 000	1	Affinität zu Mastzellen. Anaphylaktischer Antikörper. „Reagin“
IgG	$\varkappa$, λ	γ	ca. 50 000	150 000	4	Ig mit der größten Konzentration im Serum. Aktiviert Komplement. Passiert die Plazenta
IgM	$\varkappa$, λ	μ	ca. 60 000	900 000	2	Nach Immunisierung am frühesten auftretend. Aktiviert Komplement

Die Grundstruktur aller Ig besteht aus 2 identischen leichten und 2 identischen schweren Ketten, L_2H_2, also z. B. $\varkappa_2\varepsilon_2$ bei IgE. IgA kommt oft als Dimer, IgM als Pentamer der Grundstruktur vor. Am Aufbau solcher Polymere ist eine weitere Polypeptidkette, die nicht zur Grundstruktur gehört, beteiligt, die J-Kette. Alle Ig sind Glykoproteine; der Kohlehydratanteil variiert von Klasse zu Klasse.

oder „multiplen Myelome“ leiten sich gewöhnlich von einer einzigen Mutterzelle ab, sie bilden also ein Klon. Das Immunglobulin, das sie sezernieren, ist als „monoklonales Immunglobulin“ zu bezeichnen und stellt eine Population untereinander identischer Moleküle dar, die sich für Sequenzanalysen vorzüglich eignen. Bei einzelnen Myelomen erscheint im Urin ein Protein, das Bence-Jones-Protein, das der leichten Kette des Myelomimmunoglobulins entspricht. Unsere Kenntnis vom Aufbau der Antikörper verdankt das meiste dem Studium solcher monoklonaler Immunglobuline. Schreibt man die Aminosäuresequenzen vieler IgG-Myelom-Proteine untereinander auf, so stellt man fest, daß über größere Strecken die Sequenzen weitgehend identisch sind. Beispielsweise sind die C-terminalen Hälften der Lambda-Ketten alle annähernd gleich, die C-terminalen Hälften der Kappa-Ketten zwar von denjenigen der Lambda-Ketten verschieden, aber untereinander gleich, und ähnliches gilt von den C-terminalen drei Vierteln der Gamma-Ketten. Man nennt diese Stücke der Polypeptidketten die „konstanten Teile“, und im Gesamtmolekül sind 8 von 12 „domains“ aus solchen konstanten Teilen zusammengesetzt. Allerdings ist diese Invarianz nicht eine absolute. Innerhalb der Spezies Mensch zum Beispiel kommen genetisch determinierte Varianten der konstanten Bezirke vor, sogenannte „Allotypen“, die den normalen Vererbungsgesetzen unterliegen.

Von ganz anderer Art ist aber die Variabilität, die man in den untereinander geschriebenen N-terminalen Hälften der leichten und in den N-terminalen Vierteln der schweren Ketten findet: Zwar sind auch innerhalb dieser Abschnitte ungefähr je 50 Aminosäurepositionen invariant und sorgen dafür, daß ein Grundmuster der Kettenfaltung erhalten bleibt, doch zeigen die restlichen Positionen eine enorme Variabilität, die sich besonders um kurze Abschnitte

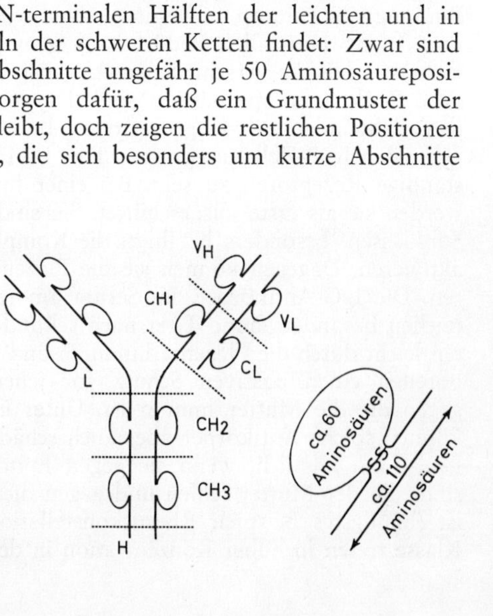

Abb. 6 Aufbau eines IgG-Moleküls aus variablen und konstanten „domains“. Jedes „domain“ ist ca. 110 Aminosäuren lang. Eine Schlaufe von ca. 60 Aminosäuren wird durch SS-Brücke innerhalb der Kette gebildet. Die variablen „domains“ (V_L und V_H) bilden zusammen das Paratop (die Antigenbindungsstelle).

konzentriert. Man nennt diese Brennpunkte der Variabilität die „hypervariablen Regionen", von denen es drei bis vier auf der schweren und auf der leichten Kette gibt. Man kann somit auf jeder Polypeptidkette einen variablen Abschnitt (V_L auf der leichten Kette und V_H auf der schweren Kette) und konstante Abschnitte (C_L auf der leichten Kette und $C_{H\text{-}I}$, $C_{H\text{-}II}$ und $C_{H\text{-}III}$ auf der schweren Kette) unterscheiden. Jeder dieser Abschnitte ist ca. 110 Aminosäuren lang und bildet eines der schon mehrfach erwähnten „domains" (Abb. 6).

Der Sinn dieser Variabilität wird klar, wenn man sich vergegenwärtigt, daß im variablen Bezirk das Paratop sitzt. Die variablen Teile der beiden Polypeptidketten legen sich so aneinander, daß die hypervariablen Regionen in räumlicher Nachbarschaft eine Art Tasche im Molekül säumen. Diese Tasche ist das Paratop. In sie hinein muß sich das dazu passende Epitop legen können.

Die Konfiguration des Paratops hängt von der Aminosäuresequenz ab, die im variablen Teil einer leichten und einer schweren Kette realisiert ist. Interessanterweise scheinen beide Ketten Anteil am Aufbau des Paratops zu haben. Vielleicht ist darin ein Prinzip der Ökonomie zu sehen: Lediglich tausend verschiedene V_H, kombiniert mit nur tausend verschiedenen V_L, ergeben theoretisch bereits eine Million verschiedener Paratope.

Die Funktion der Antikörper erschöpft sich nicht in der sterischen Bindung von Paratop und Epitop, sonst würde ja eine einzige Klasse von Antikörpern allen Bedürfnissen genügen. Es verhält sich vielmehr so, daß die verschiedenen Antikörperklassen auf unterschiedliche Funktionen spezialisiert sind. Die Klasse IgD, im Serum nur in verschwindender Menge vertreten, bildet den Hauptteil der zellgebundenen B-Zell-Rezeptoren. Die IgM scheinen ebenfalls zellständige Rezeptoren zu sein. Bei einer humoralen Immunantwort werden sie als erste ausgeschüttet. Sie sind, wie auch gewisse IgG-Subklassen, besonders befähigt, die Komplementkette (s. S. 42) zu aktivieren. Dagegen können sie die Plazentarschranke nicht passieren. Die IgG-Antikörper, im Serum am reichlichsten vertreten, erreichen besonders hohe Titer nach sekundärer Stimulation. Sie treten leicht durch die Plazenta hindurch und verleihen so dem Neugeborenen einen passiven Schutz vor jenen Infektionskrankheiten, gegen die die Mutter immun ist. Unter unglücklichen Umständen können solche Antikörper aber auch schädigend auf das Kind wirken, dann nämlich, wenn sie gegen Epitope des Kindes gerichtet sind, die der Mutter fehlen und gegen die sie sensibilisiert worden ist (häufigstes Beispiel: Rhesuskonstellation). Antikörper der IgA-Klasse treten in hoher Konzentration in den Sekreten auf; im Speichel, Duodenalsaft, Bronchial- und Nasensekret sowie in der Muttermilch. Solche Antikörper sind strategisch günstig gelegen, um mit Infektionserregern gleich an der Eintrittspforte fertigzuwerden. Die IgE-Antikörper schließlich haben eine ausgeprägte Tendenz, sich an Mastzellen anzulagern. Gerät das Antigen an eine mit spezifischen IgE-Antikörpern beladene Mastzelle, so kommt es zur Degranulierung der Zelle mit Freisetzung pharmakologisch hochaktiver Stoffe (Histamin, Kinine, s. S. 52). IgE-Antikörper werden in großer Menge bei Parasiteninfektionen gebildet, eine Eigentümlichkeit, deren biologischer Sinn wir noch nicht verstehen.

Wir haben eben gesehen, daß die Rezeptoren der B-Zellen Immunglobuline sind, und zwar hauptsächlich der Klasse IgD. Wie steht es mit den Rezeptoren der T-Zellen? Es gibt Anhaltspunkte dafür, daß die Paratope der T-Zellen sehr ähnlich jenen der B-Zellen sind, doch scheinen die entsprechenden Membranproteine, an denen die Paratope hängen, bei den T-Zellen nicht nach dem Schema klassischer Immunglobulinmoleküle konstruiert zu sein. Ihre chemische Charakterisierung ist bisher noch nicht gelungen.

T- und B-Zellen lassen sich demnach dadurch unterscheiden, daß B-Zellen leicht nachweisbare Oberflächenimmunglobuline tragen, T-Zellen dagegen nicht. Eine positive Identifizierung der T-Zellen ist ebenfalls möglich, so daß in einer Population lymphoider Zellen der B-Zell- und der T-Zell-Anteil differenziert und ausgezählt werden kann. B-Zellen plus T-Zellen machen meist weniger als 100 % aus. Die in einer solchen Bilanz nicht ausgewiesenen Zellen heißen vorläufig „Null-Zellen". Es unterliegt keinem Zweifel, daß eine solche Einteilung die tatsächlichen Verhältnisse auf das gröbste vereinfacht.

Die Immunglobuline als typische Proteine tragen natürlich auch eine Fülle von Epitopen. Diese Epitope können von Antikörpern einer andern Tierart ohne weiteres erkannt werden. Auf diese Weise lassen sich die Immunglobuline der verschiedenen Klassen (IgG, IgM etc.) leicht unterscheiden. Auch gegen die Lambda- und die Kappa-Kette einer bestimmten Tierart können in einer anderen Tierart spezifische Antikörper gebildet werden. Aber auch innerhalb einer einzigen Spezies können gewisse Epitope von jenen Individuen der gleichen Spezies erkannt werden, denen diese fehlen, was die „Allotypen" der Immunglobuline definiert. Schließlich entstehen auch im variablen „domain" nahe beim Paratop zahlreiche, für individuelle Antikörper spezifische Epitope, gegen die ihrerseits Antikörper gebildet werden können. Diese definieren die sogenannten „Idiotypen" der Immunglobuline.

Das Komplement

Das Komplementsystem besteht aus einer Reihe von normalerweise im Serum vorkommenden Globulinen. Gegenwärtig werden 9 Komponenten unterschieden, C_1 bis C_9. Zur Ausübung ihrer biologischen Funktionen müssen sich diese Komponenten im Sinn einer Kettenreaktion gegenseitig aktivieren. Es gibt zwei Hauptwege zur Aktivierung der Komplementkette: Den sog. „klassischen" Weg, bei dem die Aktivierung von einer Antigen-Antikörper-Reaktion eingeleitet wird, und den sog. „Nebenschluß" oder „bypass", bei dem die ersten Komponenten umgangen werden und die Aktivierung durch direkte Beeinflussung einer im Reaktionsablauf später eingeschalteten Komponente erfolgt.

Sehr stark vereinfacht läßt sich der klassische Weg folgendermaßen skizzieren: Durch die Reaktion eines Antigens mit dem zugehörigen Antikörper entsteht eine allosterische Veränderung am F_c-Teil des Antikörpers, was bei Anwesenheit von Ca-Ionen zur Bindung der ersten, schwersten Komplementkomponente C_1 führt. Dazu genügt ein einziges Molekül IgM oder zwei benachbarte Moleküle gewisser IgG-Subklassen. Ist das C_1 einmal gebunden, so führen interne allosterische Umlagerungen zur Aktivierung einer Subkomponente mit Esterasewirkung unter Abspaltung eines Polypeptids. Diese Esterase verändert die Komponenten C_4 und C_2. Die aktivierten C_4 und C_2 zusammen spalten das C_3. Eines der Spaltprodukte, das C_{3a}, hat chemotaktische und pharmakologische Aktivitäten, das andere, C_{3b}, wirkt, unter anderem als Opsonin, indem es die Phagozytose fördert. Zusammen mit den früher aktivierten Komponenten wird nun das C_5 beeinflußt, das seinerseits auf die Komponenten C_6 bis C_9 wirkt, wobei das hämolytisch aktive Prinzip entsteht (siehe S. 47).

Beim Komplementnebenschluß (bypass) werden die Komponenten C_1, C_4 und C_2 umgangen und direkt das C_3 angegriffen. Die weiteren Schritte laufen über C_5 bis C_9 wie beim klassischen Weg. Als Aktivatoren von C_3 kommen Endotoxine, Schlangengifte, aber auch Immunkomplexe, namentlich des IgA in Frage. Der Angriff auf das C_3 selbst erfolgt über mehrere Zwischenstufen.

Die Aktivierung der meisten Komplementkomponenten erfolgt durch proteolytische Spaltung, wobei verschiedene Spaltprodukte entstehen, die biologisch hochgradig aktiv sind. Die oben angeführten Beispiele von chemotaktischer Wirkung (C_{3a}) und Opsonisation (C_{3b}) bilden nur einen kleinen Bruchteil aller vorkommenden Aktivitäten. Das Bild wird noch dadurch kompliziert, daß zu den meisten Komplementfaktoren Inhibitoren hinzukommen, deren Fehlen oft schwerwiegende Störungen zur Folge hat. Demgegenüber wirkt sich das angeborene Fehlen gewisser Komplementkomponenten oft überraschend geringfügig aus. Wie schon der Komplementnebenschluß zeigt, ist der biologische Ablauf der wichtigsten Reaktionen mehrfach gesichert, so daß Ausfälle einzelner Komponenten überbrückt werden können.

Ablauf einer Immunreaktion

Schematisch kann man sich den Ablauf einer primären Immunreaktion (Erstbegegnung mit dem Antigen) etwa folgendermaßen vorstellen: Ein Immunogen, z. B. ein bakterielles Zellwandantigen oder ein virales Kapsidprotein, wird nach Verarbeitung durch Makrophagen oder direkt in einem regionären Lymphknoten angereichert und den T- und B-Zellen präsentiert. Zufällig mit dem richtigen Paratop versehene T-Zellen erkennen spezifisch gewisse Trägerepitope auf dem Immunogen, einige B-Zellen ebenso spezifisch andere oder gleiche Epitope. Das T-Zell-System wird angeregt, es kommt zur Zellproliferation im parakortikalen Bereich und zur Ausbildung von Effektorzellen, was sich in einer zellulären Überempfindlichkeit ausdrückt, die z. B. in Form einer verzögerten Hautreaktion nachgewiesen werden kann. Die Anregung des B-Kompartiments führt zur Proliferation in den Lymphfollikeln und zur Sekretion von spezifischen Antikörpern, gerichtet gegen die Epitope, die die B-Zellen ursprünglich erkannt haben. Zunächst werden Antikörper der IgM-Klasse gebildet, später Antikörper der Klassen IgG, eventuell IgA und IgE. Die Antikörper reagieren mit dem im Organismus akkumulierten Antigen, es bilden sich Komplexe, die im Retikuloendothelialen System phagozytiert und abgebaut werden. Regulationsmechanismen sorgen dafür, daß die Proliferation der Immunzellen rechtzeitig gestoppt wird. Nach Elimination des Antigens fallen die Antikörperspiegel allmählich, die verzögerte Überempfindlichkeit klingt ab, Gedächtniszellen bleiben über viele Jahre nachweisbar. Eine Wiederbegegnung mit dem gleichen Immunogen setzt die gleiche Ereigniskette viel schneller in Gang, da nun viel mehr das richtige Paratop tragende Zellen vorhanden sind; die Antikörper, besonders der Klasse IgG, erreichen rascher höhere Spiegel, das Antigen wird wirksamer eliminiert.

Bei der Elimination des Antigens, in der Effektorphase der Immunreaktion, werden neben Antikörpern und spezifisch sensibilisierten Zellen noch zahlreiche andere Mechanismen in Gang gesetzt, so das ganze Komplementsystem, die Phagozytose durch Granulozyten und Makrophagen (die phagozytosefördernde Wirkung der Antikörper heißt „Opsonisation“), sowie die Kollaboration kleiner Lymphozyten (sog. „K-Zellen“, ein Teil der schon erwähnten „Null-Zellen“), die mit Antikörpern auf ähnliche Weise zusammenarbeiten wie Komplement. Insgesamt entsteht dabei das Bild der Entzündung. Viele Hilfseffektoren (z. B. Teile der Komplementkette, Phagozytose, pharmakologische Mediatoren) können auch anders als durch eine Immunreaktion mobilisiert werden; aus dem Erscheinungsbild „Entzündung" kann also nicht ohne weiteres auf eine immunologische Genese geschlossen werden.

Überhaupt ist die Effektorphase der Immunreaktion weniger problemlos als oben skizziert. Je nach Krankheitserreger ist der zelluläre oder der humorale Arm der Immunreaktion wichtiger. So werden wahrscheinlich Infektionen mit grampositiven Kokken, wie Pneumokokken, hauptsächlich durch Antikörper beherrscht, die im Verein mit Komplementkomponenten die Phagozytose fördern (Opsonisation). Gramnegative Darmbakterien, wie Choleravibrionen, werden von Antikörpern und Komplement direkt lysiert. Mykobakterien scheinen gegen Antikörperwirkung und auch gegenüber Phagozytose durch Makrophagen weitgehend unempfindlich zu sein; hier dürften zelluläre Effektoren entscheidend sein. Das gleiche gilt für manche Virusinfektionen. Bei Viren der Herpesgruppe, die sich von Zelle zu Zelle ausbreiten, ohne in die Interzellularräume zu treten, können selbst hohe Antikörpertiter das Virus nicht ausmerzen, weshalb es oft zu rezidivierenden Läsionen kommt. Nach intrauteriner Infektion kann Rötelnvirus im Blut längere Zeit neben großen Mengen von Antikörpern koexistieren. Für die Elimination eines Virus dürfte es notwendig sein, die virusinfizierte Zelle wie eine körperfremde Zelle abzutöten, wozu offenbar eine zelluläre Immunität notwendig ist. Viele Jahre nach Überstehen einer Maserninfektion kann es zu einer subakuten sklerosierenden Panenzephalitis durch Masernvirus kommen und das in Gegenwart von höchsten Antikörpertitern. Vielleicht liegt dieser Krankheit ein Ungenügen der zellulären Immunität zugrunde.

Die Immunreaktion kann nicht nur bei der Beseitigung eines Krankheitserregers versagen, sondern auch ein Krankheitsbild wesentlich mitbestimmen. Im Tierversuch läßt sich zeigen, daß eine Infektion mit dem Virus der lymphozytären Choriomeningitis erst dann tödlich verläuft, wenn eine Immunreaktion erfolgt; wird diese unterdrückt, so lassen sich die schweren Symptome vermeiden. Bei der Dengue-Infektion des Menschen wird Ähnliches beobachtet: In Gegenwart einer vorbestehenden gekreuzten Immunität verläuft die Krankheit viel schwerer. In allen jenen Fällen, in denen nebeneinander größere Mengen von Antigen und von Antikörpern vorhanden sind, ist mit der Bildung von Immunkomplexen zu rechnen, die sich pathogen auswirken können (s. S. 52).

Interessanterweise ist bei Immunsuppression, wie sie im Verlauf gewisser Krankheiten oder gewisser Therapien auftritt (s. S. 54), nicht etwa die Häufigkeit sämtlicher Infekte erhöht, sondern nur ein ganz bestimmtes Spektrum: Infektionen mit Pseudomonas, Klebsiellen, Listerien, Candida, Aspergillus, Viren der Herpesgruppe (Herpes simplex, Herpes zoster bzw. varicellae, Cytomegalievirus). Der Grund dafür ist wahrscheinlich der, daß die Immunsuppression die einzelnen Zweige des Immunapparats ungleichmäßig schädigt und die immunologische Abwehr nicht bei allen Infekten in gleicher Formation auftritt.

Diagnostische Immunreaktionen

Bei den diagnostischen Immunreaktionen geht es entweder darum, die Spur einer abgelaufenen Immunisierung anhand von Antikörpern bzw. einer zellulären Überempfindlichkeit nachzuweisen oder aber mit Hilfe eines bekannten Antiserums ein Antigen zu identifizieren. Die einfachsten und zuverlässigsten Reaktionen spielen sich zwischen Antigen und Antikörper in vitro ab; man nennt diesen praktisch wichtigen Zweig der Immunologie auch Serologie, da die Antikörper im Serum gefunden werden. Sobald es sich um zelluläre Reaktionen oder um In-vivo-Versuche handelt, werden die Tests aufwendiger und die Interpretationen unsicherer.

Die Spuren einer Immunisierung persistieren lange. Es ist darum nicht verwunderlich, daß man im Serum eines Erwachsenen jederzeit Antikörper gegen viele Viren und Bakterien finden kann. Für den Diagnostiker ist es meist wichtig, zwischen Antikörpern, die eine aktuelle Infektion spiegeln, und solchen, die auf eine früher durchgemachte Infektion zurückgehen, zu unterscheiden. Diese Unterscheidung basiert auf dem Umstand, daß nach einer Infektion der Antikörpertiter zunächst 2–3 Wochen lang ansteigt, bevor er später allmählich wieder abfällt. Zwei Serumproben, die, im Abstand von 14 Tagen entnommen, einen Anstieg des Antikörpers zeigen, sprechen für eine frische Infektion. Zeigen zwei solche Serumproben gleichbleibende oder abfallende Antikörpertiter, so deutet das auf eine längere Zeit zurückliegende Infektion.

Eine andere Möglichkeit, eine frische Infektion zu erkennen, nützt die Beobachtung aus, daß die ersten nach Infektion auftretenden Antikörper der Klasse IgM angehören, während später vor allem Antikörper der Klasse IgG entstehen.

In-vitro-Reaktionen der humoralen Immunität (Antigen-Antikörper-Reaktionen)

Agglutination

Sind die Epitope Bestandteile größerer Partikel (Bakterien, Blutkörperchen usw.), so können Antikörper, die ja mindestens zwei identische Paratope besitzen, Brücken zwischen Epitopen benachbarter Partikel schlagen und auf diese Weise die Partikel aggregieren. Man nennt diesen oft mit bloßem Auge sichtbaren Vorgang Agglutination. Der Agglutination entgegen wirken die elektrostatischen Abstoßungskräfte zwischen gleich geladenen Partikeln und die Dicke des Hydratationsmantels, der die Partikel umhüllt. Es kann daher durchaus vorkommen, daß trotz guter Anpassung zwischen Epitop und Paratop eine Agglutination ausbleibt; es findet dann zwar wohl die primäre Verbindung zwischen Paratop und Epitop statt, aber die sekundäre Reaktion, die sichtbare Agglutination, bleibt aus. In solchen Fällen kann oft mit Hilfe eines zweiten Antikörpers, der gegen Epitope des ersten gerichtet ist, eine Agglutination herbeigeführt werden (sog. Coombs-Test). Bei der Agglutination brauchen die Epitope nicht natürliche Bestandteile der Partikel zu sein, sie können auch künstlich angelagert werden; man spricht dann von „passiver Agglutination".

Präzipitation

Sind die Epitope Bestandteile gelöster Moleküle, so kann es bei geeigneten Mengenverhältnissen zwischen Antikörper und Antigen zur Bildung großer Netzwerke von Antikörpermolekülen und Antigenmolekülen kommen, die ausfallen. Man nennt diesen Vorgang Präzipitation. Sind viel mehr Epitope als Paratope vorhanden, so werden sämtliche Antikörpervalenzen abgedeckt, und es kommt nicht zur Bildung eines Netzwerks. Sind umgekehrt viel mehr Paratope als Epitope vorhanden, so werden sämtliche Antigenvalenzen abgedeckt und wiederum bleibt die Bildung eines Netzwerks aus. Eine Präzipitation findet also nur in einem relativ engen Bereich statt, wo sich Antikörper und Antigen quantitativ einigermaßen entsprechen; man nennt diesen Bereich die „Äquivalenzzone". Da alle Epitop-Paratop-Reaktionen prinzipiell reversibel sind, kann man ein Immunpräzipitat stets durch Zugabe eines Überschusses entweder von Antigen oder von Antikörper wieder auflösen. Freie Epitope, die, weil monovalent, selbst keine Präzipitation ergeben, hemmen die entsprechende Präzipitation durch Besetzung der Paratope.

Eine praktisch besonders nützliche und vielfach verwendete Abart der Präzipitationsreaktion bildet die Gelpräzipitation. Die Reaktionspartner, Antigen und Antikörper, begegnen einander durch Diffusion in einem Gel. Wo sich Äquivalenzbedingungen ergeben, entsteht eine Präzipitation, häufig in Form einer scharfen Linie. Die Gelpräzipitation kann kombiniert werden mit Auftrennungsverfahren des Antigens, z. B. Elektrophorese (Immunoelektrophorese). Sehr feine qualitative und exakte quantitative Methoden fußen auf diesen Prinzipien. Als Beispiel diene das schon früh angewandte Verfahren von Elek: Virulente Diphtheriebakterien, die auf einem geeigneten gelierten Nährboden wachsen, sezernieren ein Toxin, das in die Umgebung diffundiert. Wird spezifisches Antitoxin aus einem getränkten Filterpapierstreifen ebenfalls zur Diffusion ins gleiche Gel gebracht, so entsteht an der Stelle, wo Toxin und Antitoxin aufeinandertreffen, eine Präzipitationslinie. Auf diese Weise lassen sich toxinbildende Bakterienstämme von nicht-toxinbildenden unterscheiden.

Hämolyse, Bakteriolyse

Wenn die Epitope Bestandteile von Zellmembranen und die entsprechenden Paratope Bestandteile gewisser IgM oder IgG sind, so führt die Paratop-Epitop-Reaktion, falls in Gegenwart von frischem Serum ausgeführt, zur Lyse der betreffenden Zellen. Das lytische Prinzip des frischen Serums, eine Reihe untereinander funktionell verzahnter Aktivatoren, Enzyme und Inhibitoren, wird kollektiv mit dem Namen *Komplement* belegt (s. S. 42). Das Komplement, das an sich unspezifisch ist, wird durch ein Signal, das von der spezifischen Paratop-Epitop-Interaktion an das F_c-Stück des Antikörpers geleitet wird, „aktiviert". Am Ende der Aktivierungskette entstehen Löcher in Zellmembranen, durch die Inhaltsstoffe der Zellen entweichen können (z. B. Hämolyse bei Erythrozyten). Ist bei der Reaktion von Antikörpern mit Blutkörperchen oder mit Bakterien die Mitwirkung des Komplements unmittelbar an der Hämolyse bzw. Bakteriolyse ablesbar, so gibt es zahlreiche andere Antigen-Antikörper-Reaktionen, die das Komplement aktivieren, ohne daß dabei makroskopisch oder mikroskopisch sichtbare Effekte resultieren würden. Dennoch kann auch in diesen Fällen verhältnismäßig leicht die Aktivierung oder der „Verbrauch" des Komplements nachgewiesen werden. Wird einem Antigen-Antikörper-Gemisch eine bekannte, kleine Menge von Komplement zugegeben und wird durch die Reaktion Komplement aktiviert bzw. „verbraucht", so steht kein Komplement mehr zur Verfügung für eine zweite Reaktion von bekannter Komplementabhängigkeit. Meist besteht diese zweite Reaktion darin, daß man Kaninchen-Anti-Schaferythrozyten-Antikörper auf Schaferythrozyten losläßt; in diesem Gemisch entsteht nur dann Hämolyse, wenn genügend Komplement hinzugefügt wird. Somit kann das System „Kaninchen-Anti-Schaferythrozyten-Antikörper plus Schaferythrozyten" (auch „hämolytisches System" genannt) als Indikator für die Gegenwart von Komplement benutzt werden. Ist in der ersten Reaktion Komplement verbraucht worden, so wird das angezeigt durch Nicht-Hämolyse im zweiten System. Umgekehrt heißt Hämolyse im zweiten System, daß im ersten kein Komplement verbraucht wurde, sei es, daß Paratop und Epitop nicht aufeinanderpassen, sei es, daß die Verbindung Paratop-Epitop nicht zur Aktivierung der Komplementkette geführt hat.

Diese Komplementbindungsreaktion, wie sie auch genannt wird, scheint zwar kompliziert, ist aber technisch weder besonders aufwendig noch ist sie auf hohe Reinheit des Antigens angewiesen. Sie wird diagnostisch viel verwendet.

Verdrängungsreaktionen mit radioaktiv markiertem Antigen

Eine Anzahl besonders empfindlicher und nützlicher In-vitro-Reaktionen beruhen auf dem Prinzip, daß eine sehr kleine Menge radioaktiv markierten Antigens, die mit einer ungefähr äquivalenten Menge des spezifischen Antikörpers vermischt, sich an diesen bindet, aus der Bindung durch Zugabe des gleichen, nicht-radioaktiven Antigens verdrängt werden kann. Das Hauptproblem besteht darin, die am Antikörper gebundene Radioaktivität von der freien zu unterscheiden. Die bei diesen Reaktionen eingesetzten Mengen sind viel zu klein, als daß sich Präzipitation der Antigen-Antikörper-Komplexe von selbst einstellen würde. Auf die technischen Tricks, die zur Lösung dieses Problems nötig sind, kann hier nicht eingegangen werden.

Neutralisationsteste

Viren sind mit Epitopen dicht besetzt. Je nach Lage dieser Epitope kann die Vereinigung mit dem zugehörigen Antikörper das Virus daran hindern, seine infektiösen Eigenschaften zu entfalten. Mischt man eine bekannte kleine Virusmenge mit fallenden Mengen des antiviralen Antikörpers, und läßt man nach einiger Zeit das Gemisch auf eine für das Virus empfängliche Zellkultur (oder auf ein empfindliches Versuchstier) einwirken, so kann die Mindestmenge an Antikörper bestimmt werden, die zur Neutralisierung des Virus ausreicht. Nach einem ähnlichen Prinzip können Antikörper gegen bakterielle Toxine (sog. Antitoxine) titriert werden. Auch die Hämagglutination gewisser Viren ist durch Antikörper spezifisch hemmbar.

Weitere Antigen-Antikörper-Reaktionen

Im Laufe der Jahre sind zahlreiche, auf spezielle Fragestellungen zugeschnittene Antigen-Antikörper-Reaktionen entwickelt worden.

Als Beispiele seien erwähnt: Der Nelson-Test, bei dem lebende Treponema-pallidum-Spirochäten in Gegenwart von Antikörpern und Komplement immobilisiert werden; der Sabin-Feldman-Test, bei dem sich Toxoplasmen nach der Reaktion mit spezifischen Antikörpern nicht mehr mit Methylenblau anfärben lassen. Es gibt noch eine ganze Anzahl weiterer Teste, die hier nicht alle angeführt werden können. Jedem einzelnen dieser Teste liegt aber einheitlich das gleiche Prinzip zugrunde: Die Vereinigung von Epitop und Paratop wird durch einen biophysikalischen Verstärkungsmechanismus zu einer leicht ablesbaren Reaktion gesteigert.

In-vitro-Reaktionen der zellulären Immunität

Während die Reaktionen von Antikörpern mit Antigen in vitro zu gut reproduzierbaren, seit Jahrzehnten eingeführten Standardverfahren ausgebaut sind, befinden sich die meisten Teste, die die T-Zell-Funktionen zu messen vorgeben, noch in der Entwicklung. Alle diese Verfahren sind viel aufwendiger und viel heikler. Ein kleiner Teil sei hier kurz skizziert.

Antikörperabhängige zelluläre Zytotoxizität

Diese Reaktion bildet einen Übergang zwischen rein serologischen und rein zellulären Tests. Dabei spielen gewisse, nicht spezifisch sensibilisierte Lymphozyten (sog. K-Zellen) eine ähnliche Rolle wie das Komplement.

Zytotoxische T-Effektor-Zellen

Die bei Transplantatabstoßung anfallenden Effektorzellen lassen sich durch ihre Fähigkeit nachweisen, allogeneische (artgleiche, genetisch verschiedene) Zielzellen zu lysieren. Die Lyse wird meist an der Freisetzung von radioaktivem Chrom, womit die Zielzellen vorher markiert werden, verfolgt.

Migrations-Inhibitions-Test

Sensibilisierte Lymphozyten, mit dem fraglichen Antigen zusammengebracht, sezernieren einen Faktor, der die Migration von Makrophagen oder von Granulozyten hemmt.

Unspezifische Lymphozytenstimulation

Fügt man zu Lymphozytensuspensionen gewisse Mitogene hinzu wie Phytohämagglutinin, so werden die Zellen zur Blasttransformation angeregt, meßbar am Einbau von radioaktivem Thymidin in den Kern. Damit kann ermittelt werden, ob die Lymphozyten überhaupt zur Proliferation befähigt sind.

Spezifische Lymphozytenstimulation

Lymphozyten eines Patienten, der auf ein gewisses Antigen sensibilisiert ist, lassen sich in vitro durch Zugabe des Antigens stimulieren. Die Stimulierung wird am Einbau von radioaktivem Thymidin gemessen.

Mixed-leukocyte-culture-Test

Mischt man in vitro normale Lymphozyten zweier genetisch nichtidentischer Individuen, so entsteht ein Analogon der Transplantatreaktion. Die Lymphozyten verwandeln sich zu Blasten, wiederum meßbar am Einbau von radioaktivem Thymidin.

In-vivo-Reaktionen der humoralen und zellulären Immunität

Von mehr historischem Interesse sind die Antigen-Antikörper-Reaktionen, die am Menschen in vivo demonstriert werden können, so der Schick-Test (die Fähigkeit, in die Haut eingebrachtes Diphtherietoxin zu neutralisieren, ein Maß für den Antitoxingehalt des Blutes), der Dick-Test (eine ähnliche Reaktion mit Scharlach-Toxin), das Auslöschphänomen bei Scharlach (die Fähigkeit, mit Hilfe von Antikörpern gegen das erythrogene Toxin den Scharlachausschlag lokal auszulöschen) oder die Prausnitz-Küstner-Reaktion (die Fähigkeit von IgE, sich an Gewebemastzellen zu binden und bei späterer Konfrontation mit dem Antigen eine Histaminreaktion zu zeigen). Immer noch aktuell sind Hautteste zur Ermittlung einer anaphylaktischen Überempfindlichkeit auf gewisse Allergene (Pollen, Milben, Tierhaare etc.).

Auf dem Gebiet der zellulären Immunologie sind In-vivo-Reaktionen unentbehrlich, so die Tuberkulinprobe zur Feststellung einer durchgemachten Tuberkuloseinfektion oder einer erfolgreichen Impfung mit BCG oder die Läppchenproben zur Feststellung einer Kontaktüberempfindlichkeit bei Ekzem.

Transplantationsimmunität

Einen wichtigen Sonderfall der Immunreaktionen stellen jene dar, die durch Transplantation genetisch ungleichen Gewebes ausgelöst werden. Daß Gewebe einer fremden (xenogeneischen) Spezies nicht vertragen wird, ist begreiflich. Erstaunlicher ist, daß auch artgleiches (allogeneisches) Gewebe im allgemeinen rasch abgestoßen wird. Nur arteigenes Gewebe gleicher genetischer Struktur (syngeneisches Gewebe) heilt dauernd ein (zweckmäßige chirurgische Technik vorausgesetzt). Unter Menschen kommt genetisch gleiches Gewebe nur bei eineiigen Zwillingen vor. Dementsprechend ist eine Nierentransplantation von einem eineiigen Zwilling auf den andern meist erfolgreich. Bei Versuchstieren lassen sich durch Inzucht größere Tierkollektive bereitstellen, die untereinander syngeneisch sind und die den gegenseitigen Austausch von z. B. Hautstücken ohne Abstoßung erlauben. Ein allogeneisches Transplantat ist immer von Abstoßung bedroht.

Die Genverbände, die für die riesige Vielfalt innerhalb der gleichen Spezies verantwortlich sind, heißen Histokompatibilitätskomplexe. Bei Mensch, Maus und Ratte existieren je ein wichtiger und mehrere weniger wichtige Histokompatibilitätskomplexe. Der biologische Sinn des ausgeprägten Histokompatibilitäts-Polymorphismus ist nicht bekannt. In der gleichen chromosomalen Region, in der der Haupt-Histokompatibilitätskomplex sitzt, befinden sich auch Gene, die die Intensität der Immunreaktionen gegen bestimmte Antigene steuern. Die Histokompatibilitätsgene diktieren die Bildung gewisser Zellmembranproteine, welche die Immunreaktion auslösenden Epitope tragen. Am Aufbau dieser Membranproteine scheint das schon auf S. 37 erwähnte Beta-Zwei-Mikroglobulin beteiligt zu sein, so daß innige Beziehungen zwischen dem Immunsystem mit seinem Paratoppolymorphismus einerseits und dem Histokompatibilitätssystem mit seinem Epitoppolymorphismus andererseits bestehen müssen. Das erklärt vielleicht, warum die allogeneischen Transplantationsreaktionen nicht etwa besonders mild und gedämpft verlaufen, sondern im Gegenteil sehr ausgeprägt sind. Obschon bei der Transplantationsimmunität, wie bei den meisten Immunreaktionen, sowohl T-Zellen wie B-Zellen angesprochen werden, also sowohl Effektorzellen wie zirkulierende Antikörper nachweisbar sind, scheint die eigentliche Transplantatabstoßung von zellulären Effektoren bewerkstelligt zu werden. Dies läßt sich durch Übertragungsversuche zeigen: Wird z. B. ein erstes Hauttransplantat von einem Versuchstier nach 11 Tagen abgestoßen, so wird ein zweites, genetisch identisches Transplantat schon nach 5 Tagen verworfen (Sekundärreaktion). Will man nun diese Bereitschaft zur beschleunigten Abstoßung auf ein anderes Versuchstier übertragen, so gelingt das, wenn man Zellen adoptiv transferiert, nicht aber, wenn man Serum passiv überträgt. Die Histokompatibilität spielt auch eine Rolle bei der zellulären Infektabwehr. Es scheint, daß die nach Virusinfektionen entstehenden Immunzellen nicht eigentlich virale Antigene erkennen, sondern die durch Viren veränderten Histokompatibilitätsantigene.

Krankmachende Immunreaktionen

Moleküle mit Epitopen, gegen die im Prinzip eine Immunreaktion eingeleitet werden kann, kommen in unserer Umwelt in großer Zahl vor. Tatsächlich reagieren wir nicht selten auf solche Umweltreize mit Antikörperbildung oder mit zellulären Effektoren, ohne daß nennenswerte Symptome auftreten müssen. Je nach genetischer Konstitution des Individuums und je nach Intensität der Exposition kann es aber gelegentlich zu Immunreaktionen kommen, bei denen die Vereinigung von Paratop und Epitop am Anfang einer Ereigniskette steht, die in Krankheitssymptome ausmündet. Das Krankheitsbild wird unter anderem durch den Ort beeinflußt, an welchem das Antigen eindringt (Respirationstrakt, Gastrointestinaltrakt, Haut, Schleimhaut, Blutbahn). Man unterscheidet je nach dem im Vordergrund stehenden pathogenetischen Mechanismus 4 Hauptformen der krankmachenden Immunreaktionen oder Allergien:

Typ I, anaphylaktische Reaktion: Die Antikörper der Klasse IgE lagern sich zytophil an Mastzellen. Begegnung des Antigens (Allergens) mit den zellständigen Antikörpern führt zur Degranulation der Mastzellen und zur Freisetzung von pharmakologisch hochaktiven Substanzen (Histamin, Kinine).

Das lebensbedrohliche Vollbild der systemischen Anaphylaxie wurde früher vor allem bei wiederholter Einspritzung von artfremdem Serum zu therapeutischen Zwecken (z. B. Diphtherieheilserum) beobachtet. Heute werden Überempfindlichkeitsreaktionen auf Penicillin unter dem Bild des anaphylaktischen Schocks gelegentlich gesehen.

Typ II, zytotoxische Reaktionen: Das Antigen bildet einen Bestandteil einer Zellmembran oder ist auf eine Zellmembran innig aufgelagert. Die Antikörper, zusammen mit Komplement, bewirken eine Lyse dieser Zellen.

Typ III, Immunkomplexvaskulitis: Die Antikörper bilden mit dem Antigen und Komplementkomponenten zusammen Komplexe. Diese Komplexe schlagen sich an Gefäßwänden nieder und ziehen Granulozyten an. Die Phagozytose der Komplexe führt zur Freisetzung von gewebsschädigenden Enzymen.

Typ IV, verzögerte Überempfindlichkeit: Effektorzellen des T-Systems reagieren mit dem Antigen und bilden ein zelluläres Infiltrat, das sich langsam (über 48 Stunden) ausbildet (daher der alte Ausdruck „verzögert“; Reaktionen der anderen drei Typen verlaufen schneller, innerhalb von Minuten bis Stunden).

Autoimmunität und Autoimmunkrankheiten

Wie schon eingangs erwähnt, verfügt unser Immunsystem in der Regel nicht über Paratope, die auf unsere körpereigenen Epitope passen. Diese Aussage ist aber zu weit gefaßt. Eine präzisere Formulierung lautet: Unser Immunsystem besitzt keine Paratope, die auf Epitope passen, die im Körper weit verbreitet sind und mit dem Immunsystem in ständigem Kontakt stehen. So wird man zum Beispiel vergeblich eine Autoimmunisierung mit Hilfe eines autologen Hauttransplantats oder einer Autotransfusion auszulösen versuchen. Es wäre auch biologisch unsinnig, allergische Reaktionen gegen körpereigene Substanzen zu entwickeln. Der eigentliche Mechanismus dieser „Selbsttoleranz“ ist noch unbekannt.

Es gibt zwar körpereigene Epitope, zu denen der Träger passende Paratope besitzt, ohne daß daraus Gesundheitsstörungen resultieren: solche Epitope nämlich, die normalerweise mit dem Immunsystem gar nicht in Berührung kommen. Die Proteine der Augenlinse sind ein Beispiel dafür. Durch Injektion von Augenlinsenmaterial ist es leicht, Antikörper zu induzieren, die mit Linsenextrakten des Antikörperbildners selbst reagieren. Man nennt solche Antikörper „Autoantikörper“, den Vorgang, der zu ihrer Bildung führt, „Autosensibilisierung“ oder „Autoimmunisierung“.

Im Verlauf gewisser Krankheiten kann es zur Autosensibilisierung kommen. Folgende auslösende Faktoren werden dabei diskutiert:

1. Freisetzung von Epitopen, die vom Immunsystem normalerweise abgeschirmt sind. Zum Beispiel können chirurgische Eingriffe an der Augenlinse Proteine in die Zirkulation bringen, welche, da sie auf passende Paratope treffen, eine Autoimmunisierung einleiten.
2. Modifikation körpereigener Substanzen derart, daß Epitope entstehen, zu denen passende Paratope im Immunsystem vorhanden sind.
3. Anlagerung körperfremder Epitope an körpereigene Substanzen.
4. Eindringen körperfremder Epitope, wobei die passenden Paratope mit körpereigenen Epitopen kreuzreagieren.
5. Zusammenbruch des hypothetischen Mechanismus, der die Entstehung von Paratopen verhindert, die auf körpereigene Epitope passen.

Solche Autoimmunreaktionen sind gar nicht selten. Autoantikörper finden sich mit zunehmendem Alter häufiger, ohne daß diese eine erkennbare pathogenetische Rolle spielen. Man muß unterscheiden zwischen Autoimmunreaktionen, die häufig harmlos sind, und Autoimmunkrankheiten, bei denen vermutet wird, daß die Autoimmunität entweder den primären pathogenetischen Mechanismus darstellt oder einen wesentlichen sekundären Beitrag zur Pathogenese liefert. Die möglichen schädlichen Auswirkungen von Autoimmunreaktionen hat man sich ähnlich vorzustellen, wie sie weiter oben bei den krankmachenden Immunreaktionen S. 51 aufgezählt wurden.

Immunstimulation und Immunsuppression

Da es gesunderhaltende und krankmachende Immunreaktionen gibt, wird man bestrebt sein, die ersten zu fördern und die zweiten zu hemmen. Beides kann im Prinzip entweder spezifisch oder unspezifisch erfolgen.

Spezifische Förderung von Immunreaktionen

Solche zählen zu den wichtigsten und erfolgreichsten Maßnahmen der Medizin überhaupt.

Impfungen oder *aktive Immunisierung:* Ein spezifischer Krankheitserreger oder dessen Produkt (Toxin) wird in abgeschwächter Form (als abgetötete Keimaufschwemmung, als wenig virulente, aber noch vermehrungsfähige Mutante, oder als entgiftetes Toxin) injiziert.

Seroprophylaxe oder *passive Immunisierung:* Ein spezifischer Antikörper (tierischer oder menschlicher Herkunft) wird injiziert und dadurch ein kurzzeitiger Schutz von Infektion oder Intoxikation erreicht.

Unspezifische Förderung von Immunreaktionen

Eine Reihe von Stoffen fördern die Immunreaktion, wenn sie gleichzeitig mit dem Antigen verabreicht werden. Man nennt sie *Adjuvantien.* Aluminiumhydroxyd zum Beispiel wird vielfach Impfstoffen als Adjuvans beigefügt. Es wird auch vermutet, daß Impfung mit bestimmten Keimen außer ihrer spezifischen Immunantwort auch eine generelle Umstimmung des immunologischen Apparats bewirken, die zu vermehrter Immunbereitschaft führt, z. B. die Injektion von BCG.

Spezifische Hemmung von Immunreaktionen

Die Applikation eines Antigens kann, je nach immunologischer Reaktionsbereitschaft des Organismus, verabreichter Menge des Antigens, Leichtigkeit seines Abbaus im Körper und Aggregatzustand, anstelle einer Immunreaktion das Gegenteil bewirken, nämlich die spezifische Unfähigkeit, auf spätere Begegnung mit an sich immunogenen Dosen des Antigens überhaupt immunologisch zu reagieren. Man nennt diesen Zustand *spezifische erworbene Toleranz.* Toleranz läßt sich verhältnismäßig leicht in immunologisch unreifen oder geschädigten Versuchstieren erzeugen. Die ursprünglich gehegte Hoffnung, die künstlich erzeugte Toleranz sei ein brauchbares Modell der natürlichen Toleranz gegen „Selbstantigene", hat sich nicht erfüllt. Vielmehr scheinen eine Anzahl verschiedener Mechanismen bei der künstlichen Toleranz mitzuspielen, so die Bildung von Suppressorzellen, die eine an sich vorhandene Reaktionsbereitschaft des toleranten immunologischen Apparats unterbinden, oder von Antikörpern gegen T-Zell-Rezeptoren. Bei der *natürlichen Toleranz* gegen „Selbstantigene" sind ähnliche Phänomene bisher nicht beschrieben worden. Zur Zeit neigt man zur Ansicht, daß bei der künstlichen Toleranz die fraglichen Paratope zwar vorhanden sind, die Immunreaktion aber trotzdem nicht abläuft; bei der natürlichen Toleranz dürften die Paratope selbst fehlen.

Eine spezifische Hemmung der Immunantwort läßt sich auch durch passive Zufuhr des betreffenden Antikörpers erreichen. So kann die Sensibilisierung einer rhesusnegativen Mutter durch Zufuhr genügender Mengen von Anti-Rhesus-Antikörper verhindert werden.

Unspezifische Hemmung von Immunreaktionen

Verschiedene Medikamente, die auf Zellen mit hoher Teilungsfrequenz wirken (Zytostatica), haben eine allgemein immunsuppressive Wirkung. Diese immunsuppressive Wirkung ist entweder erwünscht, wie bei der Behandlung von Abstoßungskrisen nach Nierentransplantation, oder unerwünscht, wenn sie als Nebenwirkung einer Tumorchemotherapie auftritt. Auch Cortison hat gewisse immundämpfende Effekte, die wahrscheinlich mit der durch Cortison bewirkten Atrophie der lymphatischen Organe zusammenhängen. Unter Immunsuppression treten gewisse Krankheiten, so Infektionen mit Viren der Herpesgruppe oder Malignome, besonders des lymphatischen Systems, gehäuft auf.

Diese letzte Beobachtung hat zur Hypothese geführt, eine der Hauptaufgaben des Immunsystems bilde die Elimination maligne entarteter Zellen. Die Tumorimmunologie hat aber bisher erst wenige Tatsachen zutage gefördert, die unser Verständnis menschlicher Tumoren wesentlich gefördert hätten.

Krankheiten des Immunsystems

Angeborenes Fehlen aller Anteile des immunologischen Apparats (das „kombinierte Immunmangelsyndrom") ist eine schwere, mit dem Überleben nicht vereinbare Mißbildung. Man stellt sich vor, daß die Stammzelle, aus der sowohl T- wie B-System sich ableiten, defekt ist. Isolierter Ausfall entweder des T-Systems oder des B-Systems wird ebenfalls als angeborene Mißbildung beobachtet. Die Ausfälle (Dysfunktion entweder der zellulären oder der humoralen Immunität) sind weniger lebensbedrohlich. Erworbene Immunmangelzustände, z. B. Hypogammaglobulinämie, Fehlen einzelner Immunglobulinklassen oder Darniederliegen der zellulären Immunität, kommen vor, oft in Verbindung mit Krankheiten des lymphatischen Apparats, z. B. mit lymphatischen Tumoren.

Malignome, ausgehend von den verschiedenen Zelltypen des immunologischen Apparats, werden als Leukämien, Lymphosarkome, maligne Lymphome, Plasmozytome etc. klassifiziert. Da die Stammzelle des immunologischen Apparates im Knochenmark zu suchen ist, fehlt es nicht an Versuchen, nach Ausschaltung des gesamten Immunsystems durch Knochenmarkstransplantation ein neues, gesundes Immunsystem aufzubauen.

Alle Autoimmunkrankheiten, deren auslösendes Moment unbekannt ist, können als Störungen der Immunhomeostase und damit als Krankheiten des immunologischen Apparats angesehen werden.

Schutzimpfungen

Nachdem viele Infektionskrankheiten eine postinfektiöse Immunität zurücklassen, besteht zumindest grundsätzlich die Möglichkeit, mit künstlichen Maßnahmen gegen diese Krankheiten zu immunisieren. Das Vorgehen besteht darin, entweder dem zu immunisierenden Wirtsorganismus das entsprechende Antigen in unschädlicher, aber doch noch zu Antikörperbildung führender Form einzuverleiben, oder den in einem fremden Wirtsorganismus schon vorgebildeten Antikörper passiv zu übertragen. Aktive wie passive Immunisierungsmethoden besitzen beide ihre Vor- und Nachteile. Sie können u. U. sinnvoll miteinander kombiniert werden.

Aktive Immunisierung

Bringt man den Wirtsorganismus in geeigneter Weise mit dem unschädlich gemachten Antigen (abgetötete oder avirulente Bakterien und Viren; entgiftete Toxine) in Kontakt, so daß der Wirt veranlaßt wird, selbst (aktiv) Antikörper zu bilden (als Antwort auf den antigenen Reiz), spricht man von aktiver Immunisierung.

Unter Schutzimpfung versteht man meistens eine aktive Immunisierung.

Die aktive Immunisierung hat den Vorteil einer anhaltenden Wirkung, indem die im Körper selbst angeregte Antikörperbildung für lange Zeit persistiert. Sie besitzt den Nachteil, daß sie sich nicht sofort auswirken kann, sondern erst nach 10–14 Tagen, nachdem die eigene Antikörperbildung in Gang gekommen ist. Aktive Immunisierungen eignen sich vorzüglich als prophylaktische Maßnahme auf weite Sicht, jedoch nicht als Sofortmaßnahme.

Erfolgreich aktiv immunisieren kann man vor allem gegen exotoxinbedingte sowie gegen virämische Krankheiten; weniger gut ist die

Wirkung gegen bakterielle Krankheiten. Demzufolge müssen wir in der Folge unterscheiden zwischen Erzeugung einer antitoxischen, einer antivirösen und einer antibakteriellen Immunität.

Aktive Immunisierung gegen exotoxinbedingte Krankheiten

Eine Reihe von Krankheiten bzw. Krankheitssymptomen wie Diphtherie, Scharlach, Tetanus, Botulismus und Gasbrand werden nicht durch Bakterien selbst ausgelöst, sondern durch deren Stoffwechselprodukte, die *Exotoxine*. Die Toxine stellen den pathogenetischen Faktor dar. Auch bakterien*freie* Kulturfiltrate wirken pathogen, so daß man mit solchen experimentell (ohne Bakterien) die klassischen Krankheitssymptome auslösen kann. Bei exotoxinbedingten Krankheiten richten sich die Antikörper gegen die Toxine und nicht gegen die Bakteriensubstanz. Deshalb spricht man von antitoxischer Immunität. Weil die Exotoxine Proteine und damit gute Immunogene sind, hinterlassen exotoxische Krankheiten eine fundierte, langdauernde Immunität, und es ist möglich, gegen diese Krankheiten künstlich zu immunisieren. Dies geschieht mit entgifteten Toxinen = Anatoxinen, syn. Toxoiden. Zur Impfstoffherstellung werden die Toxine (bakterienfreie Kulturfiltrate) meistens entgiftet durch Zusatz von Formaldehyd. Die so erhaltenen Toxoide wirken noch immunogen, sind aber nicht mehr toxisch. Mit Anatoxinen = Toxoiden wird vor allem immunisiert gegen Tetanus und Diphtherie.

Aktive Immunisierung gegen Viruskrankheiten

Die mit Virämie einhergehenden Viruskrankheiten hinterlassen, ähnlich den toxinbedingten, eine fundierte, langdauernde Immunität. Das hängt wiederum mit der chemischen Konstitution des für die Pathogenese verantwortlichen Agens, dem Virus, zusammen, dessen Proteinhülle die Antikörperbildung veranlaßt. Das Virusantigen ist ein Protein, demzufolge ein gutes Immunogen und löst in Analogie zu den Exotoxinen eine starke Antikörperbildung aus. Dies um so mehr, als das Antigen während des virämischen Stadiums im ganzen Organismus anwesend ist und alle zur Antikörperbildung befähigten Zellen entsprechend induziert.

Als Impfstoffe verwendet man inaktiverte Virussuspensionen (Totimpfstoffe) oder in ihrer Virulenz abgeschwächte, aber noch vermehrungsfähige Viren (Lebendimpfstoffe), s. S. 281. Mit derartigen Impfstoffen immunisiert man u. a. gegen Pocken, Poliomyelitis, Gelbfieber und Tollwut sowie gegen Masern, Röteln und Parotitis.

Die Virusantikörper wirken grundsätzlich nicht virulizid, sondern nur virusneutralisierend. Die mit homologen Antikörpern in Kontakt kommenden Viren können gar nicht abgetötet werden, da sie keine selbständigen Lebewesen sind. Durch Antikörper blockierte Viren verlieren nur ihre Infektiosität, wobei das Virus durch bestimmte Maßnahmen vom Antikörper wieder getrennt werden kann und hernach erneut infektionstüchtig ist.

Aktive Immunisierung gegen bakterielle Krankheiten

Die bakteriämischen Krankheiten, die als generalisierte Infektionen verlaufen, hinterlassen ebenfalls eine Immunität, jedoch nur eine relative und zeitlich beschränkte. Die Antikörper richten sich gegen diejenigen chemischen Konstituenten der Mikroorganismen, die antigen wirken und damit für die Antikörperbildung verantwortlich sind. Diese Konstituenten können ebenfalls Proteine sein, bestehen aber häufiger aus Polysacchariden, Lipoiden und Polypeptiden. Grad und Dauer jeder erworbenen Immunität sind abhängig von der chemischen Struktur des Antigens, dem sie ihre Entstehung verdanken. Im großen und ganzen sind Polysaccharide und Lipoide schlechtere Antigene als Proteine.

In größerem Umfange angewandt werden nur Impfungen gegen Cholera und gegen typhöse Salmonellosen. Dabei bestehen die Impfstoffe aus einer Suspension abgetöteter Bakterien. Der durch solche Impfstoffe erzeugte Impfschutz ist ungenügend und nicht zu vergleichen mit demjenigen gegen Toxine oder Virusinfektionen.

Je differenzierter der Aufbau eines Mikroorganismus und je komplexer damit das pathogenetische Geschehen ist, um so vielgestaltiger ist auch der Mechanismus der Immunitätsvorgänge. Bei Infektionskrankheiten, die durch zelluläre Mikroorganismen verursacht sind, ist die Anwesenheit spezifischer Antikörper im Serum nicht identisch mit Heilung oder absolutem Schutz vor Neuerkrankung. Über die Bedeutung der Opsonine s. S. 43 u. 44.

Aus genannten Gründen sind auch Impfungen gegen Pilz- und Protozoenkrankheiten im großen und ganzen nicht praxisreif.

Passive Immunisierung

Überträgt man den in einem fremden Organismus gleicher oder anderer Art schon vorgebildeten Antikörper in Form von Vollblut, Immunserum oder Immunglobulinfraktionen auf den zu schützenden Wirt, spricht man von passiver Immunisierung.

Die passive Immunisierung hat den Vorteil der Sofortwirkung, jedoch den großen Nachteil, daß die Wirkung nur kurz, 2 bis maximal 4 Wochen anhält, weil die passiv übertragenen, vom eigenen Organismus nicht selbst gebildeten Antikörper wieder ausgeschieden werden. Die Halbwertszeit isologer Antikörper beträgt höchstens 20 Tage. Wegen der kurzdauernden Wirkung eignen sich passive Immunisierungen nie für prophylaktische Maßnahmen auf weite Sicht. Passive Immunisierungen sind vor allem von therapeutischer Bedeutung bei exotoxinbedingten Krankheiten, indem Antitoxin das in Zirkulation befindliche Toxin fortlaufend neutralisiert.

Die passive Immunisierung gegen Viruskrankheiten bleibt wirkungslos, wenn schon genügend Wirtszellen infiziert sind, der Wirt sich also in der Inkubationsperiode befindet.

Gegen bakterielle Krankheiten, ausgenommen die exotoxinbedingten, sind passive Immunisierungsmaßnahmen wenig wirksam und werden deshalb selten angewandt. Auch dort, wo die Serumtherapie seinerzeit Eingang gefunden hatte, ist sie inzwischen durch die Chemotherapie ersetzt worden.

Die Blutgruppen

Blutgruppenkenntnisse, von grundlegender wie auch praktischer Bedeutung, stellen in erster Linie ein immunologisches Problem dar und sollen deshalb in diesem Zusammenhang besprochen werden.

Blutgruppeneigenschaften, chemisch Lipopolysaccharide, sind antigene Eigenschaften, gegen die Antikörper vorbestehen oder – nach spezifischer Sensibilisierung – gebildet werden können. Jedes Individuum besitzt bestimmte, nach den Mendelschen Regeln vererbte Blutgruppeneigenschaften, die schon ab 2. Fetalmonat feststellbar sind und während des ganzen Lebens bestehen bleiben.

Man kennt verschiedene Blutgruppensysteme, die sich unabhängig voneinander vererben. Die praktisch wichtigsten sind das AB0-System (0 = null) und das Rhesussystem. Grundsätzlich kann ein Individuum gegen jede Blutgruppeneigenschaft, die es nicht selbst besitzt, sensibilisiert = immunisiert werden.

Die Blutgruppenkenntnisse sind für das Gebiet des Transfusionswesens, das Verständnis der Inkompatibilität zwischen Mutter und Fetus wie auch forensisch (Identifizierungs- und Abstammungsfragen) nicht mehr wegzudenkende Voraussetzungen.

Das AB0-System

Die Entdeckung dieses Systems geht auf Landsteiner zurück, der 1900 feststellte, daß das Serum einzelner seiner Mitarbeiter die Erythrozytensuspensionen anderer Kollegen agglutinierte. Landsteiner unterschied schon damals 4 Blutgruppen, die heute auch „klassische Blutgruppen“ genannt werden und bezeichnete sie mit

A, B, AB und 0 (null). Zwei antigene Eigenschaften, A und B, sind notwendig, um diese 4 Blutgruppen zu definieren. Pro Individuum können A oder B, A und B, oder keines dieser Antigene vorhanden sein, deshalb die Bezeichnung 0 = null. Die genannten 4 Blutgruppen entsprechen Phänotypen. Genotypisch existieren 6 Zweierkombinationen: AA, A0, BB, B0, AB, 00. Weil 0 nicht antigen wirkt, können AA und A0, bzw. BB und B0 serologisch nicht auseinandergehalten werden. Ihre Unterscheidung ist nur bezüglich Erbmerkmal, nicht aber medizinisch von Bedeutung. Das gleiche gilt für die sog. A-Untergruppen A_2 und A_3, auf die nicht eingegangen wird.

Tabelle 2 Die AB0-Blutgruppen

Blutgruppen		Antigene in	Antikörper
Genotyp	Phänotyp	Erythrozyten	im Serum
00	0	keine	anti-A und anti-B
A0 AA	A	A	anti-B
B0 BB	B	B	anti-A
AB	AB	A und B	keine

Die antigenen Eigenschaften A und B werden bestimmt mit Hilfe spezifischer Antikörper anti-A und anti-B (Testseren); die Bestimmung der Eigenschaft 0 geschieht per exclusionem, wenn weder A noch B vorhanden ist.

Im AB0-System sind gesetzmäßig vorbestehende, nicht auf spezifische Immunisierung zurückzuführende Antikörper von großer praktischer Bedeutung. Diese anti-A und/oder anti-B Isoantikörper treten auf im Laufe des ersten Lebenshalbjahres. Sie sind gegen die Gruppenantigene gerichtet, die das Individuum selbst nicht besitzt; bei Individuen der Blutgruppe A also gegen B, bei solchen der Blutgruppe B gegen A, bei Angehörigen der Blutgruppe 0 gegen A und gegen B. Bei der Blutgruppe AB dagegen existieren keine solchen Antikörper. Die gruppenspezifischen Antikörper sind derart gesetzmäßig vorhanden, daß die Blutgruppenzugehörigkeit eines Individuums auch durch Bestimmung der Antikörper im Serum festgelegt werden kann.

Die Bestimmung der AB0-Blutgruppen

Üblicherweise wird sowohl zur Bestimmung der Blutgruppeneigenschaften als auch der gegen A und B gerichteten Antikörper der einfache Agglutinationstest angewandt, wobei Serum (Antikörper) mit einer Suspension roter Blutkörperchen vermischt wird. Als Testseren zur Bestimmung der A- und B-Antigene verwendet man Seren normaler Menschen, die ein anti-A bzw. anti-B (Isoagglutinine) in genügender Titerhöhe enthalten. Zur Bestimmung noch nicht ermittelter Serumantikörper anti-A bzw. anti-B verwendet man A- und B-Testerythrozyten bekannter Provenienz.

Tabelle 3 Agglutinationsprobe mit Testserum zur Bestimmung der A- und B-Antigene

Testserum:	anti-A	–	+	–	+
	anti-B	–	–	+	+
	Resultat Blutgruppe	0	A	B	AB

Um Fehlbestimmungen zu vermeiden, werden seit Jahren in allen einschlägigen Zentren die AB0-Blutgruppen in der Weise „doppelt" bestimmt, daß unabhängig voneinander sowohl die Erythrozytenantigene A und B als auch die Serumantikörper anti-A und anti-B ermittelt werden. Mit dieser Doppelspurigkeit können Fehler verschiedenster Art wesentlich reduziert werden; vor allem werden Agglutinationen und Pseudoagglutinationen nicht gruppenspezifischer Art, z. B. Kälteagglutinationen, aufgedeckt und auch administrative Fehler kommen eher an den Tag.

Tabelle 4 Agglutinationsprobe von Testerythrozyten zur Bestimmung der Serumantikörper
Unbekanntes Serum agglutiniert Testerythrozyten der Gruppe

Testerythrozyten	A	+	+	–	–
	B	+	–	+	–
Resultat Blutgruppe		0	B	A	AB

Häufigkeit der AB0-Blutgruppen

Die verschiedenen Blutgruppen sind innerhalb einer Bevölkerung nicht gleichmäßig verteilt. Global bestehen große Unterschiede. In Westeuropa sind A und 0 häufiger als B und AB. Der Anteil von

A- und 0-Individuen schwankt regional zwischen je 40 % und 45 %, der Anteil B macht ca. 10 % aus und AB ca. 5 %. Diese Quoten sind von einer gewissen praktischen Bedeutung. Als Ersatz für selten vorkommende Blutgruppenkombinationen ist es schwieriger, gruppengleiche Spender zu finden als für häufig vorhandene.

Herkunft der A- und B-Antikörper

Man hat sich gefragt, weshalb in jedem 0-, A- oder B-Individuum spätestens ab 2. Lebenshalbjahr ohne spezifische Immunisierung gesetzmäßig anti-A und/oder anti-B Immunkörper auftreten. Von der These, daß diese direkt genetisch determiniert seien, ist man wieder abgekommen. Heute herrscht die Auffassung vor, daß es sich um sogenannte heterogenetische Antikörper handle, die ihre Entstehung der Einwirkung von Antigenen aus unserer Umwelt verdanken, vor allem blutgruppenverwandten Antigenen aus dem Bereiche der Darmflora.

Damit läßt sich auch die Tatsache erklären, daß blutgruppenspezifische Antikörper normalerweise im Serum der Neugeborenen noch nicht existieren und erst ab 3. Lebensmonat vom Säugling selbst aktiv gebildet werden. Eine Feststellung bei Hühnern (weißen Leghorn) deutet ebenfalls auf heterogenetische Herkunft hin: normal aufgezogen bilden Leghornküken nach wenigen Wochen Antikörper gegen menschliche Erythrozyteneigenschaften, vor allem gegen B. Zieht man die Küken aber keimfrei auf, bilden sie obengenannte Antikörper nicht.

Sekretoren und Nichtsekretoren

Von theoretischem Interesse ist die Tatsache, daß die Blutgruppensubstanzen A, B und 0 mit dem Speichel ausgeschieden werden können. Dies ist an sich erklärlich, weil die Eigenschaften A, B und 0 (im Gegensatz zu den übrigen Blutgruppensystemen) nicht auf die Erythrozyten beschränkt sind, sondern im gesamten Organismus vorkommen. Nun sezerniert aber nicht jedes Individuum seine Blutgruppensubstanzen. Man unterscheidet Sekretoren (Se) und Nicht-Sekretoren (se), wobei sich die Sekretoreigenschaft dominant vererbt. Die Sekretoren (Se Se oder Se se) machen ungefähr $^3/_4$ der Bevölkerung aus, die Nicht-Sekretoren (se se) $^1/_4$.

Das Rhesussystem

Die Entdeckung und Benennung dieses Systems erfolgte durch Landsteiner und Wiener, die 1940 feststellten, daß Serum von Meerschweinchen, die mit Blut von Rhesusaffen immunisiert worden waren, nicht nur Erythrozyten von Rhesusaffen agglutinierte, sondern auch die Erythrozyten von 85 % (nicht von 100 %!) der weißen New Yorker Bevölkerung. Die 85 % der Blutproben, deren Erythrozyten agglutiniert wurden, bezeichneten die Autoren als rhesuspositiv, die restlichen 15 % als rhesusnegativ.

Schon zuvor wurden nach Transfusionen sowie in Zusammenhang mit Schwangerschaften schwerste Unverträglichkeitserscheinungen beobachtet, die durch das AB0-System nicht hatten erklärt werden können. Jetzt erst wurde festgestellt, daß es sich bei solchen Fällen um Immunisierungen im Rahmen des Rhesussystems gehandelt hatte, wobei hauptsächlich bei rhesusnegativen Blutempfängern und bei Müttern Antikörper gegen die Erythrozyteneigenschaft „rhesuspositiv" gefunden wurden.

Weitere Erhebungen zeigten, daß die Rhesusgruppen nicht aus einem einzigen Faktor bestehen, der da ist, oder nicht. Das System erwies sich als viel komplexer und es war das Verdienst Fishers, aus zahlreichen Einzelbefunden die richtige Synthese gemacht zu haben. Heute werden 3 allele Gene für 3 allele Antigenpaare verantwortlich gemacht und diese allelen Antigene werden bezeichnet mit

Groß-C / klein-c
Groß-D / klein-d
Groß-E / klein-e

Jedes Individuum besitzt, genetisch verankert und damit vererbt

1 Paar „C", d. h. CC oder Cc oder cc,
1 Paar „D", d. h. DD oder Dd oder dd,
1 Paar „E", d. h. EE oder Ee oder ee.

Die anfänglich – und z. T. auch heute noch – als Rhesusfaktor oder rhesuspositiv bezeichnete Erythrozyteneigenschaft entspricht nach obiger (System-)Nomenklatur dem Groß-D. Wer Groß-D besitzt, unabhängig davon, ob homo- oder heterozygot, ist rhesuspositiv, wer Groß-D nicht besitzt, also dd aufweist, ist rhesusnegativ.

Innerhalb des Rhesussystems sind, im Gegensatz zum AB0-System, keine vorbestehenden Antikörper bekannt. Treten Rhesusantikörper im Serum eines Individuums auf, sind sie immer spezifisch erworben.

Rhesusantigene sind (bis heute), im Gegensatz zu den AB-Antigenen, nur auf roten Blutzellen festgestellt worden. Dagegen konnten Rhesusantikörper, gleich wie AB-Antikörper, auch in anderen Körpersäften, z. B. in Milch und Aszites nachgewiesen werden.

Bestimmung der Rhesusantigene

Die Rhesuseigenschaften (lies Rhesusantigene) werden, ähnlich den AB0-Eigenschaften, mit Hilfe von Testseren, meistens im Agglutinationstest bestimmt. Als Testseren verwendet man Seren von Menschen oder von Tieren, die gegen bestimmte Rhesusantigene, gewollt oder ungewollt, spezifisch immunisiert worden sind. Selbstverständlich kann ein Individuum nur immunisiert werden gegen Rhesuseigenschaften, die es selbst nicht besitzt; z. B. gegen klein-c nur ein Individuum mit Groß-C/Groß-C, gegen Groß-D nur ein Individuum mit klein-d/klein-d, gegen Groß-E nur ein Individuum mit klein-e/klein-e.

Um die 3 allelen Antigene zu bestimmen, brauchte man 6 Testseren:

je 1 anti-Groß-C und 1 anti-klein-c,
1 anti-Groß-D und (1 anti-klein-d),
1 anti-Groß-E und 1 anti-klein-e.

Bis heute ist weltweit nie eine Anti-d-Immunisierung festgestellt worden, so daß keine Anti-d-Seren existieren und d serologisch nur bei Homozygotie (dd) per exclusionem (Fehlen von D) ermittelt werden kann.

Bestimmung der Rhesusantikörper

Die Bestimmung der immer spezifisch erworbenen Rhesusantikörper geschieht in der Regel mit Hilfe des indirekten Coombs-Tests (s. S. 502).

Weitere Blutgruppenmerkmale

MN- und Pp-System: Schon 1927, also vor den Rhesusblutgruppen, entdeckten Landsteiner u. Mitarb. durch Immunisieren von Tieren die zwei obgenannten, unabhängig voneinander sich vererbenden Systeme, wobei sich MN kodominant vererbt, so daß sich die 3 Kombinationsmöglichkeiten MM, MN und NN ergeben, während im Pp-System P dominiert.

Beide Systeme sind nur von genetischem und anthropologischem Interesse, dagegen nicht von praktisch-medizinischer Bedeutung, weil sowohl die M- und N- als auch die P-Eigenschaft im Menschen nicht antigen wirkt, so daß diese Merkmale nicht berücksichtigt werden müssen.

Alle nachstehend aufgeführten Blutgruppenmerkmale wurden nach 1940 entdeckt, nachdem es jeweils im Anschluß an wiederholte Transfusionen oder an Schwangerschaften zu Antikörperbildung gegen die entsprechenden Merkmale, also zu Immunisierung mit klinischen Unverträglichkeitserscheinungen gekommen war.

Die Benennung nachfolgender Blutgruppenmerkmale entspricht in allen Fällen dem Namen der Person, die sensibilisiert worden ist oder als sensibilisierender Blutspender gewirkt hat.

Die Lutheran-Blutgruppen (Lu): Der Anti-Lu-Antikörper wurde gefunden bei einem Patienten, der zahlreiche Transfusionen erhalten hatte. Der Name des Blutspenders war Lutheran.

Die Kell-Blutgruppen (K): Der Anti-K-Antikörper wurde entdeckt im Serum einer Mutter namens Kell. Ihr Neugeborenes litt an einem Morbus haemolyticus, der durch das Rhesussystem nicht erklärt werden konnte.

Die Lewis-Blutgruppen (Le): Entdeckt wurde dieses System wie die vorhergehenden, nachdem im Serum von Mrs. Lewis ein bis dahin nicht definierter Antikörper nachgewiesen worden war. Dieses System wurde vor allem genetisch bearbeitet, weil es diesbezüglich zahlreiche Rätsel aufgab.

Die Duffy-Blutgruppen (Fy): Auch diese Blutgruppen wurden entdeckt, weil im Serum eines Hämophiliepatienten namens Duffy, der während 20 Jahren zahlreiche Transfusionen erhalten hatte, ein korrespondierender Antikörper vorgefunden wurde.

Die Kidd-Blutgruppen (Jk): Dieses System wurde, ähnlich dem Kell-System, entdeckt, nachdem im Serum einer Mutter namens Kidd, deren Neugeborenes an einem Morbus haemolyticus litt, ein bis dahin nicht bekannter Antikörper festgestellt worden war.

Klinisch manifest werdende Immunisierungen gegen alle hier erwähnten Blutgruppenmerkmale sind äußerst selten, so daß diese Systeme in der täglichen Blutgruppenserologie nicht berücksichtigt werden müssen. Diese Blutgruppenmerkmale können in der Regel auch nicht mit dem direkten Agglutinationstest, sondern nur mit dem indirekten Coombs-Test (Anti-Globulin-Test) bestimmt werden. Das gleiche gilt für allfälligen Antikörpernachweis.

Dagegen stießen alle diese Blutmerkmale, die ja nur bei einem Teil der Menschen vorhanden sind, auf großes genetisches Interesse und werden bei Abstammungsfragen berücksichtigt.

Die Bedeutung der Blutgruppen im Transfusionswesen
Der Transfusionszwischenfall

Die Möglichkeit, in großen Mengen Vollblut zu transfundieren, bedeutet in vielen Fällen Lebensrettung. Diese Art der Therapie ist aus der Unfallmedizin, der Großchirurgie, der Geburtshilfe sowie aus Teilgebieten der inneren Medizin nicht mehr wegzudenken.

Grundsätzlich soll nur gruppengleiches Blut transfundiert werden, wobei die Bedeutung der AB0-Gruppen wegen der vorbestehenden Antikörper am gewichtigsten ist. Wird unverträgliches Blut transfundiert, erhält z. B. ein A-Empfänger B-Blut, kommt es meistens sofort, noch während der Transfusion, zu einem haemolytischen

Transfusionszwischenfall, der häufig tödlich endet. Es soll aber auch rhesusgleiches Blut transfundiert werden, weil Spenderblut mit empfängerfremden Rhesusantigenen im Empfänger die Bildung von Antikörpern in die Wege leitet, die dann bei wiederholten Transfusionen ebenfalls zu Zwischenfällen führen können und die sich vor allem auch bei künftigen Schwangerschaften wegen Rhesusinkompatibilität zwischen Mutter und Fetus katastrophal auswirken. Es soll also sowohl AB0- als auch rhesusgleiches Blut transfundiert werden. Die übrigen Blutmerkmale können in der Regel vernachlässigt werden und sind nur bei der äußerst selten vorkommenden Sensibilisierung gegen eines dieser Merkmale zu berücksichtigen.

Für den *hämolytischen Transfusionszwischenfall* ist fast immer der im Plasma des Empfängers vorbestehende Antikörper verantwortlich. Dieser führt (mit Hilfe des Komplementsystems) zur Hämolyse der Spendererythrozyten. Dabei können verschiedenartige Mechanismen beteiligt sein. Bei anti-A und anti-B Antikörpern geschieht die Hämolyse vorwiegend intravasal und spielt sich deshalb mit dramatischer Schnelligkeit ab. Ein anaphylaktischer Transfusionsschock kann innerhalb weniger Minuten zum Tode führen. Häufiger kommt es zur Hämoglobinämie und zum Nierenblock, d. h. zur Anurie, der eine Tubulusschädigung, bedingt durch Antigen-Antikörper-Komplexe, zugrunde liegt.

Die klinischen Symptome einer Transfusionshämolyse können verschiedenartig, verschieden schwer und verschieden rasch in Erscheinung treten, zumal bei narkotisierten Patienten die Symptome häufig unklar und verspätet wahrnehmbar sind. Die Therapie eines Transfusionszwischenfalles besteht in allen Fällen (auch in Verdachtsfällen) im sofortigen Abbruch der Transfusion und in der Schock- und Anuriebekämpfung. Daß zur Abklärung des Zwischenfalles Proben von Spender- wie Empfängerblut aufbewahrt werden müssen, versteht sich.

Transfusionszwischenfälle können verhindert werden

- durch korrekte, nur von Fachpersonal vorgenommene Blutgruppenbestimmungen;
- durch Vermeiden administrativer Fehler wie Verwechslungen und falsche Beschriftungen;
- durch Ausführen einer Verträglichkeits- oder Kreuzprobe vor der Transfusion (in vitro durchgeführt, am besten mit Hilfe des indirekten Coombs-Testes), wobei in erster Linie darauf geachtet wird, daß im Empfängerplasma keine Antikörper gegen Spendererythrozyten vorhanden sind. Da auch das Spenderplasma keine

Antikörper gegen die Empfängererythrozyten enthalten soll, spricht man von Kreuzprobe.

Der Morbus haemolyticus neonatorum und seine Verhütung

Unter Morbus haemolyticus neonatorum, auch Erythroblastose genannt, versteht man eine hämolytische Erkrankung des Feten oder Neugeborenen, bedingt durch die verkürzte Überlebenszeit der fetalen Erythrozyten, hervorgerufen durch blutgruppenspezifische Antikörper der Mutter.

Zur Schädigung der fetalen Erythrozyten kann es nur kommen, wenn mütterliche Antikörper die Plazentarschranke durchdringen, so daß sie mit den kindlichen Erythrozyten in direkten Kontakt kommen. Wegen ihrer geringeren Molekulargröße vermögen nur Antikörper der IgG-Klasse die Plazenta zu passieren, dagegen nicht Antikörper der IgM-Klasse. Nur erstere sind von pathogenetischer Bedeutung.

Da die natürlichen AB-Antikörper vornehmlich der IgM-Klasse angehören, spielen die zwischen Mutter und Kind häufig bestehenden Unterschiede in den AB0-Gruppen normalerweise keine Rolle. Von größter pathogenetischer Bedeutung hingegen sind spezifisch erworbene Rhesusantikörper, die der IgG-Klasse angehören und sich in 98 % aller Fälle gegen den Rhesusfaktor D richten. Solche Antikörper werden von rhesusnegativen Frauen gebildet, denen zuvor entweder fälschlicherweise rhesuspositives Blut transfundiert worden ist oder die in früheren Schwangerschaften rhesuspositive Kinder entwickelten (D des Kindes vom Vater geerbt). Rhesuspositive Erythrozyten solcher Kinder können unter der Geburt in den mütterlichen Kreislauf gelangen und die Mutter immunisieren, so daß bei künftigen Schwangerschaften Rhesusantikörper vorbestehen, die den Feten schädigen.

Grundsätzlich kann es also zur hämolytischen Erkrankung des Feten kommen, wenn die Mutter zuvor durch ihr fremde Blutgruppenantigene sensibilisiert worden ist, die gebildeten Antikörper plazentargängig sind und auf homologe fetale Erythrozytenantigene stoßen. Der Fetus kann derart geschädigt werden, daß er schon in utero abstirbt, das Kind kann aber auch lebend geboren werden mit mehr oder weniger schweren, sichtbaren Symptomen; von größter medizinischer Bedeutung ist schließlich, daß das Kind scheinbar völlig gesund, jedoch mit bereits geschädigten Erythrozyten zur Welt kommen kann und erst nach der Geburt erkrankt. Solche Fälle benötigen unsere besondere Beachtung, weil das Neugeborene durch eine sog. Austauschtransfusion vor Erkrankung und dauernder Invalidität bewahrt werden kann. Bei der *Austauschtransfusion* müssen alle eigenen, geschädigten Erythrozyten so rasch wie möglich durch fremde, gesunde Erythrozyten ersetzt werden, bevor es zur Hämolyse kommt.

Die Indikation zur Austauschtransfusion bei einem Neugeborenen mit fraglichem Morbus haemolyticus neonatorum wird gestellt mit Hilfe des direkten Coombs-Test an den Nabelschnurerythrozyten des Kindes: Nabelschnurblut wird 3 × ausgewaschen zur Entfernung der bluteigenen Globuline und die gewaschenen Erythrozyten versetzt mit Coombs-Serum = Antimenschenglobulinserum. Wenn eine Agglutination eintritt, (was sofort der Fall ist), sind die Erythrozyten antikörperbeladen und müssen entfernt werden. Dies bedeutet Austausch der gesamten kindlichen Eigenblutmenge.

Der Morbus haemolyticus neonatorum äußert sich in verschiedener Schwere durch

- Anämie mit hochgradigen Ödemen und serösen Ergüssen,
- Schweren Ikterus, auch icterus gravis neonatorum genannt,
- Bilirubinenzephalopathie, als Kernikterus bezeichnet, weil vor allem die Ganglienzellen des Stammhirns (irreparabel) geschädigt sind.

Solche Inkompatibilitätserscheinungen zwischen Mutter und Kind können am ehesten verhindert werden

- durch Vermeidung von Transfusionen (auch kleinvolumigen Injektionen) ungleichen, bzw. unkontrollierten Blutes;
- durch Verabreichung von Anti-D-Immunserum während der Geburt an rhesusnegative Mütter bei Rhesuskonstellation von Seiten des Kindes. Dieses passiv übertragene Anti-D-Serum soll das mutterfremde Antigen D der kindlichen Erythrozyten, die allfällig in den mütterlichen Kreislauf übertreten, sofort binden, so daß die Mutter durch das Antigen D nicht aktiv immunisiert und damit auf Lebenszeit sensibilisiert werden kann.

Bei der Erforschung der Rhesusinkompatibilität hat man die pathogenetisch bedeutsamen Rhesusantikörper der Mutter als *„inkomplette Antikörper“* bezeichnet. Diese Bezeichnung ist vielerorts erhalten geblieben; sie ist aber – zumindest biologisch betrachtet – falsch. Die Rhesusantikörper wurden als inkomplett bezeichnet, weil sie Erythrozyten nicht direkt zu agglutinieren vermögen und deshalb mit der einfachen, d. h. direkten Agglutinationsprobe nicht nachweisbar sind. Die pathogenetisch bedeutsamen mütterlichen Rhesusantikörper agglutinieren die kindlichen Erythrozyten, gegen die sie gerichtet sind, also nicht und können nur indirekt, am besten mit Hilfe des indirekten Coombs-Testes (s. S. 502) nachgewiesen, identifiziert und als solche auch austitriert werden. Ein derartiger

Antikörpernachweis geschieht nicht nur anläßlich der Geburt, sondern kann bei entsprechenden Voraussetzungen schon während der Schwangerschaft vorgenommen werden.

Eine Diskussion über die Konsequenzen des Antikörpernachweises während der Schwangeschaft und/oder anläßlich der Geburt würde das eigentliche Gebiet der Blutgruppenkenntnisse überschreiten und muß deshalb klinischen Beiträgen vorbehalten bleiben.

Bakteriengenetik

Eine grundlegende Eigenschaft aller lebenden Organismen einschließlich der Bakterien und Viren ist ihre Veränderlichkeit oder Variabilität. Diese Variabilität kann durch zwei fundamentale Prozesse erklärt werden. Einmal durch die *phänotypische Variation,* die eine Änderung von Eigenschaften durch Anpassung an die Umwelt innerhalb eines vorgegebenen Genotyps darstellt. Zum anderen durch die *genotypische Variation,* die auf spontanen, zufällig erfolgenden und seltenen Änderungen der Erbstruktur beruht.

Kenntnisse über die Mechanismen des Entstehens neuer *Genotypen* der Bakterien sind für die Medizin von besonderer Bedeutung, da der zu beobachtende, kontinuierliche „Wandel der Infektionskrankheiten" zum Großteil auf veränderte Eigenschaften pathogener Mikroorganismen zurückgeführt werden kann. Durch Variation des Erbgutes entstehen neue Bakterienstämme, die hinsichtlich ihrer Virulenz, ihres Verhaltens gegenüber Chemotherapeutika oder weiterer Eigenschaften besser an eine geänderte Umwelt angepaßt sind und dadurch schlechter angepaßte Bakterien als Infektionserreger verdrängen. Ein eindrückliches Beispiel für dieses Phänomen bietet der moderne Infektionshospitalismus. Im Krankenhaus erworbene Infekte werden heute vorwiegend durch Staphylokokken und gramnegative Enterobakterien verursacht, während die klassischen Erreger von Spitalinfektionen – wie Streptokokken und Clostridien – kaum mehr von Bedeutung sind. Die Ursache dafür liegt unter anderem in einer eindrücklichen genetischen Variabilität der Enterobakterien und Staphylokokken, die zum Entstehen gefährlicher, gegen viele Chemotherapeutika resistenter Stämme geführt hat.

Damit die Mechanismen genetischer Veränderung bei Bakterien verstanden werden, müssen zu Beginn molekulare Aspekte der Struktur, Funktion, Replikation, Lokalisation und Regelung der Aktivität bakterieller Gene zur Sprache kommen. Dabei kann nicht auf Einzelheiten der komplizierten Materie eingegangen sondern nur ein Überblick gegeben werden, der für das Verständnis ausreichen sollte.

Angaben über weitergehende Literatur auf dem Gebiet der Bakteriengenetik sind am Schluß des Kapitels aufgeführt.

Molekulare Aspekte der Bakteriengenetik

Die Struktur der Desoxyribonukleinsäuren (DNS)

Die genetische Information aller Zellen und auch vieler Viren ist in einer DNS-Doppelspirale gespeichert (Watson-Crick-Modell). Diese Doppelhelix besteht aus 2 komplementären Nukleinsäuresträngen gegenläufiger Polarität, die durch Aneinanderreihen von 4 verschiedenen Bausteinen, den Nukleotiden, aufgebaut sind. Jedes Nukleotid besteht aus einem Zuckerbaustein (Desoxyribose), aus Orthophosphat und einer von 4 organischen Basen (Thymin, Adenin, Cytosin, Guanin). Phosphat und Zucker bilden das Rückgrat des linearen Makromoleküls, wobei an jedes Zuckermolekül eine der 4 erwähnten Basen gebunden ist.

Die Komplementarität der beiden DNS-Stränge wird durch sterische Beziehungen der Basen gegenüberliegender Nukleotide bestimmt. Dabei liegt der Base Adenin die Base Thymin (AT-Paar), und dem Guanin das Cytosin (GC-Paar) gegenüber. Die jeweiligen Basenpaare werden durch Wasserstoffbrücken zusammengehalten. Der Anteil der einzelnen Basen am Aufbau einer bestimmten DNS ist konstant, wobei nach dem eben gesagten die Zahl der Adeninbasen gleich der Menge der Thyminbasen und die der Guaninbasen gleich der der Cytosinbasen sein muß. Das Verhältnis (A + T) : (G + C) ist ein Charakteristikum für eine bestimmte DNS und dient oft bei der Klassifikation der Bakterien als wichtiges taxonomisches Kriterium.

Die Replikation der DNS

Die Doppelstrangstruktur der DNS hat verschiedene wichtige Konsequenzen. Eine davon betrifft ihre Vermehrung. Bei der Teilung einer Bakterienzelle in 2 Tochterzellen muß die genetische Information identisch redupliziert werden. Aus einer Doppelspirale müssen also zwei identische Moleküle werden. Die Struktur der DNS erlaubt die Annahme eines Replikationsmechanismus, der als semikonservativ bezeichnet wird (Abb. 7). Die Spirale öffnet sich an einer bestimmten Stelle reißverschlußartig und bildet eine Y-förmige Struktur. Jeder nun teilweise freiliegende Einzelstrang (jedes Halbmolekül) dient als Matritze für die Synthese einer neuen Doppelspirale. Dadurch ist je ein Einzelstrang des ursprünglichen Moleküls in den beiden neuen Molekülen „konserviert". Mit Hilfe der Radioautographie und genetischen Experimenten konnte gezeigt werden,

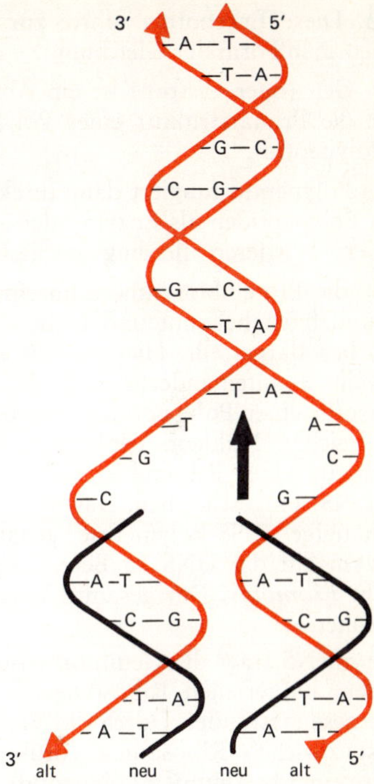

Abb. 7 Schematische Darstellung der Struktur und Replikation von Desoxyribonukleinsäure

daß die Replikation der zirkulären DNS an einem Startpunkt beginnt und von diesem aus in entgegengesetzte Richtungen des Moleküls fortschreitet. Katalysiert wird die Synthesereaktion durch Enzyme, die als DNS-Polymerasen und als Ligasen bezeichnet werden.

Die Wirkungsweise bakterieller Gene

Die chemische Struktur der DNS gibt auch eine Erklärung für das Funktionieren der Gene. Die 4 Basen Adenin, Thymin, Guanin und Cytosin kommen in der DNS in einer spezifischen Aufeinanderfolge vor. Insofern ähnelt die Primärstruktur der DNS einem Schriftbild. Die Folge von Nukleotiden stellt den Inhalt der Schrift dar. Änderungen eines Nukleotids, Wegfall oder Hinzukommen neuer Nukleotide verfälschen damit den Sinn der Schrift. Welche Information ist in dieser chemischen Nukleotidschrift enthalten? In vielen Fällen, in denen die Wirkung von Genen aufgeklärt werden konnte, bestand diese darin, ein bestimmtes Protein hervorzubringen. Diese Erkenntnis führte zur Formulierung einer allgemeinen Theorie in Form der Gleichung:

Ein Gen (oder Cistron) ist ein Abschnitt auf einem DNS-Molekül, der die Primärstruktur eines Polypeptides determiniert (1 Gen = 1 Polypeptid).

Das Polypeptid fungiert dann direkt oder in Kombination mit anderen Polypeptiden als Enzym oder Strukturprotein. (Neben „Proteingenen“ existieren allerdings noch „RNS-Gene“.)

Wie die Proteinbiosynthese im einzelnen vor sich geht, ist in ihren Grundzügen bekannt und in den Lehrbüchern der Biochemie ausführlich dargestellt. Hier sei nur kurz in Erinnerung gerufen, daß jeweils 3 aufeinanderfolgende Nukleotide der DNS eine Aminosäure in einer Polypeptidkette determinieren (= *Triplettcode).* Die zahlreichen Nukleotidtripletts eines Gens werden zunächst in die Tripletts einer Ribonukleinsäure, der Messenger-Ribonukleinsäure (mRNS) umgeschrieben. Das hierfür notwendige Enzym wird DNS-abhängige RNS-Polymerase genannt. Der Startpunkt für dieses Enzym auf der DNS zu Beginn eines Gens bzw. einer Gengruppe heißt *Promotor*. Der gesamte Vorgang wird als *Transskription* bezeichnet.

Die mRNS trägt die Geninformation zu den im Zytoplasma befindlichen, bakteriellen Ribosomen, an denen die eigentliche Proteinsynthese stattfindet. Durch die Verbindung mit der mRNS wird den unspezifischen Ribosomen vorübergehend die Spezifität zur Synthese einer bestimmten Polypeptidkette aufgeprägt.

Zu den Triplettsequenzen der mRNS, den Codons, haben bestimmte Abschnitte von Transfer-Ribonukleinsäuren (tRNS), die Anticodons, spezifische Affinitäten. Jede tRNS ist mit einer speziellen Aminosäure beladen. Auf diese Weise werden die entsprechenden Aminosäuren an den richtigen Ort der wachsenden Polypeptidkette am Ribosom transportiert. An den Ribosomen wird also die aus 4 Buchstaben bestehende Nukleotidschrift in die aus 20 Aminosäuren bestehende Schrift von Proteinen übersetzt. Daher wird dieser Vorgang auch als *Translation* bezeichnet.

Die Regulation der Genaktivität

Eine Bakterienzelle ist sehr klein. Nimmt man der Einfachheit halber eine Kugel mit einem Durchmesser von 1 μm an, dann errechnet sich ein Volumen von 5×10^{-14} ml. Nimmt man weiterhin das durchschnittliche Volumen der 5000 verschiedenen Proteinmoleküle mit je 5×10^{-20} ml an und kalkuliert, daß ungefähr 10 % des Volumens der Bakterienkugel von anderen Molekülen (Polysacchariden, Nukleinsäuren, Lipiden) eingenommen werden, dann ergibt sich, daß von jeder Proteinart nur 100 Moleküle vorhanden sein können. Das würde bei der Umsatzrate vieler Enzyme bedeuten, daß Wachstum und Vermehrung der Bakterien nur sehr langsam vonstatten gehen könnten. In Wirklichkeit jedoch vermehren sich Bakterien in einem optimalen Nährmedium sehr rasch. *Escherichia coli* verdoppelt zum Beispiel in 15 bis 20 Minuten seine Masse. Schon aus diesen theoretischen Überlegungen folgt, daß Bakterien ein System der Regulation der Proteinbiosynthese aufweisen müssen. Der ausgesprochene Sinn für Sparsamkeit bei Bakterien kann tatsächlich auch experimentell nachgewiesen werden. In einem methioninhaltigen Milieu wird sofort die Produktion derjenigen Enzyme, die zur Synthese von Methionin gebraucht werden, gestoppt. Nährsubstrateabbauende Enzyme werden nur dann synthetisiert, wenn das Nährsubstrat im Medium vorhanden ist.

Die Untersuchung derartiger Regulationsphänomene bei Escherichia coli hat Folgendes gezeigt:

1. Strukturgene, die die Synthese physiologisch verwandter Enzyme kontrollieren, stellen oft einen zusammenhängenden Abschnitt der DNS dar, der als *Operon* (Arbeitseinheit) bezeichnet wird.

2. Die Aktivität eines Operons wird von einem *Regulatorgen* gesteuert.

3. Das Produkt des Regulatorgens stellt den *Repressor* dar. Dieser Repressor ist bei einer bestimmten sterischen Konfiguration in der Lage, sich an einen DNS-Abschnitt zu Beginn eines Operons, den *Operator,* anzulagern. Dadurch wird die Aktivität der Operongene ausgeschaltet, weil die mRNS-Polymerase den Repressor nicht überspringen kann.

4. Die Aktivität des Repressorproteins wird mittels eines Allosterieeffektes durch kleine Signalmoleküle oder *Effektoren* an- oder abgeschaltet. Nährsubstrate, z. B. Lactose, inaktivieren den Repressor. Dadurch können katabole Operone, die substratabbauende Enzyme determinieren, in ihrer Aktivität angeschaltet werden: *Induktion kataboler Operone.* Substrate kataboler Operone, die den Repressor inaktivieren, werden auch Induktoren genannt.

   Endprodukte, z. B. Methionin, aktivieren den Repressor. Dadurch werden anabole Operone, die synthetische Enzyme determinieren, in ihrer Aktivität ausgeschaltet: *Repression anaboler Operone.* Endprodukte anaboler Operone, die den Repressor aktivieren, werden auch als *Korepressoren* bezeichnet.

5. Bei einigen Operonen ist Anheftungsort für den Repressor (= Operator) und Aufsprungstelle für die RNS-Polymerase

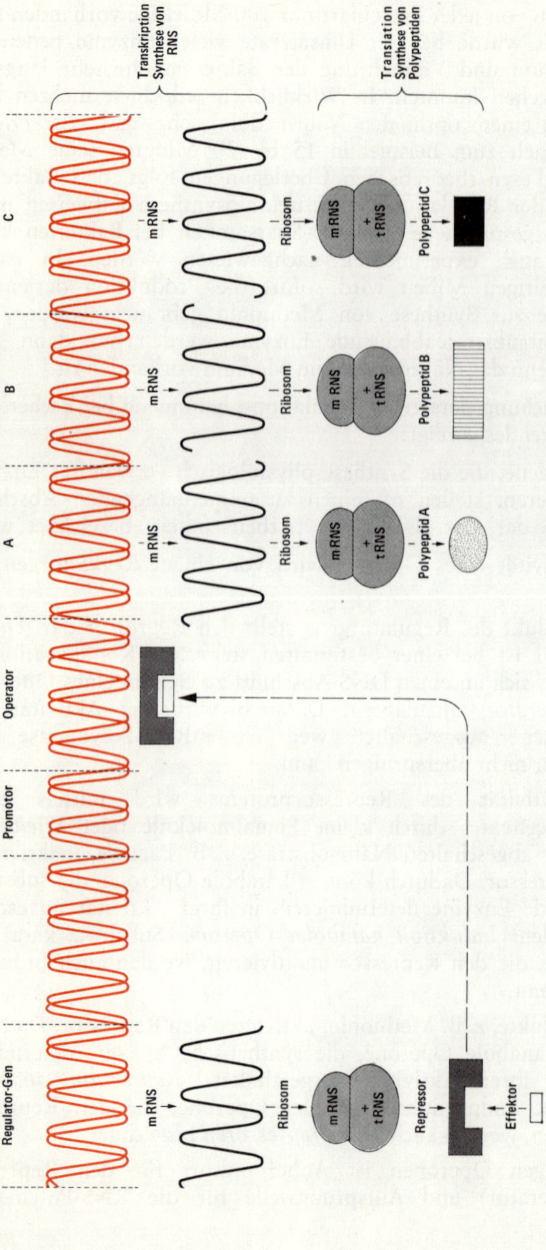

Abb. 8 Schema des Aufbaues und der Wirkungsweise eines Operons und seines Regulatorgens

identisch. Bei anderen existieren unmittelbar benachbarte, zum Teil auch überlappende DNS-Abschnitte mit je einer dieser Funktionen: der Operator einerseits sowie der *Promotor,* der die Aufsprungstelle der RNS-Polymerase darstellt.

6. Der Promotor spielt neben seiner normalen Funktion als RNS-Polymerase-Startpunkt eine Rolle bei der katabolen Repression bestimmter Operone. Bietet man z. B. Escherichia coli Glucose und Lactose als Nährsubstrate an, dann wird die Synthese der lactoseabbauenden Enzyme durch die Glucose gedrosselt. Eine Substanz des katabolen Stoffwechsels (= Glucose) veranlaßt die Repression der Synthese von Enzymketten zur Energiegewinnung aus anderen Quellen. Diese Regelung verläuft über eine Hemmung der Synthese von zyklischem AMP (cAMP) durch die Glucose. Im „Normalzustand", bei Abwesenheit von Glucose, lagert sich cAMP, verbunden mit einem Rezeptorprotein (CRP) an den Promotor des Lactoseoperons an und macht die Aufsprungstelle der RNS-Polymerase besser erkennbar für das Enzym. Ohne cAMP-CRP, was durch Glucose im Nährmilieu bewirkt wird, wird das Lactoseoperon nur mit geringer Frequenz gelesen.

Das bakterielle Chromosom und die Bakterienplasmide

Der Großteil bakterieller Gene ist im *Kernäquivalent (Nukleoid)* der Zelle lokalisiert. Dieses Kernäquivalent besteht aus einem einzigen, zirkulären, aufgeknäuelten DNS-Molekülfaden und wird in der Bakteriengenetik, nicht ganz korrekt zwar, als Bakterienchromosom bezeichnet. Das gut untersuchte Chromosom von Escherichia coli besitzt ein Molekulargewicht von $2{,}8 \times 10^9$ Daltons und ist im gestreckten Zustand 1200–1400 μ lang, also 400 Mal länger als die Achse der Bakterienzelle. Es weist ungefähr 5000 Gene auf.

Neben der chromosomalen DNS existieren in Bakterien außerhalb der Nukleoidregion weitere zirkuläre DNS-Moleküle, die als Plasmide (Synonym: Extrachromosomale genetische Elemente) bezeichnet werden.

Ein *Plasmid* ist ein unabhängig vom Bakterienchromosom sich vermehrendes DNS-Molekül (autonomes Replikon), das konstant von Mutter- auf Tochterzellen vererbt wird.

Einige Plasmide können in die chromosomale DNS durch Rekombination integriert werden, zum Beispiel der F-Faktor (s. S. 81). Diese Plasmide werden auch als *Episome* bezeichnet. Wie die Plasmidforschung des letzten Jahrzehnts gezeigt hat, enthalten Bakterien sehr oft Plasmide. Die Länge dieser Moleküle schwankt zwischen 1 bis 50 µm, ihr Molekulargewicht zwischen 2 und 100 Millionen Daltons. Die kleineren Plasmide kommen in den Zellen oft in 10 bis 40 Kopien vor. Über die evolutionäre Entstehung der Plasmide kann nur spekuliert werden. Eine Standardtheorie nimmt an, daß sie ausgebrochene Stücke der chromosomalen DNS darstellen, die autonom geworden sind.

Charakteristisch für alle Plasmide ist, daß sie für den normalen Zellmetabolismus überflüssig sind. Viele besitzen Gene, die den Phänotyp der Zelle, soweit das nachgeprüft werden kann, nicht verändern (kryptische Plasmide). Einige Plasmide verändern jedoch den Phänotyp ihrer Wirtszellen in einer Art und Weise, die für die Human- und Veterinärmedizin von größter Bedeutung ist. Es sind dies die Pathogenitätsplasmide und die Resistenzplasmide.

Pathogenitätsplasmide tragen genetische Determinanten bakterieller Pathogenität. Einige Beispiele für diese Marker sind das Enterotoxingen und die Determinante des K88-Antigens bei gewissen Kolibakterien, Hämolysingene bei Staphylokokken, Enterokokken und Escherichia coli, oder das Gen des exfoliativen Toxins bei Staphylococcus aureus.

Resistenzplasmide (Syn.: R-Plasmide; R-Faktoren) weisen genetische Information für Resistenzen gegen Chemotherapeutika auf. Bei über 90 % der in der Klinik aufgefundenen, resistenten Bakterien beruht die Resistenz auf Plasmiden. Viele dieser R-Plasmide tragen mehrere Resistenzgene; sie determinieren also *Mehrfachresistenz*. Wie es zu einer Häufung von Resistenzgenen auf diesen Strukturen kam, kann nicht eindeutig beantwortet werden. Wahrscheinlich ist, daß in der Evolution chromosomale Gene zu Resistenzgenen mutierten und dann durch einen „pick-up"-Mechanismus in Plasmide inkorporiert wurden. Diskutiert werden müssen aber auch Mutationen in schon extrachromosomal lokalisierten Genen.

Mutationen sind seltene Ereignisse (s. S. 77). Die starke Verbreitung ganz bestimmter Resistenzgene unter den verschiedensten Plasmiden kann durch diese seltenen Geschehnisse nicht erklärt werden. Eine Erklärung bietet aber die in den letzten Jahren entdeckte *Transition* oder *Translokation* an. Bestimmte DNS-Sequenzen können leicht (z. B. mit einer Frequenz von 10^{-2}/Replikon) zwischen verschiedenen DNS-Molekülen transloziert werden (jumping genes). Das wurde z. B. für ein DNS-Fragment (MG: 3×10^6 Daltons) bewiesen, das die genetische Information zur Bildung eines Penicillin inaktivierenden Enzyms, der TEM-β-Lactamase, enthält. Das Vorkommen dieses Gens auf Resistenzplasmiden unterschiedlichster Art und auch in bestimmten Bakterienchromosomen läßt vermuten, daß diese DNS-Sequenz Teil eines translozierbaren Elementes (Transposon) darstellt und damit vom Standpunkt der Evolution aus gesehen, einen einheitlichen Ursprung aufweisen könnte.

Resistenzgene, die leicht translozierbar sind, kommen oft in mehreren Kopien auf Plasmiden vor *(Genamplifikation)*. Derartige Plasmide determinieren zumeist hohe Resistenz.

Genetische Variabilität der Bakterien

Spontane und induzierte Änderung des Erbgutes

Das Auftreten erblicher Veränderungen bei Bakterien ist schon lange bekannt. Lange blieb allerdings ungewiß, ob diese Veränderungen den gleichen Gesetzmäßigkeiten folgen wie bei höher organisierten Organismen. Erst 1943 gelang der Beweis, daß Änderungen von Eigenschaften von Bakterienpopulationen die Folge von seltenen, ungerichteten Variationen in einzelnen Zellen, die dann selektioniert werden, darstellen, und nicht erblich fixierte Anpassungen aller Zellen einer Population im Sinne Lamarcks sind. Spontane und ungerichtete Änderungen des Erbgutes der Bakterien werden als *Mutationen* bezeichnet. Derartige Mutationen bestehen in Veränderungen der Nukleotidsequenz von Genen. Sie stellen zumeist Punktmutationen oder Deletionen dar.

Punktmutationen betreffen ein einzelnes Nukleotid eines Gens. Entweder wird ein schon vorhandenes Nukleotid durch ein anderes ersetzt oder es kommt ein neues hinzu bzw. es fällt eines weg. Punktmutationen sind dadurch charakterisiert, daß echte Reversionen des Vorganges beobachtet werden können. *Deletionen* bestehen im Verlust von 2 oder mehr, manchmal von Hunderten oder sogar Tausenden von Nukleotiden. Reversionen werden dabei nicht beobachtet. Die Häufigkeit, mit der Gene spontan mutieren, ist recht unterschiedlich. Diese Häufigkeit wird ausgedrückt in der *Mutationsrate*, die definiert ist als Wahrscheinlichkeit der Mutation pro Zellteilung,

$$a = m/d$$

wobei a die Mutationsrate darstellt, m die Anzahl Mutanten in einer Kultur und d die Anzahl der abgelaufenen Zellteilungen. Diese spontane Mutationsrate schwankt von Gen zu Gen zwischen 10^{-6} bis 10^{-10}. Mutationsraten können durch mutagene Agentien, wie Röntgen- oder UV-Strahlen, Acridinderivate, alkylierende Substanzen, Basenanaloga oder Hydroxylamin, stark gesteigert werden.

Da Mutationen also selten auftreten, ist ein Mittel zur Selektion der Mutante notwendig, damit ein Bakterienstamm mit einer veränderten Eigenschaft entsteht. Das Gesetz lautet: *Mutation plus*

Selektion. Bei Entstehung chemotherapeutikaresistenter Bakterienstämme stellt ein Chemotherapeutikum das Selektionsmittel dar.

Mutationen zur Chemoresistenz bei Bakterien können nach einem Einschrittmuster oder Vielschrittmuster erfolgen. Beim Einschrittmuster ereignet sich eine einzige Mutation, die die Mutante gegen hohe Konzentrationen des Mittels resistent macht. Beim Vielschrittmuster dagegen müssen mehrere Mutationen ablaufen, bevor eine Mutante entsteht, die eine genügend große Menge eines Chemotherapeutikums toleriert und damit resistent ist. Eine erste Mutation führt zur Mutante 1, die etwas weniger empfindlich ist als die Wildtypzellen. Eine weitere Mutation unter den Nachkommen der Mutante 1 führt zur Mutante 2, die wiederum weniger empfindlich ist als die Mutante 1-Zellen usw. Nach mehreren Mutationen entsteht schließlich ein resistenter Bakterienstamm. Der molekulare Mechanismus dieses Vorganges ist unklar. Im Reagenzglas kann man nach einem Vielschrittmuster ablaufende Resistenzentwicklung durchführen. Das Vorkommen eines solchen Ereignisses im Makroorganismus ist jedoch als sehr selten anzusehen.

Eine spontane, aber auch durch UV-Strahlen, Acridinderivate und weitere Agentien induzierte Änderung der Erbstruktur von Bakterien ist im „Verlust" eines ganzen Plasmides zu sehen. Da Plasmide autonome Replikons darstellen, können spontan oder induziert isolierte Schäden des Vermehrungsmechanismus der Plasmid-DNS auftreten, so daß die Plasmide nicht konstant weitervererbt werden. Bei den großen Resistenzplasmiden, bei denen 1–2 Kopien pro Wirtszelle vorliegen, werden plasmidnegative Zellen in Kulturen sogar recht häufig, in einer Frequenz von 0,1–10 %, beobachtet. Plasmidnegative Zellen vermehren sich meist rascher als positive, da zusätzliche Gene vermehrt metabolische Leistung erfordern.

Übertragung von Genmaterial bei Bakterien

Höhere Organismen pflanzen sich geschlechtlich fort. Dabei wird genetisches Material zweier Individuen vereinigt und nach einer Reduktionsteilung in neuer Kombination auf die Nachkommen vererbt. Bakterien dagegen vermehren sich vegetativ durch Zweiteilung. Dieser Vorgang führt nicht zur Durchmischung des genetischen Materials verschiedener Zellen. Trotzdem gibt es auch bei Bakterien Mechanismen, die zum Austausch von Erbmaterial zweier Einzelzellen führen. Da diese Vorgänge nicht den Gesetzen sexueller Vererbung folgen, hat man sie auch *parasexuelle Mechanismen* genannt. 3 Arten der Parasexualität sind bekannt: Transformation, Transduktion und Konjugation. Charakteristisch für diese Mechanismen ist, daß immer nur Teile des Genmaterials einer Donorzelle unidirektionell in eine Rezeptorzelle transferiert werden. Die übertragenen DNS-Stücke werden nach dem Transfer in das Chromosom der Empfängerzelle durch *Rekombination* integriert. Bei der Übertragung von Plasmiden ist ein Rekombinationsmechanismus nicht notwendig.

Rekombination

Bei dem Prozeß der Rekombination lagert sich ein von einer Donorzelle stammendes DNS-Stück entlang einer Region der Wirtszell-DNS, die in ihrer Basensequenz eine weitgehende Homologie mit dem transferierten Fragment zeigt, an. Durch Brüche in der Rezeptor-DNS und Einfügen der transferierten Sequenz in die entstehende Lücke erfolgt der Einbau des Materials (Bruch-Reunion-Modell). An diesem komplizierten und in seinen Einzelheiten noch nicht aufgeklärten Prozeß sind mehrere Enzyme beteiligt. Endonukleasen setzen die Schnitte an bestimmten Stellen der Nukleotideinzelstränge; überhängende, freie Enden aufweisende Einzelstränge werden durch Exonukleasen abgebaut; DNS-Polymerasen ergänzen einzelsträngige Bereiche zu Doppelsträngen; Ligasen schließen Lücken im Phosphodiesterrückgrat der Nukleotidstränge.

Transformation

Unter Transformation wird die Übertragung von Erbmaterial von einer Spender- auf eine Empfängerzelle in Form von chemisch weitgehend reiner DNS verstanden.

Dieser Prozeß wurde erstmals bei Pneumokokken festgestellt. Durch die DNS kapselbildender Pneumokokken wurde die genetische Information zur Kapselbildung auf Mutanten übertragen, die durch einen genetischen Defekt die Fähigkeit zur Kapselbildung verloren hatten. Der lange experimentelle Weg, der zu den in diesem kurzen Satz formulierten Erkenntnissen führte, begann 1928 mit Experimenten bei der Maus (Griffith) und endete 1944 mit der Isolierung und Identifizierung des „transformierenden Prinzips" (Avery). Diese Versuche bildeten den Kernbeweis dafür, daß das genetische Material aus DNS besteht.

Durch Transformation können auch weitere Merkmale der Pneumokokken (z. B. Resistenz) übertragen werden. Transformation wurde außerdem auch bei anderen Bakterienarten wie Haemophilus influenzae, Escherichia coli, Bacillus subtilis und Staphylococcus aureus beobachtet.

Isolierte Plasmide lassen sich ebenfalls durch Transformation auf geeignete Rezeptorzellen übertragen. In Verbindung mit der Technik der molekularen Manipulation von Plasmiden in vitro schuf diese Möglichkeit die Voraussetzung für ein neues Experimentierfeld: das *„plasmid engineering“*. Fremd-DNS, die entweder von anderen Bakterienarten oder höher organisierten Lebewesen (Drosophila, Xenopus laevis, Kaninchen) stammt, wird in Plasmidmoleküle inkorporiert und in Kolibakterien als Bestandteil dieser Plasmide rasch vermehrt. Dadurch wird diese DNS dem experimentellen Zugriff leicht zugänglich (siehe Abb. 10, S. 83).

Transduktion

Transduktion stellt den Prozeß eines Gentransfers unter Bakterien dar, der durch Bakteriophagen zustande kommt. Manche Bakteriophagenstämme sind in der Lage, jedes bakterielle Gen zu transferieren (= generalisierte Transduktion), einige können nur ganz bestimmte Gene übertragen (= spezialisierte Transduktion).

Bakteriophagen sind Viren, deren Wirtszelle die Bakterienzelle ist (s. auch S. 380). Ihre Vermehrung geht so vor sich, daß sie sich an bestimmte Rezeptoren eines Bakteriums anlagern und durch ein Loch in der Zellwand ihr Genom ins Innere der Zelle injizieren. Die genetische Information des Phagengenoms zwingt dann die Wirtszelle, neue Phagenpartikel zu produzieren. Nach einer bestimmten Zeit (Latenzzeit) haben sich eine entsprechende Zahl von bakteriellen Viren (Wurfgröße) gebildet, die Wirtszelle lysiert und gibt ihren „Wurf“ frei.

Während der Bildung der Phagen kann es nun passieren, daß gelegentlich mehr oder minder große Stücke der Wirtszell-DNS anstelle des ganzen oder von Teilen des Phagengenoms in den Phagenkopf eingebaut werden. Derartige Phagen können zwar noch andere Wirtszellen infizieren und ihren DNS-Inhalt injizieren, sie können aber die Wirtszelle nicht mehr lysieren, da die Partikel defekt sind. Handelt es sich bei dem auf diese Weise übertragenen DNS-Fragment um chromosomale DNS, muß eine entsprechende Sequenz durch Rekombination ins Chromosom eingebaut werden. Rekombination ist nicht notwendig, wenn ein Plasmid transferiert worden ist. Der geschilderte Vorgang wird als *generalisierte Transduktion* bezeichnet (Abb. 9).

Bei der *spezialisierten Transduktion* wird das Genom eines temperierten Phagen zunächst als Prophage, an seiner Insertionsstelle in das Wirtszellchromosom integriert. Beim Rückübergang in den autonomen Zustand geschieht nun gelegentlich ein Fehler, bei dem ein Stück des Phagengenoms durch ein benachbartes Stück des Bakterienchromosoms ersetzt wird.

Ein solcher Phage ist ebenfalls defekt, er kann sich lytisch nicht mehr vermehren. Er kann aber noch das defekte Genom auf eine

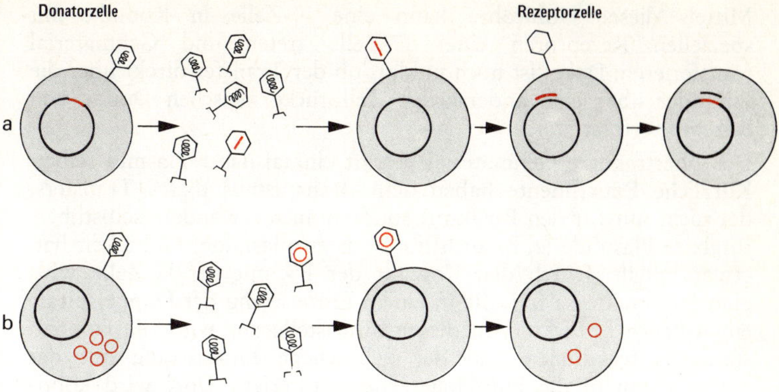

Abb. 9 Schematische Darstellung der Transduktion:
a) einer chromosomalen DNS-Sequenz,
b) eines Plasmides

neue Wirtszelle übertragen. Dieses wird dann als Prophage ins neue bakterielle Chromosom integriert. Das am besten untersuchte Beispiel einer spezialisierten Transduktion betrifft den Phagen Lambda und bakterielle Gene für den Galaktoseabbau (λ gal).

Nicht zu verwechseln mit der spezialisierten Transduktion ist das Phänomen der *lysogenen Konversion.* In diesem Fall üben Gene, die zum Prophagen selbst gehören, Wirkungen in der Bakterienzelle aus. Bei Diphtheriebakterien z. B. wird das Toxin durch Gene des β-Prophagen determiniert. Geht der Prophage verloren, kann das Bakterium kein Toxin mehr produzieren und ist avirulent geworden. Solche spontanen Verluste ohne Lyse der Wirtszelle ereignen sich in der Natur jedoch nur selten.

Konjugation

Unter Konjugation wird die Übertragung von Erbmaterial bei Bakterien von einer Donor- auf eine Rezeptorzelle durch einen Paarungsprozeß, der durch direkten Zell- zu Zellkontakt zustande kommt, verstanden.

Der direkte Kontakt wird durch bestimmte, in den Donorzellen vorhandene Plasmide ermöglicht. Prototyp eines derartigen Plasmids ist der F-Faktor (Fertilitätsfaktor) von Escherichia coli. Der F-Faktor besitzt Gene, die die Ausbildung von sog. F-Pili determinieren. F-*Pili* stellen 20 μm lange, dünne Proteinhohlrohre an der Oberfläche der F^+-Zellen dar, die einen Außendurchmesser von ungefähr 8,5 nm und eine innere lichte Weite von 3–3,5 nm aufweisen.

Mittels dieser Hohlrohre kann eine F^+-Zelle in Kontakt mit speziellen Rezeptoren einer F^--Zelle treten und Genmaterial transferieren. Dabei ist noch unklar, ob der Transfer direkt über die Pili oder über eine andersartige Zellbrücke zwischen Donor und Rezeptor erfolgt.

Das übertragbare Genmaterial betrifft einmal das F-Plasmid selber. Kürzliche Experimente haben den Mechanismus dieses Transfers, der nicht nur für den F-Faktor, sondern auch für andere selbstübertragbare Plasmide (z. B. auch für Resistenzplasmide) Gültigkeit hat, etwas erhellt. Durch den Kontakt der F^+- mit der F^--Zelle wird eine Endonuklease frei, die in einem Einzelstrang der Doppelspirale einen Bruch bewirkt. Von dieser Bruchstelle aus wird die Doppelspirale aufgewunden und der gebrochene Einzelstrang mit der Spitze voran in die Empfängerzelle transferiert. Dort wird kontinuierlich entlang des übertragenen Stückes der komplementäre Nukleinsäurestrang synthetisiert und nach Transfer und Synthese des gesamten Moleküls der Ring wieder geschlossen. Der in der Donorzelle zurückbleibende zweite Einzelstrang wird ebenfalls zum Doppelstrang synthetisiert. Transfer ist also gekoppelt mit einer gleichzeitigen Replikation: *Transfer/Replikation.*

Mit Hilfe des F-Faktors können andererseits auch chromosomale Sequenzen der F^+-Zelle in eine F^--Zelle transferiert und durch Rekombination ins Chromosom des Rezeptors eingefügt werden. Dies wird durch Einbau des F-Faktors in das Chromosom ermöglicht. Der durch „crossing over" erfolgende Einbau kommt bei jedem Kolistamm immer an einer ganz bestimmten Stelle zustande. Das Ereignis ist jedoch, ähnlich dem einer Mutation, recht selten. Zellen, die einen F-Faktor im Chromosom integriert enthalten, werden Hfr (von *h*igh *f*requency of *r*ecombination) genannt, da sie chromosomales Erbgut in hoher Frequenz auf Rezeptorzellen transferieren können, was in der Folge dann zur Rekombination dieses Erbmaterials mit dem Empfängerchromosom führt. Der Transfer geht dabei in Analogie zur Übertragung des F-Faktors vonstatten. Durch den Einbau in das Chromosom hat dieser gewissermaßen ein riesiges Anhängsel in Form des Wirtszellchromosoms erhalten. Zellkontakt setzt wiederum eine Endonuklease frei, die einen Bruch in einem Einzelstrang des F-Faktor-Bereiches des Moleküls initiiert. Mit einem Teil des F-Faktors an der Spitze sowie dem anderen Teil am Ende erfolgt der Transfer, die kontinuierliche Synthese der übertragenen Sequenzen zum Doppelstrang und schließlich der Ringschluß. Der gesamte Vorgang dauert ungefähr 2 Stunden. Da die Brückenbildung oft spontan unterbrochen wird, kommt es auch meist nicht zum Transfer des gesamten Chromosoms, sondern nur von Teilen desselben.

Dieser Paarungsprozeß stellt ein ideales Mittel zur groben Bestimmung der Lokalisation von Genen auf dem Spenderzellchromosom dar. Als Donator wählt man einen Mutantenstamm, dessen Zellen den F-Faktor im Chromosom integriert, enthalten. Dieser wird nun mit geeigneten F^--Stämmen zusammen kultiviert. Durch kräftiges Schütteln wird der Paarungsvorgang zu verschiedenen Zeiten unterbrochen und unter den Rezeptorzellen nach Rekombinanten gesucht. Je früher Rekombinanten beobachtet werden, desto näher liegt das verwendete Gen bei der Spitze des transferierten DNS-Moleküls.

Bisher wurde als Prototyp der konjugierten Übertragung von Erbmaterial der F-Faktor und seine Eigenschaften diskutiert. Von medizinisch größerer Bedeutung sind jedoch andere, durch Konjugation übertragbare Plasmide, die *Resistenz-* und *Pathogenitätsplasmide*. Am besten untersucht sind die *Resistenzplasmide* der gramnegativen Stäbchenbakterien, die auch oft als *R-Faktoren* (in Analogie zum F-Faktor) bezeichnet werden (s. S. 76). Die meisten dieser Faktoren stellen monomolekulare genetische Elemente dar, die aus zwei funktionell unterschiedlichen Anteilen bestehen: Einmal aus den R-Determinanten und weiteren, noch nicht identifizierten Genen und zum anderen aus dem RTF-Bereich (*r*esistance *t*ransfer *f*actor). Dieser Bereich weist die Gene für die Ausbildung von Sexual-Pili auf, die in Analogie zu den F-Pili Proteinhohlrohre darstellen, sowie Gene für den *Transfer/Replikations-Vorgang*. Die Übertragung der

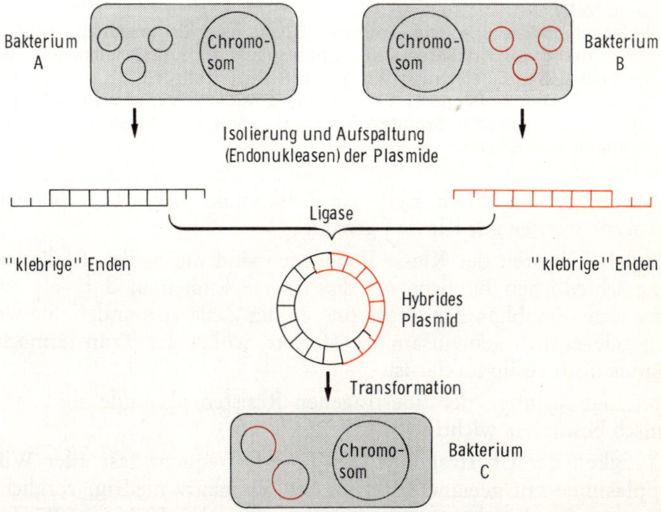

Abb. 10 Schematische Darstellung eines einfachen „genetic engineering"-Experimentes, bei dem 2 Plasmide zu einem einzigen Molekül verbunden werden.

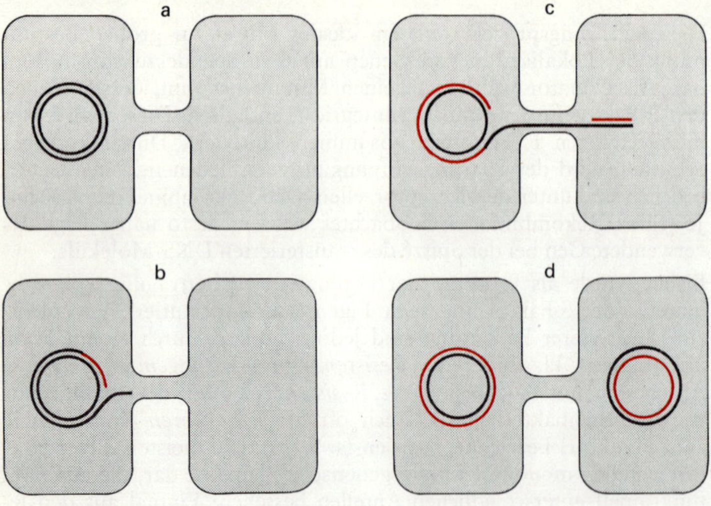

Abb. 11 Schematische Darstellung des Transfer/Replikationsvorganges eines konjugativen Plasmides:
a) Spezifische Paarbildung. Zufälliges Zusammentreffen von 2 Bakterienzellen. Pili sind für diesen Schritt notwendig. Auf diese Paarbildung muß nicht immer Konjugation folgen
b) Effektive Paarbildung. Dieser Konjugationsschritt beinhaltet die Bildung einer spezifischen Konjugations-Plasmabrücke zwischen Donor- und Rezeptorzelle
c) Plasmidmobilisierung und Transfer. Durch eine Endonukleare wird ein Einzelstrang der zirkulären DNS-Doppelspirale an einer bestimmten Stelle gespalten. Der Einzelstrang tritt in die Rezeptorzelle ein
d) Synthese. Der transferierte Einzelstrang sowie der zurückbleibende DNS-Strang werden durch Synthese komplementärer DNS-Stränge zu Doppelsträngen synthetisiert

Faktoren erfolgt durch Zell- zu Zellkontakt (Abb. 11). Derartige Plasmide werden zur Klasse I gezählt.

Bei den Faktoren der Klasse II dagegen sind die beiden funktionell unterschiedlichen Bereiche als dissoziierte Einheiten, d. h. als zwei autonome, unabhängige Replikons, in der Zelle vorhanden. Sie werden gelegentlich gemeinsam transferiert, wobei der Transfermechanismus noch völlig unklar ist.

Drei Eigenschaften der übertragenen Resistenzplasmide sind medizinisch besonders wichtig.

Häufigkeit der Übertragung: Die Transferfrequenz fast aller Wildtypplasmide auf geeignete Rezeptoren ist relativ niedrig, verglichen mit der des F-Faktors. Sie beträgt ungefähr 10^{-4} pro R^{-}-Zelle während 1 Stunde. Die niedrige Frequenz beruht darauf, daß Wildtypplasmide zumeist reprimiert sind, d. h. einen Repressor produzieren, der die Aktivität ihrer eigenen RTF-Gene herabsetzt. Inkubiert man Donor und Rezeptor jedoch mehrere Stunden, dann kann die Zahl der Empfängerzellen, die zu R^+-Zellen geworden sind, erheblich steigen. Der Grund ist darin zu sehen, daß jede R^+-Zelle zu einer potentiellen Donorzelle wird, so daß sich unter den Zellen einer Bakterienpopulation R-Plasmide wie in einer Kettenreaktion ausbreiten.

Wirtsbereich: Eine weitere Besonderheit der übertragbaren R-Plasmide besteht darin, daß sie zwischen verschiedenen Arten, Gattungen und Familien gramnegativer Stäbchenbakterien transferiert werden können. Die Häufigkeit des Transfers zwischen verschiedenen Bakterienspecies variiert natürlich stark und ist auch sehr davon abhängig, ob ein Stamm Donor oder Rezeptor darstellt. Generell kann gesagt werden, daß Escherichia coli, Shigella, Citrobacter, Klebsiella und Enterobacter – in der aufgeführten Reihenfolge – gute Donatoren sind. Gute Rezeptoren sind, der Reihenfolge nach Klebsiella, Enterobacter, Escherichia coli, Shigella, Citrobacter und Pseudomonas. Schlechte Donatoren *und* Rezeptoren stellen im allgemeinen Stämme von Salmonella, Proteus und Serratia dar. Transfer zwischen den erwähnten Bakterienspezies wurde übrigens nicht nur im Labor, sondern auch im Makroorganismus nachgewiesen. Im Reagenzglas konnte man R-Plasmide zudem auf Vibrio cholerae, Yersinia pestis, Yersinia pseudotuberculosis sowie auch auf marine Bakterien und Pflanzenbakterien übertragen. Ein Transfer auf grampositive Kokken oder Stäbchen wurde bisher nicht beobachtet.

Resistenzdeterminanten: Charakteristisch für transferierbare R-Plasmide ist weiterhin, daß sie meist mehrere Resistenzdeterminanten aufweisen. Es sind sogar Faktoren bekannt geworden, die Resistenzmarker gegen alle Standardchemotherapeutika (Ampicilline, Cephalosporine, Streptomycine, Tetracycline, Chloramphenicol, Kanamycin/Neomycin, Gentamicin und ähnliche Antibiotika, Sulfonamide) besaßen.

Die Tatsache, daß von harmlosen Darmbakterien (Escherichia coli) R-Plasmide z. B. auf Salmonellen und Shigellen übertragbar sind, veranschaulicht die Problematik der Plasmidresistenz in der Medizin, denn sie stellt die Wirksamkeit einer antibiotischen Therapie bei Salmonellose oder Shigellose in Frage.

Schlußbetrachtung

Die parasexuellen Mechanismen der Übertragung von Erbmaterial bei Bakterien haben dargelegt, daß Information nicht nur unilateral, von der Mutter- auf Tochterzellen übertragbar ist, sondern zwischen beliebigen Partnern erfolgen kann. Parasexualität bei Bakterien bestimmt ganz wesentlich ihre *genetische Variabilität,* durch die sie sich kontinuierlich an veränderte Umweltbedingungen anpassen. Einen besonderen Platz nimmt dabei die Übertragung von Plasmiden ein, die, im Gegensatz zu chromosomalen Genen, nach erfolgtem Transfer nicht mehr in das Rezeptorchromosom hineinrekombiniert werden müssen. Darüber hinaus stellen viele Plasmide selbstübertragbare Einheiten dar, die durch Konjugation in hoher Frequenz zwischen verschiedenen Bakterienspezies pendeln können. Bakterien haben damit ein primitives, aber höchst wirkungsvolles System der Kommunikation auf genetischer Ebene entwickelt. Sie können anderen Partnern Botschaften mitteilen, z. B. „wie man es macht", um pathogener zu sein, oder wie man Antibiotika inaktiviert. Die in der Einführung dieses Kapitels erwähnte Zunahme der Bedeutung von Staphylokokken und vor allem gramnegativen Enterobakterien als Erreger von im Spital erworbenen Infektionen beruht auf dem häufigen Transfer von Plasmiden, bei Staphylokokken mit Hilfe von Bakteriophagen und bei Enterobakterien durch Konjugation.

Grundlagen der Chemotherapie

Wahrscheinlich können sich heute nur noch wenige vorstellen, welche ernsthafte Bedrohung eine bakterielle Infektion für einen Patienten vor 40 und mehr Jahren darstellte. Die Lobärpneumonie zum Beispiel war häufige Todesursache unter jungen Menschen und auch die Streptokokkensepsis wies eine hohe Letalität auf. Der in den letzten Jahrzehnten stattgefundene Wandel in der Gefährlichkeit bakterieller Infektionen beruht auf der Entwicklung der antibakteriellen Chemotherapie.

Chemotherapie kann definiert werden als Behandlung mit antimikrobiellen, systemischen, selektive Toxizität aufweisenden, chemischen Substanzen.

Chemotherapie stellt allerdings keine neue Therapieform in der Medizin dar. Schon im 17. Jahrhundert kannte man die Wirkung des Chinins bei der Malaria und von Ipecacuanha bei der Amöbenruhr. Diese Erkenntnisse der Frühperiode der Chemotherapie entsprangen jedoch reiner Empirie. Die wissenschaftliche Ära der Chemotherapie beginnt erst mit der Entdeckung des Salvarsans durch P. Ehrlich im Jahre 1909 und findet einen ersten Höhepunkt in der Auffindung der Sulfonamide als wirksame antibakterielle Substanzen durch G. Domagk (1935). Ein zweiter Höhepunkt ist in der Antibiotikaära zu sehen, die mit der Entdeckung des Penicillins (A. Fleming, 1929) und dem Nachweis der außerordentlichen Wirksamkeit dieser Substanz (E. Chain u. Mitarb., 1940) beginnt.

Antibiotika (Waksman, 1942) stellen antimikrobielle Stoffwechselprodukte von Bakterien und Pilzen mit hoher Wirkungsintensität dar.

Chemotherapeutika sind also ein Oberbegriff, dem Antibiotika, Sulfonamide und weitere Stoffe untergeordnet werden.

Die Chemotherapie tangiert fast alle Sparten der Medizin. Es kann nicht Aufgabe dieses kurzen Kapitels sein, die klinischen Belange des immensen Gebietes zu beleuchten. Hier werden im wesentlichen nur die bakteriologischen Grundlagen der Chemotherapie zur Sprache kommen. Die Problematik einer antiviralen Chemotherapie wird im Abschnitt Virologie dargestellt (S. 282). Hinweise auf die Therapie der Parasitosen sind in den entsprechenden Kapiteln nachzulesen (S. 385 u. f.).

Die folgende Tab. 5 vermittelt eine Übersicht über die wichtigsten antibakteriellen und antimykotischen Chemotherapeutika.

Wirkungsspektrum

Jedem Chemotherapeutikum kommt ein bestimmtes *Wirkungsspektrum* zu. In diesem werden alle Arten von MO zusammengefaßt, die gegenüber einer Substanz Empfindlichkeit zeigen.

Die meisten Chemotherapeutika weisen ein schmales Wirkungsspektrum auf. Die Ursache der *natürlichen Resistenz* vieler Bakterienspezies gegenüber diesen *Schmalspektrum-Chemotherapeutika* ist im bakteriellen Stoffwechsel oder im chemischen Aufbau zu sehen. Penicillin G zum Beispiel zeigt in therapeutisch realisierbaren Konzentrationen keine Wirkung gegen Enterobacteriaceae (Ausnahme: Proteus mirabilis), weil die äußeren Schichten der Zellwand für Penicilline schlecht permeabel sind.

Eine Reihe von Chemotherapeutika besitzt ein *mittleres Wirkungsspektrum.* Als Prototyp einer solchen Substanz kann das Ampicillin angesehen werden, das ein halbsynthetisches Penicillin darstellt. Es wirkt außer auf grampositive Bakterien und gramnegative Kokken auch auf verschiedene gramnegative Stäbchenbakterien ein.

Zu den *Breitspektrum-Chemotherapeutika* schließlich zählen als Prototypen die Tetracycline, die sämtliche Bakteriengruppen, von den Chlamydien über die Rickettsien, Mykoplasmen, L-Formen bis zu den normalen Bakterienformen, beeinflussen.

Tabelle 5 Kurzer Überblick über die gebräuchlichsten Chemotherapeutika

Klasse	Wirkstoff	Wirkungsspektrum	Wirkungsqualität	Wirkungsmechanismen	Besonderheiten
Sulfonamide	Sulfanilamid Sulfamethoxazol Sulfafurazol etc.	breit; Bakterien; Chlamydien.	bakteriostatisch	Kompetition mit p-Aminobenzoesäure; Dihydropteroinsäuresynthetase	Resistenzprobleme. Synergismus mit Trimethoprim.
Trimethoprim	Trimethoprim	breit; grampositive und gramnegative Bakterien; Protozoen.	bakteriostatisch	Hemmung der Dihydrofolsäurereduktase	Synergismus in Kombination mit Sulfonamiden; dabei oft bakterizide Wirkung.
Penicilline	Penicillin G Penicillin V	schmal; grampositive Bakterien.	bakterizid in Teilungsphase	Zellwandsynthese (Murein)	Allergie.
	Methicillin Isoxazolyl-Penicilline (Oxacillin, Cloxacillin, Dicloxacillin, Flucloxacillin)	schmal; grampositive Bakterien.	bakterizid in Teilungsphase	Zellwandsynthese (Murein)	resistent gegen Penicillin-β-lactamase der Staphylokokken.
	Ampicillin Amoxycillin Epicillin etc.	mäßig breit; grampositive und viele gramnegative Bakterien.	bakterizid in Teilungsphase	Zellwandsynthese (Murein)	empfindlich gegen Penicillin-β-lactamase der Staphylokokken. Allergische Nebenwirkungen.

	Carbenicillin	zusätzliche Wirkung auch gegen Pseudomonas spp.	bakterizid in Teilungsphase	Zellwandsynthese (Murein)	empfindlich gegen Penicillin-β-lactamase der Staphylokokken.
Cephalosporine	Cephaloridin Cephalothin Cephalexin Cephazolin Cephacetril etc.	mäßig breit; grampositive und viele gramnegative Bakterien.	bakterizid in Teilungsphase	Zellwandsynthese (Murein)	keine Kreuzallergie mit Penicillinen. Resistent gegen Penicillin-β-lactamase der Staphylokokken.
Aminoglycoside	Streptomycin Dihydrostreptomycin	mäßig breit; gramnegative und viele grampositive Bakterien; Tuberkelbakterien.	bakterizid	Proteinsynthese (Translation)	Ototoxizität; Nephrotoxizität; Resistenzprobleme.
	Kanamycin Tobramycin Amikacin Neomycin Paromomycin Gentamycin Sisomycin	mäßig breit; gramnegative und viele grampositive Bakterien.	bakterizid	Proteinsynthese (Translation)	Ototoxizität; Nephrotoxizität. Neomycin und Paromomycin nur orale und lokale Applikation. Wegen Toxizität von Tobra, Genta Siso Blutspiegel < 10 mcg/ml, von Kana und Ami < 20 mcg/ml.

Tabelle 5 (Fortsetzung)

Klasse	Wirkstoff	Wirkungs-spektrum	Wirkungs-qualität	Wirkungs-mechanismen	Besonderheiten
Tetracycline	Tetracyclin Oxytetracyclin Chlortetracyclin Demethylchlor-tetracyclin Rolitetracyclin Methacyclin Doxycyclin Minocyclin	breit; Bakterien; Tuberkel-bakterien; Mykoplasmen; Rickettsien; Chlamydien.	vorwiegend bakteriostatisch	Proteinsynthese (Translation)	Resistenz-probleme; Ablagerung in Zähnen beim Fetus, bei Säug-lingen und bei Kleinkindern.
Chloram-phenicol	Chloramphenicol Thiamphenicol	breit; Bakterien; Mykoplasmen; Rickettsien; Chlamydien.	vorwiegend bakteriostatisch	Proteinsynthese (Translation)	Toxizität; bei Chloramphenicol aplastische Anämie.
Makrolide	Erythromycin	schmal; grampositive Bakterien; Hämophilus.	vorwiegend bakteriostatisch	Proteinsynthese (Translation)	Resistenz-probleme bei Staphylokokken.
Polypeptide	Bacitracin	schmal; grampositive Bakterien.	bakterizid in Teilungsphase	Zellwandsynthese (Murein)	Nephrotoxizität; vorwiegend lokale Anwendung.
	Polymyxin B Colistin	schmal; gramnegative Bakterien.	bakterizid	Zytoplasma-membran	Neurotoxizität; Nephrotoxizität.
Polyene	Amphotericin B	Antimykotikum	fungizid	Zytoplasma-membran	Nephrotoxizität.

	Nystatin	Antimykotikum	fungizid	Zytoplasmamembran	Nur lokal oder oral anwendbar.
5-Fluorcytosin	5-Fluorcytosin	Antimykotikum	vorwiegend fungistatisch	RNS-Synthese	
Imidazole	Cotrimazol	Antimykotikum	fungistatisch	?	
Lincomycine	Lincomycin Clindamycin	schmal; grampositive Bakterien; gramnegative Anaerobier.	vorwiegend bakteriostatisch	Proteinsynthese (Translation)	gute Penetration ins Knochengewebe.
Rifamycine	Rifamycin SV	schmal; grampositive Bakterien; Tuberkelbakterien.	vorwiegend bakteriostatisch	Proteinsynthese (Hemmung der RNS-Polymerase)	rasche Resistenzentwicklung; Kombinationstherapie!
Vancomycin	Vancomycin	schmal; grampositive Bakterien.	bakterizid in Teilungsphase	Zellwandsynthese (Murein)	Nephrotoxizität; Allergie; Thrombophlebitis.
Fosfomycin	Fosfomycin	breit	bakterizid in Teilungsphase	Zellwandsynthese (Murein)	
Nitrofurane	Nitrofurantoin Furazolidon Nitrofural Furaltadon	breit; grampositive und gramnegative Bakterien.	vorwiegend bakteriostatisch	unbekannt	nur bei Harnweginfekten.
Nalidixinsäure	Nalidixinsäure	schmal; gramnegative Bakterien.	vorwiegend bakteriostatisch	unbekannt	nur bei Harnweginfekten.

Wirkungsqualität

Unter der Wirkungsqualität oder dem Wirkungstyp wird die Art und Weise verstanden, in der Chemotherapeutika Bakterienpopulationen beeinflussen. Zwei Grundformen können unterschieden werden. Die durch reversible Hemmung des Wachstums gekennzeichnete *Bakteriostase* sowie der irreversible Effekt der *Bakterizidie* (Abb. 12).

Versucht man, den verschiedenen Chemotherapeutika aufgrund ihres Verhaltens in vitro die eine oder die andere dieser Wirkungen generell zuzuordnen, dann stößt man auf Schwierigkeiten. Viele Substanzen sind nämlich in der Lage, beide Wirkungsqualitäten auszuüben. Bakterizide Mittel können in bestimmten Grenzkonzentrationen bakteriostatisch wirken. Viele bakteriostatische Chemotherapeutika können in Abhängigkeit von der Konzentration, der Einwirkungsdauer und vor allem auch der Keimart gewisse bakterizide Effekte entfalten. Um letzterem Rechnung zu tragen, werden derartige Chemotherapeutika oft auch in der Gruppe der vorwiegend bakteriostatisch wirkenden Stoffe zusammengefaßt (Prototyp: Tetracycline). Die Gruppe der bakteriziden Substanzen schließlich läßt sich unterteilen in solche, die nur während der Teilungsphase der Bakterien Effekte ausüben (Prototyp: Penicilline) und in solche, die während jeder Stoffwechsellage abtötend wirken (Prototyp: Polymyxine). Die Ursachen der unterschiedlichen Wirkungsqualität

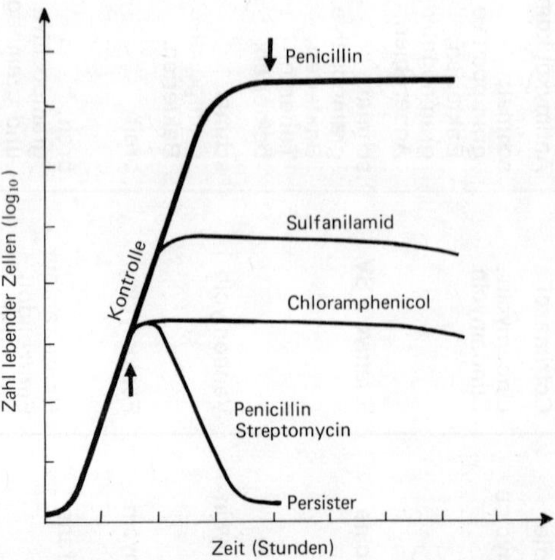

Abb. 12 Kinetik antimikrobieller Wirkung repräsentativer Chemotherapeutika. Die Pfeile kennzeichnen die Zugabe der Substanzen

des antibakteriellen Effektes lassen sich zurückführen auf den molekularen Wirkungsmechanismus (s. S. 96) und auf die Folgen, die das Blockieren bestimmter bakterieller Funktionen oder Strukturen bei den verschiedenen Bakterienspezies nach sich zieht.

Ein bakteriostatisches Chemotherapeutikum allein kann nie zur Heilung, d. h. zur vollständigen Eliminierung pathogener Bakterien aus den Geweben führen. „Heilung" kommt durch die kombinierte Wirkung des Chemotherapeutikums sowie der spezifischen und unspezifischen (Phagozytose) Infektabwehr des Wirtsorganismus zustande. In einem Gewebe, in dem diese Infektabwehr schlecht funktioniert (Endokard), im Zentrum einer eitrigen Läsion, in dem keine funktionstüchtigen Phagozyten vorhanden sind, oder bei gestörter Immunitätslage (Immunmangelkrankheiten, Agranulozytose, immunsuppressive Therapie) müssen für endgültige Heilung bakterizide Substanzen angewendet werden. Darin liegt der klinische Wert der Charakterisierung von Chemotherapeutika als bakteriostatische und bakterizide Pharmaka.

Ganz ohne körpereigene Infektabwehr können jedoch auch mit bakteriziden Substanzen nicht *alle* Bakterien eines Infektionsherdes beseitigt werden. In einer Population befinden sich immer einige Zellen, die phänotypisch resistent sind, ohne es genotypisch zu sein. Das sind die sog. *Persister,* die in Reagenzglaskulturen mit einer Häufigkeit von $1:10^6$ bis $1:10^8$ beobachtet werden (s. Abb. 12). Die Ursache der Persistenz beruht zumeist in einer besonderen Stoffwechsellage dieser MO, die ihre Abtötung durch bakterizide Mittel verhindert. Nach Absetzen der Chemotherapie kann es aufgrund dieser Persister zu Rückfällen kommen. Eine interessante Art der Bakterienpersistenz stellen die *L-Formen* dar (s. S. 9). Diese zellwanddefekten Formen können in ökologischen Nischen des Gewebes überleben ohne zu lysieren. Gegenüber die Zellwandsynthese hemmenden Antibiotika sind sie absolut resistent. Sie sind zwar nicht pathogen, können jedoch nach Absetzen der Therapie in die normale Bakterienform revertieren und damit zu Rückfällen führen.

Pharmakokinetik

Mit Chemotherapeutika kann nur dann ein Behandlungserfolg erreicht werden, wenn es gelingt, am Infektionsort biologisch wirksame Konzentrationen über ausreichend lange Zeit zu realisieren. Diese Konzentrationen werden vor allem von der Menge der Chemotherapeutika im Blutplasma bestimmt. Das Verhältnis Blutspiegel und Wirkungsortspiegel hängt von verschiedenen physikalisch-chemischen Eigenschaften des Chemotherapeutikums einerseits und von den besonderen Verhältnissen im Makroorganismus andererseits ab. Die Dissoziationskonstante (pKa-Wert), die Löslichkeit, die Molekülgröße und weitere Faktoren sowie die Durchblutung einzelner Organe und Gewebe, der pH im Plasma und am Wirkungsort beeinflussen die lokale Verteilung eines Chemotherapeutikums und damit das Verhältnis zwischen Plasma- und Wirkortkonzentration. Zum Beispiel ist der Transport durch intakte Membranen hindurch in Sekrete (Liquor, Speichel, Prostatasekret, Galle) stark von der Lipidlöslichkeit eines Mittels abhängig. Gute Penetration in den Knochen weisen nur wenige Substanzen auf. Eine besonders schwierige Situation bietet die Niere, in der die Konzentration von Carbenicillin in der Rinde, der Papille sowie dem Harn das 3-, 17- sowie über 500fache der des Blutplasmas betragen kann. Bei großer Hydration, aber auch bei pathologisch veränderten Nieren können sich diese Verhältnisse zusätzlich noch stark ändern.

Eine Beurteilung der Gesamtverteilung und Gewebsbindung eines Wirkstoffes im Körper erlaubt der pharmakokinetische Begriff des *Verteilungsvolumens,* der definiert ist als das Verhältnis zwischen der Konzentration im Plasma und der Gesamtmenge im Organismus. Die Einheit dieses Verhältnisses wird in Liter pro kg Körpergewicht angegeben. Kleine Volumina weisen Substanzen auf, die das Gefäßsystem nicht oder nur schlecht verlassen, große Volumina solche, die sich gut im Organismus verteilen.

Eine der Ursachen für ein kleines Verteilungsvolumen stellt eine hohe Bindung an Serumproteine dar. Dabei handelt es sich um einen reversiblen Zustand, der sich kontinuierlich entsprechend einem physikalischen Gleichgewicht zwischen freier und ungebundener Substanz einstellt. Bei manchen Antibiotika liegen über 90 % der Gesamtmenge im Blut in gebundener Form vor. Hohe Proteinbindung führt zu länger anhaltenden Konzentrationen im Blut (Depoteffekt). Nur ungebundene Moleküle jedoch können antibakterielle Aktivität entfalten. Weiterhin ist die Diffusion ins entzündliche Gewebe im wesentlichen auf freie Substanz beschränkt.

Chemotherapie *muß* wirksam sein, wenn kontinuierlich am Infektionsort wirksame Konzentrationen vorliegen. Bei vielen Antibiotika, die aus praktischen Gründen intermittierend verabreicht werden, kann diese Forderung nicht eingehalten werden. Die biologische Halbwertszeit – d. h. die Zeit, in der die biologisch wirksame Konzentration im Blut auf die Hälfte gesunken ist – kann so klein sein, daß bei intermittierender Dosierung die Wirkkonzentration im Intervall deutlich unterschritten wird. Trotzdem kann sich ein klinischer Erfolg einstellen. Die Erklärung dürfte darin zu sehen sein, daß eine gewisse Erholungsphase für die dem „Antibiotikaschock" ausgesetzte Bakterienpopulation notwendig ist. In diese Erholungszeit muß dann der 2. Schock in Form der nächsten Dosis fallen.

Bei intermittierender Applikation ist die Plasmakonzentration eines Arzneimittels abhängig von der *Dosis* und vom Dosisintervall sowie von der Invasion (Resorption) und der Elimination der Substanz. Je langsamer die Resorption aus dem Darm oder dem Muskel (bei oraler oder intramuskulärer Applikation) erfolgt oder je länger die Infusionsdauer (bei intravenöser Gabe) ist, desto länger verweilt das Chemotherapeutikum im Blut, aber desto niedriger ist auch seine Konzentration. Unter Elimination versteht man die Prozesse, die die Wirksubstanz inaktivieren und/oder aus dem Körper entfernen. Zumeist erfolgt sie als renale Ausscheidung durch glomeruläre Filtration und/oder tubuläre Sekretion. Einige Chemotherapeutika werden auch mit dem Stuhl eliminiert, wobei es zu einer Rückresorption im Darm (enterohepatischer Kreislauf) kommen kann. Viele werden in der Leber durch Oxydation, Reduktion, Hydrolyse oder Konjugationsvorgänge metabolisiert. Bei Störungen der Nieren- oder Leberfunktion muß deshalb zur Vermeidung von toxischen Wirkungen die Dosis oder das Dosisintervall angepaßt werden, um die Kumulierung zu schädlichen Konzentrationen zu vermeiden.

Toxizität

Chemotherapeutika wirken zwar sehr selektiv auf Mikroorganismen. Sie können aber bei Nichtbeachten wichtiger Therapieregeln oder bei entsprechender Reaktionslage des Patienten unerwünschte Nebenwirkungen aufweisen.

Toxische Wirkungen kommen durch direkte Einwirkung auf die Zellen des Makroorganismus zustande. Sie beruhen auf absoluter oder relativer Überdosierung (z. B. Nichtbeachten einer Kumulierung bei Ausscheidungsstörungen, Nichtbeachten einer Schwangerschaft, der Neugeborenenperiode oder eines Leberschadens). Oft müssen bei der Chemotherapie unerwünschte Nebenwirkungen bis zu einem gewissen Grad in Kauf genommen werden.

Allergische Reaktionen stellen ein ernstes Problem jeglicher Chemotherapie dar, da mit zunehmender systemischer und auch lokaler Anwendung die Gefahr der Sensibilisierung wächst. Prototyp einer allergischen Nebenwirkung ist die Penicillinallergie, die sich in ihrer schwersten Form, allerdings sehr selten, als anaphylaktischer Schock manifestiert.

Unter *biologischen Nebenwirkungen* werden Änderungen der physiologischen Bakterienflora zusammengefaßt, die vor allem bei langdauernder Therapie mit Breitspektrumchemotherapeutika beobachtet werden. Die postantibiotische Staphylokokkenenteritis beruht auf einer Reduktion der intestinalen Darmflora, deren Platz dann pathogene Staphylokokken einnehmen.

Wirkungsmechanismen

Störung der Tetrahydrofolsäuresynthese

Sulfonamide stellen Antimetaboliten der p-Aminobenzoesäure (PABS), eines wichtigen Wirkstoffes vieler Bakterien, dar. PABS ist neben Pteridin und der Glutaminsäure Bestandteil der Tetrahydrofolsäure. Die Biosynthese dieser H_4-Folsäure in Bakterien beinhaltet in ihrem letzten Stadium drei Schritte.

1. Verknüpfung von H_2-Pteridin mit PABS zur H_2-Pteroinsäure, katalysiert durch das Enzym Dihydropteroinsäuresynthetase.
2. Verbindung der H_2-Pteroinsäure mit Glutaminsäure zur H_2-Folsäure, katalysiert durch die Dihydrofolsäuresynthetase.
3. Reduktion der H_2-Folsäure zur H_4-Folsäure durch die Dihydrofolsäurereduktase.

Die Tetrahydrofolsäure schließlich ist als Koenzym des C_1-Stoffwechsels für den Transfer von Hydroxymethyl- und Formylgruppen verantwortlich. Sie ist unter anderem beteiligt an der Synthese von Purinbasen und Thymidin, Bausteinen der DNS und RNS.

Die Strukturähnlichkeit der Sulfonamide mit PABS führt nun dazu, daß bei entsprechender Konzentration die Sulfonamide PABS von der Dihydropteroinsäuresynthetase verdrängen (Verdrängungshypothese). Sulfonamide sind *kompetitive Substrate*. Das ungenügende Angebot an Tetrahydrofolsäure führt zu einer Verlangsamung der Synthese von Purinen und Thymidin und dadurch zu einer Beeinflussung der DNS- und RNS-Synthese. Sinkt die Sulfonamidkonzentration unter einen bestimmten Schwellenwert, dann wird wieder ausreichend Tetrahydrofolsäure produziert, und die Synthese von DNS und RNS setzt wieder ein.

In den Folsäurestoffwechsel greift noch eine weitere Substanz, das Trimethoprim, ein, das die Funktion der Dihydrofolsäurereduktase der Bakterien blockiert.

Störung der Mureinsynthese

Die Wirkung von β-Lactam-Antibiotika (Penicilline; Cephalosporine) auf die Zellwandstruktur sich vermehrender Bakterienzellen, die in einer Lyse der Zellen resultiert, wurde schon bald nach der Entwicklung des Penicillins bekannt. Erst in den letzten Jahren jedoch hat man einen besseren Einblick in die molekularen Vorgänge der Wirkung erhalten.

Die Zellwand der Bakterien stellt eine komplexe, mehrschichtige Struktur dar, die verschiedene biologische Funktionen zu erfüllen hat. Eine davon betrifft das Aufrechterhalten der Form und Stabilität der Zelle. Diese Funktion wird durch die *Mureinschicht* (Synonyma: Peptidoglycan, Glycopeptid, Mukopeptid) wahrgenommen. Murein stellt ein netzartiges Riesenmolekül dar, das den gesamten Zelleib einhüllt. Die Mureine der verschiedenen Bakterienarten unterscheiden sich zwar oft in einer Reihe von Details, das Prinzip ihres Aufbaues jedoch ist identisch. Das Riesenmolekül besteht aus Polysaccharidketten, die durch Peptide quervernetzt sind. Dieser Aufbau bedingt ein netzartiges Molekül (auch Sacculus genannt), das in allen drei Raumebenen wachsen kann.

Ausgedehnte Untersuchungen über die Biosynthese des Mureins sowie über die Möglichkeit der Hemmung der einzelnen Syntheseschritte durch β-Lactam-Antibiotika haben gezeigt, daß die Lyse der Zellen durch Hemmung der Peptidquervernetzung der linearen Saccharidpolymere (Abb. 13) zustande kommt.

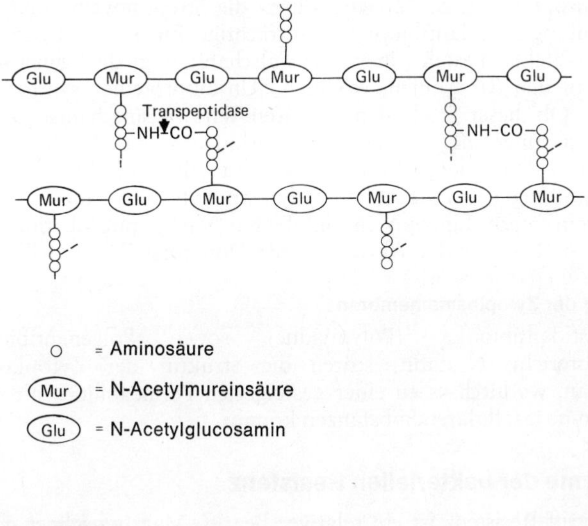

Abb. 13 Schematische Darstellung der generellen Struktur des Mureins bakterieller Zellwände

Der letzte Schritt dieser Quervernetzung wird durch membrangebundene *Transpeptidasen* katalysiert. Diese Transpeptidasen weisen eine hohe Empfindlichkeit gegenüber Penicillinen und Cephalosporinen auf. Zwei Modelle zur Hemmung derartiger Enzyme durch β-Lactam-Antibiotika existieren. Die Substrat-Analogon-Hypothese nimmt an, daß sich die β-Lactam-Antibiotika irreversibel anstelle der natürlichen Substrate mit den aktiven Zentren der Enzyme verbinden. Das Allosterie-Inhibitor-Modell führt die Hemmung auf einen Allosterieeffekt zurück. Neben den Transpeptidasen sind noch weitere am Aufbau des Mureins beteiligte Enzyme (Carboxypeptidasen, Endopeptidasen) vorhanden, die Empfindlichkeiten gegen β-Lactam-Antibiotika aufweisen.

Vancomycin, Cycloserin, Bacitracin und *Fosfomycin* beeinflussen ebenfalls die Biosynthese des Zellwandmureins.

Störung der Genfunktion

Eine ganze Reihe von Chemotherapeutika greifen selektiv in die Funktion bakterieller Gene ein.

Die *Transskription* (s. S. 72) wird durch die Rifamycine blockiert, die selektiv die DNS-abhängige RNS-Polymerase hemmen.

Die *Translation* (s. S. 72) wird durch die Streptomycine und weitere Aminoglycosidantibiotika beeinträchtigt. Einer der zu beobachtenden Effekte besteht in einer Falschablesung des genetischen Codes an den Ribosomen, wodurch „Unsinnproteine" synthetisiert werden. Ob dieser Effekt den primären Wirkungsmechanismus darstellt, ist ungewiß. Tetracycline verhindern die Bindung von Aminoacyl-tRNS ans Ribosom. Chloramphenicol blockiert die Peptidbindung der wachsenden Polypeptidkette am Ribosom. Erythromycin und Lincomycin inhibieren die Translokation der Peptidyl-tRNS von der Akzeptor- zur Donatorstelle am Ribosom.

Störung der Zytoplasmamembran

Polypeptidantibiotika (Polymyxine) sowie Polyenantibiotika (Amphotericin, Nystatin) stören die Struktur der Zytoplasmamembran, wodurch es zu einer gesteigerten Permeabilität mit Austritt von intrazellulären Substanzen kommt.

Probleme der bakteriellen Resistenz

Der Begriff Resistenz ist ein relativer Begriff. Man bezeichnet damit die bakterielle Eigenschaft, Konzentrationen, die im Makroorganismus realisiert werden können, zu tolerieren. Zwei Resistenztypen werden unterschieden:

Die *natürliche Resistenz*, die eine Arteigenschaft darstellt und auf die das Wirkungsspektrum zurückzuführen ist.

Die *erworbene Resistenz*, die charakterisiert ist durch das Auftreten resistenter Stämme empfindlicher Bakterienarten.

Im Kapitel Bakteriengenetik (s. S. 69) wurde dargelegt, welche Mechanismen genetischer Variabilität dem Auftreten resistenter Varianten zugrunde liegen. Hier soll nur noch einmal erwähnt werden, daß der Selektion resistenter Zellen durch Chemotherapeutika beim Entstehen resistenter Stämme entscheidende Bedeutung zukommt. Je mehr Chemotherapeutika angewendet werden, desto häufiger entstehen Stämme mit erworbener Resistenz und desto leichter breiten sich diese Stämme aus und verdrängen empfindliche Populationen. Dementsprechend hat auch der Prozentsatz von Problembakterien (Staphylokokken, Enterokokken, gramnegative Enterobakterien) mit Resistenzen gegen häufig angewendete Mittel stark zugenommen (Zürich 1976: Ampicilline 57 %; Tetracycline 48 %; Cephalosporine 49 %; Chloramphenicol 33 %; Sulfamethoxazol/Trimethoprim 27 %).

Resistenzmechanismen

Die Ursachen der phänotypischen Resistenz sind hauptsächlich in der Produktion inaktivierender Enzyme zu sehen. Dieser Mechanismus liegt vor allem den durch R-Plasmide determinierten Resistenzen zugrunde. Das am besten bekannte Beispiel stellt die induktive Bildung der Staphylokokkenpenicillinase dar. Resistenz gegen Chloramphenicol beruht auf der Chloramphenicol-Acetyltransferase. Resistenzen gegen Aminoglycoside beruhen auf Adenylyltransferasen, Phosphotransferasen und Acetyltransferasen. Bisher wurden über 20 derartiger Enzyme aufgefunden.

Ein weiterer Mechanismus besteht in unempfindlich gewordenen Angriffspunkten der Chemotherapeutika. Sulfonamidresistente Kolibakterien z. B. produzieren eine Dihydropteroinsäuresynthetase, die eine geringe Affinität zu den Sulfonamiden aufweist, ohne jedoch die Affinität zum natürlichen Substrat (PABS) verändert zu haben.

Ein dritter Mechanismus schließlich beruht auf einer Permeabilitätsbarriere. Die Tetracycline werden aktiv durch die Zytoplasmamembran in die Zelle transportiert. Resistenz gegen Tetracycline beruht auf einer Hemmung dieses Transportvorganges.

Weitere Resistenzmechanismen können betreffen: Gesteigerte Bildung eines durch ein Chemotherapeutikum gehemmten Enzyms; gesteigerte Bildung eines Metaboliten, der das Pharmakon antagonisiert; Entwicklung eines *„by pass"* zur Umgehung eines metabolischen Blockes.

Resistenzprüfungen

Um in vitro Resistenzen von Bakterien zu bestimmen, werden zwei international standardisierte Teste verwendet.

Mit dem *Reihenverdünnungstest* wird die *minimale Hemmkonzentration (MHK)* eines Chemotherapeutikums gegen eine Bakterienpopulation ermittelt. Man stellt eine geometrische Verdünnungsreihe des Mittels mit dem Faktor 2 in Nährmedium her, beimpft mit dem Prüfkeim, bebrütet und ermittelt die kleinste Konzentration (µg/ml), die das Wachstum hemmt.

Da diese Teste recht arbeitsintensiv sind, wird in Routinelaboratorien zumeist der *Agardiffusionstest* angewendet. Dabei wird eine Nähragarplatte diffus mit dem Prüfstamm beimpft. Anschließend werden Filterpapierscheibchen, die Chemotherapeutika enthalten, aufgelegt. Nach Bebrüten dieser Platten entstehen je nach den Eigenschaften des Teststammes keine oder verschieden große wachstumsfreie Hemmzonen um die Scheibchen, die Aussagen über das Resistenzverhalten der geprüften MO zulassen. Das ist möglich, weil eine lineare Beziehung besteht zwischen dem $\log_2$ der MHK und dem Durchmesser der Hemmhöfe (s. Abb. 14).

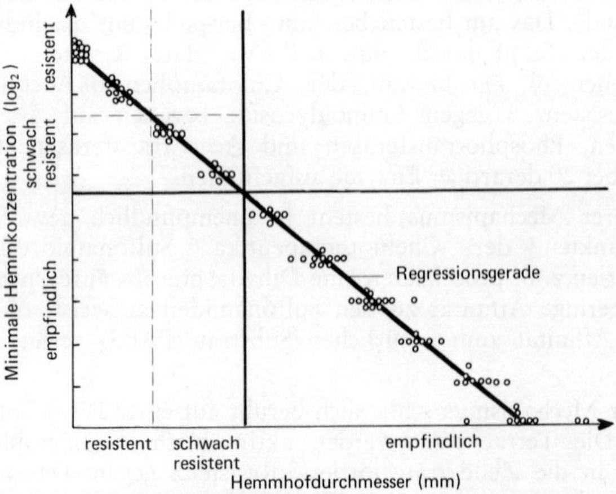

Abb. 14 Darstellung der linearen Beziehung (Regressionsgerade) zwischen dem $\log_2$ der minimalen Hemmkonzentration und den Hemmhofdurchmessern. Jeder Punkt entspricht den im Reihenverdünnungstest sowie im Agardiffusionstest erhaltenen Werten von jeweils *einem* Bakterienstamm

Für die Interpretation der Ergebnisse müssen die MHKs bzw. die Hemmzonen in Beziehung gebracht werden zu den am Infektionsort bei Normdosierung vorliegenden Konzentrationen proteinungebundener Substanz. Auf die Schwierigkeit der exakten Bestimmung dieser Daten wurde im Abschnitt Pharmakokinetik (S. 93) hingewiesen. Deshalb stützt man sich ab auf Durchschnittswerte verschiedener pharmakokinetischer Größen (Blutkonzentration, Proteinbindung) sowie auf die klinischen Erfahrungen, die bei Therapie von Infektionen mit Erregern bestimmter Empfindlichkeiten erhalten wurden. Aufgrund derartiger Daten wurden die Grenzwerte zwischen empfindlichen und resistenten Bakterien festgesetzt, die jedoch nur als Richtwerte dienen können.

Kombinationstherapie

Unter Kombinationstherapie wird die gleichzeitige Anwendung von 2 oder mehr Chemotherapeutika verstanden. Unter bestimmten Voraussetzungen kann ein solches Vorgehen eine Bereicherung der therapeutischen Möglichkeiten darstellen. Zum Beispiel kann man damit eine *Erweiterung des Wirkungsspektrums* erzielen, was bei Mischinfekten mit unterschiedlich resistenten Erregern oder in Notfallsituationen ohne Erregernachweis notwendig werden kann. Weiterhin kann dadurch eine *Verzögerung der Resistenzentwicklung* erreicht werden (Beispiel: Chemotherapie der Tuberkulose). Schließlich kann durch *Potenzierung der Einzeleffekte* eine starke antibakterielle Wirkung erzielt werden (Beispiel: Penicillin/Streptomycin bei Behandlung der Enterokokkenendokarditis).

Bedacht werden muß jedoch immer, daß das Zusammenwirken von 2 oder mehr Chemotherapeutika verschiedene Wirkungstypen zur Folge haben kann. Man spricht von Indifferenz, wenn die Kombination nicht wirksamer ist als die bessere Einzelkomponente. Addition bedeutet Summierung, Synergismus Potenzierung der Einzelwirkungen. Wenn die Wirkung der Kombination kleiner ist als die der effektiveren (zumeist bakteriziden) Einzelkomponente, spricht man von Antagonismus.

Wie sich ein bestimmter Bakterienstamm im Einzelfall gegenüber einer Kombination verhält, kann nur durch Experimente in vitro ermittelt werden. Als Faustregel sollte man sich merken: Antagonismus zeigen oft Kombinationen von Bakteriostatika mit Substanzen, die in der Teilungsphase bakterizid wirken.

Chemoprophylaxe

Eines der umstrittensten Gebiete der Chemotherapie stellt die prophylaktische Antibiotikagabe dar. Eine Schwarz-Weiß-Stellungnahme zu diesem Problem gibt es nicht. Chemoprophylaxe ist sicher in bestimmten Situationen angezeigt, in anderen wiederum eindeutig kontraindiziert. Hier muß von Fall zu Fall entschieden werden. Vor allem sind Nutzen und Schaden (Nebenwirkungen, Superinfektionen mit besonders virulenten und resistenten Erregern, Selektion resistenter Bakterien) gegeneinander abzuwägen.

Chemoprophylaxe ist angezeigt bei: Malaria, rheumatischem Fieber, zystischer Lungenfibrose, rekurrierender Pyelonephritis, Rhinorrhö, nach Kontakt mit Meningokokkenerkrankten, bei chirurgischen Eingriffen, die eine massive bakterielle Kontamination mit sich bringen oder bei Patienten mit gestörter Infektabwehr, ferner in der Herzchirurgie und bei Oberschenkelamputation wegen Durchblutungsstörungen.

SPEZIELLER TEIL

Bakterien und bakterienähnliche Mikroorganismen

Einleitung

Wie schon im allgemeinen Teil erwähnt, sind Bakterien einzellige Kleinlebewesen, die sich durch Größe, chemischen Aufbau ihrer Zellwand und durch das Fehlen eines eigentlichen, von einer Membran umgebenen Zellkerns von den übrigen Pflanzenzellen unterscheiden.

Alle Bakterien und bakterienähnlichen Mikroorganismen besitzen beide Nukleinsäuretypen RNA und DNA, sind bei Vorliegen eines geeigneten Nährsubstrates in der Lage, selbständig Energie zu erzeugen, sich zu vergrößern und zu vermehren. Die Stoffwechselvorgänge in der Bakterienzelle werden ermöglicht durch ein eigenes vielseitiges Enzymsystem. Bestimmte chemische und antibiotische Substanzen vermögen gezielt einzelne Enzymsysteme zu blockieren und damit bakteriostatisch zu wirken. Solche Stoffe finden heute in großer Zahl Anwendung als Chemotherapeutika und Antibiotika.

Taxonomie

Die Bakterien werden aufgrund bestimmter morphologischer, biochemischer und eventuell pathogenetischer Eigenschaften in Klassen, Ordnungen, Familien, Gattungen und Arten eingeteilt. Die Klassifizierung und die mit ihr untrennbar verbundene Nomenklatur möchte Ordnung in das Chaos des Bakterienreiches bringen. So besteht ein besonderer bakteriologischer Nomenklaturkodex. In der medizinischen Bakteriologie ist es aber nicht einfach, die speziell interessierenden pathogenen Bakterien nach klassischen und einheitlichen Regeln zu benennen. Auch ist es nicht immer möglich, die pathogenen Bakterien sinnvoll in ein starres botanisches Schema einzureihen. Bevor die Bakterien entdeckt wurden, waren die Krankheiten bekannt und besaßen bestimmte Namen. In den meisten Fällen wurde der später entdeckte Erreger nach der Krankheit oder nach seinem Entdecker benannt. Die erste Benennung hat in der gesamten Literatur Einlaß gefunden. Sie kann ohne großen Aufwand und tiefgreifende Umstellungen nicht geändert werden. In der modernen bakteriologischen Nomenklatur hat sich das *binominale System* nach Linné durchgesetzt. Die Namen als solche basieren aber keineswegs auf einheitlichen Prinzipien. Sie richten sich, wie schon betont, nach dem Namen der Krankheit, die sie auslösen, nach dem Autor oder dem Ort, an dem sie entdeckt wurden, nach morphologischen, kulturellen und antigenetischen Merkmalen.

Bakteriennachweis

Alle Bakterien sind im Lichtmikroskop sichtbar und werden meistens in gefärbtem Zustand betrachtet. Über den Feinbau der Bakterien geben uns elektronenoptische Darstellungsverfahren Aufschluß. Von zwei Ausnahmen abgesehen können alle pathogenen und medizinisch interessierenden Bakterien auf geeigneten leblosen Nährsubstraten kultiviert, zur Vermehrung und damit zur Darstellung gebracht werden. Die Kulturverfahren besitzen heute in der gesamten Mikrobiologie, sowohl zum Nachweis wie zur Identifizierung der Bakterien, dominante Bedeutung.

Die Pathogenität von Bakterien bestimmten Wirtspezies gegenüber kann in entsprechenden Tierversuchen geprüft und unter Beweis gestellt werden. Versuchstiere, für die gewisse Bakterienarten hochpathogen sind, können – analog den Kulturmedien – auch zum Bakteriennachweis verwendet werden.

Bakterienstoffwechsel

Als Bakterienstoffwechsel bezeichnet man die Gesamtheit der in der Bakterienzelle ablaufenden chemischen Reaktionen. Zur Erhaltung und Vermehrung von Lebewesen, d. h. zum Ersatz verbrauchter und zur Synthese neuer lebender Substanz, ist chemisch nutzbare Energie erforderlich. Solche kann über verschiedenartige Stoffwechseltypen geliefert werden.

Man bezeichnet den Vorgang als *Respiration* oder *Atmung*, wenn die bei der Oxydation von Substraten freiwerdenden Elektronen bzw. Wasserstoffatome auf Sauerstoff übertragen werden; er entspricht dem *aeroben Bakterienwachstum*. Bei der Atmung dient definitionsgemäß Luftsauerstoff als letztes Oxydationsmittel, weshalb normalerweise keine organischen Endprodukte anfallen.

Man bezeichnet den Vorgang als *Fermentation* oder *Gärung*, wenn der bei der Oxydation organischer Substrate entstehende Wasserstoff auf einen organischen Akzeptor übertragen wird; er entspricht dem *anaeroben Bakterienwachstum*. Bei fast allen Gärprozessen fällt als Endprodukt Säure an, wobei häufig noch Gärgas (CO_2 und H_2) gebildet wird. Die Möglichkeit anaeroben Lebens ist eine der großen Entdeckungen Pasteurs.

Zahlreiche Bakterien sind in der Lage, *beide* Oxydationswege zu beschreiten, was dem *fakultativ anaeroben Bakterienwachstum* entspricht.

Gemäß ihrem Verhalten gegenüber molekularem Sauerstoff müssen wir also unterscheiden:

Obligat aerobe Bakterien, die wie praktisch alle höheren Organismen auf Atmung als energieliefernden Prozeß angewiesen sind. Für sie ist Sauerstoff ein essentieller Nährstoff.

Obligat anaerobe Bakterien, für die freier Sauerstoff ein Gift ist, das lebenswichtige Enzyme durch Oxydation irreversibel schädigt. Obligat anaerobe Mikroorganismen lassen sich nur unter Ausschluß von freiem Sauerstoff kultivieren.

Fakultativ anaerobe Bakterien, die sowohl mit als auch ohne Sauerstoff wachsen können. Es sind Organismen, die aerobe wie anaerobe Atmungsmöglichkeiten besitzen, oder solche, die an der Luft atmen und bei Luftabschluß gären. Der größte Teil der pathogenen Bakterien gehört in diese Gruppe.

Damit ein Bakterium eine Substanz als Substrat verwerten kann, müssen zahlreiche Voraussetzungen erfüllt sein, deren biologische Prozesse sich in vier Phasen unterteilen lassen:

die extrazellulär erfolgende Verdauung,
den aktiven Transport der Substratmoleküle durch die Zellmembran,
die Vorbereitung zur Oxydation,
die eigentliche *biologische Oxydation.*

Bakterienwachstum (oder Ausbleiben desselben) ist weitgehend nährbodenabhängig. Es beruht auf den Nährstoffansprüchen der betreffenden Gattung sowie der Empfindlichkeit gegenüber gewissen Stoffen (z. B. Luftsauerstoff) und Umwelteinflüssen. Für das Bakterienwachstum benötigte Bausteine sind in erster Linie Kohlenstoff, Stickstoff, Mineralien, Spurenelemente und evtl. Wuchsstoffe. Die Temperaturoptima für die Vermehrung menschenpathogener Bakterien liegen zwischen 20 ° C und 40 ° C, meistens um 37 ° C; das optimale pH um 7,2.

Die Erfassung der für Bakterienarten oder -gattungen spezifischen Stoffwechselvorgänge ist für die Unterteilung und Identifizierung von Bakterien – und damit für die gesamte bakteriologische Diagnostik – von größter Bedeutung. Viele verschiedenartige Bakterien sind morphologisch nicht unterscheidbar. Ohne Hinzuziehen funktioneller Eigenschaften ist eine einwandfreie Diagnostik nicht möglich. Dabei testet man Enzyme, die bestimmte Substrate zu bestimmten Produkten umwandeln (Biochemische Reihe).

Pathogenese

Bestimmte Bakterienarten sind für bestimmte Wirte pathogen, weil es ihnen möglich ist, in den Wirt einzudringen und sich dort zu vermehren. Die Ursachen, weshalb dies möglich ist und weshalb bestimmte Bakterien krankmachend wirken, sind mannigfaltig. Einzelne Bakterienarten lösen dank ihrer chemischen Konstitution Reaktionsvorgänge in den infizierten Organen des Wirtsorganismus aus, die ihrerseits zu Krankheitserscheinungen Anlaß geben. Andere Bakterien wirken pathogen, weil bestimmte Bestandteile ihrer Körpersubstanz pyrogen oder im Sinne von Endotoxinen toxisch wirken und zu reaktiven Erscheinungen Anlaß geben. Wieder bei anderen Bakterien sind es sog. Exotoxine, die für das pathogenetische Geschehen verantwortlich sind. Im Gegensatz zu den Viruskrankheiten wird bei den bakteriellen Infektionskrankheiten die Krankheit nicht in erster Linie ausgelöst durch die Vermehrung der Mikroorganismen an sich, sondern durch die als Bakteriensubstrat im Körper vorhandenen biochemischen Fremdstrukturen und ihre toxisch wirkenden Stoffwechselprodukte.

Bestimmte chemische Konstitutionen der Bakterien besitzen immunogene Wirkung. Sie lösen im Wirtsorganismus Antikörperbildung aus, was aber nicht in allen Fällen zu einer eigentlichen und totalen Krankheitsimmunität führt, sondern wiederum zu pathologischen, im Wirtsorganismus sich abspielenden Antigen-Antikörper-Reaktionen Anlaß geben kann. Weil sich auch bei generalisierten bakteriellen Infektionen die Antikörperbildung nur gegen einzelne Bestandteile des Gesamtbakteriums richtet, ist bei fast allen bakteriellen Infektionskrankheiten die postinfektiöse Immunität eine nur teilweise. Sie ist zeitlich begrenzt und jedenfalls nie so fundiert wie bei virämischen Krankheiten.

Der Ausdruck „Immunität", verwendet im Zusammenhang mit Infektionskrankheiten (postinfektiöse Immunität, Impfimmunität), beinhaltet in der Folge immer Immunität im klinischen Sinne, d. h. Schutz vor Erkrankung bzw. Wiedererkrankung.

Diagnostik

Die bakteriellen Infektionskrankheiten werden ätiologisch zum größten Teil durch den Nachweis der Erreger diagnostiziert. Dieser Nachweis ist je nach Situation direkt mikroskopisch möglich, wird aber häufiger kulturell oder im Tierversuch gewährleistet. Bei bakteriellen Infektionen, die spezifische, im Serum auftretende Antikörper zur Folge haben, läßt sich die ätiologische Diagnose durch deren Nachweis auch serologisch stellen.

Therapie

Die Vermehrung aller bakterieller Krankheitserreger kann durch Chemotherapeutika oder Antibiotika blockiert werden. Demzufolge besitzen wir gegenüber allen bakteriellen Erkrankungen Medikamente, die bakteriostatisch oder bakterizid wirken. Es gibt jedoch kein Allround-Medikament, das als Idealmittel gegen jegliche Art von Infektionen eingesetzt werden könnte.

Jedes Medikament besitzt ein bestimmtes, mehr oder weniger breites Wirkungsspektrum. Aus diesem Grunde kann man nur gezielt behandeln, wenn eine ätiologische Diagnose vorliegt. Eine solche ist bei allen Infektionskrankheiten nicht nur zur Klärung der Gesamtsituation, sondern vor allem auch aus therapeutischen Motiven notwendig.

Epidemiologie und Prophylaxe

Bei fast allen bakteriellen Infektionskrankheiten wird der Erreger wenigstens während einer bestimmten Krankheitsphase entweder ausgeschieden, oder er befindet sich an der Haut- bzw. Schleimhautoberfläche. Bakterielle Infektionskrankheiten müssen, von Ausnahmen abgesehen, als kontagiös betrachtet werden. Die epidemiologischen Gegebenheiten sind von Krankheit zu Krankheit, aber auch je nach äußerer Situation verschieden. Sie müssen deshalb im Rahmen der einzelnen Krankheiten gesondert behandelt werden.

Die prophylaktischen Maßnahmen richten sich nach der Übertragungsart, nach der postinfektiösen Immunität sowie nach der Empfindlichkeit der einzelnen Erreger gegenüber Therapeutika. Da Bakterienträger und -ausscheider ungleich leichter zu eruieren sind als Virusausscheider, sind expositionsprophylaktische Maßnahmen bei bakteriellen Infektionen von größerer Bedeutung als bei virusbedingten. Im Gegensatz dazu ist die Immunisierungsprophylaxe bei Bakterien von geringerer Bedeutung als bei den Viruskrankheiten, weil es bei kaum einer bakteriellen Krankheit möglich ist, durch Schutzimpfungen eine vollständige Immunität zu erzeugen. Hingegen können in bestimmten Situationen gegenüber besonders empfindlichen Krankheitserregern Chemotherapeutika und Antibiotika nicht nur therapeutisch, sondern auch prophylaktisch zur Anwendung gelangen.

I. Pyogene Kokken

Unter Kokken (Kugelbakterien) versteht man mehr oder weniger kugelförmige, unbewegliche, nichtsporenbildende Bakterien. Man unterteilt sie in grampositive und gramnegative Kokken. Grampositive Kokken sind die Staphylokokken, die Streptokokken und die Pneumokokken; gramnegative Kokken (Neisserien) sind die Meningokokken und die Gonokokken.

Übersicht der pyogenen Kokken

Grampositive:	Staphylokokken
	Streptokokken
	Pneumokokken
Gramnegative:	Gonokokken
(Neisserien)	Meningokokken
	apathogene Neisserien

1. Staphylokokken

Staphylokokken sind grampositive, kugelige, in Haufen (Trauben) gelagerte Kokken. Ihr Durchmesser beträgt ungefähr 1 µm. Die Anordnung in Haufen kommt dadurch zustande, daß sich diese Kokken wahllos in allen drei Ebenen des Raumes teilen. Die Staphylokokken können pathogen sein für Mensch und Tier. Sie verursachen sowohl lokale wie generalisierte Infektionen und gehören zu den häufigsten Eitererregern.

Staphylokokken kommen auf der Haut und Schleimhaut, vor allem im Nasenrachenraum, aber auch im gesamten Darmtraktus normalerweise vor. Deshalb sollte man in der Lage sein, Staphylokokken mit pathogener Bedeutung von solchen ohne pathogene Bedeutung (Staphylococcus epidermidis) zu unterscheiden.

Klassifizierung

Familie	Micrococcaceae
Gattung	Staphylococcus
Art	Staphylococcus aureus
Synonym	Micrococcus aureus
	Micrococcus pyogenes

Morphologie und Kultur. Morphologisch sind die Staphylokokken kugelige bis ovaläre Zellen von 0,8–1,0 µm Durchmesser. Sie sind meistens in Haufen (Trauben) angeordnet, können aber auch als Diploformen und kurze Ketten von höchstens 4 Gliedern vorgefunden werden (Abb. 15).

Die Staphylokokken lassen sich bei Temperaturen zwischen 12 ° und 45 ° C, Optimum 37 ° C, auf fast allen gebräuchlichen Nährmedien leicht kultivieren. Sie verhalten sich fakultativ anaerob und wachsen, von Ausnahmen abgesehen, am besten in Gegenwart von Sauerstoff. In flüssigen Nährsubstraten führen sie zu einer dichten, homogenen Trübung des Mediums. Auf festen Nährböden bilden sie innerhalb von 24 Stunden eher große, häufig gelbpigmentierte (aureus), manchmal aber auch unpigmentiert weiße (albus), glattglänzende Kolonien. Staphylokokken vergären die meisten Kohlehydrate bis zur Säurebildung.

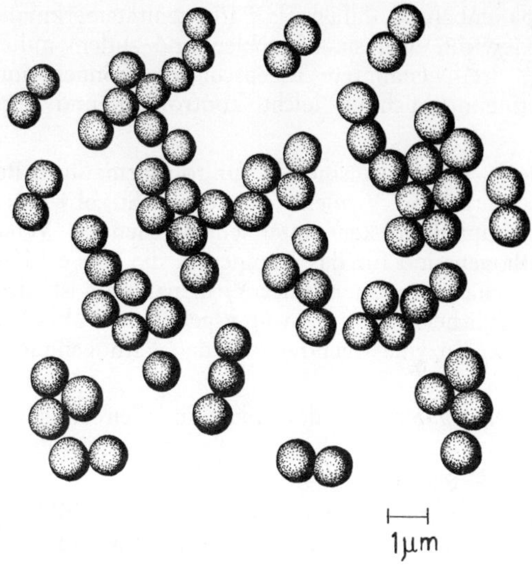

Abb. 15 Staphylokokken

Identifizierung. Staphylokokken sind im allgemeinen leicht zu identifizieren. Findet man in einem Untersuchungsmaterial grampositive Kokken in Häufchen gelagert, können dies nur Staphylokokken sein. Da die Kultivierung leicht gelingt, man in flüssigen Kulturen mikroskopisch wiederum die typischen Haufen und auf festen Oberflächenkulturen charakteristische, gelbe oder weiße Kolonien findet, bereitet die bakteriologische Diagnose einer Staphylokokkeninfektion keine Schwierigkeiten. Problematischer ist in vielen Fällen die Frage, ob nachgewiesene Staphylokokken im gegebenen Fall pathogene Bedeutung besitzen oder nicht. Findet man in einem unter aseptischen Kautelen entnommenen, aus keimfreiem Gewebe oder einer an sich sterilen Körperhöhle stammenden Substrat Staphylokokken, müssen diese immer als pathogen gewertet werden.

Weil Staphylokokken auf der Haut und den Schleimhäuten regelmäßig anzutreffen sind *(Staphylococcus epidermidis),* sollte man vor allem in nicht sterilem Material pathogene von apathogenen Staphylokokken unterscheiden können. Als wichtigstes *Pathogenitätsmerkmal,* das aber mit der Infektionspathogenese direkt nichts zu tun hat, gilt die Bildung von *Koagulase,* eines Enzyms, welches menschliches Plasma zum Gerinnen bringt. Die Bildung von *Hämolysinen* sowie von *gelbem Pigment* gehören wohl zum klassischen

Staphylokokkenbefund, fallen als Pathogenitätsmerkmale aber weniger ins Gewicht, weil sie oft fehlen und zudem milieuabhängig sind. Alle drei genannten Eigenschaften können im Rahmen jeder Routineuntersuchung leicht kontrolliert und berücksichtigt werden.

Ein geeignetes Tierversuchsmodell zur routinemäßigen Bestimmung von Pathogenität und Virulenz existiert nicht, obwohl menschenpathogene Staphylokokken unter entsprechenden Versuchsbedingungen pathogen sind für das Kaninchen, die weiße Maus und das Meerschweinchen. Ein eigentlicher Virulenzfaktor ist nicht bekannt und wird möglicherweise nur in vivo gebildet. Wahrscheinlich sind alle bekannten Enzyme irgendwie an den Pathogenitätserscheinungen beteiligt.

Staphylococcus epidermidis darf nicht in allen Fällen als belangloser Saprophyt betrachtet werden. Besonders bei Problempatienten kann auch er pathogene Bedeutung besitzen.

Neben einer vielseitigen enzymatischen Aktivität bilden pathogene Staphylokokken *Toxine*. Diese sind, zusammen mit den Enzymen, am pathogenetischen Geschehen effektiv beteiligt.

Für das Invasionsvermögen sowie die gesamte Pathogenese sind vor allem folgende von den pathogenen Staphylokokken gebildeten **Toxine** verantwortlich:

Das *α-Hämolysin* lysiert Kaninchen-, dagegen nicht Menschenerythrozyten. Das α-Hämolysin ist nicht hitzestabil. Es ist identisch mit dem dermonekrotischen Toxin (letales Toxin). α-Hämolysine enthaltende Filtrate verursachen, intradermal appliziert, Nekrosen und wirken bei Toxämie, d. h. intravenös verabreicht, letal. α-Hämolysin, dermonekrotisches und letales Toxin sind Synonyme.

Neben dem α-Hämolysin gibt es auch ein β-, ein γ- und ein δ-Lysin, wobei das γ-Lysin wahrscheinlich einer zweiten antigenetischen Komponente des α-Lysins entspricht. δ-Lysin wird von den meisten pathogenen Staphylokokken gebildet.

Das *Leukozidin* nimmt in der Pathogenese der Staphylokokkeninfektion eine Schlüsselstellung ein, indem es die Leukozyten schädigt und vor allem ihre Beweglichkeit beeinflußt.

Das *Enterotoxin* wird nur von bestimmten Stämmen pathogener Staphylokokken gebildet. Peroral aufgenommen führt es zu schweren Intoxikationserscheinungen mit Brechdurchfällen und Kollaps. Staphylokokken-Enterointoxikationen nach Behandlung mit Breitspektrumantibiotika sind immer verursacht durch enterotoxinbildende Staphylokokkenstämme, die gegen das betreffende Antibiotikum resistent sind. Enterotoxine besitzen bei Staphylokokkenkontamination von Lebensmitteln große Bedeutung, weil sie wegen ihrer Thermostabilität auch in gekochten Speisen noch wirksam sind. Die Staphylokokkenenterotoxine sind die häufigsten Ursachen von Lebensmittelvergiftungen.

Die Staphylokokken verfügen in erster Linie über Polysaccharidantigene, aber auch über solche von Protein- und Peptidcharakter. Auf Grund ihrer Antigenität sind sie empirisch schon früh in drei serologische Gruppen I–III unterteilt worden. Diese Gruppierung kann bei epidemiologischen Erhebungen von Bedeutung sein.

Die meisten Staphylokokkenstämme sind lysierbar und werden durch typenspezifische Bakteriophagen aufgelöst. Heute sind derart viele Phagentypen bekannt, daß diese in vier Phagengruppen I–IV zusammengefaßt werden. Die hochpathogenen Staphylokokken gehören erfahrungsgemäß bestimmten Phagentypen an. Die Phagentypisierung ist zur Abklärung epidemiologischer Zusammenhänge wichtig und aufschlußreich.

Pathogenese und Krankheitsbilder. Eintrittspforte von Staphylokokkeninfektionen sind fast immer Haut (Haarfollikel, Verletzungen) und Schleimhäute. Staphylokokken verursachen nicht ein bestimmtes Krankheitsbild, sondern können sich auf verschiedenartigste Weise manifestieren. Die Staphylokokken führen in erster Linie zu lokalisierten Eiterungen in der Haut, zu einem kleineren Teil in den Schleimhäuten, können aber auch alle übrigen Organe befallen. Von lokalisierten Herden aus kann es zu generalisierten Infektionen im Sinne der Sepsis und Pyämie kommen.

Die klassische Staphylokokkeninfektion ist der Furunkel, eine eitrig nekrotisierende Entzündung, die immer von einem Haarfollikel ausgeht. Weitere typische Staphylokokkeninfektionen sind die Mastitis puerperalis, der Pemphigus neonatorum, die Osteomyelitis, Infektionen der Respirationsorgane sowie der Nebenhöhlen. Die Staphylokokkeninfektionen haben in den letzten Jahren zugenommen.

Diagnose. Staphylokokkeninfektionen werden diagnostiziert durch direkten mikroskopischen oder durch kulturellen Nachweis der Staphylokokken im entsprechenden Untersuchungssubstrat (Eiter bei lokalen und Sputum bei respiratorischen Affektionen, Blut bei septischen Zuständen). Serologische Methoden zum Antikörpernachweis sind ohne diagnostische Bedeutung.

Therapie. Bei Staphylokokkeninfektionen werden in der Regel (nebst allgemeinmedizinischen und chirurgischen Maßnahmen) Antibiotika eingesetzt. Als grampositive Keime sollten die Staphylokokken penicillinempfindlich sein. Es kam aber in all den Jahren der

Penicillinanwendung zur Selektion einer großen Zahl penicillinresistenter Stämme. Heute ist vor allem in Spitalzentren mit 20 bis 50 % penicillinresistenten Staphylokokkenstämmen zu rechnen. Auch gegen andere Antibiotika sind Resistenzbildungen häufig, so daß zusammen mit der Diagnostizierung von Staphylokokkeninfektionen unbedingt Resistenzprüfungen durchgeführt werden müssen. Diese sollen aussagen, ob der betreffende Bakterienstamm auf bestimmte Antibiotika anspricht oder nicht.

Epidemiologie. Die Staphylokokken gehören zu den resistentesten nichtsporenbildenden Bakterien und können außerhalb des menschlichen Körpers über Wochen vermehrungsfähig bleiben. Man benötigt Temperaturen von 80 °C, um Staphylokokken in 30 Minuten mit Sicherheit abtöten zu können. Offene Staphylokokkeninfektionen sollten grundsätzlich als hochkontagiös betrachtet werden. Ihre Kontagiosität wird immer wieder unterschätzt. Bei ungenügender Einhaltung entsprechender Kautelen können sich die Staphylokokken, vor allem in Spitalbetrieben, leicht verbreiten und dank ihrer Überlebensfähigkeit noch nach längerer Zeit zu Neuinfektionen Anlaß geben. Diese Situation findet sich heute mehr oder weniger ausgeprägt in allen medizinischen Zentren. Man spricht von Staphylokokkenhospitalismus.

Spezielle Beachtung verdienen Staphylokokkeninfektionen auf geburtshilflichen Abteilungen, nicht nur, weil man Gebärende in besonderem Maße vor Infektionen schützen muß, sondern weil es dort zu häufigen Wechselwirkungen kommt zwischen Mastitis der Mutter und Infektionen (Pemphigus) des Neugeborenen.

Außerhalb medizinischer Zentren kommen Staphylokokkeninfektionen im großen und ganzen nur sporadisch vor. In Kollektiven, wie Heimen oder militärischen Einheiten, werden ab und zu Staphylokokkenepidemien, vor allem Erkrankungen der Respirationsorgane, beobachtet. Staphylokokkeninfektionen kommen auch bei Tieren vor. Im allgemeinen bestehen keine Beziehungen zwischen menschlichen und tierischen Infektionen.

Prophylaxe. Die Weiterverbreitung von Staphylokokkeninfektionen wird am besten dadurch verhindert, daß man alles kontaminierte Material sofort vernichtet oder desinfiziert und dafür sorgt, daß sich medizinisches Personal nicht selbst infiziert.

Sind Nahrungsmittel mit Staphylokokken kontaminiert, kann es in diesen Speisen zur Enterotoxinbildung kommen. Je nach Größe des Versorgungsgebietes treten Intoxikationen sporadisch oder epidemisch auf. Da Enterotoxine hitzestabil sind, verhindert das Aufkochen von Speisen Intoxikationen nicht. Man muß primär verhüten, daß Speisen kontaminiert werden und darf beispielsweise mit

Panaritien behaftete Menschen nicht in Lebensmittelbetrieben arbeiten lassen.

2. Streptokokken

Streptokokken sind grampositive, kugelige bis ovale, in Ketten gelagerte Kokken. Die Kettenbildung kommt dadurch zustande, daß sich die Kokken nur in einer Ebene teilen, ähnlich der Querteilung von Stäbchenbakterien. Die Streptokokken können pathogen sein für Mensch und Tier. Sie verursachen sowohl lokale wie generalisierte Infektionen.

Streptokokken kommen normalerweise in großer Zahl auf den Schleimhäuten, namentlich im Nasenrachenraum vor. Man muß deshalb in der Lage sein, pathogene Streptokokken von apathogenen zu unterscheiden.

Klassifizierung	Familie	Lactobacteriaceae
	Gattung	Streptococcus
	Art	Streptococcus pyogenes
	Synonym	Streptococcus haemolyticus

Morphologie und Kultur. Morphologisch sind Streptokokken kugelige, mehrheitlich ovaläre Zellen, 0,8 μm zu 1,2 μm messend. Sie sind in Ketten von mindestens 6–8 Einheiten angeordnet. Einzelne Stämme bilden Kapseln, die jedoch kaum sichtbar sind (Abb. 16).

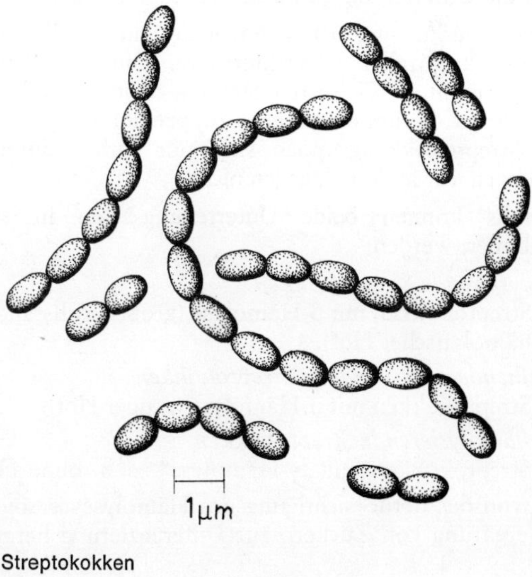

Abb. 16 Streptokokken

Die Streptokokken lassen sich bei Temperaturen zwischen 20 ° und 42 ° C, Optimum 37 ° C, kultivieren, wobei für rasches und ergiebiges Wachstum verbesserte Nährmedien (Blut-, Serum- oder Glukosezusatz) notwendig sind. Die meisten Streptokokken verhalten sich fakultativ anaerob und zeigen das beste Wachstum in Gegenwart von Sauerstoff. Es gibt aber auch anaerobe Stämme, die sich nur unter strikt anaeroben Bedingungen vermehren. In flüssigen Nährsubstraten führen die meisten Streptokokken keine homogene Trübung herbei, sondern bewirken infolge Agglomeration einen Bodensatz. Auf festen Medien bilden sie feine, glatte, nicht pigmentierte Kolonien. Die Streptokokken vergären eine Reihe von Kohlenhydraten bis zur Säurebildung.

Identifizierung. Streptokokken sind wie Staphylokokken leicht zu identifizieren. Grampositive, in langen Ketten angeordnete Kokken sind immer Streptokokken. Für die Beurteilung der Pathogenität gelten ähnliche Kriterien wie bei den Staphylokokken. Ausschlaggebend sind das Hämolysevermögen sowie die Gruppenzugehörigkeit. Diese wird mit gruppenspezifischen Immunseren im Präzipitationstest bestimmt. Hämolysierende Streptokokken der Gruppe A sind grundsätzlich als menschenpathogen zu betrachten.

Man kann die Streptokokken unterteilen nach kulturellen wie nach antigenetischen Merkmalen. Die Unterteilung nach kulturellen Gesichtspunkten ist technisch einfacher, erlaubt aber weniger Rückschlüsse als die Unterteilung in antigenetisch verschiedene Gruppen.

Für einfache Routineuntersuchungen genügt in der Regel die Berücksichtigung kultureller Charakteristika. Um zur Pathogenität gegenüber bestimmten Wirtsarten Stellung nehmen zu können, ist man aber auf die immunologische Gruppeneinteilung angewiesen. Bestimmte Streptokokkengruppen sind nur für bestimmte Wirtspezies pathogen, für andere dagegen nicht.

Gegebenenfalls können beide Unterteilungsarten in sinnvoller Weise kombiniert werden.

Hämolysierende Streptokokken
= Streptokokken mit β-Hämolyse (großer, vollständiger hämolytischer Hof).

Vergrünende oder Viridans-Streptokokken
= Streptokokken mit α-Hämolyse (grüner Hof).

Nicht hämolysierende Streptokokken
= Streptokokken mit „γ-Hämolyse", d. h. ohne Hämolyse.

Abgesehen von der Berücksichtigung des Hämolysevermögens kann auch die Vergärung von Zuckern zur Differenzierung herangezogen werden.

Die *antigene Gruppeneinteilung* (nach Lancefield) basiert auf unterschiedlichen spezifischen Kohlenhydratantigenen der β-hämolysierenden Streptokokken. Man bezeichnet die Gruppen mit A bis Q. Die Gruppenzugehörigkeit läßt nicht nur auf die Pathogenität gegenüber bestimmten Wirtspezies schließen; durch die Gruppierung lassen sich epidemiologische Untersuchungen verfeinern. Menschenpathogen sind die Gruppen A, B, C, D, F, G, H, K, L. Von besonderer Bedeutung ist die Gruppe A, die nur menschenpathogen ist; ferner die Gruppe D. Streptokokken der Gruppe D sind identisch mit Enterokokken (Synonym: Streptococcus faecalis). Die Gruppe B galt lange Zeit als nur tierpathogen (z. B. Rind). In den letzten Jahren hat sich gezeigt, daß B-Streptokokken in seltenen Fällen bei Neugeborenen generalisierte Infektionen auslösen können, wobei sich jene während der Geburt im Genitale der Mutter, wo B-Streptokokken epiphytär vorkommen, infizieren. Zwischen diesen Neugeboreneninfektionen und Infektionen bei Haustieren scheint kein direkter epidemiologischer Zusammenhang zu bestehen.

Die besonders wichtige Gruppe A kann auf Grund von Proteinantigenen (M- und T-Substanz) weiterhin unterteilt werden in 52 Typen. Die Kenntnis über die Typenzugehörigkeit ist vor allem von epidemiologischem Interesse. Es ist auch bekannt, daß einzelne Typen häufiger zu Nachkrankheiten (Glomerulonephritis) führen als andere.

Für das pathogenetische Geschehen sind folgende von pathogenen Streptokokken gebildeten **Toxine,** die z. T. Enzymcharakter haben, verantwortlich:

Hämolysine (Streptolysine). Man unterscheidet zwei verschiedene Streptolysine:

Das Streptolysin O darf als Protein betrachtet werden, hat antigenen Charakter und bewirkt im menschlichen Organismus die Bildung von Antistreptolysin. Es ist O_2-labil und wird durch die Gruppen A, C und G gebildet.

Das Streptolysin S weist keine antigene Wirkung auf, ist O_2-stabil und wird von allen Gruppen gebildet. Seine chemische Konstitution ist nur teilweise geklärt.

Streptokinase (Fibrinolysin). Dieses proteolytische Ferment verdaut Fibrin sowie andere Proteine. Seine Wirkung kann durch einen spezifischen Antikörper (Antistreptokinase) gehemmt werden.

Streptodornase (Streptokokken-Desoxyribonuklease). Diese ist ebenfalls ein proteolytisches Ferment, welches Desoxyribonukleoprotein sowie Desoxyribonukleinsäure depolymerisiert. Streptokinase und Streptodornase können therapeutisch verwendet werden.

Hyaluronidase (spreading factor). Hyaluronidase ist ein Ferment mit antigener Wirkung, das Hyaluronsäure spaltet. Hyaluronidase erhöht die Gewebepermeabilität und kann deshalb therapeutisch von großer Bedeutung sein. Der im Wirtsorganismus gebildete Antikörper heißt Antihyaluronidase.

Erythrogenes Toxin. Dieses relativ stabile Toxin ist für die Entstehung des Scharlachexanthems verantwortlich. Es ist ein Protein. Nur lysogene, d. h. von einem temperierten Bakteriophagen latent infizierte Streptokokken bilden erythrogenes Toxin (zum Begriff der Lysogenie s. S. 383).

Pathogenese und Krankheitsbilder. Eintrittspforte für Streptokokkeninfektionen sind die Haut (vor allem nach Verletzung) und die Schleimhäute, ferner die Geburtswege. Die Streptokokken vermögen verschiedenartige Krankheitsbilder zu verursachen. Primär handelt es sich meistens um lokalisierte Infektionen. Diese können aber jederzeit zu generalisierten septischen Prozessen Anlaß geben. Klassische Streptokokkeninfektionen sind lokale Infektionen nach Verletzung, Phlegmonen, Impetigo, Tonsillitis (Angina), Otitis, Nebenhöhlenaffektionen, Osteomyelitis beim Säugling, Puerperalsepsis, Endokarditis. Nach Streptokokkeninfektionen können immunologisch bedingte Nachkrankheiten wie Glomerulonephritis (Antigen-Antikörper-Komplexe lagern sich an Basalmembran der Glomeruli und erschweren in denselben die Zirkulation) und rheumatische Erkrankungen auftreten. Ihre prozentuale Häufigkeit schwankt stark und scheint vom Streptokokkentyp abhängig zu sein.

Eine besondere Streptokokkenerkrankung ist der **Scharlach,** ausgehend von einer Scharlachangina und charakterisiert durch ein feinfleckiges Exanthem und Enanthem. Scharlach wird fast ausschließlich von β-hämolysierenden Streptokokken der Gruppe A verursacht, die in genügender Menge erythrogenes Toxin bilden. Die Scharlachimmunität ist eine antitoxische Immunität.

Bestimmte an sich apathogene Mundstreptokokken sind Entstehungsursache für die Plaquebildung an den Zahnhälsen und für die Zahnkaries. Die Karies wird ausgelöst durch bakterielle Stoffwechselprodukte. Ohne Bakterien gibt es keine Karies.

Diagnose. Streptokokkeninfektionen werden diagnostiziert durch den direkten mikroskopischen und vor allem den kulturellen Streptokokkennachweis. In vielen Fällen kann nur die Kulturmethode Auskunft geben, ob pathogene hämolysierende Streptokokken vorliegen oder apathogene. Nur die Kulturmethode erlaubt uns, Streptokokken zu gruppieren.

Will man die Diagnose *Scharlach* beweisen, sucht man aus Rachenabstrichen kulturell nach β-hämolysierenden Streptokokken der Gruppe A. Ob und in welchem Maße solche Streptokokken erythrogenes Toxin bilden, kann routinemäßig nicht erfaßt werden. Dagegen kann man den Beweis, daß ein Scharlachexanthem vorliegt, durch das *Auslöschphänomen* erbringen, indem das Scharlachexanthem nach intrakutaner Injektion von Scharlachimmunserum (Rekonvaleszentenserum) lokal verschwindet (auslöscht).

Der Dick-Test ist ein Immunitätstest s. auch S. 50. Er wird als Intrakutantest durchgeführt und entspricht der Hautreaktion auf eine bestimmte Menge von intrakutan einverleibtem erythrogenem Toxin. Scharlachimmune zeigen keine toxische Reaktion. Bei Nichtimmunen führt die gleiche Toxinmenge zu einer Reaktion mit lokaler Rötung und Entzündung.

Zur Erfassung von Streptokokken*nachkrankheiten* wird häufig der sog. *Antistreptolysintiter* bestimmt. Antistreptolysin ist ein Antikörper, der als Antwort auf den antigenen Reiz durch O-Streptolysin entstanden ist. Der Antistreptolysintiter sagt aus, bis zu welcher Titerhöhe ein Patientenserum die hämolysierende Wirkung einer standardisierten Menge Streptolysin aufzuheben (neutralisieren) vermag. Antistreptolysintiter, die höher sind als 1:200, müssen als pathologisch bewertet werden; niedrigere als 1:200 gelten als normal. Wie bei allen serologischen Untersuchungen ist auch hier ein Antikörperanstieg von besonderer diagnostischer Bedeutung.

Therapie. Das Antibiotikum der Wahl gegenüber allen Streptokokkeninfektionen ist Penicillin. Bei Infektionen durch Enterokokken, die relativ penicillinresistent sind, ist eine hohe Dosierung oder sind andere Antibiotika angezeigt. Zur Behebung benigner Streptokokkeninfektionen genügen auch Sulfonamide.

Epidemiologie und Prophylaxe. Die Streptokokken sind, abgesehen von den Enterokokken, gegen Umwelteinflüsse viel weniger resistent als Staphylokokken und gehen außerhalb des Wirtsorganismus rasch zugrunde. Bei 55 °C werden sie in 30 Minuten abgetötet. Wo Streptokokkeninfektionen gehäuft auftreten, liegt die Infektionsquelle immer bei menschlichen Streuern. Vor allem im Zusammenhang mit Scharlach sind gesunde Ausscheider (sog. Bazillenträger) von besonderer Bedeutung. Scharlach hinterläßt eine antitoxische (keine antiinfektiöse) Immunität, so daß klinisch völlig Gesunde über lange Zeit Träger vollvirulenter Streptokokken sein können.

Streptokokkeninfektionen sind heute nicht mehr so gefürchtet wie früher, weil alle Streptokokken penicillinempfindlich sind. Wegen der möglichen Spätkomplikationen, vor allem rheumatischer Art, sollten gehäuft auftretende Erkrankungen trotzdem bekämpft werden. Prophylaktische Maßnahmen sind angezeigt bei Streptokokkenerkrankungen der Mundhöhle (Anginen) sowie des Respirationstraktes und bei Auftreten von Scharlach. Abgesehen von Dezentralisation und Isolierungsmaßnahmen kommt eine Chemoprophylaxe mit Sulfonamiden in Frage. Erkannte Keimträger sind mit Penicillin zu sanieren.

3. Pneumokokken

Pneumokokken sind grampositive, ovaläre (lanzettförmige) Kokken, die immer paarförmig gelagert sind (früheres Synonym: Diplococcus lanceolatus) und als Diplokokken auch Ketten bilden können. Die Diploform ist von einer Polysaccharidkapsel umgeben. Pneumokokken können pathogen sein für den Menschen sowie für bestimmte Tierarten. Dank unterschiedlicher Antigenität der Polysaccharidkapsel werden die Pneumokokken heute in 82 Typen unterteilt.

Die Pneumokokken sind auch bei Gesunden auf der Schleimhaut des Nasenrachenraumes zu finden. Ein positiver Pneumokokkenbefund braucht deshalb nicht unbedingt pathogene Bedeutung zu besitzen.

Klassifizierung	Familie	Lactobacteriaceae (wie Streptokokken)
	Gattung	Diplococcus
	Art	Diplococcus pneumoniae
	Synonym	Pneumococcus
		Diplococcus lanceolatus

Morphologie und Kultur. Morphologisch sind die Pneumokokken ovaläre, grampositive, immer in Diploform (Paarform) vorkommende Kokken, deren distale Enden leicht zugespitzt sind (lanceolatus). Die Diplokokken sind von einer großen, nach außen scharf begrenzten Kapsel umgeben, die sich in natürlichen Substraten ohne weiteres „negativ" darstellen läßt (Abb. 17).

Pneumokokken zeigen auch bei dem Temperaturoptimum von 37 °C auf nicht angereicherten Nährmedien nur spärliches Wachstum, weshalb die Nährböden unbedingt durch Blut, Serum oder Aszitesflüssigkeit verbessert werden müssen. Die Pneumokokken wachsen am besten unter aeroben Bedingungen bei Zugabe von 10 % CO_2 und verhalten sich im übrigen fakultativ anaerob. In flüssigen Substraten erfolgt das Wachstum diffus, auf festem Blutagar als mittelgroße, feuchtglänzende (beim Typ 3 große schleimige), grünliche Kolonien. Diese sind größer als die Streptokokkenkolonien (Kapsel, Schleim), jedoch kleiner als Staphylokokkenkolonien.

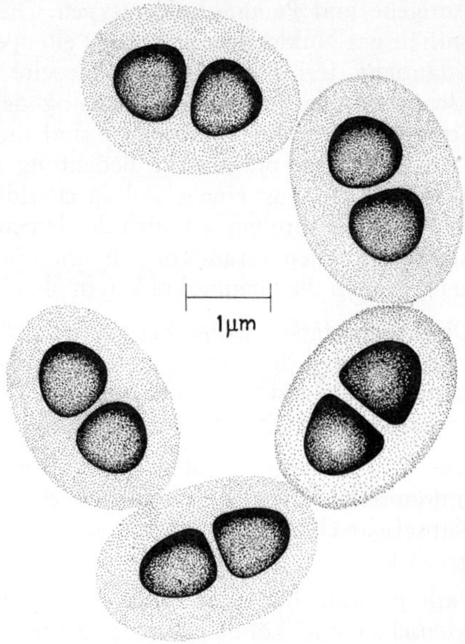

Abb. 17 Pneumokokken mit Kapsel

Die Pneumokokken vergären verschiedene Zuckerarten, was jedoch praktisch kaum ausgewertet wird.

Identifizierung. Pneumokokken sind im Untersuchungsmaterial schon mikroskopisch mit großer Wahrscheinlichkeit als solche zu erkennen. Man sieht typische Diplokokken, die im gefärbten Präparat von einem gemeinsamen freien Hof, der Kapsel, umgeben sind. Werden die Pneumokokken auf eiweißhaltigen Nährmedien kultiviert, sind sie dort höchstens mit vergrünenden Streptokokken zu verwechseln. Man nimmt als Unterscheidungsmerkmal zwei leicht faßbare Charakteristika zu Hilfe: die Gallelöslichkeit und die Optochinempfindlichkeit der Pneumokokken. Rein kultivierte Pneumokokkenstämme werden durch Galle, z. B. Rindergalle 1:2 bis 1:10 verdünnt, innerhalb weniger Minuten aufgelöst, Streptokokken dagegen nicht. Optochin, in geringer Konzentration einem Nährmedium beigegeben, hemmt nur das Wachstum der Pneumokokken, jedoch nicht dasjenige der Streptokokken.

Für die sichere Identifizierung von Pneumokokken verwendet man häufig die weiße Maus. Nach Infektion mit virulenten Keimen kommt es bei diesem Versuchstier innerhalb weniger als 24 Stunden zu einer tödlichen Sepsis mit massenhaft typischen Diplokokken in allen Organen.

Antigene und Pneumokokkentypen. Die Pneumokokkenzelle selbst enthält ein Nukleoprotein- sowie ein speziesspezifisches Polysaccharidantigen, ferner ein für unbekapselte Pneumokokken typenspezifisches Protein (M-Antigen), analog den Antigenen hämolytischer Streptokokken. Im allgemeinen sind diese zellulären Antigene von weit geringerer praktischer Bedeutung als die Kapselantigene, die ausschließlich aus einem Polysaccharidkomplex bestehen und sowohl für die Virulenz als auch die Typenzugehörigkeit von Pneumokokkenstämmen verantwortlich sind. Auf Grund dieser Kapselantigene werden die Pneumokokken in über 70 Typen unterteilt.

Die Immunitätsvorgänge bei Pneumokokkeninfektionen sind typenspezifisch. Auf die typenspezifische Immunität wurde man aufmerksam, als man feststellte, daß nur typenhomologe Immunseren einen Schutz verleihen, heterologe dagegen nicht.

Die Typenzugehörigkeit eines Pneumokokkenstammes wird mit Immunseren unter Zuhilfenahme der Agglutinationsreaktion, des Kapselschwellungsphänomens oder eines Präzipitationstestes durchgeführt.

Pathogenität. Bekapselte Pneumokokken sind pathogen für den Menschen und können auch pathogen sein für viele Tiere, wobei man bei bestimmten Tierarten meistens nur bestimmte Pneumokokkentypen als Krankheitserreger findet. Alle bekapselten Pneumokokken sind hochpathogen für die weiße Maus, weshalb diese als Versuchstier vielseitige Verwendung findet.

Für die Pathogenität der Pneumokokken sind ihre Kapselpolysaccharide von größter Bedeutung. Unbekapselte Pneumokokken sind nicht pathogen (nicht virulent).

Im Gegensatz zu den Streptokokken konnten bei den Pneumokokken keine eigentlichen Toxine nachgewiesen werden, die man für das pathogenetische Geschehen hätte verantwortlich machen können. Neueste Studien über Pneumokokken-Neuraminidase lassen die Vermutung zu, daß dieses Enzym als Toxin wirken könnte, zumal dasselbe von allen frisch isolierten Pneumokokken gebildet wird. Im übrigen erschwert die Polysaccharidkapsel zweifellos die Phagozytose der Pneumokokken. Damit allein kann aber ihre Pathogenität und ihr Invasionsvermögen nicht erklärt werden. Fest steht, daß sich die Pneumokokken, einmal im Gewebe eingenistet, äußerst rasch und ungehindert vermehren.

Pathogenese und Krankheitsbilder. Eintrittspforte von Pneumokokkeninfektionen ist in erster Linie die Schleimhaut des Nasenrachenraumes sowie des Respirationstraktes. Daselbst führen Pneumokokkeninvasionen zur klassischen lobären Pneumonie, zu Nebenhöhlenaffektionen, zur Mastoiditis, zur Otitis media und hämatogen (evtl. nach direktem Durchbruch) zur eitrigen Meningitis, ausnahmsweise zur Endokarditis. Beim Kind weiblichen Geschlechtes ist die Pneumokokkenperitonitis als autochthones Krankheitsbild bekannt.

Diagnose. Zur Diagnosestellung müssen die Pneumokokken mikroskopisch, kulturell oder über den Mäusetierversuch im Untersuchungsmaterial, d. h. im Sputum, im Eiter oder im Liquor cerebrospinalis, nachgewiesen werden. Differentialdiagnostisch sind Pneumokokken von vergrünenden Streptokokken zu unterscheiden. Die Typendiagnose mit Hilfe typenspezifischer Immunseren ist heute nur noch von wissenschaftlichem oder epidemiologischem Interesse. Für die Krankheitsdiagnose fallen serologische Methoden (Antikörpernachweis im Patientenserum) außer Betracht.

Therapie. Therapeutisch ist, wie bei den Streptokokken, Penicillin das Antibiotikum der Wahl. Im übrigen sind Pneumokokken gegen alle wichtigen Antibiotika und Chemotherapeutika (Sulfonamide) empfindlich.

Epidemiologie und Prophylaxe. Ähnlich den Streptokokken sind auch die Pneumokokken gegen Umwelteinflüsse wenig resistent. Die Infektkette führt fast immer direkt von Mensch zu Mensch (Tröpfcheninfektion). Das Tier ist für den Menschen ohne epidemiologische Bedeutung. Da zum Zustandekommen einer Pneumokokkeninfektion eine besondere Bereitschaft vorhanden sein muß, können Pneumokokkeninfektionen in geschlossenen Kollektiven (Heimen, Schulen, militärischen Einheiten) wohl vermehrt auftreten, nehmen jedoch nie ausgesprochen epidemischen Charakter an. Wo gehäufte Erkrankungen vorkommen, gibt es mit Sicherheit eine große Zahl gesunder Träger. Deshalb ist in solchen Situationen eine Chemoprophylaxe mit Sulfonamiden oder Penicillin in Erwägung zu ziehen. Impfungen wurden erst in letzter Zeit erwogen.

Obwohl bei Pneumokokkenerkrankungen erfahrungsgemäß einzelne Typen zahlenmäßig überwiegen, ist die Kenntnis der Typenzugehörigkeit nur für die Erfassung epidemiologischer Zusammenhänge bedeutsam.

4. Neisserien (gramnegative Kokken)

Die Neisserien (Neisser) sind gramnegative, immer in Diploform (paarig) angeordnete Kokken. Sie sind obligate Parasiten. Zwei Arten, die *Gonokokken* und die *Meningokokken,* sind menschenpathogen und verursachen charakteristische Krankheiten. Die Neisserien kommen auf den Schleimhäuten des Nasopharynx und des Genitaltraktes vor. Einzelne Arten sind als harmlose, normalerweise vorhandene Epiphyten zu werten, die pathogenen Arten immer als Krankheitserreger.

Klassifizierung

Familie	Neisseriaceae
Gattung	Neisseria (nach Neisser benannt)
Pathogene Arten	Neisseria gonorrhoeae = Gonococcus
	Neisseria meningitidis = Meningococcus
	Zahlreiche apathogene Arten

Morphologie und Kultur. Morphologisch sind die Neisserien gramnegative, kugelige bis kaffeebohnenförmige, immer paarig auftretende Kokken, die 0,6 zu 1,0 µm messen. Die pathogenen Arten haben stets kaffeebohnen- oder nierenförmige Gestalt, wobei die Konkavseiten gegeneinander liegen (Abb. 18).

Die pathogenen Neisserien wachsen nur auf Nährmedien, die mit menschlichem Eiweiß angereichert sind. Sie vermehren sich unter aeroben Bedingungen, wobei 10 % CO_2 das Wachstum begünstigen. Auf festen Oberflächennährböden sind die durchsichtigen Kolonien oft erst nach 48 Stunden wahrnehmbar. Die Kolonieform der einzelnen Arten variiert stark. In flüssigen Medien ist das Wachstum eher schwach und an einer leichten diffusen Trübung des Mediums zu erkennen.

Die Neisserien sind biochemisch wenig aktiv, vermögen jedoch u. a. Glucose, Maltose und Saccharose zu Säure abzubauen, so daß die Zuckerspaltung diagnostisch verwertet werden kann.

Abgesehen von den Gonokokken und den Meningokokken, die als Erreger bestimmter Krankheiten gut abgegrenzt werden können, darf die Einteilung der saprophytären Formen noch nicht als end-

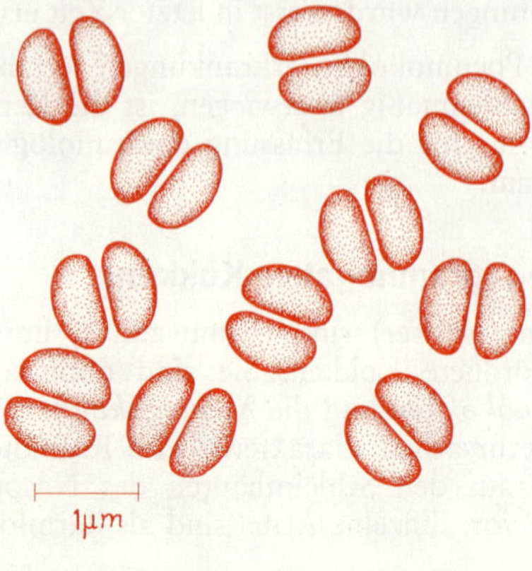

Abb. 18 Neisserien

gültig betrachtet werden. Bekannt ist vor allem die Neisseria catarrhalis, die häufig im Nasenrachenraum angetroffen und zu belanglosen katarrhalischen Erscheinungen Anlaß geben kann.

Ernstlich interessieren den Mediziner nur die wirklich pathogenen Neisserien. Meistens wird das Wachstum oder Nichtwachstum auf einfachem Nähragar als primäres Unterscheidungsmerkmal zwischen pathogenen und apathogenen Neisserien beigezogen. Pathogene Neisserien wachsen nie auf gewöhnlichem Agar, während sich die meisten apathogenen darauf vermehren und Kolonien bilden. Im übrigen wird die Spaltung von Glucose, Maltose und Saccharose als Differenzierungsmerkmal verwertet. Gonokokken spalten nur Glucose, Meningokokken Glucose und Maltose, während die apathogenen Neisserien entweder alle drei Zuckerarten oder gar keine abbauen.

Pathogenität. *Zwei Neisserienarten sind menschenpathogen:*

Neisseria gonorrhoeae, der Erreger der Gonorrhö (Tripper) und
Neisseria meningitidis, der Erreger der Meningokokken-Meningitis und Meningokokken-Sepsis.

Antigenetisch kennt man bei den Gonokokken nur einen einheitlichen Typ; bei den Meningokokken lassen sich vier Haupttypen A–D unterscheiden, die von epidemiologischem Interesse sind, s. S. 126.

Die übrigen, nichtpathogenen Arten muß der Mediziner nur deshalb kennen, weil er darauf angewiesen ist, diese von den pathogenen, vor allem von Neisseria gonorrhoeae, zu unterscheiden.

Für Tiere sind alle Neisserien nicht pathogen.

Die Beschreibung von Pathogenese und Krankheitsbild, von Diagnostik, Therapie und Epidemiologie muß für Gonokokken und Meningokokken getrennt geführt werden; für alle saprophytären Arten entfällt sie.

a) Neisseria gonorrhoeae (Gonokokken)

Pathogenese und Krankheitsbild. Die Gonokokken sind in erster Linie pathogene Schleimhautparasiten, die auf der Urethralschleimhaut eitrige Entzündungen, die Gonorrhö, verursachen. Beim Mann können Prostata und Nebenhoden mitbefallen sein, bei der Frau kann der Erreger durch die Zervix in den Uterus, in die Tuben und bis in die Peritonealhöhle vordringen, was zur Salpingitis und Peritonitis führt. Bei Mädchen vor der Pubertät kommt es zur Vaginitis. Werden die Gonokokken auf die Bindehaut des Auges übertragen, entsteht eine akute eitrige Konjunktivitis, die vor allem bei Neugeborenen gefürchtet ist. Früher traten als Komplikationen nicht selten gonorrhoische Arthritiden auf, und selbst Gonokokkeneinbrüche in die Blutbahn mit Endokarditis wurden beobachtet.

Diagnose. Die Gonokokken müssen im eitrigen Sekret (Urethral-, Zervikal-, Konjunktivalabstriche) mikroskopisch nachgewiesen werden. Man findet sie vor allem intrazellulär gelagert in Phagozyten. In der Regel ist die Gonokokkendiagnose bei der Krankheit des Mannes leicht, vermag aber bei der Frau erhebliche Schwierigkeiten zu bereiten. Die Gonorrhö verläuft bei der Frau in vielen Fällen blande oder ganz unbemerkt. Man findet die Gonokokken oft überhaupt nicht oder nur zu bestimmten Zeiten des Zyklus. Umgekehrt besteht besonders bei der Frau die Gefahr, daß man apathogene Neisserien mit Gonokokken verwechselt. Die Diagnose einer Gonorrhö darf bei der Frau nur dann gestellt werden, wenn man gramnegative Diplokokken einwandfrei intrazellulär gelagert in größerer Zahl vorfindet. Ausschließlich extrazellulär vorkommende gramnegative Kokken sind meistens apathogene Neisserien, also keine Gonokokken. In den letzten Jahren ist auch die Methode der Immunfluoreszenz zur Gonokokkendiagnose herangezogen worden. Fluoreszenzmikroskopisch darf aber nur eine Verdachtsdiagnose gestellt werden, weil die Methode je nach Ablesetechnik in einem gewissen Prozentsatz unspezifische, d. h. falsch positive Resultate liefert.

Die Kulturmethode kann die mikroskopische Diagnostik ergänzen. Wo sie zu Hilfe gezogen wird, müssen angereicherte Nährmedien verwendet und das Untersuchungsmaterial direkt vom Patienten auf den vorerwärmten Nährboden übertragen werden. Die Gonokokken bilden nach 48 Stunden feine, durchsichtige, tautropfenartige Kolonien.

Bei Gonokokkenkomplikationen (jedoch nur bei Komplikationen!) wie Epididymitis und Arthritis unterstützt eine positive Komplementbindungsreaktion die ätiologische Diagnose. Die Seroreaktionen sind aber bei unkomplizierter gonorrhoischer Urethritis nie positiv, weil sich keine Immunität entwickelt, und der negative Reaktionsausfall darf diagnostisch nicht im Sinne eines Ausschlusses verwertet werden.

Therapie. Die Gonorrhö wird heute mit Penicillin, evtl. mit Sulfonamiden behandelt. Gegenüber Sulfonamiden sind jedoch schon früh Resistenzerscheinungen beobachtet worden. Erst 1976 wurden in verschiedenen Ländern Gonokokken entdeckt, die Betalactamase bilden und damit gegen Penicilline resistent sind.

Epidemiologie und Prophylaxe. Die Gonorrhö ist eine weltweit verbreitete Infektionskrankheit. Sie wird fast ausschließlich durch venerischen, d. h. direkten Kontakt, ausnahmsweise durch gemeinsam gebrauchte Toilettengegenstände (Badeschwämme) übertragen; oder unter der Geburt von den Genitalien der Mutter auf die Konjunktiven des Neugeborenen. Die Gonokokken sind gegenüber Umwelteinflüssen wenig resistent und gehen an der Außenwelt rasch zugrunde. Einziger Wirt ist der Mensch.

Die prophylaktischen Maßnahmen basieren grundsätzlich auf der Vermeidung infektiöser Kontakte, auf der Erfassung und Sanierung aller Infektionsquellen, vor allem der Prostituierten und anderer chronisch infizierter Frauen sowie auf dem Gebrauch mechanischer Schutzmittel.

Die Ophthalmia neonatorum wird durch die generell durchgeführte Applikation von Silbernitrat oder Penicillin verhindert.

b) Neisseria meningitidis (Meningokokken)

Pathogenese und Krankheitsbild. Die Meningokokken sind Parasiten des Nasopharynx. Neben zahlreichen völlig symptomlos verlaufenden Infektionen können sie dort eine Pharyngitis verursachen und unter Umständen, zu einer Bakteriämie führend, in die Blutbahn einbrechen. Es kann auf diese Weise zur schweren, perakut verlaufenden, mit Hämorrhagien einhergehenden Meningokokkensepsis kommen (Waterhouse-Friderichsen-Syndrom). Die häufigste Meningokokkenkomplikation ist jedoch die *Meningitis,* die ebenfalls hämatogen zustande kommt, akut einsetzt und als eitrige Meningitis mit hoher Zellzahl im Liquor imponiert.

Diagnose. Bei der Meningokokkenmeningitis können die gramnegativen, zum großen Teil intrazellulär gelagerten Diplokokken im frisch entnommenen Liquor mikroskopisch nachgewiesen werden, worauf die Diagnose feststeht. Auf angereicherten Nährmedien kann man die Erreger auch kultivieren. Sie bilden nach 48 Stunden große, glasig durchscheinende Kolonien. Bei Meningokokkensepsis lassen sich die Meningokokken in der Blutkultur nach 48stündiger Bebrütung nachweisen. Nach dieser Frist ist aber das Schicksal des Patienten längst entschieden, weshalb die Meningokokkensepsis klinisch diagnostiziert werden muß.

Therapie. Meningokokkeninfektionen werden mit Penicillin, evtl. mit Sulfonamiden behandelt. Die Therapie muß so früh wie möglich einsetzen.

Epidemiologie und Prophylaxe. Meningokokkeninfektionen sind weltweit verbreitet und werden fast ausschließlich als Tröpfcheninfektionen von Mensch zu Mensch übertragen. Der Mensch ist einziger Wirt. Da die Meningokokken gegen Umwelteinflüsse wenig resistent sind und auch eine Abkühlung nicht überleben, führen nur mehr oder weniger direkte Übertragungsarten zu Neuinfektionen. Erfahrungsgemäß werden Meningokokkeninfektionen gehäuft in den Winter- und Frühlingsmonaten beobachtet, vor allem zwischen Februar und April. Sie treten mehrheitlich bei Jugendlichen auf.

Charakteristisch für Meningokokkenerkrankungen ist ihr niedriger Kontagionsindex. Auf eine große Zahl im Nasopharynx Infizierter erkranken nur einzelne an Meningitis. Meningokokken-Meningitis wie -Sepsis müssen deshalb als Komplikation einer normalerweise blanden Meningokokkeninfektion des Rachens betrachtet werden. Nur solche Individuen erkranken, die noch keine Antikörper gegen den betreffenden Meningokokkentyp besitzen.

Expositionsprophylaktische Maßnahmen sind wegen der großen Zahl gesunder Meningokokkenträger im großen und ganzen wirkungslos. In geschlossenen Kollektiven hat sich eine Chemoprophylaxe bestens bewährt. Sulfonamide sind bei Vorliegen sulfonamidsensibler Meningokokken das Mittel der Wahl. Der Anteil sulfonamidresistenter Meningokokken wird heute (1977) weltweit auf 30 % geschätzt. In solchen Situationen sind die Sulfonamide durch Rifampicin oder Minocyclin zu ersetzen (4–7 Tage).

Seit 1960 sind verbesserte Meningokokkenimpfstoffe, bestehend aus hochmolekularen Polysaccharidfraktionen der rudimentären Meningokokkenkapsel entwickelt und mit Erfolg angewandt worden. Ende 1976 standen aber nur typenspezifische Impfstoffe der Typen A, C und D zur Verfügung; ein Typ-B-Impfstoff existiert noch nicht. Die Schutzimpfung bedeutet zweifellos eine mögliche und wirksame prophylaktische Maßnahme gegen Meningokokkenerkrankungen. Wesentliche Einzelfragen sind aber noch nicht gelöst. Die Polysaccharidimpfstoffe sind unstabil und verlangen bezüglich Aufbewahrung und Transport (– 20 °C) einschneidende Kautelen.

II. Korynebakterien

Korynebakterien (Koryne = Keule) sind grampositive, unbewegliche, nichtsporenbildende, meistens gebogene Stäbchenbakterien. Sie sind charakterisiert durch einen ausgesprochenen Pleomorphismus, enthalten Granula und weisen häufig endständige keulenartige Verdickungen auf.

Klassifizierung	Familie	Corynebacteriaceae
	Gattung	Corynebacterium
	33 Arten, darunter	
	Corynebacterium diphtheriae	
	Synonym	Diphtheriebakterium

Abgesehen von Corynebacterium diphtheriae sind mehrere weitere Korynebakterienarten menschen- oder tierpathogen und können bei ihren Wirten eitrige, meistens lokalisierte oder auf bestimmte Organe beschränkte Affektionen hervorrufen.

Menschenpathogen sind:

Corynebacterium diphtheriae, Erreger der Diphtherie
Corynebacterium pyogenes, Erreger lokaler Eiterungen und diphtherieähnlicher Krankheitsbilder
Corynebacterium diphtheroides, ein streng anaerob wachsender Eitererreger

Nicht pathogen und von Corynebacterium diphtheriae zu unterscheiden ist:

Corynebacterium pseudodiphthericum.

Beim Menschen kommen weiterhin vor:

Corynebacterium xerosis
Corynebacterium acnes

Beide Arten sind aber nicht von primärer ätiologischer Bedeutung.

Tierpathogen sind:

Corynebacterium pyogenes
Corynebacterium murisepticum
Corynebacterium renale
Corynebacterium bovis

Die erwähnten Korynebakterienarten kommen in erster Linie bei den entsprechenden Wirten vor und wurden ausschließlich aus menschlichem oder tierischem Untersuchungsmaterial isoliert.

Korynebakterien sind gegen Umwelteinflüsse relativ resistent.

Corynebacterium diphtheriae (Diphtheriebakterium)

Corynebacterium diphtheriae ist von besonderer humanmedizinischer Bedeutung als Erreger der Diphtherie, einer unter natürlichen Bedingungen nur beim Menschen vorkommenden schweren Infektionskrankheit. Das Bakterium wurde 1884 von Löffler entdeckt.

Morphologie und Kultur. Morphologisch sind die Diphtheriebakterien, wie alle Korynebakterien, grampositive Stäbchen von unregelmäßiger Form, 0,5–1 µm dick und 2–6 µm lang. An den Enden sind sie meistens kolbenförmig verdickt und enthalten unregelmäßig im Bakterium verteilte, oft an den Polen lokalisierte Körnchen, die Polkörnchen oder Polkörperchen genannt werden.

Die Diphtheriebakterien verhalten sich fakultativ anaerob und lassen sich am besten unter aeroben Bedingungen kultivieren. Dazu sind spezielle Nährmedien notwendig. Auf gewöhnlichem Agar und auch auf Blutagar zeigen die Diphtheriebakterien nur langsames Wachstum. Dem Blutagar muß zwecks Verbesserung des Wachstums Zystein zugegeben werden. Zur Kultivierung von Corynebacterium diphtheriae werden am häufigsten das sogenannte Löffler-Serum oder Telluritmedien (nach Clauberg) verwendet. Beide Medien benützt man in fester Form.

Löffler-Serum besteht aus gewöhnlichem Rinderserum, dem 2 % Glucose beigegeben ist und das durch Erhitzen zum Erstarren gebracht wurde. Auf diesem Nährboden vermehren sich neben den Diphtheriebakterien auch alle übrigen im Untersuchungssubstrat vorkommenden Mikroorganismen.

Die meistens nach Clauberg benannten Telluritmedien enthalten außer Nähragar und Tellurit noch Serum, Zystein und Glucose. Clauberg-Medien sind Selektivmedien, auf denen – zumindest während der ersten 24 Stunden – nur Korynebakterien wachsen. Diese reduzieren Tellurit zu metallischem Tellur, so daß schwarze, metallisch glänzende Kolonien entstehen. Da Corynebacterium diphtheriae Glucose zu Säure abbaut und die Säurebildung mit Hilfe eines Indikators (Wasserblau) sichtbar wird, sind alle Corynebacterium-diphtheriae-Kolonien von einem blauen Hof umgeben. Korynebakterien, die Glucose nicht spalten, sind keine Diphtheriebakterien. Da Telluritmedien als Selektivmedien wirken, können sie – im Gegensatz zum Löffler-Serum – weitgehend makroskopisch beurteilt werden.

Auf zysteinhaltigem Blutagar kann man verschiedene, früher als Typen bezeichnete Wuchsformen von Corynebacterium diphtheriae unterscheiden. Je nach Stamm entstehen schmutziggraue, rauhe, z. T. hämolysierende, oder feine glatte oder große weißliche, meist hämolysierende Kolonien. Diese Wuchsformen (früher Typen) sind durch die Adjektive gravis, intermedius und mitis gekennzeichnet. Ihre Unterscheidung ist nicht von klinischer Bedeutung und die Benennung irreführend, weil z. B. auch Mitis-Stämme schwere Krankheitsbilder hervorrufen können.

Toxinbildung. Alle pathogenen Diphtheriebakterien bilden ein einheitliches Exotoxin, wobei alle drei Wuchsformen (Typen) qualitativ dasselbe Toxin produzieren. Das Diphtherietoxin ist, pathogenetisch betrachtet, die eigentliche Krankheitsursache. Die Diphtherie ist eine exotoxische Krankheit. Das Exotoxin kann jedoch nur bei Vorhandensein von Corynebacterium diphtheriae entstehen, weshalb die Diphtherie – obwohl eine Intoxikation – epidemiologisch eine Infektionskrankheit ist.

Nur lysogene, d. h. von einem temperierten Bakteriophagen latent infizierte und damit Prophagen enthaltende Diphtheriebakterien bilden Toxine (zum Begriff der Lysogenie s. S. 383).

Während die Diphtherie als natürliche Infektionskrankheit nur beim Menschen vorkommt, können Diphtheriebakterien auch in vitro sowie in verschiedenen Tierkörpern, namentlich im Meerschweinchen (Versuchstier), Toxin bilden. Das Diphtherietoxin an sich ist pathogen (toxisch) für eine ganze Reihe von Tieren; so für Meerschweinchen, Kaninchen, Hunde, Katzen und Vögel. Da das Diphtherietoxin, wie alle Exotoxine, ein gutes Antigen ist, kann durch Immunisieren von Tieren hochwertiges Antitoxin erzeugt werden.

Pathogenese und Krankheitsbild. Weil die Diphtherie hauptsächlich als Rachendiphtherie auftritt, wird sie vor allem durch Tröpfcheninfektion von Mensch zu Mensch übertragen. Die Inkubation beträgt 3–5 Tage.

Diphtherische Infektionen sind immer lokalisiert und sitzen auf der Oberfläche von Schleimhäuten, evtl. von Wunden; am häufigsten im Rachen, in der Nase oder an den Konjunktiven. Dort bilden die Bakterien Toxin. Dieses wird resorbiert und verursacht vorerst oberflächliche entzündliche Gewebsveränderungen, die zu lokalen Fibrinausscheidungen und Leukozytenevasionen führen. Dadurch entstehen grauweiße Pseudomembranen, die auf den Tonsillen, der Pharynxschleimhaut oder im Larynx zu finden sind. Ihre Lokalisation im Larynx und der Trachea kann zu Atembehinderung und zum Erstickungstod führen. Abgesehen von diesen lokalen Erscheinungen ist es aber das in den Kreislauf und damit in alle Organe gelangende Diphtherietoxin, das zu Organschädigungen, vor allem zu Parenchymdegeneration in Herzmuskel, Leber, Nieren und Nebennieren Anlaß gibt. Diphtherietoxin bewirkt auch Lähmungen im Bereiche des weichen Gaumens, der Augenmuskeln sowie der Extremitäten. Wer an Diphtherie stirbt, stirbt wegen Verlegung der Atemwege (Krupp) und/oder an Herzlähmung infolge allgemeiner Intoxikation.

Die Diphtherie hinterläßt im allgemeinen eine fundierte, lebenslängliche, antitoxische Immunität.

Diagnose. Die Verifizierung der klinischen Verdachtsdiagnose geschieht dadurch, daß man im Bereiche der lokalen Krankheitserscheinungen (Pseudomembranen) die Diphtheriebakterien kulturell nachweist. Der direkte mikroskopische Nachweis ist derart unzuverlässig, daß man sich, im positiven wie im negativen Sinne, nur auf die Ergebnisse der Kulturmethode stützen darf. Bei der Vornahme von Rachenabstrichen müssen die Pseudomembranen mit dem Tupfer energisch von ihrer Unterlage abgehoben werden und man muß *unter* der Pseudomembran gelegenes Material entnehmen. Solche Abstriche werden so rasch als möglich auf Löffler-Serum oder Telluritmedien ausgestrichen und bei 37 °C bebrütet. Diphtheriebakterienwachstum ist wahrnehmbar nach 12–24 Stunden. Vor Ablauf von 24 Stunden dürfen keine negativen Befunde herausgegeben werden.

Ausstriche auf Löffler-Serum kontrolliert man nach der Bebrütung in allen Fällen mikroskopisch, am besten gefärbt nach Neisser. Ausstriche auf Telluritplatten beurteilt man makroskopisch und verfertigt nur mikroskopische Kontrollpräparate, wenn Wachstum erfolgt ist. Präparate von Telluritmedien färbt man nach Gram.

Stellt sich die Frage, ob isolierte Diphtheriebakterien Toxin bilden oder nicht, kann man dies im Meerschweinchentierversuch (Tod des Versuchstieres nach 24–48 Stunden) oder immunologisch im Agardiffusionstest nach Elek prüfen (siehe S. 499).

Therapie. Die Diphtherie wird antitoxisch behandelt, indem man dem Patienten Diphtherieantitoxin (Heilserum) verabreicht. Der Zeitpunkt der Abgabe von Antitoxin ist für den therapeutischen Erfolg von größter Bedeutung. Man soll das Antitoxin so früh wie möglich geben. Es ist Ermessenssache, ob man die antitoxische Therapie mit einer antibiotischen (Penicillin) kombinieren will. Die Verabreichung von Antibiotika allein ist als falsch zu betrachten.

Epidemiologie und Prophylaxe. Die Diphtherie ist global verbreitet. Sie ist in erster Linie eine Kinderkrankheit, die in den Wintermonaten gehäuft auftritt.

Die Diphtherie wird vor allem durch Tröpfcheninfektion von Mensch zu Mensch übertragen. Weil nach durchgemachter diphtherischer Infektion eine antitoxische (nicht antibakterielle) Immunität zurückbleibt, gibt es gesunde Bakterienträger, die von erheblicher epidemiologischer Bedeutung sind. Da Diphtheriebakterien gegenüber Umwelteinflüssen relativ resistent sind und an der Außenwelt 4–5 Wochen infektionstüchtig bleiben können, sind auch indirekte Infektionen, z. B. durch kontaminiertes Spielzeug oder durch Staub möglich.

Die direkten prophylaktischen Maßnahmen bestehen in der Isolierung aller kranken und gesunden Bakterienträger.

Gegen die Diphtherie als toxische Krankheit läßt sich mit entgiftetem Toxin (Toxoid, Anatoxin) aktiv immunisieren. Die in vielen Ländern durchgeführte Schutzimpfung stellt die wesentlichste prophylaktische Großmaßnahme dar. Die aktive Immunisierung erzeugt keine lebenslängliche und keine absolute Immunität. Die Krankheitsanfälligkeit ist aber bei Schutzgeimpften ungleich geringer, und die Krankheit als solche verläuft gutartiger als bei Nichtgeimpften.

Mit Hilfe des *Schick-Testes* kann (in Analogie zum Dick-Test bei Scharlach) die individuelle Diphtherieimmunität kontrolliert werden. Dem zu Kontrollierenden wird eine bestimmte kleine Menge Diphtherietoxin intrakutan injiziert. Ist das Individuum nicht immun, entsteht eine lokale toxische Reaktion. Bei bestehender Immunität wird das Toxin durch körpereigenes Antitoxin neutralisiert und die Injektionsstelle verhält sich reaktionslos.

III. Mykobakterien

Mykobakterien sind schlanke Stäbchenbakterien verschiedener Länge, die sich „säurefest" verhalten. Sie sind schwer färbbar, lassen sich aber, einmal gefärbt, weder durch Säure noch Alkohol wieder entfärben. Die wichtigsten menschenpathogenen Mykobakterien sind das *Mycobacterium tuberculosis,* der Erreger der Tuberkulose, und das *Mycobacterium leprae,* der Erreger des Aussatzes. Neben den pathogenen Spezies gibt es eine große Zahl saprophytärer Arten. Die saprophytären Mykobakterien kommen vielerorts in der freien Natur, vor allem im Erdboden vor. Pathogene Mykobakterien findet man nur in erkrankten Organen und deren Ausscheidungen.

Klassifizierung	Familie	Mycobacteriaceae
	Gattung	Mycobacterium

Wichtigste pathogene Mykobakterien:

- Mycobacterium tuberculosis, var. hominis, syn. Mycobacterium tuberculosis
- Mycobacterium tuberculosis, var. bovis, syn. Mycobacterium bovis
- Mycobacterium avium
- Mycobacterium leprae
- Mycobacterium leprae murium
- Mycobacterium paratuberculosis Johne
- Mykobakterien bei Kaltblütlern (verschiedene Arten)

Apathogene Mykobakterien:

- Diverse Arten, worunter Mycobacterium smegmatis

Nicht klassifizierbare (atypische) Mykobakterien:

- Viele apathogene oder bedingt pathogene Arten

Morphologie. Morphologisch sind die Mykobakterien schlanke, 0,4 zu 3–4 μm messende, säure- und alkoholfeste Stäbchenbakterien, die keine Sporen bilden und üblicherweise keine echten Verzweigungen aufweisen. Die Mykobakterien sind besonders reich an Lipoiden, weshalb sie hydrophob wirken und sich nur schwer färben lassen. Mit der Gram-Färbung kann man die Mykobakterien nicht einwandfrei und zuverlässig zur Darstellung bringen. Dazu ist eine drastische Spezialfärbung (Ziehl-Neelsen) notwendig. Mit konzentriertem Karbolfuchsin nach Ziehl-Neelsen gefärbt, erscheinen sie als schlanke, rote Stäbchen.

Kultur. Die Mykobakterien vermehren sich nur unter aeroben Bedingungen. Zur Kultivierung der meisten Mykobakterien, darunter aller pathogener, benötigt man Spezialnährmedien. Für Erstisolierungen verwendet man vorteilhaft Eiernährböden nach Löwenstein, Hohn oder Petragnani, für experimentelle Untersuchungen eher synthetische oder halbsynthetische Medien.

Die meisten Mykobakterien, so alle pathogenen, vermehren sich nur langsam; ihre Generationszeit liegt zwischen 18 und 24 Stunden. Deshalb kann das Wachstum nicht nach Tagen, sondern erst nach mehreren Wochen festgestellt werden.

Für Primärkulturen verwendet man fast ausschließlich feste Medien, auf denen die verschiedenen Arten weitgehend speziescharakteristische Kolonien bilden. Für Subkulturen kann man auch flüssige Medien gebrauchen, wobei Zusatz von Tween 80 ein homogenes submerses Wachstum begünstigt. Das Temperaturoptimum für pathogene Arten liegt bei 37 ° C.

Pathogenität. Für den Menschen pathogen sind beide Varianten (Typen) des Mycobacterium tuberculosis sowie das Mycobacterium leprae. Für viele Säugetiere, so für unsere Haustiere mit Ausnahme des Schafes, ist vor allem die var. bovis (Typus bovinus) von Mycobacterium tuberculosis pathogen. Mycobacterium avium ist pathogen für Vögel, es wird aber ausnahmsweise auch bei Säugern angetroffen. Mycobacterium leprae murium, der Erreger der Mäuselepra, ist für die experimentelle Lepraforschung von Bedeutung. Mycobacterium paratuberculosis ist nur pathogen für Klauentiere und erzeugt bei diesen eine chronische Enteritis mit Lymphadenitis. Sog. atypische oder anonyme Mykobakterien können menschenpathogen sein und werden auch bei Tieren gefunden. Bestimmte Arten verursachen Hauterkrankungen.

Antigene. Sowohl die Proteine als auch die verschiedenen Lipoidfraktionen der Mykobakterien haben antigenen Charakter, während die Polysaccharide wahrscheinlich nur als Haptene (Hapten im Sinne von „Halbantigen“) funktionieren. Für die Immunitätsvorgänge im Wirt sind vor allem die Proteine verantwortlich, während die spezifischen Veränderungen im Wirtsgewebe durch die Lipoidfraktionen ausgelöst werden.

Obwohl die chemische Zusammensetzung der verschiedenen Mykobakterienarten, wenigstens quantitativ, nicht einheitlich und konstant ist, kann man die Mykobakterien auf Grund ihrer antigenen Eigenschaften nicht einwandfrei auseinanderhalten. Die verschiedenen Mykobakterien rufen weitgehend gekreuzte allergische Reaktionen hervor.

Identifizierung. Die Unterteilung der Mykobakterien erfolgt einerseits nach ihren kulturellen Merkmalen und basiert andererseits auf ihrer Tierpathogenität.

Der medizinische Mikrobiologe muß vor allem die rauhen (rough) Kolonien des humanen und die kleineren, glatten (smooth) Kolonien des bovinen Typs als echte Tuberkelbakterien erkennen und deren Wuchsformen von denjenigen der apathogenen Arten unterscheiden können. Im allgemeinen wachsen die apathogenen Arten schneller und innerhalb eines größeren Temperaturbereiches als die pathogenen Arten, und sie bilden große, feuchte, vielfach pigmentierte Kolonien.

Medizinisch ist die Prüfung der Tierpathogenität (Meerschweinchen) von großer Tragweite, weil die menschenpathogenen Tuberkelbakterien für das Meerschweinchen ebenfalls pathogen sind und sich die menschenapathogenen Arten auch für Meerschweinchen als apathogen erweisen.

Weil die Erreger der Tuberkulose und der Lepra von großer medizinischer Bedeutung sind, ist es angezeigt, diese beiden pathogenen Arten gesondert zu besprechen.

1. Tuberkelbakterien

Die von Robert Koch 1882 entdeckten *Tuberkelbakterien (Mycobacterium tuberculosis,* var. hominis et bovis) sind die Erreger der menschlichen Tuberkulose. Die Tuberkelbakterien erfüllen morphologisch alle Kriterien, die für Mykobakterien Gültigkeit besitzen. Zudem sind sie pathogen für das Meerschweinchen. Dieses darf in jeder Beziehung als Versuchstier der Wahl betrachtet werden.

Robert Koch hat den mutmaßlichen Erreger der Tuberkulose, die Tuberkelbakterien, in tuberkulösem Material regelmäßig nachgewiesen, er hat sie reinkultiviert, hat sowohl mit Ausgangs- wie mit Kulturmaterial beim Meerschweinchen regelmäßig und in Passagen Tuberkulose erzeugt und schließlich in den tuberkulösen Meerschweinchen die Tuberkelbakterien sowohl mikroskopisch wie kulturell wieder dargestellt. Die Tuberkuloseerreger, deren ätiologische Bedeutung zu beweisen war, erwiesen sich morphologisch wie biologisch immer identisch (Kochsche Regeln).

Die Tuberkelbakterien können aerogen, peroral sowie über Haut- und Schleimhautverletzungen in den Körper gelangen. Die häufigste Infektionsart ist die aerogene mit Eintrittspforte im Respirationstraktus. Werden Tuberkelbakterien peroral (Nahrungsmittel) aufgenommen, kann die Infektion im Darm und Mesenterium ihren Anfang nehmen. Gelangt tuberkelbakterienhaltiges Material auf verletzte Hautstellen, entspricht die Infektionspforte dem Orte der Verletzung. Die Tuberkelbakterien vermehren sich lokal im Bereiche der Eintrittspforte und gelangen von dort lymphogen in die regionalen Lymphknoten. Schon primär, vorwiegend aber sekundär, ist auch eine hämatogene Ausbreitung möglich.

Die Tuberkelbakterien bilden keine eigentlichen Toxine und sind auch für den Wirtsorganismus an sich primär nicht toxisch. Dagegen lösen sie nach einer Latenzzeit von 2–3 Wochen (langsame Vermehrung) lokale reaktive Veränderungen im Wirtsgewebe hervor, die Immunitätsreaktionen entsprechen. Es kommt dabei zu Nekrosebildungen und Einschmelzung des Gewebes.

Alle Organe können tuberkulös erkranken, sei es, indem sie primär befallen und infiziert werden, sei es, daß sich die Tuberkelbakterien nach lymphogener oder hämatogener Aussaat sekundär darin festsetzen und Veränderungen veranlassen. Am häufigsten affiziert sind die Lungen. Bedeutungsvoll sind aber auch die Urogenitaltuberkulosen, die Meningitis tuberculosa, die tuberkulöse Tonsillitis mit Halslymphomen, Gelenktuberkulosen, Tuberkuloseformen der Haut und Schleimhäute, Augentuberkulosen u. a. mehr. Die Tuberkulose ist immer eine chronische, oft rezidivierend und in Schüben verlaufende Krankheit. Sie kann, solange sie lokalisiert ist, spontan abheilen, kann aber auch nach jahrelangem Siechtum infolge schwerer Organveränderungen zum Tode führen. Generalisierte hämatogene Aussaaten, die zur Miliartuberkulose oder/und zur Meningitis tuberculosa führen, sind nicht selten und enden ohne Behandlung innerhalb weniger Wochen tödlich.

Der Kontagionsindex und damit auch die Morbidität an Tuberkulose sind relativ gering. Nur ein kleiner Teil all derer, die im Laufe ihres Lebens infiziert werden, erkranken manifest. Es ist bei der Tuberkulose deshalb oft schwierig, von einer Inkubation zu sprechen. Diese beträgt im Minimum mehrere Wochen. Erkrankungen können aber auch noch Jahre nach der Primoinfektion manifest werden.

Für das pathogenetische Geschehen sind die Virulenz des Tuberkelbakterienstammes, die Infektionsdosis und Dauer der Exposition, dann aber vor allem die Resistenz und das Abwehrvermögen des Wirtsorganismus von Bedeutung.

Epidemiologisch müssen wir die offene Tuberkulose, bei der Tuberkelbakterien ausgeschieden werden, von der geschlossenen Tuberkulose ohne (momentane) Erregerausscheidung trennen. Eine geschlossene Tuberkulose kann jederzeit zu einer offenen werden.

Allergie bei Tuberkulose. Tuberkelbakterien wirken auf einen Wirtsorganismus, der nie mit Mykobakterien in Kontakt war, primär nicht toxisch und rufen bei Injektion in einen solchen Wirt in den ersten Tagen keine sichtbaren Reaktionen hervor. Erst im Verlaufe der Infektion, nach ca. 3 Wochen, ändert sich die Reaktionsweise des Wirtes.

Injiziert man tuberkelbakterienhaltiges Material oder Produkte von Tuberkelbakterien einem Wirtsorganismus, der im Sinne einer durchgemachten Infektion schon zuvor mit Mykobakterien Kontakt hatte, reagiert das Wirtsgewebe bereits innerhalb von 24 Stunden auf die erneut eingebrachte Substanz. In dieser zweiten Situation reagiert also das Wirtsgewebe anders als in der ersten. Man bezeichnet diesen Zustand als *Allergie (Andersreaktion).* Allergie ist eine immunologisch bedingte, spezifisch veränderte Reaktionsbereitschaft und entspricht als solche einem pathogenetischen Prinzip (Allergie s. S. 29).

Erst nach Ausbildung der Allergie kommt es zu starken Gewebsreaktionen gegenüber den Tuberkelbakterien und schließlich zu Gewebseinschmelzungen; d. h. zu den pathologisch-anatomischen Erscheinungen, die man als tuberkulöse Organveränderungen bezeichnet.

Den Zustand der Allergie kann man prüfen durch intrakutane Injektion von Tuberkulin. Tuberkulin ist ein Allergen und besteht aus gelösten Zerfallsprodukten von Tuberkelbakterien. Mit der Tuberkulinprobe kann abgeklärt werden, ob ein Wirtsorganismus gegenüber Tuberkelbakterien allergisch ist oder nicht. Eine bestehende Allergie sagt an sich nichts aus über den derzeitigen Gesundheitszustand, sondern beantwortet nur die Frage, ob der Organismus je eine Infektion mit Mykobakterien durchgemacht hat oder nicht.

Ein allergischer Organismus reagiert viel rascher auf eine natürliche Infektion und vermag diese demzufolge eher einzudämmen als ein nicht allergischer Organismus. Diese Tatsache gab Anlaß zur Einführung der Schutzimpfung gegen Tuberkulose (s. S. 138).

Diagnose. Die ätiologische Diagnose kann nur dadurch sichergestellt werden, daß man die Tuberkelbakterien im entsprechenden

Untersuchungsmaterial nachweist. Ohne Tuberkelbakteriennachweis ist eine Tuberkulose nicht bewiesen. Die Ausscheidung von Tuberkelbakterien erfolgt nur bei bestehenden anatomischen Läsionen. Gesunde Tuberkelbakterienausscheider (Bakterienträger) gibt es nicht. Der sichere Nachweis von Tuberkelbakterien bedeutet immer einen für Arzt und Patient gravierenden pathologischen Befund.

Der *Nachweis von Tuberkelbakterien* ist möglich:

direkt mikroskopisch mit Hilfe der Färbung nach Ziehl-Neelsen
kulturell auf festen Spezialnährmedien
im Meerschweinchentierversuch.

Bedeutung, Vor- und Nachteile der einzelnen Methoden:
Der *mikroskopische Nachweis* ist die häufigste diagnostisch angewandte Methode. Die Resultate sind bei geringem Aufwand kurzfristig erhältlich. Ihre Beweiskraft ist jedoch beschränkt, weil echte Tuberkelbakterien nicht ohne weiteres von saprophytären Mykobakterien zu unterscheiden sind. Zur Ermöglichung positiver Befunde sind mindestens 100 000 Tuberkelbakterien pro 1 ml Untersuchungsmaterial notwendig. Wir besitzen keine Anhaltspunkte bezüglich Empfindlichkeit der Tuberkelbakterien gegenüber Bakteriostatika.

Die *Kulturmethode* liefert auch positive Befunde bei relativ geringer Zahl von Tuberkelbakterien. Der Erfahrene kann Tuberkelbakterienkolonien von Kolonien anderer Mykobakterien unterscheiden und auch eine vorläufige Typendiagnose stellen. Es besteht die Möglichkeit zur Resistenzprüfung. Die Resultate sind erst nach 3–6 Wochen Bebrütungszeit erhältlich. Man besitzt keine sicheren Aussagen über die Pathogenität des isolierten Stammes.

Der *Meerschweinchentierversuch* ist ebenso zuverlässig wie das Kulturverfahren. Er erlaubt eine sichere Aussage über die Pathogenität der Mykobakterien. Der Tierversuch ist aufwendiger und komplizierter als die Kultur. Eine direkte Resistenzprüfung des Stammes ist nicht möglich.

Die Tuberkelbakterien können, abgesehen von der Berücksichtigung kultureller Merkmale, nach folgendem Tierschema *typisiert* werden:

	Pathogenität für Meerschweinchen	Kaninchen	Huhn
Typus humanus (var. hominis)	+	–	–
Typus bovinus (var. bovis)	++	+	–
Typus gallinaceus (M. avium)	–	+	+
Atypische Mykobakterien	–	–	–

Therapie. Wie jede bakterielle Infektionskrankheit wird die Tuberkulose heute u. a. medikamentös mit Antituberkulotika behandelt. Tuberkulose-Heilmittel 1. Wahl ist Isonicotinsäurehydracid (INH). Es folgen Streptomycin, Rimactan, Myambutol und Paraaminosalicylsäure (PAS). Letztere dienen in erster Linie als Resistenzverzögerer. Tuberkulose-Heilmittel 2. Wahl sind u. a.: Neomycin, Viomycin, Pyrazinamid, Cycloserin, Kanamycin, Thiosemicarbazon und Ethionamid (Trécator). Penicilline sind unwirksam.

Vor Beginn einer antituberkulösen Therapie muß – wegen der monatelangen Dauer dieser Therapie – ein Therapieplan aufgestellt werden, wobei stets mindestens zwei verschiedene Tuberkulostatika mit verschiedenem Wirkungsmechanismus zu kombinieren sind. Vor allem bei kavernöser Tuberkulose mit massenhaft Tuberkelbakterien können die Tuberkelbakterienstämme infolge Selektion resistenter Mutanten rasch therapieresistent werden.

Wegen der Gefahr des Resistentwerdens sollte der Tuberkelbakterienstamm eines Patienten sowohl bei Therapiebeginn wie in 3–4-monatigen Intervallen regelmäßig auf seine Sensibilität gegenüber den in Frage kommenden Medikamenten geprüft und die Therapie den Ergebnissen dieser Resistenzprüfungen angepaßt werden.

Epidemiologie und Prophylaxe. Die Tuberkulose wird vor allem von Mensch zu Mensch übertragen. Infektionsquellen können aber auch infizierte Haustiere wie Rind, Ziege und Katze sein. Meistens erfolgt die Übertragung aerogen im Sinne einer Tröpfcheninfektion. Die Lungentuberkulose ist die weitaus häufigste Organtuberkulose. Bei offenen Prozessen gelangen die Tuberkelbakterien mit Sputum und Atemluft an die Außenwelt, so daß sie von anderen Individuen inhaliert werden. Wesentlich ist, daß es keine pathologisch-anatomisch gesunden Tuberkelbakterienausscheider gibt. Ausgehend von einer tuberkulösen Mastitis milchspendender Haustiere, können die Tuberkelbakterien mit Milch und Milchprodukten peroral auf den Menschen übertragen werden. Gelangen Tuberkelbakterien mit Sputum, Urin (bei Nierentuberkulose) oder tierischen Produkten ins Freie, kann es indirekt zu Staubinfektionen kommen, weil die in organisches Material eingebetteten Tuberkelbakterien, darin geschützt, über mehrere Wochen vermehrungsfähig und damit infektiös bleiben. Nicht geschützte Tuberkelbakterien sind an der Außenwelt wenig resistent und sterben nach einigen Tagen ab. Sie sind auf keinen Fall resistenter als andere bakterielle Vegetativformen und sind besonders anfällig gegen ultraviolettes Licht. Tuberkelbakterien werden bei 60 °C nach 20 Minuten, bei 80 °C nach 5 Minuten und bei 100 °C feuchter Hitze sofort abgetötet.

Neuinfektionen können nur dadurch verhindert werden, daß man Tuberkelbakterienausscheider isoliert. Um dies zu ermöglichen, muß man sie vorerst ermitteln. Dies hat gezielt zu geschehen. Man soll alle tuberkuloseverdächtigen Erkrankungen ätiologisch genau klären und bei positiven Befunden den Umständen angepaßte Umgebungsuntersuchungen veranlassen. Letztere sind primär nicht bakteriologischer, sondern klinischer und röntgenologischer Art. Dabei kommt zugute, daß nur organisch Erkrankte Ausscheider sein können.

Nachdem sich Tuberkelbakterienstreuer bei bestimmten Berufsgruppen wie Lehrern, in der Lebensmittelbranche Tätigen, bei Militärpersonen usw. besonders folgenschwer auswirken, ist es angezeigt, Angehörige solcher Berufe periodisch zu kontrollieren. Auch soll es zur Regel werden, bei Auftreten von Neuinfektionen nicht nur die Diagnose zu stellen, sondern gleichzeitig nach der Infektionsquelle zu fahnden. Diese zu ermitteln, kann allerdings wegen der langen Inkubationszeit schwierig oder gar unmöglich sein.

Auf dem Veterinärsektor ist in erster Linie die Rindertuberkulose zu tilgen, was nur durch Ausmerzen aller tuberkuloseinfizierter Tiere möglich ist. In Ländern, die noch nicht so weit sind, soll Milch nur pasteurisiert oder gekocht getrunken werden.

BCG-Impfung: Zur Senkung der Morbidität sind Tuberkulinnegative gegen Tuberkulose zu impfen. Dies geschieht mit dem sogenannten BCG-Stamm (Bacille Calmette-Guérin), der lebenden und noch vermehrungsfähigen, jedoch avirulenten Mutante eines einst vollvirulenten bovinen Tuberkelbakteriums. Mit Hilfe der BCG-Impfung kann kein vollständiger Schutz vor Erkrankung, sondern nur eine Allergie erzeugt werden. Diese hat zur Folge, daß bei Schutzgeimpften die Wahrscheinlichkeit einer generalisierten hämatogenen Tuberkulose auf $^1/_{20}$ der Nichtgeimpften gesenkt wird. In den Ländern, in welchen seit der Jahrhundertwende mit all den erwähnten Möglichkeiten gegen die Tuberkulose gekämpft wird, ist sowohl deren Morbidität wie Mortalität stark zurückgegangen. Seit der Einführung der Tuberkulostatika, d. h. seit 1950, konnte die Mortalität weiterhin erheblich gesenkt werden. Die Morbidität ist nicht gleichermaßen zurückgegangen, weil im allgemeinen zu wenig epidemiologisch gedacht und zu wenig konsequent gehandelt worden ist. Immerhin betrug die Durchseuchungsquote in westeuropäischen Ländern um das Jahr 1900 bei den 20jährigen annähernd 100 %, 1930 noch 70–80 %, 1960 30–40 %, 1970 20–30 %.

Endziel der Tuberkulosebekämpfung muß die Ausrottung der Tuberkulose sein. Dies ist aber nur dann möglich, wenn wir, wie das auf dem Veterinärsektor in vielen Ländern schon geschehen ist, alle Tuberkulosestreuer erfassen und sie konsequent isolieren, solange sie infektiös sind.

Die Feststellung, ob eine menschliche Tuberkulose durch Tuberkelbakterien des Typus humanus oder bovinus bedingt ist, besitzt für das erkrankte Individuum keine Bedeutung, kann hingegen von epidemiologischer Tragweite sein. Bei Auftreten einer bovinen Tuberkulose des Menschen muß man die Infektionsquelle in erster Linie beim tuberkulösen Tier suchen. Andererseits ist zu verhindern, daß ein menschlicher Ausscheider boviner Tuberkelbakterien mit Tieren in Kontakt kommt, weil er diese, vor allem das Rind, innerhalb kürzester Zeit infiziert. Die Anfälligkeit empfänglicher Tiere gegenüber Tuberkulose ist ungleich größer als die Anfälligkeit des Menschen. Das *Mycobacterium avium,* der Erreger der Geflügeltuberkulose, ist für den Menschen und die übrigen Säugetiere im allgemeinen nicht pathogen. Vereinzelte gesicherte Infektionen mit dem Mycobacterium avium – sowohl beim Menschen wie auch bei säugenden Haustieren – wurden nur dort festgestellt, wo der Durchseuchungsgrad des Geflügels sehr hoch ist und sich die verschiedenen Tiergattungen frei untereinander bewegen, so daß eine dauernde massive Exposition besteht.

Nicht klassifizierbare Mykobakterien (Synonym: atypische Mykobakterien)

Seit mehr als 10 Jahren sind in den USA wie in den meisten europäischen Ländern bei Fällen klassischer Tuberkulose, namentlich Lungentuberkulose, verschiedenartige Mykobakterien isoliert worden, die mit Tuberkelbakterien nicht identisch sind, sich nicht als meerschweinchenpathogen erweisen, ein Wachstum ähnlich den saprophytären Formen aufweisen und trotzdem für den Menschen pathogen sein können. Weil es bis heute nicht möglich war, diese Mykobakterien sinnvoll einzuordnen, wurden sie eher unzutreffend als atypische oder anonyme Mykobakterien bezeichnet. Neuerdings hat sich die Benennung „nicht klassifizierbare Mykobakterien" weitgehend durchgesetzt.

Organveränderungen, verursacht durch atypische Mykobakterien, sind von echten tuberkulösen Veränderungen auch histologisch nicht zu unterscheiden. Die Abgrenzung der atypischen Mykobakterien ist in praktischer Sicht bedeutungsvoll, weil diese, wie übrigens auch die aviären Mykobakterien, gegen das Tuberkulostatikum 1. Wahl primär mehr oder weniger resistent sind. Die atypischen Mykobakterien, die meist kürzer und dicker als echte Tuberkelbakterien und nicht meerschweinchenpathogen sind, lassen sich am besten kulturell als solche erkennen. Sie vermehren sich schneller und innerhalb eines größeren Temperaturbereiches. Ihre Kolonien, die den saprophytären Formen ähneln und ohne weiteres von echten Tuberkelbakterien unterschieden werden können, sind groß, feucht-glänzend und vielfach gelb pigmentiert. Man unterscheidet je nach Aussehen der Kolonien und Schnelligkeit des Wachstums

photochromogene	(nur bei Licht Farbstoff bildend)	*atypische Mykobakterien*
skotochromogene	(auch im Dunkeln, ohne Licht, gelborange Pigmente bildend)	
nicht chromogene	(keinen Farbstoff bildend)	
schnell wachsende		

Die atypischen Mykobakterien sind nicht meerschweinchenpathogen.

Einzelne Arten nicht klassifizierbarer Mykobakterien wie Mycobacterium balnei und Mycobacterium fortuitum sind Erreger von Hauterkrankungen. Von besonderem Interesse ist Mycobacterium ulcerans, welches ausschließlich in tropischen Zonen das Buruli-Ulkus verursacht.

2. Leprabakterien

Das *Leprabakterium (Mycobacterium leprae)* ist der Erreger der Lepra (Aussatz).

Es handelt sich, ähnlich den Tuberkelbakterien, um feine, schlanke, säurefeste Stäbchenbakterien. Obwohl sie schon 1873 von HANSEN entdeckt wurden, ist es bis heute niemandem gelungen, den Lepraerreger zu kultivieren. Trotzdem darf angenommen werden, daß diese in leprösem Untersuchungsmaterial mikroskopisch immer wieder nachgewiesenen Bakterien die alleinigen Erreger des Aussatzes sind. Da auch eine Lepraübertragung auf Versuchstiere routinemäßig nicht gelingt, erfolgt die Diagnose „Mycobacterium leprae" in Zusammenhang mit dem klinischen Bild und histologischen Befunden ausschließlich mikroskopisch. Untersuchungsmaterial, z. B. exzidiertes Gewebe oder Geschabsel von Nasenschleimhaut und anderen veränderten Haut- oder Schleimhautstellen, wird auf den Objektträger übertragen, fixiert und nach Ziehl-Neelsen gefärbt.

Die Pathogenese der Lepra ist bis heute nicht völlig geklärt. Der Aussatz ist keine hochinfektiöse Krankheit. Künstliche Übertragungen gelingen nur selten und nach monatelanger Inkubationszeit. Die spezifische Behandlung der Lepra geschieht heute vor allem mit Bakteriostatika wie DDS = 4,4-Diaminodiphenylsulfon oder Isonicotinsäurepräparaten.

Die prophylaktischen Maßnahmen bestehen in der Hebung des allgemeinen Lebensstandards, der Lepraüberwachung sowie der BCG-Impfung und Chemoprophylaxe.

Die einst weltweit verbreitete Lepra ist heute vor allem noch heimisch in tropischen und subtropischen Gebieten. Man findet aber auch in Westeuropa immer wieder sporadisch auftretende Fälle. 1976 wurde die weltweite Zahl von Leprakranken immer noch auf nahezu 10 Millionen geschätzt.

IV. Enterobakterien

Enterobakterien sind gramnegative, nicht sporenbildende, teils begeißelte, teils unbegeißelte Stäbchenbakterien, die hauptsächlich im menschlichen und auch im tierischen Darmtraktus vorkommen. Sie verhalten sich fakultativ anaerob und sind von großer biochemischer Aktivität. Einzelne Gattungen müssen unter allen Umständen als pathogen betrachtet werden, andere sind nicht oder nur unter bestimmten Umständen pathogen.

Klassifizierung

Familie: Enterobacteriaceae

Klasse I: Escherichiae
- Gattung 1: *Escherichia*
- Gattung 2: *Shigella*

Klasse II: Salmonelleae
- Gattung 1: *Salmonella* (mit über 2000 Arten)
- Gattung 2: *Arizona*
- Gattung 3: *Citrobacter*

Klasse III: Klebsielleae
- Gattung 1: *Klebsiella*
- Gattung 2: *Enterobacter*
- Gattung 3: *Serratia*

Klasse IV: Proteae
- Gattung 1: *Proteus*
- Gattung 2: *Providencia*
- Gattung 3: *Edwardsiella*

Die Klassifizierung der Enterobakterien hat in den letzten Jahren mehrfach gewechselt und ist auch heute noch nicht einheitlich. Obiges Schema entsprach 1974 dem neuesten Stand. Es wurde seither vereinzelt schon wieder geändert. Diese laufenden Veränderungen tragen nicht zur Klärung bei und wurden von uns hier nicht berücksichtigt.

Morphologie und Kultur (s. Tab. 8, S. 158). Morphologisch sind alle Enterobakterien gramnegative, relativ plumpe Stäbchen von 0,5 bis 1,5 µm Dicke und 2–4 µm Länge. Bestimmte Gattungen sind peritrich begeißelt und damit beweglich, andere sind unbegeißelt.

Einzelne unbegeißelte Gattungen wie Klebsiella besitzen eine große schleimige Kapsel.

Alle Enterobakterien lassen sich auf den gebräuchlichen Nährsubstraten innerhalb eines großen Temperaturbereiches leicht kultivieren. Sie verhalten sich fakultativ anaerob und vermehren sich rasch sowohl unter aeroben wie anaeroben Verhältnissen. Mangels morphologischer Unterscheidungsmöglichkeiten können die verschiedenen Gattungen und Arten nur dank ihrer unterschiedlichen biochemischen Aktivität auseinandergehalten werden.

Gegen Umwelteinflüsse sind die Enterobakterien eher resistent. Sie vermögen außerhalb des Wirtsorganismus mehrere Wochen zu überleben, werden jedoch durch Erhitzen auf 70 °C (Pasteurisieren) abgetötet.

Einzelne Gattungen sind pathogen für den Menschen sowie für eine Großzahl von Tieren und erzeugen, je nach Art, lokalisierte oder generalisierte Infektionen. Als Versuchstier dient vor allem die weiße Maus.

Unterteilung und Identifizierung. Die Enterobakterien wirken für Mensch und Tier antigen. Bei den begeißelten Gattungen muß man Geißel- und Körperantigene auseinanderhalten. Die Körperantigene sind weitgehend identisch mit den Endotoxinen. Dies sind in der Zellwand lokalisierte Lipopolysaccharidkomplexe, die bei der Auflösung der Bakterienzellen frei werden. Die Spezifizierung der verschiedenen Enterobakterien basiert auf ihrer biochemischen Aktivität und ihren antigenen Eigenschaften.

Weil wegen fehlender morphologischer Unterschiede die Identifizierung von Gattungen und Arten mikroskopisch nie möglich ist, kann eine Unterteilung und Identifizierung immer nur kulturell auf Differenzierungsmedien erfolgen. Dabei ist in sogenannten biochemischen Reihen die biochemische Aktivität isolierter Bakterienstämme zu prüfen und diagnostisch zu verwerten. Berücksichtigt werden neben der Beweglichkeit (Begeißelung) vor allem der Abbau bestimmter Zuckerarten, die Spaltung von Harnstoff sowie die Indolbildung. Es ist in erster Linie das Lactosespaltungsvermögen, welches erlaubt, die Enterobakterien in zwei große Gruppen zu unterteilen. So sind beispielsweise die Gattungen Salmonella und Shigella laktosenegativ, die Gattung Escherichia (coli) lactosepositiv. Dies ermöglicht die beiden erstgenannten, stets als pathogen zu betrachtenden Gattungen, auf einem Differenzierungsmedium von der großen Gruppe der koliformen Bakterien abzutrennen.

Innerhalb der einzelnen Gattungen erfolgt die Spezifizierung hauptsächlich serologisch. Man bestimmt dabei die Antigene der zu identifizierenden Bakterienstämme.

Bei der nachfolgenden Besprechung der einzelnen Gattungen werden wir uns nicht an die Reihenfolge des Klassifizierungsschemas halten, sondern die medizinisch wichtigsten Vertreter vorwegnehmen.

1. Salmonellen

Salmonellen (Salmon) sind, wie alle Enterobakterien, gramnegative, nichtsporenbildende Stäbchenbakterien. Sie sind peritrich begeißelt und damit beweglich (Abb. 19). Sie lassen sich auf den üblichen Nährsubstraten leicht kultivieren und vergären Lactose nicht. Salmonellen sind pathogen für Mensch und Tier.

Die Salmonellen verfügen über Körper- und Geißelantigene. Auf Grund ihrer antigenen Eigenschaften werden sie in Gruppen und Arten unterteilt. Beim Menschen verursachen die Salmonellen – je nach Spezies – typhöse oder gastroenteritische Krankheitsbilder.

Identifizierung und Einteilung. Eine mikroskopische Identifizierung der Salmonellen ist nicht möglich, weil sie morphologisch von anderen Gattungen der Enterobakterien nicht unterscheidbar sind. Die Abgrenzung erfolgt primär immer kulturell, wobei man sich auf die spezifische biochemische Aktivität der Bakterien stützt (Tab. 6). Alle Salmonellen sind laktosenegativ, vergären jedoch Glucose und Mannit, bilden kein Indol und spalten Harnstoff nicht. Diese Verhaltensweise wird geprüft in einer biochemischen (bunten) Reihe.

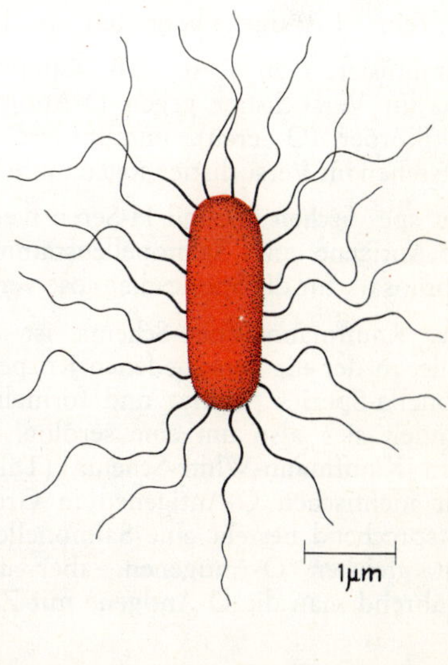

Abb. 19 Salmonella, peritrich begeißelt

Tabelle 6 Kulturelles Verhalten der Salmonellen, verglichen mit anderen Enterobakterien (Biochemische Reihen).

Gattung	beweglich	Lactosespaltung	Mannitspaltung Säure	Gas	Harnstoffspaltg.	Indolbildung	Wachstum in KCN
Salmonella	+	–	+	+*	–	–	–
Shigella	–	–	+	–	–	V	–
Escherichia	+	+	+	+	–	+	–
Klebsiella	–	+	+	+	+	–	+
Proteus	+	–	–	–	+	V	+

+ positiv; – negativ; V verschieden je nach Gruppe, Art und Stamm;

* mit Ausnahme von Salmonella typhi.

Die genaue Identifizierung (Bestimmung der Spezies) eines Salmonellenstammes geschieht serologisch, indem mit spezifischen Immunseren die Körper- und die Geißelantigene bestimmt werden (Antigenanalyse).

Die Körper- oder *O-Antigene* der Salmonellen sind Lipopolysaccharide und damit kochresistent. Die Geißel- oder *H-Antigene* sind Proteine und formaldehydresistent. Dementsprechend können aus Bakteriensuspensionen, die primär O- und H-Antigene enthalten, durch Kochen (Eliminierung der H-Antigenität) reine O-Antigene und durch Formaldehydbehandlung (Eliminierung der O-Antigenität) reine H-Antigene hergestellt werden.

Immunisiert man Tiere, z. B. Kaninchen, mit O-Antigenen, entstehen im Versuchstier gegen O-Antigene gerichtete, sogenannte O-Antikörper (O-Seren), immunisiert man Tiere mit H-Antigenen, entstehen im Versuchstier sogenannte H-Antikörper (H-Seren).

Mit spezifischen O- und H-Seren werden – im Agglutinationstest – die Antigene eines Salmonellenstammes bestimmt, wobei das Antigenmosaik für die Speziesdiagnose verantwortlich ist.

Das Kauffmann-White-Schema ist eine diagnostische Antigentabelle, in der die verschiedenen Körper- und Geißelantigene der Salmonella-Spezies gekürzt und formelmäßig wiedergegeben sind. Es handelt sich also um eine serologische Bestimmungstabelle. Nach dem Kauffmann-White-Schema (Tab. 7) werden alle Salmonellen mit identischen O-Antigenen in Gruppen zusammengefaßt. Dementsprechend besteht eine Salmonellengruppe aus Salmonellenarten mit gleichen O-Antigenen, aber unterschiedlichen H-Antigenen. Während man die O-Antigene mit Zahlen 1–61 bezeichnet, werden

Tabelle 7 Beispiele aus dem Kauffmann-White-Schema (Diagnostische Antigentabelle)

Gruppe	Spezies	O-Antigene	H-Antigene 1. Phase
A	Salmonella paratyphi A	2, 12	a
B	Salmonella paratyphi B	4, 12	b
	Salmonella typhi murium	4, 12	i
C	Salmonella cholerae suis	6, 7	c
D	Salmonella typhi	9, 12, Vi	d
	Salmonella enteritidis	9, 12	g, m
	Salmonella sendai	9, 12	a
E	Salmonella zanzibar	3, 10	k
	Salmonella oxford	3, 10	a
	Salmonella kalina	3, 10	b
	Salmonella amsterdam	3, 10	g, m
	Salmonella winchester	3, 10	z_{39}

(Auf die Wiedergabe der 2. Phase der H-Antigene wurde bewußt verzichtet.)

die Salmonellengruppen mit großen Buchstaben A–Z und (weil das Alphabet nicht ausreichte) mit den Zahlen 51–61 benannt.

Für die Speziesdiagnose sind O- und H-Antigene maßgebend. Salmonellenstämme mit identischen O- und H-Antigenen gehören derselben Art an. Die H-Antigene (1. Phase) werden mit kleinen Buchstaben a–z und anschließend mit z_1–z_{61} bezeichnet. Auf die 2. Phase der H-Antigene, die sich antigenetisch von der 1. Phase unterscheidet (Phasenwechsel) und auch als unspezifische Phase bezeichnet wurde, wird hier nicht eingegangen.

Auf Grund ihrer antigenen Verschiedenheit (verschiedenes Antigenmosaik) unterscheidet man heute über 2000 Salmonellenarten.

Außer den erwähnten, für die Identifizierung maßgebenden O- und H-Antigenen kennt man noch ein zusätzliches thermolabiles Körperantigen, das *Vi-Antigen.* Dieses kommt vor allem bei Salmonella typhi und Salmonella paratyphi C vor. Das Vi-Antigen liegt als äußerste periphere Schicht auf der Zellwand, weshalb Vi-Stämme O-inagglutinabel sind.

Viele Salmonellenspezies können durch typenspezifische Bakteriophagen weiter unterteilt werden (Lysotypie), was bei epidemiologischen Erhebungen von Bedeutung ist.

Pathogenese. Salmonelleninfektionen erfolgen fast ausschließlich auf oralem Weg (die Salmonellen werden gegessen).

Wenige Salmonellenarten wie Salmonella typhi, Salmonella paratyphi A, B und C verursachen beim Menschen eine Allgemeininfektion und damit ein *typhöses* Krankheitsbild. Bei typhösen Salmonellosen beträgt die Inkubation durchschnittlich 14 Tage.

Alle übrigen Salmonellenarten verursachen beim Menschen „nur" eine auf den Dünndarm lokalisierte Infektion mit akuten *gastroenteritischen* Symptomen (Brechdurchfall) ohne Septikämie. Bei Salmonella-Enteritiden ist die Inkubationszeit bedeutend kürzer als bei typhösen Salmonellosen und beträgt 18 Stunden bis 3 Tage.

Typhus. Bei den Salmonellenarten, die Typhus und Paratyphus verursachen, treten die oral aufgenommenen Erreger über Tonsillen und lymphatischen Rachenring wie auch durch die Schleimhaut des unteren Ileum in den Körper ein und besiedeln die regionalen Lymphknoten. Von dort aus kommt es zu einer generalisierten hämatogenen Streuung. Eine retrograde lymphogene Wanderung führt anschließend zum Befall der Peyer-Plaques. In diesen entsteht eine markige Schwellung, die in Nekrose übergeht und Geschwürbildungen zur Folge hat, welche zu Darmperforationen führen können.

Gastroenteritis. Während zur Auslösung einer typhösen Krankheit relativ wenig (10^3) Bakterien genügen, erzeugen die enteritischen Salmonellen nur eine manifeste Erkrankung, wenn die Infektionsdosis groß ist und mindestens 10^6 Salmonellen beträgt. Die Gastroenteritis entspricht einer Intoxikationsinfektion. Die Quantität der Infektion beherrscht demzufolge das gesamte pathogenetische Geschehen. Die Vermehrung der Salmonellen erfolgt nur im Dünndarm, und die entzündlichen Erscheinungen beschränken sich auf das Jejunum. Ein Übertritt aus dem Darmlumen in die benachbarten Gewebe findet üblicherweise nicht statt.

Krankheitsbild Typhus. Bei den typhösen Salmonellosen beginnt die Krankheit nach einer Inkubation von 14 Tagen mit oft mehrtägigen Prodromalerscheinungen. Anschließend folgt ein Fieberanstieg bis 40 °C, und die Temperatur bleibt im Sinne einer Kontinua hoch. Allgemeine Benommenheit mit Kopfschmerzen beherrschen das Bild. In der Regel fehlen am Anfang Darmerscheinungen oder es besteht Obstipation. Charakteristisch sind Leukopenie, Milzschwellung und eventuell Roseolen, vor allem am Abdomen. Zu Symptomen von seiten des Darmes kommt es erst Ende der 2. Krankheitswoche nach Befallensein der Peyer-Plaques mit Bildung von bakterienabsondernden Schleimhautulzerationen. Die Letalität betrug vor der antibiotischen Ära für Typhus abdominalis 15 %, seit Einführung der Breitspektrumantibiotika beträgt sie höchstens noch 1–2 %.

Nach dem 8.–10. Krankheitstage bildet sich eine Immunitätslage, die aber nicht absolut ist, so daß es sowohl zu Rezidiven als auch zu späteren durch Reinfektionen verursachten Wiedererkrankungen kommen kann.

Krankheitsbild Gastroenteritis. Bei gastroenteritischen Salmonellosen treten nach einer Inkubationszeit von 18 Stunden bis 3 Tagen (Extremwert 8 Stunden, jedoch nicht weniger) Magen-Darm-Erscheinungen mit Erbrechen, Durchfall und hohem Fieber auf. Die im Gegensatz zum Typhus plötzlich einsetzende Erkrankung dauert meistens nur wenige Tage. Intoxikationssyndrome beherrschen weitgehend das klinische Bild. Obwohl sich gegen die Erreger Antikörper bilden, darf nicht mit einer postinfektiösen Immunität gerechnet werden. Die Letalität ist bei unkomplizierter Gastroenteritis gering. Ausnahmen machen alte Leute und Säuglinge (siehe auch *Arizona* und *Citrobakter* S. 156).

Diagnostik. Bei Salmonellosen ist aus epidemiologischen Gründen besonders die Frühdiagnose von Interesse. Sie erfolgt, wenn immer möglich, durch den kulturellen Nachweis des Erregers: beim typhösen Krankheitsbild aus dem Blut, beim enteritischen aus dem Stuhl.

Bei Typhusverdacht legt man unter sterilen Kautelen Blutkulturen an, wobei sich die Salmonellen innerhalb weniger Tage in Reinkultur vermehren und nur noch als solche zu identifizieren sind.

Zur ätiologischen Klärung gastroenteritischer Erkrankungen sowie zur Eruierung von Ausscheidern muß man bei allen Salmonellosen (auch bei den typhösen) Stuhlkulturen anlegen. Wegen der enormen Zahl anderer Bakterien im Stuhl, vor allem anderer Enterobakterien, kommt man nur mit festen Differential- und Selektivmedien zum Ziel. Man stützt sich dabei auf die Tatsache, daß alle Salmonellen Lactose nicht vergären. Dementsprechend wählt man Nährmedien, die Lactose sowie einen geeigneten Indikator enthalten. Man benötigt feste Medien, d. h. Agarplatten, damit man Einzelkolonien beurteilen kann. Die Stuhlaufschwemmung ist im Sinne einer sukzessiven Verdünnung fraktioniert auf eine oder mehrere Platten auszustreichen und 24 Stunden bei 37 ° C zu bebrüten. Während nun alle koliformen Bakterien Lactose spalten, sich die Umgebung ihrer Kolonien säuert und den Farbton (Indikator) wechselt, spalten die Salmonellen Lactose nicht, führen zu keiner Säuerung des Nährbodens und zu keinem Farbumschlag. Dadurch kann man lactosenegative Kolonien isolieren und in Reinkultur weiter verarbeiten.

Zusätzlich ist es möglich, das Wachstum der koliformen Bakterien durch spezifische Hemmstoffe zu beeinträchtigen (Selektivmedien), wodurch noch größere Aussicht besteht, aus der Vielfalt anderer Bakterien Salmonellen zu selektionieren. Die aus dem Blut oder aus dem Stuhl reingezüchteten, noch fraglichen, d. h. noch nicht identifizierten Salmonellastämme werden grundsätzlich auf zwei verschiedene Arten weiter geprüft. Fürs erste orientiert man sich über deren biochemische Aktivität in einer sogenannten bunten Reihe. Verhält sich dabei der zu identifizierende Bakterienstamm typisch für Salmonella, d. h. spaltet er Lactose nicht, wohl aber Mannit und Glucose bis zur CO_2-Bildung, ist er beweglich und bildet er kein Indol, spaltet er Harnstoff nicht und vermehrt er sich nicht in einem 0,5 %igen KCN-Milieu, darf angenommen werden, daß mit großer Wahrscheinlichkeit eine Salmonelle vorliegt. Diese wird serologisch genau identifiziert, wobei man sich der Objektträgeragglutination bedient. In der Regel wird man mit Hilfe gruppenspezifischer O-Seren die Salmonellengruppe bestimmen und hernach mit spezifischen H-Seren die H-Antigene. Sind O- und H-Antigene bekannt, ist der Salmonellenstamm als solcher definiert und man vergewissert sich im Kauffmann-White-Antigenschema, welcher Salmonellaspezies die vorgefundene Antigenformel entspricht.

Vor allem typhöse Salmonellosen können ab 8. Krankheitstag auch serologisch diagnostiziert werden. Man bedient sich dabei der *quantitativen Agglutinationsreaktion nach* Gruber und Widal, indem man feststellt, bis zu welcher Verdünnung ein Patientenserum O- und H-Suspensionen von Salmonellen agglutiniert. Ein serologischer Befund besitzt aber immer weniger Beweiskraft als ein Erregernachweis. Die Seroreaktionen sind zu Krankheitsbeginn noch negativ und werden erst im Verlaufe der Krankheit positiv. Positive Reaktionen können auf eine früher durchgemachte Salmonellose zurückzuführen sein und mit dem zu klärenden Krankheitsbild gar nicht in Zusammenhang stehen. Hinzu kommt, daß bei der Großzahl antigenetisch verschiedener Salmonellenarten praktisch gar nicht alle Antigene berücksichtigt werden können, so daß eine Gruber-Widal-Reaktion nie eine vollständige Übersicht zu geben vermag.

Von epidemiologischer Bedeutung ist oftmals die Eruierung gesunder Salmonellenausscheider. Da die Ausscheidung fast ausschließlich fäkal erfolgt, müssen Stuhlproben untersucht werden. Soweit möglich, ist die bakteriologische Stuhluntersuchung mit einer serologischen Kontrolle zu kombinieren, weil ein einmalig negativer Stuhlbefund ungenügende Beweiskraft besitzt. Lassen sich im Stuhl keine Salmonellen und im Serum keine Salmonellenantikörper nachweisen, ist es unwahrscheinlich, daß eine Salmonelleninfektion vorgelegen hat und das Individuum Salmonellen ausscheidet. Findet man hingegen im Serum spezifische Antikörper, sind wiederholte Stuhlkontrollen am Platze.

Therapie. Bei typhösen Salmonellosen gelten Chloramphenicol oder Ampicillin als Therapeutika der Wahl. Bei frühzeitig diagnostiziertem Typhus kann durch frühzeitige Chemotherapie die Infektion in den meisten Fällen behoben werden, bevor der Patient Ausscheider wird. Dies ist von größter epidemiologischer Bedeutung. Bei enteritischen Salmonellosen genügt in der Regel eine symptomatische Behandlung. Antibiotika zeigen nur geringe Wirkung, was damit zusammenhängen mag, daß eine Intoxikation mit im Spiele ist. Vor allem hat sich gezeigt, daß die Dauer der fäkalen Salmonellenausscheidung durch Antibiotika nicht zu verkürzen ist.

Epidemiologie. Typhöse wie enteritische Salmonellosen sind global verbreitet. Die Zahl enteritischer Salmonellosen hat seit 1950 in allen Ländern der Welt sowohl beim Menschen wie bei Haustieren zugenommen.

Salmonellenträger sind nebst dem Menschen fast alle Haustiere; Säuger wie Geflügel. Die Salmonellen werden von den Trägern mit den Fäkalien ausgeschieden. Die Ausscheidungszeit geht in der Regel über die Rekonvaleszenz hinaus und kann 3–4 Monate dauern. Beim Menschen muß nach typhösen Infektionen mit Dauerausscheidertum gerechnet werden. Man spricht von Dauerausscheidung, wenn die Erreger 1 Jahr nach Krankheitsbeginn immer noch im Stuhl vorhanden sind. Vor der antibiotischen Ära wurden 2 % aller Typhusinfizierten zu Dauerausscheidern. 50 % derselben können durch Cholezystektomie saniert werden; nämlich diejenigen, bei denen die Erreger nur in der Gallenblase persistieren, die übrigen Gallenwege aber frei sind.

An der Außenwelt überleben die Salmonellen höchstens 2–3 Wochen. Kommen in Trinkwasserversorgungen Salmonellen vor, müssen im Einzugsgebiet ausscheidende Träger vorhanden sein. Diese sind ausfindig zu machen.

Weil fast alle Salmonellen für Mensch und Tier pathogen sind, liegen sowohl in Epidemie- wie in Endemiegebieten oft nicht nur homologe, sondern auch heterologe Infektketten vor. Menschliche Infektionen können tierischen Ursprungs sein; der Mensch seinerseits kann aber ebenfalls seine Haustiere infizieren. Zu gegenseitigen Infektionen kommt es vor allem zwischen Mensch, Schwein, Rind und Wasservögeln (Enten).

Da zum Zustandekommen menschlicher Gastroenteritiden große Bakterienmengen (hohe Infektionsdosen) notwendig sind, wird die

Krankheit fast ausschließlich durch Nahrungsmittel übertragen. Das Problem liegt immer im Quantitativen, d. h. in der Keimzahl. Von epidemiologischer Bedeutung sind Speisen, in denen sich die Salmonellen vermehren können und die in ungekochtem oder nicht frisch erhitztem Zustande genossen werden. Innerhalb der Nahrungsmittel sind es immer wieder Fleisch- und Milchprodukte, die zu Salmonelloseausbrüchen Anlaß geben. Diese Nahrungsmittel können entweder primär infiziert sein, weil das Tier eine Salmonellose durchgemacht hat und deshalb geschlachtet wurde, wobei salmonellenhaltiges Fleisch vorliegt. Die Nahrungsmittel können aber auch – und dies ist häufiger der Fall – sekundär kontaminiert worden sein durch tierische oder menschliche Exkremente.

Mit Trinkwasser werden im allgemeinen nur typhöse Salmonellosen übertragen. Im Wasser können sich die Salmonellen kaum vermehren, so daß mit Enteritissalmonellen kontaminiertes Wasser zu wenig Salmonellen enthält, um zu Krankheitserscheinungen zu führen. Hingegen können typhöse Erkrankungen ausgelöst werden, weil bei diesen eine relativ kleine Infektionsdosis genügt.

Aus den gleichen quantitativen Gründen kommt es bei typhösen Salmonellosen, wenn auch nicht häufig, zu direkten Kontakt-(Schmier-)infektionen, während solche bei Gastroenteritiden kaum beobachtet werden.

Prophylaxe. Die prophylaktischen Maßnahmen entsprechen einer Expositionsprophylaxe. Man muß verhindern, daß Menschen oder Tiere sich oral infizieren können. Das Hauptaugenmerk ist auf Speisen und Getränke zu richten. Sind diese verdächtig, dürfen sie nur in desinfiziertem Zustande genossen werden. Bei Speisen besteht die Desinfektion in Kochen, bei Trinkwasser kommen außer Erhitzen auch Desinfektionsmittel (Chlor, Ozon) sowie Filtration zur Anwendung. Weil enteritische Salmonellosen fast ausschließlich durch Lebensmittel verbreitet werden, ist diesem Sektor besondere Beachtung zu schenken. Bei Angestellten von Lebensmittelzentren ist eine periodische Stuhlkontrolle angezeigt. Vor allem aber muß bei derart Beschäftigten jede Darmstörung bakteriologisch geklärt werden. Salmonellenausscheider müssen unter allen Umständen von der Arbeit in Schlächtereien, Milchzentralen, Konditoreien, in der Gastwirtschaft, in zentralen Küchen und ähnlichen Betrieben ausgeschlossen werden. Den gleichen Zweck verfolgende Maßnahmen gelten für den veterinärmedizinischen Sektor. Dort sind notgeschlachtete oder sonstwie verdächtige Tiere bakteriologisch genau zu kontrollieren, bevor ihr Fleisch auch nur bedingt bankwürdig zum Verkauf freigegeben wird. Alle salmonellenhaltigen Kadaver sollen vernichtet werden.

Zu den prophylaktischen Maßnahmen gehört auch das Unschädlichmachen infektiöser Exkremente durch Vergraben oder Desinfektion. Dies ist ohne weiteres möglich, wenn die Ausscheider bekannt sind. Von besonderer Bedeutung sind aber immer wieder Gesunde, d. h. nicht oder nicht mehr manifest Erkrankte, die schwer zu erfassen sind. Da Typhusepidemien erfahrungsgemäß häufig durch kontaminiertes Trinkwasser ausgelöst werden, ist dem guten Zustand der Trinkwassersysteme besonderes Augenmerk zu schenken. Trink- und Abwassersysteme sollten nicht nebeneinander gelegt werden, damit bei Rohrdefekten das Abwasser nicht ohne weiteres das Trinkwasser kontaminieren kann.

Seit Jahrzehnten versucht man, typhöse Salmonellosen durch *Schutzimpfungen* zu bekämpfen. Ein vollständiger Impfschutz kann nicht erreicht werden. Dagegen scheinen Schutzimpfungen die Morbidität und auch die Schwere der Erkrankungen zu verringern. Die großen Statistiken sind teilweise widersprechend. Zur Immunisierung werden in der Regel Suspensionen abgetöteter Typhus- und Paratyphuserreger mehrmals subkutan injiziert, was häufig lokale und fieberhafte Nebenreaktionen zur Folge hat (Endotoxine). Im übrigen hat man immer wieder versucht, mit ebenfalls abgetöteten Impfstoffen peroral zu immunisieren. Über die Wirksamkeit der Schluckmethode sind sich die Fachleute nicht einig. Man ist in den letzten Jahren nicht zuletzt deshalb auf orale Impfungen zurückgekommen, weil sie zu keinen Nebenreaktionen führen und weil der Impfschutz parenteral verabreichter Vakzinen ebenfalls nicht einwandfrei bewiesen ist. Salmonellenschutzimpfungen können die expositionsprophylaktischen Maßnahmen höchstens unterstützen und ergänzen, auf keinen Fall aber ersetzen.

2. Shigellen

Shigellen (Shiga) (Synonym: Ruhr- oder Dysenteriebakterien) sind die Erreger der bakteriellen Ruhr. Im Gegensatz zu den Salmonellen sind sie nicht begeißelt. Sie lassen sich, ähnlich den Salmonellen, auf allen üblichen Nährsubstraten leicht kultivieren und vergären Lactose nicht, sind also wie die Salmonellen laktosenegativ. Die menschenpathogenen Shigellen sind nur pathogen für den Menschen (Primaten) und kommen ausschließlich in deren Darmtrakt vor.

Die Shigellen verfügen, weil geißellos, nur über Körperantigene und werden auf Grund derselben in 5 Gruppen (z. T. auch als Typen bezeichnet) eingeteilt.

Identifizierung. Die Identifizierung der Shigellen erfolgt primär wie bei den Salmonellen immer kulturell, indem man sich auf die spezifische biochemische Aktivität der Erreger stützt. Die Shigellen sind laktosenegativ, spalten Glucose und Mannit, jedoch nur bis zu Säure, bilden in den meisten Fällen kein Indol und spalten Harnstoff nicht. Unter den Shigellen gibt es relativ viele Varianten.

Kulturelles Verhalten der Shigellen s. Tab. 6 und Tab. 8.

Wie bei den Salmonellen erfolgt die Bestimmung der Gruppenzugehörigkeit serologisch. Wir müssen die folgenden wichtigsten *Shigellagruppen* auseinanderhalten:

A Shigella dysenteriae
B Shigella ambigua
C Shigella flexneri
D Shigella boydii
E Shigella sonnei

Shigellen der verschiedenen Gruppen sind verschieden pathogen. Shigella dysenteriae, aber auch Shigella ambigua verursachen hochtoxische Krankheitsbilder, während die durch Shigella sonnei verursachte Krankheit relativ leicht verläuft.

Pathogenese und Krankheitsbild. Shigelleninfektionen erfolgen ausschließlich peroral. Trotzdem ist die Pathogenese der Shigellosen nicht eindeutig geklärt. Zweifellos sind es vor allem die Endotoxine der Shigellen, die eine schädigende Wirkung auf die Darmschleimhaut ausüben und daselbst zu Veränderungen Anlaß geben. Im Gegensatz zu Salmonellenenteritiden genügen bei den Shigellen kleine Infektionsdosen zur Auslösung der Erkrankung. Shigellosen sind demzufolge hochkontagiös. Der Krankheitsprozeß spielt sich im Dickdarm ab und führt nicht zu einer Enteritis, sondern zu einer akuten Kolitis.

Nach einer Inkubation von 2–3, in Extremfällen von 1–7 Tagen, beginnt die Krankheit – im Gegensatz zur Amöbenruhr – akut mit Übelkeit, Leibschmerzen und in der Folge heftigen Koliken, die sich zu quälenden Tenesmen steigern. Gleichzeitig mit den Abdominalbeschwerden stellen sich Symptome allgemeiner Intoxikation, hohes Fieber und Meningismus ein. Es kommt pro Tag bis zu 50 Stuhlentleerungen. Die Stühle sind zu Beginn fäkulent, werden später wässerig und enthalten fast immer Schleim mit Blut. Die Krankheit dauert mindestens einige Tage, kann sich aber auch über mehrere Wochen erstrecken, wobei Diätfehler leicht zu Rezidiven führen. Eine wirkliche Immunität entsteht nicht.

Diagnose. Die Diagnose Shigellose erfolgt allein durch kulturellen Nachweis der Shigellen im frisch entleerten Stuhl oder in Analabstrichen. Die kulturelle Technik ist die gleiche wie beim Salmonellennachweis. Man ist auf Differential- und Selektivmedien angewiesen.

Wesentlich ist, daß die Shigellenstühle so rasch wie möglich kulturell verarbeitet werden, indem bei längerem Stehen die positive Ausbeute stark abnimmt. Bei Massenuntersuchungen empfiehlt es sich deshalb, mit den Nährmedien ans Krankenbett zu gehen und Rektalabstriche direkt ab ano zu überimpfen.

Die serologische Diagnostik (Gruber-Widal-Reaktion) ist bei den Shigellosen nicht verwertbar.

Therapie. Nebst symptomatischen Maßnahmen wird die bakterielle Ruhr behandelt mit Sulfonamiden oder Breitspektrumantibiotika, am besten mit Tetracyclinen.

Epidemiologie und Prophylaxe. Die bakterielle Ruhr ist global verbreitet, sowohl in gemäßigten wie in tropischen Zonen. Shigellosen traten von jeher als schwere Kriegsseuchen auf und machten kriegführenden Heeren besonders zu schaffen.

Da die Shigellen nur im Darmtrakt des Menschen (bzw. der Primaten) vorkommen, wird die Krankheit ausschließlich durch den Menschen und seine Fäkalien verbreitet. Geringe Keimzahlen genügen zum Auslösen neuer Erkrankungen. Die Ausscheidung dauert oft länger als die Rekonvaleszenz, in der Regel jedoch weniger lang als bei den Salmonellosen. Auch sind gesunde Ausscheider selten. Man kann sich bei der Bekämpfung ausschließlich auf den Menschen und seine Exkremente konzentrieren. Shigellenausscheider sind zu isolieren und ihre Stühle wenn möglich zu desinfizieren, auf jeden Fall für Fliegen unzugänglich zu machen.

Die Shigellen sind wenig resistent und überleben außerhalb des menschlichen Körpers höchstens 2–3 Tage. Dementsprechend kommt es kaum zu Trinkwasserepidemien. Fast immer liegen direkte oder indirekte Kontaktinfektionen vor. Alle prophylaktischen Maßnahmen entsprechen einer Expositionsprophylaxe. Schutzimpfungen haben sich nicht bewährt.

3. Escherichia

Als Vertreter des Genus *Escherichia* (Escherich) soll die Spezies Escherichia coli (Syn. Bacterium coli) besprochen werden.

Escherichia coli ist ein gramnegatives, bewegliches, lactose-, glucose- und mannitspaltendes sowie indolbildendes Stäbchenbakterium. Es kommt normalerweise im menschlichen und tierischen Darm vor. Außerhalb des Darmtraktes kann es Infektionen bewirken. Besonders solche des Urogenitalsystems (Zystitis, Pyelitis) sind häufig durch Escherichia coli bedingt. Nach Austritt aus dem Darmlumen (Darmperforationen) verursacht E. coli Peritonitis. Einzelne Kolitypen sind Erreger der Säuglingsenteritis. Die Frage, ob Kolibefunde als pathologisch zu betrachten sind, hängt immer vom Ausgangsmaterial und der jeweiligen Situation ab.

Nachdem schon lange bekannt ist, daß bestimmte Kolitypen säuglingsenteropathogen sind und beim Säugling schwerste Enteritiden verursachen, konnten in den letzten Jahren von einzelnen Kolistämmen *Enterotoxine* isoliert und weitgehend chemisch determiniert werden. Solche Enterotoxine verursachen auch beim Erwachsenen schwere choleraähnliche Diarrhöen. Dies ist um so eher verständlich, als heute feststeht, daß Kolienterotoxine mit Choleraenterotoxinen chemisch verwandt sind. Auch veterinärmedizinisch sind Kolienterotoxine (allerdings anderer Koligruppen) von großer Bedeutung.

Diagnose und Identifizierung. Kolibakterien und damit auch Koliinfektionen werden ausschließlich kulturell unter Berücksichtigung ihrer biochemischen Aktivität diagnostiziert.

Escherichia coli kann, basierend auf verschiedenen Körper- (O-), Hüllen- oder Kapsel- (K-) und Geißel- (H-) Antigenen, in zahlreiche serologische Typen unterteilt werden. In einem Antigenschema nach Kauffmann-Knipschildt-Vahlne werden zur Zeit auf Grund verschiedener O-Antigene 25 Koligruppen mit total 94 genau definierten Typen (analog Salmonella-Gruppen) aufgeführt. Bestimmte, derart präzisierte Kolitypen sind säuglingspathogen.

Nach Koliinfektionen sind im Serum typenspezifische Antikörper nachweisbar, die jedoch keine diagnostische Bedeutung besitzen.

Therapie. Escherichia coli spricht an sich auf alle Breitspektrumantibiotika an. Da jedoch, ähnlich den Staphylokokken, ein relativ hoher Prozentsatz der isolierten Kolistämme gegen verschiedene Antibiotika resistent ist, sind entsprechende Antibiogramme angezeigt, bevor eine Chemotherapie eingeleitet wird.

Epidemiologie und Prophylaxe. Epidemiologische Probleme entstehen vor allem im Zusammenhang mit der Säuglingsenteritis. Säuglingspathogene Kolistämme sind für Säuglinge hochinfektiös. Aus diesem Grunde kommt es immer wieder zu Spitalinfektionen. Die prophylaktischen Maßnahmen sind dieselben wie bei der ebenfalls hochkontagiösen Shigellose, wobei Erwachsene (Pflegepersonal), die nicht erkranken, Überträger sein können.

Der Kolinachweis im Trinkwasser ist von besonderer Tragweite, weil die Anwesenheit von Escherichia coli im Sinne eines Indikators immer andeutet, daß das betreffende Substrat mit Fäkalien verunreinigt ist und demzufolge auch andere pathogene Mikroorganismen enthalten kann.

„Trinkwasser", das Escherichia coli enthält, darf ohne Aufbereitung als Trinkwasser nicht verwendet werden. Man muß feststellen, aus welchen Gründen eine Kontamination möglich war und für Sanierung sorgen.

Der Nachweis von Bakterien der *Alcalescens-Dispar-Gruppe* ist ähnlich zu interpretieren wie derjenige von Escherichia coli.

4. Klebsiella

Klebsiella (Klebs) ist ein gramnegatives, plumpes, unbegeißeltes, von einer großen Kapsel umgebenes Stäbchenbakterium. Klebsiella vergärt wie Escherichia coli Lactose, Glucose und Mannit, bildet meistens kein Indol, spaltet jedoch Harnstoff und vermehrt sich im KCN-Medium. Klebsiellen können normalerweise im Darmtrakt wie in anderen offenen Körpersystemen vorkommen. Sie sind überdies bei Mensch und Tier als lokale Infektionserreger von medizinischer Bedeutung. Man kennt vor allem Klebsiella-Pneumonien, Nebenhöhlen- und Urogenitalaffektionen. Die Pneumonie- und Eitererreger werden auch als Klebsiella pneumoniae bezeichnet und unterschieden von der Klebsiella ozaenae bzw. Klebsiella rhinoscleromatis.

Klebsiellenbefunde entsprechen meistens pathologischen Befunden. Die Interpretation muß auch hier vom Ausgangsmaterial und den klinischen Begleitumständen abhängen.

Diagnose. Klebsiellen und die durch sie verursachten Infektionen werden ausschließlich kulturell diagnostiziert. Auf festen Nährböden bilden die Klebsiellen wegen ihrer Kapselsubstanz große, schleimige und als solche leicht identifizierbare Kolonien. Zur Ergänzung der Diagnose kann eine biochemische Kontrolle beigezogen werden.

Klebsiellen sind hochpathogen für die weiße Maus, verursachen bei dieser oft schon nach wenigen Stunden eine tödliche Septikämie, so daß der Mäuseversuch als Diagnostikum verwertet werden kann.

Therapie. Therapeutisch verhalten sich Klebsiellen ähnlich den Kolibakterien. Klebsielleninfektionen erweisen sich jedoch in der Regel zäher und therapieresistenter als Koliinfektionen, was durch die schützende Schleimkapsel der Bakterien bedingt ist.

Epidemiologisch können Zusammenhänge zwischen Tier und Mensch bestehen.

5. Proteus

Proteus ist ein gramnegatives, peritrich begeißeltes, stark bewegliches Stäbchenbakterium. Es vergärt Lactose und Mannit nicht, bildet hingegen aus Glucose Säure und Gas. Es kann indolpositiv oder -negativ sein, spaltet immer und rasch Harnstoff und vermehrt sich im KCN-Medium. Proteus kommt normalerweise im menschlichen und tierischen Darm sowie vielerorts an der Außenwelt vor. Es gibt vor allem Anlaß zu Harnwegsinfektionen.

Proteusinfektionen der Harnwege sind meistens schon daran zu erkennen, daß der bakterienhaltige Urin stark alkalisch reagiert und ammoniakalisch riecht. Im übrigen diagnostiziert man Proteusinfektionen kulturell. Auf Plattenkulturen erkennt man Proteus an seinem schwärmenden, sich rasch über den ganzen Nährboden ausbreitenden Wachstum. Bei Zuzug der biochemischen Reihe springen die fehlende Lactosespaltung und die Ureasebildung (Harnstoffspaltung) besonders in die Augen.

Man unterscheidet 4 Arten:

Proteus vulgaris	Proteus morganii
Proteus mirabilis	Proteus rettgeri

Therapie. Proteus erweist sich gegenüber vielen, auch breitspektrigen Antibiotika als resistent, weshalb die Infektionen nur schwer zu beheben sind. Auch bei Proteusinfektionen sind Antibiogramme angezeigt.

Epidemiologisch ist Proteus hauptsächlich in Spitälern (urologischen Abteilungen) von Bedeutung, weil dieser Keim, seinem Namen entsprechend, überall auftaucht und häufig therapieresistent ist.

Prophylaxe kann nur unter Anwendung konsequentester Asepsis und Antisepsis betrieben werden. Auch gegenüber Desinfektionsmitteln verhält sich Proteus relativ resistent.

6. Arizona

Arizona ist ein gramnegatives, bewegliches Stäbchenbakterium, das lactosepositiv oder -negativ sein kann. Arizona verursacht bei Mensch und Tier ähnliche Krankheitsbilder wie die Enteritissalmonellen und muß deshalb als pathogen angesprochen werden. Ein Arizona-Befund ist ähnlich zu interpretieren wie ein Salmonella-Befund. Kauffmann, der das Genus Salmonella in vier biochemisch definierte Subgenera I–IV unterteilt hat, ordnete Arizona dem Salmonella Subgenus III zu und betrachtet Arizona als eine Salmonella (s. S. 141).

7. Citrobacter

Citrobacter ist ebenfalls ein gramnegatives, bewegliches Stäbchenbakterium, das wie Arizona lactosepositiv oder -negativ sein kann.

Citrobacter-Befunde müssen in gleicher Weise interpretiert werden wie Arizona-Befunde und sind pathogenetisch am ehesten Enteritis-salmonellen gleichzustellen (s. S. 141).

Escherichia freundii sowie die Ballerup-Bethesda-Gruppe sind Citrobacter zu subsumieren.

8. Enterobacter

Enterobacter (Syn. Aerobacter) ist ein gramnegatives, bewegliches, in der Regel lactosepositives Stäbchenbakterium. Enterobacter-Befunde müssen gleich interpretiert werden wie Klebsiella-Befunde. Enterobacter findet man am häufigsten als Erreger von Harnwegsinfektionen. Man unterscheidet Enterobacter cloacae (Syn. Cloaca) und Enterobacter hafniae (Syn. Hafnia).

9. Serratia

Serratia, ein gramnegatives, bewegliches, meistens lactosenegatives Stäbchenbakterium, war früher bekannt unter dem Namen „Bacillus prodigiosus". Serratia galt lange Zeit eindeutig als Saprophyt. In den letzten Jahren hat man festgestellt, daß Serratia Allergien auslösen kann und auch als Spitalkeim zunehmende Bedeutung erlangt.

10. Providencia

Providencia, ein gramnegatives, zum Teil bewegliches, zum Teil unbewegliches, lactosenegatives Stäbchenbakterium, verhält sich pathogenetisch ähnlich wie Proteus. Providencia verursacht Harnwegsinfekte, die prognostisch wie therapeutisch Proteusinfekten gleichzustellen sind. Ähnlich Pseudomonas wird Providencia auf Verbrennungswunden gefunden.

11. Edwardsiella

Edwardsiella, ein gramnegatives, bewegliches, lactosenegatives Stäbchenbakterium, ist von Personen mit akuter Gastroenteritis isoliert worden und muß gegebenenfalls als pathogen betrachtet werden.

12. Diverse andere gramnegative Bakterien

Außer den erwähnten Gattungen von Enterobakterien kennt man eine Reihe anderer gramnegativer Stäbchenbakterien, z. B. Acinetobacter, deren Benennung und Klassifizierung mehrfach gewechselt haben. Diese weiteren gramnegativen Bakterien sind von nicht spezialisierten Institutionen nicht ohne weiteres einwandfrei zu diagnostizieren, da sie sich biochemisch recht uneinheitlich verhalten. Solche hier nicht namentlich erwähnten gramnegativen Bakterien sind im allgemeinen als Saprophyten anzusprechen. Man findet sie jedoch zunehmend in menschlichem Untersuchungsmaterial, namentlich bei Patienten mit gestörter Infektabwehr. Diesbezüglich deutet

Tabelle 8 Schema über kulturelles Verhalten der Enterobacteriaceae, inkl. Pseudomonas und Achromobacter

Familie	Gattung und Art	Beweglichkeit	Lactose	Mannit Säure	Mannit Gas	Indol	Urea	KCN
Enterobacteriaceae	Salmonella (diverse)	+	–	+	+*	–	–	–
	Shigella (diverse)	–	–	+	–	V	–	–
	Escherichia coli	+	+	+	+	+	–	–
	Klebsiella	–	+	+	+	–	+	+
	Proteus							
	vulgaris	++	–	–	–	+	+	+
	mirabilis	++	–	–	–	–	+	+
	morganii	++	–	–	–	+	+	+
	rettgeri	++	–	+	–	+	+	+
	Arizona	+	V	+	+	–	–	–
	Citrobacter	+	V+	+	–	–	–	+
	Enterobacter	+	V+	+	+	V–	V–	+
	Serratia	+	V–	V	V	–	V+	V+
	Providencia	V	–	V	V	+	–	+
	Edwardsiella	+	–	V	V	+	–	V+
Pseudomonadaceae	Pseudomonas aeruginosa **	+	–	–	–	–	–	–
Achromobacteriaceae	Achromobacter	V	–	+	V+	–	–	+

V = verschieden; V+ = häufiger positiv; V– = häufiger negativ
* = mit Ausnahme von Salmonella typhi
** siehe nachfolgendes Kapitel, S. 159

sich ein Wandel an, indem verschiedenartige gramnegative, früher nicht als pathogen bekannte Bakterien zunehmende medizinische Bedeutung gewinnen.

V. Pseudomonas, Aeromonas und Achromobacter

Angehörige der Gattung *Pseudomonas* sind gramnegative, begeißelte, in der Medizin vor allem als Farbstoffbildner bekannte Mikroorganismen, die ubiquitär vorkommen. Eine Reihe dieser Arten kann unter Umständen bei Mensch und Tier zu Infektionen Anlaß geben.

Die Gattung *Aeromonas* ist der Gattung Pseudomonas nahe verwandt.

Vertreter der Gattung Achromobacter, Syn. Alcaligenes, werden gelegentlich aus menschlichem Untersuchungsmaterial (Urin) isoliert.

Klassifizierung	Familie	Pseudomonadaceae
	12 Gattungen	
	Gattung I	Pseudomonas 150 Arten; die 2 wichtigsten menschenpathogenen Arten sind: Pseudomonas aeruginosa Pseudomonas pseudomallei
	Gattung IV	Aeromonas
	Familie	Achromobacteriaceae
	Gattung	Achromobacter

1. Pseudomonas aeruginosa (Syn. Bact. pyocyaneum)

Morphologisch handelt es sich um 1,5–4 μm lange und 0,5 μm dicke Stäbchenbakterien mit 1–3 polaren Geißeln (einzelne Stämme sind unbegeißelt). Die verschiedenen Pseudomonasstämme sind ausgesprochen pleomorph.

Pseudomonas wächst auf allen gebräuchlichen Nährmedien aerob innerhalb eines breiten Temperaturbereiches. Auf festen Nährmedien ist die Kolonieform nicht einheitlich. Im allgemeinen entstehen relativ große, meistens rundliche und unregelmäßig begrenzte Kolonien. Rauhformen sind häufiger als Glattformen.

In der biochemischen Reihe werden die meisten Zuckerarten, so Lactose, Glucose und Mannit, nicht gespalten. Üblicherweise wird weder Indol noch Urease gebildet.

Pseudomonas aeruginosa (Pyocyaneus) ist ein Farbstoffbildner, was sowohl in Kulturen wie bei Eiterungen zu blaugrünen Verfärbungen Anlaß gibt. Die beiden wichtigsten Farbstoffe sind Pyozyanin und Fluoreszein. Pyozyanin, der blaugrüne Farbstoff, ist chloroform- und wasserlöslich. Fluoreszein ist ein gelbgrün bis blaugrün fluoreszierender Farbstoff, der nur wasserlöslich ist und auch bei nicht als pathogen bekannten Pseudomonasstämmen vorkommt.

Pseudomonas ist gegenüber Umwelteinflüssen recht resistent und wird auch durch die meisten Desinfektionsmittel bedeutend weniger beeinflußt als z. B. die Angehörigen der Familie Enterobacteriaceae.

Pseudomonas ist nicht nur beim Menschen, sondern auch bei Haustieren Erreger von meist lokalisierten Eiterungen. Pseudomonas kann pathogen sein für Kaninchen, Meerschweinchen, Ratten und Mäuse. Als Versuchstiere sind diese jedoch nicht von praktischer Bedeutung.

Verschiedene Stämme von Pseudomonas brauchen antigenetisch nicht identisch zu sein. Infolge unterschiedlicher O-Antigene konnten mehrere Serotypen ermittelt werden. Zur Zeit ist noch kein Typenschema offiziell anerkannt.

Pseudomonasstämme produzieren verschiedenartige Exotoxine, die zur Klärung der Pathogenitätsmechanismen eingehend erforscht werden.

Bei Pseudomonasinfektionen handelt es sich immer um exogene Infektionen, die durch kontaminiertes Material verschiedenster Art zustande kommen. Pseudomonasinfektionen wurden von jeher als Oberflächeninfektionen bei Verbrennungen beobachtet (blaugrüner Eiter). In neuerer Zeit findet man Pseudomonas gehäuft als Erreger von Harnwegsinfekten; aber auch im Respirationstrakt, z. B. in infizierten Bronchiektasen.

Bei oberflächlichen Eiterungen kann die Diagnose wegen der Farbstoffbildung oft schon klinisch gestellt werden. Eine einwandfreie bakteriologische Identifizierung erfolgt, ähnlich wie bei den Enterobakterien, immer kulturell, wobei – wiederum wegen der Farbstoffbildung – auf eine biochemische Reihe verzichtet werden kann. Die bakteriologische Diagnose bereitet keinerlei Schwierigkeiten.

Diagnostisches Schema s. Enterobacteriaceae (Tab. 8, S. 158).

Therapie. Pseudomonas ist gegenüber den meisten Chemotherapeutika und Antibiotika primär völlig resistent, so daß diese weitgehend unwirksam sind. Am ehesten kommt die Anwendung von Aminoglycosid-Antibiotika (Gentamycin) und von Polymyxinen in Frage. Oberflächliche Infektionen sind äußerlich mit geeigneten Desinfektionsmitteln zu behandeln. Infektionen innerer Organe (Harn-

und Bronchialsystem) steht man oft machtlos gegenüber. Pseudomonasinfektionen sind immer langwierig und unangenehm.

Epidemiologische Probleme sind in den letzten Jahren in Spitälern entstanden, wo Pseudomonasinfektionen auf Verbrennungsabteilungen und urologischen Stationen im Sinne von Hospitalinfektionen häufiger geworden sind. Die geringen Wachstumsansprüche und die hohe Resistenz gegenüber Desinfektionsmitteln und Chemotherapeutika machen Pseudomonas zum Spitalkeim par excellence. Prophylaktisch führt vorläufig höchstens konsequente Asepsis zum Ziel.

Neuerdings werden die Möglichkeiten passiver und aktiver Immunisierung erforscht. Erste Resultate im Tierversuch sind vielversprechend, klinisch aber noch nicht spruchreif.

2. Pseudomonas pseudomallei

Die systematische Einordnung der Spezies Pseudomonas pseudomallei bei den Pseudomonaden ist umstritten. Frühere Benennungen (Synonyme) waren u. a. Bacillus pseudomallei Whitmore sowie Malleomyces pseudomallei (Malleus = Rotz s. S. 183).

Das gramnegative Stäbchen zeigt gegenüber anderen Pseudomonasarten kulturelle wie biochemische Unterschiede und ist hochpathogen für verschiedene Versuchstiere, vor allem den Goldhamster.

Pseudomonas pseudomallei verursacht beim Menschen *Melioidosis*. Die rotzähnliche Erkrankung führt häufig zu Abszeßbildungen. Die Prognose der meistens akut verlaufenden Infektion war früher schlecht; sie ist aber verbessert worden durch die günstige Wirkung von Chloramphenicol und neuestens von Trimethoprim-Sulfamethoxazol.

Die Diagnose erfolgt kulturell, im Tierversuch und auch serologisch, wobei Agglutinationstiter höher als 1 : 40 als signifikant gelten.

Epidemiologisch handelt es sich bei der Melioidosis um eine Anthropozoonose, deren Reservoir bei verschiedenen Nagetieren zu suchen ist. Die Infektionen sind vor allem heimisch in Südost-Asien, können aber von dort auch nach Europa eingeschleppt werden.

3. Aeromonas

Die Gattung Aeromonas verhält sich morphologisch und kulturell ähnlich der Gattung Pseudomonas. Der Erreger kommt ebenfalls ubiquitär vor. Biochemisch ist er aktiver als Pseudomonas und spaltet fast alle Zuckerarten. Bestimmte Stämme bilden verschiedenartige Toxine und können deshalb für Mensch und Tier pathogen sein.

4. Achromobacter

Wir müssen unterscheiden Achromobacter faecalis, Syn. Alcaligenes faecalis und Achromobacter mucosus, Syn. Bacterium anitratum. Beides sind gramnegative, farbstoffbildende Stäbchenbakterien, die gelegentlich aus Untersuchungsmaterial isoliert werden und im Zweifelsfall als pathogen zu betrachten sind.

VI. Vibrio cholerae und Vibrio El Tor

Vibrio cholerae (Synonym: *Vibrio comma)* ist der Erreger der klassischen *Cholera asiatica*. Das gramnegative, kommaförmig gekrümmte Stäbchen mit endständiger Geißel wurde 1883 von Robert Koch entdeckt. *Vibrio cholerae* parasitiert im menschlichen Darmtrakt und erweist sich an der Außenwelt als wenig resistent. Eng verwandt (Biotyp) mit dem Vibrio cholerae ist das 1905 erstmals festgestellte Vibrio El Tor (El Tor = Quarantänestation für Mekka-Pilger auf der Sinai-Halbinsel). Vibrio El Tor verursacht ebenfalls Cholera. Beide Biotypen, Vibrio cholerae und Vibrio El Tor, sind offiziell (auch gesetzlich) Erreger der Cholera.

Klassifizierung:	Familie	Spirillaceae
	Gattung I	Vibrio
	Arten	Vibrio cholerae Vibrio El Tor (Biotypen)

Morphologie und Kultur. Morphologisch handelt es sich bei beiden Varianten um ein gramnegatives, leicht gebogenes Stäbchenbakterium, das 0,3–0,4 µm zu 1,5–2 µm mißt und eine endständige Geißel aufweist. Siehe Abb. 3, S. 8.

Vibrio cholerae läßt sich innerhalb eines breiten Temperaturbereiches auf allen üblichen Nährmedien unter aeroben Bedingungen kultivieren, vermehrt sich aber besonders rasch in alkalischem Milieu mit einem pH von 8,5–9,0. So erfolgt in alkalischem Peptonwasser intensives Wachstum nach 6–9 Stunden.

Identifizierung. Auf der Agaroberfläche bilden die Vibrionen runde, feucht-glänzende, durchsichtige Kolonien. Biochemisch ist Vibrio cholerae wenig aktiv. Es verhält sich lactosenegativ, bildet Indol und baut verschiedene Zucker wie Mannit und Saccharose bis zur Säure ab.

Die beiden Biotypen *Vibrio cholerae* und *Vibrio El Tor* können infolge verschiedenen biochemischen Verhaltens auseinandergehalten werden. Dank differenzierbarer Körperantigene lassen sich überdies bei beiden Biotypen (auch bei El Tor) die zwei Serotypen *Ogawa* und *Inaba* unterscheiden.

Wie bei allen gramnegativen Bakterien beruht die Typenspezifität auf spezifischen Polysacchariden, und die O-Antigene sind identisch mit den Endotoxinen.

Die Geißelantigene sind für eine Differenzierung der Choleravibrionen nicht geeignet und deshalb nicht von praktischem Interesse.

Pathogenese und Krankheitsbild. Die Infektion erfolgt immer peroral. Nach einer Inkubation von 2–5 Tagen, im Minimum von wenigen Stunden, kommt es zu schweren Brechdurchfällen mit enormen Wasserverlusten bis zu 10 Litern täglich. Die Vibrionen vermehren sich im Dünndarm rasch und produzieren zusätzlich zu den Endotoxinen ein Exotoxin, heute als *Choleraenterotoxin* bezeichnet. Die chemische Konstitution dieses Enterotoxins ist weitgehend bekannt (3 Polypeptidketten), so daß die Cholera als enterotoxische Enteropathie betrachtet wird. Das Enterotoxin bewirkt ein Anschwellen der Darmschleimhaut, die in großen Mengen isotonische Flüssigkeit absondert. Wegen der großen Wasser- und Salzverluste können die Patienten innerhalb weniger Stunden kollabieren und sterben. Unterernährte und geschwächte Individuen sind besonders anfällig, weil ihre ungenügend produzierten Darmenzyme nicht mehr imstande sind, die Choleratoxine abzubauen und weil bei ihnen die Permeabilität der Darmschleimhaut verändert ist. In diesen vorbestehenden abnormen Zuständen liegt seitens des Wirtes ein primärer pathogenetischer Faktor.

Das Schicksal des Erkrankten hängt vor allem vom Ersatz des Wassers, der Elektrolyte sowie von der Aufrechterhaltung des Kreislaufes ab. Die Diarrhö dauert nie länger als 5–6 Tage. Bei unbehandelten Fällen beträgt die Letalität bis 50 %.

Die Krankheit hinterläßt eine teilweise Immunität.

Diagnose. Die ätiologische Diagnose stützt sich auf den Erregernachweis im Stuhl. Ein solcher ist unter Umständen schon mikroskopisch möglich, indem die Stuhlflora bei schwerer Cholera fast ausschließlich aus gramnegativen, in großen Fischzügen angeordneten, kommaförmigen Bakterien besteht. Diese können zusätzlich mit fluoreszierenden Immunseren als Choleravibrionen erkannt werden. Die einwandfreie Identifizierung erfolgt kulturell, wobei die reinkultivierten Stämme serologisch verifiziert werden müssen.

Die serologische Diagnostik im Sinne einer Gruber-Widal- oder anderen Antigen-Antikörper-Reaktion ist wegen des akuten Verlaufes diagnostisch ohne praktische Bedeutung, kann jedoch zur Ermittlung von Durchseuchungsraten beigezogen werden.

Therapie. Die Behandlung besteht in der Wiederherstellung des Wasser- und Mineralhaushaltes durch Infusionen, in der Behebung der Azidose sowie chemotherapeutisch in der Verabreichung von Sulfonamiden oder Tetracyclinen.

Epidemiologie und Prophylaxe. Die Cholera war von jeher endemisch in Indien, Pakistan und Burma. Zur Zeit sind über 40 Länder, namentlich in Asien und Afrika, von Cholera befallen. Cholerainfektionen und Choleraepidemien kommen vor allem in Gegenden mit ungenügender Abwasserhygiene und häufig bei allgemeiner Unterernährung der Bevölkerung vor; im Zusammenhang mit Hunger und Krieg. Wie schon betont, sind Unterernährte besonders anfällig.

Die Ausscheidung der Erreger erfolgt ausschließlich fäkal durch den Menschen. Die Vibrionen sind an der Außenwelt höchstens während weniger Tage überlebensfähig. Infektionen kommen immer peroral durch kontaminiertes Wasser oder kontaminierte Speisen zustande.

Bei der Cholera dauert die Erregerausscheidung meistens nicht so lange wie bei den Salmonellosen. Sie ist üblicherweise auf höchstens 3 Wochen beschränkt. Gesunde Ausscheider sind selten, besitzen aber trotzdem eminente epidemiologische Bedeutung.

Cholera, verursacht durch Vibrio El Tor, hat sich seit 1960 von Celebes aus sprunghaft über weite Teile Asiens und Afrikas bis nach Europa ausgebreitet (siebente Cholerapandemie). El-Tor-Infektionen verlaufen im allgemeinen leichter als durch das klassische Vibrio cholerae verursachte Infektionen. Dafür ist die relative Zahl gesunder Langzeitausscheider bei El Tor größer. Auch ist Vibrio El Tor gegenüber Umwelteinflüssen resistenter als Vibrio cholerae.

Prophylaktische Maßnahmen entsprechen bei der Cholera weitgehend einer Expositionsprophylaxe. Die infektiösen Fäkalien sind durch Verbesserung der hygienischen Abort- und Abwasseranlagen unter Kontrolle zu bringen. Ausscheider müssen isoliert werden.

Die Cholera ist eine der 4 Quarantänekrankheiten. Im Internationalen Sanitätsreglement ist ihre Inkubation auf 5 Tage festgesetzt. Die Abwehrmaßnahmen basieren auf der Eruierung und Isolierung der Ausscheider, der Sanierung von Trink- und Abwasserverhältnissen, einer strengen Lebensmittelkontrolle sowie auf der Schutzimpfung. Aktive Immunisierungen mit abgetöteter Choleravakzine erzeugen nur einen relativen Schutz und vermindern die Morbidität; sie können aber selbstverständlich Infektionen nicht verhindern. Die wesentlichen Maßnahmen sind, wie schon betont, expositionsprophylaktischer Natur.

Ein 1963 entdecktes *Vibrio parahaemolyticus* ist als Lebensmittelvergifter vor allem in Japan bekannt. *Vibrio fetus* ist von veterinärmedizinischer Bedeutung.

VII. Brucellaceae

Die ziemlich willkürlich zusammengestellte Familie Brucellaceae, altes Synonym *Parvobacteriaceae,* bedeutet dem Kliniker nichts und auch der klinisch orientierte Mikrobiologe kann mit dieser Klassifizierung wenig anfangen. Der Mediziner muß auf den Gattungsnamen basieren können.

Bei allen Vertretern der Familie Brucellaceae handelt es sich (entsprechend der früheren Benennung Parvobakterien) um kleine, gramnegative, nichtsporenbildende Stäbchenbakterien, deren Gattungsvertreter zum Teil begeißelt, zum Teil unbegeißelt, zum Teil bekapselt, zum Teil unbekapselt sind und bei denen vielfach ein ausgesprochener Pleomorphismus auffällt. Brucellazeen sind kleiner und feiner als Enterobacteriazeen; ihr Durchmesser beträgt 0,2 bis 0,3 μm, ihre Länge liegt zwischen 0,5 und 2,0 μm. Bei den meisten Gattungen kommen nicht nur menschen-, sondern auch tierpathogene Arten vor; einige Arten sind sowohl menschen- wie tierpathogen und damit Erreger von Anthropozoonosen.

Nach der neuesten Taxonomie enthält die Familie Brucellaceae folgende Gattungen:

Familie Brucellaceae (altes Synonym: Parvobacteriaceae)

Gattungen: Pasteurella
Yersinia
Francisella
Bordetella
Brucella
Haemophilus
Moraxella
Actinobacillus

Nachstehend werden die einzelnen Gattungen in einer Reihenfolge besprochen, die uns persönlich aus medizinischer und didaktischer Sicht sinnvoller erscheint als die obenstehende, offizielle Reihenfolge.

1. Pasteurella septica, Syn. Pasteurella multocida

Zum Genus Pasteurella (zu Ehren von Pasteur so benannt) gehörten bis vor kurzem die Spezies *Pasteurella multocida, P. pestis, P.*

pseudotuberculosis und *P. tularensis*. Heute sind die ehemaligen „Pasteurellen" in die drei neuen Genera *Pasteurella, Yersinia* und *Francisella* aufgeteilt.

Bei allen drei Gattungen handelt es sich um gramnegative, kokkoid bis stäbchenförmige, zum Teil begeißelte, zum Teil unbegeißelte, nichtsporenbildende, bipolar sich färbende und fakultativ anaerob sich verhaltende Bakterien, deren menschenpathogene Vertreter auch für eine Reihe von Tieren pathogen sind und die bei ihren Wirten septikämische Infektionen hervorrufen.

Pasteurella ist morphologisch ein kleines, ovaläres bis stäbchenförmiges gramnegatives, 0,3–1,0 zu 1,0–2,5 μm messendes Bakterium. Pasteurella ist unbegeißelt, jedoch bekapselt und läßt sich in der Regel auf den üblichen Nährmedien leicht kultivieren.

Die Pasteurella septica ist vor allem bekannt als Erreger tierischer Pasteurellosen und damit in erster Linie von veterinärmedizinischer Bedeutung. Wie die zusätzlichen Trivialnamen *boviseptica, oviseptica, aviseptica* usw. andeuten, kann Pasteurella multocida pathogen sein für viele Säugetiere und Vögel. Effektiv verhalten sich die verschiedenen Stämme bezüglich Wirtspezifität unterschiedlich. Alle verursachen bei ihren Wirten akute, meist tödlich verlaufende Septikämien, z. T. hämorrhagischen Charakters.

Infektionen beim Menschen sind selten, führen aber auch hier zu akuten, generalisiert-septikämischen Affektionen, vielfach mit Meningitis.

Pasteurella septica kann auf Grund biochemischer Eigenschaften von den Gattungen Yersinia und Francisella unterschieden werden. Diagnostisch vermag der Tierversuch nur beschränkt Auskunft zu geben, weil viele Stämme nur für bestimmte Tierarten pathogen sind und für andere nicht.

Therapeutisch sind besonders Breitspektrumantibiotika wie Tetracycline und Chloramphenicol wirksam.

Die selten vorkommende Übertragung auf den Menschen erfolgt fast immer durch infektiöse Tiere.

2. Yersinia pestis

Yersinia pestis (altes Synonym: *Pasteurella pestis)* ist der Erreger der menschlichen Pest. Er wurde 1894 in Hongkong von Yersin entdeckt und wird deshalb Yersinia genannt. Die Pest ist in historischer Sicht die bedeutendste bakterielle Infektionskrankheit, welche die Menschheit je gekannt hat.

Morphologie und Kultur. Morphologisch ist Yersinia pestis ein unbegeißeltes und damit unbewegliches, bekapseltes, ovaläres, gramnegatives, bipolar sich färbendes Stäbchenbakterium, das sich bei einem Temperaturoptimum von 30 °C auf den üblichen Nährmedien leicht kultivieren läßt, sich in vitro jedoch nur langsam vermehrt, so daß Kulturen oft erst nach 48 Stunden beurteilbar sind (Abb. 20).

Pathogenität. Yersinia pestis ist für alle Laboratoriumstiere, besonders für die weiße Maus und das Kaninchen hochpathogen. Die einzelnen Peststämme können große Virulenzunterschiede aufweisen. Für die Virulenz ist vor allem ein Hüllenantigen verantwortlich, das die Bakterien vor Phagozytose schützt.

Yersinia pestis kommt in drei biologischen Varianten (orientalis, antiqua, mediaevalis) vor.

Pathogenese und Krankheitsbild. Wie die Pasteurellose ist auch die Pest primär eine Krankheit der Tiere, vor allem der Nagetiere. Von diesen wird der Erreger entweder nach direktem Kontakt oder häufiger durch blutsaugende Ektoparasiten auf den Menschen übertragen. Die klassische Übertragung geschieht durch den infizierten Rattenfloh, der mit seinem Biß den Menschen perkutan infiziert (s. Epidemiologie). Von der Infektionsstelle aus wandert der Erreger in die nächsten Lymphknoten, wo innerhalb von 2–5 Tagen hämorrhagisch veränderte und deshalb bläulich verfärbte Lymphknotenschwellungen (Bubonen) entstehen. Man bezeichnet dieses Stadium als Bubonenpest. Die Bubonen können abheilen, nach außen aufbrechen oder zu einer generalisierten septikämischen Infektion Anlaß geben. Diese verläuft immer mit hohem Fieber (Kontinua), Kopfschmerzen und Lichtscheu. Infolge der Endotoxinwirkung kommt es früh zu zentralnervösen Störungen, allgemeiner Schwäche

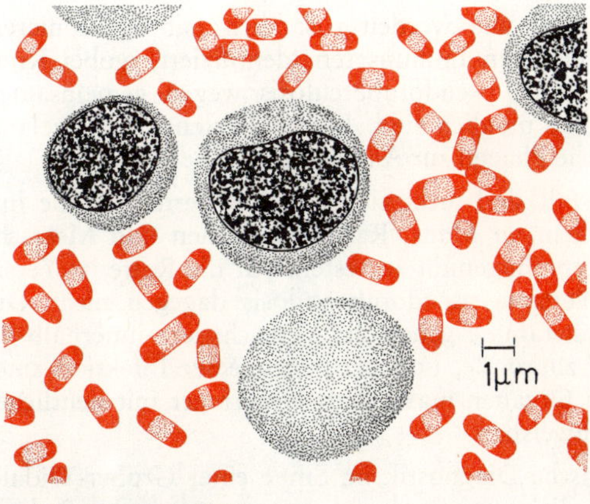

Abb. 20 Yersinia, bipolar gefärbt

und Kreislaufversagen. Die Pestsepsis führt in der Regel rasch, oft innerhalb weniger Stunden zum Tode. Bei Aussaat in den kleinen Kreislauf entsteht das Bild der Lungenpest mit blutigem, bakterienreichem und damit hochinfektiösem Sputum. Ihre Letalität beträgt nahezu 100 %. Die Lungenpest ist wegen der hohen Kontagiosität der Patienten von höchster epidemiologischer Bedeutung, denn sie führt bei allen nicht immunen Kontaktpersonen infolge direkter aerogener Infektion der Respirationsorgane zu *primärer* Lungenpest. Die Inkubation derselben dauert 1–2 Tage.

Pestinfektionen hinterlassen eine Immunität, die aber wie bei den meisten bakteriellen Krankheiten keine absolute ist. In der Weltliteratur sind eine Reihe von Pest-Reinfektionen beschrieben.

Therapie. Als spezifische Therapeutika kommen in erster Linie Sulfonamide, Streptomycin sowie Tetracycline in Frage. Wegen des oft foudroyanten Verlaufes der Krankheit vermögen sich diese Medikamente in vielen Fällen nicht mehr voll auszuwirken.

Diagnose. Die ätiologische Diagnose erfolgt fast ausschließlich bakteriologisch durch Nachweis der Erreger in Bubonenpunktat, Sputum oder Blut.

In Punktaten und Sputum kann die Diagnose meistens schon mikroskopisch mit der Gramfärbung, evtl. unter Zuhilfenahme der Fluoreszenzmikroskopie gestellt werden. Von Blut sind Kulturen anzulegen. Differentialdiagnostisch muß die Yersinia pestis in erster Linie von der Yersinia pseudotuberculosis abgegrenzt werden. Die Yersinia pestis ist immer unbeweglich, die Yersinia pseudotuberculosis beweglich. Auch bestehen Unterschiede in der biochemischen Aktivität.

Isolierte Peststämme werden zusätzlich mit agglutinierenden und fluoreszeingefärbten Immunseren identifiziert, wobei Kreuzreaktionen mit Yersinia pseudotuberculosis wegen gemeinsamer somatischer Antigene möglich sind. In den letzten Jahren gelangten auch pestspezifische Phagen zur Anwendung.

Im Zweifelsfall sind nicht sicher identifizierte Stämme im Tierversuch, vor allem an Maus, Ratte, Kaninchen und Meerschweinchen auf ihre Tierpathogenität zu testen. Für die Ratte ist Yersinia pestis pathogen, Yersinia pseudotuberculosis dagegen nicht. Durch vollvirulente Peststämme gehen die Versuchstiere innerhalb von 24 bis 48 Stunden zugrunde, und bei peritonealer Infektion sind daselbst wie in allen Organen massenhaft Pesterreger mit deutlicher Kapselbildung nachweisbar.

Die serologische Diagnostik im Sinne einer Gruber-Widal-Reaktion ist möglich, diagnostisch aber von untergeordneter Bedeutung. Dagegen kann mit serologischen Methoden der Durchseuchungsgrad von Menschen und Tieren nachgeprüft werden. Auch hier ist die Antigenverwandtschaft mit Yersinia pseudotuberculosis zu berücksichtigen.

Epidemiologie. Die Pest ist als rurale Pest bei wildlebenden Nagetieren heute noch endemisch in Teilen Asiens, Afrikas, Süd- und selbst Nordamerikas. Da es sich beim Erreger um einen an der Außenwelt wenig resistenten obligaten Parasiten handelt, erfolgt die Verbreitung primär vor allem durch wildlebende Nager. Bei Kontakt mit infektiösen Tieren kann der Mensch durch Inhalation und durch die Schleimhäute hindurch, vor allem aber durch blutsaugende Ektoparasiten (Flöhe) infiziert werden. Die Infektiosität des Rattenflohs (Xenopsylla cheopis) ist 1897 durch Ogata bewiesen worden. Nach der Blutmahlzeit vermehren sich die Erreger im Vormagen des Flohs so stark, daß sie den Ösophagus blockieren und bei der nächsten Mahlzeit regurgiert werden. Dadurch kommt es bei weiteren Wirten zu Infektionen. Während die Yersinia pestis ungeschützt an der Außenwelt höchstens wenige Tage überlebt, bleibt sie im Floh, aber auch in Sputum eingebettet, über mehrere Wochen infektiös.

Primär wird die Pest immer vom Tier auf den Menschen übertragen. Es handelt sich deshalb bei dieser Krankheit um eine Zoonose. Der Pesterreger verfügt über ein ausnehmend breites Infektionsspektrum. Pestinfektionen sind bei 370 verschiedenen Wirtspezies, so bei allen Nagetieren nachgewiesen worden. Ist die Infektion einmal auf den Menschen übergesprungen, wird aus der bis dahin heterologen Infektkette eine homologe. Infektionen von Mensch zu Mensch können durch Zwischenwirte (Flöhe), die auf dem Menschen parasitieren, zustande kommen. Die großen Pestepidemien setzen jedoch immer beim Auftreten der ersten Fälle menschlicher Lungenpest ein.

Der Kontagionsindex beträgt bei der Pest annähernd 100 %, weshalb keine gesunden Ausscheider existieren.

Prophylaxe. Die Pestprophylaxe wird vor allem im Sinne einer Expositionsprophylaxe durchgeführt und basiert auf Quarantäne-(Isolierungs-)maßnahmen. Konsequent durchgeführte Quarantänemaßnahmen haben nach der letzten europäischen Pestepidemie von Marseille (1721) weitere Epidemien verhindert; u. a. eben deshalb, weil es keine gesunden menschlichen Ausscheider gibt, so daß mit der Erfassung der Kranken alle Kontagiösen erfaßt werden. Die moderne Pestprophylaxe besteht in der Vernichtung der infektiösen Nagetiere, u. a. mit Hilfe von Rhodentiziden und in der Bekämpfung der übertragenden Arthropoden (Flöhe) durch Insektizide. Von größter Bedeutung ist demzufolge der spezifische Nachweis von Pestinfektionen bei Nagetieren. Wo Infektionsherde registriert werden, stützt man sich auch heute noch auf Quarantänemaßnahmen, welche allerdings nicht mehr 40 Tage dauern, sondern die im Internationalen Sanitätsreglement festgelegte Inkubationszeit von 6 Tagen berücksichtigen. Die Pest ist die erste der 4 Quarantänekrankheiten.

Schutzimpfungen sind immer wieder erprobt worden, konnten aber bis heute nicht voll befriedigen. Abgetötete virulente Peststämme wie auch lebende avirulente Impfstämme erzeugen einen nur ungenügenden Impfschutz. Bei letzteren fehlt das für die Immunitätsbildung notwendige Hüllenantigen.

3. Yersinia pseudotuberculosis

Die *Yersinia pseudotuberculosis* (altes Synonym *Pasteurella pseudotuberculosis)* ist der Erreger der vor allem bei Nagetieren vorkommenden *Pseudotuberkulose.* Sie kann gelegentlich auch beim Menschen zu sporadischen Infektionen führen. Die Bezeichnung Pseudotuberkulose bezieht sich nicht auf tuberkelbakterienähnliche Eigenschaften des Erregers, sondern auf tuberkuloseähnliche pathologisch-anatomische Veränderungen in den Organen.

Morphologisch ist die Yersinia pseudotuberculosis ein kurzes, ovaläres, bipolar sich färbendes, gramnegatives Stäbchenbakterium, das im Gegensatz zur Yersinia pestis zwei parapolare Geißeln aufweist und beweglich ist.

Kultur und Pathogenität. Yersinia pseudotuberculosis läßt sich wie Yersinia pestis auf allen gebräuchlichen Nährmedien leicht kultivieren. Ihr Temperaturoptimum liegt zwischen 20 ° und 30 ° C. Die Beweglichkeit ist bei einer Bebrütungstemperatur von 20 ° C am deutlichsten. Der Erreger ist für sämtliche Nager, ausgenommen die Ratte, pathogen. Die Infektionen verlaufen aber langsamer als bei der Pest. Sie führen namentlich zu Lymphknotenschwellungen und Nekroseherden in Leber und Milz.

Yersinia pseudotuberculosis verfügt über Körper-, Hüllen- und Geißelantigene. Verschiedene Körperantigene sind verwandt mit entsprechenden Antigenen von Yersinia pestis, was bei allen immunologischen Reaktionen zu berücksichtigen ist.

Pathogenese und Krankheitsbild. Die Pseudotuberkulose des Menschen entspricht einer Zoonose. Infektionsquelle ist immer das Tier. Eintrittspforte sind Mund und Schleimhäute.

Bei peroraler Infektion kommt es zu einem Befall der mesenterialen Lymphknoten und damit zu dem namentlich bei Jugendlichen beobachteten Bild der Lymphadenitis mesenterica. Neben der pseudotuberkulösen Lymphadenitis ist aber nach hämatogener Streuung auch eine septisch-typhöse Verlaufsform mit schwerem Befall von Leber und Milz bekannt. Bei der lokalisierten mesenterialen Lymphadenitis stehen Abdominalbeschwerden, z. T. ähnlich wie bei Appendizitis, im Vordergrund, bei der septischen Form alle Symptome einer Allgemeininfektion. Bei dieser ist die Prognose ohne Antibiotikatherapie schlecht. Therapeutisch haben sich Breitspektrumantibiotika am besten bewährt.

Die Inkubationszeit ist starken Schwankungen unterworfen und deshalb im Einzelfall nicht genau zu bestimmen.

Diagnose. Eine einwandfreie Diagnose kann nur durch den Nachweis des Erregers erbracht werden. Dieser erfolgt auf gleiche Art wie derjenige der Yersinia pestis. Im Verlaufe der Infektion treten im Serum agglutinatorisch nachweisbare Antikörper auf, die bei der Chronizität der Krankheit (im Gegensatz zur Pest) diagnostisch verwertbar sind.

Epidemiologie und Prophylaxe. Da menschliche Infektionen immer von Tieren ausgehen, jedoch nur sporadisch und selten vorkommen, besteht die einzig mögliche Prophylaxe im bakteriologisch korrekten Umgang mit Tierkadavern. Bei verdächtigen Läsionen in Nagetieren muß der Erreger einwandfrei identifiziert werden, wobei die Abgrenzung gegenüber Yersinia pestis besonders bedeutungsvoll ist. Wichtigste Unterscheidungsmerkmale, die für Pseudotuberkulose sprechen, sind: Beweglichkeit nach Bebrütung bei 20 °C, Apathogenität gegenüber der weißen Ratte, unterschiedliches biochemisches Verhalten, Resistenz gegenüber Pestphagen.

4. Yersinia enterocolitica

Yersinia enterocolitica ist ein Bakterium, das seit 1964 mit zunehmender Häufigkeit aus dem Stuhl enteritiskranker Menschen isoliert worden ist. Die Benennung Yersinia rührt davon her, daß dieser Erreger vorerst als Yersinia pseudotuberculosis betrachtet und erst später als eigene Spezies von jener unterschieden wurde.

Morphologisch läßt sich Yersinia enterocolitica von den anderen Yersinien nicht unterscheiden. Kulturell erfolgt Wachstum auf allen gebräuchlichen Nährmedien, wobei das Temperaturoptimum zwischen 22 ° und 30 °C liegt. Zur Isolierung aus Fäkalien werden, ähnlich wie bei Salmonellen, Selektiv- und Differentialmedien verwendet. Die Identifizierung erfolgt biochemisch und serologisch. Yersinia enterocolitica verhält sich u. a. lactosenegativ, baut Mannit zu Säure ab, bildet kein Indol und ist ureapositiv. Kultiviert bei

22 ° C ist Yersinia enterocolitica beweglich, bei 37 ° C unbeweglich. Auf Grund der O-Antigene kann man mindestens 9 Serotypen unterscheiden, wobei die Typen 3 und 9 überwiegen.

Die **Krankheit**, die wenige Tage bis einige Wochen dauern kann, äußert sich am häufigsten mit Fieber, Abdominalbeschwerden, Enteritis und Enterokolitis, seltener mit Appendizitis und Lymphadenitis mesenterialis. Septikämische Krankheitsbilder sind bekannt. Ebenso wurde der Erreger für das Auftreten akuter Arthritiden und von Erythema nodosum verantwortlich gemacht. Therapeutisch müssen, soweit indiziert, nebst chirurgischen Eingriffen, Breitspektrumantibiotika eingesetzt werden.

Die **Diagnose** erfolgt durch kulturellen Erregernachweis aus dem Stuhl oder aus erkrankten Organen (Appendices, Mesenteriallymphknoten). Die bakteriologische Diagnose kann durch Antikörpernachweis im Patientenserum (ab 8.–10. Krankheitstag) ergänzt werden. Dazu sind typenspezifische Antigene notwendig. Wegen Kreuzreaktionen mit verschiedenen anderen pathogenen Bakterien, z. B. Brucellen, werden bei Anwendung der Gruber-Widalschen Agglutinationsreaktion nur O-Titer von 1:160 und höher als einigermaßen spezifisch betrachtet.

Epidemiologisch scheint es sich bei Yersiniosis enterocolitica um eine Zoonose zu handeln, wobei die Yersinien vor allem durch kontaminierte Nahrungsmittel, ähnlich den Salmonellen, peroral auf den Menschen übertragen werden. Wie beim Menschen ist Yersinia enterocolitica in letzter Zeit zunehmend im Darminhalt und den Mesenteriallymphknoten von Haustieren, namentlich vom Schwein, gefunden worden.

Die **prophylaktischen Maßnahmen** liegen in erster Linie auf dem Sektor der Nahrungsmittelhygiene.

5. Francisella tularensis

Francisella tularensis (altes Synonym *Pasteurella tularensis)* ist der Erreger der Tularämie. Die Benennung geht einerseits auf das südkalifornische Städtchen Tulare zurück und nimmt andererseits bezug auf Francis, dem wir die wesentlichsten Kenntnisse über diesen Erreger und dessen Auswirkungen zu verdanken haben. Francisella tularensis ist ein für Mensch und Tier, vor allem für Nager hochinfektiöser Krankheitserreger. Menschliche Erkrankungen sind fast immer tierischen Ursprungs.

Morphologie und Kultur. Morphologisch handelt es sich bei der Francisella tularensis um ein ausgesprochen feines, gramnegatives, unbewegliches Stäbchenbakterium. Im Gegensatz zu Pasteurella und Yersinia läßt sich der Erreger der Tularämie nur schwer kultivieren, verlangt Spezialnährböden, die Blut, Zystein und Glucose enthalten und benötigt bei 37 ° C für das Entstehen kleiner Kolonien 2–5 Tage Bebrütungszeit. Der Erreger ist wärmeempfindlich, jedoch kälteresistent und kann bei niedrigen Temperaturen, namentlich in Kadavern, lange infektionstüchtig bleiben.

Pathogenität. Francisella tularensis ist für die meisten Laboratoriumstiere, vor allem für das Meerschweinchen pathogen. Antigenetisch besteht Verwandtschaft mit den Brucellen, dagegen nicht mit Yersinia pestis und Yersinia pseudotuberculosis.

Pathogenese und Krankheitsbild. Zu menschlichen Infektionen kommt es immer nach Kontakt mit infizierten Tieren oder deren Ektoparasiten. Die Infektion des Menschen kann auf allen möglichen Wegen erfolgen: durch Inhalation, peroral, durch Hautläsionen und Schleimhäute sowie über Ektoparasiten. Die Inkubation beträgt 1–10, im Mittel 3–4 Tage. Die Pathogenese ist je nach Eintrittspforte verschieden. Erfolgt die Infektion durch Haut oder Schleimhaut hindurch, entsteht an der Eintrittspforte ein sichtbarer Primärkomplex, der als solcher abheilen oder in eine generalisierte Form übergehen kann. An sich haben wir es bei der Tularämie mit einer langdauernden, septikämischen, zu Pneumonien führenden Infektionskrankheit zu tun, deren Letalität jedoch gering ist und mit 2–5 % angegeben wird. Klinisch unterscheidet man ein Primärstadium von einem Sekundärstadium, d. h. von einem Stadium mit sekundärer Generalisation. Im Primärstadium beobachtet man, je nach Eintrittspforte, äußerlich sichtbare ulzeroglanduläre Formen (kutanoglanduläre, okuloglanduläre oder oralglanduläre Primärkomplexe), äußerlich nicht sichtbare thorakale oder abdominale Formen sowie eine typhöse Form. Bei letzterer handelt es sich um eine primäre Generalisation. Man trennt diese von der sekundären Generalisation, die von einer lokalisierten Primärform ihren Ausgang nimmt, ab.

Pathologisch-anatomisch findet man in den befallenen Organen typische Granulome mit zentraler Nekrose, einer Epitheloidzellenzone und einem Mantel aus Granulationsgewebe. Histologisch sind Verwechslungen möglich mit Tuberkulose, Pseudotuberkulose oder Rotz. Wie die meisten bakteriellen Infektionskrankheiten hinterläßt auch die Tularämie eine nur partielle Immunität.

Therapie. Therapeutisch gilt Streptomycin als das Mittel der Wahl. Streptomycin soll besser wirken als Tetracycline und Chloramphenicol.

Diagnose. Die ätiologische Diagnose kann bakteriologisch wie serologisch gestellt werden. Die Erfahrung zeigt, daß auch bei generalisierten Formen primäre Blutkulturen nicht angehen, daß sich aber die Infektion durch Verimpfung von Blut leicht auf das Meerschweinchen übertragen läßt. Legt man anschließend mit Meerschweinchenblut oder Milz Kulturen auf Spezialmedien an, pflegen diese positive Resultate zu liefern.

Weil der Erregernachweis einen relativ großen Material- und Zeitaufwand erfordert, erfolgt die Routinediagnose meistens serologisch. Die Gruber-Widal-Reaktion wird aber erst ab Ende der 2. Krankheitswoche positiv. Bei positiver Agglutinationsprobe ist die Antigenverwandtschaft mit Brucellen in Rechnung zu ziehen. Bei der serologischen Diagnosestellung „Tularämie" muß eine Brucellose ausgeschlossen werden können.

Epidemiologie und Prophylaxe. Epidemiologisch stehen folgende Gesichtspunkte im Vordergrund: Die Tularämie kommt nur in der nördlichen Hemisphäre vor und ist im besonderen endemisch in Rußland, Japan sowie in Teilen von Nordamerika. Voraussetzung für menschliche Erkrankungen ist das Vorhandensein sowie der Kontakt mit infizierten Tieren, namentlich Wild- und Nagetieren. Dementsprechend findet man unter den Erkrankten häufig Jäger, Leute, die Wildbret verarbeiten sowie Hausfrauen. In Rußland sind überdies größere durch Wasser übertragene Epidemien verzeichnet worden. Die Francisella tularensis gilt als der kontagiöseste bakterielle Erreger. Wenige Bakterien genügen, um eine Infektion auszulösen. Diese kann über alle möglichen Eintrittspforten erfolgen. Der Mensch selbst ist in der Regel nicht infektiös und verbreitet die Krankheit nicht weiter.

Die prophylaktischen Maßnahmen bestehen im Meiden und Bekämpfen (Vernichten) der infektiösen Tiere sowie ihrer Ektoparasiten. Zu Schutzimpfungen eignen sich nur abgeschwächte Lebendimpfstoffe. Auch diese vermochten aber nicht voll zu befriedigen.

6. Brucella

Brucellen sind feine, gramnegative, pleomorphe, unbegeißelte und nichtsporenbildende Parvobakterien, die bei Tieren und auch beim Menschen septikämische, z. T. chronisch verlaufende Allgemeininfektionen hervorrufen. Der Name *Brucella* kommt von Bruce, der 1887 auf Malta als erster Brucellen in der Milz eines verstorbenen Soldaten nachgewiesen hat.

Klassifizierung

Familie	Brucellaceae (altes Synonym: Parvobacteriaceae)
Gattung	Brucella

4 Arten Brucella melitensis, Erreger des Maltafiebers
Brucella abortus (Bang), Erreger der Bangschen Krankheit
Brucella suis, Erreger der Schweinebrucellose
Brucella ovis, Erreger der Schafbrucellose

Morphologie und Kultur. Morphologisch sind Brucellen feine, gramnegative Stäbchenbakterien, die eine ausgesprochene Pleomorphie aufweisen, unbegeißelt und damit unbeweglich sind und keine Sporen bilden. Die Brucellen haben einen Querdurchmesser von 0,4–0,8 μm und variieren in der Länge zwischen 0,4–3,0 μm.

Mit Ausnahme der Brucella suis lassen sich Brucellen – wenigstens bei primärer Isolierung – nur in einer Atmosphäre mit erhöhter CO_2-Spannung (10 %) kultivieren.

Die vier Brucellenarten kann man ausschließlich auf Grund verschiedener biochemischer Aktivität sowie ihres Verhaltens gegenüber Anilinfarbstoffen voneinander unterscheiden. Alle vier Arten besitzen gleiche Körperantigene und sind deshalb antigenetisch nicht differenzierbar. Brucellen erweisen sich an der Außenwelt, besonders in organisches Material eingebettet, resistent und können über mehrere Monate infektiös bleiben.

Pathogenität. Die Brucellen besitzen ein breites Infektionsspektrum. Sie sind für fast alle Haus- und Wildtiere pathogen. Hauptwirt für Brucella melitensis ist die Ziege, für Brucella abortus das Rind, für Brucella suis das Schwein und für Brucella ovis das Schaf. Diese Wirtspezifität ist aber keineswegs absolut. So können auch Pferde, Hunde, Katzen, Hasen, Rotwild und sogar Vögel an Brucellose erkranken. Unter den Laboratoriumstieren erweist sich das Meerschweinchen für Brucelleninfektionen besonders empfänglich und ist deshalb auch für den Brucellennachweis geeignet.

Pathogenese und Krankheitsbild. Die Übertragung der Brucellose auf den Menschen geschieht durch direkten Kontakt mit infizierten Tieren sowie durch Aufnahme brucellenhaltiger Milch. Eintrittspforte sind bei beruflich Exponierten Hautläsionen und die Konjunktiven, bei Nahrungsmittelinfektionen der Magen-Darm-Trakt. Es kommt vorerst zu einer lokalen lymphogenen Ausbreitung des Erregers und anschließend zu einem bakteriämischen Stadium. Die Inkubation beträgt 10–30 Tage. Beim Menschen äußert sich die Krankheit im Sinne einer generalisierten Infektion. Unspezifischen Prodromalerscheinungen folgen remittierende Fieberschübe. Beim klassischen Krankheitsbild treten vor allem abendlich Temperatursteigerungen bis 40 °C, verbunden mit Schüttelfrösten auf. Der Verlauf der Fieberkurve gab der Krankheit seinerzeit den Namen Febris undulans. Menschliche Brucellosen, verursacht durch Brucella melitensis und suis, verlaufen in der Regel schwerer als Infektionen durch Brucella abortus. Letztere führen oftmals zu nur unspezifisch imponierenden, chronisch subfebrilen Verlaufsformen, die nicht ohne weiteres an eine Brucellose denken lassen. Wegen der Generalisation der Infektion kommt es häufig zu Organmanifestationen, namentlich in Leber, Milz und Herz. Pathognomisch sind die in den Organen histologisch nachzuweisenden Bang-Granulome, bei denen ein Saum von Epitheloid- und Riesenzellen eine zentrale nekrotische Zone umgibt.

An Komplikationen sind Spondylitiden sowie Arthritiden bekannt, die leicht mit solchen tuberkulöser Ätiologie verwechselt werden. Eine Brucelleninfektion erzeugt eine Immunität, die jedoch nicht absolut ist, aber humoral nachgewiesen und diagnostisch verwertet werden kann.

Therapie. Therapeutisch werden heute Tetracycline, evtl. kombiniert mit Streptomycin, über eine Zeitdauer von 3 Wochen verabreicht.

Diagnose. Die ätiologische Diagnose kann kulturell durch Erregernachweis sowie serologisch gestellt werden. Die Routinediagnostik stützt sich vor allem auf die Serologie.

Beim Menschen ist ein Erregernachweis nur kulturell möglich. Vom lebenden Patienten legt man Blutkulturen an, von Verstorbenen eventuell auch Organkulturen (Milz). Für die Blutkultur verwendet man flüssige Spezialmedien, die unter erhöhter CO_2-Spannung während mindestens 3 Wochen bebrütet und zur Wachstumskontrolle alle 4 Tage auf feste Medien ausgestrichen werden. Auf letzteren bilden die Brucellen nach einer Bebrütungszeit von 3–7 Tagen feine, rund erhabene, opaleszierende Kolonien. Diese können mit Hilfe der Gram- oder der Köster-Färbung (Alkaliresistenz der Brucellen) verifiziert werden. Zum Erregernachweis wird auch das Meerschweinchen verwendet. Man beobachtet das parenteral infizierte Tier während 4 Wochen und kontrolliert es anschließend an die Autopsie serologisch. Bei der Meerschweinchenautopsie findet man eine vergrößerte, von feinen Herden durchsetzte Milz und Leber sowie spezifische Brucellenantikörper im Serum.

Der serologische Antikörpernachweis erfolgt üblicherweise mit Hilfe der quantitativen Agglutinationsreaktion nach Gruber und Widal unter Verwendung einer standardisierten Brucellenaufschwemmung als Antigen. Agglutinintiter von 1:50 und höher dürfen als spezifisch bewertet werden. Dabei ist zu berücksichtigen, daß Serumtiter nach durchgemachter Infektion über mehrere Jahre persistieren können. Während manifester Infektionen bestehen Agglutinintiter, die meistens höher sind als 1:200. Da bei der menschlichen Brucellose gelegentlich nur sogenannte inkomplette, nicht agglutinierende Antikörper auftreten, müssen im Zweifelsfalle zusätzlich die Komplementbindungsreaktion und der Coombs-Test zu Hilfe genommen werden.

Serologische Befunde sind immer gattungsspezifisch. Eine artspezifische Diagnose ist serologisch nicht möglich, weil zwischen den vier Arten eine gekreuzte Immunität besteht. Die Speziesdiagnose (Brucella melitensis oder Brucella abortus) kann nur kulturell gestellt werden; nie mikroskopisch oder serologisch.

Epidemiologie und Prophylaxe. Die Brucellose ist eine weltweit verbreitete *Anthropozoonose,* die ausschließlich durch Tiere übertragen wird. Der Mensch infiziert sich bei direktem Kontakt mit verseuchten Tieren oder durch Aufnahme von brucellenhaltigen Nahrungsmitteln tierischer Provenienz, vor allem von Milch. Die Brucellose ist, dank besonderer Exposition bestimmter Berufsgruppen, weitgehend eine Berufskrankheit. Am häufigsten erkranken Tierärzte, Landwirte, Metzger und Molkereiarbeiter.

Bei der direkten Übertragung von Tier zu Tier kommen der infektiösen Geburt und dem Abort zentrale Bedeutung zu. Die Brucellen werden von den infizierten Tieren anläßlich des Geburtsaktes mit Plazenta, Eihäuten und Lochien in enormer Menge ausgeschieden. Weil die Brucellose bei allen Tieren häufig zum Abort führt, ist die Umgebung abortierender Tiere besonders kontagiös. Chronisch infizierte laktierende Tiere scheiden Brucellen meist lebenslänglich mit ihrer Milch aus, so daß die Brucellose durch Milch und Milchprodukte peroral auf den Menschen übertragen werden kann. Im Gegensatz zu infektiösen Feten, Nachgeburten und zu brucellenhaltiger Milch ist das Fleisch brucelleninfizierter Schlachttiere praktisch nicht infektiös und darf zu freiem Verkauf gelangen.

Wie schon erwähnt, können Brucellen in organischem Material (Milch, Plazenten, Feten) über mehrere Monate infektiös bleiben. Aus nicht pasteurisierter, brucellenhaltiger Milch hergestellte, frisch zu genießende Milch- und Rahmprodukte sind infektiös. In Weichkäsen können lebende Brucellen bis zu 2 Monaten nachgewiesen werden. Hartkäse erweist sich nie als infektiös.

Die Morbidität des Menschen ist bei Brucella abortus gering. Es erkrankt nur ein kleiner Teil derer, die Brucellen in sich aufnehmen. Die Bangsche Krankheit tritt deshalb auch in verseuchten Gebieten beim Menschen höchstens sporadisch auf. Anders liegen die Verhältnisse bei Infektionen mit Brucella melitensis. Hier ist die Morbidität viel höher. Das Maltafieber tritt nicht nur endemisch auf, sondern kann epidemische Formen annehmen. Das Maltafieber besitzt deshalb ungleich größere humanmedizinische Bedeutung als die Bangsche Krankheit. Die prophylaktischen Maßnahmen für den

Menschen bestehen im Meiden infektiöser Tiere, im Desinfizieren (Kochen oder Pasteurisieren) von Milch und Milchprodukten sowie in der Sanierung der Tierbestände. Die Ausrottung der Brucellose ist eine veterinärmedizinische Angelegenheit. In Ländern oder Regionen, deren Haustiere brucellosefrei sind, können keine menschlichen Brucelleninfektionen vorkommen. Die Sanierung der Viehbestände erfolgt durch Ausmerzen (Abschlachten) aller brucelleninfizierten, d. h. Brucellen ausscheidenden, wie auch serologisch positiven Tiere. Schutzimpfungen gegen die Brucellose haben veterinärmedizinisch nicht zum Erfolg geführt und sind humanmedizinisch ohne Bedeutung. Obwohl die Brucellose im großen und ganzen global verbreitet ist, sind heute mehrere europäische Länder dank Sanierungsmaßnahmen auf dem Veterinärsektor brucellosefrei.

7. Haemophilus

Die *hämophilen Bakterien* sind feine, gramnegative, unbewegliche, nichtsporenbildende Bakterien, die zu ihrer Vermehrung Wuchsstoffe benötigen, welche im Vollblut enthalten sind. Daher die Benennung Haemophilus. Man kennt vor allem 2 Wuchsstoffe, die als V- und X-Faktoren bezeichnet werden. Der hitzestabile X-Faktor ist identisch mit Hämin. Der hitzelabile V-Faktor entspricht dem Koenzym I, einem Diphosphopyridin-Nukleotid, das in allen menschlichen und tierischen Körpersäften sowie in pflanzlichen Produkten enthalten ist. Die menschenpathogenen Hämophilusarten, mit Ausnahme von H. ducreyi, erzeugen hauptsächlich katarrhalische Erkrankungen der oberen Luftwege und kommen nur beim Menschen vor. Es gibt aber auch eine Reihe tierpathogener Hämophilusarten. Nebst Haemophilus influenzae und Haemophilus ducreyi, die anschließend separat besprochen werden, kennt man folgende menschenpathogene Haemophilus-Arten:

Haemophilus aegypticus	früher als Koch-Weeks-Bazillus bezeichnet, Erreger einer subakuten Konjunktivitis in tropischen und subtropischen Ländern
Haemophilus haemolyticus Haemophilus parainfluenzae Haemophilus parahaemolyticus	die alle auf dem Menschen parasitieren und gelegentlich pathogen sein können

a) Haemophilus influenzae

Der Beiname „influenzae“ stammt von Pfeiffer (Influenzabazillus), der dieses Bakterium 1892 anläßlich einer großen Epidemie entdeckte und für den Erreger der Influenza hielt. Die Benennung ist nicht mehr sinnvoll, und die Verkoppelung mit Influenza (einer Viruskrankheit) ist irreführend.

Morphologie und Kultur. Morphologisch ist Haemophilus influenzae ein gramnegatives, feines, jedoch polymorphes, oft kokkoides, gelegentlich zu längeren Stäbchen und Scheinfäden auswachsendes Bakterium. Seine Dicke variiert zwischen 0,2 und 0,3 μm, seine Länge zwischen 0,5 und 2,0 μm. Haemophilus influenzae ist von einer Kapsel umgeben, die je nach Stamm verschieden stark ausgebildet ist. Er ist unbegeißelt und bildet keine Sporen. Haemophilus influenzae verhält sich fakultativ anaerob und läßt sich auf vollbluthaltigen Nährmedien (Vollblutagar, Levinthal-Agar, Schokoladeagar) bei einem Temperaturoptimum von 37 °C am besten unter aeroben Bedingungen kultivieren. Alle Hämophilusarten vermehren sich eher langsam, so daß man die Kulturen erst nach 48 Stunden Bebrütungszeit definitiv beurteilen kann. Auf festen Nährmedien entstehen feine, graue, transparente Kolonien von höchstens 1 mm Durchmesser ohne Hämolyse. Haemophilus influenzae benötigt beide Wuchsstoffe X und V.

Haemophilus influenzae besitzt Körper- und Kapselantigene. Auf Grund letzterer kann der Erreger in mehrere Typen unterteilt werden. Die Typisierung ist nicht von praktischer Bedeutung.

Pathogenese und Krankheitsbild. Haemophilus influenzae ist nicht, wie ursprünglich angenommen wurde, der Erreger der klassischen Influenza, ist aber ein obligater Schleimhautparasit und kommt vorwiegend in den oberen Luftwegen vor. Daselbst entstehen katarrhalische Infektionen z. T. chronischen Charakters. Haemophilus influenzae verursacht bei Kindern Epiglottitis, bei allen Altersstufen Sinusitis, Otitis und Bronchitis, dagegen selten Pneumonien. Bronchiektasen sind oft mit Haemophilus influenzae besiedelt. Bei Virusaffektionen der Respirationsorgane (z. B. Grippe = Influenza) treten Hämophilussuperinfektionen auf. Gelegentlich kommt es zu hämatogener Aussaat und damit zu Hämophilussepsis und Endokarditis. Relativ häufig entsteht bei Jugendlichen eine akute, eitrige Meningitis.

Therapie. Hämophilusinfektionen sprechen auf Sulfonamide an. Eine weit intensivere Wirkung verzeichnen aber Ampicillin, Erythromycin, Tetracycline und Chloramphenicol.

Diagnose. Die Diagnose Hämophilusinfektion erfolgt immer durch Erregernachweis, entweder mikroskopisch oder kulturell. Bei der akuten Hämophilusmeningitis ist eine rasche mikroskopische Diagnose wegen der sofort einzuleitenden spezifischen Therapie äußerst wertvoll und ohne weiteres möglich. Findet man im eitrigen Liquorsediment feine gramnegative Stäbchen, die teilweise als längere Scheinfäden imponieren, darf mit praktischer Sicherheit die Diagnose Haemophilus influenzae gestellt werden.

Zum kulturellen Nachweis benötigt man vollbluthaltige Medien, wobei festen Nährböden der Vorzug zu geben ist. Zur raschen Eruierung von Hämophilus kann das Ammenphänomen gegenüber Staphylokokken ausgenützt werden. In der Umgebung von Staphylococcus-aureus-Kolonien wächst Hämophilus schneller und üppiger. Deshalb beimpft man bei Hämophilusverdacht eine mit dem Untersuchungsmaterial ausgespatelte Platte mit einem Staphylokokkenstrich. Entlang der strichförmigen Staphylokokkenkultur findet man schon nach 24 Stunden die feinen Hämophiluskolonien. Um zu beweisen, daß es sich wirklich um einen hämophilen Keim handelt, kann auf einem nicht bluthaltigen Kontrollmedium gezeigt werden, daß sich der gleiche Erreger daselbst nicht vermehrt. Die diagnostische Beweisführung ist eventuell serologisch mit Immunseren zu ergänzen. Die schwache biochemische Aktivität von Haemophilus wird diagnostisch nicht berücksichtigt.

Die menschenpathogenen Hämophilusarten sind für Versuchstiere kaum pathogen, so daß das Tier in der Diagnostik ohne Bedeutung ist.

Epidemiologie und Prophylaxe. Haemophilus-influenzae-Infektionen kommen nur beim Menschen vor. Obwohl immer wieder zeitlich gehäufte Fälle verzeichnet werden, entstehen nie eigentliche Epidemien. Die Morbidität ist eher gering. Man findet Hämophilusinfektionen und ihre Komplikationen vorzugsweise bei Jugendlichen und bei Leuten mit anatomischen Anomalien im Bereiche des Respirationssystems (Bronchiektasen). Die Übertragung erfolgt durch Tröpfcheninfektion von Mensch zu Mensch. An der Außenwelt geht der Erreger rasch zugrunde, so daß indirekte Kontaktinfektionen nicht vorkommen.

Die prophylaktischen Maßnahmen bestehen in der Isolierung manifest Erkrankter, in Dezentralisation und in der Sanierung chronisch Infektiöser mit Hilfe von Antibiotika.

b) Haemophilus ducreyi

Haemophilus ducreyi ist der Erreger des *Ulcus molle (weicher Schanker)*, einer venerischen Affektion, die durch Kontakt übertragen wird.

Morphologisch handelt es sich bei Haemophilus ducreyi um feine, gramnegative, unbegeißelte und in Ketten angeordnete Stäbchenbakterien, die etwas größer sind als Haemophilus influenzae. Ihre Dicke variiert zwischen 0,5 und 1,0 µm, ihre Länge zwischen 1 und

2 μm. Haemophilus ducreyi benötigt nur den Wuchsstoff X und bildet auf bluthaltigen Medien (20–30 % Blutzusatz) kleine, grauglänzende Kolonien mit hämolytischer Zone. Haemophilus ducreyi vermehrt sich unter aeroben wie anaeroben Bedingungen und zeigt verbessertes Wachstum bei erhöhtem CO_2-Gehalt.

Das Ulcus molle kommt nur beim Menschen vor und wird durch direkten Kontakt übertragen. 1–3 Tage nach erfolgter Infektion treten lokal Knötchen und Pusteln auf, die rasch konfluieren und geschwüriges Aussehen annehmen. Oft gesellen sich Mischinfektionen hinzu, so daß tief eiternde Gewebedefekte mit Lymphangitis und Lymphadenitis entstehen. Das Ulcus molle wird in zivilisierten Ländern nur noch selten beobachtet.

Die Diagnostizierung geschieht durch Bakteriennachweis. Im Eiter sind die Erreger in „Fischzügen" angeordnet und als solche ohne weiteres zu erkennen.

Ducreyi-Infektionen sprechen gut auf Sulfonamide und Breitspektrumantibiotika an.

Die einzige Prophylaxe besteht in der Meidung venerischer Kontakte mit infektiösen Partnern.

8. Bordetella

Bordetella pertussis (Synonym: *Haemophilus pertussis)* ist der Erreger des Keuchhustens. Wie bei den hämophilen Bakterien handelt es sich um ein feines, gramnegatives, unbewegliches Stäbchenbakterium, das nur auf Spezialnährböden kultiviert werden kann. Der Keuchhustenerreger wurde 1906 von Bordet und Gengou entdeckt und wird heute entsprechend benannt. Die Gattung Bordetella wurde von der Gattung Haemophilus abgetrennt, weil sich gezeigt hatte, daß Bordetella pertussis die Wuchsstoffe V und X nicht benötigt, daß deren Kultivierung dafür eine Reihe anderer Substanzen erfordert, welche die Fähigkeit besitzen, toxische Fettsäuren zu binden.

Die nur selten vorgefundenen Arten Bordetella parapertussis und Bordetella bronchiseptica sollen hier nicht speziell behandelt und der Bordetella pertussis subsumiert werden.

Morphologie und Kultur. Morphologisch ist Bordetella pertussis ein äußerst feines, bekapseltes, nicht begeißeltes und nicht sporenbildendes, bipolar sich färbendes, gramnegatives Stäbchenbakterium. Es ist 0,2–0,3 μm dick und 1 μm lang.

Bordetella pertussis kann nur auf Spezialmedien bei einer Temperatur von 35 °–37 ° C unter aeroben Bedingungen kultiviert werden.

Auf dem häufig gebrauchten Bordet-Gengou-Medium, das außer 15 bis 20 % Vollblut noch Kartoffelextrakt (Stärke) und Glyzerin enthält, bilden sich nach 3–4 Tagen feinste, oft nur mit dem Plattenmikroskop sichtbare Kolonien.

Antigene. Frisch isolierte Stämme enthalten einheitliche thermostabile Körper- und thermolabile Kapselantigene. Im Verlaufe von Kulturpassagen können verschiedene zusätzliche Antigenphasen, bezeichnet als Phasen I–IV, in Erscheinung treten. Die genaue Kenntnis der antigenen Eigenschaften ist für die Herstellung von wirksamen Impfstoffen von größter Bedeutung.

Alle drei Bordetellaarten bilden hitzelabile Toxine, die durch Formaldehyd in Toxoide übergeführt werden können. Damit lassen sich Antitoxine erzeugen.

Der nur menschenpathogene Erreger ist für unsere Versuchstiere an sich nicht pathogen. Dagegen führt die Injektion großer Keimmengen bei Mäusen, Meerschweinchen wie Kaninchen zu Intoxikationserscheinungen. Massive intranasale Infektionen verursachen bei der Maus interstitielle pneumonische Infiltrate.

Pathogenese und Krankheitsbild. Natürliche Pertussisinfektionen kommen nur beim Menschen vor. Die Krankheit wird durch Tröpfcheninfektion von Mensch zu Mensch übertragen. Die Inkubation beträgt 10–14 Tage. Der Erreger siedelt sich im Nasenrachenraum und der Schleimhaut der oberen Luftwege an, wo er sich vermehrt, so daß nach Ablauf der Inkubationszeit dessen Toxine zur Auswirkung gelangen. Die bakterielle Schleimhautbesiedlung und die inzwischen entstandenen Toxine führen vorerst zu einem eher uncharakteristischen katarrhalischen Initialstadium, das gefolgt ist von anfänglich trockenen, dann aber bald mit Konvulsionen einhergehenden schweren Hustenanfällen. Dieses Konvulsivstadium kann 3–6 Wochen dauern, wodurch die Patienten außerordentlich mitgenommen werden. Bei Säuglingen kommt es zu Bronchitiden mit allen damit verknüpften Komplikationsmöglichkeiten. 60 % aller Pertussistodesfälle entfallen auf das Säuglingsalter. Die Letalität beträgt im 1. Lebensjahr 1–2 %, später weniger als 1 ‰. Ein klassischer Keuchhusten dauert im ganzen ungefähr 3 Monate und hinterläßt eine fundierte Immunität.

Therapie. Therapeutisch wirken Breitspektrumantibiotika wie Chloramphenicol, Tetracycline und Polymyxine lindernd. Hyperimmunseren und Gammaglobuline zeitigen höchstens zu Beginn der Erkrankung eine objektivierbare Wirkung. Im übrigen muß das Konvulsivstadium vor allem symptomatisch behandelt werden.

Diagnose. Eine ätiologische Beweisführung ist nur mit Hilfe des kulturellen Erregernachweises im katarrhalischen Vorstadium und während der ersten Tage des Konvulsivstadiums möglich. Man läßt die Patienten aus einer Distanz von 15–20 cm auf penicillinenthaltende Bordet-Gengou- oder adäquate Nährbödenplatten husten oder spatelt auf diesen Rachenschleim, bzw. Larynxabstriche aus. Nach einer 3–4 Tage dauernden Inkubation bei 35 °–37 ° C werden die Platten mit dem Plattenmikroskop kontrolliert. Fragliche Kolonien können durch spezifische Immunseren verifiziert werden. Im übrigen ist es mit Hilfe der Fluoreszenztechnik möglich, Bordetellen in Sputum oder Schleim direkt mikroskopisch nachzuweisen.

Epidemiologie und Prophylaxe. Keuchhusten kommt global und in sämtlichen klimatischen Zonen vor. Der Erreger ist für alle nichtimmunen Personen hochinfektiös. Der Mensch ist der einzige natürliche Wirt für Bordetella pertussis. Da der Keuchhusten eine Immunität hinterläßt, entspricht er überall, wo er endemisch ist, einer Kinderkrankheit; 50 % aller Keuchhustenerkrankungen entfallen auf die ersten 4 Lebensjahre. Größere Epidemien sind wegen der Durchimmunisierung der Bevölkerung nur ausnahmsweise beobachtet worden.

Die Prophylaxe besteht sowohl in Expositionsprophylaxe wie in Immunisierungsmaßnahmen. Durch aktive Immunisierung mit inaktivierten Pertussisimpfstoffen kann die Morbidität – je nach Impfstoffqualität – bis auf ein Fünftel der Nichtvakzinierten gesenkt und die Schwere der Krankheit signifikant vermindert werden.

9. Moraxella

Die als eigene Gattung klassifizierte *Moraxella* (MORAX) wurde lange Zeit den hämophilen Bakterien subsumiert. Bei *Moraxella* handelt es sich um feine, gramnegative Stäbchenbakterien, die nur auf serum- oder bluthaltigen Medien kultiviert werden können. Man unterscheidet die Arten *Moraxella lacunata* und *Moraxella liquefaciens*. In tropischen und subtropischen Ländern können beide Arten Erreger chronischer Konjunktivitiden sein. Da sich das geographische Vorkommen von Moraxella weitgehend deckt mit dem Vorkommen des Trachoms, stellt sich die berechtigte Frage, ob Moraxella lacunata wirklich ätiologische Bedeutung zukommt oder ob dieses Bakterium als sekundärer Kontaminand zu betrachten ist.

Moraxellainfektionen sind in Westeuropa bedeutungslos. Der Erreger ist an dieser Stelle nur der Vollständigkeit halber erwähnt worden.

10. Actinobacillus mallei

Actinobacillus mallei (Malleus = Rotz), von den Entdeckern Loeffler und Schütz 1882 als *Rotzbazillus* und später als *Bacillus mallei* bezeichnet, ist der Erreger des *Rotz*. Rotz war schon im Altertum bekannt und ist von Aristoteles beschrieben worden. Rotz ist primär eine Krankheit der Einhufer (Pferd und Esel). Sein Erreger erweist sich aber auch für den Menschen als hochpathogen. Der Mensch infiziert sich fast immer beim Umgang mit infektiösen (kranken) Tieren.

Morphologie und Kultur. Morphologisch ist Actinobacillus mallei ein gramnegatives, schlankes, langes, meist gerades, unbegeißeltes und nicht sporenbildendes Stäbchenbakterium. Seine Dicke variiert zwischen 0,3 und 0,5 μm, seine Länge zwischen 1,5 und 4,0 μm.

Actinobacillus mallei läßt sich am besten auf glyzerinhaltigen Nährmedien unter aeroben Bedingungen kultivieren und bildet auf der Agaroberfläche weißliche, glatte Kolonien, die schleimiges Aussehen annehmen können. Actinobacillus mallei ist biologisch wenig aktiv, wirkt aber antigen, wobei immunologisch verschiedene Typen existieren. Der Erreger ist an der Außenwelt wenig resistent. Kulturen bleiben bei Zimmertemperatur bis 3 Monate vermehrungsfähig, büßen aber rasch ihre Virulenz ein. Actinobacillus mallei ist unter anderem meerschweinchenpathogen.

Pathogenese und Krankheitsbild. Menschliche Infektionen kommen fast immer durch direkten Kontakt mit Tieren zustande. Infektionspforten sind kleine Hautläsionen sowie die intakte Schleimhaut. Die Inkubation beträgt 3–5 Tage. Innerhalb dieser Zeit entsteht an der Eintrittspforte meistens ein Knötchen, das rasch größer wird und geschwürig zerfällt. Zusammen mit dem primären Ulkus entwickelt sich eine fortschreitende Lymphangitis und Lymphadenitis. Anschließend bilden sich als Folgen einer generalisierten Pyämie eitrige Metastasen in den inneren Organen, namentlich pneumonische Herde und Arthritiden.

Beim Tier wie beim Menschen muß man einen akuten und einen chronischen Rotz unterscheiden. Bei letzterem kann sich die Krankheit über Monate erstrecken und können die Primärläsionen beim Auftreten von Organmanifestationen längst abgeheilt sein. Beim akuten Rotz spielt sich alles innerhalb einer Zeitdauer von 10–30 Tagen ab, wobei schwere ulzeröse Schleimhautveränderungen im Vordergrund stehen. Die Prognose ist bei beiden Formen schlecht.

Therapie. Vor Einführung der Antibiotika haben Rotzinfektionen beim Menschen immer tödlich geendet. Therapeutisch werden heute Sulfadiacin oder Breitspektrumantibiotika mit Erfolg angewandt.

Diagnose. Die Diagnose muß bakteriologisch gestellt werden. In frischen Schleimhautläsionen findet man die Erreger schon direkt mikroskopisch in großer Zahl. Zur Kultivierung (Bebrütung 48 Stunden bei 37 °C) eignet sich am besten Glyzerin- oder Glyzerin-Kartoffel-Agar. Kontaminiertes Material wird zuvor während mehrerer Stunden mit einer penicillinhaltigen physiologischen Lösung versetzt. Als diagnostisches Versuchstier hat sich das männliche Meerschweinchen bewährt, bei dem nach intraperitonealer Infektion innerhalb von 2–3 Tagen eine starke, charakteristische Hodenschwellung entsteht. Das Versuchstier geht nach ca. 14 Tagen zugrunde und zeigt auf der Tunica vaginalis, in Leber und Lunge Knötchenbildungen, die für Rotz pathognomonisch sind.

Serologische Methoden sind in der Humanmedizin kaum von diagnostischer Bedeutung. Beim Tier wird die Malleinprobe (allergische Hautreaktion) diagnostisch verwertet.

Epidemiologie und Prophylaxe. Zur Zeit sind Westeuropa, Nordamerika und Australien frei von Rotz. In Ost- und Südosteuropa sowie auf den übrigen Kontinenten kommt Rotz aber immer noch endemisch vor.

Der Mensch infiziert sich fast ausschließlich an kranken Einhufern oder an deren Produkten. Auffallend häufig wurden Laboratoriumsinfektionen festgestellt. Die Infektion erfolgt meistens durch direkten Kontakt, besonders bei vorbestehenden Hautverletzungen. Da eine wirksame Schutzimpfung bis heute nicht möglich ist, besteht die einzige wirksame Prophylaxe in der Eruierung und Unschädlichmachung infizierter Tiere.

VIII. Bacillus anthracis

Bacillus anthracis (Synonym: *Milzbrandbazillus)* ist der Erreger des Milzbrandes. Dieser ist eine primär bei Tieren, vor allem herbivoren Haustieren vorkommende, akute Infektionskrankheit, die – meistens vom Tier – auch auf den Menschen übertragen werden kann. Der Erreger, schon 1849 im Blut infizierter Schafe festgestellt, wurde 1877 von Robert Koch isoliert und genau beschrieben.

Klassifizierung	Familie	Bacillaceae
	Gattung I	Bacillus
	24 Arten, darunter	Bacillus anthracis

Als „Bacillus" bezeichnet man grampositive, sporenbildende, aerob oder fakultativ anaerob sich verhaltende Stäbchenbakterien. Bacillus anthracis ist der einzige menschenpathogene „Bacillus".

Morphologie und Kultur. Morphologisch ist der Milzbrandbazillus ein grampositives, großes, 0,8–1,0 µm breites und 2–4 µm langes Stäbchenbakterium, dessen Enden in typischer Weise konkav einge-

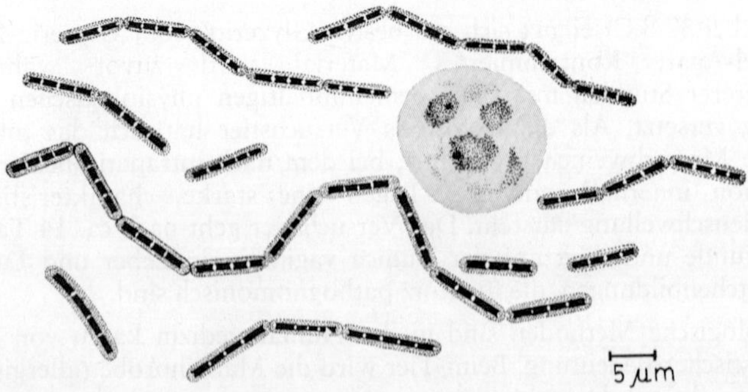

Abb. 21 Bacillus anthracis in Ketten mit Kapsel

wölbt sind (Abb. 21). Bacillus anthracis ist nicht begeißelt, dagegen bekapselt und bildet mittelständige, außerordentlich resistente, über Jahre infektionstüchtig bleibende Sporen. Die Kapsel besteht zum größten Teil aus d-Glutaminsäure, die zu einem Polypeptid polymerisiert ist.

Bacillus anthracis läßt sich auf allen gebräuchlichen Nährmedien unter aeroben Bedingungen ohne weiteres kultivieren und bildet auf der Agaroberfläche in der Regel große, rauhe Kolonien (Medusenhaupt) mit höchstens geringem hämolytischem Hof. Rauhe Kolonien virulenter Milzbrandstämme sind immer virulent, während glatte Mutanten – je nach Begleitumständen – avirulent sein können.

Pathogenität. Der Milzbrandbazillus verfügt, wie kaum ein zweiter Erreger, über ein breites Infektionsspektrum und ist für fast alle Warmblütler, Säugetiere wie Vögel, hochpathogen. Als Versuchstiere verwendet man die weiße Maus und das Meerschweinchen.

Verschiedene Milzbrandstämme haben sich immer wieder als verschieden virulent erwiesen. Die Frage, welche Stoffe oder Bakterieneigenschaften für die Virulenz verantwortlich seien, ist bis heute nicht einwandfrei beantwortet. Die Bakterienkapsel bedeutet unbestritten eine Conditio sine qua non, ist aber nicht eigentlicher Virulenzträger.

Bacillus anthracis besitzt spezifische Körper- und Kapselantigene. Erstere haben Polysaccharidcharakter, letztere sind Polypeptide. Die genaue chemische Konstitution dieser Antigene ist weitgehend bekannt.

Pathogenese und Krankheit. Beim Tier ist der Milzbrand meistens eine Weidekrankheit, wobei die Infektion über das Darmsystem erfolgt und zur intestinalen Form des Milzbrandes führt. Beim Menschen steht, im Gegensatz zum Tier, der Haut- und Lungenmilzbrand im Vordergrund. Zum Hautmilzbrand, der 90–95 % aller menschlichen Milzbrandinfektionen ausmacht, d. h. zur Pustula maligna, kommt es nach direkter Kontaktinfektion, besonders bei vorbestehenden kleinen Hautverletzungen. Die Milzbrandpustel ist in den meisten Fällen an der oberen Extremität oder am Hals und Kopf lokalisiert. Nach einer Inkubation von 2–3 Tagen rötet sich die Eintrittspforte, und es entsteht eine Papel, die sich rasch zu einer Pustel entwickelt, deren Umgebung ödematös infiltriert ist. Die Pustel besitzt große Ähnlichkeit mit einem Staphylokokkenkarbunkel, bleibt jedoch auffallend schmerzlos. An der Hautoberfläche entstehen feine Bläschen, die blutig-eitriges Aussehen annehmen und nach Eintrocknen zu einem zentral schwärzlich verfärbten Schorf werden. Vom Primärherd aus bildet sich eine Lymphangitis und Lymphadenitis, die im Gegensatz zur Pustel stark schmerzhaft ist. Eine weitere Generalisation führt zur meistens foudroyant verlaufenden Septikämie, die in kurzer Zeit mit dem Tode enden kann. Die Letalität des Hautmilzbrandes schwankte vor Einführung der Antibiotika zwischen 5 und 20 %.

Primärer Lungenmilzbrand mit Herden im Bereiche des Respirationssystems entsteht bei Inhalation von Milzbrandbazillen oder Milzbrandsporen. Der Lungenmilzbrand beginnt immer schlagartig mit Schüttelfrösten und hohem Fieber. Die Krankheit verläuft perakut und endet nach kurzer Dauer stets tödlich.

Darmmilzbrand kann namentlich nach Genuß infektiösen Fleisches entstehen. Das klinische Bild entspricht einer schweren infektiösen Enteritis mit serös-blutigen Entleerungen. Die Prognose ist schlecht. Bei der Autopsie an Milzbrand verstorbener Menschen findet man eine vergrößerte, äußerst blutreiche, frischrote Milz; im Gegensatz zum Tier, bei dem deren tief schwarzblaue Verfärbung der Krankheit den Namen gegeben hat (Anthrax, charbon). Alle übrigen Organe weisen die Zeichen einer akuten Allgemeininfektion und Intoxikation auf, zeigen trübe Schwellung, sind ödematös und hyperämisch und je nach Art des Milzbrandes von infiltrativen Metastasen durchsetzt.

Diagnose. Der Nachweis typischer Milzbrandbazillen im Untersuchungsmaterial ist bei klinischem Milzbrandverdacht leicht und meistens schon mikroskopisch möglich. Zur Rektifizierung der mikroskopischen Wahrscheinlichkeitsdiagnose legt man aerobe Plattenkulturen an und injiziert das Untersuchungsmaterial Mäusen subkutan oder intraperitoneal. Da auch bei positiven Kulturbefunden Verwechslungen mit apathogenen Sporenbildnern (Bacillus subtilis) möglich sind, empfiehlt es sich, im Zweifelsfalle auch die Kulturen im Tierversuch zu prüfen.

Therapie. Therapeutisch kommt bei Milzbrand in erster Linie Penicillin zum Einsatz. Die Milzbrandbazillen sind äußerst penicillinempfindlich. Bei Penicillinallergie kann man auch Breitspektrumantibiotika berücksichtigen. Diese sind aber weniger effektvoll als Penicillin. In der vorantibiotischen Zeit wurde regelmäßig Immunserum verabreicht; heute wird eher darauf verzichtet.

Epidemiologie und Prophylaxe. Milzbrand ist global verbreitet und in erster Linie eine Krankheit der Rinder, Schafe, Ziegen, Schweine und Pferde. Alle übrigen Tiere sind epidemiologisch weniger bedeutsam. Der Mensch infiziert sich beim Umgang mit infektiösen, vor allem verendeten Tieren sowie bei der Verarbeitung von tierischen Produkten, wie Fellen und Schafwolle. Die Infektion des Menschen erfolgt fast immer über kleine Verletzungen der äußeren Haut, durch Inhalation und selten peroral. Da Milzbrandsporen auch unter ungünstigen Umweltbedingungen über Jahre infektionstüchtig bleiben, kommt es erfahrungsgemäß an kontaminierten Orten immer wieder zu Neuinfektionen, nicht nur der Menschen, sondern auch der Tiere. Die menschlichen Infektionen sind weitgehend berufsgebunden. Am häufigsten erkranken Tierärzte, Metzger, Landwirte, Verarbeiter von Fellen und Wolle sowie Transportarbeiter.

Die prophylaktischen Maßnahmen stützen sich auf die Eruierung und Vernichtung infektiöser Kadaver sowie auf vorsichtigen Umgang mit möglicherweise kontaminiertem Material. Die Bekämpfung des industriell auftretenden Milzbrandes muß auf Desinfektionsmaßnahmen an Fellen, Haaren und Wolle basieren, Forderungen, die in der Praxis gar nicht so leicht realisierbar sind.

Schutzimpfungen werden in der Veterinärmedizin seit Jahrzehnten angewandt, vermochten jedoch weder dort noch in der Humanmedizin voll zu befriedigen.

IX. Listeria und Erysipelothrix

Bei beiden Gattungen handelt es sich um eher feine, grampositive Stäbchenbakterien, die für Tier und Mensch pathogen sein können.

Klassifizierung	Familie	Corynebacteriaceae
	Gattung I	Corynebacterium (s. S. 126)
	Gattung II	Listeria
	Gattung III	Erysipelothrix

1. Listerien

Die *Listerien* (Lister) sind kleine, grampositive Stäbchenbakterien, die über ein breites Infektionsspektrum verfügen, bei Mensch wie Tier verschiedenartige, meist septische Krankheitsbilder verursachen und wegen der Übertragungsmöglichkeit vom Tier auf den Menschen zu den Zoonosen gezählt werden. Die Gattung Listeria besitzt nur 1 Spezies: *Listeria monocytogenes.*

Morphologie und Kultur. Morphologisch ist Listeria monocytogenes ein eher feines, grampositives, peritrich begeißeltes, nichtsporenbildendes Stäbchenbakterium von 0,5 µm Dicke und 1,0–3,0 µm Länge. Listeria monocytogenes wächst auf allen üblichen Nährmedien, besser unter aeroben als anaeroben Bedingungen, innerhalb eines großen Temperaturbereiches. Der Geißelapparat wird nur bei einer Bebrütungstemperatur um 20 °C gut ausgebildet, bei 37 °C höchstens rudimentär oder gar nicht. Auf der Agaroberfläche bilden sich kleine Kolonien von maximal 2 mm Durchmesser, auf bluthaltigen Medien mit Anzeichen von β-Hämolyse. Biochemisch sind die Listerien wenig aktiv und spalten nur einzelne Kohlenhydrate bis zur Säuerung.

Antigene. Serologisch läßt sich Listeria monocytogenes in 12 Typen und Subtypen aufteilen. Infolge der Begeißelung muß man Körper- und Geißelantigene unterscheiden.

Pathogenität. Listeria monocytogenes ist für alle gebräuchlichen Laboratoriumstiere pathogen, wobei allerdings unter den einzelnen Listerienstämmen große Virulenzunterschiede bestehen.

Pathogenese und Krankheitsbild. Über Eintrittspforte der Erreger und Pathogenese der Listeriosen weiß man wenig. Wahrscheinlich müssen sowohl aerogene wie orale, aber auch konjunktivale Infektionen in Betracht gezogen werden. Ein Infektionsweg ist sichergestellt, der diaplazentare von der Mutter auf den Feten. Die Inkubation bei exogenen Infektionen ist ebenfalls nicht genau bekannt. Der Kontagionsindex scheint klein zu sein, die Zahl der Erkrankten also ungleich geringer als diejenige der Infizierten. Der in den Körper eingedrungene Erreger kann sich lokal vermehren und typische Granulombildungen veranlassen. Er kann aber auch lymphogen oder hämatogen streuen und zu generalisierten septischen wie meningitischen Krankheitsbildern führen. Generalisierte (septische) Listeriosen Schwangerer übertragen sich diaplazentar auf den Feten, der ebenfalls generalisiert erkrankt und meistens schon vor der Geburt stirbt. Wenn Feten intrauterin listerienhaltiges Fruchtwasser aspirieren, kommt es zur Pneumonie, der sie prä- oder postnatal meistens rasch erliegen.

Klinisch unterscheidet man folgende **Listerioseformen:**

die akut-septische Form, wozu die Neugeborenenlisteriose gehört;
die chronisch-septische Form mit isolierten Organbefunden, z. B. Endokarditis;
die Listeriose des ZNS mit Meningoenzephalitis;
die glanduläre Form, vor allem bekannt als Monozytenangina;
die lokale Haut- und Konjunktivallisteriose.

Soweit die Listerieninfektionen nicht letal enden, hinterlassen sie eine Immunität.

Diagnose. Die ätiologische Diagnose muß bakteriologisch durch Erregernachweis gestellt werden. Je nach Art des Krankheitsbildes ist es möglich, die Listerien direkt mikroskopisch nachzuweisen und mit großer Wahrscheinlichkeit als solche zu erkennen (z. B. im Fruchtwasser, im Lochialsekret, bei lokalisierten Eiterungen sowie bei Meningitis). Im übrigen lassen sich die Listerien, wie schon erwähnt, leicht kultivieren, wobei sie sich selbst bei Kühlschranktemperaturen (4 ° C) zu vermehren vermögen. Abgesehen von der typischen Kolonieform, der Säurebildung aus Dextrose und der fehlenden Indolbildung ist charakteristisch, daß der gleiche Stamm bei 20 ° C inkubiert, gut beweglich (begeißelt) ist, bei 37 ° C kultiviert unbeweglich. Die isolierten Stämme können auch mit Immunseren geprüft werden, wobei aber zahlreiche Kreuzreaktionen mit anderen Bakterienarten in Rechnung zu ziehen sind.

Serologische Resultate (Gruber-Widalsche Agglutinations- und Komplementbindungsbefunde) sind mit Vorsicht zu interpretieren, weil diese bei Frühlisteriose noch negativ sind und vor allem, weil zahlreiche gesunde Individuen Agglutinintiter bis 1:400 aufweisen.

Therapie. Therapeutisch sind nebst Sulfonamiden Penicilline und Tetracycline angezeigt. Die Medikamente werden vorteilhaft in mehreren, sich wiederholenden Intervallen zu je 7 Tagen verabreicht.

Epidemiologie und Prophylaxe. Listerienerkrankungen kommen beim Menschen wie bei zahlreichen Tierarten auf der ganzen Erde vor. Die Listeriose ist als *Zoonose* zu betrachten, wobei die Erreger nicht nur mit der Milch, sondern auch mit dem Kot der Tiere ausgeschieden werden und sich an der Außenwelt über eine erstaunliche Widerstandsfähigkeit, auch gegen ungünstige Umwelteinflüsse, auszeichnen. Dementsprechend kann sich der Mensch nicht nur an tierischen Exkreten, sondern auch an verseuchtem Boden und möglicherweise durch Genuß rohen Fleisches infizieren. Epidemiologisch erweist sich vieles als noch ungeklärt. Deshalb ist eine gezielte

Prophylaxe kaum möglich. Sie besteht in allgemeiner Hygiene sowie in der Sanierung infektiöser Tiere. Besonderer Sauberkeit haben sich Schwangere zu befleißigen.

Immunisierungsversuche haben bis heute nicht befriedigt.

2. Erysipelothrix

Erysipelothrix (Rotlaufbazillus) ist bekannt als Erreger einer septischen Erkrankung des Schweines, des *Schweinerotlaufes*. Erysipelothrix kann vor allem durch kontaminierte Instrumente (Metzgerverletzungen) auch auf den Menschen übertragen werden und daselbst zu lokalisiert bleibenden Infektionen *(Erysipeloid)* Anlaß geben.

Die Gattung Erysipelothrix besitzt nur eine Spezies:

Erysipelothrix insidiosa (Synonym: *Erysipelothrix rhusiopathiae).*

Morphologie. Morphologisch ist Erysipelothrix ein feines, grampositives, unbegeißeltes und nichtsporenbildendes Stäbchenbakterium von 0,2–0,4 µm Dicke und 0,5–2,0 µm Länge. Dieses läßt sich sowohl aerob wie anaerob auf verbesserten Nährmedien kultivieren und bildet feine Kolonien von höchstens 1–1,5 mm Durchmesser. Der Erreger ist biologisch wenig aktiv und kann auf Grund antigener Eigenschaften in mehrere Gruppen (Typen) unterteilt werden. Erysipelothrix ist an der Außenwelt recht widerstandsfähig und überlebt lange. Erysipelothrix vermag nebst dem Schwein auch für andere Haustiere pathogen zu sein und läßt sich experimentell auf die weiße Maus übertragen.

Der Krankheitserreger wird fast ausschließlich bei Verletzungen durch infektiöses Tiermaterial und durch Instrumente auf den Menschen (Metzger) übertragen. Erysipelothrixinfektionen sind fast immer als Berufskrankheit zu taxieren. Die Inkubation beträgt nach Schnitt- oder Stichverletzung 1–3 Tage und führt beim Menschen, wahrscheinlich dank des Wirtewechsels, zu einer lokalisiert bleibenden Infektion. Die Umgebung der infizierten Verletzung verfärbt sich bläulich, und es entstehen konfluierende Quaddeln mit lokaler Lymphadenitis. Erysipelothrixinfektionen beim Menschen sind als gutartig zu betrachten und heilen fast immer spontan ab. Generalisationen ins Endokard und die Gelenke, wie sie beim Schwein laufend beobachtet werden, sind äußerst selten.

Die Diagnose wird meist klinisch im Zusammenhang mit einer gezielten Anamnese gestellt. Aus Exzisionsmaterial läßt sich der Erreger evtl. kultivieren und identifizieren.

Therapeutisch wird, wie in der Veterinärmedizin, Penicillin angewandt. Die einzige Prophylaxe des Menschen besteht in Vorsichts- und Schutzmaßnahmen beim Umgang mit infektiösen Tieren und Kadavern. Beim Schwein haben sich prophylaktische Schutzimpfungen und, wegen der Erregerausscheidung mit dem Urin, Isolierungsmaßnahmen bewährt.

X. Clostridien

Clostridien sind obligat anaerobe, grampositive, sporenbildende Stäbchenbakterien. Alle Clostridien kommen als Saprophyten ubiquitär vor in der Erde und in den Fäkalien von Menschen und Tieren. Verschiedene Clostridienarten sind menschen- und tierpathogen, weil sie Toxine bilden. Unter bestimmten äußeren Begleitumständen verursachen sie, je nach Clostridienart, bei Mensch und Tier Gasbrand, Starrkrampf (Tetanus) oder Botulismus.

Klassifizierung

Familie	Bacillaceae (grampositive Sporenbildner)
Gattung I	Bacillus (aerobe, grampositive Sporenbildner)
Gattung III	**Clostridium** (obligat anaerobe, grampositive Sporenbildner)
61 Arten,	davon ein Teil menschen- und tierpathogen

Menschenpathogene Clostridien sind:

Clostridium perfringens, Syn. Clostridium welchii, Fraenkelscher Gasbrandbazillus (Typen A–E) *Clostridium novyi, Syn. Clostridium oedematiens Bacillus oedematis maligni* (Typen A–C) *Clostridium septicum, Syn. vibrion septique* *Clostridium histolyticum*	verursachen örtliche ödematöse Gewebsnekrosen (Gasbrand)
Clostridium tetani	verursacht Tetanus (Starrkrampf)
Clostridium botulinum (Typen A–G)	Toxine verursachen Botulismus

Morphologie. Morphologisch sind alle Clostridien große, grampositive Stäbchenbakterien von 0,8–1,2 μm Dicke und 3–8 μm Länge. Mit Ausnahme von Clostridium perfringens sind alle pathogenen

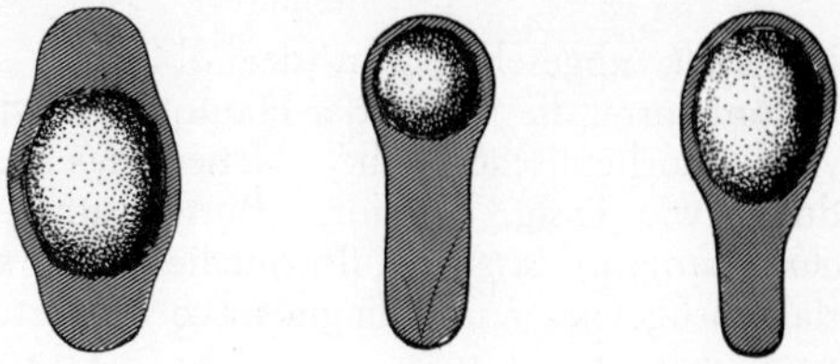

Abb. 22 Bakteriensporen, mittel- und endständig

Clostridien peritrich begeißelt. Alle Clostridien bilden Sporen, die je nach Spezies zentral, subterminal oder terminal gelegen sind (Abb. 22).

Anaerobe Kultur. Die Clostridien lassen sich nur unter strikt anaeroben Bedingungen, jedoch auf gewöhnlichen Nährsubstraten kultivieren. In Medien, die Glucose, Organbestandteile oder Blut enthalten, zeigen sie verbessertes Wachstum. Dieses ist je nach Ausgangsmaterial schon nach wenigen Stunden erkennbar. Die Clostridien vermehren sich innerhalb eines breiten Temperaturbereiches bei einem Optimum von 37 °C. Die Kolonieformen sind je nach Clostridienart verschieden und abhängig vom Ausmaß der Begeißelung. Auf Plattenkulturen entstehen meistens weitreichende Ausläufer. Nur Clostridium perfringens bildet glatte Kolonien, die charakteristischerweise von einem großen hämolytischen Hof umgeben sind.

Die meisten Clostridien sind biologisch aktiv, spalten eine Reihe von Zuckerarten, rufen eine mehr oder weniger starke Hämolyse hervor und wirken stark proteolytisch.

Toxine. Die pathogenen Clostridien bilden Exotoxine, die für das pathogenetische Geschehen verantwortlich sind.

Die Toxine, im besonderen ihr antigener Anteil, sind speziesspezifisch, so daß die Art der Toxinbildung immunologisch bestimmt und diagnostisch verwertet werden kann. Die antigene Speziesspezifität der Toxine muß vor allem bei der Herstellung von Antitoxinen (Immunseren) und von Toxoiden (Impfstoffen) berücksichtigt werden. Die Toxine von Clostridium perfringens können durch zusätzliche antigene Differenzierung in die Typen A–E unterteilt werden, wobei vor allem Typ A von humanmedizinischer Bedeutung ist, während die anderen Typen enterotoxische Erkrankungen bei Haustieren hervorrufen. Ähnliches gilt für die Typen A–C von Clostridium novyi.

Identifizierung. Ein Clostridienstamm wird auf Grund folgender Merkmale identifiziert:

Morphologisch, durch Berücksichtigung der Beweglichkeit und der Lokalisation der Sporen (mittelständig, endständig).

Kulturell, abgesehen von der obligaten Anaerobiose, durch die Kolonieform, die Stärke der Hämolyse sowie die biochemische Aktivität (biochemische Reihe). Neuerdings werden Fermentationsprodukte wie Essig, Propion-, Butter- und weitere Fettsäuren *gaschromatographisch* in Kulturmedien, evtl. schon im Ausgangsmaterial, nachgewiesen und diagnostisch verwertet.

Biologisch, durch die Spezifität der gebildeten Toxine (Möglichkeit des Schutzversuches mit spezifischem Antitoxin) sowie durch die Art der Tierpathogenität (pathologisch-anatomische Beurteilung).

1. Gasbrand-Clostridien

Die drei wichtigsten menschlichen Gasbranderreger sind: *Clostridium perfringens, novyi* und *septicum* (s. Klassifizierung).

Pathogenese und Krankheit. Da diese Clostridien ubiquitär, vor allem überall in der Erde und auch im Straßenstaub vorhanden sind, kommt es zwangsläufig bei jeder offenen Verletzung auf dem Feld und auf der Straße zu einer Kontamination der Wunde. Kontamination bedeutet jedoch nicht Infektion, und Infektion bedeutet noch nicht Gasbrand. Oberflächlich angesiedelte Clostridien erzeugen in den meisten Fällen höchstens eine leichte, unspezifische Zellulitis. Nur in die Tiefe eingeschleppte Erreger, die sich in traumatisch verändertem Muskelgewebe unter anaeroben Bedingungen vermehren können, führen zur nekrotisierenden Myositis und damit zum klinischen Vollbild des Gasbrandes. Dessen Inkubation beträgt 4–72 Stunden. Pathogene Clostridien bilden Toxine, welche als Proteinasen, Kollagenasen, Lecithinasen und Desoxyribonukleasen wirksam sind. Die Toxine führen nicht nur zu schweren ödematösen und nekrotisierenden Prozessen innerhalb des infizierten Muskelgewebes, sondern auch zu einer Allgemeinintoxikation, an welcher die Patienten oft schon nach wenigen Stunden sterben. Ein nicht behandelter Gasbrand endet immer tödlich.

Clostridien können auch zu enteralen Infektionen und zu Enterointoxikationen Anlaß geben. Sie sind als Lebensmittelvergifter von wesentlicher praktischer Bedeutung.

Diagnose. Die Diagnose Gasbrand wird in den meisten Fällen schon klinisch gestellt. Bestätigt wird sie bakteriologisch durch mikroskopischen und kulturellen Nachweis der Erreger im veränderten Gewebe. Mikroskopisch findet man unter allen Umständen in großer Zahl grampositive Stäbchenbakterien. Die Speziesdiagnose kann nur kulturell gestellt werden. Häufigste Gasbranderreger sind Clostridium perfringens, dann Clostridium novyi, septicum und histolyticum. In einem Viertel aller Fälle werden Mischinfektionen mit verschiedenen Clostridienarten vorgefunden.

Therapie. Der Gasbrand muß immer kombiniert behandelt werden: *chirurgisch:* tiefe Inzisionen sollen aerobe Verhältnisse schaffen; *antibiotisch* (antibakteriell): am besten mit hohen Penicillindosen, evtl. mit Breitspektrumantibiotika; *antitoxisch:* mit spezifischen Immunseren, wobei wegen anfänglichen Fehlens einer Speziesdiagnose aus Dringlichkeitsgründen trivalente Antitoxine (antiperfringens, -novyi und -septicum) verwendet werden.

Clostridien sind am empfindlichsten gegenüber Penicillin, in geringerem Maße auch gegenüber Breitspektrumantibiotika. Daneben besteht die Möglichkeit, in Bildung begriffene Toxine durch Antitoxingaben (Immunseren) zu neutralisieren.

Epidemiologie und Prophylaxe. Gasbrand kann nach jeder Verwundung, die mit Erde, Straßenstaub und Fäkalien verunreinigt ist, in Erscheinung treten. Besonders häufig ist Gasbrand nach Kriegsverletzungen. Um Gasbrand zu verhindern, müssen kontaminierte Wunden – kontaminiert sind alle im Freien entstandenen offenen Verwundungen – möglichst rasch einer korrekten chirurgischen Wundversorgung zugeführt werden. In normal durchblutetem, gesundem Gewebe entsteht nie Gasbrand. Deshalb ist möglichst alles nicht mehr intakte Gewebe zu entfernen und die Wunde im Sinne aerober Verhältnisse offen zu halten. Eine Prophylaxe mit hohen Penicillindosen ist empfehlenswert. Von der prophylaktischen Antitoxinverabreichung wird heute im allgemeinen abgesehen.

Da in einem künftigen mit Massenvernichtungswaffen geführten Krieg ein hoher Gasbrandanfall zu erwarten ist (weil die vielen Wundversorgungen nicht innerhalb nützlicher Frist durchgeführt werden können und infolge zahlreicher Strahlenschäden auch mit endogenen Clostridieninfektionen gerechnet werden muß), beschäftigt man sich, in Analogie zur Tetanusprophylaxe, intensiv mit den Problemen einer aktiven Gasbrandimmunisierung. Diese ist bis heute noch nicht spruchreif.

2. Clostridium tetani

Clostridium tetani ist der Erreger des *Tetanus (Starrkrampf).* Wie alle Clostridien kommt auch Clostridium tetani ubiquitär vor und ist besonders in Pferdemist angereichert.

Pathogenese und Krankheit. Zu Tetanus kommt es vor allem nach Verletzung der äußeren Haut und Kontamination der Wunde mit Clostridien. Nur unter streng anaeroben Bedingungen bildet Clostridium tetani ein hochwirksames Toxin. Dieses verursacht keine lokalen Gewebsveränderungen. Liegen ausnahmsweise solche vor, sind sie auf örtliche Mischinfektionen zurückzuführen. Der Tetanus entspricht einer reinen Intoxikation. Seine Inkubation beträgt 4–14 Tage und länger. Kleinste Mengen gebildeten Tetanustoxins bewirken via Neuronen des ZNS krampfartige tonische Kontraktionen der willkürlich innervierten Muskulatur, die meistens im Gesichtsbereich beginnen. In der Folge kommt es zu schwersten Dauerkrämpfen auch der übrigen Körpermuskulatur, die zum Tode durch Ersticken führen. Der vollentwickelte Tetanus ist durch Muskelstarre charakterisiert. Er endet in schweren Fällen immer tödlich.

Diagnose. Die Diagnose wird in erster Linie klinisch gestellt unter Berücksichtigung der Verletzungsanamnese. Bestätigt wird die Diagnose durch Nachweis des Erregers oder dessen Toxin im verletzten Gewebe. Da Tetanustoxin nicht nur für den Menschen, sondern auch für viele Tiere pathogen wirkt, können zur Diagnose Versuchstiere wie Maus und Meerschweinchen verwendet werden. Die Injektion clostridien- oder toxinhaltigen Materials führt bei ihnen zum Tetanus.

Therapie. Mit Immunserum (Antitoxin) wird versucht, das noch in Entstehung begriffene Toxin zu neutralisieren. Abgesehen von der chirurgischen Entfernung der Infektionsquelle (Streuquelle) sind die weiteren therapeutischen Maßnahmen vorwiegend symptomatisch, wobei auch Unterkühlung und Curare zur Anwendung gelangen.

Epidemiologie und Prophylaxe. In Europa tritt Tetanus besonders nach Verletzungen und gelegentlich postoperativ auf. Früher waren Tetanustodesfälle nach Kriegsverletzungen zahlreich. In den Entwicklungsländern ist der Tetanus neonatorum auch heute noch häufig, indem ihm infolge Nabelschnurinfektion bis 10 % aller Lebendgeborenen erliegen.

Es gibt nur eine voll wirksame Tetanusprophylaxe: die aktive *Immunisierung*. Tetanustoxin ist ein gutes Antigen und kann, wie alle Toxine, in ein ungiftiges, aber antigen noch voll wirksames *Toxoid (Anatoxin)* umgewandelt werden. Zur aktiven Grundimmunisierung sind mindestens 2, besser 3 Antigeninjektionen, verabreicht im Abstand von mehreren Wochen, notwendig. Eine korrekte Grundimmunisierung hinterläßt einen vollständigen Impfschutz von mindestens 5 Jahren. Kommt es nach Ablauf dieser Zeit zu Verletzungen, kann die Immunität auch nach Jahren durch eine einmalige zusätzliche Impfung (Boosterimpfung) aufgefrischt werden. In Ländern mit hoher Rate an Tetanus neonatorum müssen in erster Linie alle künftigen Mütter aktiv immunisiert und ihre Immunität während der Schwangerschaft stimuliert werden.

3. Clostridium botulinum

Clostridium botulinum bildet Botulinustoxin. Dieses allein ist für das Krankheitsbild des *Botulismus* verantwortlich. Botulismus ist keine Infektion, sondern immer eine reine Intoxikation, die zu Lähmungen führt.

Man kennt 7 antigenetisch verschiedene Botulinustoxine, die mit A–G bezeichnet werden. Für den Menschen sind nur die Toxine A, B und E pathogen (toxisch). Das Botulinustoxin ist das wirksamste biologische Toxin, das man kennt. Bei peroraler Aufnahme wirkt 0,1 Mikrogramm tödlich, bei aerogener Aufnahme genügt sogar $^{1}/_{1000}$ der genannten Dosis. Mit 1 g gereinigten Botulinustoxins können theoretisch also mindestens 10 Millionen Menschen getötet werden.

Pathogenese und Krankheit. Zu den Erscheinungen des Botulismus, d. h. der Botulinusintoxikation, kommt es nach Verletzungen nur extrem selten – im Gegensatz zu Gasbrand und Tetanus – obwohl offene Wunden zwangsläufig mit dem ebenfalls ubiquitär vorhandenen Clostridium botulinum kontaminiert sein müssen. Zu Krankheitserscheinungen kommt es ausschließlich (seltenste Fälle von Wundbotulismus ausgenommen), wenn das fertig vorgebildete Toxin peroral oder durch Inhalation in den Körper gelangt. Dann treten nach einer Inkubation von 4–18 Stunden (je nach Toxinmenge und Resorptionsverhältnissen) Lähmungserscheinungen auf infolge Blockade der Acetylcholinproduktion an den neuromuskulären Endplatten. Erstes Symptom ist Doppelsehen, bedingt durch Koordinationsstörungen der Augenmuskeln. Es folgen Schluckbehinderungen, Sprechschwierigkeiten, Heiserheit und schließlich Lähmung der Atemmuskulatur oder/und des Herzens. Fieber fehlt. Der Patient ist bis kurz vor Eintritt des Todes bei vollem Bewußtsein. Die Letalität beträgt bei genügender Toxinmenge 100 %.

Diagnose. Die klinische Vermutungsdiagnose kann nur durch Toxinnachweis im Mageninhalt, im Blutserum oder in Resten genossener Nahrungsmittel erfolgen. Jener muß mit Hilfe des Tierversuches durchgeführt werden. Die menschenpathogenen Toxintypen sind auch für eine Reihe von Tieren, so für alle kleinen Laboratoriumstiere und das Geflügel pathogen. Als Versuchstiere werden meistens die weiße Maus oder das Meerschweinchen verwendet. Das Verdachtsmaterial wird den Tieren am besten intraperitoneal injiziert. Sterben die Tiere, was schon nach wenigen Stunden der Fall sein kann, müssen Art und Typ des Toxins im Neutralisationstest (Schutzversuch) ermittelt werden. Dazu benötigt man typenspezifische Antitoxine (Immunseren).

Therapie. Die Therapie ist weitgehend symptomatisch. Als spezifische therapeutische Maßnahme kommt nur Antitoxinverabreichung in Frage. Antitoxine sind aber nach Ausbruch der Krankheit meistens nicht mehr wirksam.

Epidemiologie und Prophylaxe. Botulismus tritt auf, wenn zusammen mit Nahrungsmitteln Botulinustoxin peroral in den Körper gelangt. Unter den Nahrungsmitteln sind es vor allem Konserven aus Fleisch und Hülsenfrüchten, die, nicht fachgerecht sterilisiert, Botulinustoxin enthalten. Weil Clostridium botulinum im Erdboden vorkommt, können Gemüse und Früchte jederzeit kontaminiert sein. Liegt der Erreger in Sporenform vor, ist er besonders hitzeresistent. Er geht bei unkorrekter Sterilisierung, z. B. im strömenden Wasserdampf (Hausfrau), nicht zugrunde. In der verschlossenen Konserve findet er anaerobe Verhältnisse. Bei genügendem Proteingehalt und bei einem pH, das höher ist als 4,5, können die Clostridien Toxin bilden.

Werden toxinhaltige Speisen, seien es Konserven oder Fleischprodukte wie Würste und Schinken, in ungekochtem Zustande genossen, kommt es zur Intoxikation. Das Botulinustoxin ist hitzelabil. Es wird durch Kochen der Speisen denaturiert und verliert seine Giftwirkung. Frisch durchgekochte Speisen können deshalb keinen Botulismus auslösen.

Die Prophylaxe des „natürlichen Botulismus“ besteht in korrekter, hygienisch einwandfreier Behandlung von Fleischwaren, in fachgerechtem, vollständigem Sterilisieren aller Konserven sowie im Wegwerfen oder Aufkochen verdächtiger Nahrungsmittel.

Botulinustoxin in Aerosolform verbreitet, ist einer der gefürchtetsten biologischen Kampfstoffe. Gegen solch gewollte, künstlich hervorgerufene Intoxikationen kann man sich nur durch aktive Immunisierung schützen. Es ist möglich, mit den einzelnen Botulinustoxinen ungiftige Toxoide herzustellen und diese als Impfstoffe zu verwenden. Immunologisch kontrollierte Impfungen haben ergeben, daß zur Erzeugung einer vollen Immunität mindestens 4 Antigengaben, d. h. 4 Injektionen im Abstand von mehreren Wochen notwendig sind.

XI. Nichtsporenbildende Anaerobier

Außer den sporenbildenden, grampositiven Anaerobiern, den Clostridien, sind eine ganze Reihe nichtsporenbildender Anaerobier bekannt, von denen zumindest einzelne Gattungen pathogene Bedeutung besitzen können.

Bei fast allen sich fakultativ anaerob verhaltenden Bakterien gibt es verwandte Arten, die sich als obligate Anaerobier erweisen. Solche Abarten kennt man bei den grampositiven Kokken (die anaeroben Arten werden als Peptokokken und Peptostreptokokken bezeichnet), den Neisserien (anaerob: Veillonellen), den Korynebakterien und den Vibrionen. Sie werden an dieser Stelle nicht näher beschrieben. Wir behandeln nachfolgend nur die *gramnegativen, anaeroben, nicht sporenbildenden Stäbchenbakterien.*

Klassifizierung

Die gramnegativen Anaerobier werden von verschiedenen Autoren unterschiedlich klassifiziert. Da jede Klassifikation bis zu einem gewissen Grade willkürlich ist, halten wir uns an die offizielle Einteilung nach *Bergey*. Dort sind die gramnegativen anaeroben Bakterien in der einen Familie Bacteroidaceae zusammengefaßt. Die wichtigsten Arten dieser Familie sind in drei Gattungen eingeordnet:

Familie Bacteroidaceae

Gattung I	Bacteroides	(22 Arten)
Gattung II	Fusobacterium	(16 Arten)
Gattung III	Leptotrichia	(2 Arten)

Gemeinsame Merkmale der drei Gattungen sind ihre, wenn auch unterschiedliche Stäbchenform, ihr gramnegatives Verhalten, ihre strikte Anaerobiose sowie ihr natürliches Vorkommen in der Mundhöhle, im oberen Respirationstrakt, im Digestions- und Urogenitaltrakt von Mensch und Tier. Einzelne Arten der ersten beiden Gattungen können Infektionen verursachen, wobei das zum Zustandekommen von Krankheitsprozessen notwendige pathogenetische Geschehen nicht restlos geklärt ist. Bei Erkrankungen durch Bacteroides- und Fusobacterium-Arten handelt es sich stets um sogenannte endogene Infektionen. Diese gramnegativen Anaerobier sind deshalb auch als *endogene Anaerobier* bezeichnet worden.

Bacteroides- und Fusobacterium-Arten verursachen eher lokale, nekrotisierende und abszedierende Prozesse, wobei es sich häufig um Mischinfektionen verschiedener Anaerobier einschließlich der anaeroben Kokken mit oder ohne Beteiligung fakultativ anaerober Bakterien handelt.

Die ätiologische **Diagnose** muß unter allen Umständen durch Bakteriennachweis erfolgen. In einem Teil der Fälle kann eine Verdachtsdiagnose auf Grund der pleomorphen Zellmorphologie mancher gramnegativer Anaerobier gestellt werden. Das Schwergewicht liegt aber auf der kulturellen Nachweismethode. Wichtig ist, daß das Material in besonderen sauerstofffreien Transportbehältern möglichst schnell ins Laboratorium transportiert wird, wobei eine Abkühlung unterbleiben soll. Die Primärkulturen müssen mindestens 2 Tage bei 37 ° C ohne Unterbrechung der Anaerobiose bebrütet werden. Ein erhöhter CO_2-Gehalt fördert das Wachstum vieler Anaerobier.

Auseinandergehalten werden die drei Gattungen gramnegativer anaerober Stäbchen mit der gaschromatographischen Untersuchung von Fettsäuren, die sie in pepton- und kohlehydrathaltigen Nährmedien produzieren. *Bacteroides-Arten* bilden vorwiegend Bernsteinsäure neben eventuell geringen Mengen Essig-, Propion-, Isobutter-, Butter- und Isovaleriansäure. *Fusobacterium-Arten* produzieren viel Buttersäure neben allenfalls geringen Mengen Essig-, Propion- und Milchsäure, während *Leptotrichia* nur Milchsäure bildet. Arten, die früher in der Gattung Sphaerophorus zusammengefaßt waren, werden heute je nach den Fermentationsprodukten zu Bacteroides oder Fusobacterium gezählt.

Therapeutisch sind neben den äußerst wichtigen chirurgischen Maßnahmen Penicillin (ausgenommen bei *Bacteroides fragilis)*, Clindamycin und Chloramphenicol indiziert. Gegen die häufig verwendeten Aminoglykosid-Antibiotika sind Anaerobier weitgehend resistent. Auch gegen Tetracycline ist ein hoher Prozentsatz anaerober Bakterien unempfindlich.

Ähnliche Krankheitsbilder wie beim Menschen werden auch bei Tieren beobachtet, allerdings verursacht durch z. T. andere Arten von Bacteroides und Fusobacterium. Epidemiologische Beziehungen zwischen Mensch und Tier bestehen nicht.

1. Bacteroides

Bei der Gattung *Bacteroides* (frühere Bezeichnung: Ristella [Rist]) handelt es sich um 2–10 µm lange gramnegative Stäbchen. Deren Pleomorphie kann mehr oder weniger stark ausgeprägt sein und hängt unter anderem von den Kulturbedingungen ab. Die Stäbchen kommen einzeln, paarweise oder in Ketten vor und färben sich teilweise unregelmäßig an. Die meisten Arten sind unbeweglich und unbekapselt. Für die Gattung repräsentativ ist die Spezies **Bacteroides fragilis.**

Alle Bacteroides-Arten lassen sich nur unter streng anaeroben Bedingungen kultivieren. Die meisten benötigen durch tierisches Eiweiß verbesserte Nährmedien. Das Temperaturoptimum beträgt 37 ° C.

Vertreter der Gattung Bacteroides kommen im Respirations-, Verdauungs- und Urogenitaltrakt des Menschen vor. Bacteroides fragilis ist der am häufigsten bei Infektionen isolierte anaerobe Erreger. Vielfach isoliert man Bacteroides fragilis nicht in Reinkultur, sondern zusammen mit einer Begleitflora aus anderen anaeroben oder fakultativ anaeroben Bakterien. Man findet Bacteroides fragilis beteiligt als Erreger von Peritonitis und Abszessen verschiedener Organe, vor allem im Abdomen und im weiblichen Urogenitaltrakt. Generalisierte septische Krankheitsformen mit Bacteroides fragilis weisen eine hohe Letalität auf.

Die **Diagnose** erfolgt durch kulturellen Nachweis. Therapeutisch bietet Bacteroides fragilis oft Probleme, weil dieser Erreger gegen viele der gebräuchlichen Chemotherapeutika wie Penicilline, Cephalosporine und Aminoglykoside resistent ist. Man kann Clindamycin oder Chloramphenicol verwenden oder sich an das Ergebnis des Antibiogramms halten.

Bacteroides melaninogenicus wird häufig aus Mischinfekten isoliert. Auf Blutagar bildet er schwarz-braun pigmentierte Kolonien. Er kann bei Aspirationspneumonien, Lungenabszessen, chronischen Sinusitiden und Abszessen verschiedener Organe beteiligt sein. Im Gegensatz zu Bacteroides fragilis sind Bacteroides melaninogenicus sowie weitere Bacteroides-Arten im allgemeinen gegenüber β-Lactam-Antibiotika empfindlich.

2. Fusobacterium

Bei der Gattung Fusobacterium handelt es sich um morphologisch stark verschiedene gramnegative Stäbchen, mit Neigung zu Pleomorphie. Die Fusobakterien färben sich vielfach schlecht und nicht homogen. Für die Gattung repräsentativ ist *Fusobacterium nucleatum.*

Auch Fusobacterium läßt sich nur unter streng anaeroben Bedingungen in verbesserten Nährmedien, wenn möglich bei erhöhtem CO_2-Gehalt, kultivieren. Das Temperaturoptimum beträgt 37 °C. Fusobacterium-Arten gehören zur normalen Flora des Respirations-, Urogenital- und Darmtraktes.

Fusobacterium nucleatum, das am häufigsten isolierte Fusobacterium, gehört zur normalen Mundflora. Es handelt sich um 6–12 μm lange, 0,5–1 μm dicke, gegen beide Enden zugespitzte „fusiforme“ (spindelförmige) Stäbchenbakterien. Fusobacterium nucleatum kann bei Infektionen im Mundbereich, in der Lunge, Pleura und bei Hirnabszessen beteiligt sein.

Fusobacterium necrophorum (früher: *Sphaerophorus necrophorus)* mißt 0,6 zu 6 μm und verhält sich ebenfalls pleomorph. Fusobacterium necrophorum wird meistens aus Abszessen isoliert. Die Bakteriämie mit Fusobacterium necrophorum geht meistens von einer lokalisierten Gewebsinfektion aus.

Andere Fusobacterium-Arten von klinischer Bedeutung sind **Fusobacterium mortiferum** und **Fusobacterium varium.** Fusobacterium mortiferum ist eher pleomorph, Fusobacterium varium bildet kurze Stäbchen. Die Diagnose erfolgt durch kulturellen Nachweis. Unter Umständen kann bereits das mikroskopische Präparat Hinweise geben.

Fusobacterium-Arten sind im allgemeinen empfindlich auf β-Lactam-Antibiotika, Chloramphenicol und Clindamycin.

Bei der *Angina Plaut-Vincent* findet man im direkten mikroskopischen Abstrich eine für diese Erkrankung charakteristische Mischflora, bestehend aus gramnegativen fusiformen Bakterien und ebenfalls gramnegativen Spirochäten (Borrelia vincenti). Die Pathogenese der Plaut-Vincent-Angina ist nicht sicher geklärt. Die Krankheit ist experimentell nicht reproduzierbar.

3. Leptotrichia

Man unterscheidet 2 Arten:

Leptotrichia buccalis, die in der Mundhöhle vorkommt und für die „orale Mikrobiologie" von Bedeutung ist.

Leptotrichia innominata, die ganz selten aus Abszeßmaterial isoliert wurde.

XII. Die Rattenbißfieber

1. Rattenbißfieber, verursacht durch Streptobacillus moniliformis

Streptobacillus moniliformis ist der einzige Vertreter der Gattung Streptobacillus. Dieses Bakterium vegetiert normalerweise in der Mundhöhle wilder Ratten und wird durch Rattenbiß auf den Menschen übertragen.

Streptobacillus moniliformis ist ein gramnegatives, unbewegliches und unbekapseltes, pleomorphes Stäbchen, das sich unter fakultativ anaeroben Bedingungen in eiweißreichen Medien am besten bei einer 10 % CO_2-Atmosphäre kultivieren läßt.

Die Krankheit beginnt nach einer Inkubation von wenigen Tagen mit unregelmäßigem Fieber, das über Wochen anhalten kann und oft schwierig zu interpretieren ist. Gelegentlich werden morbilliforme Exantheme beobachtet. Die ätiologische Diagnose erfolgt durch kulturelle Isolierung des Erregers aus dem Blut. Therapeutisch ist Penicillin allen anderen Medikamenten überlegen. Voraussetzung für das Zustandekommen der Krankheit ist das Vorkommen wilder Ratten. Die Verhütungsmaßnahmen bestehen demzufolge in der Bekämpfung der Ratten.

Rattenbißfieber, verursacht durch Streptobacillus moniliformis, ist nicht identisch mit Rattenbißfieber, verursacht durch Spirillum minus.

2. Rattenbißfieber, verursacht durch Spirillum minus

Spirillum minus, (Syn. *Spirochaeta morsus muris),* gehört in die Familie der Spirillaceae. Dieser Erreger kommt (im Gegensatz zu Streptobacillus) nicht im Speichel, sondern im Blut der Ratten vor und wird durch den Rattenbiß nur dann übertragen, wenn sich das Tier beim Beißen die eigene Mundschleimhaut verletzt.

Morphologisch ist Spirillum minus ein 2–3 Windungen aufweisendes, gebogenes Stäbchen mit starrem Leib. Es ist 0,5 µm dick und 3 bis 5 µm lang, besitzt je 1 bipolare Geißel und verhält sich gramnegativ. Besser als gramgefärbt wird der Erreger mit der Giemsafärbung zur Darstellung gebracht.

Die ersten Krankheitssymptome treten 1–3 Wochen nach erfolgtem Biß auf und bestehen in ödematösen und ulzerösen Veränderungen an der Bißstelle. Es entwickelt sich eine akute Lymphadenitis, meistens begleitet von hohem Fieber. Die 3–5 Tage dauernden Fieberanfälle, oft verbunden mit urtikariellen Exanthemen, wiederholen sich nach mehrtägigen freien Intervallen und nehmen, ähnlich wie beim Rückfallfieber, mit zunehmender Dauer der Krankheit an Intensität ab (Immunität). Die Prognose der Krankheit ist im allgemeinen gut.

Die Diagnose wird gestellt durch Übertragung von Patientenblut intraperitoneal auf die weiße Maus. Die Spirillen lassen sich nach durchschnittlich 10 Tagen im Mäuseblut mikroskopisch nachweisen. Therapeutisch können sowohl Penicillin wie Breitspektrumantibiotika eingesetzt werden. Bei nicht selten beobachteten Doppelinfektionen mit Streptobacillus moniliformis hat sich vor allem Penicillin bewährt. Die Prophylaxe besteht in der Bekämpfung der Ratten.

XIII. Aktinomyzeten und verwandte Mikroorganismen

Vertreter der Familien *Actinomycetaceae und Nocardiaceae* können menschen- oder tierpathogen sein. Sie verursachen chronisch verlaufende, mit Tumorbildungen und Nekrosen einhergehende, lokalisierte und auf bestimmte Organe beschränkte Infektionen.

Die Aktinomyzeten und Nocardien wurden wegen ihrer Myzelbildung lange Zeit als Pilze angesehen. Anschließend hielt man sie für Zwischenformen zwischen Pilzen und Bakterien. Heute sind sich alle Fachleute einig, daß die Aktinomyzeten und Nocardien zu den Bakterien zu zählen sind. Sie sind keine Pilze, weil sie keine echten Zellkerne und keine Mitochondrien besitzen, weil ihre Zellwand aus Mukopeptiden besteht und sie auf Antibiotika ansprechen.

Die *Klassifizierung* erweist sich als schwierig. Sicher sind Aktinomyzeten und Nocardien verwandt mit den Mykobakterien. Nach *Bergey* gehört die Gattung Actinomyces neben anderen Gattungen zur Familie Actinomycetaceae, die Gattung Nocardia zur Familie Nocardiaceae.

1. Actinomyces

Die Gattung *Actinomyces* kennt fünf Arten, die sich im allgemeinen nur unter anaeroben Bedingungen kultivieren lassen. *Actinomyces israelii,* u. a. von James Israel entdeckt und beschrieben, ist der Erreger der menschlichen Aktinomykose. Seltener wird bei Infektionen des Menschen *Actinomyces naeslundii* gefunden. *Actinomyces bovis,* der Erreger der Rinderaktinomykose, ist mit A. israeli nicht identisch und ist nicht menschenpathogen.

Morphologie. Morphologisch präsentieren sich die Aktinomyzeten im direkten Ausstrich als grampositive, ca. 1 µm dicke, meist unregelmäßig gebogene Stäbchen und Fäden. Letztere imponieren als Myzelien, besonders weil sie vereinzelt echte Verzweigungen erkennen lassen. Stäbchen und Fäden können kolbenartige Verdikkungen aufweisen.

Nebst den beschriebenen Fäden, die im Ausgangsmaterial in dichten Knäueln gelagert sein können, findet man im Aktinomyzeseiter schon makroskopisch sichtbare gelbliche, körnige Gebilde von 1 bis maximal 2 mm Durchmesser, die sogenannten *Drusen (Granula).* Diese entsprechen in vivo entstandenen Aktinomyzeskolonien. In der Hämatoxylin-Eosin-Färbung zeigen sie ein dunkles Zentrum und eine rote Peripherie, die aus radiär angeordneten, keulenförmigen Kolben besteht (Abb. 23). Letztere gaben Anlaß zur Benennung

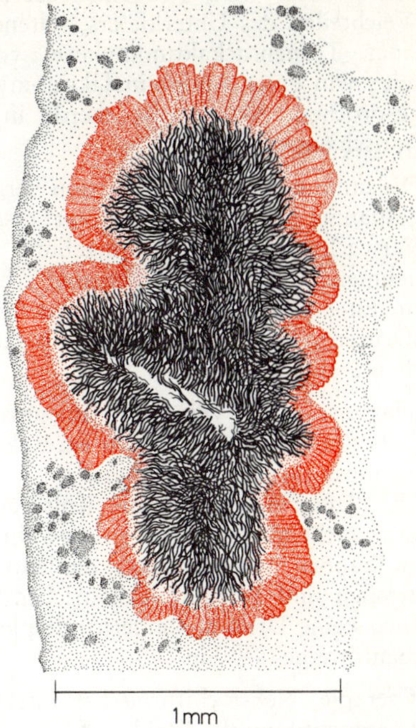

Abb. 23 Aktinomyzesdruse, H. E.-Färbung

Strahlenpilz. Im Zentrum erkennt man bei der Gramfärbung ein dichtes Geflecht von Stäbchen und Fäden mit echten Verzweigungen.

Kultur. Die Vertreter der Gattung Actinomyces lassen sich nur unter anaeroben Bedingungen in gewöhnlichen oder verbesserten Nährmedien bei einem Temperaturoptimum von 37 °C kultivieren. Das Angehen einer Kultur erfordert meistens 3–4 Wochen.

Pathogenität. Actinomyces israelii ist im allgemeinen nicht tierpathogen. Infektionen an Versuchstieren können nur unter ganz bestimmten experimentellen Bedingungen und nur bei massiver Infektion erzeugt werden.

Pathogenese und Krankheit. Actinomyces israelii ist kosmopolitisch verbreitet. Der Keim ist häufig in der Mundhöhle des gesunden Menschen nachzuweisen. In seltenen Fällen kann er, begünstigt durch Gewebsverletzungen, zu Infektionen führen, die fast immer in der Umgebung der Mundhöhle oder deren Kommunikationen lokalisiert sind.

Die Aktinomykose tritt als lokalisierte tuberkuloseähnliche, zu Beginn tumorartige, später nekrotisierende Affektion auf. Je nach

Lokalisation wird von einer zervikofazialen Aktinomykose (von Weichteilen des Unterkiefers, seltener Oberkiefers ausgehend), von einer Tränensackaktinomykose, von einer Lungenaktinomykose oder von einer Abdominalaktinomykose (vom Zökum ausgehend) gesprochen. Aktinomykoseherde in der Leber sind immer metastatisch entstanden.

Die anfänglich harte Infiltration vergrößert sich langsam, wobei die gespannte Haut leicht gerötet erscheint. Anschließend entstehen Verwachsungen in der Umgebung des Primärherdes, die sich zunehmend blaurot verfärben und schließlich zur Perforation führen. Im Eiter erkennt man schon makroskopisch die gelblichen Granula (Drusen), und man findet mikroskopisch die beschriebenen Stäbchen und Fäden.

Diagnose. Die Vermutungsdiagnose ergibt sich klinisch, wobei Tuberkulose auszuschließen ist. Rektifiziert wird die Aktinomykosediagnose durch mikroskopischen, evtl. kulturellen Erregernachweis. Im allgemeinen gehen die Kulturen ohne weiteres an, wenn der Eiter nicht mischinfiziert ist. Bewährt haben sich anaerobe Kulturen in Traubenzuckerhochagar, die jedoch nicht vor 3–4 Wochen zu beurteilen sind. In Kolonieausstrichen findet man nie lange Fäden und auch keine Drusen, sondern nur pleomorphe, 6–10 μm lange, stäbchenförmige Gebilde.

Therapie. Nebst chirurgischer Intervention ist heute Penicillin das Therapeutikum der Wahl.

2. Nocardia

Nocardien (Nocard) wachsen aerob. Sie verursachen nur selten menschliche Erkrankungen in den Lungen und im Gehirn.

Morphologisch erscheinen Nocardien als eher feine Stäbchen und Fäden, gelegentlich mit echten Verzweigungen, die grampositiv sind und sich teilweise als säurefest erweisen (Rotfärbung nach Ziehl-Neelsen).

An medizinischer Bedeutung stehen die Nocardien weit hinter den eigentlichen Aktinomyzeten (Actinomyces) zurück. Von bekannten Nocardiaarten können zwei menschenpathogen sein:

Nocardia asteroides und *Nocardia brasiliensis*.

Nocardia asteroides ist kosmopolitisch verbreitet, kommt normalerweise im Erdboden vor und verursacht selten tumorartige Gebilde in Lunge und/oder Gehirn. Bei Nocardia asteroides ist Drusenbildung äußerst selten.

Nocardia brasiliensis verursacht vor allem in tropischen Gebieten Nocardiosen, z. B. den in Mittel- und Südamerika häufig vorkommenden *Madurafuß*.

Beide Arten lassen sich unter aeroben Bedingungen auf allen Nährböden ohne weiteres kultivieren und bilden kleine, trockene Kolonien.

Nocardia ist gegenüber Sulfonamiden, insbesondere Sulfadiazin, empfindlich. Gegen Penicillin ist Nocardia, im Gegensatz zu Actinomyces, resistent.

XIV. Bartonellen

Die *Bartonellen* (Barton) sind die Erreger einer nur im nördlichen Südamerika vorkommenden, durch Phlebotomen übertragenen Infektionskrankheit.

Über die Klassifizierung der als Gattung betrachteten Bartonella ist man sich noch nicht einig. Es ist nur *eine* menschenpathogene Art, *Bartonella bacilliformis,* bekannt.

Morphologie und Kultur. Morphologisch handelt es sich dabei um ein kleines, pleomorphes, peritrich begeißeltes, gramnegatives Stäbchen, das 0,4–0,5 µm zu 1–2 µm mißt und als Bakterium angesprochen werden muß. Im Menschen verhalten sich die Bartonellen als intrazelluläre Parasiten, die hauptsächlich in den Erythrozyten, aber auch in den Endothelzellen von Blut- und Lymphgefäßen in großer Zahl zu sehen sind. Obwohl der Erreger in vivo immer als intrazellulärer Parasit vorgefunden wird, läßt er sich unter aeroben Bedingungen auf verbesserten, blut- oder serumhaltigen Nährmedien, in der Allantoisflüssigkeit des Hühnereies sowie in Gewebsexplantaten kultivieren. Die Kulturen müssen mehrere Tage bis mehrere Wochen bebrütet werden, wobei das Temperaturoptimum 28 °C beträgt.

Krankheitsbilder. Klinisch unterscheidet man zwei Krankheitsformen: Das akut fieberhaft verlaufende *Oroyafieber,* auch Carrionsche Krankheit genannt, und die durch lokalisierte Hautaffektionen gekennzeichnete *Verruga peruana.*

Das *Oroyafieber* beginnt nach einer Inkubation zwischen 15 und 40 Tagen plötzlich mit hohem Fieber, allen Symptomen einer Allgemeininfektion, Lymphknoten-, Leber- und Milzschwellung. Auffallendstes Symptom ist die rasch einsetzende hämolytische Anämie, die dadurch zustande kommt, daß die Erythrozyten infolge des Bartonellenbefalles zugrunde gehen. Die Krankheit endete früher in der Hälfte aller Fälle nach 2–3 Wochen letal. Heute erweisen sich namentlich Breitspektrumantibiotika als wirksam.

Die *Verruga peruana* ist gekennzeichnet durch multiple, zu Beginn papuläre, später warzenartig aussehende, gerötete Effloreszenzen; vorwiegend im Gesicht, an den Streckseiten der Extremitäten sowie an den Schleimhäuten. Das Eruptionsstadium dauert mehrere Monate, gelegentlich bis 2 Jahre. Die Prognose ist aber bei dieser Krankheitsform immer gut.

Weshalb im einen Fall das schwere hämolytische Krankheitsbild und im anderen Fall das gutartige Hautstadium zustande kommt, ist nicht bekannt.

In beiden Fällen wird die Ätiologie der Krankheit verifiziert durch Blutkulturen (auch bei der Verruga!).

Epidemiologie und Prophylaxe. Die Bartonellose des Menschen tritt nur in den über 800 m gelegenen Gebirgstälern der westlichen und zentralen Kordilleren, also in Peru, Ekuador und Kolumbien auf und wird durch Phlebotomen übertragen.

Die Prophylaxe stützt sich auf die Bekämpfung der Überträger mit Insektiziden und auf die Fernhaltung derselben, z. B. mit Netzen. Immunisierungen mit verschiedenartigen Vakzinen sind wenig erfolgversprechend.

Die tierpathogenen Hämobartonellen (Haemobartonella), die anders klassifiziert sind, dürften mit den menschenpathogenen Bartonellen phylogenetisch nicht verwandt sein. Auch epidemiologisch bestehen zwischen tierischen und menschlichen Bartonellen keine Beziehungen.

XV. Rickettsien

Die Rickettsien sind kleine, bakterienähnliche Mikroorganismen, die sich nur intrazellulär vermehren. Natürliche Wirte der Rickettsien sind blutsaugende Arthropoden, Insekten, Zecken, Milben sowie warmblütige Tiere, darunter der Mensch. Die Rickettsien verursachen beim Menschen septikämische Krankheitsbilder. Die wichtigste Rickettsiose, das klassische Fleckfieber, war seit Jahrhunderten vor allem als Kriegsseuche gefürchtet. Ihr Erreger, die Rickettsia prowazeki, wurde 1916 durch Rocha-Lima erstmals beschrieben und zu Ehren von zwei Rickettsienforschern, die an Rickettsieninfektionen gestorben waren (Ricketts und Prowazek), Rickettsia prowazeki genannt.

Klassifizierung

Man unterscheidet heute 10 Arten menschenpathogener Rickettsien. Diese sind je nach Unterscheidungsmerkmal (Übertragungsart,

Zwischenwirt, Immunität) etwas willkürlich in Gruppen gegliedert worden. Wir halten uns an die Einteilung von Mooser (Tab. 9).

Tabelle 9 Die Erreger der Rickettsiosen des Menschen

Erreger	Krankheit	Überträger	Natürliche Säugetierwirte
Fleckfiebergruppe			
R. prowazeki	Klassisches (epidemisches) Fleckfieber	Kleiderlaus	Mensch
R. mooseri	murines Fleckfieber	Rattenfloh	Ratten
Rocky-Mountain-Spotted-Fever-Gruppe			
R. rickettsi	Rocky Mountain spotted fever	Schildzecken	wildlebende Nagetiere
R. conori	Fièvre boutonneuse	Schildzecken	wildlebende Nagetiere
R. sibirica	Nordasiatisches (sibirisches) Zeckenbißfieber	Schildzecken	wildlebende Nagetiere
R. australis	Nordqueensland-Zeckenfieber	Schildzecken	kleine Beuteltiere
R. akari	Rickettsien-pocken	Milbe	Mäuse und Ratten
Übrige Rickettsiosen			
R. orientalis	Japan. Fleck-fieber (Tsutsugamushi)	Milben (Trombikula-larven)	wildlebende Nagetiere, Mäuse und Ratten
R. burneti (Coxiella)	Q-Fieber (queryfever)	Exkrete von Schaf, Ziege, Rind, Zecken-fäzes	Schaf, Ziege, Rind, Nagetiere
R. quintana	Fünftagefieber (Wolhynisches Fieber)	Kleiderlaus	Mensch

Nach dieser Einteilung sind die Rickettsien in drei Gruppen zusammengefaßt:

die Fleckfiebergruppe,
die Rocky-Mountain-Spotted-Fever-Gruppe,
die dritte heterogene Gruppe.

Erregereigenschaften

Alle Rickettsien sind rundliche, kokkoide bis ovale, 0,3 zu 0,5 µm messende (maximal 2 µm lange) Mikroorganismen, die RNA und DNA enthalten. Die Rickettsien lassen sich nach Giemsa sowie nach Machiavello färben und verhalten sich in der Köster-Färbung kösterpositiv (alkalifest).

Die Rickettsien sind als abgewandelte, hochgradig wirtadaptierte Bakterien zu betrachten. Sie sind obligate Zellparasiten, in denen jedoch Stoffwechselvorgänge nachzuweisen sind. Trotzdem lassen sie sich auf leblosen Nährsubstraten nicht kultivieren. Sie zeigen einen Tropismus zu bestimmten Zellen wie Endothelien der Blutgefäße, Serosazellen des Peritoneums, Alveolar- und Bronchialepithelien. Ihre Züchtung erfolgt im Dottersack des Hühnerembryos oder in geeigneten Versuchstieren (je nach Rickettsienart Maus, Ratte, Meerschweinchen). Die Rickettsien können auch in Läusen und Zecken zur Vermehrung gebracht und nachgewiesen werden. Mit Ausnahme von Rickettsia burneti sind die Rickettsien gegen Umwelteinflüsse wenig resistent. In feuchtem Milieu werden sie schon bei 50 °C abgetötet, und die gebräuchlichen Desinfektionsmittel bewirken eine rasche Inaktivierung. In Läusefäzes können Rickettsien allerdings unter normalen Umweltbedingungen während mehrerer Wochen infektiös bleiben. Rickettsia burneti ist wesentlich resistenter als die übrigen Rickettsien und erfährt u. a. aus diesem Grunde eine Sonderstellung. Sie wird von vielen Autoren als Coxiella (Cox) bezeichnet. Rickettsia burneti wird bei 70 °C erst nach längerer Zeit abgetötet, überlebt ein Eintrocknen an der Außenwelt während mehrerer Wochen und verhält sich auch gegenüber Desinfektionsmitteln resistent.

Bei den meisten Rickettsienarten wurden Toxine nachgewiesen, die für das pathogenetische Geschehen von Bedeutung sind. Die toxische Wirkung ist jedoch an vermehrungsfähige Rickettsien gebunden.

Die Rickettsien besitzen antigene Eigenschaften und veranlassen deshalb im warmblütigen Wirtsorganismus die Bildung spezifischer Antikörper. Die Vertreter der Fleckfiebergruppe hinterlassen eine gegenseitige, gekreuzte, postinfektiöse Immunität. Dasselbe gilt für die Erreger der Rocky-Mountain-Spotted-Fever-Gruppe. Die Rickettsien beider Gruppen liefern je ein lösliches Antigen, das innerhalb der eigenen Gruppe spezifische gekreuzte Immunitätsreaktionen ergibt. Rickettsieninfektionen verschiedener Gruppen bewirken keine gekreuzte Immunität.

Pathogenität gegenüber Versuchstieren

Die gebräuchlichsten Versuchstiere für alle Rickettsien, ausgenommen Rickettsia quintana, sind das Meerschweinchen und die weiße Maus. Bei Verwendung meerschweinchenadaptierter Rickettsienstämme zeigen sich bei diesem Tier ähnliche pathologisch-anatomische und klinische Veränderungen wie beim Menschen. Man infiziert die Tiere in der Regel intraperitoneal.

Rickettsia prowazeki erzeugt beim Meerschweinchen eine Kontinua von 4–8 Tagen ohne wesentliche andere Erscheinungen. Bei der Autopsie findet man eine vergrößerte Milz und histologisch Endothelschädigungen in den kleinen Gefäßen. Charakteristisch sind knötchenförmige Läsionen im Gehirn, die auf perivaskuläre Infiltrate zurückzuführen sind. Diese Knötchen sind auch bei Rickettsia mooseri und Rickettsia rickettsi vorzufinden.

Rickettsia mooseri verursacht nebst 4–6 Tage dauerndem Fieber beim männlichen Meerschweinchen eine charakteristische entzündlich-ödematöse Schwellung des Skrotums, deren Ursache eine spezifische Periorchitis ist. In Ausstrichen des fibrinösen Exsudates sind die Rickettsien in großer Zahl vorhanden. In der weißen Maus entsteht nach intraperitonealer Inokulation eine diffuse Rickettsienperitonitis. Infektionen durch Rickettsia mooseri ergeben eine gekreuzte Immunität gegenüber Rickettsia prowazeki.

Rickettsia rickettsi erzeugt beim Meerschweinchen ein bis 14 Tage dauerndes, kontinuierliches Fieber mit entzündlicher Schwellung des Skrotums, des Präputiums und der Ränder der Ohrmuschel, gefolgt von Hautblutungen und Nekrosen an den befallenden Körperteilen. Ein großer Teil der Meerschweinchen geht an der Infektion zugrunde. Die Veränderungen beruhen auf der selektiven Besiedlung der Gefäßendothelien und dadurch bedingten Zirkulationsstörungen.

Rickettsia conori verhält sich im Meerschweinchen pathogenetisch ähnlich wie Rickettsia rickettsi; die Infektion verläuft jedoch leichter. Rickettsia conori verursacht wie alle Erreger der Rocky-Mountain-Spotted-Fever-Gruppe ebenfalls das Skrotalphänomen und ergibt gegenüber Rickettsia rickettsi eine gekreuzte postinfektiöse Immunität.

Für *Rickettsia orientalis* ist die weiße Maus das geeignete Versuchstier. Die intraperitoneale Inokulation verursacht ein ausgiebiges Peritoneal- und Pleuraexsudat, worin die Rickettsien nachgewiesen werden können.

Rickettsia burneti erzeugt beim Meerschweinchen mehrtägiges Fieber. Bei der Autopsie findet man vor allem eine stark vergrößerte Milz. Der Rickettsiennachweis gelingt jedoch selten. Bei der Maus bildet sich Peritonealexsudat. In diesem sowie in der Milz lassen sich die Rickettsien mikroskopisch nachweisen.

Zum Nachweis der *Rickettsia quintana* fehlt ein geeignetes Versuchstier.

Verhalten in Arthropoden

In Arthropoden verhalten sich die Vertreter der Fleckfiebergruppe verschieden von denjenigen der Rocky-Mountain-Gruppe. Innerhalb der einzelnen Gruppe besteht jedoch Einheitlichkeit.

Rickettsia prowazeki und Rickettsia mooseri besiedeln bei Laus und Floh die Mitteldarmzellen, vermehren sich in deren Zytoplasma bis zum Platzen der Zelle, so daß die Rickettsien in enormer Zahl mit den Fäzes ausgeschieden werden und die Arthropoden selbst an der Epithelschädigung zugrunde gehen. Die Infektion greift nicht auf die anderen Organe über.

Die Vertreter der Rocky-Mountain-Spotted-Fever-Gruppe, für die Zecken sowohl als Reservoir wie als Überträger dienen, befallen nach Vermehrung im Darmepithel sämtliche Organe ihrer Wirte und gewährleisten dadurch eine transovarielle Übertragung von einer Zeckengeneration zur nächsten. Die Zecken überleben die Infektion und können zur Haltung von Rickettsienstämmen verwendet werden. Von den Zecken mit offener Analöffnung werden die Rickettsien mit dem Kot ausgeschieden.

Rickettsia burneti verhält sich in Zecken ähnlich wie die Rickettsien der Rocky-Mountain-Gruppe. Die Rickettsien können ebenfalls transovariell von Zeckengeneration zu -generation übertragen werden. Die Zecken gehen an der Infektion nicht zugrunde und können ebenfalls zur Haltung von Rickettsienstämmen benützt werden.

Rickettsia quintana vermehrt sich im Darm der Kleiderlaus extrazellulär, wodurch sie in der Laus von den Vertretern der Fleckfiebergruppe unterschieden werden kann. Die Laus selbst wird nicht geschädigt und geht an der Infektion nicht zugrunde.

Pathogenese und Krankheit beim Menschen

Die Rickettsien gelangen mit den Überträgern, d. h. den Läusen, Flöhen, Zecken und Milben auf den Menschen, wobei sie von den meisten Arthropoden in ihren Fäzes, von den Zecken beim Saugakt auch mit dem Speichel ausgeschieden werden. Die Infektion des Menschen erfolgt aerogen und durch Hautverletzungen perkutan. Im Körper siedeln sich die Rickettsien in den Endothelzellen der kleinen Blutgefäße, vor allem der Kapillaren an. Wegen der intrazellulären Rickettsienvermehrung gehen die Wirtszellen zugrunde, wodurch schubweise immer wieder neue Rickettsien in die Blutbahn ausgeschüttet werden und weitere Endothelien besiedeln. Nach einer Inkubation von 10–14 Tagen, während welcher zeitweise schon eine Rickettsiämie bestehen kann, kommt es zum eigentlichen Krankheitsausbruch mit hohem Fieber, dem immer eine Rickettsiämie zugrunde liegt. Mit Ausnahme der Rickettsia quintana hinterlassen die Rickettsieninfektionen eine fundierte, zum Teil gekreuzte postinfektiöse Immunität.

Beim *klassischen Fleckfieber,* verursacht durch Rickettsia prowazeki, besteht eine über mindestens 10 Tage sich erstreckende Kontinua mit Fieber bis über 40 ° C. Dieses ist vergesellschaftet mit schweren Kopf- und Gliederschmerzen, Konjunktivitis und Husten. Das Exanthem tritt zwischen 4. und 7. Tag auf. Die makulösen Effloreszenzen haben einen Durchmesser von 2–4 mm. Die Patienten sind stark benommen, und die Letalität schwankte vor Einführung der Antibiotika zwischen 10 % und 20 %.

Das *murine Fleckfieber,* verursacht durch Rickettsia mooseri, verläuft grundsätzlich in gleicher Weise. Die Krankheit ist jedoch leichter und gutartiger; die Letalität betrug vor Einführung der Antibiotika 2 %. Klassisches und murines Fleckfieber ergeben gegenseitig eine gekreuzte Immunität.

Beim *Rocky-Mountain-Spotted-Fever* beträgt die Inkubation im Durchschnitt nur 6–7 Tage. Das klinische Bild ist zu Beginn demjenigen des klassischen Fleckfiebers ähnlich. Die Dauer des Fiebers ist meistens länger als beim klassischen Fleckfieber. Die Kontinua (39 °–40 ° C) erstreckt sich über 2–3 Wochen. Charakteristisch ist ein makulopapulöses, petechiales Exanthem. Das Sensorium ist nicht so stark getrübt wie beim klassischen Fleckfieber. Trotzdem war die Letalität vor Einführung der Antibiotika hoch und betrug mindestens 20 %.

Das *Fièvre boutonneuse* sowie seine verschiedenen Varianten verlaufen im Gegensatz zum amerikanischen Fleckfieber fast immer gutartig und sind, nebst allen Erscheinungen eines Fleckfiebers, gekennzeichnet durch eine 8–14tägige Kontinua. An der Stelle des Zeckenbisses entsteht eine Primärläsion.

Rocky-Mountain-Spotted-Fever und Fièvre boutonneuse ergeben gegenseitig eine gekreuzte Immunität.

Das *japanische Fleckfieber* (Tsutsugamushi; tsutsuga = Krankheit, mushi = Milbe) entspricht in allen Teilen einem Fleckfieber. Das kontinuierliche Fieber dauert durchschnittlich 2 Wochen. Neben dem großfleckigen Exanthem fallen Schwellungen der oberflächlichen Lymphknoten auf. In der vorantibiotischen Zeit war auch beim japanischen Fleckfieber die Letalität hoch und betrug 10 %–50 %.

An der Infektionsstelle entsteht eine Primärläsion mit schmerzhaften regionalen Lymphknotenschwellungen.

Beim *Q-Fieber,* verursacht durch Rickettsia burneti, das fast ausschließlich aerogen zustande kommt, sind die Gefäßläsionen viel geringgradiger als beim Fleckfieber. Das Fieber ist remittierend, meistens begleitet von heftigen Kopfschmerzen. Fast alle Q-Fieber-Patienten weisen Lungeninfiltrate auf. Das Q-Fieber ist benigne. Ursache der seltenen Todesfälle ist fast immer eine Thrombophlebitis mit nachfolgender Embolie.

Das *Fünftagefieber (Wolhynisches Fieber)* unterscheidet sich von den übrigen Rickettsiosen durch periodische, ungefähr alle 5 Tage auftretende Fieberschübe. Die Zahl der Fieberattacken variiert zwischen 3 und 12, wobei Rezidive häufig sind. Die mit plötzlichem Fieberanstieg beginnende Krankheit führt nur bei einem kleinen Prozentsatz der Patienten zu einem roseolaartigen Exanthem. Im Gegensatz zu den übrigen Rickettsiosen hinterläßt das Fünftagefieber keine Immunität. Die Prognose ist trotzdem fast immer gut. Die Rickettsiämie besteht nicht nur während der Fieberperiode, sondern überdauert das Fieberstadium mehrere Wochen. Sie ist auch während der Rezidive immer wieder nachzuweisen.

Therapie

Die Therapie der Wahl bei sämtlichen Rickettsiosen besteht in der Verabreichung von Breitspektrumantibiotika, im besonderen von Tetracyclinen. Diese sind während aller Stadien der Krankheit wirksam und führen innerhalb von 24–36 Stunden zur endgültigen Entfieberung.

Diagnostik

Bei klinischem Rickettsioseverdacht kann die ätiologische Sicherstellung sowohl durch Erregernachweis wie teilweise serologisch durch Antikörpernachweis erfolgen.

Rickettsiennachweis. Dieser erfolgt bei allen Rickettsiosen (auch bei der Q-Fieber-Pneumonie) aus dem Blut. Je nach Art der vermuteten Rickettsiose können die Rickettsien auf das Meerschweinchen oder die weiße Maus übertragen, bzw. durch Ansetzen von Läusen oder Zecken in diesen Zwischenwirten propagiert und mikroskopisch nachgewiesen werden.

Die *Rickettsien der Fleckfiebergruppe* überträgt man intraperitoneal auf männliche Meerschweinchen oder setzt am Patienten Läuse an. Bei Infektion derselben durch die Blutmahlzeit können die Erreger schon nach wenigen Tagen im Darmepithel und anschließend in den

Läusefäzes mikroskopisch nachgewiesen werden (Giemsa- oder Machiavello-Färbung).

Die *Rickettsien der Rocky-Mountain-Gruppe* überträgt man ebenfalls auf männliche Meerschweinchen. In Analogie zu den Läusen bei der Fleckfiebergruppe kann man am Patienten Zecken ansetzen und die Rickettsien nach erfolgter Vermehrung im Zeckenwirt (der nicht geschädigt wird) nach 8–10 Tagen ebenfalls mikroskopisch nachweisen.

Die *Rickettsia orientalis* überträgt man auf die weiße Maus, wo nach intraperitonealer Inokulation ein Peritoneal- sowie ein Pleuraexsudat entsteht. Darin sind die Rickettsien mikroskopisch feststellbar.

Zum Nachweis der *Rickettsia burneti* benützt man das Meerschweinchen oder die weiße Maus. Im Meerschweinchen sind totz durchgemachter Infektion die Rickettsien mikroskopisch kaum zu finden. Man beweist die erfolgreiche Rickettsienübertragung am besten serologisch durch Antikörperbestimmungen im Rekonvaleszentenserum des Versuchstieres. Dagegen können die Rickettsien im Peritonealexsudat sowie in der Milz (Tupfpräparat) der Maus färberisch dargestellt werden. Rickettsia burneti kann durch Ansetzen von Zecken während des rickettsiämischen Stadiums auch in diesen Zwischenwirten zur Vermehrung gebracht und nachgewiesen werden.

Die *Rickettsia quintana* ist für kein Versuchstier pathogen. Man weist sie nach durch Ansetzen von Läusen. Im Gegensatz zu den Fleckfieberrickettsien vermehrt sich Rickettsia quintana auf der Oberfläche des Darmepithels (nicht intrazellulär) und ist dadurch von Fleckfieberrickettsien abzugrenzen.

Zur Züchtung und zum Nachweis aller Rickettsien eignet sich besonders die Dottersackkultur des vorbebrüteten Hühnereies.

Antikörpernachweis. Da mit Ausnahme des Fünftagefiebers alle Rickettsiosen eine Immunität hinterlassen, kann der Nachweis humoraler Antikörper diagnostisch verwertet werden. Dabei muß zwischen heterogenetischen und spezifischen Antigen-Antikörper-Reaktionen unterschieden werden.

Heterogenetische Antikörper. Die älteste, für die Fleckfieberdiagnose eingesetzte serologische Methode ist die *Weil-Felix-Reaktion:* Rekonvaleszentenseren von klassischem und murinem Fleckfieber, von Rocky-Mountain-Spotted-Fever sowie von Fièvre boutonneuse ergeben mit dem unbegeißelten Stamm von Proteus OX_{19} eine bis zu hohen Serumverdünnungen positive Agglutinationsreaktion. Diese wird nach Gruber-Widal mit Proteus als Antigen durchgeführt, ist einfach und verlangt keinerlei technische Finessen. Eine positive Weil-Felix-Reaktion spricht aber nicht unbedingt für durchgemachtes klassisches Fleckfieber, sondern kann ebenso auf eine Infektion durch Rickettsia mooseri, Rickettsia rickettsi oder Rickettsia conori zurückgehen.

Serum von Tsutsugamushi-Rekonvaleszenten ergibt mit einem anderen Stamm Proteus OX_K eine der Weil-Felix-Reaktion analoge Agglutinationsreaktion. Die Weil-Felix-Reaktion (mit Proteus OX_{19}) bleibt negativ bei Tsutsugamushi, Rickettsienpocken, Wolhynischem und Q-Fieber.

Spezifische Antikörper lassen sich heute mit Hilfe von Rickettsienantigenen nachweisen. Die einzelnen Rickettsienarten werden zur Herstellung der Antigene im Dottersack des Hühnereies gezüchtet und verarbeitet. Bei Verwendung spezifischer Rickettsienantigene bedient man sich meistens der Komplementbindungstechnik. Rickettsiosen, die unter sich eine gekreuzte postinfektiöse Immunität hinterlassen (Vertreter der Fleckfiebergruppe, Vertreter der Zeckenbißgruppe), ergeben auch gekreuzte Komplementbindungstiter.

Das Q-Fieber kann serologisch nur unter Zuhilfenahme spezifischer Rickettsienantigene diagnostiziert werden. Eine heterogenetische Reaktion ist hier nicht bekannt.

Das Fünftagefieber kann serologisch überhaupt nicht diagnostiziert werden, da keine Immunität entsteht und es bei dieser Krankheit bis heute nicht möglich war, humorale Antikörper festzustellen.

Bei allen Rickettsiosen treten die Antikörper gegen Ende der 2. Krankheitswoche, teilweise erst in der 3. Krankheitswoche auf. Titeranstiege sind von besonderer diagnostischer Bedeutung.

Epidemiologie und Prophylaxe. Wie die Erfahrung zeigt, ist das Vorkommen der einzelnen Rickettsienarten weitgehend an bestimmte geographische Zonen oder einzelne Kontinente gebunden. Eine Ausnahme macht das Q-Fieber, das überall auf der Erde vorkommen kann.

Die Rickettsiosen werden fast ausschließlich durch Zwischenwirte (Arthropoden) entweder von Mensch zu Mensch oder von Tier zu Tier und vom Tier auf den Menschen übertragen. Im großen und ganzen kann man unterscheiden zwischen Rickettsiosen, die durch Läuse verbreitet werden (klassisches Fleckfieber und Fünftagefieber) und Rickettsiosen, die durch Zecken oder Flöhe verbreitet werden (Gruppe des Rocky-Mountain-Spotted-Fever und murines Fleckfieber).

Das Q-Fieber macht unter den Rickettsiosen auch bezüglich der Übertragungsart eine Ausnahme. Zecken können wohl die Rickettsien übertragen und stellen zweifellos ein wichtiges Rickettsienreservoir dar. Effektiv infiziert sich der Mensch aber in den meisten Fällen aerogen an Rickettsienausscheidungen von säugenden Haustieren. Das Q-Fieber ist eine Anthropozoonose.

Alle prophylaktischen Maßnahmen richten sich grundsätzlich gegen die Überträger.

Das *klassische Fleckfieber* schien früher ausschließlich in Europa und Asien beheimatet und erlangte vor allem in Osteuropa und Rußland große Bedeutung. Dank Eliminierung der Kleiderläuse mit Hilfe von Insektiziden ist auch das Fleckfieber in Osteuropa und Asien fast ganz verschwunden. Ausgerottet ist das klassische Fleckfieber aber nicht. In all den letzten Jahren (bis 1974) wurden aus Afrika jährlich ca. 10 000 Fälle gemeldet (Schwerpunkte: Äthiopien, Burundi, Ruanda) und aus den Andenhochtälern Südamerikas jährlich einige hundert Fälle. Das klassische Fleckfieber wird ausschließlich durch die Kleiderlaus übertragen und tritt deshalb meistens epidemisch auf. Die Rickettsien werden mit dem Kot infizierter Läuse in enormen Mengen ausgeschieden. Infektiöser Läusekot kann nach Verstäuben inhaliert werden. Da Verlausungen mit Juckreiz einhergehen und Kratzen zur Folge haben, kann die Infektion auch über kleine Kratzwunden zustande kommen. Die Prophylaxe besteht in der Eliminierung der Läuse mit Hilfe von Insektiziden. Für speziell exponierte Personen kommen Schutzimpfungen in Frage.

Das *murine Fleckfieber* wird vor allem in tropischen und subtropischen Ländern weltweit beobachtet. Es wird durch den Rattenfloh von der Ratte auf den Menschen übertragen und tritt deshalb nur sporadisch auf. Prophylaktische Maßnahmen bestehen in Ratten- und Insektenbekämpfung.

Das *Rocky-Mountain-Spotted-Fever,* auch Zeckenbißfieber der „neuen Welt“ genannt, kommt im nördlichen und südlichen Amerika vor und tritt meistens sporadisch auf.

Das *Fièvre boutonneuse,* eines der Zeckenbißfieber der „alten Welt“, ist vor allem in den Mittel- und Schwarzmeerländern beheimatet; das nordasiatische in Sibirien.

Alle Zeckenbißfieber werden, wie der Name sagt, durch Zeckenbiß oder Zeckenkot (Zecken sind Reservoir und Zwischenwirt) von wildlebenden Nagetieren auf den Menschen übertragen. Sie treten gehäuft im Frühjahr auf. Befallen sind größtenteils Wald- und Landarbeiter. Die Prophylaxe der durch Zecken übertragenen Rickettsiosen besteht in erster Linie in der Bekämpfung und dem Fernhalten der Zecken sowie unter Umständen in Schutzimpfungen.

Beim *Q-Fieber* handelt es sich um eine ausgesprochene Zoonose. Infektionsquelle für den Menschen sind immer Schaf, Ziege und Rind.

Diese scheiden nach durchgemachter Infektion die Rickettsien aus durch die Geburtswege, mit dem Urin sowie mit der Milch. Der Mensch wie die Tiere selbst (Viehherden) infizieren sich fast immer durch Einatmen rickettsienhaltigen Staubes. Die Zecken stellen ein Rickettsienreservoir dar, sind aber für das oftmals epidemische Auftreten des Q-Fiebers nicht verantwortlich. Eine gezielte Prophylaxe ist beim Q-Fieber außerordentlich schwierig, weil viele äußerlich gesunde Tiere Rickettsien über lange Zeit ausscheiden. Künstliche Immunisierungen sind durchgeführt worden, haben aber nicht voll befriedigt. Obwohl beim menschlichen Q-Fieber Rickettsienausscheidung mit Sputum ausnahmsweise möglich ist, darf generell angenommen werden, daß rickettsieninfizierte Menschen nicht direkt infektiös sind und daß der Mensch allein die Krankheit nicht weiter verbreiten kann.

Das *Fünftagefieber* wurde lediglich während beider Weltkriege in Osteuropa beobachtet. Es kommt nur beim Menschen vor und tritt epidemisch auf, weil es, wie das klassische Fleckfieber, durch Läuse übertragen wird. Die Prophylaxe besteht in der Läusevernichtung mit Insektiziden.

XVI. Chlamydien

(Psittakose-, Lymphogranulom-, Trachomgruppe)

Bei den in der Gruppe Chlamydia (Chlamydia = Mantel) zusammengefaßten Mikroorganismen handelt es sich um kleine, ovaläre, mit basophilen Farbstoffen sich leicht färbende, in antigener Beziehung verwandte Erreger, die sich nur intrazellulär vermehren und beim Menschen, bei Säugetieren und Vögeln zu verschiedenartigen Infektionen Anlaß geben. Chlamydien wurden vor allem wegen ihrer obligat zellgebundenen Vermehrung lange Zeit als „große Viren" betrachtet. Nach heutiger Anschauung dürfen sie nicht mehr den Viren zugeordnet werden, weil sie sowohl RNA als auch DNA besitzen, eigene Stoffwechselvorgänge verzeichnen, über eine Zellmembran verfügen und auf Breitspektrumantibiotika ansprechen.

Klassifizierung

Nomenklatur und Klassifizierung dieser Gruppe haben mehrmals gewechselt und dürfen auch heute nicht als endgültig betrachtet werden, zumal die biochemischen Eigenschaften der verschiedenen Erreger erst in den letzten Jahren erforscht wurden. Man hat versucht, alle, auch die nicht pathogenen Vertreter, in einer Familie Chlamydiaceae zusammenzufassen und sie mit den Rickettsien (Familie Rickettsiaceae) in einer gemeinsamen Ordnung Rickettsiales unterzubringen.

Aus medizinischer Sicht scheint es uns erlaubt, die menschenpathogenen Vertreter als eine Gattung zu betrachten. Innerhalb dieser Gattung *Chlamydia* (Synonym *Bedsonia*, Miyagawanella) sind folgende Arten zu unterscheiden:

Chlamydia psittaci (Synonym: *Chlamydia ornithosis),*
Synonym: *Miyagawanella psittaci,*
Erreger der Psittakose (Ornithose);
Chlamydia lymphogranulomatosis,
Synonym: *Miyagawanella lymphogranulomatosis,*
Erreger des Lymphogranuloma inguinale (Lymphopathia venerea);
Chlamydia trachomatis,
Synonym: *Chlamydozoon trachomatis,*
Erreger des Trachoms;
Chlamydia oculogenitalis,
Synonym: *Chlamydozoon oculogenitale,*
Erreger der Einschlußkonjunktivitis.

Erregereigenschaften

Morphologisch sind Chlamydien kleine, rundlich-ovaläre Mikroorganismen, 0,2 zu 0,35 μm messend und damit im Lichtmikroskop eben noch sichtbar. Sogenannte Initialkörperchen können bis zu 1,0 μm Durchmesser aufweisen. Die Chlamydien lassen sich mit basischen Anilinfarbstoffen, vor allem nach Giemsa, gut färben und verhalten sich gramnegativ. Die Chlamydien sind von einer Membran umgeben, die große Ähnlichkeit mit der Zellwand gramnegativer Bakterien besitzt. Die Vermehrung erfolgt durch Zweiteilung, wobei aber zwei verschiedene Entwicklungszyklen bestehen. Man kann einen regelmäßigen Wechsel von kleinen (0,3 μm) zu großen (bis 1 μm) Gebilden beobachten, wobei die Entwicklung immer bei der kleinen Form beginnt. Die kleine Form entspricht einem elektronendichten Nukleoid, das von einer Grenzmembran umgeben ist, die große Form einer vollständigen Zelle. Es ist auch die kleine Form, die primär als Infektionserreger in den Wirt gelangt, sich dann aber zur Großzelle mit vegetativem Vermehrungszyklus ausbildet. Dieser Zyklus dauert 24–48 Stunden und wird abgeschlossen durch Rückwandlung der Großzellen in Kleinzellen. Da die Chlamydien RNA und DNA enthalten, sind sie auch aus diesem Grunde nicht mehr als Viren, sondern als kleine intrazelluläre Bakterien zu betrachten.

Bis vor kurzem war man der Auffassung, daß die Chlamydien über keine eigenen Stoffwechselvorgänge verfügen und zur Energiegewinnung auf die Wirtszelle angewiesen seien. Heute weiß man, daß diese Erreger selbst zu gewissen biochemischen Umsetzungen fähig sind und beispielsweise Glucose abzubauen vermögen.

Gegenüber physikalischen, chemischen und Umwelteinflüssen sind Chlamydien wenig resistent. Die meisten Desinfektionsmittel vermögen dieselben in kurzer Zeit zu inaktivieren. Die Erreger gehen bei 56 °C innerhalb von 5 Minuten, an der Außenwelt nach 2–3 Tagen zugrunde. Laboratoriumsstämme müssen lyophilisiert oder bei mindestens – 20 °C Kälte aufbewahrt werden.

Die Chlamydien können auf leblosen Nährmedien nicht kultiviert werden und benötigen zu ihrer Vermehrung geeignete Wirtszellen. Als Kulturmedien kommen Versuchstiere wie die weiße Maus, der Hühnerembryo (Dottersackzellen) sowie Zellkulturen verschiedener Provenienz in Frage.

Während der Erreger der Psittakose für eine Reihe von Tieren, d. h. alle seine natürlichen Wirte sowie für die weiße Maus pathogen ist, können die Erreger des Trachoms und des Lymphogranuloma inguinale höchstens auf Primaten übertragen werden, vermehren sich aber, wie alle Chlamydien, in den Dottersackzellen des Hühnerembryos.

Die Chlamydien enthalten, ähnlich Bakterienzellen, mehrere Antigene. Dabei besitzen alle pathogenen Chlamydien ein gemeinsames hitzestabiles Gruppenantigen, das für die Komplementbindungsreaktion benützt wird. Dieses gemeinsame Antigen ergibt bei den verschiedenen Krankheiten zwangsläufig gekreuzte Reaktionen. Neben den Gruppenantigenen verfügen die einzelnen Chlamydiaarten auch noch über speziesspezifische, hitzelabile Antigene, die im Neutralisationstest erfaßt werden können. Gleiche thermolabile Antigene findet man nur bei engverwandten Stämmen.

Die *Chlamydien* sind dank folgender Eigenschaften als *Bakterien* zu betrachten:

Ihre Vermehrung erfolgt durch Zweiteilung mit Beteiligung von Mesosomen.

Sie besitzen eine Zellmembran aus muraminsäurehaltigem Mukopeptid, ähnlich den gramnegativen Bakterien.

Sie besitzen desoxyribonukleinsäurehaltige Nukleoide ohne Membran.

Sie besitzen Ribosomen mit Antibiotikasensibilität.

Es sind keine Defekte in der Desoxyribonukleinsäure-, Ribonukleinsäure- und Proteinsynthese bekannt. Der einzige Stoffwechseldefekt besteht im fehlenden Mechanismus für die Erzeugung von Stoffwechselenergie, weshalb die Chlamydien auf eine intrazelluläre Existenz angewiesen sind.

Die *Chlamydien* können *keine Viren* sein,

weil Viren nur einen einzigen Nukleinsäuretyp besitzen;

weil Viren, induziert durch ihr genetisches Material, von der Wirtszelle reproduziert werden (Chlamydien verlieren innerhalb der Wirtszelle nie ihre morphologische Integrität);

weil Viren unfähig sind zu wachsen und sich zu teilen;

weil Viren keine Enzyme besitzen, welche potentielle Energie von Nahrungsstoffen in hochenergetische Verbindungen umzuwandeln vermögen.

Bezüglich Pathogenese, Klinik und Epidemiologie müssen die Chlamydiaarten getrennt behandelt werden.

1. Chlamydia psittaci

Chlamydia psittaci (Synonym: *Chlamydia ornithosis,* Synonym: *Miyagawanella psittaci)* ist der Erreger der *Psittakose (Papageienkrankheit, Ornithose).* Diese wird fast ausschließlich von Vögeln auf den Menschen übertragen und entspricht deshalb einer Zoonose. Infizierte Vögel (Papageien- wie Nichtpapageienvögel) scheiden den Erreger mit ihrem Kot aus. Nach Eintrocknen desselben kommt es durch Inhalation chlamydienhaltigen Staubes zu menschlichen Infektionen. Die Inkubation beträgt 1–2 Wochen, ist von der Infektionsdosis abhängig und kann gelegentlich auch länger als 2 Wochen dauern.

Pathogenese und Krankheitsbild. Die Erreger setzen sich in den Bronchiolen fest, vermehren sich in den Epithelzellen und führen zu einer zentrifugal sich ausbreitenden Entzündung mit allen zu einer Pneumonie gehörenden Merkmalen, wie Exsudatbildung, Hämorrhagien, Nekrosen der Alveolarwände, Fibrinablagerungen und Infiltration. Die Krankheit kann plötzlich oder auch allmählich beginnen mit fieberhaften Allgemeinsymptomen. Die Pneumonien verlaufen verschieden schwer und klingen meistens nach Zustandekommen einer Immunitätslage spontan ab, wobei jedoch Rezidive möglich sind. Der erkrankte Mensch kann die Krankheit weiterverbreiten, ist aber wenig infektiös, und Infektketten von Mensch zu Mensch gehen nie weiter als über 3–4 Personen.

Verschiedene namhafte Kliniker vertreten die Auffassung, daß die durch Papageienvögel übertragene Krankheit, die „Psittakose“, und eine durch Nichtpapageien übertragene „Ornithose“ klinisch verschieden verlaufen und die Psittakose ein ungleich schwereres Krankheitsbild darstelle als die Ornithose. Andererseits hat man namentlich bei Massenerkrankungen, verursacht durch Truthühner sowie gewöhnliche Hühner, also bei „Ornithose", recht schwere Krankheitsbilder beobachtet. Sicher ist auch, daß sich einzelne Chlamydienstämme im Tierversuch verschieden virulent verhalten. Wieweit die Art des primären Wirtes und die Zahl spontaner Passagen in dieser Wirtsspezies die Virulenz beeinflussen, ist nicht sicher bekannt. Für die Schwere des Krankheitsbildes ist die Infektionsdosis bestimmt von großer Bedeutung. Daß man sich an Tieren, die geschlossen gehalten werden, intensiver infiziert als an freilebenden, liegt auf der Hand. Obwohl nicht alle Fragen eindeutig gelöst sind, dürfen Psittakose- und Ornithoseerreger als identisch betrachtet werden.

Diagnose. Die ätiologische Diagnose wird gestellt durch Nachweis der Erreger oder serologisch.

Chlamydianachweis. Obwohl der Erreger zu Beginn der Krankheit im Blut zirkuliert, läßt er sich aus demselben nur selten isolieren. Bessere Resultate liefert die Untersuchung frischen Sputums. Bei Autopsien gelingt der Nachweis am ehesten aus der Milz. Man überträgt das Material intraperitoneal auf die weiße Maus und weist den Erreger nach 8–10 Tagen, evtl. erst nach 1–2 Mäusepassagen, in deren Peritonealexsudat und Milz mikroskopisch nach. Mit nicht mischinfiziertem Material können direkt Dottersackkulturen angelegt werden. Die mikroskopische Darstellung der Erreger wird ermöglicht durch Giemsa-Färbung oder mit fluoreszeinmarkierten Immunseren.

In der *serologischen Routinediagnostik* bedient man sich fast ausschließlich der Komplementbindungsreaktion. Diese wird jedoch erst nach dem 10., oft erst nach dem 14. Krankheitstag positiv. Komplementbindungstitet von 1 : 40 und höher sowie Titeranstiege sprechen für eine frisch durchgemachte Infektion.

Bei den Vögeln (epidemiologische Abklärungen) ergibt die direkte Komplementbindungsreaktion keine zuverlässigen Resultate, weil bei der Antigen-Antikörper-Reaktion nicht genügend Komplement gebunden wird. Man muß für den Antikörpernachweis in Vogelseren die indirekte Komplementbindungsreaktion oder eine Kapillaragglutinationsmethode benützen.

Therapie. Sulfonamide und Penicillin sind unwirksam. Man verwendet mit Erfolg Breitspektrumantibiotika, vor allem Tetracycline.

Epidemiologie und Prophylaxe. Die Ornithose ist global verbreitet. Hauptinfektionsquellen sind infizierte Vögel. Diese können Krankheitssymptome, hauptsächlich Enteritis, zeigen, können selbst an der Infektion zugrunde gehen, können aber auch inapparent infiziert sein. Sie scheiden den Erreger mit ihrem Kot lange Zeit aus. Obwohl die Chlamydien wenig resistent sind, vermag der Erreger an der Außenwelt doch mehrere Tage zu überleben. Wird eingetrockneter Vogelkot durch Wind aufgewirbelt, sind der Staub und damit auch die Luft infektiös, so daß auf dem Weg über das Respirationssystem Infektionen und Erkrankungen zustande kommen. Unter den wildlebenden Vögeln sind es vornehmlich Tauben, die sich bei Überbesiedlung zuerst gegenseitig selbst infizieren und nachher auch den Menschen anstecken. Ziervögel und Geflügel bewirken besonders häufig menschliche Infektionen; je nach Situation sogar Epidemien (zentralisierte Truthühner- und Geflügelverarbeitung bzw. -haltung). Besonders bei Massenerkrankungen stammen die erkrankten Menschen aus bestimmten Berufsgruppen wie Geflügelhalter und Geflügelverarbeiter. Außer Vögeln und Menschen können auch Säugetiere durch das Psittakoseagens infiziert werden.

Die prophylaktischen Maßnahmen konzentrieren sich auf die Hauptüberträger, die Vögel. Handelstiere (Ziervögel) sollen systematisch kontrolliert werden. Bei Feststellung von Infektionen müssen Einzeltiere wie ganze Bestände eliminiert oder isoliert werden. Es ist möglich, infektiöse Vögel durch langdauernde (3 Monate) Abgabe tetracyclinhaltigen Futters zu sanieren.

2. Chlamydia lymphogranulomatosis

Die *Chlamydia lymphogranulomatosis* (Synonym: *Miyagawanella lymphogranulomatosis)* ist der Erreger des Lymphogranuloma inguinale (Lymphopathia venerea), einer nur beim Menschen vorkommenden, in der Genitalgegend lokalisierten Infektion. Die Krankheit kommt auf der ganzen Erde vor, gehäuft in warmen Ländern und bei sozial schlecht gestellter Bevölkerung. Die Infektion erfolgt durch direkten venerischen Kontakt, so daß die Primärläsionen immer am männlichen wie am weiblichen Genitale lokalisiert sind.

Die Inkubation beträgt 3 Tage bis maximal 3 Wochen. An der Infektionsstelle entsteht eine herpetiforme Primärläsion, die bald als oberflächliches Geschwür zerfällt. In der Folge schwellen die regionären Lymphknoten an, beim Manne die inguinalen, bei der Frau diejenigen im Becken. Die Lymphknoten sind schmerzhaft und schmelzen oft eitrig ein. Zum Krankheitsbild gehören infektionsbedingte Allgemeinsymptome wie Fieber und Kopfweh. Die Affektionen können infolge immunologischer Vorgänge spontan abheilen oder in ein chronisches Stadium übergehen.

Diagnose. Die Diagnose wird durch Erregernachweis im Eiter gestellt, wobei die Chlamydien mikroskopisch oder kulturell (Dottersack- oder Gewebekultur) erfaßbar sind. Serologisch ergeben sich bei Verwendung von Chlamydienantigen positive Komplementbindungstiter (Kreuzreaktionen mit Psittakose). Für Lymphogranuloma inguinale spricht auch ein positiver Intrakutantest (allergische Reaktion vom Spättyp).

Therapie. Therapeutisch sind Sulfonamide wirksam. Mit besserem Erfolg werden jedoch Breitspektrumantibiotika eingesetzt.

Epidemiologie und Prophylaxe. Die Krankheit kommt, wie schon erwähnt, nur beim Menschen vor und wird fast ausschließlich durch venerischen Kontakt genital übertragen. Die prophylaktischen Maßnahmen sind die gleichen wie bei anderen venerischen Krankheiten.

3. Chlamydia trachomatis

Pathogenese und Krankheitsbild. Chlamydia trachomatis ist der Erreger des Trachoms. Bei diesem handelt es sich um eine chronische Keratokonjunktivitis. Der Erreger wird vor allem in sozial niedrigstehenden Bevölkerungskreisen durch direkten, aber auch indirekten Kontakt (gemeinsame Tücher u. dgl.) von Mensch zu Mensch übertragen. Die Inkubation, d. h. die Entwicklung der Krankheit, kann Wochen bis Jahre dauern. Man unterscheidet zeitlich drei Stadien: I. das Stadium des beginnenden Trachoms; II. das Stadium des manifesten Trachoms, gekennzeichnet durch Follikel- und Papillenhypertrophie (wobei der obere Fornix meist stärker befallen ist als der untere), durch Exsudation und Hornhautläsionen; III. das Stadium der Narbenbildung, besonders auf der Hornhaut.

Diagnose. Die ätiologische Diagnose muß durch Erregernachweis gestellt werden. Dieser erfolgt mikroskopisch in Bindehautabstrichen, die nach Giemsa oder mit fluoreszierenden Antikörpern gefärbt werden. Der Trachomerreger läßt sich überdies in Dottersackkulturen sowie bestimmten Zellkulturen vermehren.

Therapie. Therapeutisch werden vor allem Breitspektrumantibiotika, aber auch Sulfonamide in Salbenform lokal verabreicht. Daneben ist eine Besserung der sozialen Verhältnisse nicht nur epidemiologisch, sondern auch therapeutisch notwendig.

Epidemiologie und Prophylaxe. Das Trachom ist verbreitet in den warmen Ländern um das Mittelmeer, in Afrika, in weiten Teilen Asiens sowie in Lateinamerika. Man schätzt, daß 400 Millionen Menschen vom Trachom befallen sind und daß das Trachom die häufigste Ursache für Blindheit ist. Die Verseuchung mit Trachom ist vor allem hoch in Ländern mit niedrigem sozialem Stand und ungenügender Hygiene. Sie beträgt dort bis zu 100 %. In vielen

Gegenden sind schon 50 % der Schulkinder mit dem Stadium II behaftet.

Als prophylaktische Maßnahme kommen vor allem eine Hebung der sozialen Verhältnisse, Erziehung zu besserer Hygiene und Massentherapie mit antibakteriellen Mitteln in Frage. Versuche, gegen das Trachom künstlich zu immunisieren, haben nicht zum Erfolg geführt.

4. Chlamydia oculogenitalis

Chlamydia oculogenitalis, nah verwandt mit Chlamydia trachomatis, ist der Erreger der Einschlußkonjunktivitis, einer akuten, schleimig-eitrigen Papillarkonjunktivitis. Diese besitzt keine Beziehung zum Trachom. Man findet die Einschlußkonjunktivitis fast ausschließlich bei *Neugeborenen* zwischen dem 5. und 14. Lebenstag. Diese infizieren sich im Geburtskanal während der Geburt, weil Chlamydia oculogenitalis im weiblichen Genitale um den Zervikalkanal herum parasitiert. Man hat die Einschlußkonjunktivitis auch als venerisches Trachom bezeichnet, was falsch ist. Das Trachom kann in den ersten Säuglingswochen noch gar nicht vorkommen. Im übrigen ist bei der Einschlußkonjunktivitis, die nach 3–6 Monaten spontan abheilt, im Gegensatz zum Trachom, der untere Fornix stärker befallen.

Die Diagnose erfolgt wie beim Trachom durch Erregernachweis, wobei man auch Zervixabkratzungen der Mutter in die Kontrolle einbeziehen kann. In den Epithelzellen findet man ähnliche Einschlußkörperchen wie beim Trachom.

Therapeutisch wird lokale Tetracyclinapplikation empfohlen.

Übertragungen von Säugling zu Säugling können durch hygienische Maßnahmen verhindert werden. Die Verhinderung der Übertragung von der mütterlichen Zervix auf das Kind gelang jedoch bis heute nicht.

Die Einschlußkonjunktivitis soll in trachombefallenen Bevölkerungen nicht vorkommen.

Chlamydia oculogenitalis ist auch für die *unspezifische Urethritis* beim Mann verantwortlich gemacht worden, zumal man diesen MO nicht nur in der Urethra des Mannes, sondern auch im Zervikalsekret der „gesunden“ Partnerinnen gefunden hat. Das letzte Wort über die pathogene Bedeutung der Chlamydia oculogenitalis ist noch nicht gesprochen.

XVII. Mykoplasmen

Die Mykoplasmen sind bakterienähnliche Mikroorganismen, die keine Zellwand besitzen. Sie wurden während Jahrzehnten als

PPLO (pleuro-pneumonia like organisms) bezeichnet, weil Nocard und Roux 1898 festgestellt hatten, daß solche Mikroorganismen die Erreger der ansteckenden Peripneumonie der Rinder sind. Auch heute noch sind Mykoplasmen im veterinärmedizinischen Bereich von größerer Bedeutung als im humanmedizinischen. In der Humanmedizin interessiert uns in erster Linie das Mycoplasma pneumoniae, früher *Eaton agent* benannt, als Erreger der seinerzeit als „atypische Pneumonie" bezeichneten Pneumonieform.

Klassifizierung

Eine endgültige Klassifizierung der Mykoplasmen existiert noch nicht. Mykoplasma darf als Gattung betrachtet werden, der eine ganze Reihe unterscheidbarer Arten zugeordnet sind. Während die Spezies Mycoplasma mycoides, Mycoplasma agalactiae, Mycoplasma canis und Mycoplasma arthritidis ausschließlich veterinärmedizinische Bedeutung besitzen, muß der Humanmediziner über Mycoplasma pneumoniae und Mycoplasma hominis orientiert sein.

Mycoplasma pneumoniae ist der Erreger der früher als „primär atypische Pneumonie" bezeichneten Pneumonieform und wird im Respirationssystem Erkrankter gefunden.

Mycoplasma hominis läßt sich häufig im Genitaltraktus vor allem der Frau, aber auch des Mannes nachweisen und galt eine Zeitlang als Erreger sog. unspezifischer, d. h. nicht gonorrhoischer Urethritiden sowie anderer Genitalaffektionen. Da dieser Mikroorganismus aber auch bei vielen gesunden Personen nachgewiesen werden kann, ist man sich zur Zeit über dessen pathogene Bedeutung nicht im klaren.

Morphologie. Morphologisch sind die Mykoplasmen Kleinlebewesen sui generis. Sie sind als bakterienähnliche Mikroorganismen aufzufassen, denen die Zellwand vollständig fehlt und deren Zytoplasma nur von der feinen Zellmembran umgeben ist. Die Mykoplasmen weisen dementsprechend keine feste Gestalt auf, sondern sind von quallenartiger Plastizität. Ihre Form wechselt stark und ihre Größe variiert zwischen 0,1 und 5–10 μm. Weil die Mykoplasmen keine Zellwand besitzen, können sie mit den üblichen für Bakterien verwendeten Färbemethoden nicht dargestellt werden. Am besten betrachtet man sie mit dem Phasenkontrast- und dem Dunkelfeldmikroskop, oder man versucht, sie sorgfältig und langsam fixiert nach Giemsa zu färben.

Kultur. Da es sich bei den Mykoplasmen um bakterienähnliche Organismen mit eigenem Stoffwechsel handelt, können sie auf leblosen Nährsubstraten, die allerdings viel Eiweiß (30 % Serumzusatz) enthalten müssen, aerob wie anaerob kultiviert werden. Zu ihrer Vermehrung bevorzugen sie (wegen des hohen osmotischen Druckes im wandlosen Zellinnern) hypertonische Medien mit einem pH von 7,8 bis 8,0. Biochemisch sind Mykoplasmen relativ aktiv und vergären eine Reihe von Zuckerarten; Mycoplasma pneumoniae erzeugt Hämolyse. Mycoplasma pneumoniae kann im übrigen auf der Bronchialschleimhaut von Hamstern und Baumwollratten sowie im Hühnerembryo und auf Gewebekulturen gezüchtet werden. Gegen Umwelteinflüsse sind Mykoplasmen wenig resistent.

Alle pathogenen Mykoplasmen wirken antigen und erzeugen im Wirtsorganismus spezies-, z. T. typenspezifische Antikörper. Diese benötigt man für die genaue Identifizierung der Mykoplasmen; im Patientenserum nachgewiesen sind die Antikörper von diagnostischer Bedeutung. Mykoplasmen sind nicht identisch mit L-Formen von Bakterien (L-Formen s. S. 9).

1. Mycoplasma pneumoniae

Pathogenese und Krankheitsbild. Wie schon erwähnt, ist Mycoplasma pneumoniae der Erreger der Mykoplasmapneumonie und auch weiterer, nicht pneumonischer Affektionen des Respirationssystems. Die Übertragung erfolgt aerogen durch Tröpfcheninfektion von Mensch zu Mensch. Nach einer Inkubation von 10–14 Tagen erkrankt der Patient allmählich mit Müdigkeit, Fieber und Husten. Die klinischen Untersuchungen ergeben das Bild einer abakteriellen Pneumonie, die sich von Viruspneumonien nicht ohne weiteres unterscheiden läßt. Die Krankheit kann mehrere Wochen dauern, besitzt aber eine gute Prognose und hinterläßt eine Immunität.

Diagnose. Die ätiologische Diagnosestellung erfolgt durch kulturellen Mykoplasmanachweis im Sputum oder serologisch. Die Routinediagnostik basiert fast ausschließlich auf serologischen Daten. Angewandt werden die Komplementbindungsreaktion, der Wachstumshemmtest, ein Hämagglutinationshemmtest sowie die Immunfluoreszenz. Komplementbindungstiter von 1 : 80 und höher deuten auf eine frisch durchgemachte Mykoplasmainfektion hin, niedrigere Titer auf eine früher durchgemachte. Im allgemeinen persistieren die komplementbindenden Antikörper nicht länger als 1 Jahr.

Therapie. Therapeutisch sind Breitspektrumantibiotika, vor allem Tetracycline wirksam, während sich Penicillin (wegen des Fehlens einer Zellwand) sowie Sulfonamide als unwirksam erweisen.

Epidemiologie und Prophylaxe. Infektionen mit Mycoplasma pneumoniae kommen nur beim Menschen vor, wobei örtlich und zeitlich gehäufte Infektionen immer wieder beobachtet wurden. Die Erfahrung lehrt, daß Mykoplasmainfektionen wenig kontagiös sind.

Dementsprechend wurden nie große Epidemien, wie wir sie bei der Grippe kennen, registriert. Erkrankungsfälle kommen in jedem Lebensalter vor; vermehrt jedoch bei Jugendlichen bis ins 3. Jahrzehnt.
Spezielle prophylaktische Maßnahmen sind wegen der geringen Infektiosität der Krankheit kaum notwendig.

2. Mycoplasma hominis

Wie eingangs betont, ist man sich über die Pathogenität dieses im Genitaltraktus gefundenen Mykoplasmas nicht im klaren, obwohl man vereinzelt bei Bartholinitis, bei Salpingitis sowie bei puerperalseptischen Zuständen diesen Erreger in Reinkultur gezüchtet hat.

3. Mykoplasmen bei neoplastischen Erkrankungen

In den letzten Jahren wurden bei generalisierten neoplastischen Erkrankungen, vor allem Leukämien, vereinzelt Mykoplasmen aus Knochenmark oder Blut gezüchtet. Ihre Beziehung zu den bösartigen Erkrankungen ist noch ungeklärt. Die Mykoplasmen sind jedoch kaum von ätiologischer Bedeutung.

XVIII. Spirochäten

Spirochäten sind spiralig geformte, lange, dünne, bewegliche, bakterienähnliche Mikroorganismen. Nebst zahlreich vorkommenden saprophytären Arten kennt man drei Hauptvertreter menschenpathogener Spirochäten, die in drei verschiedene Gattungen eingeteilt sind:

- *Borrelien,* die Erreger der Rückfallfieber;
- *Treponemen,* die Erreger der *Syphilis* und *syphilisähnlicher Krankheiten;*
- *Leptospiren,* die Erreger der *Leptospirose.*

Allen Spirochätosen liegt eine generalisierte Infektion des Wirtsorganismus zugrunde.

Klassifizierung

Die Ordnung *Spirochaetales* ist in zwei Familien mit je drei Gattungen unterteilt:

Familie I Spirochaetaceae

Alle Vertreter dieser Familie sind apathogene Saprophyten und damit medizinisch ohne Bedeutung. Es handelt sich um große, spiralig gewundene Mikroorganismen; je nach Art von einer Länge zwischen 30 μm und 500 μm und einer Dicke zwischen 0,5 μm und 3 μm.

Familie II Treponemataceae

Gattung I *Borrelia*
Gattung II *Treponema*
Gattung III *Leptospira*

Alle drei Gattungen enthalten artspezifische Krankheitserreger.

Morphologisch handelt es sich bei allen Angehörigen der Familie Treponemataceae – im Gegensatz zur Familie Spirochaetaceae – um dünne (maximal 1,5 μm dicke) und 4–16 μm (maximal 30 μm) lange, spiralförmige Mikroorganismen, von denen sich die meisten färberisch nur schwer darstellen lassen (Abb. 24).

Die drei Gattungen Borrelia, Treponema und Leptospira verhalten sich morphologisch, biologisch, epidemiologisch sowie bezüglich Krankheitsbilder derart unterschiedlich, daß sie getrennt behandelt werden müssen.

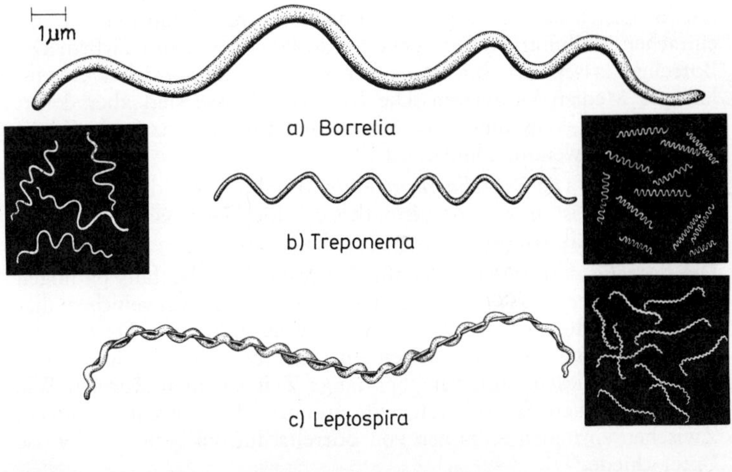

Abb. 24 Spirochäten: Borrelia, Treponema } Grobstruktur; Leptospira, mit Achsenfaden

1. Borrelien

Die beiden wichtigsten menschenpathogenen Arten, *Borrelia recurrentis* (Synonym: *Borrelia obermeieri)* und *Borrelia duttoni,* sind die Erreger der Rückfallfieber. Schon 1868 hat Obermeier die Borrelia recurrentis im Blut von Berliner Rückfallfieberpatienten gesehen. Die Borrelie gilt als der erste im menschlichen Blut entdeckte Krankheitserreger.

Die beiden Spezies Borrelia recurrentis und Borrelia duttoni sind nahe verwandt. Sie müssen jedoch wegen Abweichungen in ihrem biologischen Verhalten voneinander unterschieden werden.

Morphologie. Morphologisch sind sich alle Borrelien gleich. 0,3 bis 0,6 µm dick und 10–20, maximal 30 µm lang, weisen sie 4–10 unregelmäßige Windungen auf. Ihre Dicke ist nicht konstant; der Spirochätenleib wird gegen die Enden zu dünner. Die Borrelien sind von einer schleimigen Hülle umgeben. Das darunterliegende Zytoplasma wird durch die Membran zusammengehalten und bildet einen zylindrischen Längskörper. Dieser ist umwunden von einem Fibrillenbündel mit 7–10 Fibrillen, die ihrerseits einen Durchmesser von 0,02 µm haben. Eigentliche Geißeln fehlen. Dank der Fibrillen ist eine intensive Eigenbewegung möglich.

Wie alle Spirochäten werden auch die Borrelien am besten in lebendem Zustand (Nativpräparat) bei Dunkelfeldbeleuchtung betrachtet. Im Gegensatz zu Treponema und Leptospira kann man sie mit einfachen Anilinfarbstoffen, besser jedoch nach Giemsa färben. Die Borrelien lassen sich höchstens bei Verwendung spezieller eiweißhaltiger Medien kultivieren. Die Kulturergebnisse sind aber derart unregelmäßig, daß dieses Verfahren diagnostisch unzuverlässig ist und keine Anwendung findet.

Pathogenität. Die *Borrelia recurrentis*, die durch Kleiderläuse übertragen wird, ist nur menschenpathogen. Ihr Nachweis im Blut erfolgt direkt mikroskopisch oder über den Läusetest.

Die *Borrelia duttoni* ist außer für den Menschen ebenfalls pathogen für Nagetiere, weshalb Mäuse, Ratten oder Meerschweinchen diagnostisch und experimentell verwendet werden können. Da Borrelia duttoni durch Zecken übertragen wird, kann sie auch in diesen nicht nur nachgewiesen, sondern über lange Zeit gehalten werden. Wie alle pathogenen Spirochäten wirken auch die Borrelien antigen. Zwischen einzelnen Stämmen von Borrelia duttoni bestehen gewisse Unterschiede.

Pathogenese und Krankheitsbild. Die Borrelien werden ausschließlich durch blutsaugende Zwischenwirte (Arthropoden) übertragen. Die Übertragung der Borrelia recurrentis erfolgt durch Läuse, diejenige von Borrelia duttoni durch Zecken.

Die Borrelia recurrentis befindet sich in der Koxalflüssigkeit der infizierten Laus. Der neue Wirt wird nur infiziert bei Austritt von Koxalflüssigkeit infolge Verletzung der Chitinhülle der Laus, was aber schon beim Abbrechen eines Beines der Fall ist. Mit der Koxalflüssigkeit gelangen die Borrelien auf die Haut und können dieselbe durchdringen, ohne daß feststellbare Hautverletzungen vorhanden sind.

Die Borrelia duttoni befindet sich in den Zecken nicht nur in der Hämolymphe, sondern auch in anderen Organen, u. a. den Speicheldrüsen. Dementsprechend kann Borrelia duttoni sowohl durch den Zeckenbiß als auch durch infektiöse Koxalflüssigkeit übertragen werden.

Die durch die Haut eingedrungenen Borrelien gelangen sowohl auf dem Blut- als auf dem Lymphweg in die Organe, wo sie sich in periodischen Zyklen vermehren. Die Vermehrungsphasen verursachen toxische Nebenwirkungen, die ihrerseits Fieber und Organveränderungen bewirken. Die Inkubation der Rückfallfieber beträgt 5–8 Tage. Die Krankheit beginnt mit plötzlicher Temperatursteigerung bis über 40 ° C. Die einzelnen Fieberschübe dauern 3–7 Tage, worauf die Temperatur kritisch zur Norm absinkt, um nach einer Erholungsphase von 6–8 Tagen erneut anzusteigen. Die weiteren 3 bis 5 bis maximal 10 Fieberanfälle werden zunehmend leichter und kürzer (Immunitätsvorgänge), worauf schließlich Entfieberung eintritt. Bei komplikationslosem Verlauf ist die Prognose des Rückfallfiebers gut. Die Letalität ist besonders seit der Einführung von Antibiotika auf ein Minimum gesunken. Die Rückfallfieber hinterlassen eine Immunität, die aber zeitlich begrenzt ist und sich auf Borrelienstämme gleicher Herkunft beschränkt.

Therapie. Therapeutisch sind in jüngerer Zeit nur noch Penicilline, Tetracycline und Chloramphenicol verwendet worden. Sie wirken schlagartig und müssen nur wenige Tage verabreicht werden. Die Medikamente sind, wenn möglich, während eines Fieberanfalles zu verabreichen.

Diagnose. Die auf Grund der epidemiologischen Situation und des charakteristischen Fieberverlaufes gestellte Verdachtsdiagnose wird ätiologisch bestätigt durch den Borreliennachweis im Patientenblut.

Beim Läuserückfallfieber (Borrelia recurrentis) gelingt dieser Nachweis während des Fieberanfalles fast immer direkt mikroskopisch im „dicken Tropfen". Daneben können Läuse angesetzt und die Borrelien nach 6–9 Tagen in deren Koxalflüssigkeit nachgewiesen werden. Beim Zeckenrückfallfieber (Borrelia duttoni) gelingt der direkte Borreliennachweis im Blut weniger häufig. Der Läusetest kann durch den Zeckentest ersetzt werden. Das diagnostische Versuchstier der Wahl ist aber die weiße Maus. Infiziert man Mäuse intraperitoneal mit Patientenblut, kann die Borrelia duttoni nach 3–4 Tagen ohne Schwierigkeiten mikroskopisch im Mäuseblut gesehen werden. Serologische Methoden sind diagnostisch von untergeordneter Bedeutung.

Epidemiologie und Prophylaxe. *Borrelia recurrentis, epidemisches Rückfallfieber.* Das Läuserückfallfieber war noch zu Beginn des 20.

Jahrhunderts global verbreitet. Innerhalb Europas gingen die Epidemien immer wieder vom polnischen Raume und den Balkanländern aus. Heute ist das epidemische Rückfallfieber weitgehend verschwunden und kommt nur noch im nordafrikanischen Raume vor. Die Übertragung erfolgt fast ausschließlich durch die Kleiderlaus, weshalb die Ausbrüche stets epidemischen Charakter haben. Die prophylaktischen Maßnahmen basieren auf der Eliminierung der Läuse mit Insektiziden.

Borrelia duttoni, endemisches Rückfallfieber. Das Zeckenrückfallfieber ist heute noch endemisch in fast sämtlichen Gebieten Afrikas, im Nahen Osten bis Indien sowie in Mittelamerika. Dessen Vorkommen ist an Zeckenreservoire gebunden. Da die Zecken nur alle 2–3 Monate auf eine Blutmahlzeit angewiesen sind, nimmt das Zeckenrückfallfieber nie epidemisches Ausmaß an, sondern tritt endemisch oder sporadisch auf. Die Prophylaxe ist schwieriger als bei der Übertragung durch Läuse, besteht aber auch hier in der Bekämpfung der Zecken mit Insektiziden und vor allem in der Verbesserung der Wohnverhältnisse.

Borrelia vincenti

Borrelia vincenti ist eine dritte menschenpathogene Borrelienart, die jedoch zu keiner generalisierten Infektion führt, sondern (in Symbiose mit gramnegativen fusiformen Bakterien) beteiligt ist am Zustandekommen der Angina Plaut-Vincent (s. S. 202).

2. Treponemen

Die drei menschenpathogenen Treponemenarten sind

Treponema pallidum, der Erreger der Syphilis,
Treponema pertenue, der Erreger der Frambösie,
Treponema carateum, der Erreger der Pinta.

Diese drei Treponemenarten sind derart nah verwandt, daß sie sich weder morphologisch noch antigenetisch voneinander unterscheiden. Die Beschreibung der einen Art besitzt deshalb auch Gültigkeit für die beiden anderen. Die Krankheiten, welche durch die drei verschiedenen Treponemen hervorgerufen werden, erweisen sich ebenfalls als ähnlich.

Treponema cuniculi, der Erreger der Kaninchentreponematose ist nicht menschenpathogen, war jedoch von Bedeutung für die experimentelle Syphilisforschung. Auch Treponema cuniculi ist morphologisch von den menschenpathogenen Treponemen nicht zu unterscheiden.

a) Treponema pallidum

Das *Treponema pallidum,* der Hauptvertreter dieser Gattung, ist der Erreger der *Syphilis (Lues).* Es wurde 1905 von Schaudinn im Sekret syphilitischer Primär- und Sekundäreffloreszenzen erstmals nachgewiesen.

Morphologie. Morphologisch sind Treponemen korkzieherartig aufgewundene, dünne fadenförmige Mikroorganismen. Charakteristisch sind Gleichmäßigkeit und Amplitudengröße der Primärwindungen. Die Treponemen weisen eine Länge von 6–15 µm und einen mittleren Durchmesser von 0,13 µm auf. Die Zahl der Windungen variiert zwischen 4 und 12, ihre konstante Länge beträgt 1,15 µm. Der Treponemenleib ist von gleichmäßiger Dicke und verdünnt sich nur gegen die Enden hin; Geißeln fehlen. Die Treponemen sind von einer feinen Hülle umgeben. Das darunterliegende Zytoplasma ist zusammengefaßt von einer resistenten Zellmembran. Diese schließt ein Fibrillenbündel in sich, das aus 3–5 Fibrillen besteht. Zentral liegt ein starrer Faden oder Achsenzylinder. Die sich bewegenden Treponemen rotieren um ihre eigene Längsachse.

Die Treponemen lassen sich wegen ihres geringen Durchmessers, aber auch biochemisch bedingt, nur schwer färberisch erfassen. Am ehesten gelingt dies mit der Romanowsky-Giemsa-Färbung und ihren Varianten sowie mit Silberimprägnierungsverfahren (vor allem in Gewebeschnitten). Man beobachtet die Treponemen besser in lebendem Zustand mit Hilfe der Dunkelfeldbeleuchtung oder stellt sie unter Verwendung tuscheähnlicher Präparate negativ dar.

Das Treponema pallidum ließ sich bis heute nicht kultivieren. Als Nachweismethoden kommt nur der direkte mikroskopische Nachweis, vor allem im Dunkelfeld, sowie die eventuelle Übertragung auf Affen und Kaninchen in Frage. Gegen Umwelteinflüsse sind die Treponemen widerstandslos und gehen an der Außenwelt rasch zugrunde. Die Treponemen verfügen über antigene Eigenschaften und induzieren im Wirtsorganismus die Bildung von Antikörpern, deren Nachweis diagnostisch von großer Bedeutung ist.

Pathogenese und Krankheitsbild. Die Infektion erfolgt immer nach direktem Kontakt mit treponemenhaltigen Läsionen durch die Haut oder die Schleimhäute hindurch, wobei feine Läsionen der Epidermis für das Zustandekommen der Infektion unumgänglich sind. In der Folge vermehren sich die Treponemen in der Umgebung der Eintrittsstelle langsam (Generationszeit von Treponema pallidum 36 Stunden) und verursachen im umliegenden Gewebe eine Sensibilisierung. Die spezifische Reaktion des Gewebes zeigt sich in der Bildung eines sogenannten Schankers an der Inokulationsstelle. Dieser tritt 3–6 Wochen nach Eintritt des Erregers durch die Haut auf und wird als *Primäraffekt* bezeichnet. Die infiltrative Stelle ist indolent und stets begleitet von einer Schwellung der regionären Lymphknoten *(Primärkomplex)*. In der Tiefe des Primäraffektes finden sich reichlich Spirochäten. Diese besitzen eine Prädilektion für Gefäßwände und Bindegewebe.

Der streng lokalisierte Primäraffekt darf nicht als lokale Infektion betrachtet werden, denn zur Zeit seines Bestehens haben sich die Erreger schon im ganzen Körper verbreitet.

Obwohl jeder Primäraffekt auch ohne Behandlung nach 2–4 Wochen verschwindet, besteht die generalisierte Infektion und damit die Krankheit weiter. Nach mehreren Wochen bis mehreren Jahren kann die Krankheit auch äußerlich wieder aufflackern. Man spricht vom *Sekundärstadium,* das stets generalisiert ist und sich im Sinne einer Roseola oder eines papulösen Exanthems, verbunden mit Enanthemen und Polyadenopathie äußert. Alle Exantheme des Sekundärstadiums enthalten Treponemen. Vor allem die nässenden Papeln und die Affektionen der Schleimhäute (plaques muqueuses) sind hochinfektiös. Wie der Primäraffekt verschwinden auch die Eruptionen des sekundären Stadiums spontan, worauf nach Jahren, in denen die Syphilis latent bleibt *(Lues latens), tertiärluische* Organmanifestationen, z. B. Mesaortitis, und *neuroluische* Symptome auftreten können. Die Tertiärformen erscheinen plötzlich und neigen (autoimmunologisch bedingt) zu rascher Ausbreitung mit starkem Gewebszerfall. Tertiäre Manifestationen enthalten höchstens noch ganz spärlich Spirochäten und sind praktisch als nicht infektiös zu betrachten.

Unter *Lues connata (Lues congenita)* versteht man eine diaplazentar, von der Mutter auf den Feten übertragene luische Infektion. Diese erfolgt immer erst nach dem 4. Schwangerschaftsmonat. Lues connata kann zum Absterben des Feten führen oder die Geburt eines schwerkranken Säuglings zur Folge haben, in dessen Organen die Treponemen in großer Zahl vorhanden sind.

Immunität. Im Laufe der Infektion stellt sich im Wirtsorganismus eine Immunitätslage ein, die ab 10. Tag nach Erscheinen des Primäraffektes objektivierbar und diagnostisch verwertbar wird. Die Immunität erreicht während der Sekundärperiode ihren Höhepunkt, um sich später allmählich wieder zu verlieren. Obwohl während des Tertiärstadiums Superinfektionen beobachtet wurden, darf bei der Lues im großen und ganzen eine *infektgebundene Immunität* angenommen werden. Dies bedeutet, daß man sich nicht reinfizieren kann, solange die frühere Infektion nicht geheilt ist.

Diagnose. Eine sichere *ätiologische Syphilisdiagnose* kann durch Nachweis der Treponemen oder durch serologische Untersuchung gestellt werden.

Treponemennachweis. Hierzu dienen die Primär- und Sekundäreffloreszenzen sowie die Organe von konnatal-luischen Feten. Der Nachweis des Erregers in primär-luischem Preßsaft oder papulöser Flüssigkeit erfolgt am besten dunkelfeldmikroskopisch. Aus Organen Verstorbener weist man die Spirochäten in histologischen Schnittpräparaten mit Hilfe von Silberimprägnierungsverfahren nach.

Antikörpernachweis. Ca. 10 Tage nach Auftreten des Primäraffektes kann die Diagnose Syphilis auch serologisch gestellt werden. Serologische Methoden besitzen bei der Erfassung syphilitischer Infektionen die größte Bedeutung, nicht nur weil sie technisch einfacher durchführbar sind als der Erregernachweis, sondern weil die Lues während der größten Zeit ihres Bestehens keine infektiösen Manifestationen zeigt und der Erreger während dieser langen Intervalle nicht zu finden ist. Hinzu kommt, daß die Lues in der Mehrzahl aller Fälle nicht nur zu diagnostizieren, sondern vor allem auszuschließen ist.

Serologische Methoden

Der Nachweis luesspezifischer Antikörper erfolgt mit der

Komplementbindungsreaktion, im Volksmund „Wassermannsche Reaktion" genannt, von *Bordet und Gengou* als Methode entwickelt und später von *Wassermann und Mitarbeitern* für die Luesdiagnose weiter ausgearbeitet;
Flockungsreaktion nach *Kahn* oder *Meinicke,* der *Citocholreaktion* und der *Chediakreaktion;*
Hämagglutinationsreaktion;
Immunfluoreszenz-Methode;
Treponema-Agglutinationsreaktion (nach Nelson).

Als Antigene für die Komplementbindungsreaktion sowie für die Flockungsreaktionen verwendet man ausschließlich gereinigte alkoholische Organextrakte, verbessert durch Cholesterinzusatz. In all diesen alkoholischen Extrakten sind Lipoide antigenetisch wirksam; also Antigene, die herkunftsmäßig mit dem Lueserreger nicht identisch sind. Alle mit Lipoidantigenen durchgeführten Reaktionen sind demzufolge heterogenetische Reaktionen und damit für Lues nicht streng spezifisch (eine positive Wassermann-Reaktion ist nicht unbedingt identisch mit einer bestehenden Lues).

Die einzige zur Zeit Verwendung findende spezifische Reaktion ist eine Agglutinationsreaktion; *Treponemen-Immobilisierungstest* nach *Nelson* benannt. Als Antigen verwendet man dabei einen kaninchenadaptierten Stamm von Treponema pallidum, der laufend in Kaninchenhodenpassagen gezüchtet wird. Der Nelson-Test gilt bei positivem Ausfall als für Lues streng spezifisch, er kommt aber, weil zu kompliziert und aufwendig, für die Routinediagnostik nicht in Frage und muß der Klärung von Sonderfällen reserviert bleiben. Ein Nelson-Test ist vor allem dann angezeigt, wenn positive heterogenetische Luesreaktionen festgestellt wurden, eine Syphilis aber fragwürdig ist.

Als ebenso spezifisch wie der Nelson-Test gilt heute die *Immunfluoreszenz-Methode*. Dazu wird meistens der sog. Reiterstamm (ein kultivierbares Treponema) verwendet.

Die serologischen Luesreaktionen sind während der Inkubation und zu Beginn des Primärstadiums negativ, werden dann rasch positiv, um während der Sekundärzeit ihre Kulmination zu erreichen. Nachher werden sie, entsprechend der nachlassenden Immunität, allmählich wieder schwächer. Sie können im Tertiärstadium und bei neuroluischen Erkrankungen unter Umständen negativ ausfallen.

Therapie. In der Therapie der Syphilis hat das *Penicillin* sämtliche früheren Medikamente verdrängt. Da alle Treponemen wohl hochempfindlich sind, ihre Generationszeit aber mindestens 30 Stunden beträgt, muß darauf geachtet werden, daß der Penicillinspiegel während der Behandlung nie ganz abfällt. Die Penicillindosis muß in einer optimalen Beziehung zur Behandlungsdauer stehen. Empfohlen werden je nach luischem Stadium 5–30 Millionen Einheiten, verabreicht als Depotpenicillin über eine Dauer von mindestens 3–4 Tagen, besser 2–3 Wochen. Bei Penicillinallergie kommen an seiner Stelle Tetracycline oder Chloramphenicol in Frage.

Epidemiologie und Prophylaxe. Die Syphilis ist weltweit verbreitet. Die erworbene Syphilis wird fast ausschließlich durch direkten Kontakt mit Primär- und Sekundäreffloreszenzen übertragen. In 90 % aller Fälle erfolgt die Übertragung durch venerischen Kontakt. Abgesehen von Prostituierten beiderlei Geschlechts fand man von jeher die meisten Erkrankungen bei Personen, die beruflich regelmäßig während längerer Zeit von ihrem festen Wohnort entfernt sind: bei Matrosen, Soldaten, Kellnerinnen und Kaufleuten. Der Durchseuchungsgrad ist in den verschiedenen Ländern und Regionen unterschiedlich. Nach europäischen und USA-Statistiken schwankt er zwischen 1 ‰ und 1 %, beträgt aber in bestimmten endemischen Gebieten bis 80 %. Die primären prophylaktischen Maßnahmen bestehen in der Vermeidung jeden Kontaktes mit syphilitischen Manifestationen. Da solche aber oft nicht erkannt werden und vor allem von der Frau gar nicht wahrgenommen werden, ist eine korrekte

Frühdiagnose durch den Arzt von größter praktischer Bedeutung. Personen mit vielseitigem Kontakt müssen einer systematischen ärztlichen Überwachung unterstellt werden. Als Prophylaktikum kommt, vor allem bei Prostituierten, Depotpenicillin in Frage, da solches, alle paar Wochen verabreicht, zumindest die Entstehung eines infektiösen Stadiums verhindert und damit die Weiterverbreitung unmöglich macht.

b) Treponema pertenue

Treponema pertenue ist der Erreger der *Frambösie,* einer syphilisähnlichen, in tropischen Ländern vorkommenden hochkontagiösen Krankheit. Treponema pertenue kann mikrobiologisch vom Treponema pallidum nicht unterschieden werden.

Die Frambösie unterscheidet sich von der Syphilis dadurch, daß sie an ein konstant warmes und feuchtes Klima gebunden ist, meistens durch direkten äußeren Kontakt und nur selten venerisch übertragen wird, größtenteils Kinder erfaßt, die Gefäßwände und das ZNS frei läßt, dagegen zu Epidermisproliferationen führt, weil sich die Treponemen in der Epidermis aufhalten.

Die Bekämpfung erfolgt durch Massenbehandlung mit Depotpenicillin.

c) Treponema carateum

Treponema carateum ist der Erreger der *Pinta,* einer ausschließlich im tropischen Zentral- und Südamerika vorkommenden Treponematose.

Auch Treponema carateum kann mikrobiologisch vom Treponema pallidum nicht unterschieden werden.

3. Leptospiren

Leptospiren sind, wie der Name ausdrückt, schlanke Spirochäten, die bei Mensch und Tier Leptospirosen verursachen. Leptospirosen sind immer mit Leptospirämie einhergehende, generalisierte, akut fieberhafte Erkrankungen. Sie sind global verbreitet. Die ersten pathogenen Leptospiren wurden 1915 unabhängig voneinander von deutschen und von japanischen Forschern entdeckt.

Klassifizierung

Die Gattung *Leptospira* wird zur Zeit in zwei Arten unterteilt:

- *Leptospira biflexa,* alle apathogenen, auch Wasserleptospiren genannten Leptospiren umfassend;
- *Leptospira interrogans,* alle pathogenen Leptospiren repräsentierend.

Beide Arten, von denen allerdings nur die zweite von medizinischer Bedeutung ist, können serologisch, d. h. auf Grund spezifischer Antigene weiter unterteilt werden in sogenannte Serotypen. Man kennt heute über 100 Typen und Subtypen pathogener Leptospiren, die ihrer antigenen Verwandtschaft wegen in 14 Gruppen zusammengefaßt werden.

Morphologie. Morphologisch sind Leptospiren feine Spirochäten von 10–20 μm Länge und durchschnittlich 0,1 μm Durchmesser. Sie besitzen 12–24 ziemlich gleichmäßige Primärwindungen und sind an ihren Enden „kleiderbügelförmig" abgebogen. Die Amplitude der Primärwindungen beträgt ungefähr 0,15 μm, deren Länge 0,5 μm. Der Leptospirenleib ist im mittleren Drittel am kräftigsten und verjüngt sich gegen beide Enden hin. Geißeln fehlen. Der Leptospirenleib ist, ähnlich den Treponemen, von einer feinen peripheren Hülle umgeben, besitzt eine Zytoplasmamembran und einen zentralen Achsenzylinder. Auch die Leptospire ist umwunden von einem Fibrillenbündel mit 12–15 Einzelfasern und weist eine intensive, rotierende Eigenbewegung auf. Die verschiedenen Leptospirentypen lassen sich morphologisch nicht unterscheiden. Färberisch sind sie, gleich den Treponemen, nur schwer und unter Zuhilfenahme von Spezialfärbungen darstellbar. Am besten beobachtet man sie im Dunkelfeld. Wie alle pathogenen Spirochäten sind auch die Leptospiren gegen Umwelteinflüsse wenig resistent und gehen in trockener Umgebung sofort zugrunde.

Kultur. Im Gegensatz zu Borrelien und Treponemen lassen sich die Leptospiren auf Spezialmedien unter aeroben Bedingungen bei einem Temperaturoptimum von 27 °–30 ° C leicht kultivieren.

Pathogenität. Die Leptospiren sind für fast alle Säugetiere, vor allem für alle Nagetiere und Haustiere pathogen, was von großer epidemiologischer und veterinärmedizinischer Bedeutung ist.

Antigene und Gruppierung. Die einzelnen pathogenen Leptospiren besitzen typenspezifische Antigene und werden ausschließlich auf Grund ihrer antigenen Eigenschaften differenziert und identifiziert. Antigenetisch verwandte Leptospirentypen werden in Gruppen zusammengefaßt. Die Gruppenvertreter besitzen folgende Namen:

1. Leptospira icterohaemorrhagiae
2. Leptospira javanica
3. Leptospira canicola
4. Leptospira ballum
5. Leptospira pyrogenes
6. Leptospira cynopteri
7. Leptospira autumnalis
8. Leptospira australis
9. Leptospira pomona
10. Leptospira grippotyphosa
11. Leptospira hebdomadis
12. Leptospira bataviae
13. Leptospira hyos
14. Leptospira panama

Pathogenese und Krankheitsbild. Die Leptospireninfektion erfolgt perkutan. Bei Kontakt mit feuchtem leptospirenhaltigem Milieu vermögen die Leptospiren jedoch nur durch verletzte Stellen der äußeren Haut, wohl aber durch intakte Schleimhäute (Konjunktiven) in den Körper einzudringen. Im Wirtsorganismus vermehren sich die Leptospiren, ohne an der Eintrittsstelle eine Reaktion auszulösen. Nach einer Inkubation von 7–14 Tagen beginnt die hochfieberhafte Erkrankung plötzlich. Die Fieberkurve verläuft beim Menschen fast immer zweigipflig, wobei die erste Phase 5–6 Tage, die zweite nur noch 3–4 Tage dauert. Während der ersten Phase besteht Leptospirämie. Die zweite Phase ist bedingt durch Organmanifestationen wie Ikterus, interstitielle Nephritis und seröse, nicht eitrige Meningitis. Einzelne Leptospirentypen verursachen fast regelmäßig einen Ikterus und damit ein schweres Krankheitsbild mit hoher Letalität (Prototyp: Leptospira icterohaemorrhagiae – Morbus Weil). Der größere Teil der Leptospirentypen bewirkt nur ein anikterisches Krankheitsbild, wobei die Infektion gutartig verläuft. Bei diesen benignen Leptospirosen stehen in der Initialphase das hohe Fieber und beim Auftreten der zweiten Phase die meningitischen Symptome im Vordergrund. Leptospirosepatienten entfiebern spontan nach 9–10 Tagen und verfügen über eine fundierte, jedoch nur typenspezifische Immunität, die sich serologisch objektivieren und damit diagnostisch verwerten läßt. Zweiterkrankungen mit dem gleichen Leptospirentyp sind praktisch unbekannt, wohl aber kommen Zweiterkrankungen mit anderen Leptospirentypen vor.

Diagnose. Die Leptospirose wird diagnostiziert durch Leptospirennachweis im Blut oder in den Organen, sowie serologisch.

Leptospirennachweis. Ein direkter mikroskopischer Nachweis gelingt am lebenden Patienten nicht. Man ist auf das Kulturverfahren oder den Tierversuch angewiesen, wobei man die Leptospiren aus steril entnommenem Blut, evtl. aus Organen (Leber, Niere) zu züchten versucht. Dabei müssen Spezialmedien, z. B. das nach *Korthof* benannte, verwendet werden. Bei einer optimalen Bebrütungstemperatur von 27 °–30 ° C gelangt man nach 3–4 Wochen in den Besitz einer gewachsenen Leptospirenkultur, die serologisch mit typenspezifischen Testseren identifiziert wird. Der Leptospirennachweis ist auch im Versuchstier, vor allem im Meerschweinchen möglich. Nur wenige Leptospirentypen töten das Versuchstier; die übrigen erzeugen lediglich Leptospirämie mit Fieber und nachfolgende Leptospirurie. Um zu einer verbindlichen Diagnose zu kommen, müssen aus dem Versuchstier (aus Blut oder Niere) die Leptospiren kulturell isoliert und identifiziert werden oder es sind zumindest die spezifischen Antikörper im überlebenden Versuchstier zu bestimmen.

Antikörpernachweis. Da ein einwandfreier Leptospirennachweis mindestens 4 Wochen benötigt, erfolgt die Routinediagnose fast immer serologisch. Man bestimmt im Patientenserum die nach dem 7.–8. Krankheitstag auftretenden und ansteigenden Antikörper mit Hilfe eines quantitativen Agglutinationstestes im Sinne einer Gruber-Widal-Reaktion. Als Antigene verwendet man gut gewachsene Leptospirenstämme gesicherter Typenzugehörigkeit. Wegen der Typenspezifität der Antikörper müssen so viel verschiedene Referenzstämme verwendet werden, als Leptospirentypen in der entsprechenden Region vorkommen. Bei nicht antibiotisch behandelten Patienten beobachtet man nach dem 10. Krankheitstag regelmäßig Antikörpertiter von 1:400 und höher. Bei frühzeitigen Antibiotikagaben bleibt der Antikörpertiter niedriger oder ist überhaupt nicht nachweisbar.

Therapie. Als spezifische Therapeutika werden heute ausschließlich Antibiotika verwendet. Chemotherapeutika im engeren Sinne haben sich nicht bewährt. Als Antibiotika werden vor allem Penicilline oder Tetracycline empfohlen, möglichst früh und möglichst hoch dosiert verabreicht.

Epidemiologie und Prophylaxe. Die Leptospiren sind global verbreitet, und Leptospirosen kommen auf sämtlichen Kontinenten bei Mensch und Tier vor. Bei der Leptospirose handelt es sich um eine ausgesprochene *Anthropozoonose,* bei welcher der Mensch epidemiologisch bedeutungslos ist. Der Erreger wird immer durch Tiere verbreitet und von diesen während langer Zeit ausschließlich mit dem Urin ausgeschieden. Wichtigste Leptospirenträger sind alle Muriden (Ratten und Mäuse) sowie Haustiere; unter letzteren vor allem das Schwein. Da die Leptospiren wenig resistent sind und ein Eintrocknen nicht überleben, können Infektionen nur zustande kommen bei Kontakt mit leptospirenhaltigem Urin oder urinkontaminiertem, feuchtem Milieu. Demzufolge entspricht die Leptospirose weitgehend einer Berufskrankheit. Exponiert sind alle in der Landwirtschaft tätigen Personen, besonders Schweinehüter, dann aber auch Metzger, Reisfeld- und Abwasserarbeiter.

Die Prophylaxe besteht im Vermeiden von Tierkontakten durch geeignete Kleidungsstücke (Stiefel, Gummihandschuhe), in der Bekämpfung der Muriden und in der Eliminierung oder Sanierung infektiöser Haustiere. Besonders exponierte Berufsgruppen, wie Reisfeldarbeiter und Metzger können durch aktive Immunisierung *(Schutzimpfung)* mit abgetöteten Leptospirenstämmen über Jahre gegen Erkrankung geschützt werden.

Menschenpathogene Pilze

Wie im allgemeinen Teil schon erwähnt wurde, sind Pilze chlorophyllose, zur Photosynthese nicht befähigte, d. h. in bezug auf den C-Stoffwechsel sich heterotroph verhaltende Thallophyten. Sie gewinnen ihre Energie vor allem aus dem Ab- und Umbau organischer Verbindungen. Ihre Erscheinungsformen sind Hefen oder verzweigte Myzelien.

Tab. 10 weist auf die wesentlichen Unterschiede zwischen Pilzen und Bakterien hin.

Tabelle 10 Unterschied zwischen Pilzen und Bakterien

	Pilze	Bakterien
Kern	eukariotisch Kern mit Membran	prokariotisch Nukleoide ohne Membran
	Mitose mehr als 1 Chromosom	keine Mitose nur 1 Chromosom
Plasma	Mitochondrien vorhanden	Mitochondrien nicht vorhanden
Zellwand	Chitin und/oder Zellulose	Mukopeptide
Vegetat. Körper	Myzel	Einzelzellen
Konidien (asexuelle Sporen)	vorhanden	nicht vorhanden, nur Dauersporen
Mittl. Durchmesser	10 μm	1 μm
Kleinster Durchmesser	$> 2\ \mu m$	$< 1\ \mu m$
Penicillin Tetracyclin Chloramphenicol	unempfindlich	empfindlich

Vorkommen. Die meisten Pilze, von denen nur wenige menschen- oder tierpathogen sein können, kommen ubiquitär im Boden sowie auf lebenden oder abgestorbenen Pflanzen vor. Sie sind im allgemeinen bedeutend besser an das Pflanzen- als an das Tierreich adaptiert.

Wachstum. Die Pilzzelle, an sich eine pflanzliche Zelle, kann sich auf zwei verschiedene Arten vermehren: durch Hyphenwachstum und

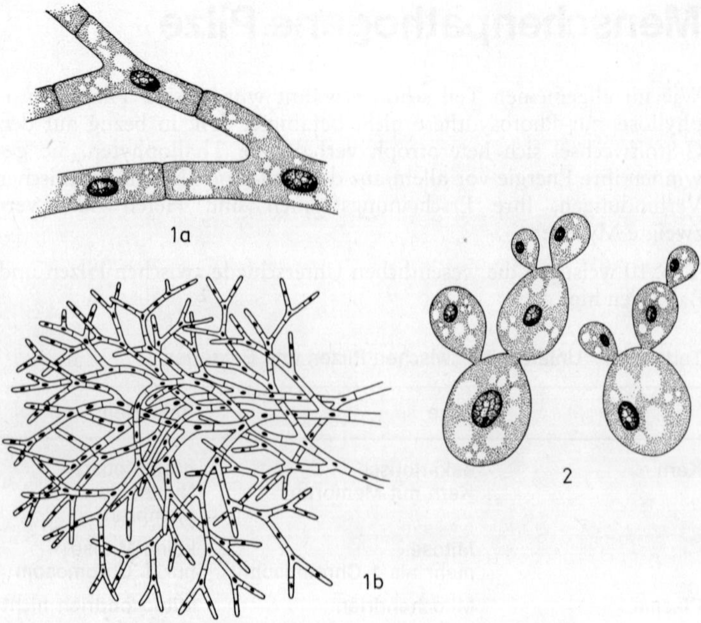

Abb. 25 Pilzformen 1a = septierte Hyphe mit Verzweigungen
1b = Myzel
2 = Sproßformen

durch Sprossung. Die Wachstumsart ist sowohl von der Pilzart wie auch vom Milieu abhängig (Abb. 25).

Das *Hyphenwachstum* vollzieht sich in mehreren Etappen. Es beginnt mit einer gerichteten Vergrößerung des Zellvolumens im Sinne eines Längenwachstums der Zelle. Daraufhin bilden sich durch Kernteilung mehrere Zellkerne. Schließlich entstehen durch Querwandbildungen (ausgenommen bei den Phykomyzeten) neue Zellen.

Beim *Wachstum durch Sprossung* bildet sich an der Mutterzelle vorerst eine Ausstülpung, die sich mit Protoplasma füllt und in die ein meistens unsichtbarer Zellkern auswandert. Hierauf vergrößert sich der ausgestülpte Teil weiterhin und wird schließlich zu einer eigenen Sproß- oder Tochterzelle, die sich durch Abschnürung von der Mutterzelle zu lösen vermag. Die Sprossung wird auch als hefeartige Vermehrung bezeichnet. Dazu befähigt sind sehr viele Pilze. Diejenigen unter ihnen, die sich vorwiegend hefeartig vermehren, werden oftmals auch in der Systematik als Hefen bezeichnet. Zur Sprossung fähig sind vor allem die echten Hefen sowie eine Reihe hefeartiger Mikroorganismen. Dazu gehören Candida und Cryptococcus; unter bestimmten Umständen aber auch Histoplasma und Paracoccidioides. Ob Hyphen- oder Sproßzellen gebildet werden, hängt von verschiedenen Bedingungen ab. Ein und derselbe Pilz kann gleichzeitig Hyphen- und Sproßwachstum aufweisen, wobei sich jedoch eine Einzelzelle immer nur auf die eine oder andere Art vermehrt. Es gibt auch Pilze, die im saprophytären Stadium nur Myzelien, im parasitären dagegen nur Hefeformen bilden. Sie werden als *dimorphe* Pilze bezeichnet.

Die Pilze können Reproduktionsorgane (Fruktifikationsorgane) verschiedenster Art bilden. Viele Pilze sind imstande, sich sowohl sexuell als auch asexuell fortzupflanzen. Bei sexueller Fortpflanzung spricht man von perfekter Form (Hauptfruchtform), bei asexueller Fortpflanzung von imperfekter Form (Nebenfruchtform). Bei Pilzen, die in menschlichen Organen parasitieren, werden meist weder sexuelle noch asexuelle Fortpflanzungsorgane gebildet. Pilze fruktifizieren im Wirtsgewebe nur ausnahmsweise. In der Kultur hingegen bilden sich asexuelle Fruktifikationsorgane, die ihrerseits das wichtigste diagnostische Merkmal eines Pilzes darstellen. Sexuelle Fruktifikationsorgane sind bei vielen pathogenen Pilzen überhaupt nicht bekannt (deshalb Fungi imperfecti), bei anderen entstehen sie nur unter ganz bestimmten äußeren Bedingungen.

Nachweis. Pilze untersucht man in erster Linie mikroskopisch. Entsprechend der Größenordnung der Pilzzellen genügen dabei mittlere bis starke Trockensysteme. Die Verwendung von Ölimmersion ist nur selten erforderlich.

Organisches Material, das Pilze enthält, wird am besten mit 10 bis 20 % KOH aufgehellt, zwischen Objektträger und Deckglas leicht erwärmt und nativ betrachtet. Ausstrichpräparate kann man mit gewöhnlichen Anilinfarbstoffen, z. B. mit Methylenblau, oder nach Gram färben. Pilzkulturen untersucht man ebenfalls ungefärbt, evtl. mit der Phasenkontrastbeleuchtung oder gefärbt mit Laktophenolblau.

Fast alle Pilze mit pathogener Bedeutung lassen sich auf leblosen Nährsubstraten kultivieren. In der Regel genügen einfache Agarmedien mit 2 % Glucosezusatz (Sabouraud). Als Nährbodenform eignet sich am besten der Schrägagar im verschlossenen Röhrchen. Für die meisten pathogenen Pilze liegt das Temperaturoptimum bei 30 °–37 ° C. Wachstum erfolgt innerhalb weniger Tage bis mehrerer Wochen. Die Kolonieformen sind je nach Pilzart stark verschieden.

Übersicht der berücksichtigten pathogenen Pilze

Wir besprechen in der Folge nur wenige pathogene Pilze, die medizinisch von wesentlicher Bedeutung sind. Auf eine Klassifikation im botanischen Sinne wird bewußt verzichtet, da eine solche erfahrungsgemäß bei Nichtspezialisten keine zusätzliche Klarheit schafft und nur selten von direkter medizinischer Bedeutung ist.

Die von uns behandelten Pilze unterteilen wir wie in Tab. 11 dargestellt.

Tabelle 11 Übersicht über die hier behandelten Pilze

Sammelbegriff	Gattung	Krankheit
Hefen	1. Candida	Candidiasis (Candidamykose)
	2. Cryptococcus	Kryptokokkose
Schimmelpilze	3. Aspergillus	Aspergillose
	4. Mucor, Absidia, Rhizopus (Fam. Mucoraceae)	Mukormykose (Phykomykose)
Dermatophyten	5. Trichophyton Microsporon Epidermophyton	Dermatomykosen
Dimorphe Pilze	6. Histoplasma	Histoplasmose
	7. Coccidioides	Kokzidioidomykose
	8. Paracoccidioides	südamerikan. Blastomykose
	9. Blastomyces	nordamerikan. Blastomykose

Die unter 1.–5. erwähnten Pilze sind weltweit verbreitet; die durch sie verursachten Krankheitsbilder kommen demgemäß auch bei uns vor. Die unter 6.–9. erwähnten Pilze und die ihnen entsprechenden Krankheitsbilder werden vorwiegend außerhalb Europas beobachtet.

Auch unter den Pilzen, die als pathogen bekannt sind, dürfen nur wenige als obligat pathogen betrachtet werden. Selbst dort, wo Pilze mit Sicherheit für ein bestimmtes Krankheitsgeschehen verantwortlich sind, liegt die primäre Ursache für das Zustandekommen der Krankheit oftmals anderswo. Deshalb sind viele Pilze mit pathogener Bedeutung als Opportunisten anzusprechen, d. h. als Saprophyten, die nur unter bestimmten Voraussetzungen pathogen sein können. Nur ganz wenige Pilze sind obligate Parasiten. Vom pathogenetischen Gesichtspunkt aus ist zu unterscheiden zwischen

Opportunisten, pathogenen Saprophyten und obligaten Parasiten. Man muß sich im klaren sein, daß die meisten Pilze exogen ein saprophytäres Dasein fristen, daß der Parasitismus ein seltenes Vorkommnis darstellt und daß die Infektiosität der verschiedenen Pilzarten sehr unterschiedlich ist.

Opportunisten sind Saprophyten, die selten und nur unter bestimmten Voraussetzungen pathogen sein können. Opportunisten sind: Candida, Aspergillus und die Mukorazeen. Alle diese Vertreter sind häufig auf der gesunden Haut, den Schleimhäuten und in den Organsystemen, die mit der Außenwelt kommunizieren, zu finden, ohne daß sie pathogene Bedeutung besitzen. Nur unter besonderen veränderten Umständen im Wirtsorganismus, vor allem bei Resistenzverminderung infolge andersartiger Grundkrankheiten, führen sie – im Sinne von Komplikationen – zu zusätzlichen Krankheitserscheinungen eigener Art. Werden deshalb Opportunisten in Untersuchungsmaterial nachgewiesen, ist die *richtige Interpretation* des Befundes medizinisch ausschlaggebend. Findet man Opportunisten in Organen, die steril sein sollten, sind sie immer als pathogen anzusprechen.

Pathogene Saprophyten sind Pilze, die eigentlich ein saprophytäres exogenes Leben führen, für den Menschen aber unter allen Umständen als pathogen zu betrachten sind. Werden sie in irgendwelchem menschlichen Untersuchungsmaterial nachgewiesen, so ist dies ein pathologischer Befund. Pathogene Saprophyten sind: Histoplasma, Coccidioides, Paracoccidioides und Blastomyces. – Eine Zwischenstellung nimmt Cryptococcus neoformans ein. Er ist einerseits Opportunist, da sein Angehen von Prädispositionen abhängt; andererseits ein pathogener Saprophyt, weil sein Nachweis im Untersuchungsmaterial immer eine Mykose bedeutet.

Obligate Parasiten sind Pilze, die außerhalb des Wirtsorganismus nicht vegetieren können. Obligate Parasiten sind die meisten anthropophilen Dermatophyten. Sie werden nur auf dem Menschen bzw. dem Tier gefunden und nur durch direkten Kontakt übertragen.

Diagnose

Grundsätzlich erfolgt die Diagnose einer Pilzkrankheit durch Erregernachweis. Dabei müssen wenn möglich die mikroskopisch-morphologische und die kulturelle Methodik sinnvoll kombiniert werden.

Direkt mikroskopisch können die Pilze in den meisten Fällen wohl nachgewiesen, jedoch nicht ohne weiteres identifiziert werden. Die Beurteilung direkt mikroskopischer Resultate ist vor allem für die richtige Interpretation, d. h. ob eine Mykose vorliege oder nicht, von größter Bedeutung.

Identifiziert werden die Pilze auf Grund ihres kulturellen Verhaltens, wobei neben der endgültigen Form der Fruktifikationsorgane Form und Farbe der Kolonien, Wachstumsgeschwindigkeit und Art der Zellvermehrung, Aussehen des vegetativen sowie des Luftmyzels ausschlaggebend sind. Der Nichtfachmann kann die Reinkultur eines Pilzes jederzeit einem Fachmykologen zur genauen Bestimmung überlassen.

In den letzten Jahren sind auch serologische Methoden zur Diagnose von Mykosen ausgearbeitet worden, wobei die Eruierung präzipitierender und komplementbindender Antikörper im Vordergrund steht. Die serologische Diagnostik ist vor allem bei fraglicher Histoplasmose und Aspergillose, aber auch bei Candidiasis und Kryptokokkose von Bedeutung. Zusätzlich stützt sich der Kliniker gerne auf Kutanteste mit spezifischen Pilzantigenen, die bei positivem Ausfall auf eine bestimmte Allergielage hinweisen.

Der Tierversuch wird bei der Diagnostik am Patienten kaum angewandt. Er gelangt nur in der experimentellen Mykologie zur systematischen Anwendung.

Therapie

Die gegen bakterielle Infektionen wirkenden Antibiotika beeinflussen das Wachstum der Pilze nicht und können dementsprechend therapeutisch nicht verwendet werden. Es existieren jedoch einige wenige spezifisch gegen Pilze wirkende Polyenantibiotika. Zu diesen gehören

die Heptaene mit dem Hauptvertreter *Amphotericin B* und
die Tetraene mit dem Vertreter *Nystatin*.

Gegen Organmykosen ist auf dem Blutwege nur Amphotericin B wirksam. Leider ist auch dieses eine Mykostatikum relativ toxisch, und bei längerer Anwendung bleibt kaum ein Patient von Nebenwirkungen verschont. Dieselben äußern sich vor allem in Form von Fieber, Übelkeit, Nierenfunktionsstörungen und lokaler Thrombophlebitis.

Gegen oberflächliche Haut- und Schleimhautmykosen kann Nystatin lokal mit Erfolg angewandt werden.

In der Chemotherapie bestimmter Pilzkrankheiten haben auch die Sulfonamide ihren Platz behauptet. Griseofulvin ist nur gegen Dermatophyten wirksam.

Für Candidiasis und Kryptokokkose steht neuerdings das oral wirksame 5-Fluorocytosin zur Verfügung.

Mykologische Begriffsbestimmungen

1. *Hyphe:* Pilzfaden, septiert oder unseptiert
2. *Myzel:* Geflecht von verzweigten Pilzfäden
   Substratmyzel – Luftmyzel
   Vegetatives Myzel – Reproduktionsmyzel
3. *Hefe (Hefeform):* Formbegriff, Vermehrung durch Sprossung
4. *Pseudomyzel:* Ketten aneinandergereihter, langgezogener Hefeformen (ein Myzel vortäuschend)
5. *Blastosporen:*
   Chlamydosporen
   Arthrosporen
   Konidien
   Sporangiosporen
   } asexuelle Sporen (diagnostisch bedeutsam)

   (Oosporen, Zygosporen, Askosporen, Basidiosporen sind sexuelle Sporen; ohne medizinische Bedeutung.)
6. *Sporangium:* Sporenbehälter, Träger asexueller Sporen

1. Candida

Candida ist der Erreger der Candidiasis (Candidamykose, Moniliasis, Soor).

Mindestens 90 % der Erkrankungen werden verursacht durch die Spezies Candida albicans. In seltenen Fällen können auch Candida parapsilosis, Candida tropicalis sowie einige andere Candidaarten zu Krankheitserscheinungen führen. Die Candidiasis entspricht vorwiegend einer Schleimhautmykose.

Morphologie und Kultur (Abb. 26). Candida albicans ist ein Pilz, welcher in der saprophytären Form meistens als sprossende Hefe

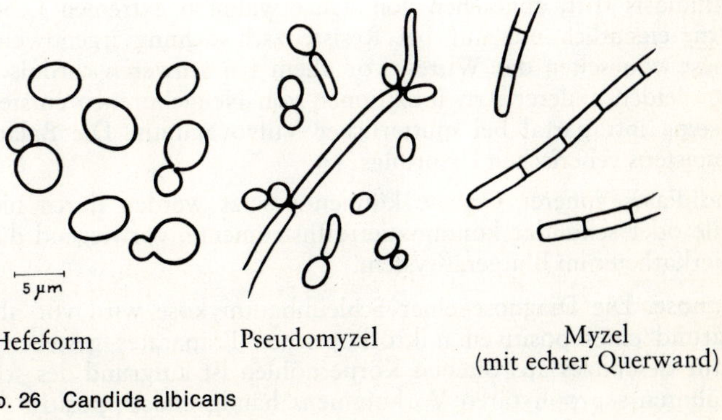

Abb. 26 Candida albicans

vorliegt. Dabei sind die einzelnen Pilzzellen rund bis oval mit einem Durchmesser von 4–6 μm. Im Gewebe bildet Candida albicans oft Fadenformen. Die Zahl der Pilzelemente ist normalerweise so klein, daß sie in mikroskopischen Präparaten kaum gefunden werden. Eine große Zahl vor allem von Fadenformen (Myzelien oder Pseudomyzelien) in frischem Untersuchungsmaterial deutet immer auf einen aktiven invasiven Prozeß hin.

Candida albicans läßt sich auf allen üblichen Nährmedien leicht kultivieren und bildet auf festen Nährböden innerhalb 48 Stunden rundliche, grauweiße, zuckergußartige Kolonien.

Zur Differenzierung verschiedener Candidaarten werden vor allem biochemische Methoden beigezogen.

Pathogenese und Krankheitsbild. Da Candida albicans ein Schleimhautsaprophyt von Warmblütlern ist, entspricht eine Candidiasis fast immer einer endogenen Infektion. Abgesehen von Säuglingserkrankungen und venerischen Affektionen führt der Erreger nur beim Vorliegen einer andersartigen Grundkrankheit zu einer Mykose. Am häufigsten betroffen sind die Schleimhäute, seltener auch die äußere Haut und die inneren Organe. Dementsprechend beobachtet man Erkrankungen der Mundhöhle, des Rachens, der Speiseröhre, des Darmes, der Genitalorgane (Vulvovaginitis und Balanitis) sowie Interdigitalmykosen und Paronychien. Schwerste Komplikationen sind bronchopulmonale Formen, septische Zustände mit hämatogenen Metastasen sowie Endokarditis.

Bei der Candidiasis der Mundhöhle weisen die Schleimhäute auf geröteter Unterlage einen weißen bis grauen Belag auf, wobei lokalisierte Läsionen vor allem bei Neugeborenen und alten Leuten zur Ausbreitung auf die äußere Haut und den gesamten Gastrointestinaltrakt neigen.

Candidiasis tritt, abgesehen von den erwähnten extremen Lebensaltern, eigentlich nur auf bei Resistenzschwächung irgendwelcher Genese von seiten des Wirtes, vor allem bei schweren chronischen Grundleiden anderer Art. Infektionen von Neugeborenen entstehen meistens intrapartal bei mütterlicher Vulvovaginitis. Die Balanitis ist meistens venerischen Ursprungs.

Candidiasen innerer Organe können gesetzt werden durch nichtsterile oder sekundär kontaminierte Instrumente, vorwiegend durch Dauerkatheter im Blutgefäßsystem.

Diagnose. Die Diagnose einer Schleimhautmykose wird vor allem aufgrund eines positiven mikroskopischen Präparates gestellt. Die Kultur des Pilzes aus offenen Körperhöhlen ist aufgrund des schon erwähnten saprophytären Vorkommens häufig „falsch positiv“. Bei septischen Candidiasen hingegen bleiben die Blutkulturen nicht selten „falsch negativ". In beiden Fällen können serologische Befunde entscheiden, ob eine Mykose vorliegt oder nicht. Zur kulturellen Differenzierung verschiedener Candidaarten werden in erster Linie biochemische Methoden beigezogen. Candida albicans kann außerdem infolge Chlamydosporenbildung auf Spezialnährböden als solche diagnostiziert werden.

Therapie. Therapeutisch beeinflußt Nystatin die oberflächliche Candidiasis der Mundhöhle, wie des gesamten Digestionstraktes günstig. Nystatin vermag zumindest ein weiteres Umsichgreifen der Affektion und hämatogene Metastasierungen weitgehend zu verhindern. Bei tiefem Organbefall muß Amphotericin B oder 5-Fluorocytosin verwendet werden.

2. Cryptococcus

Cryptococcus neoformans ist der Erreger der menschlichen Kryptokokkose (Torulose). Diese manifestiert sich klinisch fast ausschließlich als Kryptokokkenmeningoenzephalitis.

Morphologie und Kultur. *Cryptococcus* ist eine *bekapselte Hefe.* Die einzelne runde Zelle hat ohne Kapsel einen Durchmesser von 4–8 µm. Sie ist, wie schon erwähnt, umgeben von einer mehrere µm breiten Polysaccharidkapsel. Myzelbildungen werden nicht beobachtet (Abb. 27).

Cryptococcus läßt sich auf den üblichen Pilznährböden kultivieren und bildet innerhalb von 3–4 Tagen schleimige, gelblichgraue Kolo-

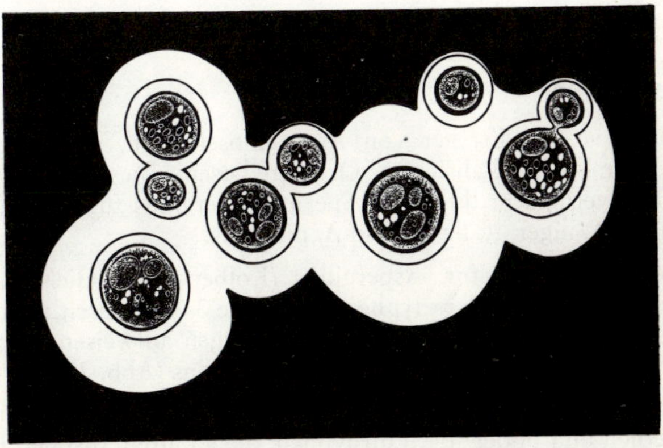

Abb. 27 Cryptococcus neoformans mit doppelt konturierter Wand und Kapsel (Tuschepräparat)

nien. Im Gegensatz zu den meisten übrigen Hefen spaltet Cryptococcus Harnstoff (Urease).

Cryptococcus ist pathogen für die Maus. Nach intraperitonealer Infektion vermehrt sich der Pilz im Laufe von 2 Tagen so stark, daß man im Bauchhöhlenexsudat massenhaft bekapselte Hefen findet.

Pathogenese und Krankheitsbild. Cryptococcus kommt in großer Zahl im Vogelmist sowie auch ubiquitär im Erdboden vor, besonders wenn dieser reich ist an organischen Substanzen. Eintrittspforte beim Menschen ist fast immer das Respirationssystem, wo es meistens zu einer inapparent verlaufenden Lungenkryptokokkose kommt, die übersehen oder falsch interpretiert wird. Von der Lunge aus entsteht die Kryptokokkenmeningoenzephalitis hämatogen. Diese endet ohne spezifische Therapie immer tödlich. Bei Amphotericin-B-Behandlung kann mit einer Heilungsquote von 60 % gerechnet werden. Gelegentlich kommen auch Streuungen in andere Organe vor. Grundkrankheiten wie Malignome bilden die häufigste Prädisposition.

Diagnose. Die ätiologische Diagnose ist vor allem bei der Meningitis von Bedeutung. Die bekapselten Hefen lassen sich im Liquor am besten mit Negativdarstellungsverfahren nachweisen. Empfohlen werden Tusche- oder Nigrosinpräparate.

Da sich Cryptococcus leicht kultivieren läßt, kann die Diagnose mit Hilfe der Kultur sichergestellt werden. Die Abgrenzung gegenüber anderen Hefen erfolgt biochemisch oder in der Maus.

Therapie. Als Therapeutika kommen Amphotericin B und 5-Fluorocytosin (evtl. kombiniert) in Frage.

3. Aspergillus

Aspergillus ist der Erreger von Aspergillosen, d. h. von meistens bronchopulmonal lokalisierten Organmykosen. Diese werden zu über 90 % verursacht durch die Spezies Aspergillus fumigatus; seltener durch A. niger, A. flavus und A. nidulans.

Morphologie und Kultur. Aspergillus (Kolben- oder Gießkannenschimmel) ist ein Pilz, der Hyphen bildet, die 3–4 µm breit sind und im Gewebe septierte, Y-förmige Verzweigungen aufweisen. Letztere sind weitgehend pathognomonisch für Aspergillus (Abb. 28).

Aspergillus wächst rasch auf allen gebräuchlichen zuckerhaltigen Nährmedien und bildet sog. Lufthyphen, die an ihrem distalen Ende ein Köpfchen tragen. Dieses Köpfchen besteht aus einer Vesikel (Bläschen), aus Sterigmata und Konidien.

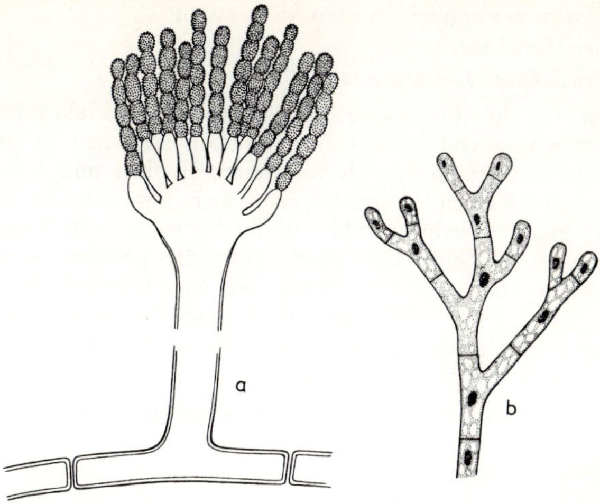

Abb. 28 Aspergillus
a = Sporenträger (unterbrochen) und „Köpfchen" (Vesikel, Sterigmata und Konidien) b = Y-förmig verzweigte, septierte Hyphe

Aspergillus darf nicht mit Penicillium verwechselt werden. Bei Penicillium (Pinselschimmel) fehlt die Vesikel und man findet statt der Köpfchen Pinsel.

Die Kulturen von A. fumigatus sind je nach Alter von blaugrüner bis rauchgrauer Farbe, diejenigen von A. niger schwarz, von A. flavus gelbgrün und von A. nidulans grün bis braunrot. Die erwähnten Arten zeigen auch Unterschiede im Bereich ihrer Sterigmata.

Pathogenese und Krankheitsbild. Aspergillus kommt ubiquitär vor. Wichtigste Eintrittspforte ist das Bronchialsystem. Zum Zustandekommen von Erkrankungen sind irgendwelche Prädispositionen notwendig.

Bekannt sind folgende Lokalisationen und Formen von Aspergillose:

1. die *bronchopulmonale*
   a) Aspergillom, umschriebener Pilzklumpen bis zu 5 cm Durchmesser.
   b) Pulmonale Form, über beide Lungen oder Teile derselben disseminierte Pilzkolonien.
   c) Allergische Form. Bei bestimmten Berufen wie Landwirten, Müllern, Kürschnern gehäuft;
2. die der *Nebenhöhlen* (Pilzklumpen analog Aspergillom in Lunge);

3. die *septische*, mit hämatogenen Metastasen;
4. die der *Hornhaut;*
5. die des *äußeren Gehörganges.*

Diagnose. Für die ätiologische Beweisführung sind direkt mikroskopische Präparate von größter Bedeutung. Findet man in frischem Untersuchungsmaterial typisch verzweigte Hyphen und kann man die Pilze anschließend kulturell als Aspergillus identifizieren, ist eine Aspergillose wahrscheinlich. Einmalig negative Befunde sind nicht beweisend. Umgekehrt darf nicht jeder positive Befund als pathognomonisch betrachtet werden, weil Aspergillus ubiquitär vorkommt. Für die Entscheidung, ob Aspergillus im Einzelfall als pathogen oder als kontaminant zu betrachten ist, liefert das frische Direktpräparat die wesentlichsten Anhaltspunkte.

Die bronchopulmonalen Formen der Aspergillose können auch serologisch, mit Hilfe einer Agargel-Präzipitationsmethode, verifiziert werden.

Therapie. Als Therapeutikum kommt zur Zeit nur Amphotericin B in Frage. Aspergillome sind chirurgisch zu entfernen.

4. Mucor, Absidia, Rhizopus

Verschiedene Mukorazeen (Köpfchenschimmel) können Erreger von sog. Mukormykosen (Phykomykosen) sein. Dies sind meistens tiefe Mykosen verschiedener Lokalisation.

Morphologie und Kultur (Abb. 29). Die Mukorazeen sind Schimmelpilze, die breite, wenig septierte Hyphen bilden. Fast alle als pathogen befundenen Arten gehören zu den Gattungen Mucor, Absidia, Rhizopus.

Die Mukorazeen sind anspruchslos und wachsen auf allen gebräuchlichen kohlenhydrathaltigen Nährmedien rasch, indem sie ein hohes, weißgraues bis braunes Luftmyzel bilden. Die Lufthyphen tragen große, rundliche, mit bloßem Auge knapp sichtbare Sporangien.

Pathogenese und Krankheitsbild. Da die Mukorazeen ubiquitär vorkommen und besonders in Humus, Kompost, Heu und Stroh reichlich vorhanden sind, Mukormykosen jedoch beim Menschen nur selten beobachtet werden, müssen zum Zustandekommen von Infektionen zwangsläufig Prädispositionsmomente vorliegen. Eintrittspforte können Nasen-Rachen-Raum, Respirationssystem oder Magen-Darm-Trakt sein. Die Mukorazeen zeigen eine starke Affinität zu den Gefäßen. Sie führen zu Pilzthromben, Gefäßwandzerstörungen und septischen Infarkten mit meistens malignem Verlauf.

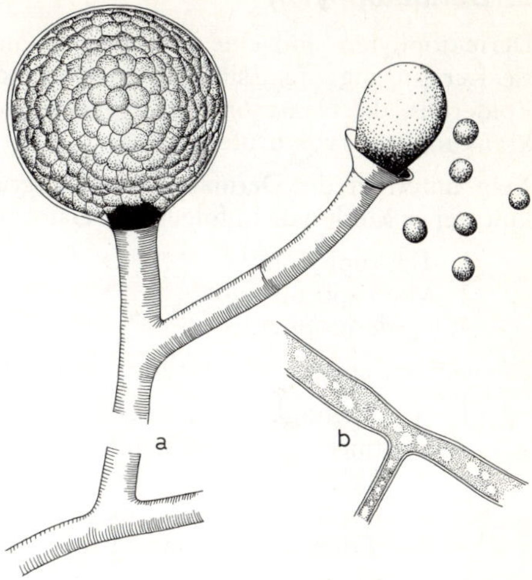

Abb. 29 Mucor
a = Sporangium und Sporen
b = unseptierte Hyphe

Bekannt sind folgende Lokalisationen von Mukormykosen:

1. Die *rhinozerebrale,* von Nase oder Nebenhöhlen ausgehend und auf das Gehirn übergreifend; hauptsächlich bei Diabetes beschrieben.
2. Die *pulmonale,* mit septischen Lungeninfarkten, hauptsächlich im Zusammenhang mit Leukämien beobachtet.
3. Die *enterale,* ganze Darmabschnitte infarzierend (hauptsächlich in Afrika im Zusammenhang mit Ernährungsstörungen vorkommend).
4. Die *korneale,* fast ausschließlich nach Verletzungen auftretend.

Die rhinozerebrale, pulmonale und enterale Form neigt zu hämatogener Dissemination.

Diagnose. Zur Sicherung der Diagnose müssen die Pilze nachgewiesen und kulturell identifiziert werden.

Die Pilzfäden lassen sich mit den gebräuchlichen Anilinfarbstoffen nicht immer einwandfrei darstellen, so daß Nativpräparate, aufgehellt durch KOH, oder die Methenamin-Silber-Methode vorzuziehen sind.

Wie bei Aspergillusbefunden sind wegen des ubiquitären Vorkommens der Pilze alle positiven Befunde mit Vorbehalt zu bewerten.

Therapie. Therapeutisch kommt nur Amphotericin B in Frage.

5. Dermatophyten

Dermatophyten sind eine Gruppe verwandter Pilze. Dadurch, daß sie Keratin angreifen, sind sie imstande, die äußeren Schichten der Epidermis, die Haare und die Nägel zu besiedeln und daselbst Erkrankungen hervorzurufen.

Man unterteilt die Dermatophyten aufgrund morphologischer und kultureller Merkmale in folgende 3 Gattungen:

1. Trichophyton
2. Microsporon
3. Epidermophyton

Die wichtigsten menschenpathogenen Arten sind:

1	a	Trichophyton mentagrophytes (mehrere Varietäten)	A	Z	
	b	Trichophyton rubrum	A		
	c	Trichophyton schoenleini	A		
	d	Trichophyton tonsurans	A		
2	a	Microsporon audouini	A		
	b	Microsporon canis		Z	
	c	Microsporon gypseum			G
3	a	Epidermophyton floccosum	A		

A = anthropophil, fast nur beim Menschen nachgewiesen
Z = zoophil, bei Mensch und Tier nachgewiesen
G = geophil, im Erdboden nachgewiesen

Morphologie und Kultur. Alle Dermatophyten sind Fadenpilze. Ihre Unterscheidung erfolgt kulturell, wobei außer der Form der Konidien die Art, Farbe und Wachstumsgeschwindigkeit der Kolonien für die Differenzierung ausschlaggebend sind. Alle Dermatophyten lassen auf festen, zuckerhaltigen Medien innerhalb eines großen Temperaturbereiches nach 5 bis 14 Tagen Kolonien erkennen. Die meisten bilden wollig aussehende Oberflächenkulturen, deren Farbe je nach Gattung und Art verschieden sein kann.

Pathogenese und Krankheitsbilder. Die meisten Dermatophyten sind obligate Parasiten, die hauptsächlich auf lebenden Wirtsorganismen, d. h. auf Mensch und Tier, gefunden werden. Die Dermatomykosen sind die einzigen kontagiösen Pilzerkrankungen. Sie werden ausschließlich durch Kontakt übertragen; die einen von Mensch zu Mensch, die anderen vom Tier auf den Menschen. Die pathogenetischen Vorgänge sind bei allen Arten ähnlich, und die durch einzelne Spezies hervorgerufenen Krankheitsbilder brauchen sich nicht voneinander zu unterscheiden. Die Lokalisation der primären Erkrankungsherde entspricht immer der Kontaktstelle. Unbedeckte

Körperteile wie Arme, Kopfhaut und Gesicht des Mannes sind am häufigsten befallen. Trichophytonarten verursachen oberflächliche, wie in die Tiefe infiltrierende Trichophytien, sowohl an behaarten als an unbehaarten Körperstellen. Microsporon und Epidermophyton rufen oberflächliche, sowohl generalisierte als auch lokalisierte Hauterkrankungen hervor. Hand- und Fußmykosen können durch verschiedenartige Dermatophyten bedingt sein.

Diagnose. Die klinische Verdachtsdiagnose kann nur durch Pilznachweis in Hautstückchen oder in Haaren erbracht werden. Am besten weist man die Pilze direkt mikroskopisch, durch Aufhellen des Untersuchungsmaterials mit KOH, nach. Wie in der gesamten Mykologie sollen direkt mikroskopische Methoden durch das Kulturverfahren ergänzt werden.

Therapie. Dermatomykosen können durch zahlreiche lokal applizierte, antimykotisch wirkende Präparate (Tinkturen, Puder, Salben) behandelt werden. Die Spezies des Erregers hat keinen Einfluß auf die Art der Therapie. Bei Erkrankungen der Haare und der Nägel ist Griseofulvin, peroral verabreicht, das Mittel der Wahl. Griseofulvin wirkt nur gegen Dermatophyten.

Epidemiologie. Die meisten Dermatophyten findet man überall in der Welt. Die sog. anthropophilen werden ausschließlich von Mensch zu Mensch übertragen, die sog. zoophilen von Tier oder Mensch auf den Menschen. Die Prophylaxe aller Dermatomykosen besteht in der Vermeidung direkter Kontakte mit erkrankten Körperstellen bzw. in der fungostatischen Behandlung der Erkrankten.

Über die epidemiologische Bedeutung sog. geophiler Dermatophyten herrscht nicht restlose Klarheit. Sie führen höchstens bei intensiver und dauernder beruflicher Exposition mit Erde (Gärtner) zu Mykosen.

6. Histoplasma

Histoplasma capsulatum ist der Erreger der Histoplasmose, einer nur in bestimmten Regionen vorkommenden, dort aber weit verbreiteten Pilzkrankheit. Im Gegensatz zu den eingangs besprochenen, als Opportunisten bezeichneten Pilzen, ist Histoplasma capsulatum ein hochinfektiöser, obligat pathogener Saprophyt.

Morphologie. Histoplasma capsulatum ist ein sog. dimorpher Pilz. Unter natürlichen Bedingungen, die einem saprophytären Stadium entsprechen, wächst er in Myzelform. Im Wirtsgewebe, wo er unter allen Umständen als pathogen zu betrachten ist und meist intrazellulär in Makrophagen liegt, sowie auch unter bestimmten Kulturbedingungen bildet er Hefeformen. Dabei sind die einzelnen ovalären und unbekapselten Zellen relativ klein mit einem Durchmesser von nur 2–3 μm. Bei der Giemsa- wie der Gramfärbung wird der Zellinhalt, nicht die Zellwand gefärbt. Anstelle derselben sieht man einen optisch leeren Hof, der fälschlicherweise als Kapsel interpretiert wurde und zur falschen Benennung „Histoplasma capsulatum" Anlaß gab (Abb. 30).

Kultur. Histoplasma capsulatum läßt sich auf den für Pilzkulturen gebräuchlichen Nährmedien kultivieren, ist jedoch relativ anspruchsvoll. Der Pilz ist in der Gewebsform (Hefephase) wenig stabil. Zum Angehen einer Primärkultur ist ein großes Inokulum notwendig. Auf bluthaltigen Nährböden wächst H. capsulatum bei 37 °C in der Hefeform, auf Sabouraud-Medien bei 20–30 °C in der Myzelform. Bei Erstisolierungen erkennt man das Pilzwachstum nach frühestens 2–3 Wochen, so daß die Medien oft vor Erscheinen von H. capsulatum durch Kontaminanten überwuchert werden. Alle die erwähnten Tatsachen tragen dazu bei, daß die Isolierung von H. capsulatum aus Untersuchungsmaterial selten gelingt.

Pathogenese und Krankheitsbild. Die Infektion durch den in bestimmten Gegenden im Erdboden vorkommenden Erreger erfolgt fast immer aerogen. So sind die durch H. capsulatum verursachten Organläsionen in den Respirationsorganen lokalisiert. Die Entscheidung, ob man die Infektion inapparent durchmacht oder ob die Krankheit leicht oder schwer verläuft, scheint neben prädisponierenden Momenten in erster Linie von der Infektionsdosis abzuhängen. Die Lungenhistoplasmose entspricht im allgemeinen einer primären Mykose, die man häufig inapparent übersteht, die aber auch als schwerer respiratorischer Infekt imponieren kann. Manifestationen

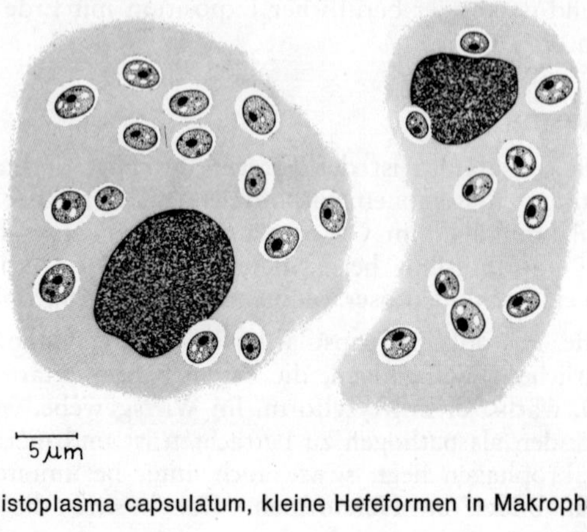

Abb. 30 Histoplasma capsulatum, kleine Hefeformen in Makrophag

in anderen Organen sowie destruktive Prozesse in der Lunge kommen, ähnlich wie bei der Tuberkulose, durch sekundäre Streuung zustande. Ohne spezifische Therapie zeigen sie kaum spontane Heilungstendenz.

Diagnose. Die Lungenhistoplasmose ist differentialdiagnostisch vor allem von der Tuberkulose abzugrenzen. Einwandfrei kann die Histoplasmadiagnose nur durch kulturellen Pilznachweis erbracht werden. Da dies erfahrungsgemäß selten gelingt, ist man diagnostisch, ähnlich wie bei der Tuberkulose, auf einen Histoplasminhauttest sowie auf serologische Methoden angewiesen. Ein positiver Hauttest besitzt, wie die Tuberkulinprobe, umso geringeren Aussagewert, je stärker die Durchseuchung der Bevölkerung mit Histoplasmose und je älter der Patient ist.

Therapie. Therapeutisch kommt in schweren Fällen nur Amphotericin B in Frage. In leichteren Fällen haben sich auch Sulfonamide bewährt.

Epidemiologie. Die Histoplasmose ist vor allem endemisch im mittleren Westen der USA, wo bis 90 % der Bevölkerung infiziert und damit histoplasminpositiv sind. Außer in den USA kommt die Erkrankung auch in Mittel- und Südamerika, in Indonesien sowie in Afrika vor. Autochthone Erkrankungen sind in den letzten Jahren in Oberitalien festgestellt worden. Im allgemeinen ist Westeuropa frei von Histoplasmose.

Außer beim Menschen ist die Histoplasmose auch bei verschiedenen Tieren, vor allem bei Hunden und Nagern nachgewiesen worden. Die Histoplasmose scheint über ein breites Wirtsspektrum zu verfügen.

In Afrika ist neben der bisher beschriebenen klassischen Histoplasmose noch eine zweite, nur dort vorkommende Form bekannt, bei der Hautmanifestationen im Vordergrund stehen. Diese sind jedoch durch einen anderen Erreger, *Histoplasma duboisii,* verursacht.

7. Coccidioides

Coccidioides immitis ist der Erreger der Kokzidioidomykose, einer Pilzkrankheit, die in epidemiologischer Beziehung große Ähnlichkeit aufweist mit der Histoplasmose und ebenfalls nur in bestimmten Regionen vorkommt.

Morphologie und Kultur. Coccidioides immitis ist, im Gegensatz zu Histoplasma capsulatum, ein nur bedingt dimorpher Pilz. Unter natürlichen, saprophytären Bedingungen wächst er in Myzelform, bildet jedoch als Parasit im Wirtsgewebe keine Sproßformen, aber

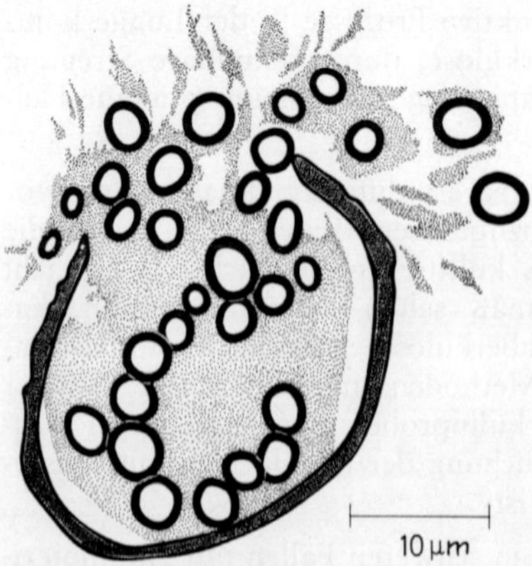

Abb. 31 Coccidioides immitis, sich öffnende Sphaerula (Sporangium) mit Sporen

auch kein Myzel. Er erscheint dort als große, runde Zelle, die einem Sporangium (Sphaerula) entspricht (Abb. 31). Coccidioides immitis macht im Gewebe einen Entwicklungszyklus durch.

Coccidioides immitis läßt sich auf den üblichen Nährsubstraten kultivieren und bildet ein Luftmyzel. Dessen Fäden zerfallen in Arthrosporen, weshalb Kulturen von Coccidioides immitis außerordentlich infektiös sind.

Pathogenese und Krankheitsbild. Der Pilz kommt in bestimmten Gegenden ubiquitär vor. Die Infektion erfolgt aerogen. Die primäre Kokzidioidomykose ist immer im Respirationstrakt lokalisiert, wobei alle Übergangsstadien von stummer Infektion bis schwerer Pneumonie beobachtet werden. Von der Lunge aus kann es zu hämatogener Metastasierung in die verschiedensten Organe kommen, vor allem in Knochen und Subkutis. Da die Lungenkokzidioidomykose nicht selten zu Kavernenbildungen führt, sind solche differentialdiagnostisch von Aspergillomen und Tuberkulomen abzugrenzen. Die Prognose bei schweren Erkrankungsformen ist schlecht, bis 50 % der Erkrankten sterben.

Diagnose. Die klinische Verdachtsdiagnose wird verifiziert durch mikroskopischen oder kulturellen Pilznachweis. Mikroskopisch sind im Sputum oder Gewebe vorgefundene Sporangien (Sphaerulae) als pathognomonisch anzusprechen. Neben dem Pilznachweis besitzen Kutantest und serologische Methoden die gleiche Bedeutung wie bei der Histoplasmose.

Therapie. Therapeutisch kommt wie bei der Histoplasmose nur Amphotericin B in Frage. Dessen Wirkung ist jedoch unbefriedigend.

Epidemiologie. Die Kokzidioidomykose kommt endemisch in Teilen von Kalifornien, Arizona, Texas sowie in Südamerika vor; nur selten in der übrigen Welt. Von all den Infizierten erkrankt ein kleiner Prozentsatz klinisch manifest, und selbst der kavernös erkrankte Mensch ist, wie bei der Histoplasmose, nicht kontagiös.

Außer beim Menschen wurde die Kokzidioidomykose u. a. ebenfalls bei Nagetieren, Hunden und Rindern festgestellt. Doch sind diese für den Menschen kaum von epidemiologischer Bedeutung.

8. Paracoccidioides

Paracoccidioides brasiliensis (Synonym: *Blastomyces brasiliensis)* ist der Erreger der vor allem in Brasilien vorkommenden *südamerikanischen Blastomykose*. Paracoccidioides brasiliensis ist wie Histoplasma capsulatum ein dimorpher Pilz, der unter natürlichen Bedingungen Hyphen bildet, im Wirtsgewebe jedoch in Hefeform auftritt, wobei multilaterale Sprossungen charakteristisch sind (Abb. 32).

Die Infektion erfolgt durch die Schleimhaut der Mundhöhle (Lippen und Gingiva), durch die Respirationsorgane sowie unter Umständen anal. Am häufigsten beobachtet man Ulzera und Granulome im Bereich der Mundhöhle, evtl. des Respirationstraktes, von wo aus hämatogene Streuungen erfolgen können. Diese manifestieren sich in 50 % aller Fälle in der Lunge. Ein disseminierter Befall der Lunge entspricht deshalb meistens einer sekundären hämatogenen Aussaat und nicht einer Primärinfektion. Deren *Prognose* ist ohne Behandlung infaust, mit spezifischer Behandlung besser. Sichere Dauerheilungen sind bis heute nicht bekannt.

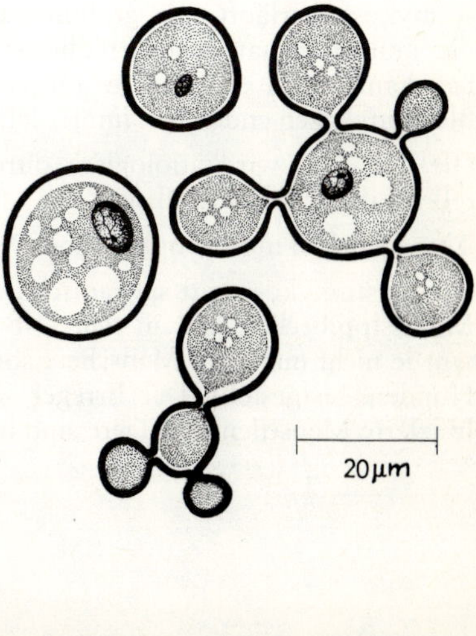

Abb. 32 Blastomyces brasiliensis mit multilateralen Sprossungen

Wegleitend für die Diagnose ist in erster Linie die Herkunft des Patienten (quo venis). Die klinische Verdachtsdiagnose wird erhärtet durch mikroskopischen oder kulturellen Erregernachweis. Mikroskopisch sind Hefeformen mit multilateraler Sprossung charakteristisch. Kulturell ist Paracoccidioides vor allem von anderen in Hefeform auftretenden Pilzen abzugrenzen. Ein brauchbarer Hauttest existiert nicht.

Zu einer wirksamen *Therapie* benötigt man Amphotericin B. Als Behandlung der Wahl wird jedoch eine Basistherapie mit Langzeitsulfonamiden betrachtet, in die während kürzerer Intervalle Amphotericin-B-Kuren eingeschaltet werden.

Die Krankheit kommt vor allem in Brasilien sowie im ganzen Amazonasbecken vor. Sie wird in erster Linie bei Landarbeitern beobachtet. Über das natürliche Vorkommen des Erregers ist wenig bekannt. Wahrscheinlich vegetiert er vor allem auf pflanzlichem Material. Auch über das Zustandekommen von Infektion und deren Pathogenese herrscht wenig Klarheit. Erkrankte Menschen wie Tiere scheinen epidemiologisch ohne Bedeutung zu sein.

9. Blastomyces

Blastomyces dermatitidis (Synonym: Zymonema dermatitidis) ist der Erreger der *nordamerikanischen Blastomykose,* die von der südamerikanischen unterschieden werden muß.

Blastomyces dermatitidis ist ein dimorpher Pilz, der im Gewebe als dickwandige Hefeform auftritt und sich auf zuckerhaltigen Nährmedien kultivieren läßt.

Hauptsächlichste Eintrittspforte ist das Respirationssystem. Die Blastomykose verläuft mit granulomatös-eitrigen Hauterscheinungen, die immer hämatogene Streuherde sind, oder als Lungenmykose. Sie kann auch in andere Organe metastasieren. Unbehandelte Blastomykosen enden fast immer letal.

Die Diagnose wird ätiologisch durch mikroskopischen oder kulturellen Pilznachweis verifiziert.

Therapeutisch muß Amphotericin B verwendet werden.

Die Blastomykose tritt sporadisch in Nordamerika auf, vor allem im Mississippibecken und in den Ost- wie Nordstaaten der USA. Sie wurde nicht nur beim Menschen, sondern auch bei Tieren, vor allem Hunden, festgestellt. Der Erreger scheint im Boden vorzukommen. Infizierte Menschen und Tiere sind nicht kontagiös.

Viren

Allgemeine Virologie

Definition der Viren

Wie schon im allgemeinen Teil (S. 11) ausgeführt wurde, besitzen Viren im Gegensatz zu Bakterien, Pilzen und Protozoen keine Zellstruktur. Sie bestehen aus Komplexen von Makromolekülen und können als infektiöse biochemische Einheiten aufgefaßt werden. Das genetische Material ist eine Nukleinsäure, entweder DNA oder RNA, aber nie beide. Viren sind obligate, intrazelluläre Parasiten. Sie werden von den Wirtszellen aufgenommen oder injizieren ihre Nukleinsäure aktiv in die Zelle. Bei der Vermehrung sind die Viren auf die Syntheseleistungen der Zelle angewiesen. Diese bildet neue infektiöse Partikel. Dabei kann das Virus den Zellmetabolismus so umprogrammieren, daß er Virusnukleinsäure und Virusproteine synthetisiert und anschließend intrazellulär zu einem neuen, infektionstauglichen Viruspartikel zusammenbaut. Die in der Zelle gebildeten Viruspartikel werden anschließend freigesetzt. Man nennt die nicht mehr an die Zelle gebundenen infektionstauglichen Partikel auch *Virionen.*

Viren weisen folgende Grundeigenschaften auf:

- Viren sind die kleinsten Infektionserreger. Sie differieren aber, je nach Art, stark in ihrer Größe. Die kleinsten menschenpathogenen Viren haben einen Durchmesser von 20 nm, die größten einen solchen von 250 nm. Mit Ausnahme der Pockenviren (250 nm) passieren die Viren bakteriendichte Filter (filtrierbare Viren) und lassen sich morphologisch nur im Elektronenmikroskop darstellen.
- Viren enthalten nur *eine* Art von Nukleinsäure, entweder DNA oder RNA. Die Replikation (Virusvermehrung) erfolgt ausschließlich intrazellulär in lebenden Zellen.
- Den Viren fehlt ein metabolisches System sowie ein Bewegungsapparat. Sie können nicht aktiv auf äußere Einflüsse reagieren und sind auf die metabolischen Möglichkeiten der Wirtszellen angewiesen, (im Gegensatz zu anderen, intrazellulären Parasiten bakterieller Natur, wie Rickettsien und Chlamydien).
- Die Virusvermehrung läßt sich durch Antibiotika, die gegen Bakterieninfektionen wirksam sind, nicht beeinflussen, hingegen kann eine Virusreplikation durch Interferon gehemmt werden.

– Viren sind potentiell pathogen und zeigen eine hochentwickelte Wirtsspezifität. Man unterscheidet Pflanzenviren, Bakterienviren (Bakteriophagen) und animale Viren (bei Insekten, Mollusken und Vertebraten).

Zum Unterschied zwischen Viren und Bakterien s. Tab. 12.

Tabelle 12 Unterschied Virus–Bakterium

	Virus	Bakterium
Größe	20–250 nm	500–5000 nm
Sichtbarkeit (Lichtmikroskop)	nein	ja
Zelle	*nein*	ja
Eigener Stoffwechsel	nein	ja
Kultivierbarkeit in leblosen Medien	nein	ja
Antibiotikaempfindlich	nein	ja
Interferonempfindlich	ja	nein
Nukleinsäuren	nur eine, RNA *oder* DNA	beide, RNA *und* DNA
Antigenität	gut (Protein)	mäßig (Polysaccharid)

Ursprung der Viren

Der Ursprung der Viren ist nicht sicher bekannt. Mehrere Möglichkeiten werden diskutiert. Am wahrscheinlichsten erscheint die Theorie, wonach die Viren von zellulären Nukleinsäuren abstammen. Verschiedene zytoplasmatische Organellen (Mitochondrien, Plasmide) enthalten eine DNA, die als Matrize für die Synthese einer m-RNA in Frage kommt. Wahrscheinlich stammt diese selbständige DNA von der Kern-DNA und hat die Fähigkeit erhalten, sich selber zu replizieren. Weitere Schritte der Verselbständigung haben zu den verschiedenen DNA-Viren geführt. Das gleiche gilt für einen zellulären Messenger, wobei die Möglichkeit besteht, daß RNA-Viren von DNA-Viren abstammen, deren m-RNA sich selbständig gemacht und ebenfalls die Fähigkeit erlangt hat, sich selber zu replizieren.

Virusmorphologie und chemische Zusammensetzung

Das *Virion* jeder Virusart (Virusgattung) besitzt eine bestimmte, für die Art (Gattung) charakteristische Struktur. Im Prinzip besteht

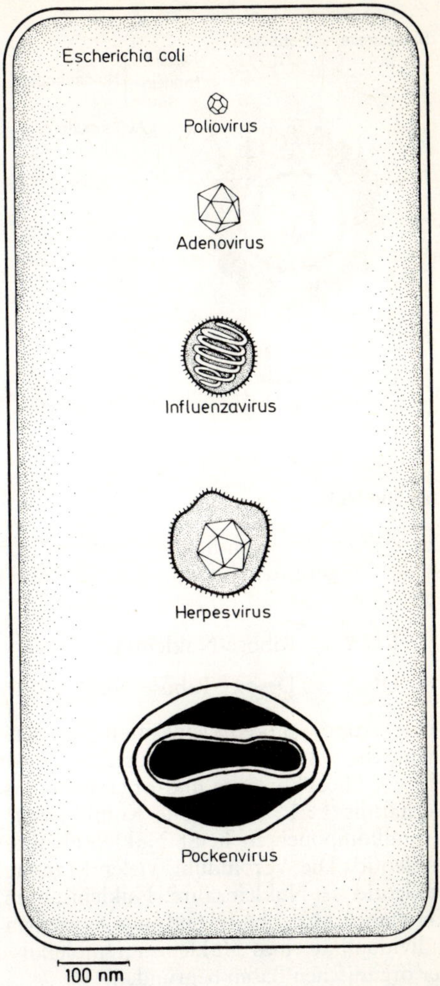

Abb. 33
Größenvergleich zwischen Viren und Bakterien. Verschiedene Virusarten maßstabgerecht in Bakterienzelle eingezeichnet

das Virion aus einem zentral gelegenen Nukleinsäurekern, der von einem Proteinmantel umgeben ist. Der Nukleinsäurekern, der immer nur aus einem Nukleinsäuretyp (DNA oder RNA) besteht, wird *Nukleoid* genannt, der Proteinmantel *Kapsid*. Nukleinsäure plus Proteinmantel nennt man *Nukleokapsid*. Bestimmte Viren besitzen zusätzlich eine periphere *Hülle*, bestehend aus Lipiden, Proteinen und Kohlehydraten.

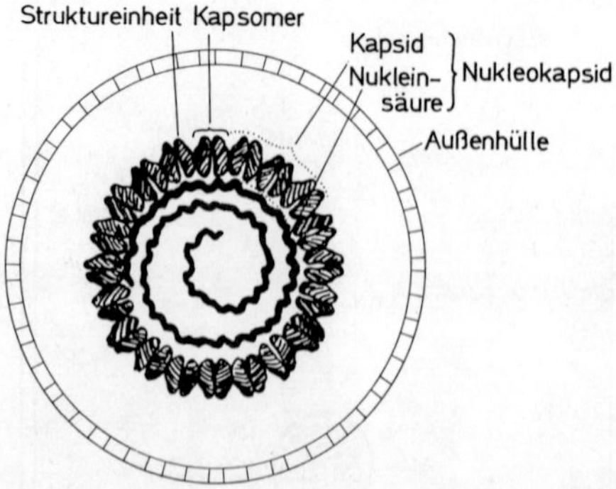

Abb. 34 Schematischer Aufbau eines Viruspartikels

Das Nukleoid

Die *Nukleinsäure* enthält die gesamte genetische Information und ist die Trägerin der Infektiosität. Sie kann je nach Virusart bestehen aus

RNA = Ribose-Nukleinsäure

DNA = Desoxy-Ribose-Nukleinsäure

Beide Arten von Nukleinsäuren besitzen prinzipiell den gleichen chemischen Aufbau. Ihre Bausteine Zucker (Ribose oder Desoxyribose), Phosphorsäure und organische Basen kommen ungefähr im Verhältnis 1 : 1 : 1 vor. Die Kombination von je einer dieser drei Grundkomponenten heißt Nukleotid und entspricht einem Mononukleotid. Die Verbindung vieler Mononukleotide ergibt ein Polynukleotid = Nukleinsäure. Nukleinsäuren sind also hochpolymere Kettenmoleküle, bestehend aus einzelnen Mononukleotiden. Die Individualität eines Nukleinsäuremoleküls liegt in der Sequenz seiner organischen Basen begründet.

Die Virusnukleinsäure besteht, ausgenommen einzelne RNA-Viren, aus einem einzigen, fadenförmigen Molekül. Virusnukleinsäuren sind aus den gleichen Nukleotiden aufgebaut wie Nukleinsäuren anderer Organismen.

RNA liegt meistens als Einzelstrang vor, während DNA im allgemeinen doppelsträngig aufgebaut ist. Es gibt einzelne Virusarten, in denen die DNA ringförmig geschlossen als zirkuläre DNA vorliegt.

Die Molekulargewichte von RNA liegen zwischen 2 und 10 Millionen, was ca. 1 200 bis 30 000 Nukleotiden entspricht (Molekulargewicht von 1 Nukleotid ca. 300), diejenigen von DNA zwischen 3 und 180 Millionen, was ca. 10 000 bis 600 000 Nukleotiden, bzw. ca. 300 000 Nukleotidpaaren entspricht.

Je nach Virusart macht die Nukleinsäure 1 % bis maximal 50 % des gesamten Viruspartikels aus. Je länger die Nukleinsäure ist, desto größer ist auch ihr Informationsgehalt.

Kapsid

Das Kapsid umgibt die Nukleinsäure als schützenden Proteinmantel. Dieser besteht aus *Kapsomeren,* die ihrerseits wiederum aus Untereinheiten, *Protomeren,* aufgebaut sind. Das Kapsid ermöglicht die Adsorption und Penetration des Viruspartikels und damit fremder Nukleinsäure in die Zelle, ist für die Wirtspezifität des Virus verantwortlich und determiniert das immunogene Verhalten des Virions.

Die *Proteine* des Kapsids machen den größten Teil der Virusmasse aus. Wegen des geringen Informationsgehaltes der Virusnukleinsäure bestehen die Kapsidproteine aus einer Vielzahl gleicher Polypeptide. Die Polypeptidketten legen sich durch Faltung aufeinander und bilden so die Struktureinheiten, die Protomeren. Diese ihrerseits lagern sich ähnlich Kristallen zusammen zu Kapsomeren, die elektronenoptisch als Röhrchen oder Kugeln erkennbar sind. Histonartige Proteine bilden den *Core,* das innerste Gehäuse, in welchem die Nukleinsäure eingelagert ist.

Im Kapsidverband erweisen sich die Proteine gegenüber proteolytischen Enzymen als unempfindlich. Bei einigen Virusarten enthält das Kapsid Enzyme.

Hülle

Eine Anzahl von Virusarten besitzt eine periphere Hülle (envelope), die im Gegensatz zum Kapsid deformierbar ist und ebenfalls Schutzfunktionen ausübt. Zudem enthält die Hülle das Hämagglutinin und die Neuraminidase und ist mitbestimmend für das immunogene Verhalten des Virions. Die Hülle (Peplos) stammt aus der Wirtzellmembran, ist aufgebaut aus *Peplomeren* und enthält *Lipide.* Durch Behandlung hüllenhaltiger Viren mit organischen Lösungsmitteln (Äther, Chloroform) werden die Lipide herausgelöst und das Virus derart verändert, daß es nicht mehr infektiös ist. Auf diese einfache Art läßt sich bestimmen, ob ein fragliches Virus eine Hülle besitzt oder nicht.

Viren mit Hülle weisen meistens auch einen geringen Gehalt an Kohlehydraten auf, entweder in Form zellulärer Glykolipide oder virusspezifischer Glykoproteine.

Aufbau der Viren

Im Prinzip sind drei Grundstrukturen des Kapsidaufbaues zu unterscheiden:

1. Kubischer Aufbau

Die Grundform ist meistens ein Ikosaeder, das ist ein symmetrischer Polyeder mit 20 gleichseitigen Dreiecksflächen. Auf diese Art kann aus einer großen Zahl identischer Proteinuntereinheiten am rationellsten eine sphärische Schale aufgebaut werden. Neben dem Ikosaeder gibt es auch Dodekaeder. Das sind Polyeder, die aus 12 regulären Fünfecken bestehen.

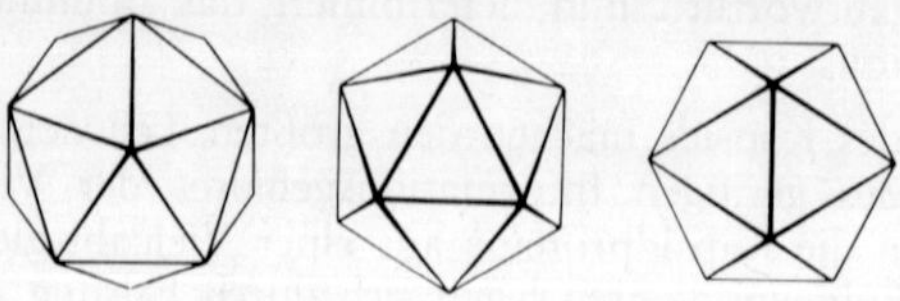

Abb. 35 Dreiecksikosaeder in den Achsen der 5-, 3- und 2fachen Symmetrie gesehen (aus: *Gard, S.:* Die Viren. In: *A. Grumbach, W. Kikuth, O. Bonin:* Die Infektionskrankheiten des Menschen und ihre Erreger. Thieme, Stuttgart 1969)

Die Kapsomeren können Kugelform (Adenoviren) oder Röhrchenform (Herpesviren) aufweisen. Ihre Zahl liegt je nach Art (Gattung) zwischen 42 und 252. Viren mit kubischem Aufbau können von einer Hülle umgeben sein. Kubisch aufgebaut sind vor allem die DNA-Viren (ausgenommen Pockenviren und Bakteriophagen).

2. Helikaler Aufbau

Die meist kugelförmigen Kapsomeren sind spiralig um den Nukleinsäurefaden angeordnet. Dadurch entsteht ein Hohlzylinder, in dessen Wand die Nukleinsäure eingebettet liegt. Das Kapsid kann starr (Tabakmosaikvirus) oder flexibel (Myxoviren) sein.

Die animalen Viren mit helikaler Struktur sind von einer Hülle umgeben, was diese Viren im Elektronenmikroskop kugelförmig erscheinen läßt. Das nackte Nukleokapsid weist Fadenform auf.

In der Gruppe der helikal aufgebauten Viren findet man mehrheitlich RNA-Viren.

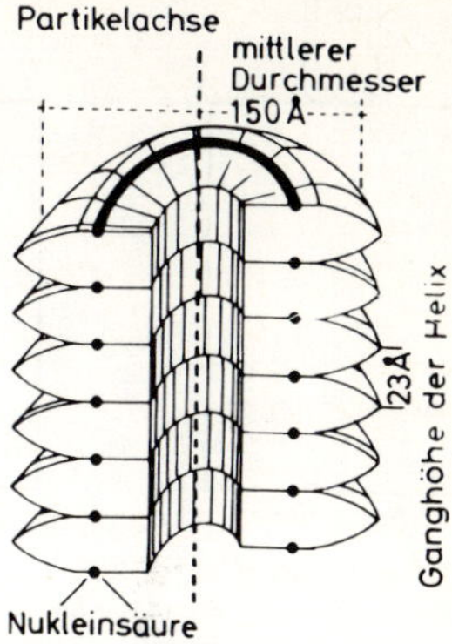

Abb. 36 Längsschnitt durch das Modell eines Tabakmosaikvirusteilchens (nach *Wolstenholme* u. *Miller*)

Das bestuntersuchte Virus mit helikalem Aufbau ist das Tabakmosaikvirus, s. Abb. 36.

3. Komplexer Aufbau

Den Prototyp stellen die T-Bakteriophagen dar, s. S. 382. Ihr Aufbau ist äußerst differenziert und ermöglicht den Phagen, ihre Nukleinsäure aktiv durch die Zellwand hindurch in das Innere der Bakterienzelle zu injizieren. Komplex aufgebaut sind ebenfalls die Viren der Pockengruppe und die Rhabdoviren.

In der Gruppe der komplex aufgebauten Viren sind sowohl DNA- als auch RNA-Viren zu finden.

Virusreplikation

Bei der Infektion einer Zelle muß das Viron seine Virusnukleinsäure in die Zelle bringen, wo jene (die Virusnukleinsäure) ihre genetische Information umsetzen kann: die Zelle wird dadurch auf die Bildung virusspezifischen Materials umprogrammiert, analog einer Stickmaschine, der man ein bestimmtes Muster mittels einer Programmkarte eingibt. Dieser Infektionsvorgang kann in 6 Stadien unterteilt werden (Abb. 37):

1. Adsorption

Der Vorgang beginnt mit der Adsorption des Viruspartikels an die Zellmembran. Die erste Kontaktnahme ist wahrscheinlich elektrostatisch bedingt, temperaturunabhängig und reversibel. Nicht jedes Zusammentreffen eines Virus mit einer Zelle führt zur Haftung. Die Kollisionswahrscheinlichkeit ist abhängig von der Brownschen Molekularbewegung, da sich Viren selbst nicht bewegen können

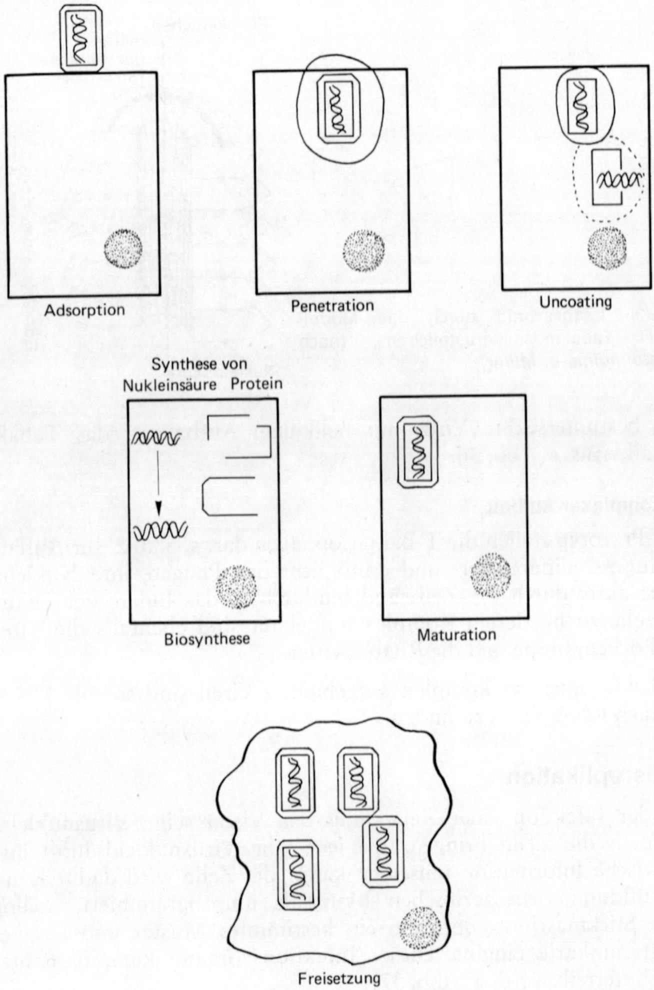

Abb. 37 Schematische Darstellung des Replikationszyklus eines Poxvirus

und die Adsorption an die Zelle von der Präsenz spezifischer Rezeptoren an der Membran abhängt.

2. Penetration

Auf die Adsorption folgt die Penetration, d. h. das Eindringen des Viruspartikels in das Zellinnere. Ermöglicht wird dieser Eintritt durch eine aktive Mitarbeit der Zelle. Der Vorgang ist deshalb temperaturabhängig und nicht mehr reversibel.

3. Uncoating

Im Inneren der Zelle kommt es zur Freisetzung der Virusnukleinsäure aus dem Proteinmantel (Uncoating). Die Information der Virusnukleinsäure wird durch Transkription und Translation auf die Zelle übertragen.

4. Biosynthese

Bei den meisten Viren erfolgt zuerst die Synthese der Nukleinsäure und dann diejenige des Proteins. Dabei wird in der Zelle eine Vielzahl (je nach Größe des Virusgenoms) von Enzymen induziert, die benötigt werden zur Produktion von Nukleinsäure. Andere Proteine dienen als Regulationsfaktoren der zellulären Makromolekülsynthese (immediate early proteins, delayed early proteins). Zuletzt werden die Kapsidproteine gebildet (late proteins).

5. Maturation

In der Phase der Maturation werden die Virusbausteine zum kompletten infektionstüchtigen Viruspartikel zusammengesetzt. Die Nukleinsäure wird in das Proteinkapsid eingepackt. Bei DNA-Viren erfolgt die Reifung im Zellkern (Ausnahme Pockenviren), bei RNA-Viren im Zytoplasma. Die Reifung ist ein kristallisationsähnlicher Prozeß ohne enzymatische Hilfe von seiten der Zelle. Die gleichartigen Proteinstruktureinheiten finden sich zusammen, um schließlich unter Einschluß der Nukleinsäure die Form des Viruspartikels anzunehmen.

6. Freisetzung

Schließlich erfolgt die Freisetzung der neugebildeten Viruspartikel; bei den Viren mit Hülle durch fortlaufende Ausschleusung via Zellmembran, auch Sprossung oder budding genannt (umgekehrter Vorgang wie bei der Phagozytose), oder durch Zellzerfall. Dadurch, daß die Wirtszelle veranlaßt wird, fremde Nukleinsäuren und Proteine aufzubauen, wird sie in den meisten Fällen geschädigt und geht zuletzt an der Virusproduktion zugrunde. Es ist die Zellschädigung, hervorgerufen durch die Virusproduktion, welche für das pathogene Geschehen bei Virusinfektionen verantwortlich ist.

Virusgenetik

Im allgemeinen sind Viren genetisch stabil. Genetische Veränderungen entstehen nur unter hartem Selektionsdruck. So ist denn auch bei vielen Viren nur *ein* antigener Typ bekannt.

Die Nukleinsäure der meisten Viren (DNA wie RNA) besteht aus einem einzigen Molekül. Die Länge der Nukleinsäurestränge variiert aber stark und dementsprechend auch ihr Molekulargewicht. Letzteres beträgt bei Parvoviren $1{,}8 \times 10^6$ (3 Gene), bei Pockenviren 160×10^6 (160 Gene).

Bei den Viren sind zur Hauptsache zwei Mechanismen für genetische Modifikationen verantwortlich: die *Mutation* und die *Rekombination*. Siehe auch Bakteriengenetik S. 69 ff.

Mutation

Mutationen sind spontane, weiter vererbbare Veränderungen im Genom, die nicht aus der Inkorporation von genetisch fremdem Material resultieren. Grundlage der Mutation ist die Änderung in der Basenfrequenz der Nukleinsäuren, wobei einzelne oder mehrere Nukleotide miteinbezogen sein können. Spontane Mutationen erfolgen bei animalen Viren in derselben Rate wie bei andern Organismen (10^{-5} bis 10^{-8}). Nachdem sich ein Viruspartikel bei der Infektion von Organen millionenfach vermehrt, müssen sich bei jeder Infektionskrankheit Mutationen ereignen.

Man unterscheidet spontane und durch Mutagene induzierte Mutationen. Mutationen werden immer erst erkannt, wenn wahrnehmbare Veränderungen am Phänotyp auftreten. Nukleinsäureveränderungen, welche keine Auswirkung auf den Phänotyp haben, nennt man stille Mutationen. Medizinisch interessant sind Mutationen, welche zu einer Erhöhung oder zu einer Erniedrigung der Virulenz (Attenuierung) führen. Attenuierte Viren werden zur Herstellung von Lebendimpfstoffen verwendet.

Rekombination

Als *Rekombination* bezeichnet man den Austausch genetischen Materials zwischen zwei Viren, welche die gleiche Zelle infizieren. Resultat der Rekombination sind *Rekombinanten*, eine genetisch stabile Nachkommenschaft mit Eigenschaften, die bei keinem der Eltern vorhanden waren. Der Mechanismus der Rekombination beruht auf Brüchen (Fragmentierung) im Genom mit anschließender vertauschter Wiedervereinigung (deshalb Re-kombination). Rekombinationen sind möglich zwischen zwei infektiösen Viren, zwischen einem infektiösen und einem nichtinfektiösen, zwischen zwei nichtinfektiösen, d. h. inaktivierten Viren und schließlich auch zwischen Virus- und Wirtszellnukleinsäure. Die Rekombination von nicht verwandten infektiösen Partnern ergibt Hybriden. Bei Influenzaviren können solche z. B. das Hämagglutinin des einen und die Neuraminidase des andern Partners besitzen. Die Rekombination von zwei inaktivierten Partnern kann ein neues aktives Virus ergeben, wenn bei den Partnern nicht die gleichen Gene geschädigt waren, so daß defekte Gene des einen durch intakte des andern ersetzt werden können. Diese Kenntnis ist bei der Methode der Inaktivierung von Impfviren (Totimpfstoffe) wichtig, weil auf keinen Fall eine Reaktivierung zustandekommen darf.

Sobald man genetisches Geschehen aus molekularer Sicht betrachtet, wird einem klar, daß verschiedenartigste Veränderungen möglich sein müssen, von denen einige auch medizinische Bedeutung haben. Abgesehen davon, daß man Impfviren durch Inkorporation zusätzlicher Eigenschaften verbessern kann, muß man wissen, daß auch Genome in Kapside oder Hüllen anderer Viren versetzt werden können, wobei dann aber die weitere Nachkommenschaft unstabil ist, weil ja nur das Genom kodifiziert. Ebenso ist Austausch von Kapsiden und von Kapsomeren, aber auch von Peplomeren (Mosaikhüllen) beobachtet worden, was zu Veränderungen der Antigenität und selbst der Wirtspezifität führen muß.

Pathogenese

Voraussetzung für das Zustandekommen einer Virusinfektion ist die Möglichkeit des Eindringens eines pathogenen Virus in den Wirt. Eintrittspforte sind – ausgenommen bei Übertragung durch Vektoren und bei intrauterinen Infektionen des Fetus – die Schleimhäute des Respirations-, des Gastrointestinal- sowie, in geringerem Maße, des Urogenitaltraktes. Die intakte äußere Haut schützt vor Infektion, wogegen Hautverletzungen bestimmte Infektionen ermöglichen.

Innerhalb des Wirtes sind 2 Grundtypen der Virusinfektionen und damit auch der Virusverbreitung im Organismus zu unterscheiden:

1. *Die lokalisierte Infektion,* bei der sich das Virus nur im Bereiche der Eintrittspforte vermehrt und sich höchstens von Zelle zu Zelle, über Interzellularbrücken, weiterverbreitet.

2. *Die generalisierte Infektion,* bei der sich das Virus an der Eintrittspforte nur repliziert und anschließend, ohne an dieser Stelle sichtbare Erscheinungen zu hinterlassen (höchstens regionäre Lymphknotenschwellungen), in den ganzen Organismus ausgesät wird.

Das Zustandekommen einer *generalisierten Virusinfektion* muß man sich folgendermaßen vorstellen:

1. Eindringen des Virus in den Körper via Schleimhäute, durch Hautläsionen oder übertragen durch Vektoren.

2. Lymphogener Transport in die regionären Lymphknoten, wo häufig die erste Virusvermehrung stattfindet.

3. Weitertransport über den Ductus thoracicus in die Blutbahn; führt zum

4. Stadium der Virämie. Damit Ausbreitungsmöglichkeiten in alle Organe, vor allem ins Erfolgsorgan. Die Erkrankung desselben gibt anschließend der Krankheit das klinische Gepräge.

Unter Umständen können virusbeladene Leukozyten die Viren direkt in die Blutbahn bringen oder die Viren können sich in Gefäßendothelien vermehren und von dort in die Blutbahn gelangen.

Während der Virämie befinden sich die Viren entweder in den Zellen des Blutes (Leukozyten, Erythrozyten, Blutplättchen) oder im Plasma, wo sie der neutralisierenden Wirkung von Antikörpern ausgesetzt sind.

Einzelne neurotrope Virusarten (Tollwutvirus) gelangen entlang der Nervenbahnen ins Zentralnervensystem oder wandern umgekehrt von den Spinalganglien zurück ins Erfolgsorgan (Herpesviren).

Art, Ort und Ausbreitung des Virus im Organismus bestimmen die *Inkubationszeit*. Bei Viren, die zu einer lokalisierten Infektion führen, mit Vermehrung des Virus im Bereiche der Eintrittspforte (Rhinoviren, Influenzaviren), ist die Inkubation kurz, d. h. 1–4 Tage. Bei allen generalisierten Infektionen mit ihrem komplexen Vorgang der Generalisation ist die Inkubation lang, d. h. 10–20 Tage. Selbstverständlich ist die Inkubation, wie bei Bakterien, auch abhängig vom Replikationstempo der Viren.

Im Laufe der meisten Virusinfektionen werden die Viren vom Wirtsorganismus wieder freigesetzt und dabei häufig durch das gleiche Organsystem ausgeschieden, durch das sie aufgenommen worden waren.

Die pathogenen Viren bewirken meistens in mindestens einem Zellsystem des Wirtsorganismus eine zellschädigende Wirkung, die zu Funktionsstörungen der betreffenden Organe führt. Virusinfektionen erzeugen in den Organen in erster Linie degenerative Zellveränderungen, während entzündliche Reaktionen höchstens sekundär zu beobachten sind.

Da bei bestimmten Krankheiten, verursacht durch bestimmte Virusarten, klinisch und pathologisch-anatomisch betrachtet, Veränderungen in einzelnen Organsystemen dominieren, wurde lange Zeit ein Organtropismus der entsprechenden Virusarten angenommen. Man sprach beispielsweise von neurotropen, dermotropen, pneumotropen usw. Viren. Die Einführung differenzierter Zellkulturverfahren hat aber gezeigt, daß dieser Organtropismus bei weitem nicht so ausgesprochen ist, wie von der Klinik her angenommen werden könnte. Der in vivo und damit im klinischen Bild zutage tretende Tropismus muß durch eine Vielzahl anderer Faktoren bedingt sein.

Bei verschiedenen virämischen Infektionen sind auch konnatale Infektionen, d. h. Übertragung des Virus von der infizierten Mutter auf den Feten, möglich. Je nach Stadium der fetalen Entwicklung werden dabei bestimmte fetale Gewebe schwer geschädigt, und es entstehen Mißbildungen (Embryopathien).

Für das Verständnis der Viruskrankheiten als solchen sowie auch der epidemiologischen Charakteristika scheint uns die Tatsache besonders erwähnenswert, daß bei jeder Viruskrankheit naturgemäß die Virusproduktion dem Krankheitsbild vorauseilt, bzw. die klinischen Erscheinungen hinter der Virusvermehrung „nachhinken". Dies hat zur Folge, daß bei fast allen kontagiösen Viruskrankheiten die Virusausscheidung schon vor Krankheitsbeginn einsetzt und bei Auftreten klinischer Erscheinungen die infizierten Wirtszellen bereits geschädigt sind.

Immunität

Die generalisierten, mit Virämie einhergehenden Virusinfektionen hinterlassen eine fundierte postinfektiöse Immunität. Diese Tatsache ist dadurch begründet, daß die Virusantigene als Proteine gute Antigene sind, die Viruspartikel millionenfach vorliegen und dementsprechend bei intensivem Kontakt mit allen antikörperbildenden Geweben starke Antikörperbildung bewirken. Zudem sind Viren, die generalisierte Infektionen verursachen, meistens antigen stabil; sie existieren nur als ein einheitlicher Typ.

Die Abwehr einer generalisierten Virusinfektion ist vor allem Aufgabe der Antikörper der Klassen IgM und IgG, die während der Virämiephase Viruspartikel neutralisieren. Der Wirkungsmechanismus der Neutralisation ist je nach Virusart verschieden: Blockierung der Adsorption oder des Uncoating, Beschleunigung des Abbaus im Phagozyten. Ein schon in die Zelle eingedrungenes Virion kann aber von Antikörpern nicht mehr neutralisiert werden.

Im Gegensatz zu virämischen Krankheiten hinterlassen lokalisierte Infektionen keine zuverlässige postinfektiöse Immunität. Die Möglichkeit, daß Antigen mit immunkompetenten Zellen in Berührung kommt, ist reduziert. Die Zellen, in denen das Virus repliziert wird, liegen weitgehend außerhalb der Blutbahn, so daß diese Zellen den humoralen Antikörpern ungenügend ausgesetzt sind. Es sind hier hauptsächlich die in Funktion tretenden IgA, welche Virionen an der Schleimhautoberfläche abzufangen vermögen.

Bei der Abwehr einer Virusinfektion tritt aber nicht nur die humorale, sondern auch die zellulär vermittelte Immunität in Funktion. wobei der letzteren eine große Bedeutung zukommt. Sensibilisierte „Immun-T-Zellen" sind Hauptträger dieser antiviralen Wirkung. Sie geben Lymphokine ab, welche die Migration von Makrophagen fördern, die ihrerseits opsonierte Virionen aufnehmen und zerstören. Zellen mit virusspezifischen Antigenen an der Oberfläche werden von T-Zellen lysiert (Killer-Zellen), bevor die Virusentwicklung abgeschlossen ist. Die Rolle der zellulären Immunität kommt u. a. dadurch zum Ausdruck, daß ein Agammaglobulinpatient ohne weiteres in der Lage ist, eine Virusinfektion zu überwinden, währenddem ein Patient mit einem defekten zellulären Immunsystem schwer erkrankt.

Neben der spezifischen Immunität besitzt auch die unspezifische Resistenz bedeutende Abwehrfunktionen. Zu deren Faktoren zählen: Interferon, Fieber, örtliche Säurebildung bei Entzündung, Phagozytose. Sie halten die Virusinfektion am Ort der Virusvermehrung in Schach, während Antikörper vor allem die Verbreitung der Viren im Organismus verhindern. Das überall im Körper vorhandene Komplement verstärkt die Abwehrmechanismen.

Virusnachweis

Die biologische Aktivität von Viren kann immer nur zusammen mit geeigneten Wirtszellen zur Geltung kommen und auch nur auf diesem Wege unserer Beobachtung zugänglich gemacht werden. Zelle und Virusaktivität bilden eine unzertrennliche Einheit. Dementsprechend ist es auch unter künstlichen Bedingungen nur bei Vorhandensein von Wirtszellen möglich, Viren zu reproduzieren. Dieser Reproduktion wird man deshalb gewahr, weil die Wirtszellen dank genetischer Umsteuerung durch die Virusnukleinsäuren verändert werden, was meistens mikroskopisch wahrgenommen werden kann (zytopathischer Effekt). Viren lassen sich jedoch nicht auf beliebigen Zellen zur Vermehrung bringen, sondern benötigen Zellen mit spezifischen Rezeptoren. Dies sind in erster Linie Zellen von empfänglichen Wirtstieren oder embryonale Zellen. Dementsprechend können menschenpathogene Viren nicht auf Zellen irgendwelcher Herkunft kultiviert werden, sondern im allgemeinen nur auf Zellen menschlicher Provenienz; evtl. auf solchen ganz bestimmter anderer Tierarten, in erster Linie von Primaten. Da die Wirtszellen im Embryonalstadium noch wenig artspezifische Eigenschaften aufweisen, werden Versuchstiere vorteilhaft als Embryonen oder kurz nach der Geburt zum Virusnachweis eingesetzt. In den letzten 20 Jahren sind Versuchstiere mehr und mehr durch in vitro gezüchtete Zellverbände = *Zellkulturen* ersetzt worden. Die Viren verursachen sowohl im Versuchstier wie auf Zellkulturen sog. *zytopathische Effekte.* Diese äußern sich an den Versuchstieren durch Zutagetreten faßbarer Krankheitsbilder oder Zugrundegehen der Tiere. In Zellkulturen entstehen zytopathische Effekte, deren Zellveränderungen morphologisch charakteristisch sind und mikroskopisch kontrolliert werden können. In Passagen reproduzierbare Krankheitsbilder oder zytopathische Effekte deuten, bei Abwesenheit zellulärer Mikroorganismen, auf den Viruscharakter des übertragbaren pathogenen Stoffes hin. Identifiziert werden die Viren meistens mit Hilfe spezifischer Antikörper (Immunseren), welche die pathogene oder zytopathische Wirkung des Virus aufheben, d. h. neutralisieren (Neutralisationstest).

Virusnachweis im Versuchstier

Das in der Virologie am häufigsten verwendete Versuchstier ist der Hühnerembryo, d. h. das befruchtete, mehrere Tage vorbebrütete Hühnerei. In diesem kann, je nach Virusart, die Membran der Chorioallantois, der Amnionhöhle oder des Dottersackes als Reproduktionsstätte neuer Viren dienen, wobei vor allem auf der Chorioallantoismembran für bestimmte Virusarten spezifische, makroskopisch sichtbare Läsionen auftreten. Ein weiteres, häufig gebrauchtes Versuchstier ist die weiße Maus, evtl. der Goldhamster. Die Tiere werden, ebenfalls je nach Virusart, schon im Säuglingsstadium, innerhalb der ersten 4 Lebenstage infiziert, entweder intrazerebral, intraperitoneal oder seltener intramuskulär und subkutan.

Virusnachweis in der Zellkultur

Wegen zahlreicher Nachteile ist das Versuchstier (Tier in toto) mehr und mehr durch die *Zellkultur* verdrängt worden. Als Ausgangsprodukt dienen menschliche und tierische Organe (z. B. frische menschliche Feten oder Eihäute, Affennieren, tierisches Embryonalgewebe), die mechanisch und durch Trypsinierung in Einzelzellsuspensionen aufgespalten und in vitro als sog. Monolayers (Einzellschicht) weiterkultiviert werden. Derartige *primäre Zellkulturen* können zum Virusnachweis eingesetzt werden. Man kann primäre Zellkulturen in Passagen weiterkultivieren und als *Sekundärkulturen* laufend zum Virusnachweis verwenden. Solche primären wie sekundären Zellkulturen enthalten den normalen diploiden Chromosomensatz. Als *diploide Zellinien* degenerieren sie jedoch nach einer gewissen Zeit, so daß höchstens 50 Passagen brauchbar sind.

Diploide Zellinien werden u. a. zur Herstellung von Virusvakzinen verwendet.

Als *kontinuierliche Zellkulturen* werden vorteilhaft heteroploide Zellinien mit anaploidem Chromosomensatz verwendet. Solche Zellen haben die Eigenschaften maligner Zellen und lassen sich auch in Suspension kultivieren. Für die Herstellung von Virusvakzinen dürfen sie keine Verwendung finden (Malignität).

Alle Zellkulturen benötigen ein Medium, das sich aus Serum, Salzen, Aminosäuren, Glucose, Nukleotiden, Vitaminen, einem Puffersystem und meistens einer Zugabe von Antibiotika zusammensetzt.

Zum Virusnachweis werden die ausgewachsenen Zellkulturen mit virushaltigem bzw. fraglich virushaltigem Material infiziert und in der Folge laufend mikroskopisch kontrolliert.

Der Nachweis der Virusvermehrung in Zellkulturen erfolgt in der Mehrzahl der Fälle aufgrund des zytopathischen Effektes = ZPE oder CPE. Manche Viren zerstören die Zelle, in der sie sich vermehren, so daß in infizierten Zellmonolayern ein progredienter, mikroskopisch feststellbarer Zellschaden, der zytopathische Effekt, entsteht. Das Virus, welches diesen Effekt verursacht, wird zytopathogen genannt. Die Zellzerstörung kann im Lichtmikroskop bei 100–200facher Vergrößerung leicht nachgewiesen werden und ergibt in manchen Fällen eine erste Orientierung. Oft lassen sich Viren erst nach mehreren Kultur-Passagen (Blindpassagen) nachweisen, da sich das Virus an die Zellen adaptieren muß.

Wenn sich Viren in den Zellen vermehrt haben, die keinen ZPE verursachen (z. B. Myxoviren), wird der *Hämadsorptionstest* angewendet. An der Oberfläche von Zellen, in denen sich solche Viren bildeten, werden Erythrozyten infolge spezifischer Bindung „adsorbiert“.

Auch die *Interferenz* dient dem Nachweis von Viren, welche keinen zytopathischen Effekt verursachen. Zellen, die mit solchen Viren (z. B. Rubellavirus) infiziert sind, lassen sich mit einem zweiten zytopathogenen Virus nicht mehr infizieren, sie sind resistent geworden (Interferenz).

Nicht zytopathogene Viren sind auch mit Hilfe immunfluoreszierender Antikörper nachweisbar.

Viren, die Erythrozyten agglutinieren, können mit Hilfe des *Hämagglutinationstestes,* nachgewiesen werden, aber nur, wenn die Viren zuvor z. B. in der Chorioallantoisflüssigkeit angereichert wurden und in einer Zahl von mindestens 10^7/1 ml vorliegen.

Direkter Virusnachweis

Ein direkter Nachweis von Viren ist durch die Entwicklung der elektronenmikroskopischen Technik möglich gemacht worden. Das *Elektronenmikroskop* hat dabei, wenn auch in beschränktem Ausmaße, die Bedeutung des Lichtmikroskopes in der Bakteriologie gewonnen. Der Vorteil der Methode liegt vor allem im Zeitfaktor. Es gelingt innerhalb einer halben Stunde eine Diagnose zu stellen. Diese basiert jedoch auf morphologischen Daten und ermöglicht nur die Zuteilung zu einer bestimmten Virusgruppe. So kann man feststellen, daß ein Virus aus der Pockengruppe vorliegt, man kann aber nicht sagen, um welches der Pockenviren es sich handelt. Zudem ist ein direkter Virusnachweis nur möglich, wenn die Viruspartikel in großer Zahl vorhanden sind, was z. B. im Bläscheninhalt bei Haut- oder Schleimhautaffektionen in der Regel der Fall ist. Bei geringen Viruskonzentrationen (Liquor) bietet die Ultrazentrifuge Anreicherungsmöglichkeiten. Rotaviren lassen sich mit einfachen Anreicherungsmethoden im Stuhl elektronenoptisch nachweisen.

Abgesehen vom Elektronenmikroskop bietet uns die *Immunfluoreszenztechnik* (s. S. 507) auf zahlreichen Gebieten Möglichkeiten direkten Virusnachweises.

Diagnostik

Virusnachweis

Die Ätiologie einer Infektionskrankheit kann nur durch den *Nachweis des Krankheitserregers* einwandfrei bewiesen werden. Dies gilt auch für Viruskrankheiten. Man muß die Viren dort suchen, wo sie im Körper vorhanden sein können (im Blut oder in bestimmten Organen), oder dort, wo sie ausgeschieden werden. Der Virusnachweis muß immer möglichst früh in die Wege geleitet werden, weil, wie schon betont, die Virusproduktion dem Krankheitsbild vorauseilt und weil sich im Wirtsorganismus bald virusneutralisierende Antikörper geltend machen, welche die Infektiosität der Viren blockieren und damit den biologischen Nachweis derselben erschweren. Da die Viren, von wenigen Ausnahmen abgesehen, im Lichtmikroskop nicht dargestellt werden können, treten direkte lichtmikroskopische Nachweismethoden, abgesehen vom Nachweis mit fluoreszeinmarkierten Antikörpern im Fluoreszenzmikroskop, in den Hintergrund. Zum direkten Nachweis bestimmter Viren in lokalisierten Läsionen sind in den letzten Jahren elektronenoptische Darstellungsverfahren entwickelt worden, so daß es beispielsweise bei Pocken und Varizellen möglich ist, Pustelmaterial elektronenoptisch zu begutachten. Bei den meisten Viruskrankheiten führen jedoch direkte Nachweismethoden nicht zum Ziel; vor allem nicht bei den virämischen Krankheiten ohne Hauterscheinungen. Dementsprechend müssen die Viren, ähnlich Bakterien, jedoch immer im Verein mit geeigneten Wirtszellen, kultiviert werden. Je nach Virusart oder Virusgruppe sind bestimmte Zellkulturen oder gegebenenfalls bestimmte Versuchstiere zu bevorzugen. Da zum Virusnachweis ein enges, meist wirtspezifisches Verhältnis zwischen Wirtszelle und vemutetem Virus bestehen muß, soll eine Virusdiagnostik immer möglichst gezielt, d. h. auf Grund klinisch-diagnostischer Hinweise erfolgen können. Der allgemeine Auftrag, „nach Viren zu suchen", wirkt für den Fachmann stets dilettantenhaft und ist ohne ungebührlichen Arbeitsaufwand überhaupt nicht durchführbar.

Der Virusnachweis (s. S. 274) basiert in der Regel auf mehr oder minder typischen pathogenen Veränderungen im Versuchstier oder zytopathischen Effekten in Gewebekulturen, die beide in Passagen reproduzierbar sein müssen. Die Identifizierung bestimmter Viren ist in beschränktem Umfange ebenfalls auf Grund dieser relativ typischen morphologischen Veränderungen möglich, erfolgt aber bei lege artis durchgeführter Untersuchung fast ausschließlich immunologisch, d. h. mit spezifischen Antikörpern = Immunseren, im Schutzversuch oder Neutralisationstest.

Da jeder Virusnachweis und vor allem jede einwandfreie Virusidentifizierung zeitlich und materiell aufwendig ist, kann diese Methode nicht bei jedem Kranken Anwendung finden. Sie hat sich in der Praxis zu beschränken auf die ätiologische Klärung von Gruppenerkrankungen (Epidemien), von schweren oder epidemiologisch bedeutsamen Einzelfällen und auf besonders interessante, schwierig zu deutende Krankheitsbilder.

Bei Materialentnahmen und Einsendungen, die ausnahmslos möglichst frühzeitig erfolgen sollen, ist zu beachten, daß viele Viren rasch und temperaturabhängig ihre Infektiosität verlieren. Die Proben müssen deshalb so schnell wie möglich, vor Erwärmung, Licht, Austrocknung (keine Wattetupfer!) und extremen pH-Werten geschützt, am besten in Transportmedien und gekühlt, zur virologischen Untersuchungsstation gebracht werden.

Serologie

Weil der Virusnachweis viel Zeit und Material beansprucht, versucht man in der Virologie ganz besonders mit Hilfe *serologischer Methoden* (spezifischer Antikörpernachweis im Patientenserum) diagnostisch weiterzukommen. Jeder serologische Befund entspricht aber sowohl bei positivem wie bei negativem Ausfall immer nur einem mehr oder weniger zwingenden Indizienbeweis. Bei positivem Befund wissen wir unter Umständen nicht, wie lange die Antikörper schon vorbestanden hatten, ob es sich um eine Kreuzreaktion, bedingt durch Antigene eines anderen Erregers, oder um Impftiter handelt. Bei negativem Ausfall stehen wir möglicherweise in den ersten Krankheitstagen, so daß die Antikörper noch gar nicht gebildet sein können; oder das Antigen, das dem Erreger entspricht, ist im verwendeten Satz von Diagnostika gar nicht berücksichtigt. Dementsprechend wird immer eindrücklicher verlangt, daß zur richtigen Interpretation serologischer Befunde sog. paarige Seren verfügbar seien (eine erste Serumprobe zu Krankheitsbeginn und eine zweite mindestens 10 Tage später entnommen). Beide Seren sollten gleichzeitig geprüft und die Titer miteinander verglichen werden. Für eine diagnostische Beweisführung auf serologischer Basis wird ein Titeranstieg von 4 Stufen = 16fach (z. B. von 1:4 auf 1:64) verlangt. In vielen Situationen läßt sich eine serologische Diagnostik praktisch nicht durchführen wegen des Typenreichtums der entsprechenden Virusgruppe und/oder der starken Durchseuchung der Gesamtbevölkerung mit diesen Viren.

In jüngster Zeit ist man bemüht, im Patientenserum spezifische Antikörper der IgM-Klasse nachzuweisen. Solche treten nach der Infektion zuerst auf und sind nach 3–10 Wochen nicht mehr nachweisbar. Die Präsenz von IgM spricht für eine frische, noch nicht lange zurückliegende Infektion.

Bei der Diagnosestellung auf serologischer Basis bedient man sich verschiedener immunologischer In-vitro-Methoden. Da im Gegensatz zu bakteriellen Erkrankungen die einfache Agglutinationsreaktion meistens nicht anwendbar ist, verwendet man die Methode der Komplementbindungsreaktion (KBR), bei den hämagglutinierenden Viren den Hämagglutinationshemmtest (Hirst-Test) und bei den kleinen Viren den Neutralisationstest in Gewebekulturen, evtl. in geeigneten Versuchstieren. Bei all diesen Reaktionen wird ein bekanntes Antigen, bestehend aus der entsprechenden Virussuspension oder chemischen Bestandteilen derselben mit dem Patientenserum zusammengebracht. KBR-Titer persistieren durchschnittlich 6–12 Monate, Neutralisations- und Hämagglutinationstiter über mehrere Jahre.

Epidemiologie

Wie bei allen Infektionskrankheiten ist auch bei den Virusaffektionen das infizierte Individuum nur kontagiös, wenn es die Viren auf irgend einem Wege ausscheidet und dadurch neue Infektionen ermöglicht. Ob ein infizierter Mensch Virusausscheider ist oder nicht, hängt weniger von ihm selbst ab, als von der Art des Erregers. Die meisten Viren werden, ähnlich Bakterien, wiederum je nach Virusart und Erkrankung, entweder respiratorisch mit der Atemluft oder enteral mit dem Stuhl ausgeschieden. Im allgemeinen entspricht das System der Eintrittspforte demjenigen des Ausscheidungsweges. So gelangen die Respirationsviren, meistens an Aerosole gebunden, mit der Inspirationsluft in neue Individuen, während fäkal ausgeschiedene Viren, wie die Enteroviren und der Erreger der infektiösen Hepatitis, peroral Neuinfektionen verursachen. Die äußere, unverletzte Haut verhindert den Eintritt von Viren. Natürliche Infektionen kommen deshalb vor allem auf dem Weg über die Schleimhäute zustande. Je nach Wirtspektrum einer Virusart erfolgen Übertragungen nur von Mensch zu Mensch oder auch von Wirbeltieren auf den Menschen. Wegen der Beteiligung verschiedener Tierarten am epidemiologischen Geschehen und der Verbreitung bestimmter Viren ausschließlich durch Tiere, muß eine Reihe von Viruskrankheiten zu den Anthropozoonosen gezählt werden.

Nebst den erwähnten Übertragungswegen kennen wir eine Reihe von Viruskrankheiten, bei denen die Erreger ausschließlich durch bestimmte Vektoren von Säugetierwirt zu Säugetierwirt übertragen werden. Diese Viren sind in der Gruppe der Arboviren (Arthropod borne) zusammengefaßt (s. S. 302). Dabei wird der Mensch infiziert durch den Stich infektiöser blutsaugender Arthropoden, vor allem durch Stechmücken und Zecken.

Ein analoger Übertragungsweg ist der iatrogene, wobei durch Inokulationen und Transfusionen pathogene Viren in einen neuen Wirt gelangen können (s. S. 373).

Wie schon betont, hinterlassen vor allem die virämischen Krankheiten mit generalisierter Infektion eine fundierte, lebenslängliche Immunität. Das immunologische Geschehen beeinflußt deshalb in ausgesprochener Weise das epidemiologische. Bevölkerungsschichten oder Altersklassen, die solche Infektionskrankheiten durchgemacht haben, erkranken nicht wieder. Diese Erscheinung hat u. a. zum Begriff der *Kinderkrankheit* geführt. Kinderkrankheiten beruhen nicht auf einer besonderen Disposition im Kindesalter, sondern kommen zustande, wenn eine Krankheit, die zu einer soliden Immunität führt, kontagiös und innerhalb einer bestimmten Region endemisch ist.

Bei allen Infektionskrankheiten, und so auch bei den Viruskrankheiten, muß man *apparente* und *inapparente* Infektionen unterscheiden, s. auch S. 15. Letztere sind immer von besonderer epidemiologischer Bedeutung, weil sie symptomlos verlaufen, und damit nicht bemerkt und nicht diagnostiziert werden, die betreffenden Personen aber trotzdem kontagiös sind.

Eine jahreszeitliche Abhängigkeit wie auch die Bevorzugung bestimmter Personengruppen (Berufsgruppen) ist meistens durch äußere Umstände erklärbar.

Prophylaxe

Expositionsprophylaxe

Bei den Viruskrankheiten sind expositionsprophylaktische Maßnahmen von nur geringem Wert. Virusausscheider sind viel schwieriger und umständlicher zu ermitteln als Bakterienausscheider. Virusausscheidung erfolgt schon vor dem Krankwerden. Die als besonders kontagiös bekannten Krankheitserreger werden aerogen übertragen, so daß Infektionen innerhalb von Kollektiven kaum zu verhindern sind. Bei verschiedenen Viruskrankheiten ist der Kontagionsindex klein und demgemäß die Zahl latent infizierter, nicht erkrankter Ausscheider ungleich größer als diejenige der unter Kontrolle stehenden Kranken. Arthropodenübertragene Krankheiten können nur bis zu einem gewissen Grade durch Bekämpfung oder Fernhalten der Überträger verhütet werden.

Auch der Einsatz von Desinfektionsmitteln ist für die Prophylaxe von Viruskrankheiten nur von geringer Bedeutung. Man muß sich hüten, dank der desinfizierenden Wirkung bestimmter Chemikalien gegenüber Bakterien oder Pilzen Analogieschlüsse zu ziehen in bezug auf Viren. Die Inaktivierung eines Virus stellt einen komplexen, in den meisten Fällen wenig übersichtlichen Vorgang dar, s. S. 285.

Immunisierungsprophylaxe

Aktive Immunisierungen = Schutzimpfungen sind im Rahmen prophylaktischer Maßnahmen gegenüber Viruskrankheiten von dominierender Bedeutung, s. auch S. 57. Inaktivierte Impfstoffe, auch *Totimpfstoffe* genannt, immunisieren jedoch relativ schlecht. Der Grund hierzu liegt einerseits im Bereich des Quantitativen (weil sich die Viren nicht mehr vermehren können), andererseits im Fehlen eines dem Krankheitsgeschehen ähnlichen pathogenetischen Vorganges. Inaktivierte Impfstoffe müssen, wie alle leblosen Impfstoffe, mehrmals injiziert werden, um eine gewisse Schutzwirkung zu gewährleisten. Ihre Herstellung ist aufwendig, weil in vitro viel Virus zu produzieren ist, um genügend Antigen in der Vakzine zu haben.

Besser als inaktivierte Impfstoffe immunisieren „abgeschwächte" *Lebendimpfstoffe*. Diese bestehen aus noch vermehrungsfähigen Viren, die, dem Wirtsorganismus einverleibt, Wirtszellen zu infizieren vermögen und zu einem dem effektiven Krankheitsgeschehen ähnlichen pathogenetischen Ablauf Anlaß geben. Bei der Herstellung von Lebendimpfstoffen besteht das Problem in der „Abschwächung“, d. h. dem Avirulentmachen der Viren unter gleichzeitiger Erhaltung ihrer Infektiosität. Die Abschwächung wird erreicht durch sog. Fremdwirtpassagen in anderen Wirtstieren oder durch Auslese bestimmter avirulenter Mutanten aus Zellkulturen. Lebendimpfstoffe müssen nur einmal verabreicht werden. Sie bewirken meistens eine sog. transitorische Virämie, was Impfkomplikationen zur Folge haben kann. Die einzelnen Impfstoffe werden im Zusammenhang mit den entsprechenden Virusarten und ihren Krankheiten ausführlich behandelt.

Bei der Verwendung von Lebendimpfstoffen wird im Gegensatz zu den Totimpfstoffen auch eine zelluläre Immunität induziert. Außerdem tritt der Schutz schneller ein und dauert länger. Nachteilig empfunden wird die Möglichkeit einer Virulenzerhöhung und die rasche Inaktivierung der Impfviren bei unsachgemäßer Lagerung der Impfstoffe (Wärme, Licht). Schließlich können Lebendimpfstoffe mit unerwünschten Begleitviren kontaminiert sein. Trotzdem haben sich im großen und ganzen die Lebendimpfstoffe durchgesetzt.

Man muß sich immer darüber im klaren sein, daß sich nur gegenüber generalisierten Virusinfektionen ein zuverlässiger Impfschutz erzeugen läßt.

Passive Immunisierungen werden auf dem Sektor der Viruskrankheiten nur in Ausnahmefällen angewendet: wo keine „aktive“ Vakzine zur Verfügung steht (Hepatitis), bei lebensbedrohlichen Zuständen (schwere Tollwutverletzungen), zur Verhinderung von Embryopathien (Röteln), zur Verhütung von Komplikationen durch Lebendimpfstoffe (Pocken). Die Dauer jeder passiv induzierten Immunität dauert höchstens 8 Wochen. Es sollten nur Hyperimmunglobuline menschlicher Provenienz zur Anwendung gelangen.

Chemoprophylaxe

Nachdem sich auf dem Gesamtgebiet der Viruskrankheiten kein einziges Chemotherapeutikum wirklich bewährt hat und praxisreif ist, gibt es bis heute auch kein brauchbares Chemoprophylaktikum. Vorübergehend waren eingesetzt worden: Thiosemikarbazone zur Verhütung von Pocken und Amantadin zur Verhütung von Grippe. Um beide ist es still geworden. Chemoprophylaxe s. auch S. 20 u. 21.

Chemotherapie

Im Gegensatz zu den vielen Therapeutika gegen bakterielle Infektionen existieren bis heute nur wenige Substanzen, die zur spezifischen Behandlung von Viruskrankheiten in Frage kommen könnten. Keine dieser Substanzen ist praxisreif, so daß man die Viruskrankheiten vorläufig nur symptomatisch behandeln kann.

Ein gutes, gegen Viruskrankheiten wirkendes Chemotherapeutikum müßte entweder die Virusvermehrung, d. h. die Nukleinsäuresynthese und/oder die Proteinsynthese hemmen oder die infizierte Zelle vor Schädigung schützen. Als Prophylaktika kämen zusätzlich Stoffe in Frage, die in der Lage wären, Wirtszellen vor der Infektion durch spezifische Viren zu bewahren.

Die meisten Substanzen, von denen man sich eine Wirkung versprach, wirken höchstens prophylaktisch, d. h. vor der Infektion der Zellen. Zudem sind sie nur gegen ganz bestimmte Viren oder gar nur einzelne Typen einer Virusart und höchstens bei einzelnen bestimmten Wirtsspezies wirksam, bei anderen aber wieder nicht. Es sind wohl viele Substanzen bekannt, die in vitro verschiedene Virusinfektionen zu hemmen vermögen. Sie sind aber zu toxisch, weisen eine zu geringe therapeutische Breite auf und führen rasch zu Resistenzerscheinungen. Von einem guten Therapeutikum muß jedoch verlangt werden, daß es nicht toxisch ist, eine große chemotherapeutische Breite aufweist, gut löslich ist und in die virusbefallenen Zellen eindringen kann.

In der Praxis wurden halogenierte Nukleoside wie Adenin- und Cytosin-Arabinosid geprüft; sie sollen die DNA-Synthese der Herpesviren beeinflussen. Beide Präparate haben aber enttäuscht. Adamantin und Verwandte sowie Thiosemikarbazone wurden bei Influenza-, bzw. Pockeninfektionen eingesetzt, zeigten aber zu starke Nebenerscheinungen. Wieder andere Substanzen waren nur in vitro wirksam.

Weil spezifische Therapeutika fehlen, sind gegen schwer verlaufende Viruskrankheiten prophylaktische Maßnahmen von ganz besonderer Bedeutung (s. S. 281).

Interferon

Interferone sind Proteine mit einem Kohlehydratanteil, die ein Molekulargewicht von 25 000 bis 30 000 aufweisen. Sie werden von Wirtszellen in vivo wie in vitro gebildet, nach Exposition dieser Zellen mit infektiösen oder inaktivierten Viren; aber auch mit anderen Substanzen mikrobieller oder synthetischer Herkunft (z. B. Doppelstrang RNA). Der Mechanismus der Induktion der Zelle ist nicht genau bekannt.

Die Fähigkeit zur Interferonbildung schlummert in jeder Zelle, ist jedoch durch einen Repressor unterdrückt und kann erst nach Derepression einsetzen.

Interferon wird von den produzierenden Zellen in die interzelluläre Flüssigkeit abgegeben, kommt in Kontakt mit anderen Zellen und macht diese resistent gegen Virusinfektionen verschiedenster Art. Dabei inaktiviert das Interferon nicht die Virionen an sich, sondern hemmt über die Bildung eines zellulären Antivirusproteins die Transkription- oder die Translationsphase der DNA- und RNA-Virusreplikation. Interferon ist, vor der Virusinfektion verabfolgt, prophylaktisch wirksam, jedoch wirtsspezifisch. Interferone, gebildet von menschlichen Zellen, schützen nur menschliches Gewebe, tierische Interferone nur Tiere der gleichen Spezies. Im homologen Gewebe weisen die Interferone aber ein breites Wirtsspektrum auf und machen die Zellen unempfänglich gegen eine Reihe von DNA- wie RNA-Viren, inkl. Tumorviren. Weitere Vorteile der Interferone sind ihre fehlende Toxizität sowie die Tatsache, daß sie trotz ihres Proteincharakters nur schwach antigen wirken und deshalb keine Überempfindlichkeiten verursachen.

Im Gegensatz zur Antikörperbildung (4–5 Tage) beginnt die Produktion von Interferon schon wenige Stunden nach der Induktion. Interferon ist deshalb ein Abwehrstoff in der Frühphase der Infektion.

Neuerdings betrachtet man Interferon als Stoff, der auch grundlegende Mechanismen in der Zelle (Mitose, DNA- und RNA-Synthese usw.) zu beeinflussen vermag und deshalb „pleotypic effector" genannt wird. Die Hemmung der Virusreplikation wird nur noch als kleiner Ausschnitt innerhalb dieses vielseitigen Wirkungsbereiches betrachtet.

Theoretisch gäbe es zwei Möglichkeiten, Interferon klinisch gegen Viruserkrankungen anzuwenden:

1. Exogene Interferonbehandlung, wobei in Zellkulturen vorfabriziertes Interferon dem Patienten zugeführt wird.
2. Endogene Interferonbehandlung durch Induktion von Interferon im Organismus mit Hilfe sogenannter Inducer (attenuiertes Virus, synthetische Doppelstrang-RNA).

Beide Verfahren konnten bis jetzt nicht realisiert werden. Exogenes Interferon wird in zu großen Mengen benötigt. Es sollte deshalb synthetisiert werden können, was so lange nicht gelingen kann, als die chemische Struktur des Interferons nicht bekannt ist. Inducer zur endogenen Interferoninduktion erwiesen sich als toxisch und es tritt schon nach wenigen Injektionen eine Gewöhnung auf, so daß der Organismus kein Interferon mehr produziert.

Auch die Anwendung von Interferon ist also keineswegs praxisreif.

Stabilität, Inaktivierung, Sterilisation und Desinfektion

Viren sind im allgemeinen gegenüber äußeren, physikalischen, wie chemischen Einflüssen empfindlicher als Bakterien, weil sie keine Zellwand besitzen und auch keine Sporen bilden. Die Stabilität und damit auch die Resistenz der verschiedenen Virusgruppen ist jedoch recht unterschiedlich. Einzelne Viren verlieren ihre Infektiosität rasch, andere können über Wochen und Monate infektionstüchtig bleiben. Wie bei den Bakterien steht die Stabilität u. a. in engem Konnex zum Substrat, in welchem die Viren eingebettet sind. Kolloidale Stoffe, welche die Viren mantelartig umgeben, vermögen sie bis zu einem gewissen Grade gegen die Umwelteinflüsse zu schützen. Viren in Schutzkolloidlösungen weisen eine erhöhte Tenazität auf im Vergleich zu Viruspartikeln, die in einer wässerigen Lösung suspendiert sind. Als Schutzkolloide im Sinne von Konservierungsmitteln werden Serum (cave Antikörper), bovines Serumalbumin, Magermilch oder Bouillon verwendet. Chemisch definierte Stabilisatoren sind Glyzerin, l-m-Magnesiumchloridlösung, Cystin oder Polysulfide.

Stabilität der Viren

Die Stabilität der Viren ist vor allem von folgenden Einflüssen abhängig:

Der *Temperatur:* sie beeinflußt die Stabilität am stärksten. Je höher die Temperatur, um so kürzere Zeit und je tiefer die Temperatur, um so längere Zeit bleiben die Viren stabil. Bei – 70 °C (Trockeneis), oder noch besser bei – 195 °C (flüssiger Stickstoff) lassen sich Viren über Jahre konservieren. Umgekehrt gibt es Viren, die bei + 37 °C eine Halbwertszeit von nur 1 Stunde besitzen.

Dem *Licht:* gegenüber dem sichtbaren Licht und vor allem gegenüber UV-Licht im Wellenbereich zwischen 235 und 260 nm sind Viren wenig stabil.

Dem *Austrocknen:* bestimmte Viren verlieren beim Austrocknen sofort ihre Infektiosität; andere allerdings bleiben gerade in trockenem Milieu besonders lange infektionstüchtig.

Dem *pH* und *Salzgehalt* des Milieus.

Alle die erwähnten Stabilitätsfaktoren sind bei der Einsendung von Untersuchungsmaterial zu berücksichtigen.

Inaktivierung der Viren

Inaktivierung bedeutet Schädigung irgendeines Bausteines des Virions, wodurch dessen biologische Aktivität ausbleibt. Diese ist am besten meßbar an der Infektiosität des Virus. Die Inaktivierung kann auf einer Schädigung der Virusnukleinsäure oder auf der Denaturierung eines Virusproteins beruhen. Je nach veränderter Viruskomponente unterscheidet man:

nukleotrope Agenzien: Formaldehyd, Hydroxylamin, UV-Licht (260 nm);

proteotrope Agenzien: Hitze, Detergenzien, proteolytische Enzyme, Formaldehyd, saures pH, UV-Licht (235 nm);

lipotrope Agenzien: Organische Lösungsmittel, lipolytische Enzyme, Peroxyde

auf das ganze Virion wirkende Agenzien: Röntgenstrahlen, photodynamischer Effekt, alkylierende Agenzien (chem. inhomogene Klasse von Verbindungen mit stark reaktiven Gruppen, die besonders mit Phosphatgruppen (Nukleinsäure) und Karboxylgruppen (Proteine) reagieren und wahrscheinlich über eine Molekülvernetzung eine Inaktivierung von Makromolekülen (Nukleoproteine) bewirken.

Einwandfrei inaktiviert ist ein Virus erst nach Veränderung seiner Nukleinsäurestruktur. Die Unterbrechung der Nukleinsäurekette an einer einzigen Stelle scheint eine komplette Inaktivierung zu garantieren. Zerstörung der Nukleinsäurestruktur ist dementsprechend vergleichbar mit Bakterizidie bei zellulären Mikroorganismen. Effektiv können Viren auch durch Veränderungen am Kapsid inaktiviert werden. Da intakte Nukleinsäure an sich, auch ohne Proteinanteil, unter bestimmten Umständen infektionstüchtig ist, besteht bei der einseitigen Inaktivierung des Proteinanteils allein immer die Möglichkeit einer Reaktivierung. Im allgemeinen sind Nukleinsäuren thermostabiler als Proteine und können nach der Denaturierung renaturieren; ein Phänomen, das man bei Proteinen nicht kennt. Die Proteindenaturierung ohne Unterbrechung des Nukleinsäurestranges ist demgemäß in der Auswirkung der Bakteriostase vergleichbar.

Besonders bei der Virusinaktivierung für Impfstoffe müßte von einem idealen Inaktivierungsmittel gefordert werden, daß es nur die Nukleinsäure schädigt (Zerstörung der Infektiosität), die antigene Wirkung des Proteins aber unbeeinflußt läßt. Solche idealen Inaktivierungsmittel existieren kaum. Jedenfalls ist die Wirkung eines Mittels auf die Nukleinsäure, vor allem zeitlich beurteilt, nicht dieselbe, wenn der Proteinmantel intakt oder in Mitleidenschaft gezogen ist. Demgemäß verlaufen auch die Inaktivierungskurven verschieden.

Im allgemeinen darf davon ausgegangen werden, daß Oxydationsmittel, Halogene wie auch alkylierende Stoffe viruzid wirken und geeignete Desinfektionsmittel sind.

Anwendung finden u. a.:

Wasserstoffsuperoxyd, Ozon und Chlor sowie die alkylierenden Stoffe:

Äthylenoxyd	$\begin{matrix} CH_2 \\ CH_2 \end{matrix} \Big> O$
β-Propiolacton	$\begin{matrix} CH_2 - C = O \\ \vert \quad\quad \vert \\ CH_2 - O \end{matrix}$
Stickstofflost	$(Cl \cdot CH_2 \cdot CH_2)_2NCl$

Bei Inaktivierung durch H- oder OH-Ionen wird die Proteinstruktur allmählich abgebaut und damit der Nukleinsäure-Inaktivierungsprozeß zusehends beschleunigt. Bei anderen Stoffen, z. B. beim häufig angewendeten Formaldehyd, wird die Penetrationsfähigkeit durch das Protein hindurch erschwert und damit die effektive Inaktivierung zusehends verlangsamt.

Zur Inaktivierung von Viren können auch Strahlen eingesetzt werden; vor allem ultraviolette und ionisierende Strahlen.

Viren mit einer Hülle werden durch organische Lösungsmittel wie Äther und Chloroform sowie durch Detergenzien rasch inaktiviert.

Sterilisation und Desinfektion

Begriffe und Prinzipien s. S. 20 ff.

Sterilisations- und Desinfektionsmaßnahmen gegenüber Viren unterscheiden sich kaum von denjenigen gegenüber Bakterien. Filtration fällt wegen der Kleinheit der Viren als Sterilisationsmethode weg.

Wie in der Bakteriologie bedeutet auch auf virologischem Gebiet die Sterilisation durch Wärme die sicherste und einfachste Maßnahme zur Eliminierung infektiöser Viren. Wie in der Bakteriologie kann aber Hitze zur Inaktivierung nicht überall angewandt werden.

Sterilisation mit Hilfe ionisierender Strahlen ist auch im Virusbereich eine sichere Methode. Im übrigen ist man, je nach Situation, auf die unter „Inaktivierung“ erwähnten chemischen Substanzen angewiesen.

Phenole und Quecksilberverbindungen wirken nur schwach virusinaktivierend und sind deshalb als Virusdesinfektionsmittel ungeeignet. Bei der praktischen Anwendung eines Desinfektionsmittels versichere man sich, daß eine Wirksamkeit gegen die betreffende Virusart gewährleistet ist. Wie auf S. 286 erwähnt, ist aber jede viruzide Wirkung experimentell nur schwer zu kontrollieren und zu beweisen.

Nomenklatur und Klassifizierung

Wie in der übrigen Mikrobiologie wurden die zuerst entdeckten pathogenen Viren nach den Krankheiten benannt, die sie verursachen. Man spricht von Pockenviren, Influenzaviren, Poliomyelitisviren, Masernviren usw. Je mehr neue Viren hinzukamen, darunter auch apathogene, um so mehr bereitete eine konsequente Namensgebung Schwierigkeiten, zumal sich das binominale Nomenklatursystem nach *Linné* für Viren nicht ohne weiteres sinnvoll anwenden ließ. So entstand für den virologisch nicht spezialisierten Mediziner ein immer größer werdendes Wirrwarr.

Die zunehmend sich verfeinernden Kenntnisse der Virusmorphologie und der Virusreplikation haben ermöglicht, System in die Sache zu bringen. Eine internationale Nomenklaturkommission bemüht sich um die Schaffung international brauchbarer Nomenklaturregeln. Man versucht, die Viren in Familien, Gattungen und Arten zu gliedern, wobei Arten serologisch weiter in Typen (Serotypen), Subtypen und Varianten unterteilt werden. Wie in der Bakteriologie kennt und benützt der Mediziner in erster Linie Art- und Gattungsnamen, während viele Familiennamen fremd klingen. So werden wir uns auch in der Folge so weit als möglich an die medizinisch eingebürgerten Bezeichnungen halten, die sich meistens an die Benennung der betreffenden Krankheit anlehnen.

Klassifiziert werden die Viren heute unbestritten auf Grund ihrer biochemischen, morphologischen und antigenen Struktur. Die wichtigsten Kriterien sind:

1. chemische Natur der Nukleinsäure, RNA oder DNA,
2. der Aufbau (Symmetrie) des Kapsids, kubisch, helikal oder komplex,
3. die Zahl der Kapsomeren beim kubischen Aufbau,
4. der Durchmesser des Nukleokapsids bei der helikalen Struktur,
5. das Fehlen oder das Vorhandensein einer Hülle,
6. der Ort der Virusreplikation in Zelle, Kern oder Plasma,
7. die immunogenen Eigenschaften.

Auf die Wiedergabe einer zusammenfassenden Virussystematik wird bewußt verzichtet; sie ist aus systematischer Sicht zweifellos notwendig. Sie trägt aber medizinischen Belangen zwangsläufig zu wenig Rechnung und läßt jede Abstufung nach medizinischen Prioritäten vermissen.

Spezielle Virologie

RNA-Viren

I. Picornaviren

Die Benennung Picorna leitet sich ab vom Wort „pico" = sehr klein und von RNA (pico + RNA = Picorna). Diese Familie setzt sich zusammen aus Vertretern von Viren, die bisher alle dem Begriff „kleine Viren" oder „ganz kleine Viren" untergeordnet waren. Die bekanntesten Repräsentanten dieser Gruppe sind die Enteroviren (Polio-, Coxsackie- und ECHO-Viren), die Rhinoviren (Schnupfenviren) und die Maul- und Klauenseucheviren. Die Picornaviren bestehen nur aus dem Nukleinsäurekern und dem Proteinmantel mit Ikosaederstruktur. Ihr Durchmesser variiert je nach Art zwischen 20 und 35 nm. Die Zahl der Kapsomeren ist relativ klein; sie beträgt wahrscheinlich 42. Die Picornaviren vermehren sich im Plasma mit Hilfe von Doppelstrang-RNA. Im Virion findet man aber – mit Ausnahme der Reoviren – die RNA einsträngig vor. Die Picornaviren besitzen keine Lipoidhülle und sind dementsprechend gegenüber Fettlösungsmitteln wie Äther und Chloroform resistent. Sie werden am besten in 50 %igem Glyzerin bei möglichst tiefer Temperatur konserviert. Die Dauer ihrer Infektiosität an der Außenwelt ist verschieden je nach Virusart. Der Nachweis der Picornaviren erfolgt meistens in der Zellkultur.

Klassifizierung

Folgende menschenpathogene Vertreter werden heute in der Familie Picornaviridae zusammengefaßt.

1. Enteroviren
1.1 Poliomyelitisviren
1.2 Coxsackieviren A und B
1.3 ECHO-Viren
2. Rhinoviren
3. Enzephalomyokarditisvirus
4. Maul- und Klauenseucheviren

Zusätzlich gehören eine Reihe tierpathogener Viren zu den Picornaviren. Diese besitzen jedoch keine oder nur geringe humanmedizinische Bedeutung. Es handelt sich u. a. um das erwähnte Maul- und Klauenseuchevirus, um diverse tierische Enteroviren (vor allem bovine), verschiedene tierische Enzephalomyelitisviren sowie das Virus der Teschener Krankheit (Schwein).

1. Enteroviren

Unter dem Sammelbegriff Enteroviren faßt man Picornaviren zusammen, die hauptsächlich in der Darmschleimhaut zur Vermehrung gelangen und mit dem Stuhl ausgeschieden werden. Nicht alle Viren, die enteral vorkommen und fäkal ausgeschieden werden, sind dem Begriff Enteroviren zu subsumieren. Üblicherweise werden die Vertreter folgender drei Virusarten zu den Enteroviren gezählt:

die Poliomyelitisviren,
die Coxsackieviren A und B,
die ECHO-Viren.

Diese drei Arten von Enteroviren besitzen eine Reihe *gemeinsamer Merkmale:*

1. Sie sind sich morphologisch ähnlich und weisen alle einen Durchmesser von ca. 20 nm auf.
2. Sie sind gleich aufgebaut und sind sich biochemisch nahe verwandt. Dementsprechend ist auch ihre Resistenz gegen Wärme, Chemikalien und Umwelteinflüsse die gleiche; sie ist relativ groß.
3. Die Infektion erfolgt peroral. Die Enteroviren kommen vor allem im Darm vor und werden mit den Fäzes ausgeschieden. Deshalb sind die epidemiologischen Daten bei allen Enterovirusinfektionen die gleichen.
4. Sämtliche Enterovirusinfektionen führen zu einer Virämie und hinterlassen eine typenspezifische Immunität.
5. Der Kontagionsindex (Anzahl spezifisch Erkrankter bezogen auf Anzahl effektiv Infizierter) ist klein.
6. Die pathogenetischen Vorgänge im Wirtsorganismus sind weitgehend dieselben. Fast alle Enteroviren können Krankheitserscheinungen im ZNS verursachen.
7. Erkrankungen treten in den Sommermonaten und im Frühherbst gehäuft auf.

Alle Enteroviren erweisen sich, im Gegensatz zu den meisten der komplexer aufgebauten Viren, gegenüber Umwelteinflüssen als resistent. Ein Eintrocknen ertragen sie allerdings nicht, und auch Gefriertrocknung inaktiviert sie weitgehend. Tiefgefroren bleiben sie beliebig lange haltbar. Gegenüber pH-Werten bis 3,0 sind sie resistent. Ihre Halbwertszeit beträgt in feuchtem Milieu bei 0 °C 23 Wochen, bei 37 °C 27 Stunden. Als Stabilisatoren eignen sich Magnesiumchlorid und Magnesiumsulfat in 1-m-Lösung.

Die drei Arten von Enteroviren sowie ihre zahlreichen Typen lassen sich in erster Linie dank antigener Eigenschaften und der dadurch hervorgerufenen typenspezifischen Immunität unterscheiden. Sie können ferner auseinandergehalten werden auf Grund ihrer Tierpathogenität sowie verschiedenartiger zytopathischer Effekte.

Neben den menschenpathogenen kennt man eine ganze Reihe tierpathogener Enteroviren, die aber streng wirtsspezifisch und für den Menschen nicht von medizinischer Bedeutung sind.

Poliomyelitisviren

Erreger. Die Poliomyelitisviren (Polioviren, Abb. 38) sind die Erreger der Poliomyelitis (Kinderlähmung). Sie kommen in drei antigen differenten Typen vor, die als Poliotyp 1–3 bezeichnet werden. Die postinfektiöse Immunität ist streng typenspezifisch. Die Polioviren sind nur für Primaten, d. h. für Menschen und Affen pathogen. Sie können in sämtlichen Gewebekulturen entsprechender Provenienz ohne große Schwierigkeiten kultiviert werden und erzeugen daselbst starke zytopathische Effekte mit vollständiger Degeneration der Wirtszellen. Identifiziert werden die Polioviren mit Hilfe typenspezifischer Immunsera im Neutralisationstest. Dieser wird durchgeführt in Gewebekulturen und basiert auf der Tatsache, daß das Virus allein zytopathogen wirkt, die Zellen also zerstört, während der entsprechende Antikörper die Viren „neutralisiert" und dadurch den zytopathischen Effekt verhindert.

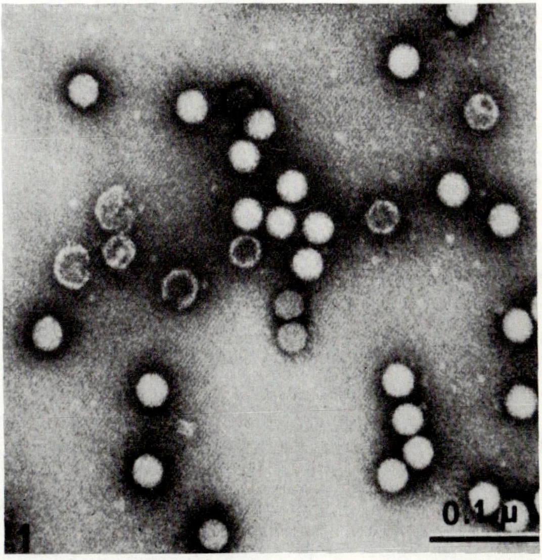

Abb. 38 Picornavirus (Poliovirus)

Pathogenese. Die Infektion des Menschen erfolgt fast immer peroral. Man findet das Virus zuerst im Rachen und im Dünndarm, wo es sich vor allem in den Tonsillen und den Peyer-Plaques vermehrt und unter anderem in das Darmlumen gelangt. Schon früh erreicht das Virus die regionären Lymphknoten und von dort die Blutbahn. Jede Polioinfektion, auch die inapparent verlaufende, geht mit einer Virämie einher, weshalb immer eine fundierte postinfektiöse Immunität zurückbleibt. Auf hämatogenem Weg kann das Poliovirus auch in das ZNS gelangen. Kommt es dort zu Besiedlung von Nervenzellen, gehen diese infolge eines zytopathischen Effektes innerhalb kurzer Zeit zugrunde. Da im Rückenmark vor allem die motorischen Neuronen betroffen werden, führt deren Degeneration zu irreparablen Lähmungen.

Krankheitsbild. Die Inkubation beträgt bei der Poliomyelitis durchschnittlich 10 Tage. Die Krankheit beginnt meistens mit wenig charakteristischen Allgemeinsymptomen wie Fieber und Kopfschmerzen. Dieses fieberhafte Initialstadium dauert nur ca. 3 Tage und kann beim Erwachsenen ganz fehlen; darauf sinkt die Temperatur vorübergehend zur Norm ab, um am nächsten Tag erneut und stärker anzusteigen (Dromedarkurve). Verbunden mit dem zweiten Fieberanstieg sind Unruhe, Somnolenz, Schweißausbrüche, meningitische Symptome und Lähmungserscheinungen, vor allem im Bereiche der Extremitäten. Die Krankheit kann je nach Lokalisation der neurologischen Schädigungen – man unterscheidet eine spinale, eine bulbäre letale sowie eine zerebrale Form – rasch zum Tode führen, kann aber auch stationär bleiben. Die Lähmungen sind bei der echten Poliomyelitis meistens irreparabel, und das Schicksal des Patienten hängt vor allem von der Lokalisation und der Ausdehnung der Lähmungen ab.

Wie schon betont, hinterläßt die Poliomyelitis eine lebenslängliche typenspezifische Immunität. Zweiterkrankungen bedeuten eine große Seltenheit und können nur durch andere Virustypen hervorgerufen werden.

Diagnose. Die Diagnose wird beim klassischen Krankheitsbild mit großer Wahrscheinlichkeit klinisch gestellt. Sie läßt sich durch den Virusnachweis im Stuhl, selten im Liquor cerebrospinalis und im ZNS Verstorbener bestätigen. Zum Virusnachweis benützt man Gewebekulturen, auf denen die Polioviren schwere und charakteristische Zelldegenerationen verursachen. Die ätiologische Diagnose kann zusätzlich bestätigt werden durch den Nachweis hochtitriger neutralisierender Antikörper im Serum.

Epidemiologie. Die Poliomyelitis war bis um das Jahr 1960 weltweit verbreitet. Sie ist vor allem in den zivilisierten Ländern aufgetreten und als Zivilisationskrankheit bezeichnet worden, was immunologisch begründet ist.

Das ausschließlich durch infizierte Menschen fäkal ausgeschiedene Virus ist an der Außenwelt resistent und kann bei tiefen Temperaturen länger als 3 Monate infektionstüchtig bleiben. Neuinfektionen kommen vor allem durch Schmutzinfektionen und durch Virusaufnahme mit Nahrungsmitteln zustande. Wie schon eingangs betont, ist der Kontagionsindex in bezug auf neurologische Erkrankungen klein. Bei Infektionen mit Typ 1 erkrankt auf 300–500 Infizierte nur 1 Person an den typischen Erscheinungen der Kinderlähmung. Beim Typ 2 beträgt die Erkrankungshäufigkeit 1 auf 10 000 Infizierte, beim Typ 3 1 auf 5000 Infizierte. Alle Infizierten sind jedoch Virusausscheider und beherbergen das Virus wie die Erkrankten während 1–3 Monaten in ihrem Stuhl. Die Virusausscheidung beginnt schon einige Tage vor Krankheitsbeginn, wobei das Virus während 10–14 Tagen in geringerer Konzentration auch im Rachen nachzuweisen ist. Es ist jedoch zweifellos die langdauernde massive Virusausscheidung mit den Fäkalien, welche das epidemiologische Geschehen bestimmt.

Die Kinderlähmung war als Krankheit in den Entwicklungsländern lange Zeit unbekannt, weil die dortige Bevölkerung dank der ungenügenden hygienischen Einrichtungen vollständig durchseucht und damit immun ist. Kommt ein Kind zur Welt, besitzt es, transplazentar von der Mutter übernommen, die gleichen Antikörper wie die hochimmune Mutter. Diese konnatal erworbene passive Immunität schützt den Säugling während des 1. Lebensjahres vor Erkrankung. Innerhalb dieser Zeit hat er sich jedoch längst infiziert und dadurch eine eigene Immunität aktiv erworben, die zeitlebens vor Erkrankung schützt. In zivilisierten Ländern mit hohem hygienischem Standard ist die Chance ungleich kleiner, daß sich ein Kind schon infiziert, während es noch über die durch die Mutter vermittelte Immunität verfügt. Infiziert sich dieses Individuum erst nach Abbau seiner ihm passiv einverleibten Antikörper, besteht die Möglichkeit einer Erkrankung.

Wie bei allen echten Kinderkrankheiten erkranken bei der Poliomyelitis die Jugendlichen nicht wegen einer besonderen Disposition, sondern weil im Kindesalter die noch nicht Immunen überwiegen. Man registriert poliomyelitische Erkrankungen auch bei Erwachsenen bis ins höhere Alter.

Prophylaxe. Expositionsprophylaktische Maßnahmen müssen bei der Kinderlähmung (wie bei allen Enterovirusinfektionen) erfolglos bleiben, weil es praktisch gar nicht möglich ist, die große Zahl gesunder Virusausscheider zu ermitteln und zu isolieren. Dementsprechend kann die Krankheit nur durch eine Immunisierungsprophylaxe wirkungsvoll bekämpft werden.

Impfstoffe zur aktiven Immunisierung gegen Poliomyelitis konnten erst hergestellt werden, nachdem es gelang, Polioviren auf Gewebekulturen in großer Menge zu züchten. Die ersten Impfstoffe kamen im Jahre 1954 zur Anwendung. Man bediente sich anfänglich inaktivierter Virussuspensionen, die in einem Intervall von mehreren Wochen 3mal zu injizieren waren; also parenteral verabreicht wurden. Diese Impfstoffe erzeugten eine ausschließlich humorale Immunität, waren jedoch nicht imstande, den Darmtrakt gegen die Infektionen mit virulentem Virus resistent zu machen. So schützten die inaktivierten Impfstoffe wohl während 3 Jahren vor Erkrankung, verhinderten aber nicht, daß die Infizierten zu Virusausscheidern wurden und virulentes Virus während Wochen weiterverbreiteten.

Die Bemühungen, Lebendimpfstoffe herzustellen, führten nach wenigen Jahren zum Erfolg, so daß ab 1959 Impfaktionen propagiert werden konnten. Vorerst wurden ursprünglich virulente Polioviren durch lange Fremdwirtpassagen derart abgewandelt, daß sie wohl noch vermehrungsfähig waren und ihre volle Antigenität besaßen, jedoch nicht mehr neuropathogen wirkten. Dank der Weiterentwicklung der Gewebekulturtechnik gelang es, kulturell Mutanten auszulesen, die ebenfalls nicht mehr neuropathogen waren. Heute bedient man sich zur Impfstoffherstellung fast ausschließlich der auf diese Weise abgeschwächten Viren (Impfstoff nach *Sabin*). Die Impfstoffe, die per os eingenommen werden, sind entweder monovalent und enthalten nur einen Virustyp, oder sie sind trivalent und enthalten alle drei Poliotypen. Beim Verschlucken solcher Virussuspensionen wird der natürliche Infektionsvorgang nachgeahmt. Die noch vermehrungsfähigen Impfviren setzen sich im Gewebe fest, vermehren sich daselbst und führen zu einer reaktionslos verlaufenden, sog. transitorischen Virämie. Die Impfviren erzeugen im Wirtsorganismus gleich hohe Antikörpertiter wie virulente Viren. Ebenso wird der Darmtrakt gegenüber Neuinfektionen resistent, so daß mit Lebendimpfstoffen erfolgreich Geimpfte nicht nur voll immun sind, sondern während Jahren auch nicht mehr zu Ausscheidern und Verbreitern virulenter Viren werden können. Auf Grund der bisherigen Erfahrungen darf mit einem sicheren Impfschutz von 6–10 Jahren gerechnet werden.

Bei allen Impfungen mit Lebendimpfstoffen ist es wesentlich, daß die Infektion angeht. Bei der Poliomyelitis ist es zudem wichtig, daß der Geimpfte durch alle drei Poliotypen infiziert worden ist. Bei Verwendung monovalenter (nur einen Typ enthaltender) Impfstoffe müssen drei Impfungen im Abstand von mindestens 6–8 Wochen durchgeführt werden. Verwendet man trivalente Impfstoffe, besteht die Möglichkeit, daß aus Interferenzgründen nur einzelne Virustypen, im Durchschnitt 2 von 3, angehen und zu einer entsprechenden typenspezifischen Immunität führen. Deshalb empfiehlt es sich, auch trivalente Impfstoffe im Abstand von 2–3 Monaten wenn möglich 2mal zu geben.

In denjenigen Ländern, in welchen die orale Polioschutzimpfung mit lebenden, abgeschwächten Impfstoffen konsequent durchgeführt wurde, ist die Poliomyelitis von einem Jahr zum anderen erloschen. Wegen der Ungefährlichkeit und der guten Wirkung der oralen Impfung sollten alle Säuglinge oral geimpft werden. Diese äußerst einfach zu realisierenden Impfaktionen sind innerhalb der ganzen Bevölkerung alle 6–10 Jahre zu wiederholen.

Coxsackieviren

Der Name Coxsackie entspricht einem Dorfnamen im Staate New York, wo man anläßlich des Auftretens poliomyelitisähnlicher Erkrankungen über Säuglingsmäuse zum erstenmal entsprechende Viren isoliert und charakterisiert hatte.

Die Coxsackieviren verursachen beim Menschen verschiedenartige Krankheitsbilder, von denen die abakterielle Meningitis und die Myalgia epidemica (Bornholmsche Krankheit) am bekanntesten sind. Die Coxsackieviren, pathogen für die Säuglingsmaus, werden auf Grund verschiedenartiger pathologisch-anatomischer Veränderungen in diesem Versuchstier in zwei Subgruppen A und B unterteilt. Jede Subgruppe enthält eine Anzahl antigen differenter Typen.

Die Coxsackieviren können sowohl in der Säuglingsmaus, wie in Gewebekulturen gezüchtet und mit Hilfe typenspezifischer Immunsera identifiziert werden.

Die Coxsackieviren kommen, wie alle Enteroviren, im menschlichen Darmtrakt vor. Die epidemiologischen Begleitumstände sind dieselben wie bei der Poliomyelitis. Infektionen erfolgen peroral, ausgeschieden wird das Virus vor allem fäkal, und der Kontagionsindex ist klein. Das ganze pathogenetische Geschehen entspricht demjenigen bei der Poliomyelitis.

Da die Coxsackieviren der Subgruppe A und B bei der Säuglingsmaus nicht die gleichen Veränderungen verursachen, sich auch auf Gewebekulturen unterschiedlich verhalten und z. T. verschiedenartig sich äußernde Krankheitsbilder beim Menschen auslösen, müssen die beiden Subgruppen in der Folge getrennt behandelt werden.

Coxsackie-A-Viren

Innerhalb der Subgruppe A kann man immunologisch 24 Typen unterscheiden.

Die Coxsackie-A-Viren sind Erreger der sog. Herpangina, einer mit Bläschenbildung auf der Rachenschleimhaut einhergehenden, unangenehmen, aber harmlosen Erkrankung. Ferner verursachen Coxsackie-A-Viren abakterielle Meningitiden mit gelegentlichen passageren Lähmungen, Perikarditis sowie fieberhafte Allgemeininfektionen, in deren Verlauf ein Exanthem auftreten kann. Der Coxsackie-A-Typ 7 bewirkt beim Menschen schwere, irreparable Lähmungen, ähnlich den Polioviren, und ist deshalb eine Zeitlang als 4. Poliovirustyp betrachtet worden. Dank seiner typischen Mäusepathogenität ist dieses Virus aber unbedingt den Coxsackie-A-Viren zuzuteilen. In der Säuglingsmaus verursachen die Coxsackie-A-Viren eine generalisierte Myositis mit myaliner, scholliger Degeneration der gesamten quergestreiften Skelettmuskulatur. Die Mäuse gehen unter allgemeinen Lähmungserscheinungen rasch zugrunde. Auf Gewebekulturen menschlicher Herkunft erzeugen einzelne Stämme und Typen zytopathische Effekte. Für den Virusnachweis ist die nicht mehr als 2 Tage alte Säuglingsmaus am empfindlichsten. Die Diagnose Coxsackie A erfolgt auf Grund des histologischen Muskulaturbefundes. Eine Typendiagnose kann nur immunologisch, mit Hilfe des Neutralisationstestes, an der Säuglingsmaus oder auf Gewebekulturen gestellt werden.

Coxsackie-B-Viren

Innerhalb der Subgruppe B kann man immunologisch 6 Typen unterscheiden.

Dei Coxsackie-B-Viren verursachen beim Menschen vor allem abakterielle Meningitiden und Meningoenzephalitiden, die gelegentlich mit leichten, meistens nur vorübergehenden Lähmungen einhergehen können. Ein weiteres, spezifisch durch Coxsackie-B-Viren verursachtes Krankheitsbild ist die Pleurodynie und die Myalgia epidemica (Bornholmsche Krankheit), die mit Muskelschmerzen, meistens im Abdomen, einhergeht. Coxsackie-B-Viren können auch Perikarditis, Pankreatitis, Orchitis, Prostatitis und Urethritis zur Folge haben. Bekannt sind ferner Sommerdiarrhöen. Bei Neugeborenen führen Coxsackie-B-Infektionen zu schwerer Myokarditis und Enzephalomyokarditis.

In der Säuglingsmaus entsteht nach experimenteller Infektion eine herdförmige Enzephalitis mit entzündlichen Herden auch in anderen Organen. Wegen der Enzephalitis weisen Coxsackie-B-erkrankte Mäuse tremorartige Zustände sowie lokalisierte Lähmungserscheinungen auf. Coxsackie-B-Stämme erzeugen in Gewebekulturen, die von Primaten stammen, zytopathische Effekte. Im allgemeinen sind diese ohne weiteres zu unterscheiden von solchen, die durch Polio- oder Coxsackie-A-Viren hervorgerufen werden. Auch bei Coxsackie-B-Viren bildet die Säuglingsmaus das zuverlässigste Substrat für den Virusnachweis. Wie bei allen Enteroviren erfolgt die Typisierung und damit die einwandfreie Identifizierung durch typenspezifische Immunseren.

Die klinische Verdachtsdiagnose „Coxsackieinfektion" erhärtet man durch Virusnachweis. Dieser wird für Coxsackie-A- und -B-Viren auf grundsätzlich gleiche Weise durchgeführt und erfolgt, wie bei der Poliomyelitis, am leichtesten aus dem Stuhl. Aus dem Patientenliquor gelingt der Virusnachweis erfahrungsgemäß nur dann, wenn das Material in den ersten Krankheitsstunden entnommen worden ist. Das Untersuchungsmaterial wird sowohl auf Gewebekulturen, als vor allem auch auf ganze Würfe höchstens 4 Tage alter Säuglingsmäuse verimpft. Der häufigste Inokulationsmodus ist der intraperitoneale. Bei Verdacht auf Coxsackie-B wird ein Teil der Säuglingsmäuse vorteilhaft auch intrazerebral infiziert.

Mit serologischen Methoden kann man höchstens im Rahmen von Epidemien oder dann, wenn prädominierende Virustypen bereits bekannt sind, diagnostische Abklärungen durchführen. Zur typenspezifischen Identifizierung muß der Neutralisationstest angewandt werden. Auch dann ist zu berücksichtigen, daß ein Teil der erwachsenen Bevölkerung bereits durchseucht ist und vorbestehende Antikörper besitzt.

Coxsackieinfektionen sind weltweit verbreitet. Da die klinischen Manifestationen, im Vergleich zu den effektiv vorkommenden Infektionen, selten sind und kaum irreparable Schäden zurücklassen, kann auf besondere prophylaktische Maßnahmen verzichtet werden. Sollten in Zukunft bestimmte Coxsackiestämme neuropathogen wirken und, ähnlich den Polioviren, Lähmungen verursachen, müßten, analog zur Poliomyelitis, Impfstoffe hergestellt und Immunisierungen durchgeführt werden.

ECHO-Viren

Die Benennung ECHO entspricht einer Abkürzung für *e*nteric, *c*ytopathogenic, *h*uman, *o*rphan. Vor Einführung dieser Nomenklatur wurden die bis dahin bekannten, aber noch nicht klassifizierten Viren als Orphan viruses („Waisenviren") bezeichnet. Die ECHO-Viren verursachen beim Menschen vor allem meningitische und meningoenzephalitische Krankheitsbilder mit seltenen, meistens vorübergehenden Lähmungserscheinungen. Sie können aber auch wenig charakteristische Allgemeininfektionen hervorrufen, bei denen gelegentlich rubeoliforme Exantheme beobachtet werden.

ECHO-Viren vermögen auch Infekte zu verursachen, bei denen klinisch enterale Symptome im Vordergrund stehen und die wegen ihrer jahreszeitlichen Häufung als Sommerdiarrhöen bezeichnet werden.

Die ECHO-Viren sind typische Enteroviren. Sie werden infolge geringerer und andersartiger Zytopathogenität sowie antigenetisch identifiziert und einwandfrei von den Polioviren unterschieden. Im Gegensatz zu den Coxsackieviren sind sie nicht mäusepathogen.

Man kennt heute 30 immunologisch definierte ECHO-Typen. Sie kommen, wie Polio- und Coxsackieviren, im menschlichen Darmtrakt vor. Infektionsweg und Ausscheidung, epidemiologische Daten und pathogenetisches Geschehen entsprechen denjenigen der Poliomyelitis- und der Coxsackieerkrankungen.

Die ECHO-Viren werden nachgewiesen und identifiziert auf Grund ihres zytopathischen Effektes in Gewebekulturen, der sich durch typenspezifische Immunseren neutralisieren läßt.

Zur Diagnosestellung weist man die Viren am leichtesten in den Fäzes, bei der Meningitis auch im Liquor cerebrospinalis nach.

Spezielle prophylaktische Maßnahmen sind in Analogie zu den Coxsackieinfektionen zur Zeit nicht erforderlich.

2. Rhinoviren

Rhinoviren sind Picornaviren mit erhöhter Säurelabilität. Sie verursachen katarrhalische Erkrankungen des Nasen-Rachen-Raumes und der oberen Luftwege und wurden eine Zeitlang auch Schnupfen- oder Erkältungsviren genannt. Die ersten Stämme sind 1953 auf menschlichen Gewebekulturen isoliert worden.

Erreger. Der morphologische Aufbau der Rhinoviren entspricht demjenigen aller Picornaviren. Die Rhinoviren unterscheiden sich von den Enteroviren vor allem durch erhöhte Säurelabilität. Rhinoviren werden bei einem pH von 3 rasch inaktiviert. Ihre Stabilität gegenüber erhöhten Temperaturen ist mit derjenigen der Enteroviren vergleichbar. Bei tiefen Temperaturen bleiben sie lange infektiös. Ihre Halbwertszeit wird bei 31 ° bis 37 ° C mit 7 Stunden angegeben und beträgt bei 4 ° C mehrere Monate. Magnesiumchlorid oder Magnesiumsulfat wirken auch gegenüber Rhinoviren als Stabilisatoren.

Die Rhinoviren lassen sich auf Gewebekulturen, die vom Menschen oder vom Affen stammen, zur Vermehrung bringen, wobei sich Zellstämme diploider Fibroblasten als besonders geeignet erweisen. Das optimale pH des Mediums liegt um 6,5, die optimale Bebrütungstemperatur bei 32 bis 34 ° C (Temperatur im Nasenraum). Versuchstiere zum Nachweis menschlicher Rhinoviren fehlen.

Man kennt heute ca. 70 antigen verschiedene Typen, die sich im Neutralisationstest auseinanderhalten lassen. Da die Typenzugehörigkeit immunologisch determiniert ist, hinterlassen die Infektionen höchstens typenspezifische Antikörper. Nicht alle Virustypen wirken gleich stark antigen. Sowohl bei Rekonvaleszenten, wie auch bei experimentell Infizierten kann man gegen einzelne Virustypen relativ hohe, signifikante Antikörpertiter nachweisen, gegen andere Virustypen dagegen nur niedrige und kaum faßbare. Identifiziert werden die Rhinoviren auf Grund charakteristischer zytopathischer Effekte in bestimmten Gewebekulturen, die unter besonderen äußeren Bedingungen (pH niedriger als 7,0, Temperatur niedriger als 37 ° C) inkubiert werden. Die zytopathischen Effekte müssen, wie bei jedem Virusnachweis, in Passagen reproduzierbar und durch spezifische Antikörper neutralisierbar sein. Von den Enteroviren lassen sich die Rhinoviren dank ihres raschen Aktivitätsverlustes bei einem pH von 3,0 unterscheiden. Isoliert werden die Rhinoviren aus Abstrichen des Nasen-Rachen-Raumes, die, in den ersten 4 Krankheitstagen entnommen, so schnell wie möglich auf Gewebekulturen zu übertragen sind.

Pathogenese und Krankheitsbild. Die Rhinoviren verursachen harmlose katarrhalische Erkrankungen der oberen Luftwege. Die Übertragung geschieht ausschließlich durch Tröpfcheninfektion von Mensch zu Mensch. Soweit bekannt, vermehrt sich das Virus vor allem in den Epithelzellen des Nasen-Rachen-Raumes und des oberen Respirationstraktes. Es scheint nicht in tiefer gelegene Organe einzudringen und führt nicht zur Virämie. Die Inkubation ist kurz und beträgt oft weniger als 24 Stunden. Die Krankheitserscheinungen sind nicht einheitlich und auch die einzelnen Virustypen brauchen keine obligaten Symptome auszulösen. Die Erkrankungen beginnen plötzlich und können mit oder ohne Fieber verlaufen. Neben dem banalen Schnupfen beobachtet man am häufigsten Halsweh, Husten, Kopfweh; bei Kindern Anorexie und Erbrechen, evtl. Myalgien. Ernsthafte Erkrankungen wie Pneumonien sind nicht bekannt. Dagegen können Rhinovirusinfektionen bakterielle Superinfektionen erleichtern. Die Krankheitsdauer beträgt im Mittel 4 bis 10 Tage. In der Praxis wird die Diagnose ausschließlich klinisch gestellt. Virusisolierungen sowie auf serologischem Weg ermittelte Durchseuchungsraten können nur im Rahmen wissenschaftlicher Erhebungen vorgenommen werden.

Eine spezifische Therapie gibt es nicht. Behandlungsmaßnahmen haben höchstens symptomatischen Charakter.

Epidemiologie und Prophylaxe. Rhinovirusinfektionen sind weltweit verbreitet. In Ländern mit gemäßigtem Klima treten sie gehäuft im Herbst und Nachwinter auf. Die Übertragung erfolgt durch Tröpfcheninfektion von Mensch zu Mensch. Der Kontagionsindex ist groß. Rhinovirusinfektionen hinterlassen eine beschränkte typenspezifische Immunität, die sich serologisch mit Hilfe des Neutralisationstestes erfassen und durch Ausbleiben homologer Reinfektionen experimentell erhärten läßt. Antikörper sind nicht nur im Blutserum, sondern auch im Nasensekret nachzuweisen.

Der Antikörpertiter ist gegenüber verschiedenen Virustypen recht unterschiedlich. Die postinfektiöse Immunität dauert, wie experimentell an Freiwilligen bewiesen werden konnte, nur wenige Wochen bis mehrere Monate. Wegen dieser nicht fundierten Immunität und wegen des großen Typenreichtums der Rhinoviren erkrankt der Mensch während seines ganzen Lebens immer wieder mit katarrhalischen Erscheinungen. Solche werden allerdings bei Jugendlichen häufiger registriert als bei älteren Leuten. Abgesehen von der Isolierung erkrankter Personen sowie Sprech- und Hustendisziplin gibt es keine prophylaktischen Maßnahmen. Man hat Vakzinen zur Immunisierung gegenüber bestimmten Virustypen hergestellt und vermochte damit bei Versuchspersonen auch eine objektivierbare, jedoch nur relative Immunität zu erzeugen. In großem Umfange sind derartige Impfungen kaum je durchzuführen.

3. Enzephalomyokarditisvirus

Das Enzephalomyokarditisvirus, auch bekannt unter dem Namen Parapoliomyelitisvirus oder Columbia-SK-Virus, ist ein in jeder Beziehung typischer Vertreter der Picornaviren.

Das Virus ist vor allem im Tierreich unter Nagern, aber auch unter Affen weit verbreitet. Innerhalb des Tierreiches erkrankt aber nur ein kleiner Teil der Infizierten. Die meisten überstehen die Infektion inapparent und scheiden den Erreger mit den Fäkalien aus. Vom Tier auf den Menschen übertragen, kann das Virus ausnahmsweise ein enzephalomyelitisches Krankheitsbild auslösen. Myokarditiden scheinen nur bei Tieren vorzukommen.

4. Maul- und Klauenseucheviren

Die Maul- und Klauenseucheviren (MKS-Viren) sind die Erreger einer Krankheit von enormer veterinärmedizinischer Bedeutung. Weil diese Viren unter bestimmten Umständen auch beim Menschen Krankheitserscheinungen hervorrufen können, werden sie hier kurz besprochen.

Die MKS-Viren sind typische Picornaviren mit einem Durchmesser von 20–25 nm. Sie werden auf Gewebekulturen tierischer Provenienz gezüchtet. Als Versuchstiere verwendet man vor allem 7 bis 8 Tage alte Säuglingsmäuse sowie Meerschweinchen. Die Viren können auch an den Hühnerembryo adaptiert werden.

Man kennt 7 antigen vollständig verschiedene Typen. Innerhalb der einzelnen Typen sind zusätzlich Subtypen bekannt. Die MKS-Viren zeigen eine ausgesprochene Mutationsfreudigkeit. Die mit O, A und C bezeichneten Typen sind im Laufe der Jahre überall festgestellt worden, wo Maul- und Klauenseuche auftrat, während die Verbreitung der anderen 4 Typen auf bestimmte afrikanische und asiatische Gebiete beschränkt blieb. Die postinfektiöse Immunität ist typenspezifisch.

Die Krankheit ist vor allem beim Rind und Schwein von größter volkswirtschaftlicher Bedeutung.

Das Virus ist an der Außenwelt relativ resistent und kann während mehrerer Wochen infektionstüchtig bleiben. Dagegen wird das Virus durch pH-Veränderungen rasch inaktiviert. Als Desinfektionsmittel verwendet man 2 %ige Natron- oder Kalilauge. Das Virus ist derart säureempfindlich, daß es in der Muskulatur geschlachteter Tiere infolge der natürlichen postmortalen Säuerung inaktiviert wird.

Maul- und Klauenseuche ist endemisch in Europa, Asien, Afrika und Südamerika. Dagegen blieben Nordamerika, Australien und Neuseeland von der Seuche verschont.

Die prophylaktischen Maßnahmen basieren auf der aktiven Schutzimpfung. Diese garantiert einen typenspezifischen Impfschutz von einem Jahr, so daß in gefährdeten Gebieten die Immunisierung der Tiere jährlich wiederholt werden muß. Da Erkrankungen des Menschen nur bei intensivem Kontakt und massiver Infektion zustande kommen und meistens abortiv verlaufen, sind für den Menschen keine besonderen prophylaktischen Maßnahmen notwendig. Milch von MKS-kranken Tieren soll nur erhitzt genossen werden und bei der Berührung spezifischer Läsionen sind (schon wegen der Weiterverbreitung des Virus) Wegwerfhandschuhe zu tragen.

II. Reoviren

Die Benennung REO entspricht einer Abkürzung für *r*espiratory, *e*nteric, *o*rphan. Der dieser Familie gegebene Name weist darauf hin, daß diese Viren im Respirations- und Verdauungstrakt vorkommen. In welchem Ausmaß sie Krankheitssymptome auslösen, ist nicht restlos geklärt.

Die Reoviren sind größer als die Picornaviren. Sie besitzen eine doppelsträngige RNA, ein zweischichtiges Kapsid mit 92 hohlen Kapsomeren, sind ikosaedrisch mit einem Durchmesser von 60 bis 70 nm und ohne Hülle.

Innerhalb der Familie der *Reoviridae* unterscheidet man heute die drei Gattungen

Reovirus, Orbivirus, Rotavirus.

Sie wurden bisher als „3 verschiedene Typen" bezeichnet.

Ob *das Reovirus* (Gattung Reovirus) menschenpathogen ist, weiß man heute noch nicht genau.

Das Orbivirus wurde aus Arthropoden isoliert. Die einzige, bisher beim Menschen bekannte Krankheit ist das durch Zecken übertragene *Colorado Tick Fever.*

Das Rotavirus verursacht bei Kleinkindern Durchfälle. Die Krankheit dauert 12–48 Stunden und wird u. a. infantile Virusgastroenteritis B genannt. Die Infektion erfolgt peroral, worauf sich das Virus in den Zottenepithelien von Duodenum und Jejunum massiv vermehrt. Diagnostisch steht der direkte elektronenoptische Virusnachweis im Vordergrund. Antikörperbestimmungen sind möglich. Die Durchseuchung ist bei den 5jährigen schon beinahe vollständig.

Den menschlichen Rotaviren sind Erreger eines epidemischen Durchfalls bei juvenilen Mäusen und bei neugeborenen Kälbern ähnlich. Gegenseitige Infektionen scheinen aber nicht vorzukommen.

III. Arboviren

Arbo (auch Arbor) ist eine Abkürzung der beiden Worte „arthropod borne", d. h. durch Arthropoden übertragen. In der Arbogruppe sind zahlreiche Viren verschiedener Größe und Gestalt zusammengefaßt, deren einziges gemeinsames Merkmal darin besteht, daß sie durch blutsaugende Arthropoden von Wirbeltier zu Wirbeltier und damit auch auf den Menschen übertragen werden. Man kennt heute ca. 300 verschiedene Arboviren, die fast alle aus Stechmücken und Zecken isoliert worden sind, von denen aber nur ungefähr 100 für den Menschen infektiös sein können.

Die Arboviren, vor allem die menschenpathogenen, sind in den letzten Jahren nach modernen taxonomischen Gesichtspunkten in neu kreierte Familien und Gattungen aufgeteilt worden, wobei Benennungen auftauchten, die zumindest dem Kliniker noch nicht geläufig sein werden und keineswegs endgültig zu sein brauchen. Wir werden deshalb die neuen Namen nur als Synonyme erwähnen und sie, soweit vertretbar, auch tabellarisch den alten Bezeichnungen gegenüberstellen.

Die meisten und die medizinisch bedeutendsten Arboviren sind in der neuen Familie *Togaviridae* zusammengefaßt; andere den Familien Bunyaviridae (z. B. Bunyam Wera-California-Phlebotomus-Fieber), Reoviridae und Rhabdoviridae zugeordnet.

Der Infektion durch Arboviren ist in erster Linie die *Übertragungsart* durch Arthropoden gemeinsam, weshalb eine Skizzierung derselben den übrigen Daten vorangestellt wird.

Übertragung. Fast alle Arboviren besitzen ein heterogenes Infektionsspektrum. Hauptsächlichstes Glied in der Infektkette ist jedoch nicht der Mensch, sondern sind bestimmte Tierarten. An diesen muß sich der blutsaugende Arthropode anläßlich seiner Blutmahlzeit infizieren können. Dementsprechend sind diejenigen Wirbeltiere von der größten epidemiologischen Bedeutung, in denen die Virusinfektion zu einer möglichst hochtitrigen und langdauernden Virämie führt. Da dies beim Menschen nicht der Fall ist, kann er wohl infiziert werden und erkranken; vom Menschen aus verbreiten sich jedoch die Arboviren selten weiter. Der Mensch bildet meistens das Ende der Infektkette.

Hat das blutsaugende Insekt mit seiner Blutmahlzeit an einem im virämischen Stadium sich befindlichen Wirbeltier Viren aufgenommen, machen diese im Zwischenwirt entweder einen obligaten Entwicklungszyklus durch, oder werden zumindest durch den Vektor transportiert, wonach sie schließlich in die Speicheldrüse oder ein anderes Organ gelangen, von welchem aus anläßlich erneuter Blutmahlzeiten die Infektion weiterer Vertebraten und damit auch des Menschen erfolgen kann. Zyklus und Wanderung im Zwischenwirt nehmen eine bestimmte Zeit in Anspruch. Sie wird als „äußere Inkubationszeit" bezeichnet. Diese ist umwelt-, vor allem temperaturabhängig und dauert 1–2 Wochen. Infizierte Stechmücken und Zecken bleiben zeitlebens infektiös.

Pathogenese. Vom Arthropoden aus gelangt das Virus während des Blutsaugens in neue Wirte, wo es sich vor allem in Lymphknoten, Knochenmark und Leber vermehrt. Dieser primären Virusvermehrung folgt eine Ausschüttung in den Blutkreislauf, die zur Virämie führt. Das virämische Stadium kann symptomlos überstanden werden oder sich im Sinne einer fieberhaften Allgemeinerkrankung äußern. Infolge der Virämie gelangt das Virus in alle weiteren Organe, wodurch je nach Organbefall spezifische Krankheitsbilder entstehen. Am bekanntesten und gefürchtetsten ist die Manifestation im ZNS, die zur Enzephalitis und Enzephalomyelitis führen kann. Andere Arboviren lösen Erscheinungen der hämorrhagischen Diathese aus und werden zum Teil nach diesen Symptomen benannt.

Diagnose. Die Diagnose Arbovirusinfektion kann nicht ohne weiteres virologisch gestellt werden, weil Virusisolierungen fast nur aus dem Blut Frischerkrankter und aus Autopsiematerial gelingen. Die Diagnostik ist deshalb meistens auf serologische Methoden angewiesen. In Ländern mit hoher Durchseuchungsrate kann es jedoch schwierig sein, positive serologische Befunde richtig zu interpretieren.

Epidemiologie und Prophylaxe. In epidemiologischer Beziehung wirkt der Umstand dominierend, daß die Arboviren nur durch bestimmte Arthropoden übertragen werden und die Verbreitung der Infektionserreger an diese gebunden ist. Arthropoden beherbergen das Virus lebenslang, während Vertebraten immun werden und das Virus eliminieren. *Virusreservoir* sind immer infizierte Arthropoden. Arboviren kommen auf allen Erdteilen vor. Die einzelnen Arten sind aber meistens an bestimmte geographische Zonen gebunden. Die geographische Begrenzung bestimmter Krankheiten, wie des tropischen Gelbfiebers, ist durch den klimatisch begrenzten Lebensraum der Vektoren bedingt.

Prophylaktische Maßnahmen bestehen einerseits in der Bekämpfung der Arthropoden und basieren andererseits auf Schutzimpfungen.

Taxonomie. Die pathogenen Arboviren sind auf Grund immunogener Eigenschaften schon früh gruppiert worden. Die von uns in der 1.–3. Auflage verwendeten Bezeichnungen „Subgruppen" entsprechen nach neuer Taxonomie *Gattungen*, wobei

Subgruppe A	der Gattung Alphavirus
Subgruppe B	der Gattung Flavivirus
Subgruppe C	verschiedenen Gattungen entspricht.

Da die neuen Benennungen nur ordnenden, nicht medizinischen Charakter haben, dürfen wir sie im besagten Sinne übernehmen, zumal die Namen (Bezeichnungen) der einzelnen Krankheitserreger nicht geändert wurden.

Arboviren der Gattung Alphavirus

Zu dieser Gattung gehören in erster Linie:

Die Viren der equinen Enzephalomyelitis

Man unterscheidet:

1. **das Virus der östlichen equinen Enzephalomyelitis,**
2. **das Virus der westlichen equinen Enzephalomyelitis,**
3. **das Virus der venezuelischen equinen Enzephalomyelitis.**

Infektionen, verursacht durch diese Viren, scheinen in Europa nicht vorzukommen, weshalb sie an dieser Stelle (verglichen mit den früheren Auflagen) wesentlich gekürzt besprochen werden.

Erreger. Die drei Viren sind morphologisch unterscheidbar, ihr Durchmesser liegt zwischen 30 und 60 nm. Sie sind antigen verwandt, aber nicht identisch. Alle drei hämagglutinieren und sind pathogen für eine Reihe von Versuchstieren. Am sichersten gelingt der Virusnachweis durch intrazerebrale Verimpfung auf Neugeborene (z. B. Mäuse). Der Hühnerembryo und Gewebekulturen können zum Virusnachweis ebenfalls verwendet werden. Von medizinischer Bedeutung ist die Pathogenität für Equiden und für

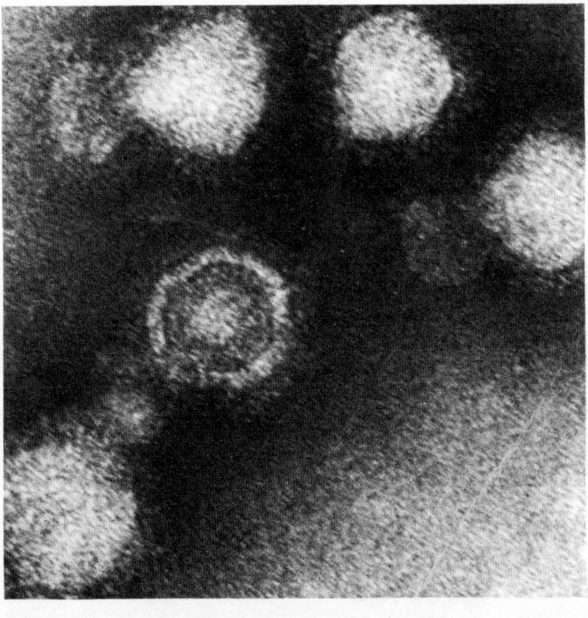

Abb. 39 Elektronenoptische Aufnahme eines Togavirus. Durchmesser des Kapsids (hell) 50 nm, der Hülle ca. 70 nm. Sichtbarer Innenkörper (core)

den Menschen, von epidemiologischer Bedeutung ist die Tatsache, daß die Viren in anderen Wirten (Vögeln, Nagern) persistieren, so daß diese Tiere zu einem Dauerreservoir werden.

Übertragung. Die Übertragung erfolgt durch Stechmücken; vorerst vom Virusreservoir (Vogel) auf Equiden, d. h. Pferd und Esel. Bei diesen kommt es nach 5–10 Tagen zu einer massiven Virämie und bei einem Teil der Tiere zu enzephalitischen Erscheinungen. Während der Virämiephase können sich an den Equiden neue Stechmücken, vor allem Kulizinen, infizieren und das Virus weiter auf den Menschen übertragen. Die Art des Überträgers erklärt die jahreszeitliche Häufung der Erkrankungen im Spätsommer.

Erkrankung beim Menschen und geographische Vorkommen. Auch beim Menschen kommt es nach einer Inkubationszeit von 2–10 Tagen (je nach Virusart) zu einer Virämie, die oft inapparent überstanden wird, die aber auch zu einem Status febrilis führen und zu enzephalitischen Erscheinungen überleiten kann. Die relative Zahl entstehender Enzephalitiden und auch die Schwere derselben ist von Virusart zu Virusart verschieden. Sie ist am größten bei der östlichen equinen Enzephalitis und am geringsten bei der venezuelischen. Die Infektionen hinterlassen eine Immunität.

Die Letalität bei Enzephalitis liegt, je nach Virus, zwischen 10 % und 80 % (bei der östlichen). Mit neurologischen Spätschäden muß gerechnet werden.

Die östliche equine Enzephalomyelitis ist verbreitet in den östlichen Staaten der USA, im karibischen Raum sowie in Brasilien und Argentinien. Sie wurde ebenfalls festgestellt auf den Philippinen, in Thailand und Rußland.

Die westliche equine Enzephalitis ist über den größten Teil der Vereinigten Staaten, über Südkanada sowie über Teile Südamerikas verbreitet.

Die venezuelische equine Enzephalitis kommt vor in verschiedenen Staaten Südamerikas, vor allem in Venezuela.

Prophylaxe. Abgesehen vom Fernhalten der Stechmücken (Moskitonetze) kommen nur Schutzimpfungen mit inaktivierten Impfstoffen in Frage. Der Impfschutz ist aber nicht voll befriedigend.

Weitere Arboviren der Gattung Alphavirus

Sindbis-Virus
Chikungunya-Virus
O'Nyong-Nyong-Virus
Ross-River-Virus

Sie kommen vor in weiten Teilen Afrikas, Asiens und Australiens. Sie verursachen beim Menschen fieberhafte, eher harmlose, z. T. Dengue-ähnliche Krankheitsbilder. Die Übertragung erfolgt durch Stechmücken.

Arboviren der Gattung Flavivirus

Die Vertreter dieser Gattung verursachen beim Menschen immer eine generalisierte, mit Virämie einhergehende Allgemeininfektion, wobei sich, weitgehend durch die Virusart bestimmt, drei Symptomenkomplexe auseinanderhalten lassen:

1. Fieberhafte, mit Arthralgien und Myopathien einhergehende Erkrankungen, oftmals mit Exanthemen (Prototyp Denguefieber).
2. „Hämorrhagische Fieber" (unter dieser Bezeichnung bekannt), mit oder ohne Hepatitis und Nephritis (schwerste Krankheit Gelbfieber).
3. Mit Enzephalitis einhergehende Erkrankungen (Prototyp Zeckenenzephalitis).

Die medizinisch wichtigsten Vertreter der Gattung Flavivirus sind:

1. die Viren der Zeckenenzephalitis,
2. das Gelbfiebervirus (gab der Gattung den Namen),
3. die Dengueviren,
4. das Virus der Japanischen B-Enzephalitis und seine Verwandten

(Reihenfolge entsprechend ihrer Bedeutung für Europa).

1. Viren der Zeckenenzephalitis

Die Viren der Zeckenenzephalitis sind sich in jeder Beziehung nahe verwandt. Sie werden fast ausschließlich durch Zecken von Tier zu Tier und von Tieren auf den Menschen übertragen. Daselbst verursachen sie bei einem Teil der Infizierten, je nach Virusart, mehr oder weniger schwer verlaufende Enzephalitiden.

Wir müssen folgende drei Virusarten unterscheiden:

1.1 das Virus der Russischen Zecken-(Frühsommer-)enzephalitis,
1.2 das Virus der Zentraleuropäischen Zecken-(Frühsommer-) enzephalitis,
1.3 das Louping-III-Virus.

Erreger. Alle 3 Viren haben einen Durchmesser von 25–30 nm und sind von einer Hülle umgeben. Die Viren lassen sich im Hühnerembryo sowie auf Gewebekulturen, die von Menschen- oder von Mäuseembryonen stammen, kultivieren. Intrazerebral auf Mäuse überimpft, verursachen sie regelmäßig eine Enzephalitis. Die Viren der Zeckenenzephalitis ergeben mit anderen Flaviviren einen gekreuzten Hämagglutinationshemmtest, können aber mit Hilfe der Komplementbindungsreaktion und des Neutralisationstestes von den übrigen Flaviviren unterschieden werden. Innerhalb der Zeckenenzephalitisgruppe sind die drei Vertreter höchstens durch subtile Neutralisationstests in vivo gegeneinander abzugrenzen.

Übertragung. Das Virusreservoir befindet sich in Zecken, in denen die Viren transovarial von Generation zu Generation übergehen. Die Zecken infizieren beim Biß die Wirbeltiere, an denen sie Blut saugen. Es sind dies außer dem Menschen Haustiere, Nagetiere und Vögel.

Virus der Russischen Zecken-(Frühsommer-)enzephalitis

Das Virus und die dadurch verursachten Erkrankungen sind zwischen 45. und 62. Breitengrad nachgewiesen vom Fernen Osten (Korea) quer durch ganz Rußland bis an den finnischen Meerbusen. Dementsprechend ist die Krankheit sowohl als Russische wie als Fernöstliche Zeckenenzephalitis bezeichnet worden. Die Russische Zeckenenzephalitis ist zu unterscheiden von der milder verlaufenden Zentraleuropäischen Zeckenenzephalitis.

Pathogenese und Krankheitsbild. Das Virus der Russischen Zeckenenzephalitis wird vor allem übertragen durch die Zecke Ixodes persulcatus, wurde aber auch in anderen Zeckenarten nachgewiesen. Bei epidemischem Auftreten dieser Enzephalitisart sind Letalitätsraten von 30–40 % festgestellt worden. Das Virus gelangt durch den Zeckenbiß in den neuen Wirt und vermehrt sich vorerst in der Umgebung der Eintrittspforte, um später auf das lymphatische und hämopoetische System überzugreifen und zur Virämie zu führen. Die Inkubation beträgt 6–14 Tage. Das klassische meningoenzephalitische Krankheitsbild verläuft immer zweiphasisch. Es beginnt, bedingt durch die Virämie, mit einer 4–6 Tage dauernden allgemeinen Fieberphase. Darauf folgt ein fieberfreies Intervall, das 8 Tage bestehen kann. Hernach steigt das Fieber erneut bis 40 °C an. In dieser zweiten Phase muß eine mehr meningitische von einer mehr enzephalitischen Krankheitsform unterschieden werden. Die meningitische Form verläuft immer gutartiger und die Patienten entfiebern rascher als bei der Enzephalitis. Letztere kann mit schweren Störungen des Sensoriums und der Reflexe sowie mit schlaffen Lähmungen einhergehen, die von poliomyelitischen kaum zu unterscheiden sind. Bei Patienten unter 40 Jahren beobachtet man häufiger die leichtere meningitische Form, bei Patienten über 40 Jahren häufiger die schwere enzephalitische. Die Letalität beträgt 25 bis

40 %. Pathologisch-anatomisch findet man bei Verstorbenen alle Erscheinungen einer primären Virusenzephalitis.

Die Zahl der mit neurologischen Symptomen Erkrankten ist bedeutend kleiner als die Zahl der effektiv Infizierten. Die Infektion wird vielfach inapparent durchgemacht oder es tritt nur die erste virämische Phase in Erscheinung. Dabei kann die Diagnose „Zeckenvirusinfektion" mangels klinischen Verdachtes kaum gestellt werden. Der Kontagionsindex für das enzephalitische Krankheitsbild beträgt höchstens 10 %.

Die Infektion hinterläßt eine wahrscheinlich lebenslängliche Immunität.

Diagnose. Eine auf dem Virusnachweis basierende ätiologische Diagnose ist in den wenigsten Fällen möglich, da man erst in der zweiten Krankheitsphase, nachdem sich bereits virusneutralisierende Antikörper gebildet haben, an eine Zeckenenzephalitis denkt. Wenn der Virusnachweis noch versucht wird, gelingt er am sichersten über die Säuglingsmaus. In der Praxis stützt sich die ätiologische Diagnostik wie auch die Ermittlung von Durchseuchungsraten auf den Antikörpernachweis, der sowohl mit Hilfe der Komplementbindungsreaktion wie des Hämagglutinationshemmtestes durchführbar ist.

Epidemiologie und Prophylaxe. Da der Infektionserreger fast ausschließlich durch Zecken übertragen wird, tritt die Krankheit im Frühling auf; ca. 1 Monat nachdem die Zecken hervorgekommen sind. Deshalb werden die größten Erkrankungszahlen im Juni/Juli registriert, und deshalb trägt die Zeckenenzephalitis auch den Namen Frühsommerenzephalitis. Im Oktober wird ein zweiter kleinerer Gipfel beobachtet. Am häufigsten erkranken Menschen, die im Wald arbeiten, wo sie von Zecken befallen werden. Die Zahl erkrankter Jugendlicher ist gering. Die wesentlichsten Wirtstiere sind kleine Nager, freilebende Wildtiere, Rind, Schaf und Ziege. Auch Vögel können infiziert werden, spielen aber epidemiologisch nicht die gleiche Rolle wie bei den equinen Enzephalitiden.

Direkte prophylaktische Maßnahmen bestehen in der Verwendung von Schutzanzügen, die einen Zeckenbefall unmöglich machen sollen; ferner in der Bekämpfung der Zeckenreservate mit Insektiziden. Neuerdings sind inaktivierte Vakzinen mit Erfolg eingesetzt worden.

Virus der Zentraleuropäischen Zecken-(Frühsommer-)enzephalitis

Dieses Virus unterscheidet sich nur geringgradig vom Virus der Russischen Zeckenenzephalitis. Es ist nachgewiesen worden im gesamten zentraleuropäischen Raum, d. h. in Westrußland, Südfinnland und Südschweden, in Polen, Ostdeutschland, der Tschechoslowakei, in Österreich, Ungarn und Jugoslawien, dann aber auch in Westdeutschland, im Elsaß und in der Schweiz. Vermutlich kommt es auf dem ganzen Balkan vor. Das Virus wird vor allem verbreitet durch die Zecke Ixodes ricinus, wurde aber auch in anderen Zeckenarten sowie in Anophelen nachgewiesen.

Übertragungsart, Inkubation, Pathogenese und klinisches Bild sind grundsätzlich gleich wie bei der Russischen Zeckenenzephalitis. Bei der zentraleuropäischen Form kommt es jedoch seltener zu Erscheinungen von seiten des ZNS und diese sind im Durchschnitt leichter als bei der russischen. Die Letalität bei Auftreten zentralnervöser Störungen beträgt nur 1 %. Die Zahl der Fälle mit Lähmungserscheinungen ist ebenfalls ungleich kleiner als bei der Russischen Enzephalitis. Trotzdem können schwere Krankheitsbilder vorkommen, die als Landrysche Paralysen rasch zum Tode führen. Die Krankheit darf nicht ohne weiteres als benigne taxiert werden, weil bei ca. 10 % der Patienten neurologische Residuen bestehen bleiben.

Die Infektion mit dem europäischen Zeckenvirus wird noch häufiger als bei der Russischen Enzephalitis inapparent oder im Sinne eines unspezifischen, nur virämischen Krankheitsbildes durchgemacht. Für die Europäische Zeckenenzephalitis beträgt der Kontagionsindex höchstens 5 %.

Als Wirte können die gleichen Tierarten befallen sein wie bei der Russischen Zeckenenzephalitis. Es sind immer die Vertebraten, die an der Zeckenökologie (Blutmahlzeiten) beteiligt sind. Hervorzuheben ist die Tatsache, daß Haustiere, vor allem Ziegen, das Virus mit ihrer Milch ausscheiden, so daß sich der Mensch auch peroral infizieren kann. Von epidemiologischer Bedeutung ist aber allein die Übertragung durch Zecken. Nur in Gegenden mit hoher Populationsdichte und vielen empfänglichen Wirtstieren kann der Erreger auf die Dauer persistieren. Beim Menschen endet der Infektionszyklus fast immer in einer Sackgasse.

Louping-Ill-Virus

Das Louping-Ill-Virus führt auf den britischen Inseln zu einer gehäuften Erkrankung der Schafe. Diese geht einher mit enzephalitischen Erscheinungen und führt bei den Tieren zu eigenartig springenden Bewegungen, was der Krankheit den Namen Louping-Ill (Spring- oder Drehkrankheit der Schafe) verliehen hat.

Das Louping-Ill-Virus ist engstens verwandt mit dem Virus der Zentraleuropäischen Zeckenenzephalitis und ist ebenfalls für den

Menschen pathogen. Das klinische Bild sowie dessen Schwere entspricht beim Menschen in allen Teilen demjenigen der Zentraleuropäischen Zeckenenzephalitis.

Das Virus wird hauptsächlich durch die Zecke Ixodes ricinus unter den empfänglichen Tierarten verbreitet. Der Mensch kann nicht nur durch Zecken infiziert werden, sondern auch aerogen beim Schlachten infektiöser Schafe. Obwohl das Virus dank des Auftretens von Epizootien unter Schafen entdeckt wurde, ist es, in Analogie zu den anderen zwei Zeckenviren, für eine ganze Reihe weiterer Haus- und Wildtiere sowie für Muriden pathogen.

Virus- und Antikörpernachweis erfolgen auf gleiche Art wie bei den übrigen Zeckenviren. Zu diesen besteht auch eine gekreuzte postinfektiöse Immunität.

Infektionen mit dem Louping-Ill-Virus sind auf allen britischen Inseln registriert worden, treten aber besonders häufig im Norden und Westen Schottlands auf.

Im Sinne prophylaktischer Maßnahmen wurden – wie bei der Zentraleuropäischen Enzephalitis – Schutzimpfungen mit inaktivierten Vakzinen beim Menschen sowie neuerdings solche mit abgeschwächten Lebendimpfstoffen bei Schafen durchgeführt.

2. Gelbfiebervirus

Das Gelbfiebervirus ist der Erreger des *tropischen Gelbfiebers,* einer mit Virämie und Ikterus einhergehenden Infektionskrankheit, die – wegen des Lebensraumes der Überträger – an bestimmte tropische und subtropische Zonen gebunden ist. Das Gelbfieber ist eine „Quarantänekrankheit", d. h. eine der 4 Krankheiten, zu deren Verhütung und Bekämpfung international verbindliche Vereinbarungen bestehen.

Erreger. Es handelt sich um ein sphärisches Virus von 30 nm Durchmesser, das vor allem für Primaten pathogen ist. Es läßt sich intrazerebral in der Säuglingsmaus sowie adaptiert auf Hühnerembryonen kultivieren. Das Virus kann auch in entsprechenden Gewebekulturen zur Vermehrung gebracht werden. Das Gelbfiebervirus wird in zwei antigen verschiedene Subtypen unterteilt, einen amerikanischen und einen afrikanischen.

Pathogenese und Krankheitsbild. Das Virus wird durch Stechmücken, vor allem solche der Gattung Aedes, auf den Menschen übertragen. Die Inkubation beträgt 3–6 Tage und ist im Internationalen Sanitätsreglement auf 6 Tage festgesetzt. Innerhalb dieser Zeit entwickelt sich eine Virämie, die zu einer ersten, 3–4 Tage dauernden Fieberperiode führt. Nach einer kurzen Remission von

1–2 Tagen erfolgt ein zweiter Fieberanstieg, der mit dem Auftreten von Organmanifestationen parallel geht. Als Folgen pathologisch-anatomischer Organveränderungen treten vor allem Gelbsucht, Albuminurie und Zeichen hämorrhagischer Diathese auf. Die Patienten sind schwer krank. Diese zweite Phase kann je nach Schwere der Krankheit 4–14 Tage dauern und oft schon innerhalb weniger Tage tödlich enden. Die Letalität beträgt durchschnittlich 10 %, kann aber auch weit höher sein. Das Gelbfieber vermag alle Schweregrade aufzuweisen; von der klinisch inapparenten Infektion über kurzfristiges, uncharakteristisches Fieber bis zum schweren, zu Oligurie und hepatischem Koma führenden klassischen Krankheitsbild. Die Therapie ist symptomatisch.

Eine durchgemachte Gelbfieberinfektion hinterläßt eine dauernde Immunität.

In der Leber Verstorbener finden sich histologisch alle Übergänge von fettiger Degeneration bis zu schwerer Nekrose. Das histologische Bild der Nieren entspricht dem einer Nephrose, bei der vor allem die Tubuli betroffen sind. Die z. T. schweren Hämorrhagien sind Folgen von Gefäßschädigungen.

Diagnose. Die ätiologische Diagnostik stützt sich im virämischen Stadium auf den Virusnachweis aus dem Blut, später (z. B. bei Autopsien) aus der Leber. Das geeignetste Versuchstier ist die Säuglingsmaus, die sich auf jede Weise infizieren läßt. Neben dem Virusnachweis können auch serologische Methoden zur Diagnose verhelfen.

Epidemiologie. Das Gelbfieber kommt zur Zeit vor in weiten Gebieten Afrikas, Süd- und Mittelamerikas. Es sind dies Gebiete, in denen – klimabedingt – die Überträger des Gelbfiebers existieren und sich vermehren können. Das Gelbfieber fehlt hingegen in den tropischen Zonen Asiens und Australiens, obwohl auch dort sämtliche Übertragungsbedingungen gegeben wären.

Epidemiologisch muß unterschieden werden zwischen einem urbanen und einem Busch- oder Dschungelgelbfieber. Bei ersterem fungiert der Mensch als einziger Vertebratenwirt, und das Virus wird fast ausschließlich durch Aedes aegypti nur von Mensch zu Mensch übertragen. Im Gegensatz dazu handelt es sich beim Dschungelgelbfieber um eine Enzootie unter den Primaten. Der Mensch wird nur ausnahmsweise betroffen und ist am eigentlichen epidemiologischen Geschehen nicht beteiligt. Beim Dschungelgelbfieber wird der Erreger in Afrika durch verschiedene Aedesarten, in Südamerika vornehmlich durch Haemagogusarten von Affe zu Affe und von diesen evtl. auch auf den Menschen übertragen. Die

„äußere Inkubationszeit" in den Vektoren beträgt je nach Außentemperatur 4 Tage bis 4 Wochen.

Prophylaxe. Abgesehen von der Stechmückenbekämpfung basiert die moderne Prophylaxe ausschließlich auf der Schutzimpfung. Exponierte Bevölkerungsteile sowie Einzelpersonen, die in gelbfiebergefährdete Zonen reisen, werden geimpft mit einem Lebendimpfstoff, wobei der auf Theiler zurückgehende und auf Hühnerembryonen gezüchtete Stamm 17 D am meisten Verwendung findet. Solche Gelbfieberimpfungen, auf die im 1. Lebensjahr womöglich verzichtet werden soll, verlaufen jenseits des Säuglingsalters symptomlos und hinterlassen einen garantierten Impfschutz von 10 Jahren.

3. Dengueviren

Die Dengueviren verursachen beim Menschen virämische Krankheitsbilder, die als Denguefieber bezeichnet werden. Die Bezeichnung Dengue leitet sich vom spanischen denguero = geziert ab und kam zustande wegen der schmerzbedingten eigentümlichen Körperhaltung der Patienten. Die Engländer sprechen von Dandy-Fever. Der Durchmesser der Dengueviren beträgt 20–25 nm. Man unterscheidet 4 immunologisch verschiedene Typen. Die Typen 1 und 2 verursachen eher uncharakteristische, mit Kopf-, Rücken- und Gelenkschmerzen einhergehende Krankheitsbilder, die Typen 3 und 4 vor allem bei Jugendlichen hämorrhagische Erscheinungen. Die durch Stechmücken übertragene Krankheit tritt auf nach einer Inkubation von 5–8 Tagen, die Krankheitsdauer beträgt durchschnittlich 1 Woche. Die Prognose ist gut. Todesfälle kommen nur selten vor. Typisch für das eigentliche Denguefieber, d. h. für die nichthämorrhagische Form, ist ein am 4.–6. Krankheitstag auftretendes, 1–2 Tage andauerndes makulopapulöses bis skarlatiniformes Exanthem. Nach durchgemachter Infektion besteht eine fundierte Immunität.

Der Virusnachweis erfolgt, wie derjenige beim Gelbfieber, auf der Säuglingsmaus.

Die Typen 1 und 2 kommen vor in den tropischen und subtropischen Gebieten des Mittleren und Fernen Ostens, von Afrika, Amerika und Australien. Die Typen 3 und 4 wurden auf den Philippinen, in Thailand und Singapur nachgewiesen. Die Übertragung erfolgt in erster Linie durch Aedes aegypti von Mensch zu Mensch. Bekämpfungsmaßnahmen richten sich gegen die Stechmücken. Brauchbare Impfstoffe stehen bis heute nicht zur Verfügung.

4. Virus der Japanischen B-Enzephalitis und seine Verwandten

Das Virus der Japanischen B-Enzephalitis

Das kleine Virus mit 30 nm Durchmesser ist für Primaten und eine Reihe kleiner Versuchstiere pathogen. Das Virus kann nicht nur in diesen Versuchstieren, sondern auch in entsprechenden Gewebekulturen sowie im Hühnerembryo ohne große Schwierigkeiten gezüchtet werden. In antigener Beziehung handelt es sich um ein einheitliches Virus, das jedoch nahe verwandt ist mit den anschließend erwähnten drei weiteren Virusarten.

Das Virus verursacht beim Menschen ein meningoenzephalitisches Krankheitsbild. Anläßlich einer großen Epidemie konnte 1924 diese als B-Enzephalitis benannte Krankheit von einer ähnlichen, der ECONOMO-A-Enzephalitis klinisch-epidemiologisch und später auch ätiologisch abgetrennt werden. Im Verhältnis zum Total aller Infektionen machen die Enzephalitiden, die im Extremfall unter dem Bild einer Bulbärparalyse einhergehen können, einen nur kleinen Prozentsatz aus. Der Kontagionsindex ist in bezug auf Enzephalitis gering. Wie bei den meisten Krankheiten mit niedrigem Kontagionsindex gibt es zwischen inapparenter Infektion, uncharakteristischer fieberhafter Allgemeinerkrankung und schwerer Enzephalitis alle Zwischenstadien. Die Inkubation beträgt 8–15 Tage. Die klassische Meningoenzephalitis beginnt meistens plötzlich mit Fieber, Kopfschmerzen und Erbrechen. Die Patienten sind verwirrt, weisen Reflexstörungen und motorische Lähmungen auf. Komatöse Zustände sind prognostisch schlecht. Die Letalität beträgt im gesamten 10 %, wobei die Patienten meistens vor dem 10. Krankheitstag sterben. Pathologisch-anatomisch findet man bei Verstorbenen alle Zeichen einer klassischen Meningomyeloenzephalitis mit ausgedehnten Veränderungen in der Hirnrinde, Degeneration der Ganglienzellen sowie perivaskulären Infiltraten. Nach dem 10. Tag erfolgt Entfieberung. Die Rekonvaleszenz ist jedoch langwierig, und die Krankheit hinterläßt oft psychische und neurologische Dauerschäden. Es besteht eine fundierte postinfektiöse Immunität.

Da die Virusisolierung in der Regel nur aus Obduktionsmaterial gelingt, basiert die Diagnostik auf dem Antikörpernachweis.

Die Krankheit kommt, wie der Name sagt, vor allem in Japan vor, ist jedoch im ganzen Fernen Osten von Sibirien bis Malaya und Südostindien bekannt. Das Virusreservoir liegt in Vögeln und der Erreger selbst wird durch Stechmücken, vor allem durch Vertreter der Gattung Culex nicht nur auf den Menschen, sondern auch auf Haustiere wie Pferde und Schweine übertragen. Diese Haustiere, von denen das Pferd ebenfalls an Enzephalitis erkranken kann, scheinen für den Menschen von untergeordneter epidemiologischer Bedeutung zu sein.

Die Erkrankungshäufigkeit ist im Spätsommer am größten. Die Krankheit wird bekämpft durch Fernhalten oder Vernichten der Zwischenwirte sowie durch Schutzimpfungen mit inaktiviertem Impfstoff.

Die nachfolgend vermerkten drei Virusarten sind bezüglich Charakter des Virus, Art des Krankheitsbildes sowie epidemiologischer Daten dem Virus der Japanischen B-Enzephalitis eng verwandt. Es sind dies:

Das Murray-Valley-Enzephalitis-Virus

Es wurde 1951 anläßlich einer Epidemie im Südosten Australiens isoliert und entsprechend der geographischen Herkunft benannt. Das Virus wurde seither auch in Neuguinea nachgewiesen. Sein natürliches Reservoir bilden Vögel und es wird durch Stechmücken auf den Menschen übertragen.

Das St.-Louis-Enzephalitis-Virus

Es ist in verschiedenen Staaten von USA verbreitet und nach einer ausgedehnten Epidemie um St. Louis entsprechend benannt worden. Das Virusreservoir liegt in Vögeln und wird durch Stechmücken auf Menschen und Haustiere übertragen.

Das West-Nil-Fieber-Virus

Es wird vor allem in Ägypten, aber auch in anderen Ländern Afrikas und des Nahen Ostens beobachtet. Die Krankheit verläuft fast immer leicht und besteht in einem wenige Tage dauernden Status febrilis. Die Infektion kann mit Adenopathie und makulopapulösem Exanthem einhergehen. Das Virusreservoir liegt in Vögeln und wird durch Stechmücken der Gattung Culex auf Menschen und andere Säugetiere übertragen.

Weitere Arboviren

Außer den bis dahin erwähnten, in den Gattungen Alphavirus und Flavivirus zusammengefaßten Arboviren sind heute gegen 100 weitere Arten mit pathogener Bedeutung identifiziert und von den Taxonomikern in verschiedenen Familien untergebracht worden. Zu ihnen gehören:

Das Virus des Phlebotomen-(Pappataci-)Fiebers

Das Virus wird durch Phlebotomen (Sandfliegen) übertragen und verursacht beim Menschen ein kurzdauerndes, gelegentlich rekurrierendes Fieber mit Kopf-, Rücken- und Gelenkschmerzen. Das Phlebotomenfieber kommt vor in Süditalien, Sizilien, im Mittleren Osten, in Teilen der Sowjetunion sowie in Indien.

Das Virus des Colorado-Zecken-Fiebers

Es wird heute zur Gattung Orbivirus (s. S. 302) gezählt.

Das Virus des Rift-Valley-Fiebers

Endemisch in weiten Teilen Zentral-, Süd- und Ostafrikas, ruft es bei Klauentieren große Verluste hervor und ist durch tierische Produkte auch auf den Menschen übertragbar.

Zahlreihe Viren, die hämorrhagische Krankheiten,

teilweise mit schwerem Verlauf, verursachen.

IV. Orthomyxoviren = Influenzaviren

In der Familie *Orthomyxoviridae* sind heute alle Influenzaviren zusammengefaßt; die Familie besteht nur aus Influenzaviren. Die Bezeichnung „Myxoviren“ beruht auf der Affinität dieser Viren zu Mukoproteinen (Muzinen), bedingt durch Eigenschaften des Hämagglutinins und der Neuraminidase. Die Influenzaviren sind die Erreger der *Influenza = Grippe.* Neben den menschenpathogenen gibt es auch tierpathogene Influenzaviren (s. S. 323).

Die Influenzaviren waren in der Entwicklung der Virologie von großer Bedeutung. Sie wurden als erste Viren in einem Laboratoriumstier, dem Frettchen, isoliert und von *Burnet* als erstes Virus im Hühnerembryo zur Vermehrung gebracht.

Die Influenzaviren sind sphärische Partikel mit einem Durchmesser von 80–100 nm (Abb. 40 und 41). Das helikal aufgebaute Nukleokapsid wird von einer Hülle umgeben, auf der besonders ausgeprägte Peplomeren sitzen, die auch als „Spikes“ bezeichnet werden. Die Hülle enthält zellspezifische Lipide und auf ihr sitzen 2 virusspezifische Proteine als Peplomere mit immunogenen Eigenschaften. Das eine dieser Proteine, das *Hämagglutinin,* befähigt das Viruspartikel, die an Glykoproteinrezeptoren (z. B. der Erythrozytenoberfläche) zu adsorbieren und dadurch Hämagglutination zu veranlassen. In immunogener Hinsicht induziert das Hämagglutinin die Bildung neutralisierender Antikörper. Mit Hilfe des *Hämagglutinationstestes* kann durch Austitrieren die relative Menge vorhandener Viruspartikel bestimmt werden und mit Hilfe des *Hämagglutinationshemmtestes* die hämagglutinationshemmenden = neutralisie-

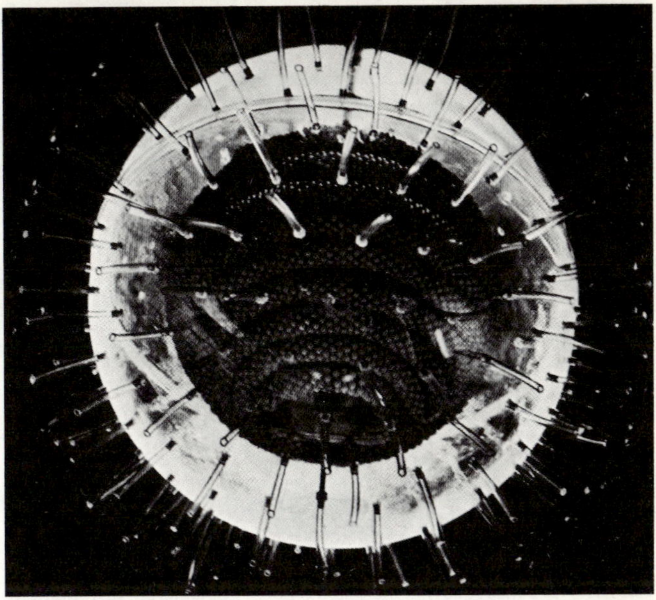

Abb. 40 Schema eines Myxovirus. Nukleoproteinstrang umwickelt spiralig die nicht sichtbare RNA. Periphere Hülle mit Peplomeren

renden Antikörper. Die Hämagglutination bleibt relativ stabil bei 4 °C. Das andere Protein, die *Neuraminidase,* hat Fermentcharakter, spaltet von Mukoproteinkomplexen Neuraminsäurederivate ab und ist u. a. bei 34 °C für die Eluierung des Virus vom Erythrozyten verantwortlich, weil es die Zellrezeptoren zerstört. Die biologische Bedeutung der Neuraminidase ist nicht restlos geklärt. Anti-Neuraminidaseantikörper vermögen, im Gegensatz zu Anti-Hämagglutininantikörpern, die Adsorption des Viruspartikels nicht zu verhindern.

Die Influenzaviren lassen sich im Hühnerembryo sowie auf Gewebekulturen verschiedener Herkunft vermehren. Für primäre Isolationen beimpft man am besten die Amnionhöhle des Hühnereies. Durch Passagen können die Viren auch an die Allantois adaptiert werden.

Die Influenzaviren sind an der Außenwelt und gegen Umwelteinflüsse wenig resistent. Sie werden schon bei Zimmertemperatur und unter allen Umständen bei 56 °C rasch inaktiviert. Influenzavirus-

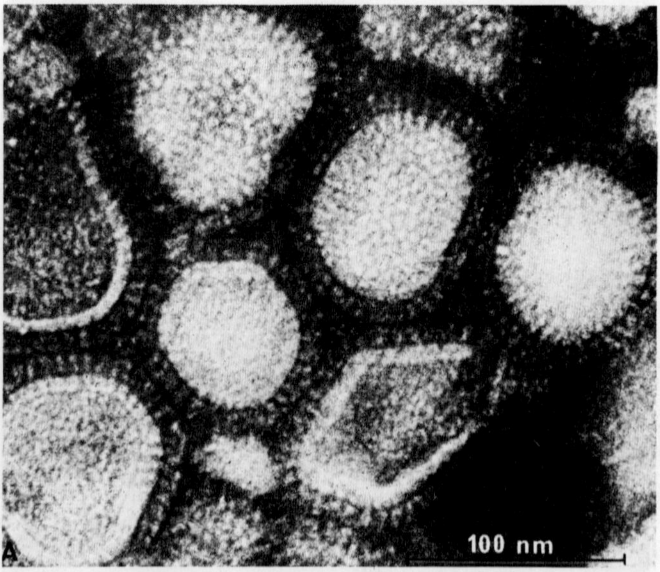

Abb. 41 Influenzavirus mit herausragenden Peplomeren (2 rupturierte Viren rechts unten und links oben)

stämme müssen auf die Dauer unbedingt bei – 80 °C aufbewahrt werden.

Die menschenpathogenen Virustypen und ihre epidemiologische Bedeutung

Die Influenzaviren werden immunologisch in drei Typen (Haupttypen) A, B und C unterteilt. Innerhalb des Haupttyps A sind zusätzlich mehrere immunologische Subtypen (A_1, A_0, A_2) zu unterscheiden, die ihrerseits nochmals in immunologische Varianten aufgespalten werden.

Die 3 Typen (Haupttypen) besitzen keinerlei gemeinsame Antigene. Hingegen existieren solche unter den Subtypen des Haupttyps A als gemeinsame Nukleoproteine einerseits und als Membranproteine andererseits. Dementsprechend ergeben sich z. B. in der KBR unter den einzelnen Subtypen Kreuzreaktionen. Auf Grund anderer, subtypenspezifischer Nukleoproteine und Membranproteine lassen sich die Subtypen auseinanderhalten, wobei vor allem die Membranproteine wegen verschiedener Zusammensetzung der Hämagglutinine (H) und Neuraminidasen (N) für die Subspezifität verantwortlich sind.

In den besagten Proteinen kann die Aminosäuresequenz wechseln, wodurch sich auch die Antigenität ändert. Man erklärt diesen Wechsel, wohl zu einfach, mit „immunologischem Druck“. Ändert sich nun die Aminosäuresequenz infolge Genwechsels in H oder in N oder in beiden vollständig, kommt es zu einer ebenfalls radikalen Veränderung der Antigenität, die man als *antigenic shift* bezeichnet. Sie kreiert alle 10–15 Jahre neue A-Subtypen und veranlaßt die großen Pandemien.

So besaß der 1948 erstmals isolierte Subtyp A_1 das Hämagglutinin H_1 und die Neuraminidase N_1. Beim 1957 aufgetretenen Subtyp A_2 (Singapore) fand man die Veränderung zu H_2 N_2; beide Antigene hatten gewechselt. 1968 ergab der Subtyp A-Hongkong die Formel H_3 N_2, es hatte sich also nur das Hämagglutinin (H_3) geändert, während die Neuraminidase (N_2) unverändert blieb.

Neben diesen radikalen Sequenzwechseln gibt es häufiger, alle 2–3 Jahre, nur diskrete Änderungen innerhalb einzelner Aminosäuren und damit nur geringfügige Antigenitätsveränderungen, die als *antigenic drift* bezeichnet werden und die nur zu kleineren Grippe-Ausbrüchen Anlaß geben.

Daß sich all diese laufenden immunogenen Änderungen auf das immunologische und damit das epidemiologische Geschehen innerhalb einer Bevölkerung auswirken, ist ohne weiteres verständlich.

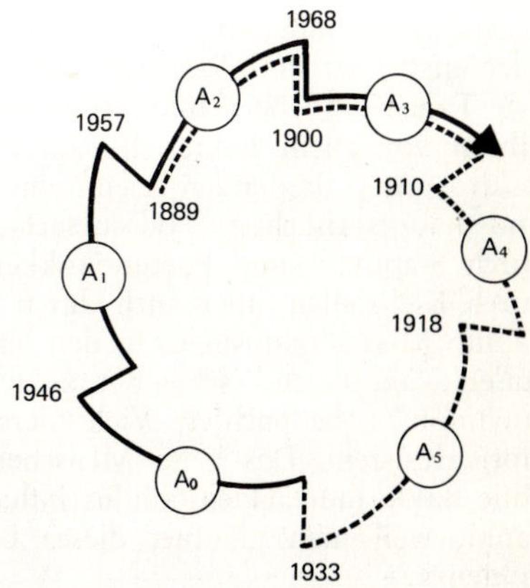

Abb. 42
Zyklische „R“-evolution des Influenzavirus A in Form der sich periodisch (alle 70 Jahre) wiederholenden Subtypen-Hierarchie-Reihen: A1, A2, A3, A4 und A5 (nach *Fazekas*)

Pathogenese und Krankheitsbild. Alle menschenpathogenen Influenzaviren verursachen beim Menschen akute, entzündlich-katarrhalische Erkrankungen der Luftwege. Influenza (Grippe) ist eine hochkontagiöse Infektionskrankheit, die wohl endemischen Charakter haben kann, jedoch fast immer epidemisch oder pandemisch auftritt. Grippeepidemien haben von jeher in kurzer Zeit ganze Kontinente überflutet und sind auch von einem Kontinent zum anderen übergesprungen. Nicht jede von Arzt oder Laie als grippaler Infekt bezeichnete Erkrankung entspricht einer wirklichen Grippe. Als Grippe oder Influenza sollten nur solche Infekte bezeichnet werden, die durch Grippeviren = Influenzaviren verursacht sind.

Das Grippevirus wird durch Tröpfcheninfektion von Mensch zu Mensch übertragen. Neuinfektionen entstehen ausschließlich aerogen. Die Epithelzellen des Respirationstraktes besitzen Glykoproteinrezeptoren für das Virushämagglutinin, so daß sich das Virus adsorbieren und anschließend penetrieren kann.

Die Inkubation der Grippe ist kurz und beträgt 1 bis höchstens 4 Tage. Die Krankheit beginnt bei Nichtimmunen akut und mit hohem Fieber, wobei Kopf- und Gliederschmerzen, Frostgefühl und katarrhalische Erscheinungen im Vordergrund stehen.

Die Erkrankung kommt dadurch zustande, daß das Influenzavirus, das die Flimmerepithelzellen des Respirationstraktes infiziert hat, dort vermehrt wird, was zu Zellschädigungen mit Nekrose, Desquamation und ausgedehnter Entzündung im oberen Respirationstrakt führt. Wegen dieser Veränderungen werden die lokalen Abwehrmechanismen ausgeschaltet, wodurch die Respirationsorgane in besonderem Maße Superinfektionen durch Bakterien und Pilze ausgesetzt sind. Während nichtkomplizierte Grippeinfekte nach 4–6 Tagen entfiebern und prognostisch als gut zu bewerten sind, führen vor allem bakterielle Zusatzinfektionen zu schweren, oft foudroyant verlaufenden Pneumonien. Solche „Grippepneumonien" sind hauptsächlichste Todesursache. Sie können verursacht sein durch Staphylo- und Pneumokokken, durch hämophile Bakterien, durch Klebsiellen, aber auch durch anderweitige als pathogen bekannte Mikroorganismen. In den letzten Jahren wurden vor allem äußerst akute und schwer toxisch verlaufende Staphylokokkenpneumonien beobachtet. Viele derselben erwiesen sich als antibiotikaresistent. Das beim Menschen häufig vorkommende hämophile Bakterium „Haemophilus influenzae" wurde seinerzeit so benannt, weil man glaubte, dieses Bakterium sei der Erreger der Influenza.

Da bei Influenzavirusinfektionen eine Virämie ausbleibt, es sich also um eine relativ lokalisierte Affektion der Respirationsorgane handelt, ist die postinfektiöse Immunität nicht derart fundiert wie bei virämischen Krankheiten. Auch können sich humorale (zirkulierende) Antikörper bei Reinfektionen nicht voll auswirken, weil sich das Virus schon an der Eintrittsstelle in den Körper vermehrt; also keine Wanderung durch verschiedene Organe durchmacht. Dementsprechend sind schon nach wenigen Jahren klinisch manifest werdende Reinfektionen mit Varianten des gleichen Subtyp möglich. Solche verlaufen allerdings meistens leichter als Primoinfektionen. Die Dauer des Reinfektionsschutzes hängt in erster Linie von der Konzentration der IgA im Schleim des Respirationstraktes ab. Treten Mutanten auf, vermögen die streng spezifischen IgA nicht mehr zu schützen oder nur noch in dem Maße, in welchem Antigenverwandtschaft vorhanden ist. Bei wiederholten Infektionen setzt der Subtyp der Erstinfektion die beste Immunität.

Diagnose. Die spezifische, d. h. ätiologische, Grippediagnose kann erfolgen durch *Virusnachweis* wie auch serologisch durch den Nachweis spezifischer Antikörper. Als Ausgangsmaterial für den Virusnachweis eignen sich am besten Rachenabstriche, gewonnen am ersten Tag der Erkrankung. Die Tupfer müssen sofort in ein Transportmedium (Erhaltungsmedium für Zellkulturen) ausgepreßt werden. Dieses ist so rasch wie möglich weiter zu verarbeiten. Es wird in die Amnionhöhle 10 Tage vorbebrüteter Hühnerembryonen injiziert und während 3 Tagen bei 33–35 ° C bebrütet. Oft sind 2–3 Eipassagen notwendig, bis das Virus am 3. Tag nach der Injektion durch Hämagglutination nachgewiesen und mit Hilfe typenspezifischer Immunseren im Hirst-Test identifiziert werden kann. Neuisolierte Stämme werden dem Weltgrippezentrum zur Verifizierung überlassen.

Experimentell können die Influenzavirusstämme intranasal auch auf Mäuse übertragen werden, wo sie Pneumonien erzeugen. Ferner wird mit Gewebekulturen verschiedener Provenienz gearbeitet.

Der *Antikörpernachweis* im Patientenserum erfolgt gegenüber spezifischen Virusantigenen mit Hilfe des Hämagglutinationshemmtestes oder der Komplementbindungsreaktion. Wegen oft schon vorbestehender Antikörper, besonders bei Erwachsenen, muß man für die serologische Diagnostik unbedingt paarige Seren zur Verfügung haben. Nur bei signifikantem, d. h. 4fachem Titeranstieg darf eine frische Grippeinfektion angenommen werden.

Therapie. Eine spezifische Grippetherapie gibt es nicht. Dagegen können die gefürchteten Superinfektionen, die so rasch wie möglich bakteriologisch zu identifizieren sind, mit entsprechenden Antibiotika günstig beeinflußt werden.

Epidemiologie. Grippeepidemien und Pandemien sind in den letzten Jahrzehnten auf allen Kontinenten registriert worden. Es gibt in allen zivilisierten Ländern spezielle Grippezentren mit guter internationaler Zusammenarbeit. Trotzdem ist es kaum je gelungen, die Ausbreitung von Epidemien zu verhüten. Der Grund des Versagens liegt vor allem in der hohen Kontagiosität des Virus.

Menschenpathogene Grippeviren sind nur menschenpathogen, so daß bei allen Epidemien ausschließlich homologe Infektketten von Mensch zu Mensch bestehen. Da das Grippevirus an der Außenwelt wenig resistent ist, geschieht die Übertragung fast ausschließlich durch Tröpfcheninfektion. Der Kontagionsindex bei Nichtimmunen ist hoch. Grippeviren des Typs A neigen zu stärkerer Ausbreitung als solche der Typen B und C. Alle bekannten Pandemien sind durch Vertreter des Typs A ausgelöst worden; siehe auch S. 318 u. 319 sowie Abb. 42. Der Typ B hat, soweit bekannt, nur zu kleineren Epidemien (nie zu Pandemien) Anlaß gegeben. Der Typ C ist von untergeordneter Bedeutung. Typ-C-Infektionen sind selten und nur als sporadische Erkrankungen bei Jugendlichen beobachtet worden.

Prophylaxe. Wegen der hohen Kontagiosität der Grippeviren und dem aerogenen Übertragungsweg versprechen expositionsprophylaktische Maßnahmen kaum Erfolg. Sie können höchstens darin bestehen, daß man bei Epidemiegefahr unnötige Ansammlungen vermeidet und Versammlungsverbote erläßt.

Einzig die Schutzimpfung entspricht einer spezifischen Prophylaxe. Auch sie erzeugt jedoch keinen vollen Impfschutz. Bis jetzt sind fast ausschließlich inaktivierte Impfstoffe verwendet worden, die subkutan oder intradermal injiziert werden. Man verwendet meistens polyvalente Impfstoffe, in denen Influenza-A-Subtypen quantitativ stark vertreten sind. Idealerweise sollte der aktuelle Epidemietyp miteinbezogen sein, was aber wegen der viel Zeit beanspruchenden Reproduzierbarkeit frisch isolierter Virusstämme meistens nicht mehr möglich ist. Solche Impfstoffe, frühzeitig appliziert, verringern die Morbidität sowie die Schwere der Krankheit. Befriedigend, d. h. mit einem Impfschutz von 70–80 % ließe sich höchstens immunisieren mit epidemietypgleicher Vakzine, die zweimal, erstmals 4 Wochen vor Epidemiebeginn, verabreicht würde.

Die Injektion von (meistens Formaldehyd-) inaktivierten Impfstoffen führt nicht selten zu lokalen Nebenreaktionen und zu Fieber, besonders bei Kleinkindern. Man bemüht sich deshalb, gereinigte, sog. Subunitvakzinen herzustellen, die möglichst frei sind von

Ballast. Trotzdem bildet jede Eiweißallergie eine Kontraindikation gegen derartige Impfungen.

In den letzten Jahren sind Vakzinen mit abgeschwächten Lebendviren, die intranasal appliziert werden, in den Handel gekommen. Auch diese Art der Schutzimpfung, mit der eine lokale Immunität erzeugt werden sollte, hat vorläufig nicht voll zu befriedigen vermocht. So ist denn die Influenza eine der wenigen großen Infektionskrankheiten, die nicht unter Kontrolle gebracht werden konnte und – abgesehen von den medizinischen Problemen – durch Krankheitsabsenzen große ökonomische Verluste verursacht.

Tierpathogene Influenzaviren

Außer den erwähnten menschenpathogenen und nur Epidemien beim Menschen verursachenden Influenzaviren gibt es mehrere tierpathogene Influenzaviren, die ähnlich den menschlichen bei bestimmten Haustierarten influenzaähnliche Krankheitsbilder verursachen.

Diese tierpathogenen Influenzaviren sind morphologisch mit den menschenpathogenen weitgehend identisch. Immunologisch gehören sie alle zum Haupttyp A.

Die bekanntesten sind:

das Schweineinfluenzavirus (Synonym: Myxovirus influenzae A suis),
das Pferdeinfluenzavirus (Synonym: Myxovirus influenzae A equi),
das Geflügel- und das Enteninfluenzavirus.

Die erwähnten Viren können bei Schwein (nur unter bestimmten Voraussetzungen) und Pferd influenzaähnliche Erkrankungen der Respirationsorgane hervorrufen. Beim Geflügel sind verschiedene von der Säugetierinfluenza abweichende Krankheitsbilder bekannt, die an dieser Stelle nicht besprochen werden.

Tierische Influenzastämme sind fähig, sich auch in heterologen Wirten zu vermehren. Dem Wirtewechsel liegen Rekombinationen zugrunde. Eine Hypothese besagt, daß die pandemischen A-Subtypen des Menschen aus Viren stammen, die ursprünglich vogelspezifisch waren.

V. Paramyxoviren

Zur Familie der *Paramyxoviridae* gehören:

1. die Parainfluenzaviren 1, 2, 3, 4,
2. das RS-Virus,

3. das Newcastle-Disease-Virus,
4. das Mumpsvirus (Parotitisvirus),
5. das Masernvirus.

Das Rötelnvirus,
ein Togavirus, aber kein Arbovirus, wird aus medizinischen Gründen nicht bei den Togaviren, sondern anschließend an das Masernvirus behandelt.

Die Paramyxoviren sind im Aufbau den Orthomyxoviren ähnlich. Ihr Durchmesser ist mit 150–220 nm im allgemeinen etwas größer. Die Ribonukleinspirale weist bei den Paramyxoviren den doppelten Durchmesser auf (18 nm). Der Vermehrungsmechanismus in der Wirtszelle ist nicht in allen Teilen gleichartig und die Krankheitsbilder sind zum Teil recht verschieden.

1. Parainfluenzaviren

Die Parainfluenzaviren sind typische Myxoviren, die sich jedoch immunologisch wie auch bezüglich Größe des Virions von den echten Influenzaviren unterscheiden, dagegen nahe Beziehungen zu Mumps- und Newcastle-Disease-Virus aufweisen und bei Jugendlichen katarrhalische Erkrankungen der Respirationsorgane verursachen. Immunologisch unterscheidet man 4 Typen.

Die Durchmesser der Parainfluenzaviren variieren je nach Typ zwischen 90 und 220 nm. Ihre Resistenz gegenüber Umwelteinflüssen ist äußerst gering. Parainfluenzaviren weisen nicht die gleichen hämagglutinierenden Eigenschaften auf wie echte Influenzaviren und hämagglutinieren höchstens nach mehreren Kulturpassagen Erythrozyten bestimmter Tierarten. In Zellkulturen bewirken sie das Phänomen der *Hämadsorption.*

Beim Menschen verursachen alle Parainfluenzaviren katarrhalische Erkrankungen der Respirationsorgane. Die Inkubation beträgt 2 bis 3 Tage. Die Krankheit kann sich als leichte Rhinitis oder Pharyngitis, jedoch auch in Form schwerer Störungen äußern. Der Typ 1 vermag bei Neugeborenen Pneumonien zu erzeugen, die Typen 2 und 3 bei Kleinkindern das Bild einer akuten Laryngotracheobronchitis (croup).

Die Vermehrung der Parainfluenzaviren findet nur im Epithel des Respirationstraktes statt. Beim Erwachsenen bleibt die Infektion auf Nase und Rachen beschränkt, beim Kleinkind ist eine deszendierende Infektion bis in die Bronchiolen und Alveolen möglich. Die postinfektiöse Immunität ist gering, und homotypische Reinfektionen sind schon nach wenigen Monaten möglich.

Die Diagnose basiert auf dem Virusnachweis aus Rachenspülwasser Frischerkrankter. Er erfolgt auf Gewebekulturen und wird mit der Hämadsorptionstechnik sichtbar gemacht. Für einen eventuellen Antikörpernachweis können die üblichen bei Viruskrankheiten verwendeten Teste benützt werden.

Parainfluenzainfektionen sind in den verschiedensten Regionen der Erde nachgewiesen worden, so daß eine weltweite Verbreitung dieser Viren angenommen werden darf. Aus serologischen Durchseuchungskontrollen geht hervor, daß der Großteil der Infektion schon in den ersten Lebensjahren zustande kommt. Kleinere Epidemien sind besonders in geschlossenen Wohnkolonien beobachtet worden. Erkrankungen treten im Winter häufiger auf als im Sommer. Prophylaktische Maßnahmen drängen sich nicht auf.

2. RS-Virus (Respiratory Syncytial Virus)

Die Bezeichnung „syncytial“ rührt von der Fähigkeit des Virus her, infizierte Zellen in der Kultur zu vielkernigen Riesenzellen zu fusionieren. Das RS-Virus verursacht respiratorische Infekte und gilt als wichtigster Erreger ernst zu nehmender Erkrankungen der Atmungsorgane in den ersten zwei Lebensjahren. 25 % der Bronchiolitiden und Pneumonien dieser Altersstufe sind durch RS-Viren bedingt, wobei möglicherweise eine allergische Komponente, bedingt durch Antigen-Antikörper-Komplexe, mit im Spiele ist.

Das Virus ist gegen Umwelteinflüsse – auch gegen Abkühlung – äußerst empfindlich und wird bei 56 °C schon nach wenigen Minuten inaktiviert. Es läßt sich auf Gewebekulturen menschlicher Herkunft vermehren. Die zytopathisch veränderten Zellkulturen entsprechen morphologisch synzytialen Zellverbänden mit charakteristischen zytoplasmatischen Einschlüssen.

Beim Patienten erfolgt die Virusvermehrung nach erfolgter aerogener Infektion in den Epithelzellen des Rhinopharynx, bei Kleinkindern möglicherweise auch im Lungengewebe. Am Orte der Virusreproduktion entstehen nach einer Inkubation von 3–7 Tagen Entzündungserscheinungen, die bei Säuglingen und Kleinkindern weiter in die Tiefe reichen als beim Erwachsenen.

Die ätiologische Diagnose durch Viruspropagation auf Gewebekulturen gelingt nicht ohne weiteres, so daß man sich auf die Serodiagnose (KBR) stützen muß.

Die Krankheit dauert 3–10 Tage und hinterläßt trotz nachweisbarer humoraler Antikörper keine effektive Immunität.

RS-Viren sind an vielen Orten der Welt nachgewiesen worden, so daß eine weltweite Verbreitung mit hochgradiger Durchseuchung schon in den ersten Lebensjahren angenommen werden muß. Von prophylaktischen Maßnahmen wurde bisher abgesehen. Eine Vakzine steht nicht zur Verfügung.

3. Newcastle-Disease-Virus

Das Newcastle-Disease-Virus ist der Erreger der atypischen oder Pseudogeflügelpest. Dieses Virus kann u. U. für den Menschen pathogen sein.

Beim Newcastle-Disease-Virus handelt es sich um ein sphärisches Virus mit einem Durchmesser zwischen 100 und 200 nm, das fast alle Erythrozyten hämagglutiniert.

Das Virus läßt sich im Hühnerei sowie auf embryonalen Gewebekulturen ohne weiteres propagieren. Es verursacht beim Geflügel akute respiratorische Infekte, die mit zentralnervösen Störungen einhergehen (Pneumoenzephalitis) und große wirtschaftliche Schäden zur Folge haben.

Das Newcastle-Disease-Virus führt beim Menschen, die mit diesem Virus in intensiven Kontakt kommen (Geflügelzüchtung und -untersuchung, Impfstoffherstellung) zu entzündlichen Erscheinungen, vor allem der Konjunktiven. Nach einer Inkubation von 1–4 Tagen entsteht eine follikuläre Conjunctivitis palpebrae mit Schwellung und Lichtscheu. Die an sich harmlose Krankheit dauert 2–3 Tage.

4. Mumpsvirus (Parotitisvirus)

Das Mumps- oder Parotitisvirus ist, wie der Name sagt, der Erreger der Parotitis epidemica (Mumps), einer mit Virämie einhergehenden Infektionskrankheit des Menschen, bei der, äußerlich betrachtet, vor allem die Ohrspeicheldrüsen befallen sind. Da die Krankheit endemisch vorkommt und kontagiös ist, tritt sie als Kinderkrankheit auf.

Erreger. Das Mumpsvirus ist ein typisches Myxovirus mit einem Durchmesser von 140 nm. Es besitzt ein Hämagglutinin und kommt nur in einem antigen einheitlichen Typ vor. Wie alle Myxoviren ist das Mumpsvirus gegen Umwelteinflüsse wenig resistent und wird bei 56 °C inaktiviert. Das Mumpsvirus läßt sich im Hühnerembryo sowie in Gewebekulturen, die von Primaten stammen, reproduzieren.

Pathogenese und Krankheitsbild. Das Mumpsvirus ist nur für den Menschen (Primaten) pathogen. Die Übertragung erfolgt aerogen als Tröpfcheninfektion. Der Kontagionsindex beträgt 60–70 %. Dies bedeutet, daß 30–40 % aller Infektionen inapparent durchgemacht werden. Das Virus wird schon 6 Tage vor und bis 9 Tage nach Krankheitsbeginn im Speichel ausgeschieden.

Nach erfolgter Infektion vermehrt sich das Virus vorerst in der Umgebung der Eintrittspforte und gelangt nachher entweder direkt oder auf dem Weg über die schon früh bestehende Virämie (Pathogenese nicht sicher bekannt) in die Speicheldrüsen, wie auch in die anderen inneren Organe. Die Krankheit beginnt nach einer Inkubation von 18–21 Tagen mit Prodromalerscheinungen und Fieberanstieg. Beim klassischen Krankheitsbild tritt hierauf eine Schwellung vorerst der einen und wenige Tage später in 75 % auch der anderen Ohrspeicheldrüse auf. Anschließend schwellen fakultativ auch die übrigen Speicheldrüsen an. Das Fieber, welches 40 ° C erreichen kann, dauert durchschnittlich 5 Tage. In der Mehrzahl der Fälle verläuft die Krankheit gutartig und ohne irgendwelche Komplikationen. Eine Parotitis kann aber auch durchgemacht werden ohne sichtbare Organmanifestationen, eventuell unter dem Bild anderer Drüsenerkrankungen, z. B. einer Pankreatitis. Weil jede Manifestation möglich ist, können Mumpsinfektionen dem Kliniker diagnostische Schwierigkeiten bereiten.

Unter den Komplikationen ist die Orchitis gefürchtet, weil sie – beidseitig auftretend – zur Sterilität führen kann. Nicht selten entstehen 4–10 Tage nach Beginn der eigentlichen Parotitis Meningoenzephalitiden. Diese sind prognostisch eher als gutartig zu bewerten. Ihre Letalität beträgt 1 %; Dauerresiduen werden jedoch in 10 bis 20 % aller Fälle festgestellt. Die Parotitis hinterläßt eine fundierte lebenslängliche Immunität.

Diagnose. Die Diagnose wird bei Vorliegen des klassischen Krankheitsbildes klinisch gestellt und kann in der Rekonvaleszenz serologisch mit Hilfe der Komplementbindungsreaktion verifiziert werden. Nach frischen Mumpsinfektionen sind Antikörpertiter zwischen 1:160 und 1:640 nachweisbar. Niedrige Titer von 1:10 bis 1:40 sprechen gegen eine frische, jedoch für eine früher durchgemachte Infektion (postinfektiöse Immunität). In den ersten Krankheitstagen kann das Virus aus Speichel, Blut, Liquor und Urin isoliert werden.

Die **therapeutischen** Maßnahmen sind symptomatisch.

Epidemiologie und Prophylaxe. Die Parotitis epidemica ist global verbreitet und existiert fast ausschließlich in endemischer Form. Wegen der weitgehenden Durchseuchung und der damit verbundenen Immunitätslage entstehen nur ausnahmsweise eigentliche Epidemien. Weniger um die Parotitis als solche zu verhüten, als wegen der möglichen Komplikationen (Orchitis) sind in den letzten Jahren in größerem Umfange attenuierte Lebendimpfstoffe mit Erfolg eingesetzt worden.

5. Masernvirus

Das Masernvirus ist der Erreger der Masern (Morbilli; engl.: measles, franz.: rougeole), einer akuten hochkontagiösen, im allgemeinen gutartigen Krankheit des Menschen.

Erreger. Das Virus ist ein Paramyxovirus mit einem Durchmesser von 140 nm. In seiner Hülle enthält es ein Hämagglutinin, aber keine Neuraminidase.

Das Masernvirus ist gegen Umwelteinflüsse resistenter als die übrigen Myxoviren. Bei 22 ° C ist seine Infektiosität nach 2 Wochen kaum reduziert, und das Virus wird bei 56 ° C innerhalb von 30 Minuten nicht völlig inaktiviert. Es erträgt ohne weiteres Lyophilisierung und kann bei Temperaturen unter – 20 ° C über viele Monate konserviert werden. Alle bis heute isolierten Masernstämme haben sich antigen als einheitlich erwiesen. Das Virus läßt sich nach Adaptation im Amnion des Hühnerembryos sowie auf bestimmten Gewebekulturen vermehren.

Pathogenese und Krankheitsbild. Das Virus wird aerogen, meistens als Tröpfcheninfektion, von Mensch zu Mensch übertragen. Die Infektion kann aber auch transkonjunktival zustande kommen. Das Virus breitet sich wahrscheinlich lymphogen wie hämatogen weiter aus. Schon am 5.–7. Tag nach der Infektion kommt es zu einer experimentell bewiesenen Virämie, die bis zum Ausbruch des Exanthems anhält. Die letzten Inkubationstage sowie das Prodromalstadium sind gekennzeichnet durch eine generalisierte Virusvermehrung vorwiegend im lymphatischen Gewebe. Dabei wird das Virus – schon einige Tage vor Krankheitsbeginn – mit dem Nasen-, Rachen- und Konjunktivalsekret ausgeschieden. Die Inkubation beträgt bis zum Auftreten der Prodromalsymptome 10–12 Tage, bis zum Ausbruch des Exanthems 14 Tage. Der Kontagionsindex liegt bei 98 %, was bedeutet, daß nahezu alle Nichtimmunen erkranken, wenn sie mit dem Virus in Kontakt geraten. In Europa sind die Zehnjährigen zu beinahe 100 % immun.

Die Krankheit beginnt meistens uncharakteristisch mit katarrhalischen Erscheinungen und einem ersten Temperaturanstieg. Diese Prodromalerscheinungen dauern höchstens 3–4 Tage. Nach vorübergehendem Fieberabfall steigt die Temperatur erneut an. Jetzt tritt das charakteristische makulopapulöse Masernexanthem hervor. Dazu gesellen sich Laryngitis, Bronchitis sowie weitere Auswirkungen der generalisierten Virusvermehrung. Nach 3–5 Tagen blaßt das Exanthem allmählich ab, und auch das Fieberstadium geht in dasjenige der Rekonvaleszenz über. Bei schwerem Krankheitsverlauf kann es zu Kreislauf- und zentralnervösen Störungen kommen. An

Komplikationen sind gefürchtet: die *Masernpneumonie* beim Säugling, die *Masernenzephalitis,* die bei Hospitalisierten, also eher schweren Fällen, in ungefähr 1 % aller Masernerkrankungen auftritt. Letalität oder Defektheilungen können bei Masernenzephalitis bis 30 % ausmachen. Die Masern hinterlassen eine fundierte lebenslängliche Immunität. Wegen des endemischen Vorkommens der Krankheit, ihrer hohen Kontagiosität und der postinfektiösen Immunität stellen die Masern eine klassische Kinderkrankheit dar. Das Masernvirus ist auch für die subakute sklerosierende Panenzephalitis verantwortlich gemacht worden. In Hirnzellen konnten helikale Nukleoproteinstrukturen nachgewiesen werden. Die Krankheit, vor allem bei Jugendlichen anzutreffen, entwickelt sich erst mehrere Jahre nach einer normal überstandenen Maserninfektion. Sie verläuft progressiv mit Verschlechterung des geistigen Zustandes, mit myoklonischen Krämpfen und weist ein abnormes EEG auf.

Diagnose. Soweit die Diagnose nicht klinisch gestellt wird, kann sie durch Virusnachweis oder Antikörperanstieg bewiesen werden. Die Virusisolierung auf Gewebekulturen gelingt aus dem Blut am ehesten zwischen dem 5. und 7. Inkubationstag sowie aus Nasensekret bis zum ersten Exanthemtag. Der Antikörpernachweis geschieht mit Hilfe der KBR oder des Hämagglutinationshemmtestes.

Die **Therapie** ist wie bei allen Viruskrankheiten symptomatisch.

Epidemiologie und Prophylaxe. Die Masern sind weltweit verbreitet und existieren in den meisten Ländern in endemischer Form. Epidemieartige Ausbrüche sind höchstens in abgeschlossenen Gebieten möglich, in denen seit langem Masern nicht mehr vorgekommen sind und dementsprechend eine allgemeine Bevölkerungsimmunität fehlt. In derartigen Situationen zeigen Masern in einem hohen Prozentsatz einen schweren Verlauf. Das gleiche gilt für Mangelgebiete mit Unterernährung.

Als prophylaktische Maßnahmen kommen nur *Schutzimpfungen* in Frage. Die Beurteilung, ob solche bei einer im großen und ganzen gutartig verlaufenden Infektionskrankheit angezeigt seien, ist Ermessenssache. Von den Klinikern, die vor allem schwere Masernfälle und Masernkomplikationen zu Gesicht bekommen, wird die Schutzimpfung befürwortet. Sie soll in erster Linie die Masernenzephalitis verhindern und besitzt ihre besondere Bedeutung in Entwicklungsländern, die bisher masernfrei waren.

Wie gegen andere Viruskrankheiten wurden sowohl inaktivierte als auch abgeschwächte Lebendimpfstoffe entwickelt. Die inaktivierten Vakzinen haben sich nicht bewährt. Sie erzeugten keinen genügenden Impfschutz, führten aber zu einer Sensibilisierung des Organismus, so daß es bei späteren Infektionen zu hyperergischem Masernverlauf mit unliebsamen Komplikationen kommen konnte. Alle Lebendvakzinen bewirken eine ungleich bessere Immunität, die lange Zeit vor Erkrankung schützt. Sie erzeugen jedoch 6–8 Tage nach der Impfung eine leicht verlaufende Impfkrankheit, auch Impfmasern benannt, die sich in Form vorübergehenden Fiebers und auch abortiv auftretender Exantheme äußert. Bewiesene, ins Gewicht fallende Impfkomplikationen, vor allem Impfenzephalitiden, sind nicht bekannt. Durch konsequente Impfung der Einjährigen konnte in USA die Jahresquote von 500 000 Masernerkrankungen auf 32 000 (1972) gesenkt werden. In letzter Zeit sind auch kombinierte Masern-Mumps- und Masern-Mumps-Röteln-Impfstoffe zum Einsatz gelangt.

Dem *Masernvirus verwandte Viren* (jedoch nicht menschenpathogen) sind

das Staupevirus und
das Rinderpestvirus.

Staupevirus

Das Staupevirus (Synonym: Distemper-Virus) ist der Erreger der Hundestaupe, nur für Kaniden pathogen, vom Masernvirus jedoch morphologisch wie antigenetisch kaum zu unterscheiden. Demzufolge besitzen Masernrekonvaleszenten auch Antikörper gegen das Staupevirus und maserngeimpfte Hunde sind stauperesistent.

Rinderpestvirus

Das Rinderpestvirus ist der Erreger der Rinderpest, einer akuten, äußerst gefürchteten, mit hoher Letalität einhergehenden Infektionskrankheit des Rindes und seiner Stammesverwandten. Das Rinderpestvirus ist, wie das Staupevirus, dem Masernvirus eng verwandt, so daß Infektionen mit jedem dieser drei Viren in jeder Beziehung gekreuzte Immunitätsverhältnisse hinterlassen, obwohl das Infektionsspektrum der drei Viren und auch die Krankheitsbilder vollkommen verschieden sind.

VI. Rötelnvirus

Das Rötelnvirus (Synonym: Rubellavirus) ist der Erreger der Röteln (Rubeolen; eng.: German measles).

Erreger. Das Rötelnvirus ist heute den *Togaviren* zugeordnet (s. S. 303), wird aber nicht durch Arthropoden übertragen. Es besitzt Ikosaederstruktur, hat einen Durchmesser von 60 nm und vermag Küken-, Tauben- und Gänseerythrozyten zu agglutinieren. Das

Rötelnvirus existiert nur in einem einheitlichen Typ und besitzt weder Antigenverwandtschaft zu Myxo-, noch zu Herpesviren. Das Rötelnvirus ist gegenüber Umwelteinflüssen nicht besonders resistent und wird durch Wärme rasch inaktiviert. Bei tiefen Temperaturen bleibt es über lange Zeit stabil. Das Virus ist nur für Menschen pathogen und kann nicht auf Versuchstiere übertragen werden. Es wird gezüchtet in Gewebekulturen menschlicher Provenienz, wobei sich Amnionzellen als besonders geeignet erwiesen.

Pathogenese und Krankheitsbild. Rötelninfektionen erfolgen fast ausschließlich aerogen. Eintrittspforte sind die Schleimhäute des Nasopharynx, wo eine erste Virusvermehrung stattfindet. Lymphogen gelangt das Virus in die Blutbahn. Es kommt zur Virämie, die dem Krankheitsausbruch mehrere Tage vorangeht.

Die Inkubation beträgt 16–18 Tage. Die Krankheit beginnt plötzlich oder mit kurzen Prodomalerscheinungen. Neben Fieber und vergrößerten zervikalen wie subokzipitalen Lymphknoten ist das schon am Anfang auftretende kleinfleckige Exanthem für Röteln charakteristisch. Die Krankheit dauert meistens nur wenige Tage und verläuft fast immer gutartig. Enzephalitiden und Neuritiden sind selten und treten fast gleichzeitig mit dem Exanthem auf.

Rötelninfektionen hinterlassen eine fundierte Immunität.

Die Rubeolen haben in den letzten Jahren an Interesse gewonnen, weil diaplazentare Infektionen zu *Embryopathien* führen können (s. nachstehend Rötelnembryopathie).

Diagnose. Die Diagnose „Röteln" wird meistens klinisch gestellt. Der Virusnachweis ist auf Gewebekulturen möglich. Das Virus kann schon 3 Tage vor Exanthemausbruch aus dem Blut und anschließend aus dem Nasensekret isoliert werden. Für den Antikörpernachweis eignet sich am besten der Hämagglutinationshemmtest (unter Verwendung von Küken- oder Gänseerythrozyten).

Epidemiologie und Prophylaxe. Röteln sind weltweit verbreitet. Die Übertragung erfolgt ausschließlich von Mensch zu Mensch. Das Rötelnvirus wird nachgewiesenermaßen in den ersten Krankheitstagen, erfahrungsgemäß aber schon eine Woche vor Krankheitsbeginn mit dem Nasensekret ausgeschieden und demzufolge hauptsächlich durch Tröpfcheninfektion weiterverbreitet.

Obwohl im Verlaufe von Rötelnepidemien viele abortive Fälle vorkommen, muß der Kontagionsindex als hoch bezeichnet werden. Dagegen ist die Kontagiosität als solche geringer als bei Masern, was zur Folge hat, daß das Durchschnittsalter der Rötelnkranken höher ist als dasjenige der Masernkranken. 80 % der 20jährigen sind immun.

Prophylaktische Maßnahmen wären wegen der Gutartigkeit der Krankheit kaum notwendig, wenn es nicht gälte, Rötelnembryopathien zu verhindern.

Rötelnembryopathie

Diese kommt zustande, wenn nicht-immune Frauen während der ersten *drei* Schwangerschaftsmonate eine Rötelnvirämie durchmachen. Dabei wird der Fetus diaplazentar infiziert. In der Frühzeit der embryonalen Organdifferenzierung verursacht das Virus Schädigungen, die zu Mißbildungen des Feten führen. Diese bestehen in angeborenen Katarakten, Innenohrschäden, Herzfehlern und in Mikrozephalie. Die Schäden sind um so schwerer und treten um so häufiger auf, je früher sie gesetzt werden. Sie sind am gravierendsten bei Infektionen im ersten Schwangerschaftsmonat. Nach dem vierten Monat beobachtet man solche nur noch ausnahmsweise. Die Schäden haben dann nicht mehr den Charakter von eigentlichen Mißbildungen, sondern äußern sich in Form von Wachstumsstörungen, Osteitis, Hepatosplenomegalie, hämolytischer Anämie und interstitieller Pneumonie. Solche Anomalien werden bei der Geburt leicht übersehen. 10–20 % der infizierten Säuglinge sterben aber schon im ersten Lebensjahr.

Im infizierten Embryo persistiert das Virus bis über die Geburt hinaus (chronische Infektion) und wird post partum noch während mindestens 6 Monaten mit dem Urin ausgeschieden. Derart rötelninfizierte Säuglinge sind nicht, wie man annehmen könnte, immuntolerant, sondern immunkompetent. Die Antikörperbildung des Feten selbst (IgM) setzt schon im zweiten Trimester der Schwangerschaft ein, was bei der Geburt diagnostisch ausgenützt werden kann.

Weil nur nicht-immune Schwangere eine Virämie durchmachen und damit eine Embryopathie auslösen können, sollten alle weiblichen Personen, die ins gebärfähige Alter kommen, rötelnimmun sein. Natürlicherweise sind dies aber nur ca. 80 %. Deshalb müssen die nicht-immunen Mädchen im Vorpubertätsalter gegen Röteln geimpft werden. Meistens werden bei solchen Aktionen alle Mädchen geimpft, weil die Impfung weniger kostspielig und aufwendig ist, als die serologische Kontrolle der individuellen Immunität.

Heute steht ein attenuierter Lebendimpfstoff zur Verfügung, der, subkutan appliziert, kaum Nebenerscheinungen, jedoch in 95 % aller Fälle eine Serokonversionsrate mit einem soliden Impfschutz zur Folge hat. Die Impfung sollte mindestens zwei Monate vor Beginn der Schwangerschaft und auf keinen Fall während der Schwangerschaft durchgeführt werden. Wohl sind keine Impfembryopathien beobachtet worden; bei irrtümlich Geimpften ließ sich aber das Impfvirus im Feten nachweisen.

Es kommt immer wieder vor, daß Frühschwangere mit Rötelninfizierten Kontakt hatten (was häufig erst hinterher registriert wird). Nun stellt sich die Frage, ob der Fetus gefährdet sei oder nicht. Die Antwort lautet ja, wenn die Mutter vor dem Rötelnkontakt nicht immun, sie lautet nein, wenn die Mutter immun war. Die Immunität kann nur serologisch, durch Antikörpernachweis verifiziert werden. Sind solche vorerst nicht vorhanden, treten aber in den nächsten Tagen auf, spricht dies für eine aktuelle Infektion mit Indikation zur Schwangerschaftsunterbrechung. Sind Antikörper schon in der ersten Serumprobe nachzuweisen, sollte man wissen, ob jene (und damit die Immunität) schon vor Beginn der Gravidität vorhanden waren. Man sucht mit bestimmten Methoden nach IgM, die früh auftreten und nur wenige Monate persistieren. Sind spezifische Anti-Röteln-IgM vorhanden, spricht dies für eine kürzlich durchgemachte Infektion mit allen Konsequenzen; sind IgM nicht vorhanden, darf eine schon vorbestehende Immunität angenommen werden, die den Embryo vor Infektion bewahrt hat.

VII. Arenaviren

Arenaviren sind sphärische Viren mit einem Durchmesser zwischen 50 und 200 nm. Ihre Feinstruktur ist noch nicht völlig geklärt. Optisch lassen sich elektronendichte Flecken (Pantherfellzeichnung) erkennen, denen die Viren ihre Benennung verdanken (arenosus = fleckig). Die Viren sind sicher ätherempfindlich.

Zu den Arenaviren gehören u. a. das *Virus der lymphozytären Choriomeningitis* und das *Lassavirus*.

Virus der lymphozytären Choriomeningitis

Dieses Virus kommt bei kleinen Nagern, vor allem bei Mäusen vor, die in der Regel inapparent infiziert sind, aber auch meningitisch erkanken können, mit Einbezug des Plexus chorioideus. Von den Mäusen wird das Virus auf den Menschen übertragen. Dieser übersteht, ähnlich der Maus, die Infektion meistens inapparent, kann aber ausnahmsweise in Form eines Allgemeininfektes erkranken und in seltenen Fällen ein meningitisches oder meningoenzephalitisches Krankheitsbild aufweisen. Die Inkubation wird mit 6 bis 13 Tagen angegeben. Der Verlauf ist meistens gutartig.

Die Diagnostik basiert auf dem Virus- sowie dem Antikörpernachweis.

Infektionsquelle für den Menschen sind fast immer Hausmäuse oder weiße Laboratoriumsmäuse, die das Virus in allen Sekreten und

Exkreten ausscheiden. Deshalb erkranken am ehesten Tierpfleger und Laborpersonal. Das Virus wird auch durch Hamster, die als Heimtiere gehalten werden, auf den Menschen (Kinder) übertragen. Die prophylaktischen Maßnahmen bestehen in der Sanierung, d. h. Vernichtung des Tierreservoirs.

Lassavirus

Das Lassavirus ist der Erreger des *Lassafiebers,* einer akuten, schweren virämischen Krankheit des Menschen, die erstmals 1969 bei Amerikanern, die in *Lassa,* einer Stadt Nigerias stationiert waren, festgestellt wurde. Lassavirusinfektionen sind wahrscheinlich in ländlichen Bezirken Westafrikas endemisch. Die Krankheit entspricht einer Zoonose. Das Virusreservoir sind Ratten (Mastomys natalensis), die das Virus mit dem Urin ausscheiden.

Die Inkubation beträgt beim Menschen 7–10 Tage. Die Krankheit beginnt plötzlich mit hohem Fieber, katarrhalischen Symptomen und führt oft zu Pneumonien. Die Letalität liegt zwischen 30 und 50 %. Von 108 gesicherten Fällen starben 46. Weil das Krankheitsbild keine nur für Lassafieber charakteristischen Symptome aufweist, muß die Ätiologie durch Virusnachweis aus Rachenabstrichen und Blut, oder serologisch, bewiesen werden.

Der erkrankte Mensch ist als kontagiös zu betrachten und unbedingt zu isolieren. Kontaktpersonen sind während 17 Tagen (= längste bewiesene Inkubation) zu überwachen. Für internationale Krankentransporte sind besondere Schutzmaßnahmen sowie behördliche Bewilligungen notwendig.

Marburgvirus

Obwohl das Marburgvirus heute von den meisten Autoren zu den Rhabdoviren gezählt wird (man hat schon bei der Entdeckung des Virus festgestellt, daß es von länglicher Gestalt ist, s. S. 335), besprechen wir die Begleitumstände der Erkrankungen bewußt an dieser Stelle. Die Bezeichnung *Marburgvirus* kommt davon her, daß 1967 in Marburg 20 Personen (in Frankfurt 7, in Belgrad 1 Person) von einer merkwürdigen Krankheit befallen wurden, die in 7 von 28 Fällen tödlich verlief. Alle Erkrankten waren beteiligt an der Verarbeitung von Organen von Meerkatzen (Gewebekulturen), die aus Uganda stammten. Die lebenden Tiere schienen nicht kontagiös zu sein. Das Virus erwies sich aber als hochgradig meerschweinchenpathogen.

Die *Krankheit* verlief in 2 bis 3 Phasen, begann hochfieberhaft mit einem Enanthem und Exanthem und dauerte bei den Überlebenden 12–22 Tage. Die Krankheit war häufig begleitet von Erbrechen,

Durchfällen, Zeichen hämorrhagischer Diathese, anikterischer Hepatitis und neurologischen Symptomen bis zur Panenzephalitis.

Die Krankheit ist u. W. seither in Europa nicht mehr beobachtet worden.

VIII. Tollwutvirus

Das Tollwutvirus ist der Erreger der Tollwut (Lyssa, Rabies), einer bei vielen Tieren sowie beim Menschen vorkommenden Krankheit des ZNS, die immer zum Tode führt.

Erreger. Das Tollwutvirus wird den *Rhabdoviren* zugeordnet (Rhabdos = Stab), weil es stabförmig erscheint. Effektiv besitzt das Tollwutvirus die Form eines Geschosses (s. Abb. 43 u. 44). Das Virus hat einen Durchmesser von 70 nm und eine Länge von 210 nm, wird von einer doppelten Hülle umgeben und ist in verschiedener Beziehung den Myxoviren vergleichbar. Das Virus ist ätherlabil. Es wird bei 56 ° C und durch Detergenzien sofort inaktiviert und bleibt auch an der Außenwelt nur ganz kurze Zeit infektionstüchtig, u. a. weil es durch UV- und Sonnenlicht rasch inaktiviert wird. In Nervengewebe hingegen läßt sich das Virus bei niedrigen Temperaturen über lange Zeit konservieren. Auch lyophilisiert sowie in 50 %igem Glyzerin bleibt es während Monaten infektionstüchtig. Das Virus verfügt über bestimmte antigene Eigenschaften, die beim Virusnachweis mit der Fluoreszenzmethode, im Neutralisationstest sowie bei Schutzimpfungen zu praktischer Auswirkung gelangen.

Das Tollwutvirus verfügt über ein breites Infektionsspektrum; es ist für alle Warmblütler pathogen und kann deshalb auf fast allen Versuchstieren nach intrazerebraler Infektion zur Vermehrung gebracht werden. Einzelne Virusstämme sind an Hühner- und Entenembryonen adaptiert und werden in Eiern sowie auf Gewebekulturen embryonalen Ursprunges gezüchtet.

Die Tollwut samt der ganzen mit ihr verbundenen Problematik stellt unter den Infektionskrankheiten ein Unikum dar; sowohl in bezug auf Inkubation und Pathogenese, als auch auf klinischen Verlauf und epidemiologische Begleitumstände.

Übertragung, Pathogenese und Krankheitsbild. Das Virus wird ausschließlich mit dem Speichel infizierter Individuen ausgeschieden. Neuinfektionen kommen wegen der Labilität des Virus nur zustande, wenn frischer, virushaltiger Speichel durch die verletzte Haut oder Schleimhaut hindurch ins Gewebe gelangt. Das Virus wandert entlang der peripheren Nervenbahnen, um schließlich das Gehirn zu erreichen und dort eine sowohl pathologisch-anatomisch wie klinisch sich spezifisch manifestierende Form von Enzephalitis

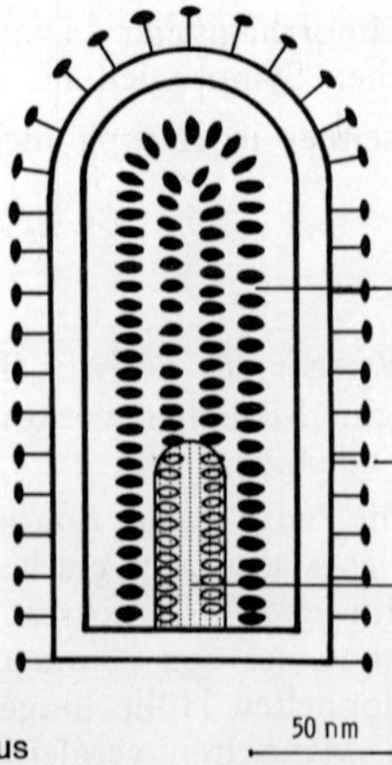

Abb. 43
Schema des Tollwutvirus

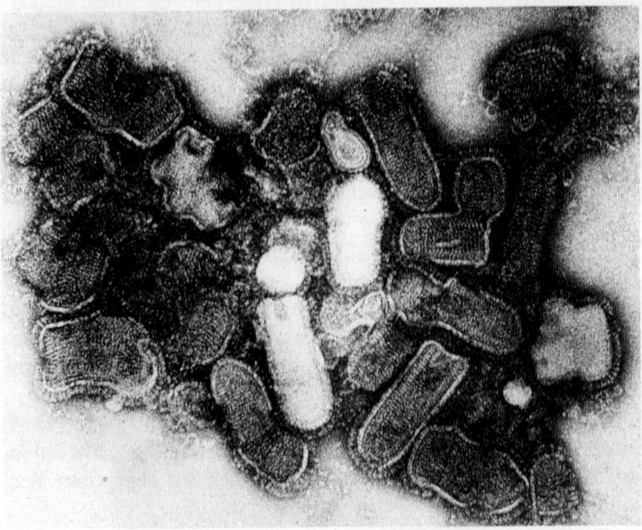

Abb. 44 Elektronenoptische Aufnahme geschoßförmiger Tollwutviren

auszulösen. Die Inkubation der Tollwut ist – bei Mensch und Tier – lang. Von Ausnahmen abgesehen liegt die Inkubationszeit zwischen 20 und 60 Tagen. Sie beträgt im Durchschnitt 6 Wochen. Es sind aber auch Inkubationszeiten von mehreren Monaten bis über 1 Jahr beobachtet worden. Dank der langen Inkubationszeit besteht nach erfolgter Infektion noch die Möglichkeit einer wirksamen aktiven Immunisierung.

Tollwuterkrankungen kommen fast ausschließlich durch den Biß tollwütiger Tiere zustande, weil nur auf diese Weise frischer, virushaltiger Speichel ins Gewebe gelangt. Infektionen durch die intakte äußere Haut hindurch sind nicht möglich. Obwohl das Tollwutvirus für alle Warmblütler pathogen ist, wird die Krankheit vor allem durch Kaniden übertragen.

Wie bei den meisten Viruskrankheiten erfolgt die Ausscheidung des Virus schon 2–3 Tage vor Auftreten der ersten Krankheitssymptome. Da die Tiere in diesem Zeitpunkt aber noch nicht krank sind, beißen sie auch nicht unmotiviert und ist demzufolge die Virusausscheidung vor Krankheitsbeginn nicht von großer praktischer Bedeutung.

Gesunde Virusausscheider sind bis heute in Europa nicht bekannt. Ebenso kennt man keine Rekonvaleszenten, die das Virus weiter übertragen könnten. Dagegen sind die auf dem amerikanischen Kontinent vorkommenden Vampire (blutsaugende Fledermäuse) Virusträger, die an der Infektion nicht zugrunde gehen und das Virus lebenslänglich mit ihrem Speichel ausscheiden. Sie übertragen das Agens u. a. auf Haustiere und haben in Südamerika beim Rind zu großen Verlusten geführt.

Der Kontagionsindex, d. h. die Morbidität der durch tollwütige Tiere Gebissenen beträgt nicht 100 %, sondern liegt – beim Ausbleiben von medizinischen Maßnahmen – nach Biß durch Hund und Fuchs um 10 %. Die Erkrankungswahrscheinlichkeit hängt von verschiedenen Faktoren ab, so von der Art des beißenden Tieres, von der Schwere der Bißverletzung sowie von ihrer Lokalisation. Die Erkrankungswahrscheinlichkeit ist am größten nach Wolfsbissen, gefolgt vom Biß durch Katzen, dann von Hund und Fuchs und ist gering bei Verletzungen durch Wiederkäuer. Die Erkrankungshäufigkeit ist am größten bei Verletzungen an Kopf und Gesicht, dann im Bereiche der Hand, gefolgt von Armen, Beinen und Rumpf. Jugendliche sollen häufiger erkranken als Erwachsene. Bei schweren Wolfsbißverletzungen, vor allem in Augen- und Nasengegend, beträgt die Morbidität Unbehandelter beinahe 100 %; bei schweren Bißverletzungen am Hals und an den Händen je nach Tierart 15 bis 20 %; bei eher leichten Verletzungen der Hände 5–10 % und bei leichteren Verletzungen der unteren Extremitäten und des Rumpfes nur 2 %.

Beim *Menschen* beginnt die Krankheit fast immer mit Sensationen in der Gegend der Bißstelle, mit allgemeiner Übererregtheit und Überempfindlichkeit sowie mit Fieberanstieg bis 39 °C. Es stellen sich schwere Erregungszustände ein, verbunden mit Krämpfen in der Halsgegend und Würgen im Schlund. Dabei besteht starker Speichelfluß. Schon früh macht sich Atemnot bemerkbar. Eines der typischsten und obligat auftretenden Symptome ist die Hydrophobie (die schon im Altertum der Krankheit den Namen Hydrophobia gegeben hat), begleitet von schweren hydrophoben Krämpfen. Diese treten auf, wenn der Kranke Flüssigkeit zu sich nehmen möchte oder auch nur ein Glas zu Gesicht bekommt. Er ist unfähig zu schlucken. Diese Krämpfe dauern oft nur wenige Sekunden, wiederholen sich aber beim bloßen Gedanken ans Trinken, wobei die Patienten ersticken können. Schließlich geht das Reizstadium in ein paralytisches über mit raschem allgemeinem Zerfall. Die Krankheit, die im Durchschnitt 3–4 Tage dauert, endet immer tödlich. Der Kranke erlebt sie bei vollem Bewußtsein.

Beim *Tier* verläuft die Krankheit grundsätzlich gleich wie beim Menschen. Sie beginnt mit dem Reiz-(Wut-)Stadium, bei dem die Tiere desorientiert sind und nach allem beißen, dessen sie habhaft werden können. Auch beim Tier geht das Wutstadium in ein paralytisches über, das wie beim Menschen innerhalb weniger Tage zum Tode führt. Häufiger als im allgemeinen angenommen wird, kommt vor allem beim Hund nur die „stille Wut“ vor, bei der das wütende Stadium fehlt. Die Tiere sind psychisch verändert, erscheinen apathisch und melancholisch. Auch Tiere mit stiller Wut scheiden im Speichel das Virus aus und auch bei ihnen endet die Krankheit immer tödlich.

Besteht bei einem Haustier Tollwutverdacht, soll es wenn immer möglich nicht getötet, sondern isoliert gehalten werden. Leidet das Tier wirklich an Tollwut, wird es innerhalb 5 Tagen zugrunde gehen. In diesem Fall muß das Tier oder dessen Kopf einer spezialisierten Untersuchungsstelle eingesandt werden. Stirbt das Tier innerhalb 10 Tagen nicht, ist es sicher nicht tollwütig, und es sind keine weiteren Maßnahmen notwendig.

Diagnose. Pathologisch-anatomisch liegt bei der Tollwut eine Enzephalitis mit Degeneration der Neuronen, besonders im Mittelhirn und der Medulla vor. Die typischen Veränderungen findet man vor allem im Ammonshorn und im Hypocampus in Form der Negri-Körperchen. Diese bestehen aus einem eosinophilen, zytoplasmatischen Gebilde von 2–10 µm Durchmesser, enthalten basophile Granula und entsprechen einer zellulären Reaktion gegenüber dem Virus. Die Negri-Körperchen sind für Tollwut pathognomonisch. Der Virusnachweis selbst wird heute meistens mit Hilfe fluoreszeingefärbter Antikörper erbracht, was eine rasche ätiologische Diagnose ermöglicht.

Beim *Menschen* erfolgt die Diagnose während der Krankheit, gestützt auf eine spezifische epidemiologische Anamnese, ausschließlich klinisch. Differentialdiagnostisch kommen zu Beginn Tetanus und eventuell Intoxikationen unbekannter Genese in Frage. Ferner wird eine Pseudolyssa hysterica, vor allem bei übersensiblen, ängstlichen Personen beobachtet. Bei dieser fehlt immer die Hydrophobie und deren Prognose ist selbstverständlich gut.

Post mortem wird die Diagnose verifiziert durch Virusnachweis im Gehirn. Er kann in Analogie zur Tollwutdiagnostik beim Tier erbracht werden durch histologischen Nachweis der Negri-Körperchen, durch Virusnachweis mit Hilfe fluoreszierender Antikörper sowie biologisch durch intrazerebrale Überimpfung von Gehirnmaterial auf weiße Mäuse. Bei Anwesenheit von Tollwutvirus sterben letztere innerhalb von längstens 3 Wochen.

Eine spezifische *Therapie* gibt es nach Ausbruch der Krankheit nicht.

Epidemiologie und Prophylaxe. Die Prophylaxe bei Gebissenen beginnt mit einer einwandfreien chirurgischen Wundtoilette. Dabei ist die Wunde intensiv mit Invertseifen (1–2 ‰) oder, wenn keine solchen zur Verfügung stehen, mit reichlich normaler Seifenlösung auszuwaschen. Die Viruspartikel werden dadurch mechanisch entfernt und durch die Invertseifen auch inaktiviert. Wegen der langen Inkubationszeit besteht nach Infektion durch tollwütige Tiere die Möglichkeit einer wirksamen Schutzimpfung. Die Methode geht auf Pasteur (1885) zurück, der als erster tierexperimentell die Übertragbarkeit der Tollwut bewies und der vorerst Hunde sowie später Menschen mit abgeschwächtem Virus (virus fixe) erfolgreich gegen Tollwut immunisierte.

Heute sind sowohl inaktivierte Tollwutimpfstoffe als auch abgeschwächte Lebendimpfstoffe im Handel. Letztere immunisieren ungleich besser als Totimpfstoffe, können aber wegen schwerer Nebenreaktionen nicht bei allen Tieren und vorläufig auch nicht beim Menschen angewandt werden. Der Mensch wurde bisher mit inaktiviertem Impfstoff immunisiert, dessen Virus in Hühner- oder Entenembryonen gezüchtet und mit β-Propiolacton versetzt worden ist. Zu einer vollständigen Immunisierung des Menschen sind 12- bis 14täglich durchzuführende Impfungen (Injektionen) notwendig. Neuerdings werden Vakzinen entwickelt, die β-Propiolacton-inaktiviertes Virus enthalten, das auf bestimmten diploiden Zellkulturen propagiert worden ist. Diese neuen Impfstoffe enthalten wesentlich höhere Virustiter und viel weniger Ballaststoffe als die bisherigen Vakzinen, so daß man mit 4 Injektionen im Abstand von 3–4 Tagen eine nachweisbare Immunität erzeugt, wobei nach 30 bis 90 Tagen Booster-Injektionen empfohlen werden.

Die Impfung ist in die Wege zu leiten, sobald feststeht, daß das Tier, welches gebissen hat, tollwütig war. Bei Gesichtsverletzungen ist mit der Impfung sofort zu beginnen. Obwohl solche Schutzimpfungen erst *nach* erfolgter Infektion begonnen werden, kann man durch diese Maßnahme die Morbidität auf ein Minimum reduzieren. Eine gleichzeitige passive Immunisierung mit Immunserum ist nur noch nach schweren Wolfsbissen und bei Gesichtsverletzungen angezeigt. Tollwutserum kann dabei tief in die Wunde und deren Umgebung injiziert werden.

Die Tollwut ist seit dem Altertum bekannt und weltweit verbreitet. Die epidemiologische Situation ist jedoch nicht in allen Regionen dieselbe. Vor allem muß eine rurale oder silvatische Tollwut, bei der die Virusverbreitung durch wildlebende Tiere erfolgt, von einer urbanen unterschieden werden, bei der in erster Linie Hund und Katze am Geschehen beteiligt sind. Daß eine urbane Tollwutsituation, wie sie z. B. zu Pasteurs Zeiten in Frankreich bestand (virus de rue), ungleich leichter unter Kontrolle zu bringen ist als eine rurale, versteht sich. Im großen und ganzen haben wir es heute in West- und Zentraleuropa mit einer ruralen Tollwutverseuchung zu tun. Hauptträger ist im Westen der Fuchs, im Osten auch der Wolf und Schakal. Häufigste Überträger auf den Menschen sind nach allen Statistiken die als Haustiere gehaltenen Kaniden und Feliden; an erster Stelle stehen der Hund und neuerdings vermehrt auch die Katze.

Will man der Tollwut Herr werden und ihre Übertragung auf den Menschen verhindern, halte man sich an die klassische Bekämpfungsthese, die verlangt, daß man die Infektionsquellen saniert oder eliminiert und wenn möglich gleichzeitig die Infektketten unterbricht. Eine Eliminierung der primären Infektionsquellen kann nur in einer drastischen Reduktion allen Raubwildes bestehen. Die Infektkette vom Wildtier auf den Menschen wird unterbunden durch Schutzimpfung aller als Überträger in Frage kommender Haustiere. Vor allem Hunde und Katzen sind in tollwutgefährdeten Zonen gegen Tollwut zu immunisieren. Dadurch wird eine Erkrankung und Ausscheidung von virulentem Virus bei diesen Tieren verhindert. Die konsequente Schutzimpfung der Hunde hat sich in den USA, wo in den letzten Dezennien ca. 120 Millionen Hunde geimpft worden sind, aber auch in Europa, in jeder Beziehung bewährt. Mit der Impfung der Haustiere allein kann aber die Seuche als solche nicht eliminiert werden; sie verhindert nur die Übertragung auf den Menschen. Es laufen auch Versuche, Füchse als Hauptträger der Tollwut – statt sie zu vernichten – *peroral* zu immunisieren.

DNA-Viren

IX. Adenoviren

Die Benennung Adenoviren ist darauf zurückzuführen, daß deren erste Vertreter aus adenoidem Gewebe (Rachenmandeln) isoliert wurden. Die Adenoviren verursachen gutartige, akute Infektionen der Luftwege und des äußeren Auges.

Beim Menschen kennt man zur Zeit 31 verschiedene Serotypen, wobei der Typ 7 nochmals in 7 und 7 a unterteilt ist, so daß effektiv 32 antigenetisch unterscheidbare Adenovirustypen existieren.

Die Adenoviren sind mittelgroße Viren mit einem Durchmesser von 70–90 nm. Das Virion entspricht einem Ikosaeder mit 252 Kapsomeren (Abb. 45 a u. b). Das Nukleoid besteht aus einer Doppelstrang-DNA. Eine Lipoidhülle fehlt, weshalb die Adenoviren ätherresistent sind und sich gegenüber thermischen und pH-Einflüssen relativ widerstandsfähig verhalten. Tiefgekühlt können Adenoviren über mehrere Jahre, bei 4 °C über mehrere Monate und bei Zimmertemperatur über mehrere Wochen ohne Titerverlust aufbewahrt werden. Innerhalb des pH-Bereiches von 2–10 wird ihre Infektiosität erst nach längerer Zeit beeinflußt. Dagegen werden alle Adenoviren bei 56 °C rasch inaktiviert.

Die Adenoviren lassen sich in Gewebekulturen homologer Herkunft leicht reproduzieren. Die Virusvermehrung erfolgt im Zellkern und führt zur Bildung intranukleärer Einschlußkörperchen sowie typischer zytopathischer Effekte. Diese äußern sich morphologisch nicht bei allen Virustypen in gleicher Weise.

Die menschenpathogenen Adenoviren sind für Versuchstiere nicht pathogen. Von besonderem Interesse ist jedoch die Tatsache, daß die Adenovirustypen 2, 18 und 31 bei juvenilen Nagetieren maligne Tumoren auslösen können.

Alle Adenoviren verfügen über ein gemeinsames lösliches Gruppenantigen, das in der Komplementbindungsreaktion diagnostisch verwertet wird. Jeder Adenovirustyp verfügt zudem über typenspezifische Antigene, die im Neutralisationstest bestimmt werden (Typendiagnose).

Die meisten Adenoviren erzeugen eine Hämagglutination. Nicht alle Typen agglutinieren jedoch Erythrozyten der gleichen Tierspezies. Mit Hilfe des Hämagglutinationsspektrums lassen sich die Adenoviren in 4 Subgruppen unterteilen.

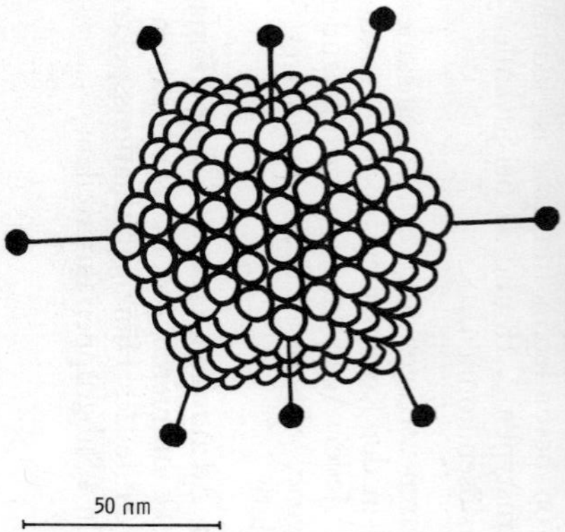

Abb. 45 a Schema eines Adenovirus mit kugelförmigen Kapsomeren und abstehenden Antennen

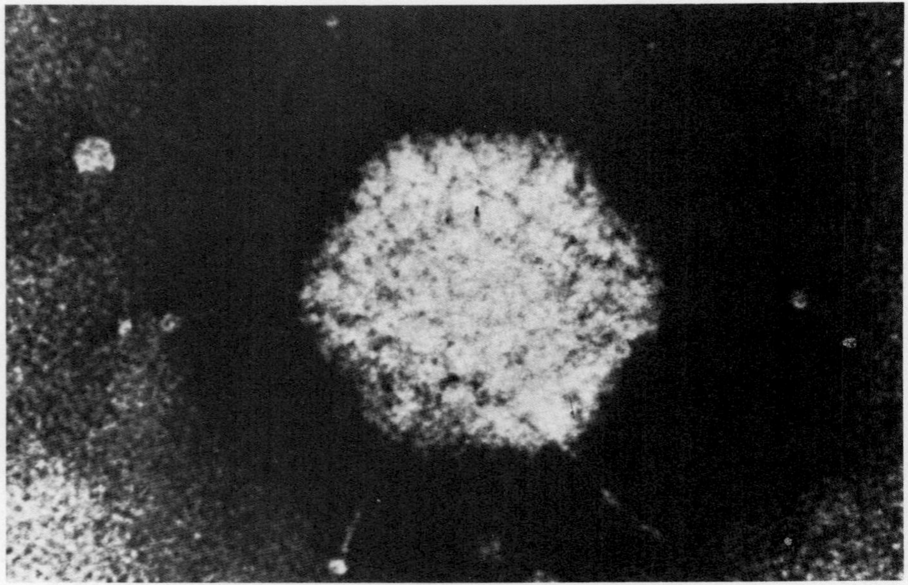

Abb. 45 b Elektronenoptische Aufnahme eines Adenovirus

Adenoviren beim Menschen

Pathogenese und Krankheitsbilder. Adenovirusinfektionen werden – als Affektionen des oberen Respirationstraktes – vor allem durch Tröpfcheninfektion von Mensch zu Mensch übertragen. Eintrittspforte sind die Konjunktiven sowie die Schleimhäute des Nasopharynx. Daselbst vermehrt sich das Virus und führt, ohne eine Virämie zu veranlassen, primär zu Zelldegeneration und sekundär zu allgemeinen Entzündungserscheinungen der Schleimhäute.

Nach einer Inkubation von 3–6 Tagen äußern sich die meisten manifest werdenden Adenovirusinfektionen als akute, fieberhafte, jedoch wenig charakteristische Infekte des Respirationstraktes. Man findet – einzeln oder vergesellschaftet – Rhinitis, Pharyngitis, Tonsillitis, Bronchitis und in seltenen Fällen blande pneumonische Infiltrate. Der Fieberverlauf ist wenig charakteristisch, und die Krankheitserscheinungen klingen nach längstens 5–7 Tagen wieder ab.

Als Erreger obgenannter Krankheitsbilder wurden bisher am häufigsten die Typen 3, 4, 7, 14 und 21 gefunden. Die Typen 1, 2 und 5 wurden höchstens bei sporadisch auftretenden Einzelerkrankungen festgestellt und gelten als weit verbreitete Ursache latenter adenoidaler Infektionen.

Die epidemische Keratokonjunktivitis, fast immer verursacht durch den Adenovirustyp 8, unterscheidet sich eindrücklich von den eher uncharakteristischen, allgemein-katarrhalischen Erscheinungsbildern. Die Keratokonjunktivitis erweist sich immer wieder als äußerst kontagiös und unangenehm schmerzhaft. Ihre Inkubation beträgt 5–7 Tage. Sie tritt plötzlich, primär meistens einseitig auf und äußert sich mit Ödem und Entzündung der Konjunktiven, gefolgt von feinen Herdchen auf der Kornea, die dort ulzerieren und über Wochen persistieren können.

Adenovirusinfektionen hinterlassen, wie die meisten respiratorischen Infekte, eine nicht fundierte, serologisch jedoch nachweisbare humorale Immunität. Trotz Vorhandenseins komplementbindender und neutralisierender Antikörper sind Reinfektionen möglich und wurden auch experimentell bewiesen.

Diagnose. Die Adenovirusätiologie katarrhalischer Erkrankungen kann klinisch nur vermutet werden. Zur ätiologischen Beweisführung ist man auf den Virusnachweis oder einen Antikörperanstieg im Serum angewiesen. Der Virusnachweis gelingt bei Frischerkrankten leicht aus Rachenspülwasser, Sputum oder Stuhl. Er erfolgt auf Gewebekulturen menschlicher Provenienz, wobei sich in Passagen gehaltene Zellstämme wie HeLa- oder KB-Zellen als besonders geeignet erweisen. Die Adenoviren erzeugen, je nach Virustyp und Virustiter (Infektionsdosis), meistens innerhalb weniger Tage charakteristische zytopathische Effekte, wonach man im Neutralisationstest den Virustyp feststellen kann.

Für Serienuntersuchungen stützt man sich meistens auf serologische Erhebungen. Dabei stellt die Komplementbindungsreaktion die am einfachsten zu handhabende und sicherste Methode dar. Bei unkomplizierten oberflächlichen Affektionen findet man Serumtiter von 1 : 40 bis 1 : 160, nach Auftreten von Lungeninfiltraten solche bis 1 : 640. Im Zusammenhang mit Lungeninfiltraten wurden auch Kälteagglutinine und schwach positive Luesreaktionen beobachtet.

Therapie. Die Therapie beschränkt sich auf symptomatische Maßnahmen. Bakterielle Superinfektionen sind raschmöglichst zu identifizieren und mit Antibiotika zu behandeln.

Epidemiologie und Prophylaxe. Adenovirusinfektionen wurden in allen Ländern gefunden, in denen danach gefahndet worden ist. Obwohl sich die Adenoviren gegenüber Umwelteinflüssen als relativ resistent erweisen, erfolgen Infektionen fast ausschließlich durch Tröpfchen-, evtl. Schmierinfektionen von Mensch zu Mensch. Bei menschlichen Adenovirusinfektionen ist der Mensch einziger Wirt. Tiere sind unbeteiligt.

Gehäufte Infektionen sind in geschlossenen Kollektiven, so in militärischen Einheiten festgestellt worden, wobei eigentliche Epidemien vor allem im Winter und Vorfrühling beobachtet wurden. Abgesehen von der epidemischen Keratokonjunktivitis sind Adenovirusinfektionen weniger kontagiös als z. B. Influenzavirusinfektionen. Auch hängt der Kontagionsindex stark vom Allgemeinzustand der betroffenen Personen ab. Dies mag mit ein Grund sein, weshalb die Kontagiositätsziffern bei militärischen Truppen von jeher besonders hoch waren.

Wie bei den meisten Respirationskrankheiten führen expositionsprophylaktische Maßnahmen zu keinem Erfolg. Dagegen wirken sich vor allem auf militärischem Sektor Impfungen mit inaktivierten Impfstoffen günstig aus.

Adenoviren bei Tieren

Neben den beim Menschen bekannten und (je nach Typ) für den Menschen pathogenen Adenoviren kennt man auch solche, die bei bestimmten Säugetieren sowie Vögeln vorkommen und bei diesen ebenfalls Krankheitserscheinungen hervorzurufen vermögen. Alle tierischen Adenoviren haben den gleichen morphologischen und chemischen Aufbau wie diejenigen des Menschen.

Auch die Adenoviren der einzelnen Tiergattungen lassen sich in Typen unterteilen. Die tierischen Typen (selbst diejenigen beim Affen) sind jedoch von den menschlichen antigenetisch verschieden.

Von besonderem Interesse sind die Adenoviren nachfolgender Tiergattungen:

Adenoviren des Affen. Bisher sind 18 Typen bekannt, die nur ausnahmsweise katarrhalische Erscheinungen verursachen.

Adenoviren des Rindes. Bisher sind sieben Typen bekannt, die Erkrankungen des Respirationssystems verursachen. Typ 3 ist onkogen für Hamster.

Adenoviren der Muriden. Sie sind höchstens von theoretischem Interesse.

Adenoviren des Hundes. Davon sind zwei Typen bekannt und von besonderem Interesse, weil sie keine Respirationserkrankungen, sondern eine Hepatitis verursachen. Sie sind deshalb vor ihrer Zuteilung zu den Adenoviren als Viren der Hundehepatitis *(Hepatitis infectiosa canis)* bezeichnet worden. Obwohl viele Hunde die Infektion mit diesem Virus inapparent durchmachen, können die Tiere schwer erkranken. Die Letalität beträgt 10–25 %. Man hat deshalb Vakzinen zur Immunisierung gegen die Hundehepatitis hergestellt und impft viele junge Hunde mit durchschlagendem Erfolg.

Adenoviren der Vögel. Veterinärmedizinisch von Bedeutung sind das Celovirus und das Galavirus des Huhnes, die Einschlußkörperchen-Hepatitis des Huhnes sowie die Marmormilzkrankheit des Fasans.

X. Herpesviren

In der Familie Herpetoviridae werden heute verschiedene Virusarten (Gattungen) zusammengefaßt, die beim Menschen, aber auch bei einzelnen Tiergattungen, recht unterschiedliche, sich jedoch auf das Gewebe ektodermaler Herkunft beschränkende Krankheitsbilder verursachen. Vom medizinischen Standpunkt aus ist es angezeigt, innerhalb dieser Familie folgende Spezies (Genera) eingehend zu kennen:

1. das Herpes-simplex-Virus (Syn. Herpesvirus hominis),
2. das Varizellen-(Zoster-)virus,
3. das Zytomegalievirus,
4. das Epstein-Barr-Virus.

Der Aufbau der Herpesviren ist ikosaedrisch, mit einem Kapsid aus 162 zylinderförmigen Kapsomeren. Das Viruspartikel ist umgeben

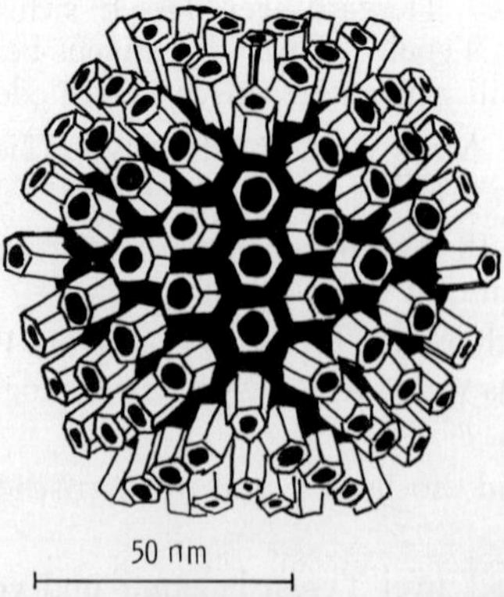

Abb. 46 Schema eines Herpesvirus mit zylindrischen Kapsomeren, ohne Hülle

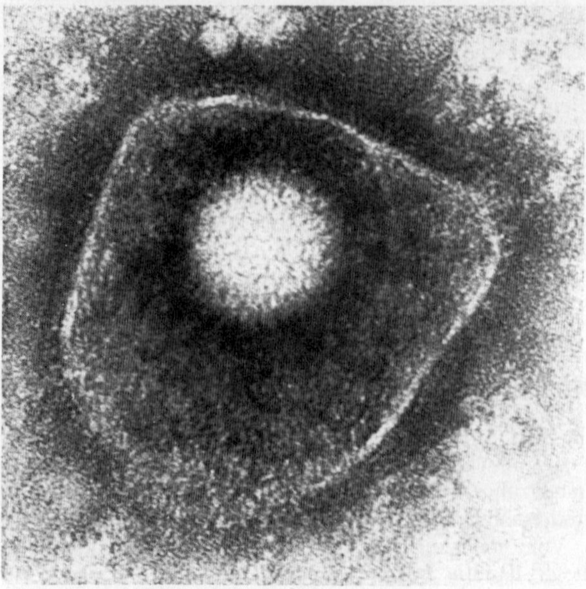

Abb. 47 Elektronenoptische Aufnahme eines Herpesvirus. Im Zentrum Kapsid mit 100 nm Durchmesser, umgeben von deformierbarer Hülle mit ca. 200 nm Durchmesser.

von einer beim Entstehen im Zellkern noch einfachen, später im Zytoplasma doppelschichtigen Hülle. Der Durchmesser des Virions beträgt 100 bis 150 nm, je nach Hydrierung des Virions (Abb. 46 u.

47). Alle Herpesviren sind ätherlabil und auch gegen Umwelteinflüsse wenig widerstandsfähig. Im allgemeinen werden sie bei 56 °C rasch inaktiviert. Die Herpesviren hämagglutinieren nicht. In antigener Beziehung müssen die Herpesviren, trotz teilweiser Verwandtschaft, als uneinheitlich betrachtet werden. Alle Herpesviren lassen sich auf Gewebekulturen und die meisten unter ihnen auch im Hühnerembryo vermehren. In letzterem erzeugen sie auf der Chorioallantoismembran kleine Herde von 1–2 mm Durchmesser.

Die einzelnen Herpesviren sind natürlicherweise pathogen, entweder für den Menschen (Primaten) oder für bestimmte Tiergattungen.

1. Herpes-simplex-Virus (Herpesvirus hominis)

Dem ursprünglich als Herpesvirus (herpes = kriechend) bezeichneten Erreger wurde das Adjektiv simplex beigegeben, weil man annahm, daß dieses Virus nur ganz einfache, d. h. leicht verlaufende, oberflächliche Läsionen setze. Heute heißt das Virus offiziell *Herpesvirus hominis;* doch hat diese Benennung in der Klinik noch nicht Eingang gefunden.

Erreger. Das Virion hat bei fertig gebildeter Doppelhülle einen Durchmesser bis zu 180 nm. Seine Feinstruktur stimmt überein mit derjenigen aller übrigen Herpesviren. Die Viren entwickeln sich primär im Zellkern, um schließlich als doppelmembranierte, 120 bis 130 nm messende Viren im Zytoplasma sichtbar zu werden.

Das Herpes-simplex-Virus ist hitzelabil und wird bei 50 °C rasch inaktiviert. Bei 30 °C beträgt die Halbwertszeit wenige Stunden. Dagegen bleibt das Virus in der Kälte zusammen mit 50 % Glyzerin oder auch lyophilisiert lange Zeit infektionstüchtig.

Das Herpesvirus wird heute in zwei antigen differente Typen aufgeteilt: Typ 1 (= Herpes labialis) und Typ 2 (= Herpes genitalis). Daneben existieren noch gewisse Stammesunterschiede.

Das Herpes-simplex-Virus läßt sich im Hühnerembryo nach beliebigem Infektionsmodus leicht reproduzieren und bildet auf der Chorioallantoismembran innerhalb von 48 Stunden 1–2 mm messende Läsionen. In Gewebekulturen verschiedener Herkunft entstehen charakteristische zytopathische Effekte, beginnend mit der Bildung von Einschlußkörperchen, Riesenzellformationen (infolge Zellfusion) und schließlicher Zelldegeneration. Das Temperaturoptimum liegt bei 35–36 °C.

Das Herpesvirus läßt sich experimentell vor allem auf das Kaninchen übertragen, wobei man, je nach Fragestellung, das Versuchstier korneal, intradermal, intrazerebral oder intratestal infizieren kann. Korneainfektionen führen beim Kaninchen nicht nur zu einer schweren Keratokonjunktivitis, sondern auf neuralem Wege oft zu einer Enzephalitis mit tödlichem Ausgang.

Pathogenese und Krankheitsbild. Das Herpes-simplex-Virus ist auch unter gesunden Personen weit verbreitet und kann bei 5 % aller Menschen nachgewiesen werden. Deshalb sind positive Herpesvirusbefunde wahrscheinlich in vielen Fällen medizinisch bedeutungslos. Voraussetzung für das Zustandekommen von Herpesinfektionen sind feinste Haut- und Schleimhautläsionen. Nach lokaler Virusreplikation gelangt das Virus in die regionalen Lymphknoten. Zur Virämie kommt es nur äußerst selten bei Neugeborenen und Prädisponierten.

Nach einer Inkubation von 3–8 Tagen verursacht das Herpes-simplex-Virus oberflächliche, meistens lokalisiert bleibende Haut- und Schleimhautläsionen mit regionärer Lymphadenitis. Auf der Haut entstehen feine Bläschen, die rasch verschorfen und innerhalb von 6 bis 10 Tagen ohne Narbenbildung abheilen. Merkwürdigerweise machen die Mehrzahl der Menschen nie oder höchstens 1mal eine Herpes-simplex-Affektion durch, während andere, sog. „Herpetiker", immer wieder streng lokalisierte Herpesrezidive aufweisen. Solche sind auf ein persistierendes Virus zurückzuführen und können durch verschiedenartige Reize wie fieberhafte Erkrankungen oder Sonnenbestrahlung ausgelöst werden; oder sie treten periodisch auf, z. B. als Herpes menstrualis. Herpesrezidive entstehen immer wieder am selben Ort. Prädilektionsstellen sind Lippen und übrige Mundgegend (Herpes labialis, Typ 1) sowie die Genitalien (Herpes genitalis, Typ 2). Gefürchtet sind herpetische Läsionen auf der Kornea, die herpetische Keratonkonjunktivitis. Bei nichtimmunen Kindern können primäre Herpesinfektionen mit ausgedehnter akuter Stomatitis einhergehen und ausnahmsweise zu schweren Meningoenzephalitiden führen.

Auffallenderweise findet man bei Menschen mit rezidivierenden Herpeserkrankungen im Serum regelmäßig herpesspezifische Antikörper, während bei Nichtherpetikern keine solchen nachzuweisen sind. Bei letzteren scheint eine natürliche Resistenz vorzuliegen.

Der *Herpes genitalis* ist meistens durch den Typ 2 verursacht und wird bei venerischem Kontakt übertragen. Es bilden sich sowohl am weiblichen wie am männlichen Genitale Bläschen und Ulzera. Das Herpes Typ 2 Virus findet sich in einem großen Prozentsatz bei Frauen mit häufigem Partnerwechsel. Es wird in Zusammenhang gebracht mit dem invasiven Zervixkarzinom. Solche Karzinompatientinnen weisen zu 80 % hohe Typ-2-Antikörper auf.

Wegen der Anwesenheit von Herpesvirus im weiblichen Genitale kann es unter der Geburt zu einer generalisierten Herpesinfektion des Neugeborenen kommen, die meistens tödlich endet. Bei mütterlicher Herpesinfektion kurz vor Geburtstermin wird von amerikanischen Autoren die Entbindung durch Kaiserschnitt empfohlen.

Die Herpesinfektion ist der Prototyp einer *latenten Virusinfektion*. Das Virus persistiert in dorsalen Wurzel- und kranialen Nervenganglien, besonders im Trigeminusganglion. Es gelangt wahrscheinlich durch Vermehrung und Wanderung in den Scheiden der sensiblen Nerven in die Ganglien und von dort wieder zurück auf Haut und Schleimhaut.

Die Ausbreitung der Virusinfektion erfolgt von Zelle zu Zelle, weshalb die Infektionsherde meistens lokalisiert bleiben. Aus dem gleichen Grunde vermögen die zirkulierenden humoralen Antikörper das Virus nicht zu neutralisieren.

Diagnose. Die Diagnose „Herpes simplex" erfolgt fast immer klinisch. Virologisch kann sie verifiziert werden durch Virusnachweis aus Bläscheninhalt. Solcher wird übertragen auf die anästhesierte und skarifizierte Kaninchenkornea, auf Hühnerembryonen oder auf geeignete Gewebekulturen. Der Nachweis kann aber auch direkt elektronenoptisch mit Negativkontrastierung erfolgen. Die Typendifferenzierung ist schwierig.

Therapie. Bei Hautaffektionen werden desinfizierende Pasten, z. B. mit 0,5 % Phenol lokal appliziert. Bei der Herpesviruskeratitis werden mit halogenierten Nukleosiden, z. B. 5-Iodo-2-Desoxyuridin (IDU) unterschiedliche Resultate erzielt.

Abgesehen vom fraglichen Erfolg sind diese Substanzen wegen relativ hoher Toxizität und rascher Resistenzbildung beim Virus eher kontraindiziert. In letzter Zeit scheint Interferon bei der Herpesviruskeratitis mit Erfolg appliziert worden zu sein. Bei schwerer Meningoenzephalitis wird heute das Arabinosid-Adenin angewandt.

Inaktivierte Herpesvirusvakzinen vermochten sich therapeutisch nicht zu behaupten und bergen verschiedene Risiken in sich.

Epidemiologie und Prophylaxe. Die Primärinfektionen kommen meistens schon in den ersten drei Lebensjahren zustande. Die Durchseuchung der 5jährigen beträgt bereits 70–90 %. Nach der Infektion wird das Virus bis zu 7 Wochen mit dem Speichel ausgeschieden. Die Übertragung erfolgt durch Kontakt- und Tröpfcheninfektion. 80–90 % der Infektionen verlaufen subklinisch. Ärzte und Pflegepersonal mit Herpeseruptionen sollten nicht auf Säuglingsstationen arbeiten. Daß der Herpes genitalis eine venerische Krankheit ist, wurde schon betont.

2. Varizellenvirus

Das Varizellenvirus (Synonym: Herpesvirus varizellae), ist sowohl der Erreger der Varizellen (Windpocken, Chickenpox) als auch des Herpes zoster (Gürtelrose).

Morphologisch handelt es sich beim Varizellenvirus um ein typisches Herpesvirus, das bei intranukleärer Messung einen Durchmesser von 70–110 nm und vollständig ausgereift einen Durchmesser von 150 bis 200 nm aufweist.

Die genaue morphologische Kenntnis des Varizellenvirus ist von praktischem Interesse, weil es im Elektronenmikroskop differentialdiagnostisch vom Pockenvirus unterschieden werden muß (die entsprechenden Diagnosen werden heute am schnellsten elektronenmorphologisch gestellt).

Das Varizellenvirus ist an der Außenwelt nicht besonders resistent und nach wenigen Tagen nicht mehr infektiös. Bei 60 ° C wird das Virus innerhalb 30 Minuten inaktiviert. Bei – 70 ° C kann es beliebig lange aufbewahrt werden.

Das Varizellenvirus existiert nur in einem einheitlichen Typ. Das Varizellenvirus als Erreger der Windpocken ist identisch mit dem Zostervirus, dem Erreger des Herpes zoster = Gürtelrose. Das Varizellenvirus kann nach durchgemachten Varizellen im Spinalganglion persistieren und in höherem Alter reaktiviert zur Gürtelrose führen.

Im Gegensatz zum Herpes-simplex-Virus kann das Varizellenvirus im Hühnerembryo nicht propagiert werden. Auch auf Gewebekulturen gelingt dessen Erfassung selten und nur bei Anwendung ganz besonderer Kautelen; am ehesten auf embryonalen menschlichen Zellen. Die zytopathischen Effekte sind herdförmig. Das Virus bleibt weitgehend zellulär gebunden, weshalb Kulturpassagen nur möglich sind, wenn das Virus samt Zellmaterial überimpft wird. Das Varizellenvirus läßt sich auch nicht auf Versuchstieren zur Vermehrung bringen.

Die Virusdiagnose wird heute, unter Verwendung von Bläscheninhalt, am besten elektronenoptisch gestellt, wobei aber nur eine „Familiendiagnose“ möglich ist. Eine solche genügt in der Regel, weil die Unterscheidung von Pockenviren die größte praktische Bedeutung besitzt.

Varizellen (Windpocken)

Die Windpocken werden fast ausschließlich durch Tröpfcheninfektion nur von Mensch zu Mensch übertragen. Eintrittspforte sind die Schleimhäute des Nasen-Rachen-Raumes, wo sich das Virus erst vermehrt, um dann lymphogen in den Blutstrom zu gelangen.

In der nachfolgenden Virämiephase setzt sich das Virus in Haut und Schleimhaut fest und kann auch die Spinalganglien befallen, wo es über Jahrzehnte persistiert. Nach einer Inkubation von 14 bis 16 Tagen und kurzen Prodromalerscheinungen erkranken die Patienten (vor allem Kinder), oft mit Fieber, an einem juckenden, schubweise auftretenden, papulösen Exanthem. Vorerst entstehen stecknadelkopfgroße, rötliche Flecken, die sich innerhalb weniger Stunden zu Papeln und linsengroßen, einkammerigen Bläschen umbilden. Das Exanthem beginnt im Bereiche des Kopfes, um erst anschließend an Abdomen und Extremitäten sichtbar zu werden. Zugleich stellt man eine generalisierte Lymphadenopathie fest. Die fast immer harmlos verlaufende Krankheit dauert ca. 8 Tage. Das Exanthem heilt ohne Narbenbildung ab. Die Krankheit hinterläßt eine Immunität. Enzephalitiden sind äußerst selten, die Letalität beträgt in diesen Fällen 10 %. Gefürchtet sind neonatale Infektionen mit einer Letalität bis 20 % und Varizellen bei Leukämiepatienten (immunsuppressive Behandlung). 30 % aller Varizelleninfektionen werden inapparent durchgemacht.

Die Diagnose wird klinisch gestellt und evtl. durch direkten Virusnachweis verifiziert. Varizellen sind vor allem von echten Pocken zu unterscheiden.

Varizellen sind weltweit verbreitet und treten gehäuft im Winterhalbjahr auf. Infolge ihrer hohen Kontagiosität und der postinfektiösen Immunität stellen sie eine klassische Kinderkrankheit dar. Mindestens 90 % aller Erwachsenen sind immun. Wie bei den meisten Virusaffektionen wird der Erreger schon mehrere Tage vor Krankheitsbeginn aus dem Nasen-Rachen-Raum ausgeschieden. Prophylaktische Maßnahmen sind wegen der Gutartigkeit der Krankheit überflüssig. Nötigenfalls können vor erfolgter Infektion Gammaglobuline appliziert werden.

Herpes zoster (Gürtelrose)

Im Gegensatz zu den Windpocken, die immer einer Erstinfektion nicht Immuner entsprechen und eine ausgesprochene Kinderkrankheit darstellen, tritt der Herpes zoster fast ausschließlich bei Erwachsenen, zu 50 % nach dem 45. Altersjahr auf, und zwar nur bei solchen, die früher einmal varizelleninfiziert waren und noch über eine Teilimmunität verfügen. Der Varizellen- bzw. Zostererkrankung liegt also eine verschiedene Immunitätslage zugrunde. Man betrachtet den Herpes zoster als endogenes Rezidiv einer früher durchgemachten Varizelleninfektion. Der Herpes zoster ist immer im Bereiche einzelner sensibler Nerven lokalisiert und bleibt auf eines oder wenige Segmente beschränkt. Deshalb die Bezeichnung Gürtelrose. Sie beginnt mit Fieber und Schmerzen im befallenen Segment. Die Hautläsionen sind teilweise denjenigen bei generalisierten Windpocken, teilweise denjenigen bei Herpes simplex ähnlich und können in mehreren Schüben zutage treten. Bei einem Zoster ist der Patient wegen Befall der sensiblen Neuronen und Ganglien fast immer von starken Neuralgien geplagt. Die Erkrankung dauert meistens mehrere Wochen. In schweren Fällen wird heute Zosterimmunglobulin verabreicht. Im allgemeinen aber ist die Therapie symptomatisch.

Besonders gefürchtet ist der Zoster ophthalmicus (oberer Trigeminusast), weil er auf der Hornhaut das Sehen behindernde Narben hinterlassen kann.

3. Zytomegalievirus

Das Zytomegalievirus ist der Erreger der gleichnamigen Krankheit. Die Benennung Zytomegalie nimmt Bezug auf die Tatsache, daß sich virusinfizierte Zellen zu Riesenzellen mit einem Durchmesser bis 30 μm vergrößern können. Die Kenntnisse über das Zytomegalievirus und die damit zusammenhängenden Krankheitserscheinungen sind noch lückenhaft und nicht in allen Teilen geklärt.

Erreger. Das ausgereifte Virion entspricht in jeder Beziehung einem Herpesvirus. Es ist an der Außenwelt labil und hält sich tiefgekühlt am besten bei – 20 °C. Zur Lyophilisierung sind verschiedene Kautelen notwendig. An sich kennt man beim Menschen nur 1 Zytomegalievirus; die einzelnen Stämme sind jedoch immunologisch heterogen und zeigen sowohl in der Komplementbindungsreaktion wie im Neutralisationstest serologische Unterschiede. Das Zytomegalievirus läßt sich auf Gewebekulturen menschlicher Provenienz propagieren und diagnostisch nachweisen, wobei sowohl epitheliale Zellen wie Fibroblasten verwendet werden können. Erste zytopathische Effekte lassen sich schon nach 24–48 Stunden nachweisen, vollständige Zelldegeneration nach 8–10 Tagen.

Pathogenese und Krankheitsbild. Bei der Übertragung des Erregers muß man einen intrauterinen (kongenital) und einen postnatalen Infektionsweg unterscheiden. Beim intrauterinen erfolgt die Infektion des Feten transplazentar, wobei eine Virämie der Mutter die Voraussetzung bildet. Postnatale Infektionen sind möglich, weil das Virus bei infizierten Personen über Monate in Leukozyten, Speicheldrüsen und Nierentubuli persistiert und über eine entsprechend lange Zeit pharyngeal sowie namentlich mit dem Urin ausgeschieden wird. Es sind Ausscheidungszeiten bis zu 30 Monaten beobachtet worden. Die Eintrittspforte ist bei postnatalen Infektionen nicht restlos gesichert. Man nimmt an, daß Neuinfektionen vor allem oral, aber auch genital zustande kommen.

Wesentlich für das Verständnis der Zytomegalie ist die Tatsache, daß Infektion nicht identisch ist mit Krankheit und daß die Zahl latent Infizierter (und damit auch Ausscheider) ungleich größer ist als die Zahl manifest Erkrankter. Da Infektionswege und erstes pathogenetisches Geschehen nur teilweise bekannt sind, ist es nicht ohne weiteres möglich, Angaben über Inkubationszeiten zu machen. Klinisch muß man generalisierte, meist schwer verlaufende Infektionen von lokalen Manifestationen mit relativ guter Prognose (vor allem beim Erwachsenen vorkommend) unterscheiden.

Die kongenitale Zytomegalie gilt heute als die häufigste transplazentar übertragene Infektionskrankheit. Die kongenitale Zytomegalie entspricht fast immer einer generalisierten Infektion; lokalisierte Erkrankungen sind möglich, aber selten. Bei der generalisierten Form stehen Hepato- und Splenomegalie im Vordergrund und werden in fast allen Fällen angetroffen. Zahlenmäßig folgen Veränderungen im ZNS, häufig ausgesprochene Mikrozephalie; ferner beobachtet man Hepatitis mit Ikterus, Thrombopenie und interstitielle Pneumonien. Die Neugeborenen machen oft den Eindruck von Frühgeburten, obwohl die Geburt termingerecht erfolgt, indem die Säuglinge untergewichtig und in ihrer Entwicklung zurückgeblieben sind. Kongenitale Übertragungen sind bei einer Mutter nur 1mal bekannt und wiederholen sich nicht.

Differentialdiagnostisch ist die Zytomegalie zu unterscheiden von Morbus haemolyticus neonatorum, Lues congenita, Toxoplasmose, Listeriose, dem konnatalen Rötelnsyndrom und evtl. Fetopathien anderer Genese. Die Prognose ist schlecht; man muß mit einer Letalität bis 90 % rechnen. Therapeutisch wurden die beim Herpes-simplex-Virus (s. S. 349) erwähnten Stoffe versuchsweise angewandt; sie haben aber nicht befriedigt. Eine Vakzine existiert nicht. *Postnatale Infektionen* erzeugen in den ersten Lebensjahren Krankheitsbilder, die sich weitgehend mit denjenigen der kongenitalen Form decken. Erscheinungen von seiten der Leber und der Respirationsorgane stehen im Vordergrund. In späteren Lebensjahren erkranken fast ausschließlich Personen mit gestörtem immunologischem Geschehen. U. a. findet man das Zytomegalievirus häufig nach künstlicher Immundepression. Beim Erwachsenen sind meistens nur einzelne Organe befallen. Am häufigsten manifestiert sich die Zytomegalie in der Leber (Hepatitis, Ikterus) und im Respirationstrakt (interstitielle Pneumonie). Oft findet man nur unklare febrile Syndrome, die sich über mehrere Wochen erstrecken und mit Lymphozytose einhergehen. Nicht selten beobachtet man mononukleoseähnliche Bilder, wobei die Reaktion nach Paul-Bunnell negativ bleibt.

Bei Zytomegalievirusinfektionen treten im Serum ca. 3 Wochen nach Krankheitsbeginn komplementbindende und später auch neutralisierende Antikörper auf, die ohne weiteres feststellbar und sowohl diagnostisch wie zur Eruierung von Durchseuchungsquoten von Interesse sind. Die Komplementbindungstiter erreichen Höhen von 1 : 40 bis 1 : 160, der Neutralisationstest bis 1 : 1000.

Diagnose. Diagnostisch kann, abgesehen von den klinischen Symptomen, das Vorhandensein zytomegaler Zellen, vor allem im Urin, evtl. im Speichel und Liquor Hinweise geben auf die Spezifität der Krankheit. Die Zellen sind stark aufgeschwollen (bis 30 µm Durchmesser) und lassen in dem vergrößerten Kern einen azidophilen Einschlußkörper erkennen. Im übrigen wird die Ätiologie verifiziert durch Virusnachweis auf Gewebekulturen; vor allem aus dem Urin, dann aber auch aus Rachenabstrichen und aus Blut. Am häufigsten und sichersten gelingt der Virusnachweis aus dem Urin. Abgesehen vom Erregernachweis beruht das Schwergewicht der spezifischen Diagnostik auf dem Antikörpernachweis im Serum, am einfachsten mit der Komplementbindungsreaktion, wobei Antikörpertiter wegen des geringen Kontagionsindexes der Krankheit entsprechend zu interpretieren sind. Titeranstiege besitzen, wie überall, besondere Bedeutung.

Epidemiologie. 1–5 % aller Personen scheiden das Zytomegalievirus mit dem Urin aus. Die Ausscheidung dauert mindestens mehrere Monate. Man kann das Zytomegalievirus auch in Zervikalabstrichen von Frauen nachweisen, in niedrigeren sozialen Schichten häufiger als in gehobenen, und vor allem relativ häufig bei Schwangeren im letzten Trimester. Gebärende sollen in 1–5 % aller Fälle Virus ausscheiden. 1–3 % aller Neugeborenen sollen latent zytomegalievirusinfiziert und Virusausscheider sein, wobei die Infektion aber höchstens bei 1 % der Infizierten manifest wird.

Die Neugeborenen verfügen über gleiche Antikörpertiter wie ihre Mütter. Diese Antikörper verschwinden im Laufe des Säuglingsjahres. Der Anteil serologisch positiver Individuen nimmt ab 1. Lebensjahr, wahrscheinlich verursacht durch postnatale Infektionen, sukzessive wieder zu. Erwachsene sind in allen Ländern zu mindestens 50 % seropositiv. Prophylaktische Maßnahmen lassen sich nicht durchführen.

In den letzten Jahren hat man Zytomegalieinfektionen auffallend häufig festgestellt nach Transplantationen (Immundepression), nach Bluttransfusionen und nach Austauschtransfusionen bei Neugeborenen. Auch hier ist die serologische Konversionsrate größer als die Rate manifest Erkrankter. Man nimmt an, daß bei Transplantierten und Transfundierten das Zytomegalievirus sowohl vom Spender übertragen wird, daß aber durch die Eingriffe auch latente Infektionen im Empfängerorganismus manifest werden können.

Die Zytomegalie birgt noch viele Rätsel. Im ganzen muß aber doch angenommen werden, daß die Zahl latenter Infektionen und unbemerkter Übertragungen groß ist und daß es zur Erkrankung besonderer dispositioneller Momente bedarf.

Außer dem menschlichen Zytomegalievirus wurden bei verschiedenen Tieren mit ähnlichen Erkrankungen morphologisch gleiche Viren nachgewiesen. Diese werden ebenfalls als Zytomegalieviren bezeichnet. Wesentlich ist, daß tierpathogene Zytomegalieviren nicht menschenpathogen sind und sich auch antigenetisch vom Erreger beim Menschen unterscheiden.

4. Epstein-Barr-Virus

Das Epstein-Barr-(EB-)Virus, nach seinen Entdeckern so benannt, läßt sich morphologisch von anderen Herpesviren nicht unterscheiden und wird deshalb an dieser Stelle besprochen.

Das EB-Virus wurde erstmals elektronenoptisch in Zellkulturen nachgewiesen, deren Ausgangsmaterial von Tumoren stammte, wie sie in Zentralafrika bei Kindern unter der Bezeichnung *Burkitt Lymphom* vorkommen. Ein gleiches Virus ist auch in Leukozyten von Mononukleosepatienten gefunden worden. Obwohl das Virus morphologisch einem Herpesvirus gleichsieht, konnte es bis heute weder auf Zellkulturen menschlichen oder tierischen Ursprungs repliziert, noch auf Versuchstiere übertragen werden. Es existiert auch keine Antigenverwandtschaft mit anderen Herpesviren.

Das EB-Virus wird heute mit vier Krankheiten, bei denen es optisch nachgewiesen werden konnte, in Verbindung gebracht; dem Burkitt-Lymphom = Burkitt-Tumor, der infektiösen Mononukleose, dem Karzinom im postnasalen Raum und neuerdings auch mit der Sarkoidose. Es sind also zwei Geschwulstkrankheiten und zwei Krankheiten, die der Gruppe immunologisch bedingter Erkrankungen angehören. Weshalb es in bestimmten Fällen zu Erkrankungen kommt, ist nicht geklärt. Die verschiedenen Hypothesen halten einer eingehenden Kritik nicht stand und lassen sich auf keinen gemeinsamen Nenner bringen. Der einwandfreie Beweis, daß das EB-Virus wirklich das ätiologische Agens auch nur einer der genannten Krankheiten ist, steht noch aus. Kochsche Forderungen sind in keiner Weise erfüllt. Trotzdem soll das Krankheitsbild der infektiösen Mononukleose anschließend, als zum Epstein-Barr-Virus gehörend, besprochen werden.

Infektiöse Mononukleose

Die Virusätiologie der infektiösen Mononukleose *(Pfeiffersches Drüsenfieber)* ist nicht gesichert, aber wahrscheinlich. Für die Infektiosität der Mononukleose sprechen positive experimentelle Übertragungsversuche auf Menschen wie auf Affen, vereinzelt beschriebene Laboratoriumsinfektionen, das gelegentliche Auftreten kleiner Epidemieherde, die Häufung von Erkrankungsfällen in geschlossenen Heimen, die Bevorzugung der jugendlichen Altersgruppen sowie das Auftreten von Serumantikörpern. Für den Viruscharakter des Erregers spricht die Tatsache, daß es niemals gelungen ist, zelluläre Mikroorganismen als Krankheitsursache nachzuweisen. Für die Epstein-Barr-Ätiologie spricht der morphologische Nachweis derartiger Viren in Leukozyten von Mononukleosekranken und die regelmäßig auftretenden, hochtitrigen und lange persistierenden Antikörper.

Der einwandfreie Beweis, daß das EB-Virus wirklich der Erreger der infektiösen Mononukleose ist, konnte jedoch nicht erbracht werden. Im Anschluß an diese Krankheit tritt eine Vielzahl heterogenetischer Antikörper auf und es ist möglich, daß das EB-Virus nur eine ausgeprägte Affinität zu Lymphozyten besitzt, was seine Präsenz in lymphoproliferativen Prozessen zur Genüge erklären würde.

Die Mononukleose wird wahrscheinlich als Tröpfcheninfektion oder durch direkten Mund-zu-Mund-Kontakt übertragen. Ihre Inkubation wird auf 7–14 Tage geschätzt. Die Krankheit beginnt und verläuft mit Fieber, Kopfschmerzen und weiteren, für eine Allgemeininfektion sprechenden Symptomen. Zu ihr gehören Halsweh, eine am Hals lokalisierte oder generalisiert auftretende Lymphadenopathie, Splenomegalie, evtl. Hepatitis sowie Erscheinungen von seiten des ZNS. Die Mononukleose kann als infektiös bedingte, reaktiv-hyperplastische Retikulose aufgefaßt werden. Deshalb sind neben Lymphknoten, die bis hühnereigroß werden, Milz, Tonsillen sowie das gesamte lymphoide Gewebe mitbeteiligt. Auf den vergrößerten und geröteten Tonsillen finden sich häufig weißliche Beläge, die mit diphtherischen verwechselt werden können. Das Blutbild zeigt eine ausgesprochene Mononukleose, indem bis zu 50 % atypische Lymphozytenformen gefunden werden. Die Krankheit verläuft fast immer gutartig und ihre Symptome klingen nach 10 bis 20 Tagen ab.

Im Serum treten bei 80 % der Patienten ab 7. Krankheitstag hochtitrige (1 : 80 und höher) Antikörper auf, die in der Lage sind, Hammelerythrozyten zu agglutinieren. Diese nach *Paul* und *Bunell* benannte heterogenetische Agglutinationsreaktion gilt neben den mehr oder weniger typischen klinischen Erscheinungen und dem charakteristischen Blutbild als wichtigstes Diagnostikum. Wie schon angedeutet, lassen sich mit der indirekten Immunfluoreszenzmethode regelmäßig ebenfalls hochtitrige Antikörper gegen das EB-Virus nachweisen. Im Gegensatz zur kurzen Halbwertszeit der heterogenetischen persistieren diese Virusantikörper über mehrere Jahre.

Die Mononukleose hinterläßt eine Immunität. Zweiterkrankungen kommen so gut wie nie vor.

Auf serologischen Befunden fußende epidemiologische Erhebungen lassen den Schluß zu, daß Infektionen mit dem EB-Virus in allen Teilen der Welt vorkommen. Schon im ersten Lebensjahr findet man bei 50 % der geprüften, im vierten Lebensjahr bei 80 % der Kinder und später bei 90 % der Erwachsenen Antikörper gegen das EB-Virus. Man nimmt an, daß Infektionen mit dem EB-Virus in der Regel inapparent verlaufen, der Kontagionsindex also klein ist.

Klinische Manifestationen werden hauptsächlich bei Jugendlichen und jungen Erwachsenen beobachtet. Trotz gewisser jahreszeitlicher Häufungen muß während des ganzen Jahres mit Erkrankungen gerechnet werden. Die Mononukleose erweist sich als derart wenig ansteckend, daß prophylaktische Maßnahmen (Isolierungen) nicht notwendig sind.

5. Weitere Herpesviren

Herpes-B-Virus

Das Herpes-B-Virus, auch nur B-Virus genannt (Synonym: Herpesvirus simiae), ist ein bei Affen vorkommendes Herpesvirus, das für den Menschen hochpathogen ist und bei diesem schwere, meist letal verlaufende Enzephalomyelitiden verursacht.

Das Herpes-B-Virus besitzt die für alle Herpesviren gültigen morphologischen Eigenschaften. Antigenetisch ist es verwandt mit dem Herpes-simplex-Virus und dem Virus der Pseudorabies. Anti-B-Seren neutralisieren das Herpes-simplex-Virus, wogegen Anti-Herpes-Simplex-Seren das B-Virus nicht neutralisieren. Bei Anwendung der Komplementbindungsreaktion sind die Reaktionen weitgehend gekreuzt. Das Herpes-B-Virus existiert nur in 1 Typ. Es kann im bebrüteten Hühnerei sowie auf Gewebekulturen gezüchtet werden.

Bei Affen, für die das Virus nicht in gleicher Weise pathogen ist wie für den Menschen, verursacht es herpesähnliche, bläschenförmige Läsionen im Bereich der Mundschleimhaut und der Lippen. Aus Asien und Südafrika stammende Affen können inapparente Virusträger sein.

Übertragungen auf den Menschen kommen bei engem Kontakt mit infizierten Tieren, namentlich bei künstlicher Tierhaltung, zustande. Das im Speichel vorhandene Virus kann durch Biß oder über schon bestehende Hautläsionen, aber auch aerogen durch Tröpfcheninfektion auf den Menschen übertragen werden. Bei Bißinfektionen entstehen in deren Umgebung nach wenigen Tagen bläschenartige Veränderungen mit Lymphangitis, die zu Nekrosebildung neigen. Sowohl nach Biß wie nach unbemerkter aerogener Infektion entsteht beim Menschen – Inkubationszeit 1–3 Wochen – eine schwere Enzephalitis oder Enzephalomyelitis, die unter dem Bild der Bulbärparalyse so gut wie immer tödlich endet.

Die ätiologische Diagnose erfolgt durch Virusnachweis aus Autopsiematerial.

Die Infektionen des Menschen, die fast immer durch Kontakt mit gefangengehaltenen Affen zustande kommen, können höchstens dadurch vermieden werden, daß man (durch Schutzanzüge und Masken geschützt) die Affen klinisch genau untersucht und Tiere mit verdächtigen Krankheitserscheinungen sofort vernichtet. Gesunde Virusträger unter den Affen können nicht ohne weiteres ermittelt werden, dagegen soll durch Einzelhaltung der Tiere (schon auf dem Transport) die Infektion von Tier zu Tier, und damit auch auf den Menschen, soweit als möglich verhindert werden.

Immunisierungsversuche mit inaktivierten Vakzinen wurden durchgeführt, scheinen aber noch nicht spruchreif zu sein.

Virus der Pseudorabies

Das Virus der Pseudorabies (Synonym: Herpesvirus suis) ist der Erreger der Pseudorabies (infektiöse Bulbärparalyse, Aujeszky-Krankheit) des Schweines. Das Virus ist, abgesehen vom Schwein, für eine Reihe weiterer Haustiere wie Rind, Schaf, Hund und Katze pathogen, besitzt jedoch kaum humanmedizinische Bedeutung.

Beim Menschen sind nur ganz vereinzelte, durch Virusnachweis gesicherte Erkrankungen von Laboranten beschrieben, wobei die klinischen Erscheinungen in einer aphthösen Stomatitis und lokalisiertem Pruritus bestanden.

Andere, nicht menschenpathogene Herpesviren

Abgesehen von den besprochenen Virusarten sind nachfolgende, ausschließlich tierpathogene Viren der Herpesfamilie zugeteilt worden:

Kaninchenherpesvirus (Synonym: Herpesvirus cuniculi),
Virus der infektiösen bovinen Rhinotracheitis,
Virus der equinen Rhinopneumonitis,
Virus der infektiösen Laryngotracheitis der Hühner,
Virus der Katzenrhinotracheitis,
Virus des bösartigen Katarrhalfiebers des Rindes (Afrikan. Form),
Speicheldrüsenvirus von Meerschweinchen und Maus,
Canines Herpesvirus.

XI. Pockenviren

Die Pockenviren (engl.: Poxviruses) sind medizinisch von besonderer Bedeutung, weil die Erreger der Pocken – eine der schwersten und historisch bekanntesten Infektionskrankheiten – zu ihnen gehören. Dank einem großangelegten Ausrottungsprogramm (Impfkampagnen) der WHO sind die Pocken zur Zeit (1977) weltweit im Verschwinden begriffen. Man darf annehmen, daß die Pocken in den kommenden Jahrzehnten nicht mehr von medizinischer Bedeutung sein werden, so daß es erlaubt erscheint, die Pockenviren an dieser Stelle (verglichen mit früheren Auflagen) wesentlich gekürzt abzuhandeln.

Die Pockenviren werden in einer Familie *Poxviridae* zusammengefaßt. Sie sind zum Teil menschen-, zum Teil tierpathogen, manifestieren sich vornehmlich auf Haut- und Schleimhaut und erweisen sich morphologisch wie antigenetisch nahe verwandt.

Die Pockenviren gehören zu den größten Viren und sind komplexer aufgebaut als alle anderen Viren. Sie haben eine quadrische Form (Backsteine) und messen, je nach Virusart, 240–300 zu 180–200 nm, sind also lichtoptisch erfaßbar (Elementarkörperchen). Das Nukleoid besteht aus einer Doppelstrang-DNA. Diese liegt in einem Innenkörper (core) von bikonkaver Struktur mit Lateralkörpern in den peripheren Eindellungen. Der Innenkörper ist von einer proteinartigen Membran umschlossen. Darum herum finden sich unregelmäßig angeordnete Oberflächenstrukturen (Kapsomeren), in denen über 30 Polypeptide und eine Transkriptase nachgewiesen sind. Das ausgereifte Virion ist von einer relativ resistenten doppelkonturierten Membran = Hülle umgeben.

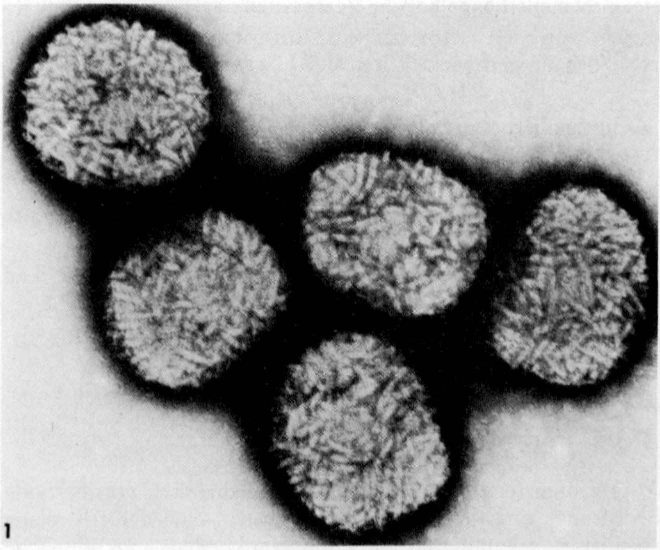

Abb. 48 Elektronenoptische Aufnahme eines backsteinförmigen Orthopoxvirus (200–350 nm) mit röhrchenförmigen Oberflächenstrukturen.

Die meisten Pockenviren sind ätherresistent. Sie werden bei 60 °C inaktiviert, bleiben jedoch in getrocknetem Material bei Zimmertemperatur und erst recht bei tiefen Temperaturen über Monate bis Jahre infektionstüchtig. Die Pockenviren lassen sich auf der Chorioallantoismembran sowie in Gewebekulturen verschiedener Herkunft leicht reproduzieren. Dabei wird das Virus im Zytoplasma und nicht im Zellkern aufgebaut. Die früher als Elementarkörperchen *(Paschen)* bezeichneten intraplasmatischen Gebilde sind identisch mit dem Virion. Auf der Chorioallantoismembran erzeugen die Pockenviren nach 3 Tagen charakteristische weißliche Herde, deren Größe und Form je nach Art des Virus verschieden und für dieses typisch sind. In Gewebekulturen entstehen schon nach 24–48 Stunden ausgedehnte zytopathische Effekte, die rasch zur vollständigen Degeneration der Wirtszellen führen.

Das für alle Pockenviren gemeinsame Nukleoproteinantigen, welches mit der Komplementbindungsreaktion, dem Präzipitations- sowie dem Fluoreszenztest nachweisbar ist, kann von weiteren, dem peripheren Teil des Virions angehörenden, artspezifischen Antigenen unterschieden werden. Alle Antigene der uns interessierenden Pockenvirusarten sind jedoch nahe verwandt.

Die Familie *Poxviridae* wird vorläufig unterteilt in die Gattungen *Orthopoxvirus* (= menschenpathogene Pockenviren), *Parapoxvirus* (tierpathogene Pockenviren enthaltend) und noch *„nicht klassifizierte"* Pockenviren. Die Parapoxviren sind kleiner (240 : 180 nm) als die Orthopoxviren (300 : 200 nm).

Bei den *Orthopoxviren* sind folgende vier menschenpathogenen Arten auseinanderzuhalten:

1. *das Variolavirus,*	der Erreger der echten Pocken (Variola major);
2. *das Alastrimvirus,*	der Erreger der mitigierten Pocken (Variola minor = Alastrim);
3. *das Kuhpockenvirus,*	der Erreger der Kuhpocken;
4. *das Vakziniavirus,*	verwendet zur Vakzinierung gegen Pocken.

1. Pockenvirus

Das Pockenvirus (Synonym: Variolavirus) ist der Erreger der klassischen Pocken (Variola major; franz.: petite variole; engl.: smallpox). Morphologisch ist das Virus von den übrigen Viren der Pockengruppe nicht zu unterscheiden. In antigener Beziehung ist es besonders nahe verwandt mit dem Alastrim-, dem Kuhpocken- und dem Vakziniavirus. In vivo entsteht eine gekreuzte postinfektiöse Immunität. Das Variolavirus wird bei 55 ° C inaktiviert, kann aber getrocknet selbst bei Zimmertemperatur während Monaten infektionstüchtig bleiben und ist tiefgefroren über Jahre haltbar. Natürlicherweise ist das Variolavirus nur für den Menschen pathogen. Es kann jedoch auf Affen und Kaninchen sowie intrazerebral auf Säuglingsmäuse übertragen werden.

Zur Viruszüchtung wird nebst Gewebekulturen in erster Linie das 10 Tage vorbebrütete Hühnerei verwendet und nach Beimpfung bei 35–38 ° C inkubiert. Auf der Chorioallantois desselben erzeugt das Pockenvirus nach 3–4 Tagen graue Knötchen von 1–2 mm Durchmesser, die eindeutig kleiner, weniger nekrotisch und weniger hämorrhagisch sind als durch das Vakziniavirus verursachte Herde.

Pathogenese und Krankheitsbild. Das Pockenvirus wird aerogen, bisweilen als Staubinfektion, meistens aber durch Tröpfcheninfektion, von Mensch zu Mensch übertragen. Eintrittspforte ist der Nasen-Rachen-Raum, in dessen lymphatischem Gewebe die erste Virusvermehrung stattfindet. Wahrscheinlich kommt es schon in den ersten Tagen nach der Infektion zu einer klinisch nicht in Erscheinung tretenden Virämie, was eine Generalisierung des Virus zur Folge hat. Die weitere Virusvermehrung im gesamten retikuloendothelialen System führt nach einer Inkubation von 12–14 Tagen zu den ersten Krankheitserscheinungen und zu einer Etablierung des Virus in Haut und Schleimhäuten.

Die Erkrankung beginnt plötzlich mit hohem Fieber und allen Zeichen einer schweren Allgemeininfektion. Erst am 4. Krankheitstag treten die ersten Hauterscheinungen auf. Das sog. Eruptionsstadium beginnt mit roten Flecken, die rasch zu Papeln heranwachsen. Daraus bilden sich Bläschen, die sich wegen nachfolgender Leukozyteneinwanderung zu Pusteln umwandeln. Diese trocknen schließlich aus und werden nach ca. 3 Wochen als Borken abgestoßen. Das ganze Eruptionsstadium ist von hohem Fieber begleitet, welches erst nach ca. 14 Tagen absinkt. Parallel zum Exanthem bildet sich auf Rachen- und Bronchialschleimhaut ein ulzerierendes Enanthem aus, das wegen der Freigabe infektiöser Viruspartikel von größter epidemiologischer Bedeutung ist. Das Pockenexanthem beginnt fast immer im Gesicht, um sich schubweise über obere und untere Extremitäten sowie den Rumpf auszudehnen.

Bei der Variola sind die Pusteln – im Gegensatz zu den Varizellen – an Kopf und Extremitäten massiert, kommen auch an Handinnenfläche und Fußsohle vor und weisen pro Körperregion immer den gleichen Reifezustand auf. Die Pockenpusteln sind mehrkammerig. Bei Varizellen sind die Pusteln einkammerig, zeigen verschiedene Reifegrade, und der Rumpf ist am dichtesten befallen. Da die Pockenpusteln oft bis tief ins Korium reichen, hinterlassen sie – im Gegensatz zu Varizellen – Narben.

Die Pocken stellen eine schwere, toxisch verlaufende Allgemeininfektion dar, bei der auch heute noch mit einer Letalität von 20 % gerechnet werden muß.

Trotz der Schwere der Krankheit findet man bei der Autopsie Verstorbener nur an Haut und Schleimhäuten spezifische Veränderungen. Nebst Bronchopneumonien sind in den parenchymatösen Organen nur unspezifische zelluläre Degenerationserscheinungen sowie Infiltrationen im Myokard feststellbar. Die Leute sterben toxisch an Kreislaufversagen.

Nach durchgemachten Pocken besteht lebenslängliche Immunität.

Diagnose. Klinisch kann erst bei Auftreten des Eruptionsstadiums, also frühestens ab 4. Krankheitstag an Pocken gedacht werden. Differentialdiagnostisch sind Pocken am häufigsten von Varizellen zu unterscheiden; ferner von Vaccinia generalisata, von Pemphigus, von herpetischen Erkrankungen sowie von Akne.

Die klinische Verdachtsdiagnose wird verifiziert bzw. ausgeschlossen durch den Virusnachweis sowie serologisch durch den Anstieg spezifischer Antikörper.

Da alle Hautmanifestationen, vor allem die Pusteln, in großer Menge Viren enthalten, eignet sich Material solcher Hautläsionen – vom makulopapulösen Anfangsstadium bis zum schließlichen Borkenstadium – am besten für den *Virusnachweis*. Das Untersuchungsmaterial wird auf vorbebrütete Hühnereier oder auf Gewebekulturen übertragen, wo es innerhalb von 3–4 Tagen charakteristische Läsionen setzt. Heute wird die Pockendiagnose (meistens Ausschlußdiagnose) wenn möglich elektronenoptisch innerhalb einer Stunde gestellt, wobei Pockenviren (= Backsteinform) in erster Linie von Varizellen- und Herpesviren zu unterscheiden sind. Differenzierungen innerhalb der Pockengruppe sind morphologisch nicht möglich und müssen nach Virusisolierung biologisch erfolgen.

Zum serologischen *Antikörpernachweis* werden der Hämagglutinationshemmtest, die Komplementbindungsreaktion sowie der Neutralisationstest beigezogen. Bei Vorliegen einer Pockenerkrankung ist im Verlaufe der ersten 10 Krankheitstage ein signifikanter Titeranstieg zu erwarten. Dabei kommt man allerdings immer wieder in die Lage, vorbestehende (durch Vakzination entstandene) Vakziniavirusantikörper von eigentlichen Pockenantikörpern unterscheiden zu müssen.

Therapie. Eine spezifische Therapie gibt es bis heute nicht. Die gesamten Maßnahmen zur Bekämpfung der Pocken basieren auf der aktiven Immunisierung, d. h. der Schutzimpfung gegen diese Krankheit.

Epidemiologie und Prophylaxe. Pockeninfektionen kommen unter natürlichen Bedingungen ausschließlich aerogen zustande; in erster Linie durch Tröpfcheninfektion von Mensch zu Mensch, dann aber auch durch Staubinfektionen, ausgehend von Krusten und kontaminierter Wäsche. Das Pockenvirus ist hochkontagiös. Der Kontagionsindex beträgt bei Nicht-immunen beinahe 100 %. Erkrankte sind vor allem deshalb infektiös, weil ihre Schleimhautläsionen (wie die Läsionen der äußeren Haut) reichlich Virus enthalten, das beim Sprechen und Husten an die Außenwelt gelangt. Das Virus kann ab Ende Inkubationszeit bis zur Abheilung sämtlicher Effloreszenzen nachgewiesen werden. Die Patienten sind während des fieberhaften Eruptionsstadiums am meisten ansteckend.

Bis zum Ende des 18. Jahrhunderts waren die Pocken weltweit verbreitet und – wegen ihrer hohen Letalität – verantwortlich für 20 % aller Todesfälle. Dann setzten großangelegte, nationale Impfaktionen ein (s. Pockenimpfung, S. 365), welche die Pocken in vielen

Ländern zum Verschwinden brachten. 1967 waren Europa, Nordamerika und Australien pockenfrei. Dank eines großangelegten „Eradication"-Programms der WHO waren 1973 auch Südamerika saniert und Ende 1975 der gesamte Indische Subkontinent sowie ganz Afrika, mit Ausnahme Äthiopiens und Somalias. Dieser kaum erwartete Bekämpfungserfolg hat (1977) seit 2 Jahren Bestand, so daß eine der schwersten Seuchen der Menschheit in Bälde als ausgerottet deklariert werden kann. Obwohl noch auf Jahre hinaus vorsorglich Maßnahmen und Wachsamkeit nötig sein werden, um Rückfälle zu vermeiden, hat sich doch die Weltpockensituation innerhalb von 10 Jahren derart grundlegend verändert, daß in nächster Zeit alle die Pocken betreffenden Gesetze und Vorschriften revidiert werden müssen.

Vorläufig gehören die Pocken noch zu den 4 Quarantänekrankheiten, über welche verbindliche internationale Abmachungen bestehen. Im Internationalen Sanitätsreglement ist die Inkubationszeit der Pocken auf 14 Tage festgesetzt. Sämtliche Sicherheitsmaßnahmen basieren auch reglementarisch auf der postinfektiösen bzw. postvakzinalen Immunität und damit auf der *Pockenschutzimpfung* (s. S. 365).

2. Alastrimvirus

Das Alastrimvirus ist der Erreger der Alastrim (Variola minor), einer Krankheit, die äußerlich von der Variola major kaum zu unterscheiden ist, jedoch viel milder verläuft und eine nur geringe Letalität aufweist.

Das Alastrimvirus kann nur biologisch vom Variolavirus unterschieden werden. Die Krankheit verläuft zeitlich und in bezug auf äußere Erscheinungen analog den Pocken. Auch Alastrim ist hochkontagiös. Sie hinterläßt eine sichere, ebenfalls gegen Variola major gerichtete Immunität.

3. Kuhpockenvirus

Das Kuhpockenvirus verursacht die Kuhpocken, eine beim Rind vor allem an Euter und Zitzen lokalisierte, eher harmlose Erkrankung. Das Kuhpockenvirus ist von humanmedizinischer Bedeutung, weil es sich auf den Menschen übertragen läßt, dort im Bereiche der Kontaktstellen eine milde pockenartige Erkrankung auslöst, die gegenüber echten Pocken eine gekreuzte Immunität hinterläßt. Auf dieser Feststellung basiert die von *Jenner* eingeführte Pockenschutzimpfung.

4. Vakziniavirus

Das Vakziniavirus ist das Virus, mit dem man die Schutzimpfungen gegen Pocken durchführt. Es ist mit dem Kuhpockenvirus nahe verwandt, jedoch nicht identisch und hinterläßt gegenüber dem Variolavirus ebenfalls eine gekreuzte postinfektiöse Immunität. Wegen seiner geringen Pathogenität für den Menschen wird es zur künstlichen Erzeugung einer Pockenimmunität verwendet.

Das Vakziniavirus ist kein Virus, das primär als solches existiert hat. Es entspricht einer Art Kunstprodukt, das sich durch Hin- und -Her-Passagen zwischen Menschen und Tieren, vor allem zwischen Mensch und Kuh (vacca) abgewandelt hat und teilweise neue Eigenschaften annahm.

Morphologisch entspricht das Vakziniavirus einem typischen Vertreter der Pockengruppe. Es läßt sich züchten im Hühnerembryo sowie auf Gewebekulturen verschiedener Herkunft. Das Vakziniavirus ist experimentell teilpathogen für Mensch, Rind, Schaf und Kaninchen. Es vermehrt sich in Haut und Schleimhaut der erwähnten Tiere nach intrakutaner Infektion und führt daselbst zu Läsionen, wie wir sie bei den menschlichen Pocken kennen. Im Gegensatz zum Variolavirus erzeugt das Vakziniavirus auf der Chorioallantois des Hühnereies größere, flachere und nekrotisierende Herde.

Als Ausgangsmaterial für die Vakzine-(Pockenimpfstoff-)herstellung verwendet man Pustelinhalt künstlich infizierter Rinder oder aus Eikulturen gewonnene Virussuspensionen. Letztere besitzen den großen Vorteil, bakteriell nicht kontaminiert zu sein. Der Pockenimpfstoff entspricht einem Lebendimpfstoff mit vermehrungsfähigem Virus. Dieses ist imstande, sich nach intrakutaner Infektion im menschlichen Wirt zu vermehren und verursacht an der Infektionsstelle eine lokalisierte pockenähnliche Reaktion, welche trotz vorübergehender Virämie äußerlich nicht generalisiert.

Pockenimpfung

Der englische Arzt Jenner stellte in der 2. Hälfte des 18. Jahrhunderts fest, daß die Menschen, die eine Kuhpockeninfektion durchgemacht hatten, später nie mehr an echten Pocken erkranken. Im Jahre 1796 übertrug Jenner Pustelinhalt von einer an Kuhpocken erkrankten Magd auf einen Knaben. Dieser erkrankte ebenfalls an Kuhpocken und erwies sich später bei experimenteller Reinfektion gegenüber echten Pocken als immun.

Heute immunisiert man im Sinne Jenners gegen Pocken mit dem oben beschriebenen Vakziniavirus. Dabei wird mit käuflichem

Impfstoff (Suspension von Vakziniavirus) durch Skarifikation oder intradermale Injektion eine intrakutane Infektion gesetzt. Das Vakziniavirus vermehrt sich vorerst in der Umgebung der Inokulationsstelle, um später eine vorübergehende Virämie zu verursachen.

Bei *Primovakzination* entsteht an der Impfstelle

- am 4. Tag eine Rötung und Papel, die
- am 5. Tag zum Bläschen (Vesikel) wird, um sich
- am 6.–7. Tag in eine perlmutterfarbige vakzinale Pustel mit zentraler Eindellung und erythematöser Zone (Areola) umzuwandeln.

Zu diesem Zeitpunkt muß die Impfreaktion bei Primovakzination vom Arzt kontrolliert werden *(Nachschautermin)*.

Das Erythem nimmt in den nächsten Tagen noch zu und nebst leichtem Fieber sind regionale Lymphknotenschwellungen feststellbar. Wie bei echten Pocken trocknet die Pustel ein, um später als Borke abgestoßen zu werden.

Bei *Revakzination* ist, abhängig von der noch bestehenden Immunitätslage, überhaupt keine Impfreaktion feststellbar oder diese läuft, oft begleitet von allergischen Nebenerscheinungen, abgeschwächt und beschleunigt ab (Allergie).

Bei normalem Impfverlauf bleibt die Hautreaktion auf die Infektionsstelle lokalisiert. Bei anormalem Impfverlauf können infolge lymphatischer Virusverschleppung *„Nebenpocken"*, infolge Weitergreifen der Pustel *„Vaccinia serpiginosa"* oder bei mechanischer Verschleppung des Virus eine *„Vaccinia secundaria"* entstehen.

Nebst diesen lokalisierten, äußerlich sichtbaren Impfreaktionen kommt es bei erfolgreicher Impfung immer zu einer Virämie und dank derselben zu einer fundierten postinfektiösen Immunität. Die zum Zustandekommen einer guten Immunität notwendige Virämie kann aber andererseits auch zu Impfkomplikationen führen.

Impfkomplikationen sind:

das *Eczema vaccinatum,* bei Ekzematikern auftretend, eine äußerst schwere Komplikation mit hoher Letalität;

die *Vaccinia generalisata,* gutartig, mit geringer Letalität, differentialdiagnostisch von echten Pocken abzugrenzen;

die *Vakzineophthalmie,* einer Irismetastase entsprechend, die zum Verlust des Auges führt;

die *Vakzinenephritis,* eine völlig harmlose, mit Albuminurie einhergehende Erscheinung;

die *postvakzinale Enzephalitis,* die zwischen dem 9. und 13. Tag nach der Impfung auftritt und besonders gefürchtet ist.

Kontraindikationen:

Wegen der Möglichkeit von Impfkomplikationen sind bei Pockenimpfungen nachfolgende Kontraindikationen zu berücksichtigen:

Ekzem, Ekzembereitschaft und andere Dermatosen;
gleichzeitige entzündliche und infektiöse Krankheiten oder Epidemien anderer Art;
Rekonvaleszenz;
schwächliche Allgemeinkonstitution;
Schäden des ZNS;
Schwangerschaft.

Bei Beachtung dieser Kontraindikationen können Impfkomplikationen weitgehend vermieden werden, mit Ausnahme der postvakzinalen Enzephalitis. Diese wird durchschnittlich auf 25 000 Impfungen 1mal beobachtet, in bestimmten Regionen (Alpenländer) und auch zu gewissen Zeiten jedoch häufiger. Da sie nur nach Primovakzinationen auftritt und ihre Häufigkeit stark altersabhängig ist (nicht vorkommend im Säuglingsalter, Häufigkeitsgipfel während der Pubertät), soll grundsätzlich zwischen 1. und 3. Lebensjahr primovakziniert werden.

Obwohl internationale Impfzeugnisse nur 3 Jahre gültig sind, darf nach aufgetretener Impfreaktion mit einem individuellen Schutz von 5 Jahren und mit einem Epidemieschutz bis zu 10 Jahren gerechnet werden. Die Pockenimpfung stellt die einzige wirksame Maßnahme zur Verhütung und zur Ausrottung der Pocken dar.

Dank großer systematischer Impfkampagnen in ehemaligen Endemiegebieten konnten die Pockenerkrankungen bis 1977 weltweit auf wenige Einzelfälle eingedämmt werden. Es stellt sich deshalb zur Zeit (1977) die Frage, wie weit überhaupt noch gegen Pocken geimpft werden soll. Ein allgemeines Impfobligatorium ist wegen Impfkomplikationen nicht mehr zu vertreten. Bei Risikopersonen (medizinisches Personal, Reisende in ehemalige Endemiegebiete) mag eine Impfung noch angezeigt sein. Ob man aber Kleinkinder im noch komplikationsfreien Alter primovakzinieren soll, um sie später nötigenfalls nur *re*vakzinieren zu müssen, ist zur Zeit eine Ermessensfrage. Wer an die vollständige Ausrottung der Pocken glaubt, wird konsequenterweise nicht mehr vakzinieren.

5. Weitere Pockenviren

Das Molluscum-contagiosum-Virus ist morphologisch ein Pockenvirus und verursacht beim Menschen multiple, kleine, perlweiße Knötchen von 2–5 mm Durchmesser. Diese entstehen 2–7 Wochen nach transkutaner Infektion und enthalten nebst granulierten Massen in hochgradig hypertrophierten Zellen reichlich Virusmaterial. Die Diagnose erfolgt wegen schwieriger Reproduzierbarkeit des Virus optisch.

Das Ektromelievirus (Ektromelie = Verstümmelung von Gliedmaßen) ist der Erreger der Mäusepocken. Das Virus ist nicht menschenpathogen, jedoch als spontaner Krankheitserreger in Mäusezuchten für alle tierexperimentell Arbeitenden von Bedeutung.

Versuchsmäuse sind oft nur latent infiziert. Sie zeigen erst nach Streßeinwirkungen (Tierversuche) klinische Erscheinungen. Diese können sich vielfältig äußern. Abgesehen von der klassischen Form mit Lippen- und Schwanzödemen sowie nachfolgenden Nekrosen (Verstümmelungen) werden Konjunktivitis, Pneumonien, Meningitis und Hepatitis beobachtet.

Da bei Ektromelieinfektionen die Ergebnisse von ganzen Tierversuchsserien nicht mehr verwertbar sind, müssen Versuchstiere unbedingt frei sein von Ektromelievirus.

Nebst den besprochenen Pockenviren gibt es noch eine ganze Reihe zum Teil menschen-, vor allem aber tierpathogener Viren, die wegen ihres morphologischen Aufbaues der Familie der Pockenviren zugeordnet werden. Entsprechend enger antigener Verwandtschaft sind die Pockenviren in 6 Subgruppen unterteilt worden, welche folgende Virusarten umfassen:

1. Variola-, Alastrim-, Kuhpocken-, Vakzinia-, Ektromelie-, Kaninchenpocken- und Affenpockenvirus;
2. Melkerknotenvirus, Virus der kontagiösen pustulären Dermatitis von Ziege und Schaf, Virus der papulären Dermatitis und Stomatitis des Rindes;
3. Virus der Schaf- und Ziegenpocken sowie Virus der „Lumpy skin disease“ (Huftiere);
4. Geflügel- und Kanarienpockenvirus (aviär);
5. Kaninchenmyxom- sowie Kaninchen- und Eichhörnchenfibromvirus;
6. Molluscum-contagiosum-Virus des Menschen, Tanapoxvirus bei Kindern in Kenya, Virus der Pferde-, Schweine- und Kamelpocken, Yaba-Tumorvirus bei Affen.

Noch nicht klassifizierte Viren

XII. Hepatitisviren

Die Hepatitisviren gelten als die Erreger der sog. „*Virushepatitis*". Diesem Begriff werden seit langem 2 Krankheitstypen subsumiert:

1. *Die Hepatitis epidemica, Syn. infektiöse Hepatitis, Syn. epidemische Gelbsucht, Syn. Virus-Typ-A-Hepatitis,* die in allen Belangen eine kontagiöse Infektionskrankheit ist (das Virus wird vom Menschen ausgeschieden) und verursacht wird durch das *Hepatitisvirus A.*
2. *Die Serumhepatitis, Syn. Inokulations- oder Transfusionshepatitis, Syn. Virus-Typ-B-Hepatitis,* die bis vor kurzem als nicht kontagiös galt, einer iatrogenen Krankheit gleichkommt (auftretend als Komplikation nach medizinischen Eingriffen) und verursacht wird durch das *Hepatitisvirus B.*

Die Ätiologie dieser Krankheiten ist nicht in allen Teilen präzise geklärt. Keines der beiden Viren konnte in Passagen einwandfrei repliziert werden. Damit sind auch die klassischen Kochschen Regeln der ätiologischen Beweisführung bis heute (1977) nicht erfüllt. Hinzu kommt, daß andere als die „Hepatitisviren" ebenfalls hepatische Syndrome auslösen können.

Was man lange Zeit ätiologisch und epidemiologisch über die „Virushepatitis" wußte, basierte ausschließlich auf exakten statistischen Erhebungen und ergab sich aus experimentellen Übertragungen auf Freiwillige. Vor allem die Übertragungsversuche bewiesen, daß ein infektiöses Agens vorliegen müsse und Filtrationsversuche mit infektiösem Material ließen für die Typ-A-Hepatitis den Schluß zu, daß die infektiösen Partikel einen Durchmesser von nur 20 bis 30 nm aufweisen.

Ebenfalls in Übertragungsversuchen konnte gezeigt werden, daß die Hepatitisviren resistenter sind als die meisten bekannten menschenpathogenen Viren, daß sie aber bei korrekter Hitze- und Strahlensterilisation einwandfrei inaktiviert werden.

Von praktischer Bedeutung ist die Tatsache, daß Hepatitisviren, in organisches Material eingebettet, nach kurzdauernder Erhitzung auf 100 °C noch infektiös sein können, daß sie gegen die meisten antibakteriellen Desinfektionsmittel und damit auch gegen die übliche Trinkwasserchlorierung (0,2 mg Cl pro 1 l Wasser) resistent sind und daß als Desinfektionsmittel höchstens Hypochlorit 1 % oder wässerige Formaldehydlösung 10 %(!) empfohlen werden können.

Die Hepatitisviren sind nur für den Menschen bzw. Primaten pathogen. Andere Tiere sind weder von epidemiologischer Bedeutung, noch können sie als Versuchstiere eingesetzt werden. Eine taxonomische Einordnung der Hepatitisviren ist zur Zeit noch nicht möglich.

Es scheint angezeigt, in der Folge die beiden Hepatitisformen, Typ A und Typ B, getrennt zu behandeln, wobei aber immer wieder auf Gemeinsamkeiten, bzw. Differentialdiagnostisches, hingewiesen werden muß.

1. Hepatitis epidemica, Syn. Virus-Typ-A-Hepatitis

Die Hepatitis epidemica wird in erster Linie oral übertragen, indem der mit dem Stuhl ausgeschiedene Erreger durch Schmierinfektionen, kontaminiertes Wasser oder mit Speisen peroral aufgenommen wird. Die Inkubation beträgt im Mittel 28 Tage und liegt in den meisten Fällen zwischen 21 und 32 Tagen; Extremwerte 15 bis 50 Tage.

Pathogenese und Krankheitsbild. Über die Pathogenese ist wenig Präzises bekannt, weil der bis vor kurzem nicht nachweisbare und auch heute noch nicht bewiesene Erreger im Wirtsorganismus zu wenig systematisch verfolgt werden konnte. Wegleitende Aufschlüsse vermag möglicherweise die weitere Erforschung der Hepatitisantigene zu erbringen. Alles spricht dafür, daß sich das peroral aufgenommene Virus vorerst im Darmepithel vermehrt, sich dann aber schon früh im ganzen Körper verbreitet. So ist eine Virämie am 12. Tag nach der Infektion experimentell bewiesen worden. Auch die Tatsache, daß das Virus regelmäßig bereits 14 Tage vor Krankheitsbeginn ausgeschieden wird, beweist, daß schon in der 1. Hälfte der Inkubationszeit eine Generalisation desselben hat stattfinden müssen.

Die Virusausscheidung im Stuhl ist neuerdings auch immun-elektronenmikroskopisch nachgewiesen worden, wobei sphärische Partikel mit einem Durchmesser von 27 nm als verantwortliche Viren angesprochen werden. Wahrscheinlich sind es RNA-Viren. Sie erwiesen sich als ätherresistent.

Das Hepatitis-Typ-A-Virus kann, ähnlich dem Typ-B-Virus, auch parenteral (yatrogen) übertragen werden. Dabei muß sich das pathogenetische Geschehen wenigstens teilweise von demjenigen bei parenteraler Übertragung unterscheiden.

Infektionen durch das Hepatitisvirus A können als klassische, mit Ikterus einhergehende Hepatitis verlaufen, als anikterische Hepatitis oder vollkommen inapparent. Dementsprechend sind alle klinischen Übergangsformen möglich.

Bei der klassischen Hepatitis stehen zu Krankheitsbeginn gastrointestinale Symptome wie Appetitlosigkeit, Übelkeit, Erbrechen und bestimmte Abdominalbeschwerden im Vordergrund. Dieses meist mit Fieber verbundene Prodromalstadium dauert 4–8 Tage. Ein vorübergehender Fieberabfall leitet über zur zweiten, ikterischen Phase. Die Gelbsucht ist das Kardinalsymptom der klassischen Hepatitis. Sie kann 2 bis mehrere Wochen bestehen bleiben, wobei die Leber vergrößert und druckschmerzhaft ist. Ausnahmsweise kann es zu einer akuten, immer letalen Lebernekrose (akute gelbe Leberatrophie) kommen.

Obwohl die Lebersymptome im Vordergrund stehen, tut man bei der Beurteilung der Situation gut daran, die Hepatitis nicht nur als lokalisierte Lebererkrankung, sondern als generalisierte Allgemeininfektion aufzufassen. Die Prognose ist im allgemeinen gut. Jugendliche erkranken weniger schwer als ältere Personen. Die Letalität ist am höchsten bei Säuglingen und alten Leuten. Sie ist in einzelnen Ländern und auch zu verschiedenen Zeiten unterschiedlich, liegt aber im allgemeinen unter 1 ‰.

Die Hepatitis epidemica hinterläßt eine Immunität. Zweiterkrankungen sind selten.

Diagnose. Da der Erreger der Typ-A-Hepatitis nicht künstlich repliziert werden kann, existiert bis heute keine Methode, die Hepatitisätiologie sicher zu beweisen. Der optische Virusnachweis besitzt nur im positiven Falle Beweiskraft, dagegen nicht bei negativen Befunden. Dementsprechend basiert die Diagnose auf exakten klinischen Untersuchungen, einer genauen, nach epidemiologischen Gesichtspunkten erhobenen Anamnese, auf der Bestimmung der Transaminaseaktivität sowie auf histologischen Befunden in Leberbiopsiematerial.

Epidemiologie und Prophylaxe. Die Hepatitis epidemica ist weltweit verbreitet. Sie tritt jedoch nicht in allen Ländern gleich häufig in Erscheinung. Während der letzten 20 Jahre war die Hepatitis epidemica in den meisten Ländern, aber nicht in allen, in Zunahme begriffen.

Die Infektketten sind ausschließlich homolog und gehen direkt oder über kontaminierte Substrate von Mensch zu Mensch. Obwohl das infektiöse Agens neuerdings auch in Speichel und Urin nachgewiesen wurde, ist die langdauernde Ausscheidung mit den Fäkalien von wesentlichster epidemiologischer Bedeutung. Daß der Erreger gegen Umwelteinflüsse resistent ist und sich demzufolge lange Zeit in

Wasser und anderem kontaminiertem Material halten kann, wurde schon erwähnt.

Von größter epidemiologischer Tragweite sind die beiden Tatsachen,

1. daß das Virus im Durchschnitt schon 14 Tage vor Auftreten der ersten klinischen Erscheinungen ausgeschieden wird und
2. daß alle inapparent Infizierten das Virus in gleicher Weise ausscheiden wie klinisch Erkrankte.

Der Kontagionsindex scheint in verschiedenen Ländern und vor allem bei verschiedenen Altersklassen ungleich zu sein. Er ist zweifellos bei Kindern kleiner als bei Erwachsenen. Selbst bei hohem Kontagionsindex erkrankt höchstens 1 Drittel der Infizierten typisch, 1 weiteres Drittel erkrankt uncharakteristisch und 1 Drittel überhaupt nicht. Alle jedoch können während Wochen bis Monaten Virusausscheider bleiben.

Altersmäßig überwiegen bei den Hepatitiserkrankten die Jugendlichen. Die Hepatitis entspricht einer Kinderkrankheit! Die Erkrankungsgipfel liegen je nach Land zwischen dem 8. und 15. Lebensjahr. Beide Geschlechter erkranken zu gleichen Teilen. Dagegen erkranken Medizinalpersonen aller Kategorien bis 10mal häufiger als übrige Personen. Hepatitis-epidemica-Fälle treten merkwürdigerweise in allen europäischen Ländern im Spätherbst am zahlreichsten auf. Eine plausible Erklärung für diese Tatsache besteht nicht.

Zu eigentlichen Epidemien kommt es immer wieder in Heimen und bei militärischen Einheiten. Dabei dürfte es sich, wie im Familienkreise, vor allem um Kontaktinfektionen handeln. Es sind aber auch Epidemien, ausgelöst durch kontaminiertes Trinkwasser sowie durch kontaminierte Lebensmittel (Milchprodukte, Austern), beobachtet worden.

Die in verschiedenen Ländern lange Zeit mit großem Aufwand konsequent durchgeführte Expositionsprophylaxe (Zwangshospitalisation) war ohne jeden epidemiologischen Effekt. Sie konnte es nicht sein wegen der massiven Virusausscheidung schon vor Krankheitsbeginn und wegen der vielen gesunden Ausscheider. Daß bei Verdacht auf Trinkwasserinfektionen die entsprechenden Einrichtungen saniert werden müssen, ist selbstverständlich. Auch hier verhindert die lange Inkubationszeit von 4 Wochen frühzeitige Maßnahmen. Die übliche Trinkwasserchlorierung inaktiviert das Hepatitisvirus nicht. Eine aktive Schutzimpfung war bis jetzt unmöglich, weil der Erreger der Hepatitis nicht repliziert werden kann. Die einzige spezifische Prophylaxe besteht in der passiven Immunisierung mit *Gammaglobulinen.* Jede passive Immunisierung kann jedoch wegen der beschränkten Halbwertszeit der übertragenen Antikörper nur kurze Zeit wirksam bleiben und sie kommt nur zur Auswirkung, wenn die Antikörper vor erfolgter Zellinfektion appliziert wurden. Gammaglobulinprophylaxe wird besonders auch Tropenreisenden empfohlen.

2. Serumhepatitis, Syn. Virus-Typ-B-Hepatitis

Das Hepatitis-B-Virus wird in erster Linie bei medizinischen Eingriffen parenteral übertragen, wobei Organ- und Blutbestandteile meist unbekannter menschlicher Virusträger als Vektor dienen. Dabei genügen minimale Mengen, wie sie an einer benützten feinen Injektionsnadel haften. Die parenterale Infektion ist experimentell mit 0,01 ml Serum gelungen. Eine Anzahl neuerer Beobachtungen spricht dafür, daß auch das B-Virus fäkal oder pharyngeal ausgeschieden und übertragen werden kann.

Ätiologie der Serumhepatitis siehe Australia-Antigen S. 375.

Pathogenese und Krankheitsbild. Die Inkubation beträgt bei der Serumhepatitis 60–180 Tage, ist also außerordentlich lang. Inkubationszeiten unter 2 Monaten bedeuten bei bewiesener Serumhepatitis eine Ausnahme.

Im allgemeinen verläuft die Serumhepatitis schwerer und langwieriger als die infektiöse. Über die Pathogenese ist noch weniger bekannt als bei der epidemischen Gelbsucht. Vor allem läßt sich die ungewöhnlich lange Inkubationszeit nur schwer deuten.

Die Letalität ist bei der Serumhepatitis ohne Zweifel größer als bei der epidemischen Hepatitis. Dabei ist zu bedenken, daß von der epidemischen Hepatitis meistens Gesunde befallen werden, während ärztliche Interventionen, die zur Serumhepatitis führen, mehrheitlich an Erkrankten und damit bereits anderweitig Geschädigten vorgenommen werden.

Die B-Hepatitis geht nicht selten in eine persistierende Hepatitis über, die sowohl einen gutartigen wie auch einen malignen Verlauf nehmen und eine Zirrhose zur Folge haben kann.

Epidemiologie. Es muß damit gerechnet werden, daß 2–4 % aller Gesunden Hepatitisvirusträger sind und als Blutspender bei allen Empfängern eine Hepatitis auslösen können. Bei der Serumhepatitis wird das Virus vom Individuum in der Regel nicht ausgeschieden, so daß Kontaktinfektionen zur Ausnahme gehören. Eine jahreszeitliche Häufung gibt es bei der Serumhepatitis zwangsläufig nicht. Man begegnet der Serumhepatitis auf allen Altersstufen; eher gehäuft bei älteren Leuten, wegen vermehrter medizinischer Eingriffe in diesen Altersklassen.

Prophylaxe. Die Serumhepatitis kann weitgehend verhütet werden:

1. durch korrektes Sterilisieren aller schon gebrauchten Instrumente oder durch nur einmaligen Gebrauch derselben;
2. durch Ausschalten als Blutspender
   a) aller Leute mit Hepatitisanamnese;
   b) der Leute, die in den letzten 12 Monaten selbst Blut empfangen hatten oder mit Hepatitispatienten in Kontakt waren;
   c) aller Leute, die Australia-Antigen-positiv (Syn. Hepatitis-B-Antigen-positiv) sind oder waren;
3. durch Einzelverarbeitung von individuellen Blutkonserven, z. B. zu Trockenplasma (keine Pools herstellen).

Tabelle 13 Unterschiede zwischen Hepatitis epidemica und Serumhepatitis

	Hepatitis epidemica	Serumhepatitis
Virus	RNA, 27 nm	DNA, 43 nm
Australia-Antigen	nein	ja
Inkubation	15–50 Tage	60–180 Tage
Infektionsweg	oral	parenteral
Virusausscheidung	ja	nein } oder nur ausnahmsweise
Kontaktfälle	ja	nein } oder nur ausnahmsweise
Hauptfaktor bei Übertragung	enger Kontakt, Trinkwasser, Nahrungsmittel	medizinische Interventionen
jahreszeitliche Häufung	Herbst/Winter	ganzes Jahr
Altersdisposition	Jugendliche	alle Altersstufen
Prophylaxe durch Gammaglobuline	ja, jedoch nicht 100%ig	nein

Während die epidemische Hepatitis durch gute Gammaglobuline (Anti-Typ-A) zu 80 % verhütet werden kann, sind letztere gegenüber der Serumhepatitis unwirksam. Neuerdings sind jedoch auch Anti-Typ-B Gammaglobuline in Erprobung.

Zum Vergleich zwischen Serumhepatitis und Hepatitis epidemica s. Tab 13.

Australia-Antigen, Syn. Hepatitis-B-Antigen. Dane-Partikel

Das *Australia(Au)- oder Serumhepatitis(SH)-Antigen,* heute als *Hepatitis-B-Antigen (HB Ag)* bezeichnet, ist 1963 im Blut eines Australiers entdeckt und 1964 von Blumberg u. Mitarb. zum erstenmal beschrieben worden. Die Entdeckung erfolgte nicht anläßlich von Hepatitisuntersuchungen, sondern von Untersuchungen über Lipoproteinpolymorphismen des Serums. Erst ab 1968 wurden Zusammenhänge zwischen Au-Antigen und Serumhepatitis eingehend studiert (Prince u. Mitarb.). Seither ist enorm viel, sowohl Übereinstimmendes wie auch Widersprechendes, über das Au-Antigen publiziert worden.

Fest steht, daß das Au/HB-Antigen zumindest einen Teil des pathogenetischen Agens der Serumhepatitis darstellt, also für das Zustandekommen der Serumhepatitis verantwortlich ist. Demzufolge scheint es erlaubt, die Virusätiologie der Serumhepatitis als Tatsache zu betrachten, auch wenn die Beweisführung noch Lücken aufweist. Was könnte der Erreger sonst sein, wenn er kein Virus wäre?

Das Virus konnte bis heute (1977) in der Zellkultur nicht repliziert werden. Man konnte aber elektronenoptisch virusähnliche Partikel nachweisen, die nach ihrem Entdecker *Dane*-Partikel genannt werden. Sie haben Ikosaederstruktur, einen Durchmesser von 43 nm, weisen ein von einem dicken (8 nm) Mantel umgebenes Core auf und besitzen eine Doppelstrang-DNA mit einer DNA-Polymerase. Im Gegensatz zum Hepatitis-A-Virus (= RNA-Virus) handelt es sich beim Hepatitis-B-Virus also um ein DNA-Virus.

Neben sphärischen Formen hat man im Blut von Patienten auch filamentös-tubuläre Formen von nur 22 nm Durchmesser festgestellt, die häufig Aggregate bilden. Ferner wurden bereits 4 Serotypen ermittelt, die bezeichnet werden HB AG / adr, ayr, adw und ayw, wobei a eine bei allen Typen vorkommende Determinante darstellt. Das Cor-Antigen ist ebenfalls allen Typen gemeinsam.

Das Hepatitis-B-Virus erweist sich gegenüber mannigfaltigen Einflüssen bemerkenswert stabil und ist nur für Primaten, vor allem Mensch und Schimpansen pathogen. Eine Kreuzimmunität zwischen Typ-A- und Typ-B-Virus existiert mit Sicherheit nicht.

Bisher ist das Au-Antigen routinemäßig als Antigen, also mit immunologischen Methoden nachgewiesen worden, wobei grundsätzlich alle Antigen-Antikörper-Systeme verwendet werden können. Angewandt werden der Immundiffusionstest, die KBR, die Immunelektrophorese, die Hämagglutination sowie die Immunfluoreszenz. Die verschiedenen Methoden ergeben uneinheitliche Resultate, deren Interpretation umstritten ist. Den empfindlichsten

Methoden wird beispielsweise vorgeworfen, sie seien entsprechend wenig spezifisch.

Mit den gleichen Methoden können auch Antikörper bestimmt werden.

So lassen sich im Serum Au-Antigen-positiver Patienten während der Rekonvaleszenz Au-Antikörper feststellen. Gammaglobuline solcher Seren, vermischt mit Au-Antigen-positivem Material, verhüten jedoch eine Inokulationshepatitis nicht.

Interessant scheint die Tatsache, daß man mit verdünntem, inaktiviertem, d. h. 1 Minute auf 98 °C erhitztem Au-Antigen-positivem Serum nach mehrmaliger Injektion Antikörper gegen das Au-Antigen provozieren kann, was einer aktiven Immunisierung mit einem inaktivierten Antigen entspräche.

Dane-Partikel können heute mit Dichtegradientenzentrifugation angereichert werden, was möglicherweise eine Vakzine in Aussicht stellt.

Die Infektiosität des Au-Antigens wird durch die gleichen Maßnahmen eliminiert, wie sie uns von Material bei Hepatitis epidemica bekannt sind. Autoklavieren bei 120 °C, Heißluft von 180 °C, Kochen bei 100 °C während 20 Minuten heben die Infektiosität einwandfrei auf. Erhitzen von 1 : 20 verdünntem Serum auf 98 °C während 1 Minute reduziert die Infektiosität wesentlich. Die üblichen Desinfektionsmittel wirken in den für Bakterien benützten Gebrauchsverdünnungen nicht inaktivierend, weder gegenüber infektiösem Hepatitismaterial noch gegenüber dem Au-Antigen. In beiden Fällen können höchstens Hypochlorit 1 % oder Formalin 10 % empfohlen werden.

Die Bedeutung des Australia-Antigen im Blutspendewesen

Schon die ersten Untersuchungen hatten ergeben, daß man das Au-Antigen bei höchstens 0,1 % der gesunden Erwachsenenbevölkerung nachweisen kann, dagegen bei ca. 20 % der Fälle mit „Virushepatitis" und bei ca. 1 % von Patienten mit anderen Hepatopathien. Die meisten Autoren finden das Au-Antigen nur gehäuft bei Fällen von Serumhepatitis, d. h. von Hepatitis mit langer Inkubation.

Sicher ist, daß Au-Antigen-positives Blut beim Empfänger eine signifikant höhere Rate von Transfusionshepatitis erzeugt als Au-Antigen-negatives Blut; bis 50 % aller Empfänger von Au-Antigen-positivem Blut erkranken an einer Serumhepatitis. Der Empfänger kann aber auch Au-Antigen-positiv werden, ohne zu erkranken und umgekehrt kann er erkranken, ohne nachweisbar Au-Antigen-positiv zu werden. Au-Antigen-positive Personen müssen unter allen Umständen als Blutspender ausgeschlossen werden. Durch ihre Erfassung werden aber nur ca. 25 % der Spender eliminiert, die eine Transfusionshepatitis verursachen. Daß auch Au-Antigen-negative Spender eine solche veranlassen können, wird auf zwei wesentliche Gründe zurückgeführt.

Ein Teil der Transfusionshepatitiden wird durch das Virus A der epidemischen Hepatitis ausgelöst, das nicht dem Au-Antigen entspricht; oder die Konzentration des Au-Antigens im Blut liegt unter der Nachweisbarkeitsgrenze.

Weil das Au-Antigen bei der epidemischen Hepatitis unbeteiligt ist, erlaubt der Nachweis oder Nichtnachweis des Au-Antigens bei der akuten Virushepatitis die Unterscheidung in epidemische und Serumhepatitis, was von epidemiologischer, aber auch von prognostischer und rechtlicher Bedeutung sein kann. Obwohl Dane-Partikel von einzelnen Autoren in Fäkalien elektronenoptisch nachgewiesen wurden, scheint uns der Schluß, daß auch die Serumhepatitis immer kontagiös sei, als verfrüht.

Der Nichtnachweis von Au-Antigen im Blut schließt eine Serumhepatitis nicht unbedingt aus. Im günstigsten Falle ist bei 75 % von Serumhepatitispatienten Au-Antigen nachgewiesen worden. Der Nachweis war z. T. nur während weniger Tage möglich, z. T. auch während mehrerer Wochen. Fast sicher darf angenommen werden, daß das Au-Antigen in nicht mehr nachweisbarer Konzentration vorhanden sein kann, trotzdem aber noch eine Transfusionshepatitis auszulösen vermag.

Heute steht außer Zweifel, daß der Nachweis des Au-Antigens im Blutspendewesen berücksichtigt werden muß. Die Transfusionshepatitis ist *die* Crux des Blutspendewesens. Alle anderen übertragbaren Infektionskrankheiten treten zahlenmäßig weit in den Hintergrund.

Praktische Prophylaxe der Serumhepatitis s. S. 374.

XIII. Slow-Virus

Unter dem Begriff *„Slow-Virus"-Krankheiten* werden Krankheitsbilder zusammengefaßt, bei denen Viren oder virusähnliche Erreger nach einer langen Inkubationszeit (Monate bis Jahre) beim Menschen und gewissen Tieren chronische, progressiv verlaufende Erkrankungen des ZNS erzeugen. Es ist für diese Infektionen typisch, daß die Erreger im Wirt persistieren und schließlich durch direkte

Einwirkung oder durch Abwehr des Wirtes pathogene Veränderungen in einzelnen Organen bewirken.

Als ätiologisch gesichert gelten die subakute sklerosierende Panenzephalitis (SSPE), verursacht durch das Masernvirus, und die progressiv multifokale Leukoenzephalopathie (PML), verursacht durch Papovaviren.

Bei anderen Krankheiten hat man Erreger nachgewiesen, die nicht sicher den Viren zuzuordnen sind. Sie sind gegen äußere Einflüsse auffallend resistent und induzieren keine Immunität. Man hat vermutet, es könnte sich um nackte Nukleinsäuren handeln. Zu diesen Krankheiten werden die Jakob-Creutzfeldsche Pseudosklerose und die Kuru-Krankheit gezählt. Es gibt auch Anhaltspunkte dafür, daß die multiple Sklerose eine „Slow-Virus"-Krankheit sein könnte.

XIV. Tumorviren

Da Viren in der Lage sind, genetisches Material auf Zellen zu übertragen und da Tumorzellen den phänotypischen Ausdruck für einen veränderten Genotyp der Zelle darstellen, hat sich schon früh die Frage aufgedrängt, ob Viren die Ursache von Tumorbildungen sein können.

Heute wissen wir mit Sicherheit, daß bestimmte tierische Tumoren, sowohl gutartige wie bösartige, durch Viren hervorgerufen werden. Bewiesen ist ebenfalls die Virusätiologie einiger gutartiger menschlicher Tumoren. Dagegen fehlt bis heute für alle bösartigen Geschwülste beim Menschen der Beweis einer ausschließlichen Virusätiologie. Sicher sind nicht alle bösartigen Geschwülste durch Viren bedingt. Wir kennen z. B. eine Reihe chemischer Substanzen, die auch ohne Viren kanzerogen wirken. Die Faktoren, die das Entstehen einer bösartigen Geschwulst auslösen, können mannigfaltig sein. Wo aber Viren im Spiel sind, besteht die Möglichkeit einer immunologischen Therapie.

Im allgemeinen wird eine Virusätiologie des Tumors angenommen, wenn es experimentell gelingt, mit zellfreien Tumorfiltraten neue Tumoren zu erzeugen. Dabei sind, wie bei der ätiologischen Beweisführung von Infektionskrankheiten, die Kochschen Regeln zu beachten. Dementsprechend sollte nicht nur die zellfreie Übertragbarkeit garantiert sein, sondern es sollte möglich sein, die Viruspartikel elektronenoptisch darzustellen und über ihren morphologischen Aufbau Aussagen zu machen.

In Analogie zur Infektion von Bakterien mit temperierten Phagen darf angenommen werden, daß Viren nicht sofort zu Tumorbildungen führen müssen, sondern daß sich auch hier die Virusnukleinsäure dem Genom der Zelle integrieren kann, mit diesem vererbt wird und erst später, z. B. nach äußerem Reiz (Bestrahlung) eine sichtbare Veränderung der Zelle herbeizuführen vermag. Dementsprechend besteht die Möglichkeit, daß (analog temperierten Phagen, früher Prophagen genannt) „Proviren" enthaltendes genetisches Material von einer Wirtsgeneration zur anderen übergeht (vertikale Infektkette) und erst in einer späteren Generation Tumoren auslöst.

Unter den bewiesenermaßen tumorerzeugenden Viren gibt es solche vom RNA- wie vom DNA-Typ.

Über die Transformierung von normalen Zellen zu Tumorzellen durch Viren weiß man heute folgendes:

DNA-Tumorviren veranlassen den Einbau eines Teiles des Virusgenoms in das Zellgenom, wo ersteres ca. 5 % des Gesamtgenoms ausmacht. Dadurch werden in der Zelle viruskodierte Proteine synthetisiert, die wahrscheinlich für die Transformation verantwortlich sind. Man findet in transformierten Zellen – im Gegensatz zu normalen Zellen – ein sog. Tumorantigen im Zellkern und sog. Transplantationsantigene in der Zellmembran.

RNA-Tumorviren besitzen eine reverse Transkriptase, mit deren Hilfe von dem Virus-RNA-Genom kleine Doppelstrang-DNA-Transkripte als Matrizen gebildet und in die Zell-DNA eingebaut werden. Schließlich ist für die Transformation der Zelle auch hier eine stabile Verbindung zwischen Zellgenom und Virusgenom notwendig. Bei vielen Wirbeltieren können virale Nukleotidsequenzen, von Generation zu Generation vererbt, schon bei der Geburt im Zellgenom enthalten sein. Diese Information zur Tumorbildung, die möglicherweise in allen Zellen enthalten ist (Hypothese von Huebner und Todaro), wird unter Umständen im Laufe des Lebens durch Mutagene und Karzinogene aktiviert, was Transformationen und Tumorbildungen zur Folge haben kann.

Tumorerzeugende RNA-Viren sind

1. *das Virus des Rous-Sarkom,*
   (Synonym: *Virus des Hühnersarkom [Rous]);*
2. *das Virus der Hühner- oder Geflügelleukose (-Leukämie);*
3. *das Virus des Mammakarzinoms der Maus,*
   (Synonym: *Milchfaktorvirus der Maus [Bittner]);*
4. das Virus der Mäuseleukämie *(Gross).*

Tumorerzeugende DNA-Viren werden heute in der Familie der *Papova*-Viren (*pa*pilloma, *po*lyoma, *v*acuolating *a*gent) zusammengefaßt.

Ihre wichtigsten Vertreter sind

1. *das Kaninchenpapillomvirus* (Shope) sowie Papillomviren bei zahlreichen anderen Tiergattungen;
2. *das Polyomavirus,* das bei Mäusen verschiedenartigste (poly) maligne Tumoren hervorrufen kann;
3. *das Vacuolating agent* (Synonyme: *SV 40-Virus, simian vacuolating virus);*
4. *das Virus der Marekschen Krankheit (*Neurolymphomatose) der Hühner;
5. *das Warzenvirus des Menschen.*

Ferner können menschenpathogene Adenoviren bei Nagetieren – nicht beim Menschen – onkogen wirken.

Die Papovaviren haben Ikosaederstruktur, einen Durchmesser von 45–60 nm und besitzen keine Hülle. Sie sind gegenüber Umwelteinflüssen ungewöhnlich resistent.

Das *Vacuolating agent* (Synonym: *SV 40-Virus),* oftmals nur als Simian virus bezeichnet, wird häufig in gesunden Affen und damit in Affennierenzellkulturen festgestellt und darf als Kontaminant bei der Herstellung von Lebendimpfstoffen, vor allem oralen Polioimpfstoffen, nicht übersehen werden. Soweit bekannt, ist das Virus für den Menschen nicht pathogen.

Das Warzenvirus ist die Ursache der menschlichen juvenilen Warzen. Es handelt sich, ähnlich allen Papovaviren, um einen Ikosaeder von 45 nm Durchmesser mit wahrscheinlich 42 Kapsomeren.

Das Warzenvirus läßt sich in Zellkulturen nur unter speziellen Bedingungen replizieren. Experimentelle Übertragungen von Mensch zu Mensch gelten als bewiesen. Die Inkubation variierte dabei zwischen 6 Wochen und 8 Monaten. Unter natürlichen Bedingungen gelangt das Virus durch Mikroläsionen der Haut in den Körper. Übertragung von einer Körperstelle auf eine andere ist möglich. Warzen manifestieren sich meistens an den Händen als sog. Verruca vulgaris. Daneben kennt man die Verrucae plantares und die Verrucae planae. Die Heilung erfolgt meistens spontan. Bei der Hälfte der Warzenträger kann man im Serum Antikörper nachweisen. Von besonderem Interesse ist die Tatsache, daß am weiblichen Genitale lokalisierte Warzen, die *spitzen Kondylome,* maligne entarten können.

XV. Bakteriophagen

Bakteriophagen sind Viren, denen bestimmte Bakterienarten als Wirt dienen und die unter bestimmten Umständen für diesen Wirt pathogen sind. Die Bezeichnung Bakteriophag stammt von

D'Hérelle, der 1917 feststellte, daß bakterienfreie Stuhlfiltrate von Shigellosepatienten in der Lage sind, Shigellenkulturen aufzulösen. Andere Bakteriologen, vor allem Twort (1915) hatten schon früher ähnliche Beobachtungen gemacht.

Die Bakteriophagen sind in der Natur weit verbreitet. Fast alle Bakterien besitzen ihre spezifischen Phagen.

Da bestimmte Bakteriophagen bestimmte Bakterienarten, darunter auch pathogene, im Sinne einer spezifischen Virus-Wirt-Beziehung zur Auflösung bringen, lag die Überlegung nahe, solche „Bakterientöter" therapeutisch einzusetzen. Alle Therapieversuche haben jedoch enttäuscht, so daß die Bakteriophagen in diesem Zusammenhange kaum mehr bearbeitet werden. Dagegen stießen sie in der Grundlagenforschung auf enormes Interesse. Weil der Viruswirt aus einer Einzelzelle besteht, die in beliebiger Menge reproduziert und als solche morphologisch wie biologisch genau beobachtet werden kann und weil die Virusvermehrung möglicherweise nach 20 Minuten abgeschlossen ist, stellen Phagen und Bakterien seit Jahren ein erstklassiges Versuchsmodell dar. So basieren viele virologische *Grundlagenkenntnisse* weitgehend auf der Bakteriophagenforschung.

Aus Experimenten an bakteriophageninfizierten Mikroorganismen resultieren auch bedeutende Erkenntnisse *molekularbiochemischer* und *genetischer* Natur, wie Replikation genetischen Materials, Mutation und Rekombination genetischer Merkmale, Zusammenhang zwischen genetischer Information und der durch sie gesteuerten Proteinsynthese.

Spezifische Bakteriophagen sind in den letzten Jahren immer häufiger verwendet worden zur Typisierung, d. h. zur weiteren Unterteilung bestimmter Bakterienarten. Die Phagentypisierung ist bei epidemiologischen Untersuchungen von großer praktischer Tragweite für die Beweisführung sowohl von wahrscheinlich bestehenden, als von sicher fehlenden Zusammenhängen.

Die Unterteilung bestimmter Bakterienarten mit Hilfe von Bakteriophagen wird als *Lysotypie* bezeichnet. Mit dieser Methode lassen sich beispielsweise innerhalb der Spezies Salmonella typhi ca. 80 Typen und innerhalb der Staphylokokken 4 Hauptgruppen mit zahllosen Typen voneinander unterscheiden.

Morphologie. Ähnlich wie bei den menschen- und tierpathogenen Viren ist der *morphologische Aufbau* der verschiedenen Bakteriophagen nicht einheitlich. Unterschiede bestehen schon in der chemischen Zusammensetzung. Obwohl die meisten Bakteriophagen DNA-Viren sind, existieren auch solche vom RNA-Typ. Im allgemeinen teilt man die Phagen auf Grund morphologischer Merkmale in drei Gruppen ein: in kugelförmige, stabförmige sowie komplex aufgebaute.

Die *kugelförmigen* sind die kleinsten bekannten Phagen. Sie sind vom RNA-Typ, besitzen einen Durchmesser von 20–30 nm und zeigen einen ikosaedrischen Aufbau.

Die *stabförmigen* Bakteriophagen besitzen eine Länge bis zu 750 nm und einen Durchmesser von nur 5 nm. Sie entsprechen einem Zylinder mit zentral gelegener DNA.

Zu den *komplex* aufgebauten Phagen gehören die aus der Phagenforschung bekannten Koliphagen der T-Serie (Abb. 49). Diese bestehen aus einem prismatischen Kopf, der die gesamte fadenförmige DNA enthält, sowie aus einem röhrenförmigen Schwanz. Am distalen Ende des Schwanzes finden sich die Basisplatte und die Fasern. Letztere bewerkstelligen den Kontakt mit spezifischen Rezeptoren, die Platte dient der Verankerung des Phagen an der Bakterienoberfläche.

Infektionsmechanismus und Phagenvermehrung. Bei der Infektion des Bakteriums durch T-Phagen (Abb. 49) wird nach erfolgter Haftung die Zellwand durch virales Lysozym aufgelöst, so daß der periphere Teil des Schwanzrohres in die Bakterienzelle eindringen kann. Jenes dient gleichsam als Injektionskanüle, durch welche die Phagen-DNA in das Bakterium getrieben wird. Die leere Proteinhülle des Phagenkopfes bleibt an der Oberfläche der Bakterienzelle (außen) haften. Die einzelnen Phasen der Phagenreplikation sind grundsätzlich die gleichen wie bei animalen Viren.

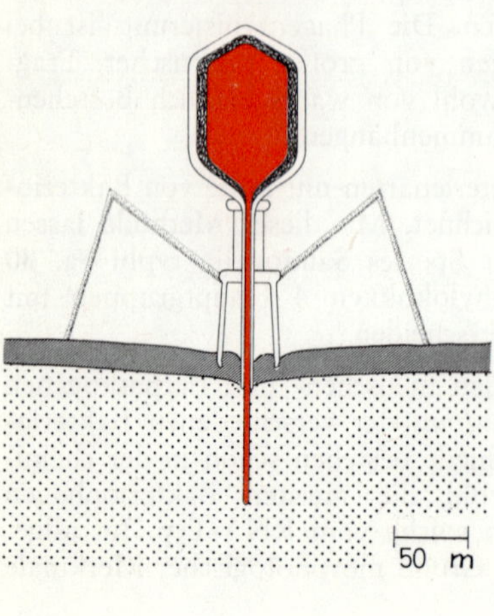

Abb. 49 Schema eines Koliphagen mit Basisplatte an Bakterienzelle, die Phagen-DNA in das Bakterium injizierend

T-Phagen zeigen dabei allerdings Besonderheiten: sofort nach dem Eindringen der Phagen-DNA wird die zelluläre DNA- und RNA-Proteinsynthese gestoppt und nur noch Virusmaterial gebildet. Selbst die Zell-DNA wird zerlegt, um Bausteine für die Phagen-DNA zu liefern, was in tierischen Zellen nicht der Fall ist.

Äußerlich ändert sich an der Bakterienzelle vorerst nichts, worauf die Zelle plötzlich der Auflösung verfällt. Die Lyse wird verursacht durch Lysozym, ein Enzym, das sich wenige Minuten nach der Infektion der Zelle zu bilden beginnt und auch in freien Bakteriophagen nachweisbar ist.

Will man Phagen zur Vermehrung bringen, muß man sie, in Analogie zur Züchtung tierpathogener Viren, mit ihren Wirtszellen, d. h. sensiblen Bakterien, zusammenbringen. Dies kann sowohl in flüssigen wie auf festen Medien erfolgen, wobei auf letzteren dank der zahlenmäßig kontrollierbaren Plaquesbildung quantitative Schlüsse möglich sind.

Lysogenie. Nicht jede Infektion von Bakterienzellen mit spezifischen Phagen führt zur Bakteriolyse. Wir müssen deshalb unterscheiden:

1. Eine Infektion der Bakterienzelle mit *virulenten* Phagen, die zur lytischen Reaktion, d. h. zur *Lyse* der Bakterienzelle führt, wie sie eben besprochen worden ist. Diesem Phänomen verdanken die Bakteriophagen ihre Entdeckung.

2. Eine Infektion der Bakterienzelle mit *temperierten* Phagen, bei der es zur Lyse der Bakterienzellen kommen, die Lyse aber auch ausbleiben kann, indem sich die infizierende Phagen-DNA in die Zelle integriert und sich mit dieser synchron vermehrt. Dieses zweite Phänomen einer erfolgreichen, jedoch äußerlich nicht sichtbaren Bakteriophageninfektion wird bezeichnet als *Lysogenie*.

Für einen bestimmten temperierten Phagen ist die Häufigkeit der Lysogenisierung unter gleichartigen Versuchsbedingungen relativ konstant, kann aber durch Einflüsse von außen wie Bebrütungstemperatur und andere physikalische oder chemische Einwirkungen erheblich verändert werden.

Unter *Lysogenie* versteht man die vererbbare Eigenschaft einer Bakterienzelle, ohne zusätzliche Infektionen von außen, Bakteriophagen zu produzieren. Ein lysogenes Bakterium besitzt also nicht nur die Fähigkeit, Phagen zu bilden, sondern überträgt diese Fähigkeit als Erbmerkmal auf seine Nachkommen.

Das Phänomen der Lysogenie kommt dadurch zustande, daß keine autonome Phagen-DNA repliziert wird, sondern daß sich das Genom des infizierenden Phagen dem Genom des Bakteriums integriert. Ein derart integrierter Phag wird *Prophag* genannt im

Gegensatz zum *vegetativen* Phag, der sich innerhalb der Bakterienzelle autonom vermehrt. Der Prophag wird synchron mit dem Bakteriengenom verdoppelt, verhält sich also wie ein bakterieneigenes Gen. Vegetativer Phag wie Prophag sind chemisch identisch mit der Phagen-DNA.

Lysogene Bakterien besitzen infolge Restriktionsenzymen die bemerkenswerte Eigenschaft, gegenüber Infektionen mit dem homologen Phagen resistent zu sein. Auch andere biologische Eigenschaften der Bakterien können durch deren Lysogenisierung wesentlich verändert werden. So sind nur lysogene Diphtheriebakterien imstande, Toxin zu bilden. Die Virulenz und damit die Pathogenität dieser Bakterien basiert auf der Lysogenie. Bei Salmonellen kann die Lysogenisierung durch bestimmte Phagen zur Bildung neuer Zellantigene führen.

Obwohl lysogene Zellen ihrer Prophagen verlustig gehen und zum nicht infizierten Zustand zurückkehren können, erfolgt dieser Rückgang nur selten. Im allgemeinen ist ein lysogenes System recht stabil.

Das Phänomen der Lysogenie ist naturwissenschaftlich etwas Außerordentliches. Eine genetische, also vererbbare Eigenschaft kann durch Virusinfektion erworben und somit experimentell erzeugt werden.

Parasiten

Protozoen

Die menschenpathogenen Protozoen bilden eine heterogene Erregergruppe mit entsprechender Vielgestaltigkeit der Morphologie und der Entwicklungswege. Während einige Arten eine direkte Entwicklung durchlaufen und nur *einen* Wirt benötigen, findet bei anderen eine indirekte Entwicklung mit Beteiligung eines Endwirtes und eines Zwischenwirtes statt. Bei einer Reihe von Arten sind Insekten Überträger (Vektoren) und zugleich Zwischenwirte, in denen eine Erregerentwicklung abläuft. Die geographische Verbreitung bestimmter Protozoeninfektionen des Menschen, z. B. der Malaria oder der Schlafkrankheit, ist daher an die Biotope der Zwischenwirte gebunden. Noch heute zählen einige der durch Protozoen bedingten Erkrankungen zu den häufigsten Infektionskrankheiten des Menschen.

Aufgrund neuer Erkenntnisse über Morphologie und Entwicklung hat in den letzten Jahren die systematische Einteilung der Protozoen wiederholt Änderungen erfahren. Auch jetzt existiert noch kein in allen Teilen gesichertes Einordnungssystem.

Tabelle 14 Zusammenstellung der berücksichtigten Protozoenarten

Klasse	Gattung und Art	Hauptlokalisation	Krankheit
Zoomastigophora	*Trypanosoma gambiense* *T. rhodesiense*	Blut	Afrik. Trypanosomiasis, Schlafkrankheit
	T. cruzi	Blut, innere Organe	Amerik. Trypanosomiasis, Chagas-Krankheit
	Leishmania donovani	innere Organe	Viszerale Leishmaniose, Kala-Azár
	L. tropica	Haut	Kutane Leishmaniose, Orientbeule
	L. brasiliensis, *L. mexicana*	Haut, Schleimhaut	Amerik. Haut- und Schleimhautleishmaniose
	Trichomonas vaginalis	Genitale	Trichomoniasis
	Giardia lamblia	Duodenum	Giardiasis, Lambliasis

Tabelle 14 (Fortsetzung)

Klasse	Gattung und Art	Haupt-lokalisation	Krankheit
Rhizopoda	*Entamoeba histolytica*	Darm, Leber	Amöbiasis
	Entamoeba coli u. a. Arten	Darm	apathogen
	Naegleria-Arten *Hartmanella*-Arten	ZNS	Primäre Amöben-Meningoenzephalitis
Sporozoa	*Toxoplasma gondii*	innere Organe	Toxoplasmose
	Isospora belli	Darm	Kokzidiose
	Sarcocystis-Arten	Darm	Sarkosporidiose
	Plasmodium vivax	Leber, Erythrozyten	Malaria tertiana
	P. ovale		Malaria tertiana
	P. malariae		Malaria quartana
	P. falciparum		Malaria tropica
Ciliophora	*Balantidium coli*	Darm	Balantidiose
Incerta	*Pneumocystis carinii*	Lunge	Interstitielle Säuglingspneumonie

1. Trypanosoma

Die Gattungen *Trypanosoma* (trypanon: Bohrer) und *Leishmania* gehören zur Familie der *Trypanosomatidae* (Ordnung: Kinetoplastida). Es handelt sich dabei um spindelförmige oder rundliche Blut- oder Gewebeparasiten, die einen Kern, einen Kinetoplasten und in einigen Phasen des Entwicklungszyklus eine Geißel besitzen. Diese entspringt aus einem Basalkörper und tritt frei aus dem Zellleib hervor oder bildet den Randfaden einer undulierenden Membran. Charakteristisch für die *Trypanosomatidae* ist der Formenwandel während des Entwicklungsganges. Je nach Lage von Kinetoplast und Geißelursprung und aufgrund der Körpergestalt werden mehrere Formen unterschieden (Abb. 50). Die Vermehrung der *Trypanosomatidae* erfolgt durch Zweiteilung. Ihr Entwicklungszyklus ist mit einem Wirtswechsel zwischen Vertebraten und Insekten verbunden, wobei die Krankheitserreger durch letztere übertragen werden.

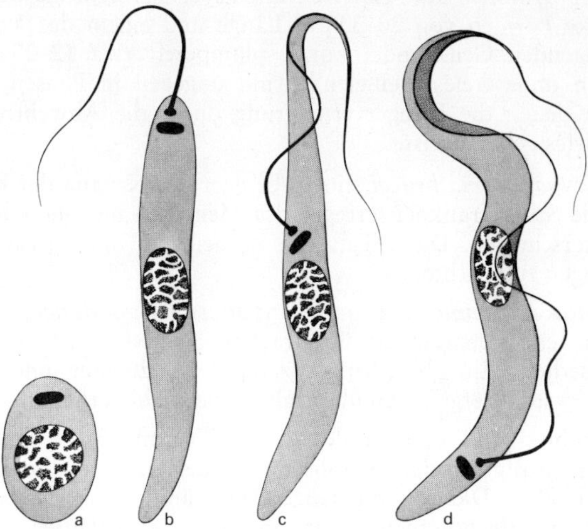

Abb. 50 Entwicklungsformen der Trypanosomatidae: a) amastigot, b) promastigot, c) epimastigot, d) trypomastigot (nach *Nauck*, 1975)

Trypanosoma gambiense und Trypanosoma rhodesiense

Die beiden *Trypanosoma*-Arten sind Erreger der Schlafkrankheit (= Afrikanische Trypanosomiasis). *Trypanosoma gambiense* wurde 1901 durch *Forde* in Gambia entdeckt, *Trypanosoma rhodesiense* 1910 durch *Stephens* aus einem Kranken isoliert, der sich die Infektion in Rhodesien zugezogen hatte. In den Jahren 1902/1903 stellte *Bruce* fest, daß *Trypanosoma gambiense* durch Stechfliegen der Gattung *Glossina* übertragen wird. *Kleine* klärte 1911 den Entwicklungszyklus der Trypanosomen in den Fliegen auf.

Geographische Verbreitung. Die Schlafkrankheit tritt nur in Afrika in einem Gebiet südlich der Sahara auf, etwa zwischen dem 20. nördlichen und dem 20. südlichen Breitengrad. Darin sind die endemischen Zentren unregelmäßig verteilt. In West- und Zentralafrika herrschen Infektionen mit *Trypanosoma gambiense* vor, während in ostafrikanischen Ländern *Trypanosoma rhodesiense* überwiegt. Da die Schlafkrankheit von Glossinen übertragen wird, ist ihr Vorkommen an die Verbreitungsgebiete des Überträgers gebunden.

Morphologie und biologische Merkmale der Erreger. *Trypanosoma gambiense* und *Trypanosoma rhodesiense* treten im Blut des Endwirtes polymorph auf: Zur Zeit intensiver Vermehrung überwiegen schlanke Formen von 20–35 µm Länge und einem das Vorderende überragenden Geißelende; kurze, plumpere, etwa 12–27 µm lange Formen ohne freies Geißelende sind dagegen in Phasen anzutreffen, in denen die Erregervermehrung durch die Abwehrreaktionen des Wirtes gehemmt ist.

Von *Trypanosoma brucei,* einem Erreger der Nagana der Haustiere, sind die Schlafkrankheitserreger des Menschen morphologisch nicht zu unterscheiden. Diese Tatsache ist bei epidemiologischen Untersuchungen zu beachten.

Trypanosoma gambiense und *Trypanosoma rhodesiense* sind auf verschiedene Versuchstiere übertragbar. Sie lassen sich in einfachen Nährmedien (Zitratblut-Ringerlösung 1 : 1) züchten und in flüssigem Stickstoff tiefgefroren über Jahre lebensfähig erhalten.

Entwicklung und Epidemiologie. Die Trypanosomen leben extrazellulär im Blut, in der Lymphe und in der Gewebeflüssigkeit (Abb. 51 und 60 a). Die von blutsaugenden männlichen oder weiblichen Glossinen aufgenommenen Trypanosomen durchlaufen einen Entwicklungszyklus, dessen Dauer temperaturabhängig ist und 15–35 Tage beansprucht. Zunächst vermehren sich die Erreger in trypomastigoter Form im Mitteldarm des Insekts. Später treten schlan-

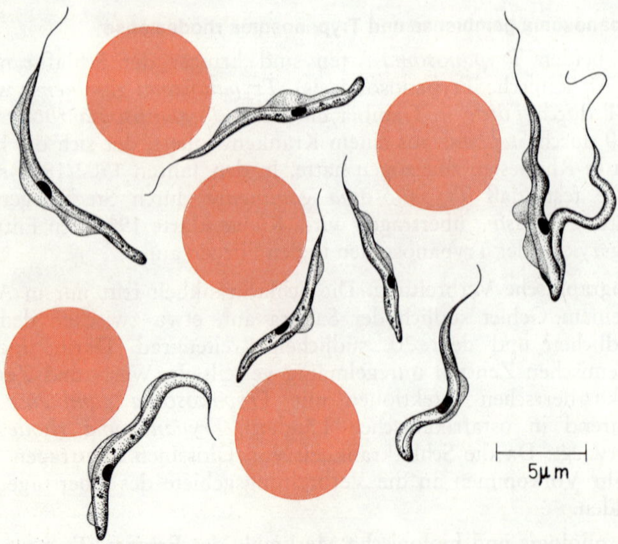

Abb. 51 Trypanosomen zwischen Erythrozyten

kere Formen auf, die in die Speicheldrüsen einwandern. Hier verwandeln sie sich in epimastigote Formen. Nach einigen Tagen erfolgt eine weitere Umwandlung in kleine, plumpe trypomastigote Stadien (= metazyklische Formen), die für den Menschen infektiös sind und bei einer Blutmahlzeit mit dem Speichel des Insekts in die Stichwunde der Haut inokuliert werden können. Die Erreger bleiben in den Glossinen bis zu deren Tode – d. h. bis zu 6 Monaten – lebensfähig. Als Überträger für *Trypanosoma gambiense* fungieren vor allem *Glossina palpalis, G. fuscipes* und *G. tachinoides,* für *Trypanosoma rhodesiense* hauptsächlich *Glossina morsitans, G. pallidipes* und *G. longipalpis.*

Die Glossinen (Tsetse-Fliegen) sind 6–12 mm lange Fliegen mit waagerecht vorgestrecktem Stechrüssel. Ein wichtiges Kennzeichen ist die typische Flügelhaltung in Ruhestellung, wobei der Umriß der über dem Hinterleib zusammengelegten und sich deckenden Flügel Zungenform hat (glossa: Zunge).

Zur Entwicklung benötigen sie schattige Brutplätze, an denen sie verpuppungsreife Larven in den Boden ablegen. Je nach Biotop unterscheidet man sogenannte Savannen- und Uferglossinen. Die Fliegen sind am Tage aktiv, sie stechen im Freien. Durch dunkle Stellen angelockt, dringen sie gerne in Fahrzeuge ein und sind dabei auch im Innenraum stechaktiv.

Die *Trypanosoma rhodesiense*-Infektion herrscht latent-enzootisch bei Wild- und Haustieren, die Erregerreservoire darstellen. Als solche sind bisher bekannt: Buschbock, Kuhantilope, Löwe, Hyäne und Rind. Glossinen, die an infizierten Tieren eine Blutmahlzeit aufgenommen haben, können die Infektion später auf Menschen übertragen, die dann ihrerseits Ansteckungsquellen bilden. Epidemiologisch scheint die Infektionskette Mensch-Glossina-Mensch eine geringere Bedeutung zu haben als die Übertragung der Trypanosomen von Tieren auf den Menschen.

Bei der *Trypanosoma gambiense*-Infektion stellt hingegen der Mensch das Haupterregerreservoir dar; der Zyklus Mensch-Glossina-Mensch ist für die Ausbreitung der Krankheit maßgebend.

Krankheitsbild (Afrikanische Trypanosomiasis, Schlafkrankheit), Praktisch wichtig ist die Abgrenzung folgender Phasen im Infektionsverlauf:

1. Stadium (febril-glanduläre oder hämo-lymphatische Phase): Nach der Übertragung vermehren sich die Trypanosomen zunächst an der Einstichstelle in der Gewebsflüssigkeit. Als Reaktion darauf entsteht innerhalb von 5–20 Tagen eine lokale ödematöse Schwellung („Trypanosomenschanker“). In der Ödemflüssigkeit lassen sich Erreger nachweisen. Später gehen die Trypanosomen in die Lymph- und Blutbahn sowie in die Körperflüssigkeit über. Etwa 2–3 Wochen nach der Infektion sind sie im Blut auffindbar, wo sie außerhalb der Zellen leben. In dieser Phase tritt Fieber auf, das 2–3 Wochen anhält, dann verschwindet und in unregelmäßigen Abständen wiederkehrt. Gleichzeitig zeigen sich Lymphknotenschwellungen, besonders im Halsbereich. In den Lymphknoten sind Erreger feststellbar. Die im Blut befindlichen Trypanosomen werden fortlaufend durch spezifische Antikörper geschädigt. Einzelne Trypanosomen, die infolge einer anderen Antigenkonfiguration von den Antikörpern nicht erfaßt werden, überleben und vermehren sich so lange, bis die gegen diese neue Population gebildeten Antikörper sie ebenfalls vernichten. So kommt es zu einer Fluktuation der Parasitämie und der Fieberanfälle.

Die jede Parasitämie begleitenden Symptome sind wenig spezifisch, so daß sie leicht mit denen der Malaria oder grippaler Infekte verwechselt werden können. Die Patienten leiden unter allgemeinem Unwohlsein, Kopfweh, Gelenkschmerzen, Fieberschüben und Anämie.

2. *Stadium* (meningoenzephalitische Phase): Mit dem Eindringen der Trypanosomen in das Zentralnervensystem beginnt das zweite Stadium. Die Erreger verursachen eine Meningoenzephalitis, die sich in verschiedenartigen Symptomen äußern kann, u. a. in einem erhöhten Schlafbedürfnis. Außerdem treten auf: Myokarditis, generalisierte Ödeme, Anämie und evtl. Nephritis. Unbehandelt verläuft die Infektion oft tödlich. Bei der Infektion mit *Trypanosoma gambiense* dringen die Erreger erst spät – nach mehreren Monaten bis zu 2 Jahren – in das ZNS ein, bei *Trypanosoma rhodesiense* wesentlich früher. Im allgemeinen nimmt die Infektion mit der letztgenannten Art einen eher akuten und schwereren Verlauf.

Immunität. Die während der Infektion gebildeten Antikörper sind spezifisch gegen bestimmte Antigenvarianten gerichtet. Erfolgt eine Reinfektion mit Trypanosomen anderer Antigenstruktur, so besitzt der Organismus keinen Schutz.

Ab dem 7. Tag nach der Infektion ist eine Zunahme der IgM-Konzentration im Serum und im 2. Stadium der Erkrankung auch im Liquor cerebrospinalis feststellbar.

Pathogenese und pathologische Befunde. Die Genese der Krankheit ist noch nicht völlig geklärt, u. a. werden folgende Faktoren dafür verantwortlich gemacht: Stoffwechselprodukte der Trypanosomen führen zu degenerativen Zellschädigungen. Antigen-Antikörper-Reaktionen veranlassen die Freisetzung von Kininen, die Änderungen der Gefäßpermeabilität mit Ödembildung, Hämostase und

Gewebshypoxie zur Folge hat; Immunkomplexe verursachen in den Nieren und in anderen Organen Funktionsstörungen. Immunreaktionen sind wahrscheinlich auch an der Entstehung der Anämie beteiligt, da sich *Trypanosoma*-Antigene an der Oberfläche von Erythrozyten anlagern, die dann durch Antikörper, die gegen Trypanosomen gerichtet sind, lysiert werden. Nach neueren Untersuchungen hemmen *Trypanosoma*-Infektionen die Immunabwehr gegen andere Antigene (= Immunsuppression).

Im Sektionsbild fallen Abmagerung, Vergrößerung von Lymphknoten und Milz sowie Anzeichen von Meningitis auf. Mikroskopisch finden sich entzündliche Veränderungen vor allem im ZNS, in den Lymphknoten, im Herzmuskel und an den serösen Häuten. Charakteristisch sind perivaskuläre Infiltrate aus Lymphozyten und Plasmazellen im ZNS (Meningoenzephalomyelitis).

Diagnose. Besonders wichtig ist der direkte mikroskopische Parasitennachweis im Blut, Lymphknotenpunktat und bei zerebraler Form im Liquor (Technik S. 512). Die Trypanosomen können durch fraktionierte Zentrifugation angereichert, auf Versuchstiere übertragen und in Kulturen gezüchtet werden. Serologische Methoden, wie KBR und Immunfluoreszenz, sowie Bestimmung des IgM-Spiegels im Serum bzw. Liquor ergänzen die diagnostischen Möglichkeiten. Für die klinische Beurteilung ist die Feststellung von Zellzahl und Eiweißgehalt im Liquor bedeutsam.

Therapie. Voraussetzungen für eine wirksame Therapie sind eine frühzeitige Diagnose und die Feststellung, ob das ZNS bereits betroffen ist oder nicht. Zur Behandlung des 1. Stadiums eignen sich Suramin (Germanin, Antrypol u. a. Handelspräparate) und Diminazen-Azeturat (Berenil) sowie Pentamidin (Lomidin), wobei letzteres nur bei *Trypanosoma gambiense*-Infektion ausreichend wirksam ist. Diese Präparate vermögen jedoch nicht in die Zerebrospinalflüssigkeit zu gelangen, so daß im 2. Stadium (liquorpositive Fälle) Arsenverbindungen wie Melarsoprol (Mel B, Arsobal) oder Nitrofurazon-Präparate (Furacin, Nitrofural) verabreicht werden müssen.

Bekämpfung und Prophylaxe. Zur Ausschaltung des Erregerreservoirs beim Menschen werden in endemischen Gebieten sowohl erkrankte Personen als auch symptomlose Träger mit Pentamidin behandelt. Zur individuellen Prophylaxe sind Suramin (1,0 g i. v.) und Pentamidin (4 mg/kg, max. 200 mg, i. m.) geeignet, wodurch eine Schutzwirkung von 3 bzw. 4–6 Monaten erreichbar ist. Durch eine derartige Prophylaxe können aber bestehende oder frisch erworbene Infektionen maskiert werden, weshalb eine Chemoprophylaxe für Touristen im allgemeinen nicht empfohlen wird. Schutzmaßnahmen gegen Glossinen sind nur am Tage erforderlich. Bekämpft werden die Vektoren durch Insektizide, Eliminierung von Brutplätzen durch Buschrodungen und andere Maßnahmen.

Trypanosoma cruzi

Trypanosoma cruzi, 1908 von Chagas im Darm der Raubwanze *Panstrongylus megistus* entdeckt, ist der Erreger der Amerikanischen Trypanosomiasis, die nach ihrem Entdecker meistens als Chagas-Krankheit bezeichnet wird. Überträger von *Trypanosoma cruzi* sind Raubwanzen *(Reduviidae).*

Verbreitung, Entwicklung und Epidemiologie. Erkrankungsfälle beim Menschen kommen in verschiedenen Staaten Süd- und Mittelamerikas sowie vereinzelt auch in den Südstaaten der USA vor.

Das im Blut infizierter Endwirte (Mensch, Säugetiere) auftretende *Trypanosoma cruzi* ist 15–20 µm lang, es besitzt ein zugespitztes Hinterende und einen großen Kinetoplasten. Im Blut erfolgt keine Vermehrung. Die Erreger dringen in Körperzellen ein, vor allem in Zellen des retikulohistiozytären Systems sowie der Skelett- und Herzmuskulatur. Sie verwandeln sich in amastigote Formen (1,5 bis 4,0 µm) und vermehren sich durch Zweiteilung. Nach ungefähr 5 Tagen nehmen die Erreger wieder die trypomastigote Form an und gehen ins Blut zurück, worauf sich die Zellinfektion wiederholt.

Die Raubwanzen nehmen den Erreger bei einer Blutmahlzeit an infizierten Wirten auf. In den Überträgern durchlaufen die Erreger einen Formenwechsel zu epimastigoten Stadien, die sich im Mittel- und Enddarm stark vermehren. Die Erreger gehen sodann in metazyklische trypomastigote Formen über, die nach 6–7 Tagen mit dem Kot ausgeschieden werden. Beim Blutsaugen der Wanzen gelangt der infizierte Kot auf die Haut des Menschen. Die metazyklischen Formen dringen von dort aus durch kleine Läsionen in die Haut oder Schleimhaut ein und erreichen schließlich die Blutbahn.

Hauptüberträger in Mittel- und Südamerika sind *Triatoma infestans, Rhodnius prolixus* und *Panstrongylus megistus.* Die Raubwanzen leben am Tage in Schlupfwinkeln und kommen nachts zum Blutsaugen hervor. Zahlreiche Tierarten fungieren als Erregerreservoire. So wurden *Trypanosoma cruzi*-ähnliche Trypanosomen u. a. in Gürteltieren, Nagern, Hunden, Katzen, Schweinen, Fledermäusen gefunden. Die Chagas-Krankheit ist daher eine Zoonose.

Krankheitsbild (Amerikanische Trypanosomiasis, Chagas-Krankheit). Die Krankheit manifestiert sich an der Eintrittspforte oft schon nach wenigen Stunden als lokale Hautreaktion (Chagom). Es entstehen ödematös-entzündliche Primärläsionen mit Befall der regionären

Lymphknoten. Weil die Infektion häufig transkonjunktival erfolgt, ist zu Beginn der Krankheit ein unilaterales Lidödem charakteristisch. Nach 1–2 Wochen tritt kontinuierliches oder remittierendes Fieber hinzu, verbunden mit urtikariellen Hauterscheinungen und einer generalisierten Lymphadenitis. Durch Eindringen der Erreger in Gewebszellen und Schädigung von Ganglienzellen kommt es später zu schweren Organschädigungen, die sich vor allem in einer Erweiterung des Herzens (Megacor) und der Organe des Magen-Darm-Kanales (Megabildungen von Ösophagus, Magen, Kolon) manifestieren und entsprechende klinische Erscheinungen hervorrufen. Die Krankheit kann leicht verlaufen oder auch zum Tode führen.

Diagnose. Der Nachweis von *Trypanosoma cruzi* im Blut ist wegen der geringen Parasitämie schwierig und gelingt gewöhnlich nur während der akuten Phase. *Trypanosoma cruzi* kann in Blutagarkulturen gezüchtet und auf kleine Versuchstiere (junge Mäuse) übertragen werden. Ein weiteres Hilfsmittel ist die *Xenodiagnose* (xenos: fremd), wobei sicher trypanosomenfreie Raubwanzen infektionsverdächtigen Patienten zum Blutsaugen angesetzt und im positiven Fall die Trypanosomen einige Wochen später im Enddarm oder in den Fäzes der Wanzen nachgewiesen werden. Außerdem stehen serologische Methoden zur Verfügung (KBR, Latex-Agglutinationstest, Immunfluoreszenz).

Therapie und Prophylaxe. Die Therapie war bis vor kurzem eine symptomatische, weil die Medikamente, die sich bei den anderen Trypanosomiasen bewährt hatten, hier versagt haben. In den letzten Jahren sind bei akuten Chagas-Infektionen mit der neu eingeführten Nitrofurfuryliden-Verbindung Lampit gute Resultate erzielt worden, die den Schluß zulassen, daß eine Heilung der akuten Infektion möglich ist und Spätschäden verhindert werden können. Die Prophylaxe besteht in der Bekämpfung der Überträger, besonders mit Insektiziden.

2. Leishmania

Diese 1903 von Leishman und Donovan entdeckten Protozoen gehören zur Familie *Trypanosomatidae* innerhalb der Ordnung *Kinetoplastida;* sie sind Erreger verschiedener Formen der Leishmaniose.

Morphologie und Entwicklung. Im Menschen und Wirbeltier haben die Leishmanien einen rundovalen Zelleib von 2–4 μm Durchmesser, sie sind unbegeißelt und besitzen einen großen Zellkern sowie einen kleinen, stäbchenförmigen Kinetoplasten (s. Abb. 60 b). Die Parasiten vermehren sich innerhalb von Phagozyten. Bei deren Zerfall werden Leishmanien frei, die neue Zellen infizieren und sich dort wiederum teilen.

Die Leishmanien werden durch Weibchen der Schmetterlingsmückengattungen *Phlebotomus* und *Lutzomyia* übertragen (auch Sandmücken oder „sand flies" genannt). Die durch Blutmahlzeit in die Insekten gelangten Leishmanien durchlaufen einen mit Vermehrung verbundenen Entwicklungszyklus. Sie wandeln sich im Darm der Überträger in 10–20 µm lange, schlanke, begeißelte promastigote Formen um. Diese Entwicklung dauert bei tropischen Temperaturen 5–8 Tage.

Die Vermehrung der Leishmanien im Mückendarm führt zu Störungen der Nahrungsaufnahme, welche die hungrigen Mücken veranlassen, immer wieder das Blutsaugen zu versuchen. Dabei gelangen die promastigoten Formen in den Stechrüssel und beim Stich in den Endwirt. Durch Zerdrücken von infizierten Mücken können Leishmanien ebenfalls freigesetzt werden und an Hautstellen, die kleine Verletzungen aufweisen, Infektionen hervorrufen.

Leishmania-Arten und Krankheitsbilder (Leishmaniosen, Leishmaniasen)

Die verschiedenen menschenpathogenen Arten von Leishmanien sind morphologisch nicht unterscheidbar. Ihre Differenzierung und die von verschiedenen Autoren vorgenommene Aufgliederung in Unterarten beruht auf biologischen, immunologischen und biochemischen Kriterien, auf den unterschiedlichen Krankheitsbildern und epidemiologischen Gegebenheiten. Über diese Klassifizierung bestehen noch erhebliche Unklarheiten.

Die wichtigsten Leishmanioseformen des Menschen und die entsprechenden Erregergruppen sind in Tab. 15 zusammengestellt.

Tabelle 15 Wichtigste Leishmaniosen des Menschen

Leishmaniose	Lokalisation der Veränderungen	Erregergruppe
Viszerale Leishmaniose (Kala-Azár)	innere Organe, selten Haut	*Leishmania donovani*
Kutane Leishmaniose (Orientbeule)	Haut	*Leishmania tropica*
Amerikan. Haut- und Schleimhaut-leishmaniose	Haut, Schleimhaut	*Leishmania brasiliensis* *Leishmania mexicana*

a) **Viszerale Leishmaniose (Kala-Azár)**: Der Kala-Azár (Kala: schwarz, Azár: Krankheit) ist durch die Ausbreitung der Erreger in Zellen des retikulohistiozytären Systems der inneren Organe charakterisiert.

Der an der Inokulationsstelle verursachte Primärherd ist meist unauffällig, er kann sich jedoch in Form einer juckenden Papel manifestieren, zum Teil mit zentraler Nekrose (= Primäraffekt, Leishmaniom).

Vom Primärherd aus gelangen die Leishmanien auf dem Blutweg in verschiedene Organe. Ihre Vermehrung erfolgt hauptsächlich in Zellen des retikulohistiozytären Systems von Milz, Leber, Knochenmark und Lymphknoten. Die damit verbundene Zerstörung von Zellen geht mit einer intensiven Neubildung von retikulohistiozytären Zellen und freier Makrophagen einher.

Die Inkubation variiert stark zwischen 2 Wochen und mehreren Monaten. Die Krankheit verläuft oft schleichend mit kurz dauernden oder länger anhaltenden Fieberschüben unterschiedlichen Typs. Am Anfang ist das Allgemeinbefinden wenig gestört, im Laufe der sich über Monate hinziehenden Krankheit kommt es jedoch zu fortschreitender Kachexie.

Das konstanteste klinische Merkmal ist eine Splenomegalie, oft mit Hepatomegalie, die jedoch meist weniger ausgeprägt ist. Die Lymphknoten können vergrößert sein. Weitere fakultative Symptome sind: Bronchitiden und Magen-Darm-Beschwerden, Leukopenie, Anämie sowie eine starke Vermehrung der Gammaglobulinfraktion. Eosinophilie ist selten.

In fortgeschritteneren Fällen erscheint die Haut trocken und blaß mit dunklen Pigmentierungen (daher: Kala-Azár) und Papelbildungen. Das Krankheitsbild unterliegt großen Variationen. Ohne spezifische Therapie ist die Prognose schlecht, und die Krankheit führt innerhalb von 1–2 Jahren zum Tode.

Kala-Azár kommt vor im Mittelmeergebiet, in Afrika, im Vorderen Orient, im südlichen Teil der Sowjetunion bis nach Zentralasien, in Indien, Burma sowie in Teilen Südamerikas. Die in Italien, Spanien, Griechenland und anderen Mittelmeerländern vorkommende Form tritt vorwiegend bei Kindern auf, der Erreger wird daher auch als *Leishmania donovani infantum* bezeichnet. Bei den 1971/72 in Oberitalien festgestellten Fällen waren jedoch vorwiegend Erwachsene betroffen. Im Mittelmeergebiet sind Hunde als Erregerreservoire von Bedeutung. Hundeleishmaniose tritt bis nach Nordfrankreich auf; kürzlich wurden auch autochthone Fälle in der Westschweiz festgestellt.

b) **Kutane Leishmaniose (Orientbeule).** Bei der Orientbeule bleibt die Vermehrung der Leishmanien im großen und ganzen auf den Infektionsort in der Haut beschränkt. An Körperstellen, die *Phlebotomen* zugänglich sind, entwickeln sich trockene oder später geschwürig zerfallene Papeln. Nur selten erfolgt eine Ausbreitung der Erreger in die Lymphknoten, doch können am Rande der Hautveränderungen durch Kontakt (Kratzen) neue Herde entstehen. Die Heilung erfolgt unter Narbenbildung. Es entwickelt sich eine solide Immunität.

Die durch *Leishmania tropica major* bedingte „feuchte" oder „ländliche" Form geht vom Nagetier aus, sie ist durch eine kurze Inkubation von 6–10 Wochen, eine schnelle Vergrößerung der Läsion mit späterem geschwürigem Zerfall und Heilung innerhalb von etwa 6 Monaten gekennzeichnet. Bei der „trockenen" oder „städtischen" Form, verursacht von *Leishmania tropica minor*, bei der Hunde das Reservoir darstellen, beträgt die Inkubation 6–10 Monate, Entwicklung und Persistenz der meist trocken bleibenden Läsionen sind länger. In Äthiopien und Südamerika wurden *„diffuse kutane Leishmaniosen"* (Leishmaniasis tegumentaria diffusa) beobachtet. Das Verbreitungsgebiet der durch *Leishmania tropica* verursachten kutanen Leishmaniose entspricht etwa dem des Kala-Azár.

c) **Amerikanische Haut- und Schleimhautleishmaniose:** Der pathologische Prozeß ähnelt dem bei Orientbeule, jedoch besteht bei einigen Formen die Tendenz zur Ausbreitung in die Schleimhäute und zu starker Gewebszerstörung. Es werden u. a. folgende Formen unterschieden:

- *Mukokutane Leishmaniose (Espundia): Leishmania brasiliensis brasiliensis:* ausgedehnte Hautläsionen, bei mehr als 80 % der Patienten Metastasenbildung in der Schleimhaut von Nase, Mund und Pharynx mit erheblichen Gewebszerstörungen.
- *Primäre kutane Leishmaniose von Peru (Uta): Leishmania brasiliensis peruviana:* lokale Läsionen ähnlich wie bei Orientbeule.
- *Chiclero-Geschwür: Leishmania mexicana mexicana:* vorwiegend bei Gummisammlern (Chicleros) und anderen Waldarbeitern. Läsionen vor allem am Ohr.
- *Diffuse kutane Leishmaniose: Leishmania mexicana pifanoi:* ähnliche Veränderungen wie bei der in Äthiopien beobachteten diffusen Form.

Das Verbreitungsgebiet der amerikanischen Haut- und Schleimhautleishmaniose erstreckt sich von Mexico bis nach Nordargentinien.

Epidemiologie. Zur Übertragung der menschenpathogenen Leishmanien sind nur wenige Arten von Schmetterlingsmücken aus den

Gattungen *Phlebotomus* und *Lutzomyia* befähigt. Das autochthone Vorkommen der Leishmaniosen beschränkt sich daher auf Gebiete, in denen geeignete Überträger heimisch sind. Als Erregerreservoire kommen außer dem Menschen zahlreiche Tierarten in Betracht, vor allem Karnivoren und Nagetiere.

Diagnose. Die ätiologische Diagnose muß sich beim *Kala-Azár* auf den Erregernachweis stützen. Die Leishmanien können in Milz-Leber- oder Knochenmarkpunktaten mikroskopisch wie kulturell nachgewiesen werden. Sie lassen sich auf Agarmedien mit Zusatz von $^1/_3$ Kaninchenblut kultivieren und im Kondenswasser nachweisen, am besten gefärbt nach Giemsa. Weitere Methoden sind: Hauttest (Montenegro-Test), Antikörpernachweis mit serologischen Methoden (KBR, Immunfluoreszenz), wobei Kreuzreaktionen mit Trypanosomen zu beachten sind; ferner die Feststellung des erhöhten Gammaglobulingehalts im Serum sowie die Übertragung verdächtigen Materials auf Goldhamster.

Bei den *Hautleishmaniosen* wird die Diagnose meist klinisch gestellt. Die ätiologische Verifizierung erfolgt durch direkten Erregernachweis in Abstrichen von Probeexzidaten aus den Randgebieten der veränderten Hautbezirke. In einem Teil der Fälle lassen sich serologisch Antikörper nachweisen.

Therapie. Therapeutisch werden Antimonpräparate (Pentostam, Glucantime und Fuadin), aromatische Diamidine (Lomidine) und bei Hautleishmaniosen auch Amphotericin B eingesetzt. Kala-Azár-Fälle sind womöglich stationär unter Kontrolle von Spezialisten zu behandeln.

Prophylaxe. Eine wirksame Chemoprophylaxe gibt es bisher nicht. Die Maßnahmen haben sich auf die Bekämpfung der Überträger durch Insektizide sowie auf die Beseitigung ihrer Brutstätten zu beschränken.

3. Trichomonas

Die zu den mehrgeißligen Flagellaten (Polymastigina) gehörenden Trichomonaden besiedeln die Schleimhäute des Verdauungstraktes oder des Genitalapparates. Beim Menschen unterscheidet man drei Spezies:

Trichomonas vaginalis	im Urogenitaltrakt	pathogen
Pentatrichomonas hominis	im Darm	apathogen
Trichomonas tenax	in der Mundhöhle	apathogen

Von praktischer Bedeutung ist nur *Trichomonas vaginalis,* der kosmopolitisch verbreitete Erreger der urogenitalen Trichomoniasis. In

Europa sind 3–10 % (nach anderen Angaben 30–60 %) aller Frauen infiziert, bei Männern scheint die Befallshäufigkeit geringer zu sein, was auf ein schnelleres Erlöschen der Infektion zurückgeführt wird.

Morphologie, Entwicklung, Epidemiologie. *Trichomonas vaginalis* ist ein birnenförmiges Protozoon von 8–45 µm Länge und 2–14 µm Breite (Abb. 52). Am vorderen Pol entspringen aus einem Parabasalapparat 5 Geißeln, von denen 4 nach vorne frei aus dem Zelleib austreten, während eine den Randfaden der undulierenden Membran bildet, die nur bis kurz über die Körpermitte nach hinten reicht. Der Achsenstab (Axostyl) tritt am Hinterende als freie Spitze aus der Zelle hervor. Der ovale Zellkern liegt im vorderen Teil des Protozoons.

Die Vermehrung erfolgt durch longitudinale Zweiteilung. Zur Bildung von Zysten sind Trichomonaden nicht befähigt; dagegen werden abgerundete, bewegungslose Formen beobachtet, die degenerierende Stadien, sogen. „Rundformen", darstellen, denen keine Bedeutung bei der Übertragung der Krankheit zukommt. Die Tenazität von *Trichomonas vaginalis* an der Außenwelt ist gering, doch können sie nach neueren Untersuchungen in Wasser aus nichtchlorierten Thermalbädern vereinzelt bis zu 5 Stunden, in Leitungswasser mit dem üblichen Chlorzusatz 5 Min. bis zu 24 Stunden

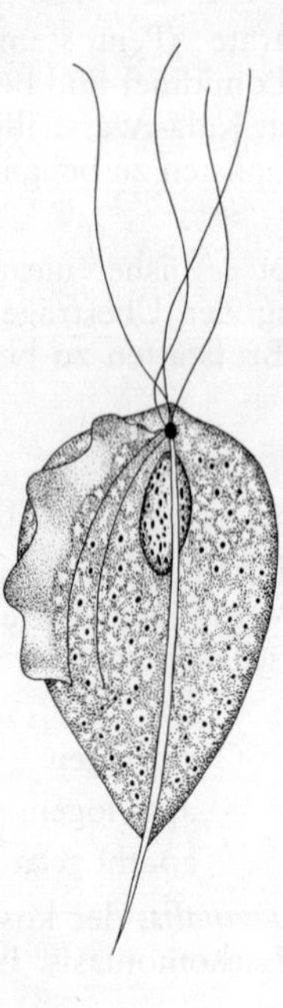

Abb. 52 Trichomonas vaginalis

überleben. Infektionen mit *Trichomonas vaginalis* kommen durch venerischen Kontakt zustande. Übertragungsmöglichkeiten durch feuchte Badekleidung, Schwämme, Handtücher usw. sowie Infektionen in nichtchlorierten Thermalbädern oder schlecht gewarteten Schwimmbecken sind nicht ganz auszuschließen, dürften jedoch nach den bisherigen Beobachtungen kaum von Bedeutung sein. *Trichomonas vaginalis*-Infektionen sind auch bei Neugeborenen und Kindern bekannt. Dies zeigt, daß die epidemiologischen Zusammenhänge einer weiteren Klärung bedürfen.

Krankheitsbild (Urogenitale Trichomoniasis) und Diagnose. Trichomonadeninfektionen verlaufen oft und lange Zeit symptomlos, können aber bei der *Frau* früher oder später zu entzündlichen Erscheinungen führen, die unter dem Sammelbegriff „Trichomonadenkolpitis" bekannt sind. Dabei entsteht, u. a. im Zusammenhang mit der Vermehrung bestimmter Bakterienarten, ein eitriger, dünnflüssiger, weiß-gelblicher Ausfluß, in dem Trichomonaden, Eiterzellen und Bakterien nachweisbar sind. Der Erreger dringt in etwa 75 % der Fälle auch in die Harnröhre ein, wo er ebenfalls Entzündungserscheinungen hervorrufen kann, gelangt aber nur ausnahmsweise in die Harnblase und den Uterus. Beim *Mann* verläuft die Infektion meistens symptomlos; sie kann aber zu einer manifesten Urethritis führen, selten mit Befall der Prostata und der Samenblasen.

Die Diagnose wird durch den mikroskopischen Trichomonadennachweis in frischem Untersuchungsmaterial mit Hilfe des Nativpräparates gestellt. Dabei lassen sich die Erreger an der typischen Körperform und an der taumelnden Bewegung leicht erkennen. Hingegen sind Trichomonadenrundformen von Leukozyten kaum zu unterscheiden. Die Trichomonaden sind auch in flüssigen Spezialmedien bei 35–37 °C kultivierbar. Serologische Nachweismethoden haben kaum Eingang in die Praxis gefunden.

Therapie und Prophylaxe. Der Behandlung haben sich stets beide Geschlechtspartner zu unterziehen. Dafür stehen heute folgende spezifisch wirksame und ausreichend verträgliche Nitroimidazol-Präparate zur Verfügung, die oral – bei der Frau auch zusätzlich vaginal – anwendbar sind: Metronidazol (Flagyl, Clont), Tinidazol (Fasigyn, Simploton) und Ornidazol (Tiberal). Die Vorbeugungsmaßnahmen entsprechen denen bei anderen venerischen Krankheiten.

4. Giardia lamblia (syn. = Lamblia intestinalis)

Diese mehrgeißlige Flagellatenart ist ein weltweit verbreiteter, besonders in den Tropen häufiger Dünndarmparasit, der Enteritiden und andere Krankheitserscheinungen verursachen kann.

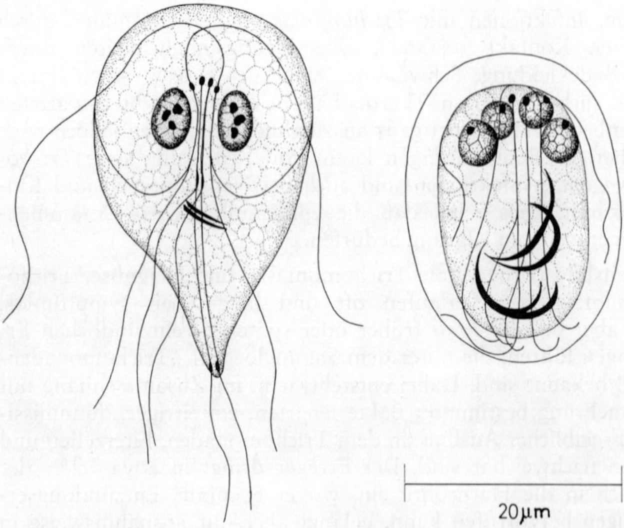

Abb. 53 Giardia lamblia, Vegetativ- und Zystenform

Morphologie, Entwicklung und Epidemiologie. Die im Dünndarm lebenden Trophozoiten ähneln einer längsgespaltenen Birne, sie sind 9–21 μm lang und 5–12 μm breit, besitzen 8 Geißeln, zwei zu beiden Seiten der Längsachse gelegene Kerne und zwei gebogene Mediankörper (Abb. 53). Ihre Dorsalfläche ist gewölbt, die flache Ventralseite ist vorne zu einer Sauggrube vertieft. Die Vermehrung erfolgt durch Längsteilung. *Giardia lamblia* kann ovale Zysten bilden (8–14 × 7–10 μm), die 4 Kerne, Geißeln und sichelförmige Mediankörper enthalten (Abb. 53).

Für die Verbreitung der Infektion sind die im Stuhl ausgeschiedenen Zysten verantwortlich, die in feuchter Umgebung bis zu 3 Monaten lebensfähig bleiben, während die Trophozoiten sehr hinfällig sind. Neuinfektionen erfolgen peroral durch kontaminierte Nahrung oder Trinkwasser. Tiere spielen als Erregerreservoire keine Rolle.

Pathogenese und Krankheitsbild (Giardiasis, Lambliasis). *Giardia lamblia* ist als fakultativ pathogener Erreger anzusehen, der unter gewissen Bedingungen klinische Erscheinungen hervorrufen kann. Bei einem Teil der Infizierten lassen sich im Dünndarm Entzündungserscheinungen und andere morphologische Veränderungen sowie Resorptionsstörungen nachweisen. Auch Infektionen der Gallenblase wurden beschrieben.

Die Infektion verläuft häufig symptomlos oder mild; der Erreger kann innerhalb weniger Wochen spontan eliminiert werden, aber auch jahrelang persistieren. Patienten mit manifester Infektion zeigen chronisch rezidivierende Durchfälle, Steatorrhoe und Anzeichen von Malabsorption, ferner Oberbauchschmerzen, Erbrechen, gelegentlich auch Fieber und Gewichtsabnahme.

Diagnose, Therapie und Prophylaxe. Die Diagnose wird durch den Nachweis der Trophozoiten im Duodenalsaft bzw. der Zysten im Stuhl gestellt. Zur Stuhluntersuchung hat sich die MIF-Technik gut bewährt. Eine wirksame Behandlung ist mit Metronidazol (Flagyl, Clont), Tinidazol (Fasigyn) oder Ornidazol (Tiberal) möglich. Die Prophylaxe entspricht der bei Amöbiasis (S. 406).

5. Entamoeba histolytica und andere Darmamöben

Zur Gattung *Entamoeba* gehören verschiedene Arten typischer Amöben, die sich im Vegetativstadium durch Pseudopodien fortbewegen, jedoch auch unbewegliche Dauerformen (Zysten) bilden können. Für den Menschen pathogen ist *Entamoeba histolytica,* die sich vorwiegend im Kolon ansiedelt, aber auch in die Leber und andere Organe gelangen kann. Weiterhin sind die apathogenen Arten *Entamoeba gingivalis* (Mundschleimhaut) sowie *Entamoeba hartmanni* und *Entamoeba coli* (Kolon) zu erwähnen. Die beiden letztgenannten Spezies sind neben den apathogenen Darmamöben anderer Gattungen bei der intestinalen Amöbiasis differentialdiagnostisch zu berücksichtigen.

Geographische Verbreitung. Hauptverbreitungsgebiete der kosmopolitisch vorkommenden *Entamoeba histolytica* sind tropische und subtropische Regionen. Im nördlichen Europa wird *Entamoeba histolytica* vorwiegend bei Tropenrückkehrern und bei Gastarbeitern aus südlichen Ländern gefunden.

Morphologie. Bei *Entamoeba histolytica* sind drei Formen zu unterscheiden:

- die *Magnaform* (20–60 µm) erscheint im Dysenteriestuhl bei akuter Darmamöbiasis. Sie wird auch als Gewebsform bezeichnet, da sie in die Darmwand und verschiedene Organe einzudringen und sich dort zu vermehren vermag.

  Im frischen Präparat führt diese Form charakteristische, lebhafte Fließbewegungen aus durch „bruchsackartiges" Vorstülpen eines breiten Pseudopodiums. Ein hyaliner Ektoplasmasaum hebt sich von dem granuliert erscheinenden Endoplasma ab, in dem Erythrozyten enthalten sein können, die ein wichtiges diagnostisches Merkmal der Magnaform darstellen. Der im Endoplasma gelegene Kern ist nur nach Färbung deutlich sichtbar. Er erscheint im mikroskopischen Bild rund mit zentral liegendem Binnenkörper (Karyosom) und ringförmig an der Kernmembran angeordneten, regelmäßigen Chromatingranula (Abb. 54, 60 c). Differentialdiagnostisch ist zu beachten, daß andere *Entamoeba*-Arten sehr ähnliche Kernstrukturen aufweisen (Abb. 60 d).

- Die kleinere *Minutaform* (10–20 µm) lebt auf der Schleimhaut oder im Darminhalt (= Darmlumenform) und ist im Stuhl sowohl bei erkrankten als auch bei symptomlosen Trägern nachweisbar. Die Bewegungen dieser Form sind im allgemeinen etwas träger, im Endoplasma befinden sich mehrere leere oder bakterienhaltige Nahrungsvakuolen.
- Kugelförmige *Zysten* (10–16 µm), gebildet aus der Minutaform, werden allein oder gemeinsam mit vegetativen Stadien im Stuhl chronisch infizierter Personen ausgeschieden. Die mit einer widerstandsfähigen Hülle versehenen, unbeweglichen Zysten enthalten zunächst nur einen Kern, in Vakuolen abgelagertes Glykogen und zigarrenförmige sog. Chromidialkörper. Durch Kernteilungen entstehen zweikernige und später die infektionsfähigen vierkernigen Zysten, in denen Glykogen und Chromidialkörper fehlen (Abb. 54).

Die früher „als kleine Rasse“ von *Entamoeba histolytica* bezeichnete *Entamoeba hartmanni* (Zysten kleiner als 10 µm) wird heute von den meisten Autoren als eigene, apathogene Art angesehen.

Entwicklung, Pathogenese und Pathologie. Nach oraler Aufnahme einer reifen Zyste wird im Dünn- oder Dickdarm die 4kernige Amöbe frei, aus der durch Teilung 4 oder 8 einkernige Minutaformen hervorgehen, die sich weiter vermehren und Zysten bilden können.

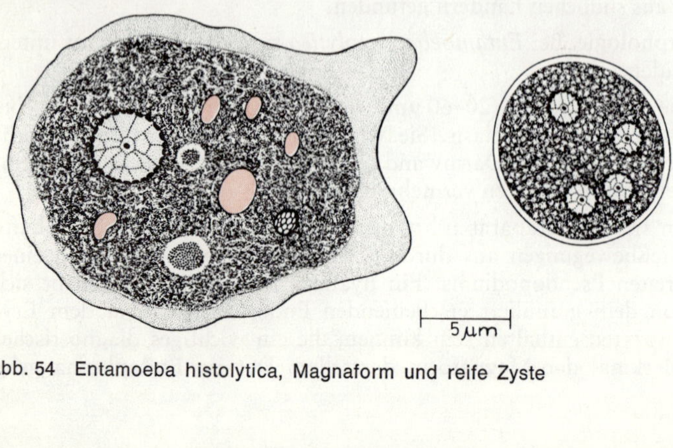

Abb. 54 Entamoeba histolytica, Magnaform und reife Zyste

Die Minutaformen siedeln sich im *Dickdarm* an, wo die zahlreichen Bakterien das für die Entwicklung der Amöben notwendige niedrige Redoxpotential erzeugen. Unter gewissen Bedingungen wandelt sich die Minutaform in die Magnaform um, wobei nach neueren Erkenntnissen u. a. die Aufnahme von Cholesterol durch die Amöben eine Rolle spielt. Nur die Magnaform ist zur Invasion des Gewebes befähigt. Dabei haben Bakterien offenbar keine Wegbereiterfunktion, vielmehr können die Amöben mit Hilfe ihrer proteolytischen Enzyme Gewebe auflösen („histolytica") und aufgrund ihrer Eigenbeweglichkeit in die Darmwand eindringen. Dort vermehren sie sich in herdförmigen Ansammlungen, wodurch Nekroseherde entstehen, die bei sekundärer bakterieller Infektion von stärkeren Entzündungsreaktionen umgeben sind. Es entstehen flaschenförmige Geschwüre mit überhängenden Rändern, die manchmal bis zur Serosa reichen und in die Peritonealhöhle perforieren. Heilungsvorgänge mit Narbenbildung können zur Verengung des Darmlumens und zur tumorartigen Verdickung der Darmwand führen (= Amöbom).

Von der Darmwand aus vermögen Magnaformen auf hämotogenem Wege in andere Organe zu gelangen. Die häufigste derartige Komplikation ist die *Leberamöbiasis.* Infolge Lyse der Parenchymzellen entstehen zunächst kleine Nekroseherde, sog. Abszesse, die allmählich an Umfang zunehmen und große Teile der Leber erfassen können. Bakterien sind nur in etwa 5 % der Fälle beteiligt, weshalb in der Peripherie des Herdes gewöhnlich nur geringe Entzündungsreaktionen auftreten. Im Zerfallsherd befindet sich eine meist bakteriologisch sterile, bräunliche oder gelbliche, eiterähnliche Flüssigkeit oder nach deren Eindickung eine nekrotische Masse. Amöben sind oft nur in der Übergangszone zum intakten Lebergewebe nachweisbar. Bei Darmamöbiasis können Funktionsstörungen der Leber auftreten, die nicht durch Ansiedlung von Amöben in diesem Organ, sondern durch Resorption schädlicher Substanzen bedingt sind.

Leberabszesse brechen manchmal in die Pleurahöhle oder die *Lunge* durch, seltener führt eine hämatogene Aussaat zur Besiedlung von *Milz, Gehirn* und anderen Organen. *Hautamöbiasis* entsteht am häufigsten in der Perianalgegend, ausgehend von Rektumveränderungen.

Krankheitsbild (Amöbiasis). Krankheitserscheinungen können bereits 2–4 Wochen nach der Infektion oder erst nach einer monate- bis jahrelangen symptomfreien Latenzzeit auftreten. Im Krankheitsbild sind folgende Formen zu unterscheiden:

- *Intestinale Form:* Das *akute Stadium* tritt fast ausschließlich in warmen Ländern auf. Es beginnt mit krampfartigen Bauchschmerzen, Übelkeit und starken Durchfällen mit zunächst breiigem, dann schleimig-blutigem („himbeergeleeartigem") Stuhl, der zahlreiche Magnaformen enthält. Bei fortschreitender Abmagerung des Patienten und Auftreten von Komplikationen (z. B. Darmperforation, Peritonitis) kann die Erkrankung zum Tode führen. Gewöhnlich geht sie jedoch in das *chronische Stadium* über. Diese Form trifft man auch in Gebieten mit gemäßigtem Klima an. Die wesentlichsten Erscheinungen sind hier intermittierende Durchfälle oder weiche Stühle, zum Teil im Wechsel mit Obstipationen, Bauchschmerzen, Nausea und seltener Erbrechen. Die chronische Infektion kann auch latent verlaufen (Trägertum, Ausscheider).

Als Folge der intestinalen Erkrankung können ständige Darmbeschwerden zurückbleiben. In etwa 10–20 % der Fälle von akuter Amöbendysenterie tritt als Komplikation die extraintestinale Form auf.

– *Extraintestinale Form:* Am häufigsten ist der sog. Leberabszeß, der Fieber, Oberbauchschmerzen, Lebervergrößerung, Zwerchfellhochstand, allgemeine Schwäche und andere Symptome auslöst. Große und nicht rechtzeitig behandelte Leberabszesse führen oft zum Tode. Seltener erfolgt eine Ansiedlung von Amöben in anderen Organen. Es ist besonders darauf hinzuweisen, daß ein Befall extraintestinaler Organe auch dann vorliegen kann, wenn keine Amöben im Stuhl nachweisbar sind.

Immunität. Reinfektionen sind möglich, da im Verlauf einer Infektion kein ausreichender Immunitätsschutz entsteht. Der Antikörpernachweis im Serum hat diagnostische Bedeutung.

Epidemiologie. Erregerreservoir ist nur der Mensch. Die Infektion erfolgt ausschließlich durch reife Zysten, die mit kontaminierten Nahrungsmitteln (Obst, Gemüse) oder Trinkwasser aufgenommen werden. Fliegen und Schaben können Zysten von infizierten Fäzes auf Lebensmittel verschleppen und so als Zwischenträger fungieren. Die Zysten besitzen im Gegensatz zu den Vegetativformen eine beachtliche Tenazität in feuchter Umgebung (bei + 28–34 °C etwa 8 Tage, bei + 10 °C etwa einen Monat), bei Austrocknung und Temperaturen über + 55 °C gehen sie in kurzer Zeit zugrunde. Der übliche Chlorzusatz zum Trinkwasser reicht zur Abtötung der Zysten nicht aus.

Diagnose. Die Diagnose der Amöbiasis ist oft schwierig und setzt spezielle Erfahrungen voraus. Bei Verdacht auf *intestinale Amöbiasis* ist folgendes Vorgehen zu empfehlen:

– Frischen Stuhl oder Schleimflocken nicht später als 10 Minuten nach dem Absetzen im Nativpräparat (S. 509) auf vegetative Formen untersuchen (Abb. 60 c). Mit Erythrozyten beladene Magnaformen sind pathognomonisch für die akute Darmamöbiasis. Wenn eine solche Untersuchung nicht möglich ist oder negativ verläuft, so ist eine frische Stuhlprobe sofort in MIF-Lösung zu fixieren (S. 509) und zu untersuchen bzw. an ein Institut einzusenden. In einem Teil der Fälle gelingt der Amöbennachweis erst bei mehrfachen Wiederholungsuntersuchungen. Häufigster Grund für Fehldiagnosen ist die Verwechslung von Amöben mit Darmepithelien, Granulozyten, Makrophagen und Pilzen. *Entamoeba histolytica* muß differentialdiagnostisch von apathogenen Amöben *(Entamoeba coli, Iodamoeba, Endolimax, Dientamoeba)* abgegrenzt werden (Abb. 60 d) (s. Spezialliteratur). Zu beachten ist, daß verschiedene Medikamente die Ausscheidung von Amöben im Stuhl beeinträchtigen.

Die Heidenhain-Färbung von Stuhlausstrichen ergibt eine bessere färberische Darstellung der Amöben als die MIF-Methode, doch ist dieses Verfahren zeitraubend.

Vielfach wird die mehrmalige Stuhluntersuchung innerhalb weniger Stunden nach Verabfolgung salinischer Abführmittel empfohlen.

- Amöbengeschwüre der Darmwand sind rektoskopisch nachweisbar.
- Bei Verdacht auf *invasive* Amöbiasis ist eine serologische Untersuchung durchzuführen. Bei akuter Darmamöbiasis sind im indirekten Immunfluoreszenztest nur bei ca. 60 % der Fälle Antikörper nachweisbar, bei symptomlosen Trägern nur in ca. 10 bis 15 % oder weniger. *Ein negatives serologisches Ergebnis schließt daher das Vorliegen einer Darminfektion nicht aus.*

Die *extraintestinale Amöbiasis* ist mit Hilfe klinischer Methoden (Röntgenuntersuchung, Leberszintigramm, Probepunktion bei Leberabszeß u. a.) sowie durch serologische Untersuchungen zu diagnostizieren. Fälle von Leberamöbiasis sind zu 95–100 % serologisch positiv.

Chemotherapie. Je nach Form und Stadium der Infektion mit *Entamoeba histolytica* sind die nur im Darmlumen wirkenden Kontaktamöbizide, systemisch wirkende Amöbizide (Gewebsamöbizide) oder kombiniert wirkende Mittel einzusetzen. Eine Übersicht über einige Behandlungsmöglichkeiten bietet Tab. 16.

Außer der kausalen Chemotherapie sind eventuell weitere Maßnahmen notwendig, z. B. Punktion von Leberabszessen, chirurgische Eingriffe und symptomatische Behandlung.

Tabelle 16 Chemotherapie bei Amöbiasis (Auswahl)

Gruppe	Wirkstoffgruppe	Handelspräparate*	Indikation
Kontaktamöbizide	Oxichinoline und Phenanthroline	Enterovioform Entobex Mexaform Intestopan	Chronische Darmamöbiasis, Nachbehandlung der akuten intestinalen Form
	Acetamid	Furamide	
	Antibiotika	Humatin	
Gewebsamöbizide	Dehydroemetin	Dehydroemetin-Lösung	extraintestinale Formen
Kontakt- und Gewebsamöbizide	Dehydroemetin	Dehydroemetin-Dragées	extraintestinale und intestinale Formen
	Nitroimidazol-Derivate: Metronidazol Ornidazol Tinidazol	 Flagyl, Clont Tiberal Fasigyn	

* Applikation: per os, Ausnahme Dehydroemetin-Lösung: subkutan, tief intramuskulär oder langsam intravenös

Prophylaxe. Tropenreisenden ist zu empfehlen, in endemischen Gebieten Trinkwasser durch Abkochen oder Filtration zu entkeimen, auf den Genuß von Salaten zu verzichten, nur schälbares Obst zu essen und bei der Nahrungsumstellung vorsichtig zu sein. Eine Möglichkeit zur Chemoprophylaxe besteht nicht.

6. Naegleria und Hartmanella („Wasseramöben")

Seit 1968 ist bekannt, daß freilebende „Wasseramöben" der Gattung *Naegleria* in der Lage sind, zum fakultativen Parasitismus überzugehen und bei Menschen sowie bei Versuchstieren eine schwere, tödlich verlaufende „Primäre Amöben-Meningoenzephalitis" (PAME) hervorzurufen. Diese darf nicht mit dem von einer Darminfektion ausgehenden Befall des ZNS durch *Entamoeba histolytica* verwechselt werden.

Sporadisch, zum Teil aber auch gehäuft auftretende Fälle von PAME sind in Australien, Neuseeland, in den USA, Großbritannien, Belgien sowie in der Tschechoslowakei beobachtet worden.

Als Erreger der PAME gelten *Naegleria aerobia* und *Naegleria fowleri* (vermutlich sind diese Arten identisch) und nicht, wie zunächst angenommen, die jetzt als apathogen bezeichnete *Naegleria gruberi*. Die Naeglerien leben gewöhnlich frei in stehendem Süßwasser, in Abwasser oder feuchtem Boden und ernähren sich vorwiegend von Fäkalbakterien. Die in der Form variablen Amöben bewegen sich schneckenartig (daher: „Limax-Amöben"), sie messen etwa 10–20 μm, sie sind morphologisch durch einen bläschenförmigen Kern mit sehr großem Karyosom und den Besitz einer kontraktilen Vakuole gekennzeichnet. In salz- und nährstoffarmen Flüssigkeiten wandelt sich das Amöbenstadium in eine ovale, mit 2 Geißeln versehene Schwimmform um, die als infektionsfähig angesehen wird. Durch die Ausbildung einkerniger Zysten können ungünstige Lebensbedingungen überdauert werden. Die Naeglerien lassen sich leicht in verschiedenen Medien züchten.

Die Infektion erfolgt offenbar auf nasalem Wege beim Baden in Schwimmbecken oder beim Duschen. Von den oberen Luftwegen greift sie entlang der Riechnerven auf das ZNS über. Nach einer Inkubationszeit von 1–9 Tagen tritt die PAME unter dem Bild einer perakuten, purulenten Meningoenzephalitis auf. Alle bisher erfaßten Fälle (etwa 70) endeten nach kurzer Krankheit (Unwohlsein, Nasenausfluß, Kopfschmerzen und Fieber) innerhalb weniger Tage tödlich. Betroffen waren vorwiegend Jugendliche.

Eine rasche ätiologische Diagnose ist am ehesten durch mikroskopische Untersuchung frischer Zerebrospinalflüssigkeit und den Nachweis der sich schnell bewegenden Amöben zu stellen. Zur Therapie kann das im Experiment als wirksam befundene Amphotericin B eingesetzt werden, doch sind die Heilungsaussichten gering.

Ob *Hartmanella*-Arten ebenfalls PAME verursachen können, ist noch nicht sicher geklärt. Nach tschechoslowakischen Autoren besteht ein Zusammenhang zwischen dem Vorkommen dieser Amöben auf der Nasenschleimhaut und Symptomen wie Kopfschmerzen und Nasenbluten.

7. Toxoplasma gondii

Diese 1908 von *Nicolle und Manceaux* in einem afrikanischen Nagetier, dem Gundi, entdeckte Protozoenart ist Erreger der Toxoplasmose von Mensch und Tier. Nach langer Unklarheit über die systematische Stellung ist heute gesichert, daß *Toxoplasma gondii* zu den Sporozoa gehört und innerhalb dieser Gruppe nähere Beziehungen zu *Sarcocystis, Isospora* und anderen Gattungen bestehen.

Vorkommen und geographische Verbreitung. *Toxoplasma gondii* ist weltweit verbreitet (Ausnahme: Antarktis). Seine geringe Wirtsspezifität befähigt den Erreger zur Infektion eines breiten Spektrums warmblütiger Vertebraten. So wurden *Toxoplasma*-Infektionen bei Menschen, vielen Säugetierarten (Rind, Schaf, Schwein, Hund, Katze, Wildtiere usw.) und verschiedenen Vogelarten nachgewiesen. Serologische Untersuchungen ergeben bei der Bevölkerung Durchseuchungsraten zwischen 2 und 60 % oder mehr. In der Altersklasse 20–40 Jahre ist der Anteil der seropositiven Personen am größten, die Landbevölkerung weist höhere Durchseuchungszahlen auf als Stadtbewohner. Auch bei Tieren finden sich hohe Durchseuchungsquoten. Die Morbidität ist sowohl beim Menschen als auch bei Tieren gering.

Morphologie. Im Verlauf des Entwicklungszyklus tritt *Toxoplasma gondii* in verschiedenen Stadien auf:

Als *Endozoiten* (= Tachyzoiten, Trophozoiten) bezeichnet man Proliferationsformen, die sich innerhalb von Zellen durch Endodyogenie schnell vermehren. Bei dieser asexuellen Vermehrungsform entstehen innerhalb einer Mutterzelle zwei Tochterindividuen.

Die Endozoiten sind sichel- oder halbmondförmige („bogenförmige"; toxon = Bogen) Zellen, etwa 2–7 μm lang und 1,5–4 μm breit. Am vorderen Pol befinden sich das Konoid, eine konische Struktur aus spiralig angeordneten Fibrillen, und ein Polring. Diese zum sog. Apikomplex gehörenden Strukturen spielen wahrscheinlich für die Penetration in Wirtszellen eine Rolle. Vom Apikomplex aus ver-

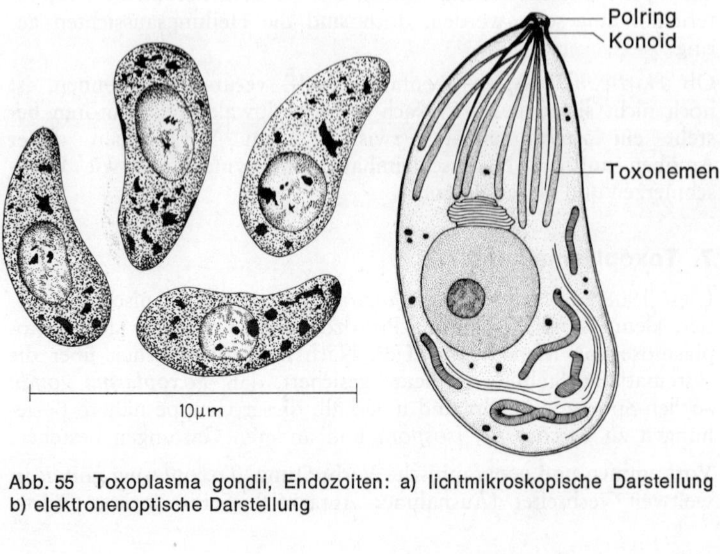

Abb. 55 Toxoplasma gondii, Endozoiten: a) lichtmikroskopische Darstellung b) elektronenoptische Darstellung

laufen mehrere langgestreckte Gebilde, die Toxonemen oder Mikronemen, zelleinwärts. Der Kern liegt in der hinteren Zellhälfte (Abb. 55). Die innerhalb einer Vakuole der Wirtszelle gelegenen Ansammlungen der Endozoiten lassen sich in Versuchstieren und in Gewebekulturen zur Vermehrung bringen. An der Außenwelt sind Endozoiten sehr hinfällig, nach oraler Aufnahme überstehen sie die Magenpassage im allgemeinen nicht.

Zystozoiten (Zoiten, Bradyzoiten) sind etwas kleinere, durch langsame Vermehrung innerhalb von *Zysten* gebildete Stadien (Abb. 56). Die von einer Membran umgebenen Zysten entstehen im Anschluß an die Proliferationsphase in allen Organen und Geweben, sie werden bis zu 300 µm groß und enthalten bis mehrere Tausend Zystozoiten. Im Wirt haben sie eine lange Lebensdauer. Menschen und Tiere können sich durch orale Aufnahme zystenhaltigen Fleisches infizieren.

Oozysten sind rundliche, mit einer resistenten Hülle ausgestattete, ca. 9 × 14 µm große Dauerstadien, die als Endprodukt eines im Darmepithel von katzenartigen Tieren ablaufenden geschlechtlichen Zyklus entstehen und mit dem Kot ausgeschieden werden. Innerhalb von 3–4 Tagen erfolgt die Sporulation, bei der zwei Sporozysten mit je 4 Sporozoiten entstehen. Versporte Oozysten sind für Menschen und Tiere infektiös.

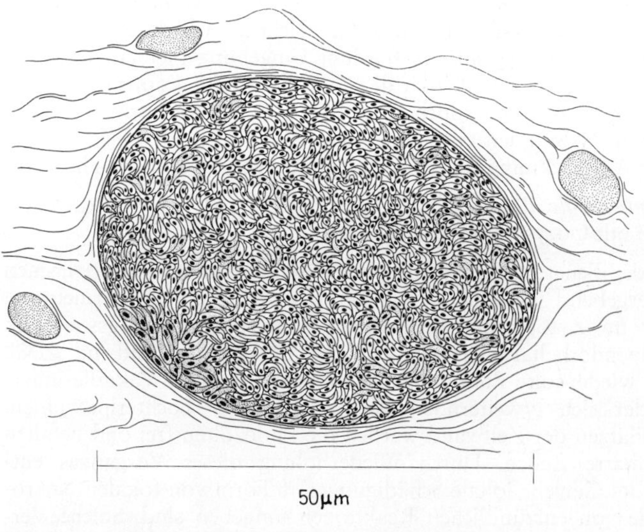

Abb. 56 Toxoplasma gondii, Zyste mit Zystozoiten

Entwicklung. In der Entwicklung von *Toxoplasma gondii* werden eine enteroepitheliale, eine extraintestinale und eine exogene Phase unterschieden.

Die *enteroepitheliale Phase* vollzieht sich nur in *Endwirten.* Als solche wurden bisher Hauskatze und andere katzenartige Tiere ermittelt. Andere empfängliche Tierarten sowie der Mensch sind als Zwischenwirte einzustufen, in denen nur eine extraintestinale Entwicklung stattfindet.

Nach oraler Infektion einer Katze mit Toxoplasmazysten sind 36 bis 72 Stunden post infectionem jüngste intrazelluläre Entwicklungsformen vorwiegend im Dünndarm nachweisbar. Aus ihnen entstehen zunächst ungeschlechtliche Vermehrungsformen (Schizonten), später entwickeln sich geschlechtlich differenzierte Gamonten. Der Multiplikationsmodus der Schizonten wird als Endopolygenie bezeichnet. Dabei entsteht innerhalb einer Mutterzelle eine größere Anzahl von Tochterindividuen. Die enteroepitheliale Phase endet mit der Entstehung von Oozysten, die mit dem Kot in die Außenwelt gelangen.

Katzen scheiden etwa vom 2. bis 30. Tag post infectionem Oozysten im Kot aus.

Exogene Phase. Wie bereits erwähnt, werden die Oozysten unversport im Katzenkot ausgeschieden. Bei Zimmertemperatur sporulieren sie innerhalb von 3–4 Tagen. Erst nach Abschluß der Sporulation sind die Oozysten infektiös. Sie zeichnen sich durch eine hohe Widerstandsfähigkeit aus. In feuchter Umgebung bleiben sie bis zu 18 Monaten infektiös. Durch die üblichen Desinfektionsmittel werden sie nicht abgetötet, doch gehen sie in 10 %igem Formalin innerhalb von 24 Stunden zugrunde. Bei – 20 °C, bei + 45–50 °C sowie bei Austrocknung sterben sie innerhalb von 24 Stunden ab.

Extraintestinale Phase. Diese Phase schließt sich an eine orale Infektion mit Oozysten oder Zysten an.

Nach der Penetration der Darmwand halten sich die Toxoplasmen vorübergehend im Blut oder in der Lymphe auf. Ihre Vermehrung erfolgt im Zytoplasma kernhaltiger Wirtszellen, vorzugsweise im retikuloendothelialen System, in der Muskulatur und im ZNS. Durch wiederholte Endodyogenie entstehen in einer Vakuole innerhalb der sich erweiternden Wirtszelle 16–32 Tochterindividuen. Beim Platzen der Zellwand werden die Endozoiten frei und befallen benachbarte Zellen. Durch Wiederholung dieses Vorganges entstehen im Gewebe lokale Schädigungen in Form von fokalen Nekrosen, die von entzündlichen Reaktionen umgeben sind. Solche Veränderungen findet man vor allem im Gehirn, in der Herz- und

Skelettmuskulatur, in der Leber und in der Plazenta. Eine Ausbreitung der freien oder in Leukozyten eingeschlossenen Toxoplasmen ist auch auf dem Blut-Lymph-Weg oder innerhalb der Körperhöhlen möglich. Diaplazentare Infektionen kommen auf dem Blutweg oder durch direktes Einwandern der Toxoplasmen von der Uteruswand in den Keimling zustande. Die intrazelluläre Vermehrung hält an, bis der Wirt stirbt oder eine Immunitätsreaktion einsetzt. Durch die Abwehrmaßnahmen bedingt, wird die intrazelluläre Vermehrung eingedämmt, und die freien Erreger verschwinden aus der Blutbahn. In diesem Stadium der Infektion findet man die Toxoplasmen innerhalb von Zysten. Die zunächst kleinen Zysten nehmen im Laufe der fortschreitenden Teilung der Toxoplasmen an Umfang zu, erreichen einen Durchmesser von 150–300 μm und enthalten bis mehrere Tausend Zystozoiten. Sie rufen in ihrer Umgebung keine entzündlichen Reaktionen hervor. Zysten findet man vor allem im ZNS, im Auge, in der quergestreiften Muskulatur und im Uterus, doch können sie sich auch in jedem anderen Organ bilden. Sie bleiben jahrelang am Leben, ohne den Wirt zu schädigen. Ihre Anwesenheit scheint für die Aufrechterhaltung der Immunität von Bedeutung zu sein. Gelegentlich können Zysten platzen. Die freigewordenen Zystozoiten gehen in einem nichtimmunen Organismus (Immunitätsniederbruch) zur proliferativen Vermehrung in den Zellen über, bei bestehender Immunität dagegen zur Zystenbildung. Bei Niederbruch der Immunität, aber auch bei herabgesetzter Resistenz durch interkurrente Krankheiten, Gravidität, Verletzung usw. ist somit die Reaktivierung einer chronischen Infektion durch Aufplatzen der Zysten in seltenen Fällen möglich.

Krankheitsbild (Toxoplasmose). Bei Menschen unterscheidet man die postnatal und die pränatal erworbene (= konnatale) Toxoplasmose.

1. *Die postnatale Infektion* kommt erst nach der Geburt zustande, verläuft meist inapparent und manifestiert sich selten klinisch. Manifeste Infektionen zeigen einen akuten, subakuten oder chronischen Verlauf.

   a) *Akute und subakute Toxoplasmosen* sind meist generalisierte Erkrankungen mit vielfältigen Symptomen. Bei der Toxoplasmosis lymphonodosa liegt eine fieberhafte (38–40 °C) oder nicht fieberhafte Lymphadenitis mit Schwellungen der Lymphknoten, verbunden mit einer Erhöhung der Lymphozytenzahl vor. Die Toxoplasmosis exanthematica ist durch ein makulopapulöses Exanthem charakterisiert. Die Krankheit kann mit Fieber beginnen und durch Hinzutreten einer interstitiellen Pneumonie, Myokarditis, Meningoenzephalitis und

Lymphadenopathie kompliziert sein. Bei der Toxoplasmosis cerebrospinalis besteht eine Enzephalomyelitis und bei Toxoplasmosis ophthalmica eine Chorioretinitis des granulomatösen Typs.

b) *Die chronische Toxoplasmose* kann aus der akuten oder subakuten sowie der kongenitalen Form entstehen. Sie wird meist zufällig erkannt. Die Hauptveränderungen sind: Kalzifikationsherde im Gehirn, Veränderungen am Augenhintergrund, epileptiforme Zustände und Kopfschmerzen.

2. *Die pränatal erworbene (= konnatale) Toxoplasmose.* Eine pränatale Infektion des Fetus kann erfolgen, wenn sich eine Frau während der Schwangerschaft erstmalig mit Toxoplasmen infiziert. Der Fetus kann intrauterin in verschiedenen Entwicklungsstadien infiziert werden. Für die später zutage tretenden Veränderungen ist der Zeitpunkt der Infektion entscheidend. Im allgemeinen findet man bei der konnatalen Toxoplasmose schwere Mißbildungen im Bereiche des ZNS und der Augen, aber auch andere Organschäden. Die Kinder können termingerecht oder vorzeitig, tot oder lebend mit unterschiedlichen Schädigungsgraden zur Welt kommen.

   Die Frage nach der Bedeutung einer bestehenden, latenten *Toxoplasma*-Infektion der Frau für den Fetus ist seit Jahren umstritten. Nach Wildführ und Wildführ (1975) lassen sich die heute vorherrschenden Auffassungen folgendermaßen charakterisieren:

   – Die Schädigung eines Fetus durch eine latente Infektion ist als sehr seltene Ausnahme nicht auszuschließen. Folgeerscheinungen sind im allgemeinen Aborte.
   – Die Geburt von mehr als einem toxoplasmosegeschädigten Kind durch dieselbe Frau ist bisher nicht beschrieben worden.

Diagnose. Die Toxoplasmose wird durch den Erregernachweis oder serologisch diagnostiziert. Die Toxoplasmen selbst können direkt mikroskopisch, am besten gefärbt nach Giemsa, in Abstrichpräparaten oder histologischen Schnitten nachgewiesen werden. Ferner verwendet man den Mäuseversuch (intraperitoneale Infektion) sowie den Hühnerembryo zur Propagation der Erreger. Als serologische Tests dienen der Farbtest nach Sabin und Feldman, die Komplementbindungsreaktion, der indirekte Hämagglutinationstest und die indirekte Immunfluoreszenzmethode. Der Farbtest nach Sabin und Feldman basiert auf der Feststellung, daß sich durch Antikörper beeinflußte Toxoplasmen im Gegensatz zu frischen Toxoplasmen mit basischem Methylenblau nicht mehr färben lassen. Nur sicher ansteigende oder hohe Antikörpertiter (über 1 : 1000) sowie eine positive Komplementbindungsreaktion sprechen für das Vorliegen einer aktiven Toxoplasmose. Immunfluoreszenztiter sind gleich zu bewerten wie Sabin/Feldman-Titer.

Therapie. Als Therapeutika werden Sulfonamide, oft in Kombination mit Pyrimethamin (Daraprim), verwendet. Sie sind jedoch nur bei akuter Toxoplasmose angezeigt.

Eine Behandlung in graviditate soll nur nach strenger Indikationsstellung erfolgen. Man benützt ebenfalls Sulfonamide, kombiniert mit Daraprim; letzteres jedoch nie in der ersten Hälfte der Schwangerschaft.

Epidemiologie und Prophylaxe. Außer auf diaplazentarem Wege kann sich der Mensch durch orale Aufnahme zystenhaltigen Fleisches oder sporulierter Oozysten infizieren. Als Hauptansteckungsquellen werden heute infiziertes Schweine- und Schaffleisch angesehen, während Rindfleisch, Milch und Eier als unbedenklich gelten. Hühner sind nur selten infiziert. Im Fleisch überleben Toxoplasmazysten bei + 4 °C bis 3 Wochen, bei Tiefgefriertemperaturen gehen sie im allgemeinen innerhalb weniger Tage zugrunde, doch sind Ausnahmen möglich. Durch Erhitzen werden die Toxoplasmen schnell abgetötet. *Toxoplasma*-Oozysten sind sehr umweltresistent, sie können aber durch kochendes Wasser rasch und durch 10 %iges Formalin in 24 Stunden abgetötet werden.

Die postnatal erworbene Toxoplasmose ist eine Zoonose. Deshalb haben sich die prophylaktischen Maßnahmen auf die Eliminierung der Ansteckungsquellen und auf die Unterbrechung der Infektketten auszurichten. Dabei steht die Überwachung des Fleischkonsums und der Zubereitung entsprechender Speisen im Vordergrund. Werdende Mütter sollten nur durch gründliches Erhitzen vorbehandeltes Fleisch zu sich nehmen. Ein zu intensiver Kontakt mit Katzen ist möglichst zu meiden. Im Haus stehende Kotkästen von Katzen sind täglich zu reinigen und mit kochendem Wasser auszuwaschen (Gummihandschuhe tragen!), einer Infektion der Katzen kann durch Verfüttern gekochten Fleisches (Dosenfleisch) vorgebeugt werden.

8. Isospora und Sarcocystis

Bis vor wenigen Jahren wurde angenommen, daß aus der Gruppe der Kokzidien (Sporozoa) *Isospora belli, I. hominis* und *I. natalensis* als Darmparasiten beim Menschen vorkommen. In Analogie zu verschiedenen Kokzidienarten von Tieren vermutete man eine Entwicklung, die nach oraler Aufnahme infektionstüchtiger Stadien zunächst zu einer ungeschlechtlichen Vermehrung (Schizogonie) im Darmepithel und danach zu geschlechtlich differenzierten Zellen mit anschließender Oozystenbildung führt.

Nach neuesten Untersuchungen stehen diese Parasiten in engen Beziehungen zu Sporozoen der Gattung *Sarcocystis,* den seit langem als Sarkosporidien oder „Mieschersche Schläuche" bekannten, weltweit verbreiteten, sehr häufigen Muskelparasiten von landwirtschaftlichen Nutztieren und von Wildtieren. Der Entwicklungszyklus der Sarkosporidien wurde erst in letzter Zeit aufgeklärt.

Morphologie und Entwicklung. Bei den Sarkosporidien handelt es sich um obligat zweiwirtige Parasiten, für die Pflanzenfresser (Rind, Schwein, Schaf u. a.) Zwischenwirte und Karnivoren sowie der Mensch Endwirte sind. Die Endwirte scheiden im Kot meist sporozoitenhaltige Sporozysten aus, selten sporulierte Oozysten (Abb. 57 a). Nach oraler Aufnahme dieser infektionstüchtigen Stadien durch einen geeigneten Zwischenwirt vermehren sich die Parasiten durch Schizogonie zunächst in Zellen von Leber, Lunge, Nieren und anderen Organen. Später werden quergestreifte Muskelzellen befallen, und es bilden sich junge Zysten, die mit runden Teilungsformen (Metrozyten) angefüllt sind. Die reifen Zysten liegen zwischen den Muskelfasern; sie stellen mikroskopisch kleine bis etwa 1,5 cm lange, schlauchförmige, gekammerte Gebilde dar. In ihnen befinden sich zahlreiche bananenförmige, ca. 15 µm lange Zystozoiten.

Aus Tierversuchen geht hervor, daß nach oraler Aufnahme von Muskelzysten durch einen geeigneten Endwirt (z. B. Hund, Katze) die freiwerdenden Zystozoiten in Epithelzellen des Dünndarmes eindringen, die sich in die Mukosa verlagern. Ohne Einschaltung einer ungeschlechtlichen Vermehrung (im Gegensatz zu den Toxoplasmen) erfolgt hier die Entwicklung der geschlechtlich differenzierten Mikro- und Makrogameten und schließlich die Bildung dünnwandiger Oozysten, die bereits in der Darmwand sporulieren. Daher kommt es zur Ausscheidung sporulierter Oozysten oder häufiger freier Sporozysten im Kot. Die Ausscheidung beginnt 9–10 Tage nach der Infektion und kann mehrere Wochen anhalten.

Vorkommen beim Menschen und Epidemiologie. Heute ist bekannt, daß der Mensch Endwirt für je eine *Sarcocystis*-Art aus dem Rind *(Sarcocystis bovihominis)* und dem Schwein *(Sarcocystis suihominis)* ist. (Die Bezeichnung der Arten ist noch nicht endgültig geregelt.) Nach Verzehr rohen, zystenhaltigen Fleisches vom Rind oder Schwein scheidet der Mensch Sporozysten aus, die sich von jenen der früher als *Isospora hominis* angesehenen Kokzidienart morphologisch nicht unterscheiden lassen, sich jedoch hinsichtlich ihrer Infektiösität gegenüber Zwischenwirten abweichend verhalten.

Demnach muß heute angenommen werden, daß die vermeintliche *Isospora hominis*-Infektion des Menschen durch zwei verschiedene *Sarcocystis*-Arten bedingt ist, denen Rind bzw. Schwein als Zwischenwirte dienen. Damit entfällt die Art *Isospora hominis*.

Ob auch *Isospora belli* und *Isospora natalensis* zur Gattung *Sarcocystis* gehören und einen entsprechenden Entwicklungszyklus aufweisen, ist bisher nicht bekannt.

Selten werden in der Muskulatur des Menschen Zysten gefunden, die man der Art *Sarcocystis lindemanni* zuschreibt. In diesem Falle fungiert der Mensch als Zwischenwirt; der Endwirt ist noch nicht ermittelt.

Krankheitsbild (Sarkosporidiose). In Selbstversuchen traten bei Menschen nach Verzehr größerer Mengen stark mit Sarkosporidien infizierten Rind- und Schweinefleisches Leibschmerzen, Darmbeschwerden mit Durchfall, Fieber, Tachykardie und beschleunigte Atmung auf. Hinweise für eine Pathogenität der Sarkosporidien liegen auch von natürlich befallenen Personen vor. In Anbetracht ihrer großen Häufigkeit und der neuen Erkenntnisse über ihre Ent-

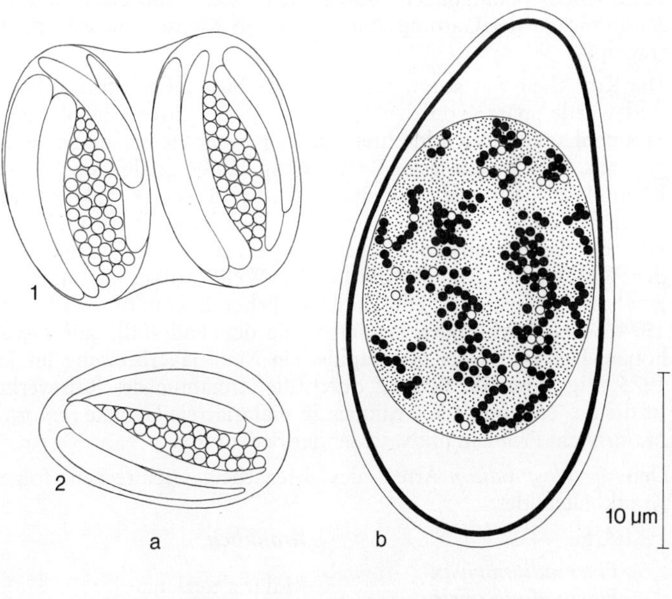

Abb. 57 a Oozyste (1) und Sporozyste (2) von Sarcocystis

Abb. 57 b Oozyste von Isospora belli (wird im Stuhl unversport ausgeschieden)

wicklung bedarf die Frage ihrer Pathogenität für den Menschen einer weiteren Klärung.

Diagnose. Bei Infektionen mit *Sarcocystis bovihominis* bzw. mit *Sarcocystis suihominis* werden vorwiegend freie Sporozysten (14 × 9 µm) mit je 4 Sporozoiten, seltener dünnwandige Oozysten im Stuhl ausgeschieden (Abb. 57 a). Hingegen werden bei *Isospora belli*-Befall unversporte, eiförmige Oozysten von 20–30 µm Länge abgesetzt (Abb. 57 b). Zum Nachweis dieser Gebilde eignen sich MIF- und Flotationsverfahren (S. 509/511).

Therapie und Prophylaxe. Zur Behandlung können Sulfonamide in üblicher Dosierung verabreicht werden. Eine sichere Prophylaxe ist durch Kochen oder Tiefgefrieren des Fleisches (– 20 °C für 3 Tage) möglich.

9. Plasmodium (Malariaplasmodien)

Für den Menschen sind 4 *Plasmodium*-Arten als Erreger verschiedenartiger, unter dem Sammelbegriff *Malaria* bekannter Krankheitsbilder von Bedeutung. Alle 4 Malariaplasmodien werden unter natürlichen Bedingungen durch den Stich infizierter weiblicher Stechmücken der Gattung *Anopheles* von Mensch zu Mensch übertragen.

Die Krankheit war schon vor Christi Geburt (Hippokrates) bekannt und wurde später von den Italienern wegen ihres scheinbaren Zusammenhanges mit schlechter Luft in Sumpfgebieten „mala aria" genannt. Die französische Bezeichnung lautet „paludisme". Exakte Kenntnisse über die parasitäre Natur dieser Krankheitsgruppe gehen auf *Laveran* (1880) zurück. Die Malaria stellt auch heute noch eine der bedeutendsten Infektionskrankheiten dar. Nach Angaben der WHO lebt etwa die Hälfte der Weltbevölkerung in malariagefährdeten Gebieten. Die Zahl jährlicher Erkrankungsfälle wurde 1974 auf 120 Millionen geschätzt, die der Todesfälle auf 1–2 Millionen. Den Stand der geographischen Malariaverbreitung im Jahre 1975 zeigt Abb. 58. Bedingt durch die Zunahme des Reiseverkehrs ist die aus endemischen Regionen in malariafreie Gebiete *importierte Malaria* ein Problem mit wachsender Bedeutung.

Den 4 *Plasmodium*-Arten des Menschen entsprechen folgende Krankheitsbilder:

Art	*Krankheit*
Plasmodium vivax *Plasmodium ovale*	Malaria tertiana
Plasmodium malariae	Malaria quartana
Plasmodium falciparum	Malaria tropica

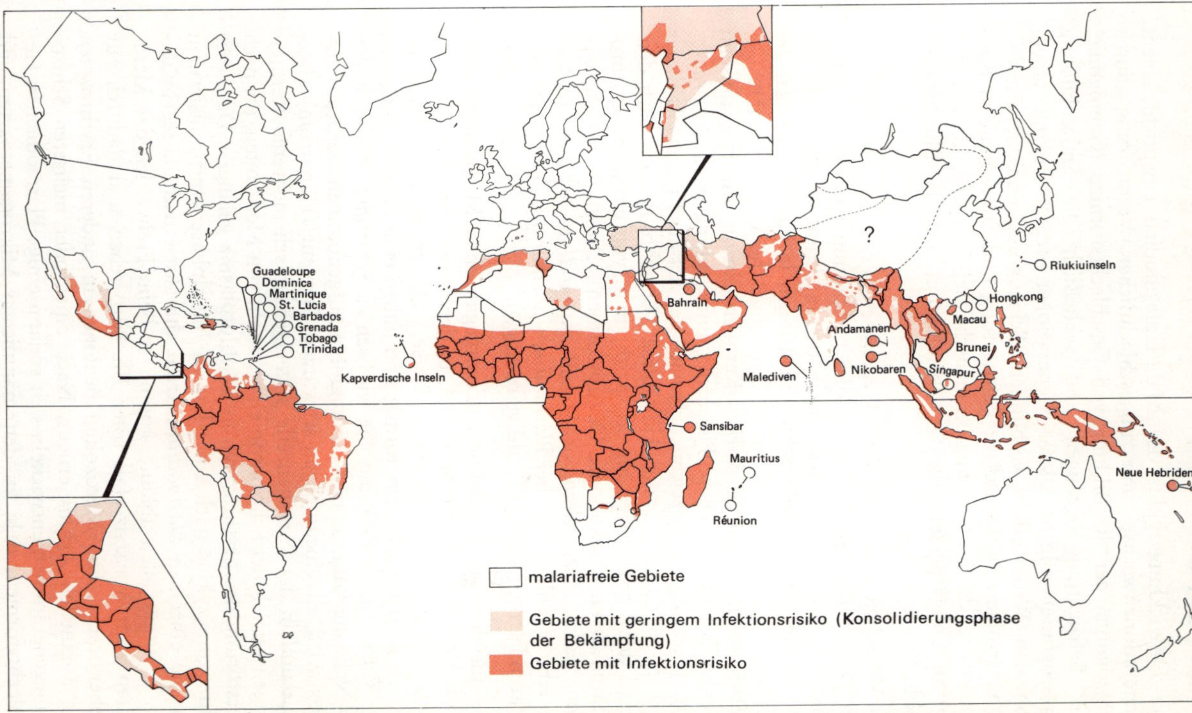

Abb. 58 Geographische Verbreitung der Malaria, Dezember 1975 (Nach WHO Chronicle 30, 12, 489. 1976)

Entwicklungszyklus

Der Entwicklungszyklus der Malariaplasmodien entspricht einem Generationenwechsel mit ungeschlechtlicher Vermehrung durch Schizogonie, der die Bildung von Geschlechtsformen (Gamogonie) mit Befruchtungsvorgängen und schließlich die Sporenbildung (Sporogonie) folgen. Dieser Generationenwechsel ist mit einem obligaten Wirtswechsel verbunden: Schizogonie und Gametenbildung erfolgen im Menschen; Befruchtung und Sporogonie in Anophelen. Bei der Entwicklung im menschlichen Körper sind zwei Phasen zu unterscheiden: die Gewebsinfektion und die Blutinfektion (Abb. 59).

Im Menschen: Der durch den Mückenstich in den menschlichen Körper gelangende Parasit wird in diesem Stadium Sporozoit genannt. Innerhalb von etwa 30 Min. nach der Infektion verschwinden die Sporozoiten aus der Blutbahn und dringen in Parenchymzellen der Leber ein. Dort wachsen sie zu Schizonten heran (= primäre Gewebsformen), die nach starker Kernvermehrung mehrere tausend Merozoiten bilden. Diese Phase der Entwicklung wird als *prä*erythrozytärer Zyklus bezeichnet. Je nach der Art des Erregers ist dieser nach 5–16 Tagen beendet. Hält diese Vermehrung auch nach dem Befall der Erythrozyten an, so spricht man von einem *exo*erythrozytären Zyklus (sekundäre Gewebsformen). Dieser ist für *Plasmodium vivax, Plasmodium ovale* und *Plasmodium malariae* nachgewiesen, er fehlt jedoch bei *Plasmodium falciparum.* Die exoerythrozytären Formen können Rezidive bedingen.

Die aus der Gewebsinfektion hervorgegangenen Merozoiten befallen in der Blutbahn Erythrozyten, in denen eine asexuelle Vermehrung erfolgt (= erythrozytäre Phase). Die frisch eingedrungenen Erreger sind zunächst ringförmig und haben eine Nahrungsvakuole, der Kern liegt randständig. Sie wachsen zu Schizonten heran, wobei als Nahrung Glukose und Hämoglobin aufgenommen werden. Letzteres wird zu einem braun-schwarzen Pigment (Hämozoin) abgebaut und in der Parasitenzelle abgelagert. Nach mehreren Kernteilungen zerfällt der Schizont in eine Anzahl von Merozoiten, die nach Zerstörung des Erythrozyten in das Blutplasma gelangen. Da dieser Schizogoniezyklus nach einer kurzen Initialphase synchronisiert, in für die einzelnen *Plasmodium*-Arten charakteristischen, regelmäßigen Zeitintervallen abläuft, kommt es beim Freiwerden der Merozoiten zum Massenzerfall roter Blutkörperchen und dadurch zur Fieberattacke. Die Merozoiten beginnen in anderen Erythrozyten den asexuellen Zyklus erneut. Nach einer oder mehreren Schizogoniegenerationen entwickeln sich sodann einige Plasmodien zu Geschlechtsformen, d. h. zu den männlichen Mikrogametozyten und

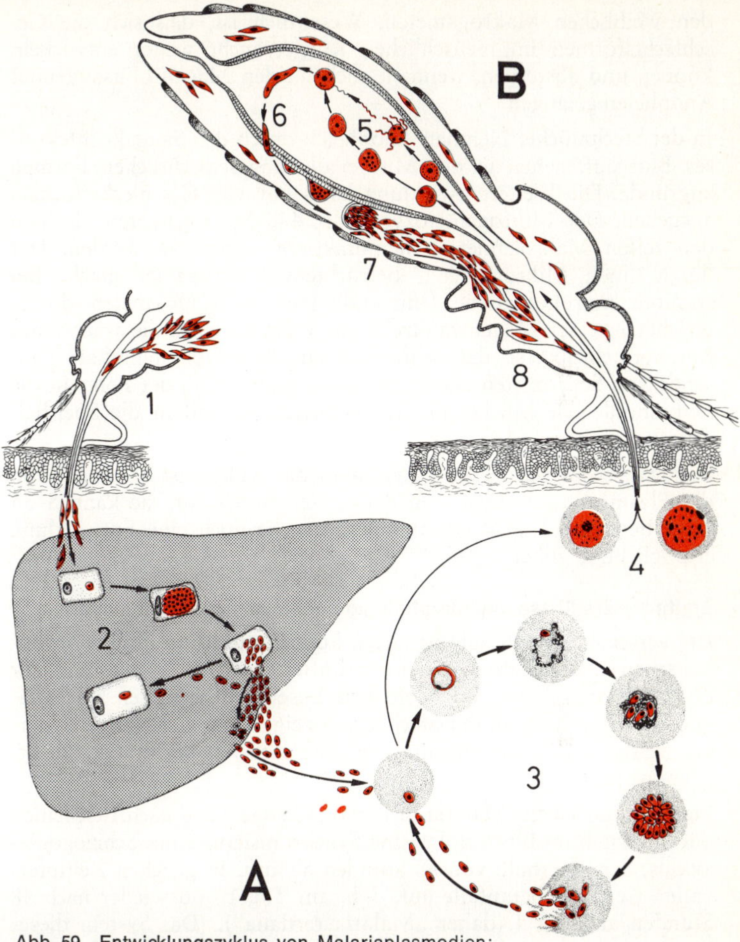

Abb. 59 Entwicklungszyklus von Malariaplasmodien:

A Entwicklungszyklus im Menschen (ungeschlechtlich):
1 Infizierende Anopheles-Mücke mit Sporozoiten
2 Schizogonie in der Leber mit freiwerdenden Merozoiten
3 Schizogone Weiterentwicklung in Erythrozyten

B Entwicklungszyklus in Anopheles-Mücke:
4 Aufnahme von Makrogameten und Mikrogametozyten (Geschlechtsformen) durch blutsaugende Mücke
5 Befruchtung von Makrogameten durch Mikrogameten
6 Befruchteter Ookinet
7 Oozyste mit Sporozoiten an der Magenwand
8 Infektionstüchtige Sporozoiten in Speicheldrüsen

den weiblichen Makrogameten. Wesentlich ist, daß sich die Geschlechtsformen im menschlichen Körper nicht weiter entwickeln können und absterben, wenn sie nicht in den Magen blutsaugender Anophelen gelangen.

In der Stechmücke: Nehmen Anophelen durch den Saugakt infektiöses Blut auf, gehen in der Mücke alle ungeschlechtlichen Formen zugrunde. Die Weiterentwicklung kann nur von Geschlechtsformen ausgehen. Der Mikrogametozyt bildet 4–8 Mikrogameten, die von den reifen Makrogameten chemotaktisch angezogen werden. Der durch einen Mikrogameten befruchtete Makrogamet macht bestimmte morphologische Umwandlungen zum Ookineten durch, welcher in einer Magenwandzelle zur Oozyste wird. Sie wächst mit Kernvermehrung, so daß schließlich aus dem Oozysteninhalt Tausende von Sporozoiten entstehen. Diese gelangen in der Folge in die Leibeshöhle der Mücke, in die Hämolymphe und in die Speicheldrüsen.

Die Dauer des Entwicklungszyklus in der Mücke ist abhängig von der Plasmodienart sowie von der Außentemperatur; sie kann 8–35 Tage betragen. Die Mindesttemperatur, die noch eine Entwicklung ermöglicht, liegt bei + 16–18 ° C.

Erythrozytäre Phase und Morphologie der einzelnen Plasmodienarten

Die verschiedenen Plasmodienarten können aufgrund ihrer morphologischen Eigenschaften und ihrer Entwicklungsweise während der erythrozytären Phase im Menschen auseinandergehalten und diagnostiziert werden. In der Stechmücke zeigen alle vier Vertreter derart weitgehende Übereinstimmung, daß ihre Artspezifität kaum erkennbar ist.

Plasmodium vivax (Malaria tertiana). Wenige Tage nach Erscheinen der Parasiten im Blut erfolgt eine Synchronisierung des Schizogoniezyklus, der innerhalb von 48 Stunden abläuft. In gleichen Zeitintervallen treten Fieberanfälle auf, d. h. am Tag 1 und wieder nach 48 Stunden am Tag 3 (daher „Malaria tertiana"). (Das System dieser Benennung geht auf den römischen Brauch zurück, das Heute als Tag 1, das Morgen als Tag 2 usw. zu bezeichnen.)

Im nach Giemsa gefärbten Blutausstrich erscheinen die *jüngsten Tertianaparasiten* als blaue Ringe mit Nahrungsvakuole und randständigem roten Kern; ihre Größe entspricht $^1/_3$–$^1/_2$ des Erythrozytendurchmessers. *Heranwachsende Trophozoiten* bilden große Ringe oder unregelmäßig zerklüftete Gebilde mit diffus verteilten Pigmentgranula (Abb. 60 e). *Reife Schizonten* haben einen größeren Durchmesser als normale Erythrozyten, ihre Gestalt ist maulbeerähnlich, sie enthalten etwa 16 Kerne, das Pigment ist zentral zusammengeballt. Die abgerundeten und den Erythrozytendurchmesser übertreffenden *Gametozyten* (10–14 μm) sind einkernig und enthalten diffus verteiltes Pigment.

Besonders kennzeichnend für Tertianaparasiten sind Veränderungen in den Erythrozyten. Diese vergrößern sich zunehmend unter Abblassung und weisen eine feine rosarote Punktierung auf (Schüffnersche Tüpfelung).

Plasmodium ovale (Malaria tertiana). Entwicklung und Morphologie stimmen weitgehend mit derjenigen von *Plasmodium vivax* überein. Morphologisch unterschiedlich sind die *reifen Schizonten* mit nur 8–10 Merozoiten und die Gametozyten, die etwa $^3/_4$ des Erythrozytendurchmessers einnehmen.

Von älteren Entwicklungsstadien befallene Erythrozyten sind häufig oval deformiert und an den Rändern gezahnt; sie weisen ebenfalls die Schüffnersche Tüpfelung auf.

Plasmodium malariae (Malaria quartana). Die Entwicklung in den Erythrozyten ähnelt derjenigen von *Plasmodium vivax;* sie ist ebenfalls synchronisiert, doch benötigt die agame Generation 72 Stunden. Dementsprechend treten die Fieberanfälle jeden 4. Tag auf (fieberfreies Intervall 2 Tage).

Im *ringförmigen Jugendstadium* ist *Plasmodium malariae* von *Plasmodium vivax* nicht zu unterscheiden. Die *heranwachsenden Trophozoiten* (weniger beweglich als *P. vivax)* erscheinen dagegen schärfer abgegrenzt und kompakter. Nicht selten erstrecken sie sich bandförmig durch den ganzen Erythrozyten hindurch (Abb. 60 f). Der *ausgewachsene Schizont* füllt das Blutkörperchen nahezu aus. Die 6–12 Kerne der Merozoiten sind rosettenförmig um den pigmenthaltigen, zentralen Restkörper angeordnet. Die kugelförmigen *Gametozyten* füllen den Erythrozyten nicht ganz aus.

Befallene Erythrozyten sind nicht vergrößert und nicht abgeblaßt, sie weisen auch keine Schüffnersche Tüpfelung auf.

Plasmodium falciparum (Malaria tropica). Eine Generation entwickelt sich innerhalb von 36–48 Stunden. Die ungeschlechtliche Vermehrung in den Erythrozyten verläuft aber nicht in gleicher Weise synchronisiert wie bei den anderen Arten. Aus diesem Grunde treten die Temperaturerhöhungen nicht in regelmäßigen Abständen auf und können von längerer Dauer sein. Die *Ringformen* sind wesentlich kleiner als die entsprechenden Jugendformen der anderen Plasmodien; ihr Durchmesser entspricht etwa einem Fünftel des Erythrozytendurchmessers. Häufig befinden sich mehrere Erreger in einem Erythrozyten (Abb. 60 g). Im Laufe der Entwicklung können die Ringe die gleiche Größe erreichen wie bei den übrigen

Plasmodien, lassen sich aber trotzdem infolge zweier getrennt liegender Chromatinmassen als *Plasmodium falciparum* erkennen. Die Erythrozyten mit bereits weiter entwickelten Parasiten bleiben zu einem großen Teil in den Kapillargefäßen der inneren Organe haften. Deshalb werden *heranwachsende* und *reife Schizonten* im peripheren Blut selten angetroffen (bei Afrikanern häufiger als bei Weißen).

Die *Gametozyten* von *Plasmodium falciparum* treten frühestens 7 Tage nach den Ringformen auf und sind als sehr typische längliche, sichelförmige Gebilde oder „Halbmonde" erkennbar. Diese können nach Auflösung der Erythrozyten frei im Plasma liegen (Abb. 60 h).

Pathogenese und pathologische Befunde. Die klinischen Erscheinungen der Malaria werden durch die erythrozytären Entwicklungsstadien der Plasmodien verursacht. Nach vollendeter Schizogonie kommt es beim Freiwerden der Merozoiten zur Ausschüttung pyrogener Substanzen, die Fieberanfälle verursachen. Bei diesem Vorgang gehen Erythrozyten zugrunde, ferner werden nicht infizierte rote Blutkörperchen durch immunologische Reaktionen zerstört, was Anämie zur Folge hat. Von Plasmodien befallene Erythrozyten neigen zur Zusammenballung im Kapillargebiet, besonders bei Malaria tropica, was Behinderungen der lokalen Blutzirkulation und Erhöhung der Gefäßpermeabilität verursacht. Die Störungen der Blutzirkulation und die Anämie führen zu einer ungenügenden Sauerstoffversorgung des Gewebes. Hypoxie oder Anoxie bedingen ihrerseits Zell- und Organschädigungen. Eine noch nicht näher definierte Substanz niederen Molekulargewichtes, die während der erythrozytären Phase auftritt, soll zur Hemmung der Zellatmung und der oxidativen Phosphorylierung in den Mitochondrien führen. Durch den Zerfall von Erythrozyten und Parasiten werden phagozytierende Zellen des retikulohistiozytären Systems aktiviert. Ein Zeichen dafür ist u. a. die im Verlauf der Erkrankung auftretende Milzschwellung.

Die pathologischen Veränderungen sind besonders gut bei der Tropica-Infektion bekannt, da bei den anderen Malariaformen relativ selten Todesfälle auftreten. Man findet im Gehirn durch infizierte Erythrozyten verstopfte Kapillaren, Hämorrhagien als Folge von Gefäßwandschädigungen sowie an obturierten Gefäßen Nekroseherde, die von einer entzündlichen Reaktion umgeben sind. Diese perikapillären Zellansammlungen werden als Dürksche Granulome bezeichnet.

Makroskopisch manifestieren sich diese Veränderungen in einer grauen Verfärbung der Hirnsubstanz infolge Anwesenheit von

Parasitenpigment in den Kapillaren; außerdem fallen punktförmige Blutungen besonders auf. Weitere Veränderungen können an Milz und Leber (Schwellung, Hyperplasie phagozytierender Zellen, die Plasmodien und Pigment enthalten), am Herzen, an der Lunge, an Nieren und anderen Organen vorhanden sein.

Krankheit. Die Inkubation beträgt je nach Malariaart 8–30 Tage, bei Rezidiven Monate bis Jahre. Die Krankheit beginnt meistens mit unbestimmten prodromalen Symptomen, einer anfänglichen Kontinua oder unregelmäßig intermittierendem Fieber.

Beim klassischen Malariaanfall tritt zunächst Schüttelfrost auf, dann steigt die Temperatur rasch für wenige Stunden auf 40 bis 41 °C an, worauf Schweißausbruch folgt. Nach Abklingen des Anfalls fühlt sich der Patient wieder wohl, bis der nächste Anfall einsetzt. Bei schwerem Verlauf kann es jedoch zu Kreislaufstörungen mit Kollaps sowie zu deliriösen Zuständen kommen.

Für einen akuten Malariaanfall spricht die Verbindung von Fieber (besonders wenn es typisch intermittierend ist) mit Anämie, Leukopenie und relativer Monozytose, vergrößerter, druckempfindlicher Milz, der anamnestischen Angabe, daß der Patient in einem Malariagebiet war sowie die prompte Reaktion auf spezifische Chemotherapie.

Bei der *Malaria tertiana (Plasmodium vivax, P. ovale)* beträgt die Inkubation 8–20, im Mittel 14 Tage. Das Fieber nimmt in der Regel rasch den klassischen intermittierenden Typ an. Die Anfälle dauern 3–4 Stunden und kehren alle 48 Stunden (jeden 3. Tag) wieder. Tertiana-Infektionen verlaufen in der Regel gutartig („benigne Malaria“). Es können 12 und mehr Fieberanfälle aufeinander folgen, worauf allmähliche Normalisierung eintritt. Früh- wie Spätrezidive ($2^1/_2$–3 Jahre!) sind relativ häufig.

„Tertiana duplicata“ oder „Tertiana quotidiana“ ist durch tägliche Fieberanfälle gekennzeichnet und kommt bei Überlagerung der Zyklen zweier Parasitenpopulationen zustande.

Bei der *Malaria quartana (Plasmodium malariae)* beträgt die Inkubationszeit 3–6 Wochen. Die Quartana beginnt weniger plötzlich als die Tertiana. Die Fieberanfälle dauern 4–5 Stunden, das Intervall beträgt 72 Stunden. Man beobachtet häufig 20 und mehr Anfälle. Rezidive sind noch nach Jahren möglich. Der Parasitenbefall im Blut ist meist spärlicher als bei Tertiana.

Bei der *Malaria tropica (Malaria maligna) (Plasmodium falciparum)* beträgt die Inkubation 7–15, im Mittel 12 Tage. Die *Malaria tropica* ist die schwerste und gefährlichste Form der Malaria. Sie führt auch häufiger als die übrigen Formen zu atypischen und damit nicht ohne weiteres an Malaria erinnernde Krankheitsformen. Die Prodromalerscheinungen sind ausgeprägter als bei Tertiana und Quartana. Der Fieberanstieg erfolgt plötzlich, der Fieberverlauf ist unregelmäßig.

Alle Allgemeinerscheinungen sind bei Malaria tropica wesentlich schwerer als bei den übrigen Formen. Die Parasitämie nimmt im Verlaufe der Krankheit rasch zu. In Extremfällen können 20–30 % der Erythrozyten befallen sein. Ohne Behandlung entwickelt sich in Kürze ein lebensbedrohliches Krankheitsbild mit Hepatomegalie, Bewußtseinsstörungen, Anämie und Leukozytose. Schwere Fälle enden unbehandelt oft schon nach wenigen Tagen tödlich. Rückfälle können gleich schwer verlaufen wie die primäre Erkrankung. Sie treten innerhalb eines Jahres auf und sind auf persistierende erythrozytäre Formen und nicht – wie bei anderen Malariaarten – auf die sekundären Gewebsformen zurückzuführen.

Schwarzwasserfieber. Im Zusammenhang mit der *Plasmodium falciparum*-Infektion in endemischen Gebieten kann eine gefährliche, häufig tödlich verlaufende Komplikation der Malaria auftreten, die als Schwarzwasserfieber bezeichnet wird. Die Erkrankung tritt gewöhnlich nicht bei Eingeborenen, sondern bei Zugewanderten auf. Die Ätiologie ist umstritten; offenbar spielen Überempfindlichkeitsreaktionen im Zusammenhang mit Suppressivbehandlungen (besonders Chinin) eine Rolle.

Das Wesen der Krankheit ist eine plötzlich oder allmählich auftretende Hämolyse, die zu Anämie, Hämoglobinämie, Hämoglobinurie und degenerativen Veränderungen in den Parenchymen von Nieren, Leber und Herz führt. Hervorstechendstes Symptom ist die Ausscheidung eines dunkelroten bis schwarzbraunen Urins.

Mischinfektionen mit verschiedenen *Plasmodium*-Arten treten etwa in 4 % aller Erkrankungsfälle auf, was Besonderheiten im Krankheitsverlauf bedingt. Am häufigsten sind Mischinfektionen zwischen *Plasmodium falciparum* und *P. vivax*.

Resistenz und Immunität. Bestimmte Bluteigenschaften sind Ursachen einer erhöhten *natürlichen Resistenz* gegen Malaria: Heterozygote Träger des Sichelzellgens und damit des anormalen Hämoglobins S (HbS) sind gegen die Auswirkungen einer *Plasmodium falciparum*-Infektion widerstandsfähiger als Personen mit normalem Hämoglobin. Glucose-6-Phosphat-Dehydrogenase-Mangel der Erythrozyten verleiht einen gewissen Schutz gegen Malaria. Andererseits sind Personen mit diesem Enzymdefekt gegen bestimmte Antimalariamittel (Chinin, Mepacrin, 8-Aminochinoline) empfindlicher. Bei Milchdiät wird die Entwicklung der Malariaparasiten in den Erythrozyten partiell gehemmt, bedingt durch mangelnde Zufuhr von p-Aminobenzoesäure (Vitamin H_1). Dementsprechend nimmt die Malaria einen milderen Verlauf, z. B. bei Säuglingen.

Im Laufe der Malariainfektion setzen im Wirtsorganismus *Immunitätsmechanismen* ein, die sich allerdings nicht in einem völligen Schutz, jedoch in einer erhöhten Widerstandsfähigkeit den Plasmodien gegenüber äußern. Dementsprechend ist der Krankheitsverlauf in stark durchseuchten Bevölkerungspopulationen ein anderer als bei Personen, die der Infektion weniger häufig oder erstmalig ausgesetzt sind. In endemischen Gebieten sind vor allem Jugendliche die Opfer der Malaria, während die Krankheit in höheren Altersstufen seltener und in abgeschwächter Form auftritt. Säuglinge von Müttern, die Malaria überstanden haben, erkranken in den ersten Lebensmonaten meist nicht, da Antikörper diaplazentar übertragen werden und die Milchdiät eine gewisse Schutzwirkung hat. Im übrigen verlaufen alle Malariaarten bei Säuglingen und Kleinkindern schwerer als bei Erwachsenen. Soweit überhaupt eine Immunität besteht, ist sie infektgebunden und erlischt mit dem endgültigen Verschwinden des Erregers aus dem Wirtsorganismus.

Epidemiologie. Wie eingangs erwähnt, lebt etwa die Hälfte der Weltbevölkerung in malariagefährdeten Gebieten. Am stärksten verseucht sind die tropischen Regionen Afrikas, des Nahen und Fernen Ostens, des Südwestpazifiks sowie Teile von Zentral- und nördlichem Südamerika. In den USA und allen europäischen Ländern besteht mit Ausnahme eines kleinen Herdes in Griechenland kein Malariainfektionsrisiko mehr (WHO, 1976).

Die Malaria tritt meistens in endemischer Form auf, kann aber auch epidemischen Charakter annehmen. Die Häufigkeit von Erkrankungen ist großen Schwankungen unterworfen. Entscheidend ist nicht nur das Infektionsreservoir, sondern auch die Immunitätslage der Bevölkerung in einem bestimmten Gebiet. Letztere bestimmt weitgehend die epidemiologisch wichtige Zeitspanne, während der Personen für Anophelen infektiös sind. Die im Verlaufe von Malariainfektionen auftretenden Immunitätserscheinungen beeinträchtigen die Vermehrung von Blutparasiten stark und vermindern damit die Bildung von Gametozyten.

Überträger der Malariaparasiten sind weibliche Stechmücken der Gattung *Anopheles*. Von den annähernd 400 Arten dieser Gattung sind ungefähr 50 als Malariaüberträger von Bedeutung. Die Larven- und Puppenstadien von Anophelen entwickeln sich in stehenden, sauerstoffreichen Gewässern, oft in der Nähe der Behausung von Menschen. Die Anophelen fliegen in Gebäude ein, wo die Weibchen vorwiegend nachts stechen und Blut saugen.

Diagnose. Ätiologisch gesichert wird die klinische Diagnose durch den Nachweis von Malariaparasiten im Blut. Kapillarblut wird am besten während oder gegen Ende des Fieberanfalles entnommen und in dünnen Ausstrichen sowie parallel dazu in „dicken Tropfen" nach Giemsa-Färbung mikroskopisch untersucht (Technik S. 512/513). Manchmal gelingt der Parasitennachweis auch in Sternalmarkausstrichen.

Spezifische Antikörper sind bei Erstinfizierten frühestens 6–10 Tage nach Krankheitsbeginn feststellbar. Daher sind serologische Methoden zur Diagnose des akuten Malariaanfalles nicht geeignet, doch stellen sie zum Nachweis länger bestehender Infektionen und zur Kontrolle des Therapieerfolges wertvolle Hilfsmittel dar. Am häufigsten wird heute der indirekte Immunfluoreszenztest eingesetzt.

Therapie. Erstmalig infizierte Patienten (z. B. Europäer nach kurzfristigem Tropenaufenthalt) können akut und schwer erkranken. Daher ist schnelles Eingreifen erforderlich, besonders bei Malaria tropica. Schwere Formen der Malaria erfordern neben der kausalen Chemotherapie zusätzliche Behandlungsmaßnahmen, wie Flüssigkeitszufuhr, Bluttransfusion und Dialyse.

Tabelle 17 Antimalariamittel (Auswahl) Nach Wld. Hlth. Org. techn. Rep. Ser. No. 529 [1973]

Gruppe	Internat. Name	Handelsname
Chinin	Chininhydrochlorid Chininsulfat	Quinimax
9-Amino-Acridin	Mepacrin	Atebrin
4-Amino-Chinoline	Chloroquin	Aralen, Avloclor, Resochin Nivaquine
	Amodiaquin	Camoquin, Flavoquine
8-Amino-Chinoline	Primaquin	Primaquine Neo-Quipenyl
Dihydrofolat-Reduktase-Hemmer	Proguanil Cycloguanil Pyrimethamin Trimethoprim	Paludrine Camolar Daraprim, Malocide Syraprim
Sulfone	Dapson	Avlosulfone
Sulfonamide	Sulfadoxin	Fanasil

Nicht alle im menschlichen Organismus vorkommenden Entwicklungsstadien der Plasmodien sprechen auf die gleichen Medikamente an. Deshalb ist die richtige Auswahl der Mittel eine wichtige Voraussetzung für den Erfolg von Therapie und Prophylaxe. Eine Übersicht über die verschiedenen Malariamittel und ihr Wirkungsspektrum vermitteln die Tab. 17 und 18.

Behandlung der akuten Erkrankung. Die klinischen Symptome der Malaria werden durch die Formen des erythrozytären Schizogoniezyklus hervorgerufen. Zur Erzielung einer klinischen Heilung ist daher die Beseitigung dieser Stadien durch Schizontenmittel erforderlich (vgl. Tab. 18). In dieser Indikation werden bevorzugt die schnell

Tabelle 18 Medikamentöse Beeinflussung verschiedener Entwicklungsstadien von Plasmodien

Entwicklungsstadium	Wirksames Medikament	Indikation
Sporozoiten	nicht bekannt	–
Präerythrozytäre (primäre) Gewebsformen in der Leber		
– bei *Plasmodium falciparum*	Proguanil, Pyrimethamin	kausale Prophylaxe
– bei allen *Plasmodium*-Arten	8-Aminochinoline	(zur Prophylaxe nicht eingesetzt)
Exoerythrozytäre (sekundäre) Gewebsformen in der Leber (fehlen bei *Plasmodium falciparum*)	8-Aminochinoline	radikale Heilung u. Rezidivverhütung bei Tertiana und Quartana
Erythrozytäre Schizogonieformen	*4-Aminochinoline, Chinin* (langsame Wirkung: Proguanil, Pyrimethamin, Sulfone/Sulfonamide)	radikale Heilung der Tropica, klinische Heilung der anderen Formen, suppressive Prophylaxe
Gametozyten		
– bei *Plasmodium falciparum*	8-Aminochinoline	Ausschaltung von Infektionsquellen für *Anopheles*
– bei anderen Arten	4-Aminochinoline, Chinin	
Sporogonie in der Mücke	8-Aminochinoline, Proguanil, Pyrimethamin	Beeinflussung der Parasitenentwicklung in den Mücken

wirkenden Mittel Chinin und 4-Aminochinolinverbindungen, vor allem Chloroquin, eingesetzt. Chloroquin-resistente Plasmodienstämme lassen sich meist durch Chinin oder Kombinationspräparate (z. B. Fansidar) beeinflussen.

Rezidivverhütung (= radikale Therapie). Von den Schizontenmitteln werden die sekundären Gewebsformen von *Plasmodium vivax, P. ovale* und *P. malariae* in der Leber nicht erfaßt. Da diese Rezidive bedingen können, müssen sie im Anschluß an die Behandlung des akuten Anfalles durch 8-Aminochinoline beseitigt werden (Tab. 17 und 18). Diese Rezidivprophylaxe ist bei *Plasmodium falciparum* nicht nötig, da sekundäre Gewebsformen fehlen (Tab. 18).

Therapieresistenz. Ein Problem wachsender Bedeutung stellt die Resistenz von Malariaerregern gegen bestimmte Medikamente dar. Sie ist vor allem bei der oft schwer verlaufenden Malaria tropica von praktischer Bedeutung. Hinweise über die Regionen, in denen resistente *Plasmodium falciparum*-Stämme festgestellt wurden, gibt Tab. 19. In Therapie und Prophylaxe muß dieses Problem bei der Auswahl der Mittel und der Dosierung berücksichtigt werden.

Tabelle 19 Therapieresistenz von Malariaerregern (Übersicht). Nach WHO Technical Report Series No. 529 (1973) ergänzt durch Angaben aus WHO Weekly Epidemiological Record *52*, (7), 65–76 (1977).

Erreger	Resistent gegen	geographische Region
Plasmodium falciparum	4-Aminochinoline	Mittel- und Südamerika, Indischer Subkontinent, Länder Südostasiens und Ozeaniens, vermutlich auch Pakistan und Äthiopien
	Chinin	Südostasien
	Pyrimethamin, Proguanil	in einigen Gegenden aller endemischer Regionen, inkl. Afrika, wo diese Mittel zur Massenprophylaxe eingesetzt werden
	Cycloguanil	Pakistan, Neuguinea, Senegal, Tanzania, Südrhodesien

Prophylaxe. Tropenreisende sind über das Infektionsrisiko in den verschiedenen Regionen zu informieren. Detaillierte Unterlagen darüber publiziert die WHO in Genf: „Information on Malaria Risk for International Travellers".

Bei Malariagefährdung ist die medikamentöse Prophylaxe (= Chemoprophylaxe) unbedingt erforderlich. Beispiele dafür gibt Tab. 20. Je nach Angriffspunkt des verwendeten Medikamentes unterscheidet man eine „suppressive" und eine „kausale" Prophylaxe. Erstere unterdrückt das Entstehen klinischer Erscheinungen durch Beeinflussung der Schizogoniestadien in den Erythrozyten, letztere greift auch die primären Gewebsformen von *Plasmodium falciparum* in der Leber an und verhindert somit den erythrozytären Zyklus (vgl. Tab. 18). In Gebieten mit geringem Infektionsrisiko und gutartiger Malaria reicht im allgemeinen die geringste empfohlene Dosis aus. Bei hohem Infektionsrisiko und bösartiger Malaria (Tropica) sind Dosis und Einnahmefrequenz zu erhöhen.

Tabelle 20 WHO Empfehlungen für die Malariaprophylaxe. Nach WHO Weekly Epidem. Rec. *51* (24) 1976, Seiten 181–200. Dort nähere Angaben über die Dosierung bei Kindern.

Medikament	Dosierung für Erwachsene	
Chloroquin (bezogen auf Base)	300 mg 1 x pro Woche	
	300 mg 2 x pro Woche oder 100 mg jeden Tag	*in hochendemischen Gebieten*
Amodiaquin (bezogen auf Base)	300–400 mg 1 x pro Woche	
	300 mg 2 x pro Woche oder 200 mg 3 x pro Woche	*in hochendemischen Gebieten*
Proguanil	100 mg jeden Tag	
	200 mg jeden Tag	*in hochend. Gebieten, bes. trop. Afrika*
Pyrimethamin	25–50 mg 1 x pro Woche	
Fansidar (1 Tabl. = 500 mg Sulfadoxin + 25 mg Pyrimethamin	2 Tabl. alle 2 Wochen oder 1 Tabl. pro Woche	kurz- und mittelfristige Prophylaxe bei 4-Aminochinolinresistenten *Plasmodium falciparum*-Stämmen

Bei der Durchführung der Chemoprophylaxe sind folgende Punkte zu beachten:

– Bei Auswahl der Medikamente ist die in manchen Gebieten vorhandene Erregerresistenz gegen Antimalariamittel zu berücksichtigen (Tab. 20).
– Die Einnahme der Medikamente muß *1 Woche vor Einreise in das Malariagebiet* beginnen, *regelmäßig in der erforderlichen Dosis* erfolgen und *mindestens 6 Wochen nach Rückkehr* fortgesetzt werden.

- Für die definitive Eliminierung von *Plasmodium vivax*, *P. ovale* oder *P. malariae* ist nach einer suppressiven Prophylaxe eine Abschlußbehandlung zur Rezidivverhütung zu empfehlen (S. 428).

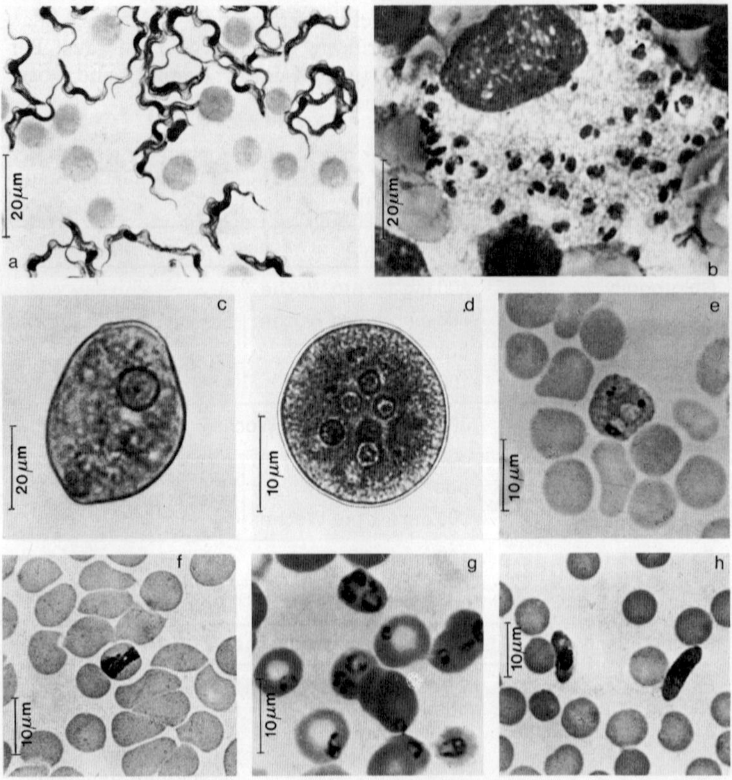

Abb. 60 Mikroaufnahmen verschiedener Protozoen-Arten (s. entsprechende Kapitel)

a) Trypanosoma im Blutausstrich,

b) Leishmanien in einem Makrophagen,

c) Entamoeba histolytica, vegetatives Stadium nach MIF-Fixierung,

d) Entamoeba coli, reife Zyste nach MIF-Fixierung mit 6 sichtbaren Kernen,

e) Plasmodium vivax, Trophozoit,

f) Plasmodium malariae, bandförmiger Trophozoit,

g) Plasmodium falciparum, Ringformen,

h) Plasmodium falciparum, freiliegende Gametozyten

Weitere Prophylaxemaßnahmen. Zusätzlich zur Chemoprophylaxe sollten nach Möglichkeit folgende Maßnahmen durchgeführt werden:

- *Anopheles*-Mücken durch Moskitonetze fernhalten.
- Nach Sonnenuntergang Kleidung (z. B. lange Hosen) tragen, die Mückenstiche verhindert.
- Nicht bedeckte Hautstellen mit einem Repellent einreiben (wirkt jedoch nur etwa 2 Stunden).
- Decken, Fensterrahmen, Wände der Wohnung mit schnell wirkendem Insektizidspray (Pyrethrum) besprühen (kurze Wirkungsdauer!).

Bekämpfung. Die Bekämpfungsmaßnahmen haben das Ziel, den Entwicklungszyklus zu unterbrechen, dadurch das Infektionsrisiko für den Menschen zunächst zu reduzieren und schließlich die Malaria zu tilgen. Hauptsäulen dieser Maßnahmen sind die *Stechmückenbekämpfung* durch Besprühen von Wohn- und Stallräumen mit Insektiziden sowie die gleichzeitige *Chemoprophylaxe* bei der Bevölkerung.

Durch die von der WHO organisierten Kampagnen ist es nach dem Zweiten Weltkrieg gelungen, die Malaria in Nordamerika und in Europa zu tilgen und in Lateinamerika, Afrika und Asien Bekämpfungserfolge zu erzielen. Wie Abb. 58 zeigt, besteht jedoch in weiten Gebieten noch immer ein großes Infektionsrisiko.

10. Balantidium coli

Balantidium coli ist ein bei Menschen, Schweinen, Affen und Ratten vorkommender Dickdarmbewohner mit kosmopolitischer Verbreitung.

Es handelt sich um eine eiförmige, auffallend große Ziliatenart von 30–150 μm Länge, deren Oberfläche mit reihenförmig angeordneten Wimpern bedeckt ist (Abb. 61). Partikuläre Nahrung wird durch einen Zellmund (Zytostom) aufgenommen und innerhalb von Vakuolen verdaut. Im Plasma liegt ein Makronukleus, dem ein kleiner, kaum erkennbarer Mikronukleus angelagert ist. Die Vermehrung erfolgt durch Querteilung, die Übertragung von Wirt zu Wirt durch kugelförmige, dickwandige, 40–60 μm messende Zysten, die neben den vegetativen Stadien mit dem Kot ausgeschieden werden. Junge Zysten enthalten einen Makro- und Mikronukleus, infektionstüchtige je 2 dieser Kerne. In feuchtem Medium und bei einer Temperatur von + 22 °C können Trophozoiten bis zu 10 Tagen und Zysten wochenlang überleben.

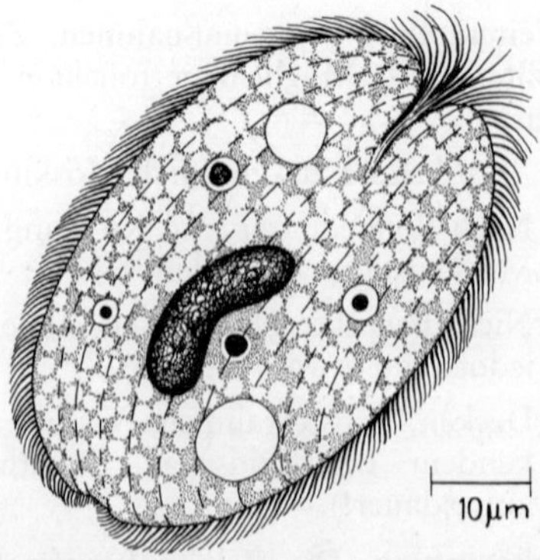

Abb. 61 Balantidium coli, Vegetativstadium

Als Infektionsquellen für den Menschen werden vor allem Schweine angegeben, die zu einem hohen Prozentsatz infiziert sind, jedoch selten erkranken. Auch eine Übertragung von Mensch zu Mensch ist möglich.

Balantidium-Befall des Menschen wird im allgemeinen selten beobachtet, er kann jedoch unter unhygienischen Verhältnissen und bei sehr engem Kontakt mit Schweinen gehäuft auftreten.

Krankheitsbild (Balantidiose). Ansiedlungsorte von *Balantidium coli* sind Kolon, Zäkum, Appendix und selten der Endabschnitt des Ileum. Gewöhnlich leben die Ziliaten kommensalisch im Darmlumen, sie können jedoch auch in die Darmwand eindringen und eine hämorrhagische Entzündung mit Geschwürbildung hervorrufen.

Die akute Balantidiose ist durch profusen Durchfall mit wässrigflockigen bzw. blutig-schleimigen Ausscheidungen charakterisiert. Die chronische Form verläuft asymptomatisch oder mit Erscheinungen der intermittierenden Diarrhoe.

Diagnose und Therapie. Die Krankheit ist vor allem von der Amöbenruhr abzugrenzen, was durch den Nachweis von *Balantidium coli* in frischem Stuhl gelingt. Die bei Amöbiasis verwendeten Medikamente besitzen gegenüber Balantidien keine zuverlässige Heilwirkung. Therapeutisch werden deshalb Tetracycline eingesetzt.

11. Pneumocystis

Pneumocystis carinii gilt als der Erreger der interstitiellen Pneumonie der Säuglinge. Seine systematische Stellung und pathogenetische Bedeutung sind jedoch umstritten. Bei den in Lungenabstrichen gefundenen, extrazellulär in Alveolen und Bronchiolen lebenden Parasiten handelt es sich um 1,5–2 µm große, ovale Gebilde mit einem Zellkern, die in eine optisch leere Schleimkugel (7–10 µm) mit derber Pellicula eingeschlossen sind. Die Vermehrung erfolgt durch Zweiteilung, wobei zwei kleinere Kugeln entstehen, oder durch sogen. Sporogonie, die zur Bildung von Zysten mit 8 Tochterindividuen führt. *Pneumocystis carinii* kann am besten mit der Giemsa-Färbung dargestellt werden und läßt sich in der Allantoishöhle des Hühnerembryos kultivieren.

Die interstitielle Pneumonie bei Frühgeborenen und Säuglingen verläuft als akute, meist tödlich endende Krankheit. Als Inkubation wird eine Zeit von 3–4 Wochen angenommen. Im Gegensatz zu anderen Pneumonieformen besteht bei dieser Krankheit weder Fieber noch Husten. Die Patienten leiden vor allem an Sauerstoffmangel. Die Diagnose wird vom Erfahrenen röntgenologisch oder später bei der Autopsie gestellt. Dabei kann der Erreger in Ausstrichen und Schnittpräparaten, nach Giemsa gefärbt, nachgewiesen werden. Auch ein serologischer Nachweis der Infektion ist heute möglich (KBR, indirekte Immunfluoreszenzmethode).

Über epidemiologische Zusammenhänge ist wenig bekannt. Die Krankheit tritt fast ausschließlich in Säuglingsheimen auf. Neuerdings werden Infektionen auch bei Erwachsenen mit Immunmangelkrankheiten oder nach künstlicher Immundepression beobachtet.

Zur Therapie werden u. a. Pyrimethamin (Daraprim) und Pentamidinverbindungen (Lomidine) empfohlen.

Helminthen

I. Trematoda (Saugwürmer)

Die bei Menschen parasitierenden Trematodenarten haben eine ovale bis lanzettförmige Gestalt, sie sind dorsoventral abgeplattet oder birnenartig geformt, mit Ausnahme der fadenartigen Schistosomen. Als Haftorgane dienen der Mundsaugnapf und der ventral gelegene Bauchsaugnapf (trema: Loch, Öffnung). Die meisten Arten sind Zwitter, nur bei den Schistosomen sind die Geschlechter getrennt (Abb. 62 a–d). Im Entwicklungszyklus der hier erwähnten Arten fungieren Schnecken als erste und Arthropoden oder Fische als zweite Zwischenwirte. Infektionen mit Trematoden

Tabelle 21 Zusammenstellung der im Text erwähnten Trematodenarten

Ordnung	Gattung und Art	Hauptlokalisation der adulten Stadien	Krankheit
Digenea	*Fasciola hepatica*	Gallengänge	Fasziolose
	Dicrocoelium dendriticum	Gallengänge	Dikrozöliose, Lanzettegelbefall
	Opisthorchis felineus *Opisthorchis viverrini* *Clonorchis sinensis*	Gallengänge	Opisthorchiasis Clonorchiasis
	Paragonimus westermani *Paragonimus africanus* *Paragonimus uterobilateralis*	Lunge	Paragonimiasis, Lungenegelbefall
	Schistosoma haematobium	Venen des kleinen Beckens	Schistosomiasis, Bilharziose
	Schistosoma mansoni *Schistosoma japonicum* *Schistosoma intercalatum*	Darm- und Mesenterialvenen, Pfortader	Schistosomiasis, Bilharziose

ereignen sich daher nur in bestimmten Biotopen (Binnengewässer, meist feuchte Landzonen), die den Zwischenwirten geeignete Lebensbedingungen bieten.

1. Fasciola hepatica (Großer Leberegel)

Vorkommen und geographische Verbreitung. *Fasciola hepatica* (fascia: Band) ist ein in allen Kontinenten verbreiteter, wirtschaftlich bedeutsamer Parasit der Hauswiederkäuer, der auch andere Tiere und selten den Menschen befällt.

Morphologie, Entwicklung und Epidemiologie. Der abgeplattete, einem Lorbeerblatt ähnelnde geschlechtsreife Parasit ist etwa 2–4 cm lang. Besondere Kennzeichen sind der sogen. „Kopfzapfen" und die starke Verzweigung verschiedener Organe (Abb. 62 a).

Die adulten Leberegel parasitieren in den Gallengängen. Sie produzieren große (etwa 130 × 85 μm), goldgelb gefärbte, gedeckelte Eier (Abb. 62 e), die über die Gallenwege und den Darmkanal des Wirtes an die Außenwelt gelangen. Bei genügender Feuchtigkeit, ausreichender Sauerstoffzufuhr und Temperaturen über + 10 °C entwickelt sich innerhalb einiger Wochen im Ei eine bewimperte Larve, das Mirazidium, welches unter Einwirkung von Lichtreizen ausschlüpft und so lange im Wasser umherschwimmt, bis es einen Zwischenwirt gefunden hat oder zugrunde geht. Als Zwischenwirt fungiert in Europa eine amphibisch auf feuchten Flächen bzw. in stehenden oder langsam fließenden Gewässern lebende Süßwasserschnecke, *Lymnaea truncatula* (Zwergschlammschnecke). Das Mirazidium dringt in die Schnecke ein und formt sich zur Sporozyste um. Über weitere, ungeschlechtliche Vermehrungsstadien (Redien) entstehen schließlich mit einem Schwanz versehene Zerkarien, die in das Wasser ausschwärmen. Nach kurzer Zeit setzen sie sich an Pflanzenteilen fest, wo sie sich enzystieren und damit zu infektionsfähigen Metazerkarien werden, die mit pflanzlicher Nahrung von Endwirten aufgenommen werden können. Beim Menschen dürften Infektionen durch Genuß von metazerkarienbehafteter Wasserkresse die Hauptrolle spielen.

Die im Dünndarm schlüpfenden juvenilen Leberegel durchdringen die Darmwand und wandern über die Peritonealhöhle in die Leber ein. Nach einer etwa 6–7 Wochen langen Migration durch das Leberparenchym gelangen die Parasiten schließlich in die Gallenwege, wo sie geschlechtsreif werden. Frühestens 2–3 Monate nach der Infektion beginnt die Eiausscheidung.

Krankheitsbild (Fasziolose). Die Infektion kann inapparent verlaufen oder mit Abdominalschmerzen, Hepatomegalie, Fieber, Leuko-

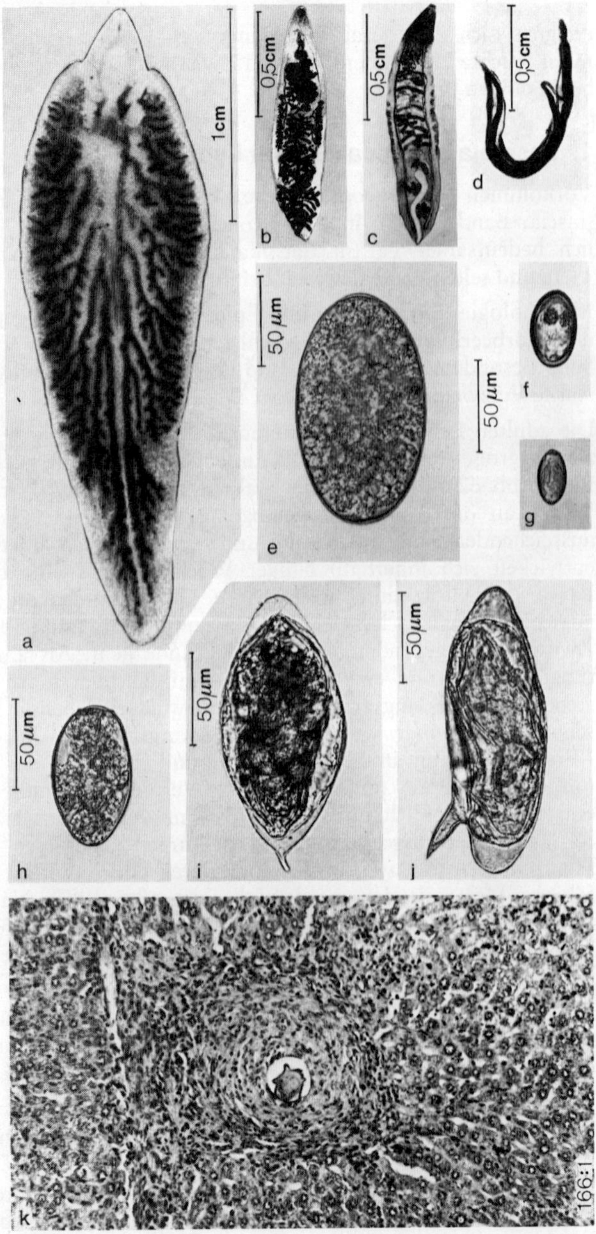
1cm
0,5cm
0,5cm
0,5cm
50 µm
50 µm
50µm
50µm
50µm
a
b
c
d
e
f
g
h
i
j
k
166:1

Abb. 62

zytose und Eosinophilie (akute Phase) bzw. mit hepatocholangitischen Erscheinungen (chronische Phase) einhergehen.

Diagnose. Leukozytose, Eosinophilie und Erhöhung leberspezifischer Enzyme im Serum sind vor allem in der akuten Phase zu erwarten. Der Nachweis der Eier im Stuhl gelingt frühestens nach 2–3 Monaten (Abb. 62 e). Die Eiausscheidung kann fehlen, wenn die Leberegel nicht die Geschlechtsreife erlangen. Zum Antikörpernachweis im Serum stehen mehrere serologische Verfahren zur Verfügung.

Therapie und Prophylaxe. Zur Chemotherapie wird Dehydroemetin (Dehydroemetin Roche) eingesetzt. Durch Verzicht auf den Verzehr von Wasserkresse und anderer möglicherweise mit Metazerkarien behafteter Pflanzenteile als Salat kann der Infektion vorgebeugt werden.

2. Dicrocoelium dendriticum (Kleiner Leberegel, Lanzettegel)

Der 0,5–1 cm lange Lanzettegel (Abb. 62 b) parasitiert in den Gallengängen von Pflanzenfressern und befällt gelegentlich auch den Menschen. Der Parasit ist vor allem in der nördlichen Hemisphäre verbreitet, wo er regional gehäuft auftritt (u. a. in Süddeutschland und der Schweiz). Im Entwicklungszyklus dienen gehäusetragende Landschnecken *(Zebrina-, Helicella-, Cochlicopa-Arten u. a.)* als erste und Ameisen *(Formica*-Arten) als zweite Zwischenwirte. Menschen können sich durch zufällige Aufnahme von Ameisen infizieren, die infektiöse Metazerkarien des Lanzettegels enthalten. Die im Darm des Endwirtes freiwerdenden Trematoden dringen über den Ductus choledochus in die Gallengänge ein, wo sie nach 2–3 Monaten geschlechtsreif werden.

Klinisch verliefen die bisher beim Menschen beobachteten Lanzettegelinfektionen symptomlos oder mit milden Abdominalschmerzen und Blähungen. Die Diagnose kann durch den Nachweis der typischen, dunkelbraun gefärbten, ovalen Eier gestellt werden, die bereits ein Mirazidium enthalten, das an zwei runden Körperchen („Keimkernen“) erkennbar ist (Abb. 62 f). Chemotherapeutisch wird Chloroquin (Resochin) eine gewisse Wirkung zugesprochen.

Abb. 62 a) Fasciola hepatica, b) Dicrocoelium dendriticum, c) Opisthorchis felineus, d) Schistosoma-Pärchen. Eier von e) Fasciola hepatica, f) Dicrocoelium dendriticum, g) Opisthorchis sp., h) Paragonimus africanus, i) Schistosoma haematobium, j) Schistosoma mansoni, k) Granulom mit Ei von Schistosoma mansoni im Lebergewebe

3. Opisthorchis und Clonorchis

Verbreitung und Entwicklung. Die Vertreter dieser Gattungen ähneln in Größe und Form dem Lanzettegel. Unterscheidungsmerkmale bieten Lage und Struktur der Hoden (opisthen: hinten, orchis: Hoden, klon: Zweig) (Abb. 62 c). *Opisthorchis felineus* kommt in Fluß- und Seegebieten Europas und Asiens vor, *Opisthorchis viverrini* tritt in Südostasien auf, besonders in Thailand, *Clonorchis sinensis* hat sein Verbreitungsgebiet in Ostasien (Japan, Korea, China). Endwirte sind fischefressende Säugetiere (Katze, Hund u. a.) sowie der Mensch, in denen die Trematoden die Gallengänge besiedeln. Die Entwicklung ist an Wasserschnecken der Familie Bithyniidae als erste und Süßwasserfische als zweite Zwischenwirte gebunden. Die infektiösen Metazerkarien befinden sich in der Muskulatur der Fische und gelangen beim Genuß roher Fischgerichte in den Darm des Endwirtes. Die Einwanderung in die Gallengänge erfolgt über den Ductus choledochus.

Pathogenese und Krankheitsbild (Opisthorchiasis, Clonorchiasis). Befall mit *Opisthorchis* oder *Clonorchis* verursacht Wucherungen des Gallengangepithels, zystenartige Erweiterungen und fibröse Verdickungen der Gallengänge sowie Bindegewebsvermehrung im Leberparenchym. In endemischen Gebieten wurde eine Häufung von Gallengangkarzinomen festgestellt.

Klinisch treten u. a. in Erscheinung: hepatocholangitische Symptome, Abdominalschmerzen, Ödembildung, Aszites und Ösophagusvarizen.

Diagnose, Therapie und Prophylaxe. Die Diagnose erfolgt durch den Nachweis der Eier im Stuhl oder im Duodenalsaft (Abb. 62 g). Zur Behandlung werden Chloroquin (Resochin, Aralen) und Bithionol (Bitin, Actamer) empfohlen. Eine sichere Prophylaxe bildet das Kochen oder Braten der Fische, da die Metazerkarien bereits bei + 55 °C absterben.

4. Paragonimus (Lungenegel)

Vorkommen und geographische Verbreitung. *Paragonimus*-Arten kommen in Ost- und Südostasien *(Paragonimus westermani* u. a.), im tropischen Westafrika *(Paragonimus africanus* und *Paragonimus uterobilateralis)* sowie in Amerika vor.

Morphologie, Entwicklung und Epidemiologie. Mit ihrer plumpen, kaffeebohnenähnlichen Körpergestalt weichen die etwa 7–15 mm langen *Paragonimus*-Arten im Aussehen von anderen Trematoden ab.

Ansiedlungsort der geschlechtsreifen Parasiten sind zystenartige Erweiterungen in der Lunge, die in der Regel Verbindung zum Bronchialbaum besitzen. Die von den adulten Würmern abgesetzten, gelbbraun gefärbten, gedeckelten Eier (etwa $80 \times 50\,\mu m$) gelangen in die Luftwege und werden mit dem Sputum oder im Stuhl an die Außenwelt befördert (Abb. 62 h). Die weitere Entwicklung vollzieht sich im Wasser, wo im Ei ein Mirazidium entsteht, das ausschlüpft und in einen Zwischenwirt eindringt. In den als erste Zwischenwirte dienenden Wasserschnecken (Gattungen *Semisulcospira, Melania* u. a.) entstehen eiförmige Zerkarien mit kurzem Schwanz. Die Zerkarien enzystieren sich in zweiten Zwischenwirten (Krebse und Krabben) und werden somit zu infektiösen Metazerkarien. Werden diese beim Verzehr roher Krebse von einem geeigneten Endwirt aufgenommen, schlüpfen die jungen Trematoden im Dünndarm aus und wandern durch die Peritonealhöhle zum Diaphragma und schließlich in die Lunge. Die Präpatenzzeit beträgt $2^1/_2$ bis 3 Monate. Vom normalen Wanderweg abgekommene Parasiten können in verschiedene Organe gelangen.

Epidemiologisch spielen krebsfressende Säugetiere (Feliden, Kaniden, Schweine, Mangusten, Ratten) als Hauptwirte eine wesentliche Rolle. Der Mensch gilt als Nebenwirt, der sich akzidentell infiziert.

Krankheitsbild (Paragonimiasis, Lungenegelbefall). Klinisch stehen in typischen Fällen Lungenerscheinungen (chronischer Husten, blutiger Auswurf, Thorakalschmerz) im Vordergrund, doch können auf dem normalen Weg wandernde oder verirrte Parasiten auch Abdominal-, Leber- und Pankreasbeschwerden, ZNS-Störungen oder Hautveränderungen (Schwellungen, Knoten) hervorrufen.

Diagnose. Die ätiologische Diagnose erfolgt durch den Nachweis der Eier im Sputum bzw. im Stuhl. In Phasen ohne blutigen Auswurf ist die Eiausscheidung gering. Zum Antikörpernachweis im Serum hat sich die passive Hämagglutination bewährt.

Therapie und Prophylaxe. Zur Chemotherapie werden Bithionol (Actamer, Bitin), Bithionol-Sulfoxid (Bitin-S) und Niclofolan (Bilevon) eingesetzt. Eine sichere Vorbeugemaßnahme ist das Kochen der Krabben- und Krebsgerichte.

5. Schistosoma (Pärchenegel)

Trematoden der Gattung *Schistosoma* sind Erreger der Schistosomiasis. Die Erkrankung wird nach dem deutschen Arzt Th. M. *Bilharz,* der 1851 *Schistosoma haematobium* im Blutgefäßsystem eines Menschen entdeckte, auch als *Bilharziose* bezeichnet. Sie hat in Teilen Afrikas, Asiens und Südamerikas auch heute noch eine erhebliche Bedeutung. Die Zahl der mit Schistosomen befallenen Menschen wird auf 125–200 Mio. geschätzt.

Die wichtigsten, beim Menschen parasitierenden Arten sind *Schistosoma haematobium, Schistosoma mansoni* und *Schistosoma japonicum*. Eine lokal begrenzte Bedeutung hat *Schistosoma intercalatum*.

Geographische Verbreitung. *Schistosoma haematobium* kommt weitverbreitet in Afrika, in einigen Ländern Südwestasiens und in einem Herd an der Westküste Indiens vor. *Schistosoma intercalatum* ist auf kleine Gebiete in Zentral- und Westafrika beschränkt.

Zu den Verbreitungsgebieten von *Schistosoma mansoni* gehören Teile Afrikas, Regionen des Vorderen Orients, aber auch Südamerika und einige Antilleninseln.

Schistosoma japonicum ist in Gebieten von China, Japan, Taiwan (nur bei Tieren), auf den Philippinen und in kleineren Herden in Laos, Kambodscha, Thailand und auf Celebes heimisch.

Morphologie und Entwicklung. Die beim Menschen vorkommenden *Schistosoma*-Arten sind einander sehr ähnlich. Das relativ dicke Männchen formt mit den Seitenrändern des Körpers eine ventrale

Tabelle 22 Unterschiede der Morphologie von *Schistosoma*-Arten des Menschen und ihrer Lokalisation im Endwirt. (Nach Nauck, E. G.: Lehrbuch der Tropenkrankheiten, 4. Aufl. Thieme, Stuttgart 1975)

		Schistosoma haematobium	*Schistosoma mansoni*	*Schistosoma japonicum*
Körperlänge				
	Männchen	7–15 mm	6–10 mm	7–20 mm
	Weibchen	9–20 mm	7–15 mm	10–26 mm
Oberfläche		mit Wärzchen	mit Wärzchen	ohne Wärzchen
Eier:	Form	spindelförmig mit Endstachel	spindelförmig, mit Seitenstachel	elliptisch ohne Stachel
	Größe	143 x 60 μm	159 x 68 μm	89 x 67 μm
Hauptsitz der adulten Schistosomen		Venengeflechte des kleinen Beckens	Darm- und Mesenterialvenen, Pfortader	Darm- und Mesenterialvenen, Pfortader
Hauptorgane der Eiablagerung		Blase, Ureter, Genitalorgane, Rektum	Darmwand und Leber	Darmwand und Leber
Art der Eiausscheidung		vorwiegend im Harn	vorwiegend im Stuhl	vorwiegend im Stuhl

Rinne und schließt das mehr fadenförmige Weibchen darin ein. Dadurch erscheint der Körper des Männchens wie längsgespalten (schizein: spalten; soma: Körper) (Abb. 62 d). Angaben über die Morphologie der Parasiten und ihre Lokalisation im Endwirt finden sich in Tab. 22.

In den von den Weibchen abgesetzten Eiern entwickeln sich während des Aufenthaltes in den Wirtsorganen innerhalb einiger Tage Mirazidien. Die Eier liegen zunächst in den feinen submukösen Venen des Darmes oder der Harnblase, sie gelangen durch die Gefäßwand in das Gewebe, wo sie entzündliche Veränderungen hervorrufen, ein Teil erreicht schließlich das Lumen der Harnblase oder des Darmes, während die anderen zugrunde gehen. Mit dem Kot oder Harn ausgeschiedene und ins Wasser geratene Eier entlassen alsbald die Mirazidien, die einen Zwischenwirt suchen (Abb. 63).

Als Zwischenwirte fungieren vorwiegend folgende Gattungen von Süßwasserschnecken: Aquatisch lebende Lungenschneckenarten der Gattung *Bulinus* mit linksgewundenem, kegelförmigem Gehäuse für *Schistosoma haematobium* und *Schistosoma intercalatum; Biomphalaria*-Arten mit flacher, posthornförmiger Schale für *Schistosoma mansoni;* amphibisch lebende Kiemenschnecken der Gattung *Oncomelania* mit einem spitz-konischen, durch einen Deckel verschließbaren Gehäuse sind Zwischenwirte für *Schistosoma japonicum.*

In den Schnecken wandeln sich die eingedrungenen Mirazidien in Muttersporozysten um, aus denen Tochtersporozysten hervorgehen und schließlich Zerkarien, welche 5–6 Wochen nach der Infektion ins Wasser auszuschwärmen beginnen. Morphologisch sind sie durch einen gegabelten Ruderschwanz charakterisiert. Die frei umherschwimmenden oder an der Wasseroberfläche haftenden Zerkarien dringen bei Kontakt mit einem Menschen innerhalb weniger Minuten in die Haut ein, werfen den Schwanz ab und durchwandern das subkutane Gewebe, wo sie venöse Kapillaren oder Lymphgefäße aufsuchen. Über den großen Kreislauf gelangen die jungen Schistosomen (Schistosomula) in die Pfortader und die intrahepatischen Gefäßverzweigungen, in denen sie sich zu adulten Würmern entwickeln. Kurz vor Erreichen der Geschlechtsreife vereinigen sich Männchen und Weibchen zu Paaren, welche in die Mesenterial- und Darmvenen bzw. die Venengeflechte der Blase und des Enddarmes migrieren. Nach Untersuchungen an Mäusen können die Schistosomula aus der Lunge in die Pleurahöhle auswandern, das Zwerchfell durchstoßen und schließlich über das Leberparenchym in die intrahepatischen Gefäße gelangen. Die Präpatenzzeit beträgt für *Schistosoma japonicum* 5–6 Wochen, für *Schistosoma mansoni* 7 bis

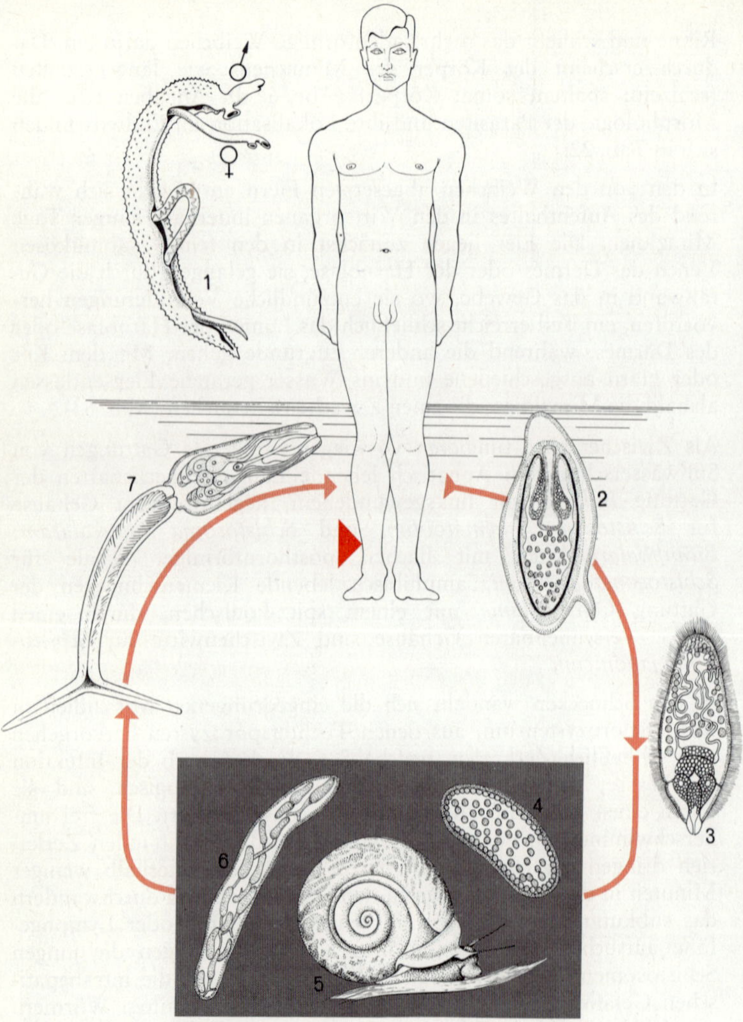

Abb. 63 Entwicklungszyklus von Schistosoma mansoni:
1 Männchen und Weibchen,
2 frisch ausgeschiedenes Ei mit Mirazidium,
3 freischwimmendes Mirazidium,
4 Sporozyste im Zwischenwirt,
5 Zwischenwirt (Biomphalaria glabrata),
6 Tochtersporozyste mit Zerkarien,
7 freie Gabelschwanzzerkarie
(Nach *Piekarski*, 1973)

8 Wochen und für *Schistosoma haematobium* 10–12 Wochen. Im Endwirt überleben die Schistosomen durchschnittlich 2–5 Jahre, einzelne jedoch 20–30 Jahre.

Epidemiologie. Als autochthone Infektion kommt die Schistosomiasis in tropischen Gebieten vor. Voraussetzungen für ihr Auftreten sind das Vorhandensein von Eiausscheidern und geeigneten Zwischenwirten, weiterhin die Verunreinigung der Schneckenbiotope mit eihaltigen Fäkalien oder Harn sowie relativ hohe Wassertemperaturen um + 25 °C, und schließlich der Kontakt von Menschen mit kontaminierten Gewässern. In der Epidemiologie von *Schistosoma japonicum* spielen auch Tiere als Reservoirwirte eine Rolle, insbesondere Hunde, Rinder, Büffel und Ratten. Tropenreisende können sich in endemischen Gebieten – selbst bei einmaligem, kurzfristigem Gewässerkontakt – infizieren. Daher werden latente oder klinisch manifeste Infektionen auch in anderen Regionen beobachtet.

Pathogenese und Krankheitsbild (Schistosomiasis, Bilharziose). Pathogenese und Krankheitsverlauf lassen sich in folgende Phasen einteilen:

1. *Penetrationsphase:* Das Eindringen der Zerkarien in die Haut kann reaktionslos verlaufen oder Juckreiz und Hautveränderungen (rote Flecken, Papeln) hervorrufen, die in einigen Tagen wieder abklingen.

Zerkarien von Schistosomatiden aus Vögeln bzw. Säugetieren können im Süß- oder Meerwasser in die Haut von Menschen eindringen und dort einige Tage überleben. Die dadurch entstehenden Hautveränderungen werden als „Badedermatitis" oder „swimmer's itch" bezeichnet. Fälle davon sind aus Europa und anderen Gebieten bekannt.

2. *Die akute Phase* tritt etwa 3–10 Wochen nach einer stärkeren Erstinfektion auf. Sie wird auf zytotoxisch bzw. allergisierend wirkende Substanzen der Schistosomen zurückgeführt und geht mit geringen pathologischen Veränderungen einher (perivaskuläre Infiltrationen, Pigmentablagerung in retikuloendothelialen Zellen).

Klinisch werden neben Fieber u. a. Kopf- und Gliederschmerzen, Urtikaria, Bronchitis, Schmerzen im Oberbauch sowie Schwellung von Leber und Milz beobachtet. Bei Infektionen mit *Schistosoma mansoni* und *Schistosoma japonicum* können Störungen der Darmfunktion hinzutreten. Häufig ist eine Eosinophilie vorhanden. Diese Erscheinungen bestehen einige Tage bis zu mehreren Wochen. Gewöhnlich sind *Schistosoma*-Eier zu Beginn dieses Stadiums noch nicht im Stuhl oder Urin nachweisbar (vgl. Präpatenzzeiten). Diese Phase der Infektion kann auch latent verlaufen.

3. Chronische Phase: Mit der Eiablage durch die *Schistosoma*-Weibchen beginnt die pathogenetisch bedeutsamste Phase. Die Eier gelangen nicht nur in der Nähe des Ansiedlungsortes der Würmer ins Gewebe, sondern sie werden vom Blut auch in entferntere Lokalisationen getragen. Am zahlreichsten erscheinen sie in Leber und Lunge, doch gelangen sie auch in andere Organe, z. B. in das ZNS. Unter dem Einfluß der aus lebenden oder abgestorbenen Eiern ins Gewebe austretenden Stoffe entstehen granulomartige Reaktionsherde, die auch als „Pseudotuberkel" bezeichnet werden (Abb. 62 k). In ihrem Zentrum liegen ein oder mehrere Eier, um die sich epitheloide Zellen, neutrophile und eosinophile Granulozyten, Lymphozyten, Plasmazellen, Riesenzellen und Fibroblasten gruppieren. Diese Herde können konfluieren und Ausgangspunkt größerer, granulomatöser Wucherungen sein, die in das Lumen von Blase oder Darm hineinragen. Die im Gewebe abgelagerten Eier sterben innerhalb von 3 Wochen ab. Sie werden aufgelöst oder verkalken, während die „Pseudotuberkel" durch Bindegewebe ersetzt werden. Damit entstehen in zunehmendem Maße fibrös-zirrhotische Veränderungen.

Bei der *Schistosoma mansoni-* und *Schistosoma japonicum*-Infektion treten ausgeprägte Reaktionen in der Leber auf, wo es zu einer typischen Fibrose kommt, die durch Bildung starker bindegewebiger Reaktionen um die Pfortaderäste charakterisiert ist („Tonpfeifenstielfibrose" nach Symmers). Daneben finden sich diffuse fibrotische und zirrhotische Veränderungen im Lebergewebe. Die Behinderung des Pfortaderkreislaufes führt zur portalen Stauung und Hypertonie, Splenomegalie, Aszites sowie zu Hämorrhagien im Verdauungskanal. Bei Verlegung von Ästen der A. pulmonalis entstehen Stauungen im kleinen Kreislauf und Herzdilatation. Herdartige Ansammlungen von Eiern und damit verbundene Reaktionen sind auch im Darm, in der Blase *(Schistosoma haematobium)* und in anderen Organen (z. B. in Haut, ZNS) anzutreffen.

Je nach Stärke des Befalls und Grad der Veränderungen kann die Infektion latent verlaufen oder mit Symptomen unterschiedlichen Schweregrades einhergehen. Entsprechend der Lokalisation der Hauptveränderungen lassen sich verschiedene Formen der Schistosomiasis unterscheiden:

Schistosomiasis des Urogenitaltraktes

verursacht durch *Schistosoma haematobium.*

Symptome und Veränderungen: Hämaturie vorwiegend der letzten Harnportion, Harndrang, 1–2 mm große, erhabene Knötchen (= „Eituberkel") und Hyperämie der Blasenwand, später auch papillomartige Wucherungen, Nekrosen, Geschwüre, Fibrose und Verkalkung der Blasenwand, Pyelonephrose, Hydronephrose, Strikturen der Urethra, Veränderungen an den Geschlechtsorganen.

Schistosomiasis des Darmes

Hauptsächlich hervorgerufen durch *Schistosoma mansoni* (Eiablagerung vorwiegend im Dickdarm) und *Schistosoma japonicum* (Eiablagerung im Dick- und Dünndarm), selten durch *Schistosoma intercalatum. Schistosoma haematobium* kann im Rektum Veränderungen verursachen.

Symptome und Veränderungen: Kolitis mit ähnlichen Erscheinungen wie bei Amöbenruhr (blutig-schleimige Durchfälle, Hyperämie, Knötchen- und Papillombildung in der Darmschleimhaut). Bei *Schistosoma japonicum* auch Beteiligung des Dünndarmes.

Hepatolienale Schistosomiasis

Durch *Schistosoma mansoni* oder *Schistosoma japonicum* bedingt, äußerst selten durch *Schistosoma haematobium.* Die Veränderungen entstehen durch massive Ablagerung von Eiern in der Leber.

Symptome und Veränderungen: „Banti-Syndrom". Vergrößerung der Leber (zunächst weiche Konsistenz, im fortgeschrittenen Stadium evtl. Verkleinerung durch Zirrhose), Splenomegalie; Anzeichen portaler Stauung wie Aszites und Ösophagusvarizen. Diese Form ist häufig kombiniert mit der Darmschistosomiasis.

Weitere Formen: Schistosomiasis der Lunge und des ZNS.

Resistenz und Immunität. In der unspezifischen Abwehr gegen *Schistosoma*-Infektionen bildet die Haut eine wesentliche Barriere. Es wird angenommen, daß der physikalische Zustand der Glykoproteide in der Haut eines Wirtes einerseits und andererseits die Fähigkeit der Zerkarien, mit Hilfe ihrer Enzyme diese Substanzen aufzulösen, für das Überleben der eingedrungenen Parasiten entscheidend sind.

Hinweise für die Ausbildung einer Immunität im Verlauf länger bestehender Infektionen ergeben sich aus epidemiologischen Beobachtungen. So erkranken in endemischen Gebieten vor allem Personen zwischen 10 und 35 Jahren, weniger häufig ältere Jahrgänge, bei denen auch die Eiausscheidung gewöhnlich geringer ist. Eine unspezifische Altersresistenz kann dafür nicht verantwortlich gemacht werden. Vielmehr liegt mit hoher Wahrscheinlichkeit beim Menschen ein bei Versuchstieren nachgewiesener Immunitätsstatus vor, der im englischen Sprachgebrauch als „concomitant immunity" beschrieben wird. Er bezeichnet eine Situation, in welcher der Wirt gegen eine erneute Infektion mit Zerkarien ganz oder teilweise geschützt ist, die bereits im Körper etablierten Schistosomen aber nicht zu eliminieren vermag. Die Immunabwehr richtet sich gegen neu eindringende Schistosomen, während sich ältere Stadien durch Inkorporation von Wirtsantigen in ihre Körperoberfläche immunologisch „tarnen" und so dem Angriff des Immunsystems entgehen. Daher können infizierte Personen über viele Jahre Träger von Schistosomen sein und Eiausscheider bleiben.

Für die Ausbildung der schützenden Immunität sind die lebenden adulten Schistosomen verantwortlich. Die Immunitätsmechanismen sind noch nicht genau bekannt. Am wahrscheinlichsten ist ein Zusammenwirken von Antikörpern und nicht-sensibilisierten Zellen. So vermögen gegen Schistosomen gerichtete IgE-Antikörper die Adhäsion von Makrophagen an der Oberfläche von Schistosomula zu stimulieren und damit die Zerstörung der Parasiten einzuleiten. Der Nachweis von Immunitätsreaktionen hat eine große praktische Bedeutung in der Diagnostik.

Diagnose. Neben klinischen Methoden werden parasitologische und immunologische Verfahren eingesetzt.

Nach Ablauf der Präpatenz, d. h. frühestens 5–12 Wochen nach der Infektion, ist der Nachweis von Eiern im Stuhl bzw. im Urinsediment möglich (Abb. 62 i, j).

Immundiagnostische Verfahren (s. S. 513) sind besonders nützlich zur Feststellung der Infektion *vor Beginn der Eiausscheidung* (wichtig bei Tropenrückkehrern!).

Therapie. Die Chemotherapeutika lassen sich in zwei Gruppen einteilen: Antimonverbindungen und Nicht-Antimonverbindungen (Tab. 23). Bei der Anwendung dieser Medikamente ist Vorsicht geboten, die Dosierungsangaben und Kontraindikationen sind genau zu beachten, eine ärztliche Überwachung der Patienten ist erforderlich. Ein neues, noch in der Entwicklung befindliches Schistosomizid ist Praziquantel (Bayer).

Prophylaxe. Vorbeugende Maßnahmen gegen *Schistosoma*-Infektionen sind die Bekämpfung der Zwischenwirtsschnecken mit chemischen Mitteln (Molluskiziden) oder physikalischen Methoden (z. B. Trockenlegung von Gewässern), die Verminderung der Eiausscheidung durch medikamentelle Behandlung befallener Personen und die Verhütung der Gewässerkontamination mit *Schistosoma*-Eiern durch hygienische oder organisatorische Maßnahmen (Bau von Aborten, Absperrung von Gewässern u. a.). In *Schistosoma*-Gebieten sollte das Baden in natürlich oder künstlich angelegten Gewässern vermieden werden. Vorsicht ist auch bei Swimmingpools gebo-

Tabelle 23 Wirksamkeit verschiedener Präparate auf *Schistosoma*-Arten

Wirkstoff-gruppe	Präparat		Wirkung*		
	Internat. Name	Handels-name	*Schisto-soma haema-tobium*	*Schisto-soma mansoni*	*Schisto-soma japoni-cum*
Nicht-Antimon-verbindungen	Niridazol	Ambilhar	+	+	(+)
	Hycanthon	Etrenol	+	+	–
	Metrifonat	Bilarzil	+	–	–
Antimon-verbindungen	Stibophen	Fuadin	+	+	(+)
	Stibocaptat	Astiban	+	+	+

* + = ausreichend, (+) = mäßig, – = keine

ten. Möglicherweise mit Zerkarien kontaminiertes Trinkwasser muß abgekocht, chloriert oder durch Filtration gereinigt werden.

II. Cestoda (Bandwürmer)

Im Dünndarm des Menschen können sich verschiedene Bandwurmarten (kestos: Band) ansiedeln, die der Gruppe der niederen (Pseudophyllida) bzw. der höheren (Cyclophyllida) Zestoden angehören. Die Entwicklung dieser Parasiten verläuft über einen oder zwei Zwischenwirte.

Der Mensch ist auch für Larvenstadien (Finnen, Metazestoden) verschiedener Bandwurmarten empfänglich. Sie entwickeln sich in den Körpergeweben und entfalten im allgemeinen eine größere Schadwirkung als die Darmstadien der Zestoden. Hier sind vor allem die Finnen von *Echinococcus*-Arten zu erwähnen, die schwerste Erkrankungen und Todesfälle verursachen.

Tabelle 24 Zusammenstellung der im Text erwähnten Zestodenarten

Ordnung	Gattung und Art (Unterart)	Hauptlokalisation der adulten Stadien	Krankheit
Pseudo-phyllida	*Diphyllobothrium latum*	Dünndarm	Diphyllobothriasis, Fischbandwurm-befall
	Spirometra-Arten	Larven: Subkutis, innere Organe	Sparganose

Ordnung	Gattung und Art (Unterart)	Hauptlokalisation der adulten Stadien	Krankheit
Cyclophyllida	*Taenia saginata*	Dünndarm	Taeniasis, Rinderbandwurmbefall
	Taenia solium	Dünndarm	Taeniasis, Schweinebandwurmbefall
		Finnen: Muskulatur, ZNS	Zystizerkose
	Echinococcus granulosus *Echinococcus multilocularis*	Finnen: Leber, Lunge, andere Organe	Echinokokkose
	Hymenolepis nana	Dünndarm	*Hymenolepis*-Befall Zwergbandwurmbefall,

1. Diphyllobothrium latum („Fischbandwurm", Breiter Grubenkopfbandwurm)

Diese in Binnenseegebieten von Europa (Skandinavien, Schweiz, Italien u. a.), Asien und Amerika vorkommende Bandwurmart parasitiert im Dünndarm des Menschen und fischefressender Säugetiere, wie Hund und Katze. Der 2–15 m lange Parasit trägt am Kopf zwei schlitzförmige Sauggruben und setzt sich aus zahlreichen Gliedern (Proglottiden) zusammen; diese sind im Endteil des Tieres breiter als lang und durch die zentrale Lage des rosettenförmig aufgewundenen Uterusschlauches charakterisiert (Abb. 64 a). Die ovalen, goldgelb gefärbten und mit einem Deckel versehenen Eier (70 × 50 µm) ähneln denen von Trematoden (Abb. 64 b). Gelangen die im Stuhl ausgeschiedenen Eier ins Wasser, so entwickelt sich eine bewimperte Larve, das Korazidium, das ausschlüpft und zur Weiterentwicklung von einem Kleinkrebs *(Cyclops, Diaptomus)* aufgenommen werden muß, in dem als weiteres Larvenstadium das Prozerkoid entsteht. Als zweite Zwischenwirte dienen bestimmte Süßwasserfischarten, in denen sich nach Verzehr befallener Kleinkrebse das infektionsfähige, 1–2 cm lange Plerozerkoid entwickelt. Der Mensch infiziert sich durch Verzehr roher oder ungenügend erhitzter, plerozerkoidhaltiger Fische. Die Entwicklung zum geschlechtsreifen Bandwurm kann in 18 Tagen abgeschlossen sein.

Klinisch verläuft der *Diphyllobothrium*-Befall häufig symptomlos, in anderen Fällen bestehen leichte gastrointestinale Beschwerden und bei einem Teil der Patienten Anämie, die auf den Entzug von Vitamin B_{12} durch den Bandwurm zurückzuführen ist.

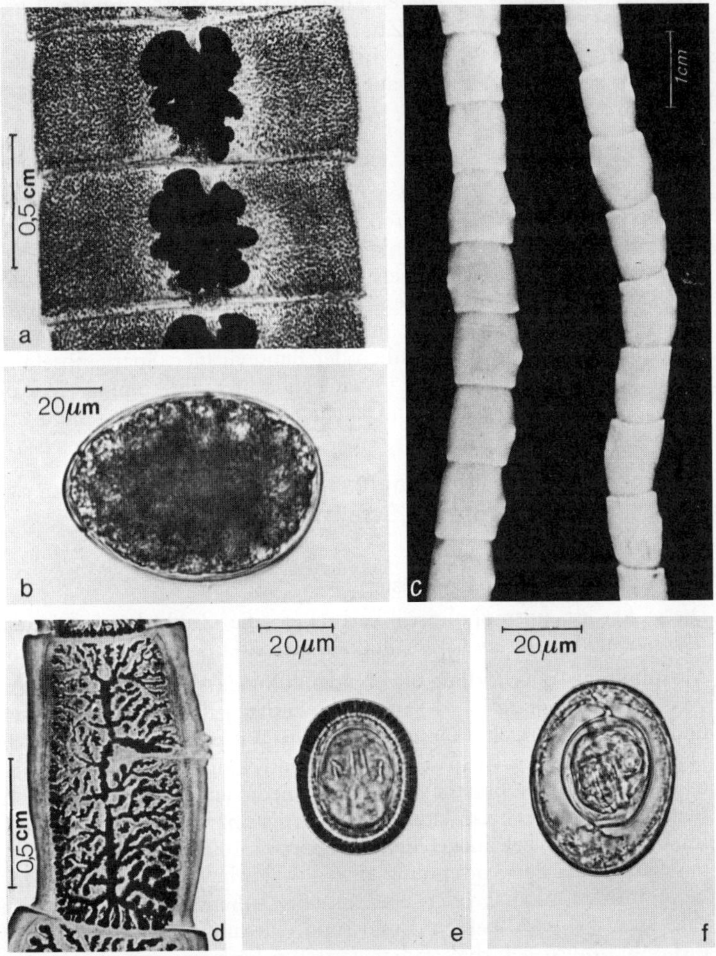

Abb. 64
a) eihaltige Proglottiden von Diphyllobothrium latum,
b) Ei von Diphyllobothrium latum,
c) Teile der Gliederkette von Taenia saginata,
d) eihaltiges Glied von Taenia saginata,
e) Taenia-Ei,
f) Ei von Hymenolepis nana

Die Diagnose erfolgt durch den Einachweis im Stuhl, manchmal gehen auch Proglottiden ab. Zur Therapie eignet sich Niclosamid (Yomesan). Prophylaktische Maßnahmen sind die Hygienisierung der Abwässer und Verzicht auf ungenügend erhitzte Fischspeisen.

2. Spirometra

Spirometra-Arten, die mit dem „Fischbandwurm" nahe verwandt sind, parasitieren in Karnivoren. Ihre Plerozerkoide können sich in der Subkutis, in der Konjunktiva, in Lymphknoten und in den Viszeralorganen des Menschen ansiedeln und das Krankheitsbild der „Sparganose" verursachen. Die Infektion erfolgt durch Aufnahme von Wasserkrebschen oder ungekochten Fleisches von Wirbeltieren mit Entwicklungsstadien der Bandwürmer. Sparganosefälle wurden vor allem im Fernen Osten beobachtet, sie kommen jedoch auch in Europa und in anderen Gebieten vor.

3. Taenia saginata und Taenia solium („Rinderbandwurm", „Schweinebandwurm")

Taenia saginata

(taenia: Band; saginatus: gemästet)

Diese Art ist kosmopolitisch verbreitet; die Zahl der infizierten Menschen wird auf etwa 40 Millionen geschätzt.

Morphologie, Entwicklung und Epidemiologie (Abb. 65). Der Scolex von *Taenia saginata* hat 4 Saugnäpfe, besitzt jedoch kein Rostellum und keine Haken. Die Gesamtlänge des Wurmes liegt gewöhnlich bei 10 m. Die graviden Endglieder sind länger als breit (Abb. 64 c). Der Uterus besteht aus einem medianen Längsstamm, von dem 15–30 Äste nach lateral baumartig abzweigen (Abb. 64 d). Im Uterus eines graviden Gliedes sind etwa 100 000 Eier enthalten. Sie werden bei der Abtrennung einer Proglottis von der Bandwurmkette im Darmkanal oder erst an der Außenwelt frei. Die Eier sind klein (∅ ca. 30–40 μm) und rund. Die äußere Hülle bildet die dicke, bräunlich gefärbte, radiär gestreifte Embryophore. Im Innern befindet sich eine mit 3 Hakenpaaren bewehrte Onkosphäre (Abb. 64 e). Die Tenazität der Eier ist beträchtlich, sie können wochen- und monatelang infektiös bleiben. Mit dem Abwasser oder bei der Defäkation gelangen sie auf Rinderweiden.

Nach Aufnahme der Eier durch ein *Rind* schlüpfen im Dünndarm die Onkosphären aus. Sie wandern in die Darmwand ein und werden durch den Blutstrom in die quergestreifte Muskulatur transportiert, wo sie innerhalb von 3–4 Monaten zu den infektionstüchtigen, etwa

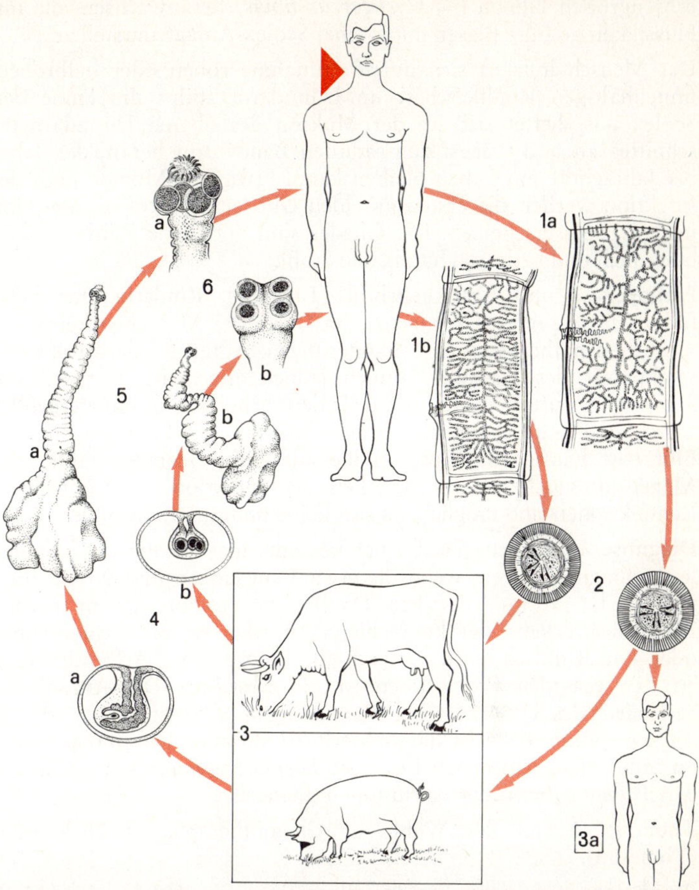

Abb. 65 Entwicklungszyklus von Taenia saginata und T solium:

1 a/b Eihaltiges (gravides) Glied von T. solium (a) und T. saginata (b),

2 freie Taenia-Eier,

3 natürliche Zwischenwirte für T. saginata (Rind) und T. solium (Schwein),

3 a der Mensch als akzidenteller Zwischenwirt für T. solium,

4 a/b infektionstüchtige Finnen von T. solium (a) und T. saginata (b),

5 a/b gleiche Finnen mit ausgestülpter Kopfanlage

6 a/b „bewaffneter" Kopf von T. solium (a) und „unbewaffneter" von T. saginata (b) aus dem Dünndarm des Menschen
(Nach *Piekarski*, 1973)

erbsengroßen Finnen (= *Cysticercus bovis)* heranwachsen, die mit Flüssigkeit gefüllte Blasen mit je einer Scolex-Anlage darstellen.

Der Mensch infiziert sich durch Aufnahme rohen oder halbrohen, finnenhaltigen Rindfleisches. Im Dünndarm stülpt die Finne den Scolex aus, heftet sich an der Mukosa des oberen Dünndarmabschnittes an und wächst zum adulten Bandwurm heran, der Jahre bis Jahrzehnte am Leben bleiben kann. Etwa 2–3 Monate nach der Infektion werden die ersten graviden Glieder abgestoßen, die dann in den Fäzes erscheinen. Die Glieder sind noch eine Zeitlang aktiv beweglich und verlassen häufig den Stuhl.

Pathogenese und Krankheitsbild (Taeniasis, Rinderbandwurmbefall). *Taenia saginata* verursacht im Darm des Menschen keine wesentlichen pathologischen Veränderungen. Aufgrund der Stoffwechselaktivität des Wurmes können jedoch allgemeine unspezifische Symptome auftreten. In vielen Fällen beherrschen Hungergefühl, Durchfall, Abmagerung und Bauchschmerzen das klinische Bild. Im Blut tritt häufig eine Eosinophilie auf. Sub- oder Anazidität des Magensaftes scheint das Angehen der Infektion zu begünstigen. Reinfektionen sind möglich, da sich keine Immunität ausbildet.

Diagnose. Das Vorliegen des Befalles mit einer *Taenia*-Art läßt sich leicht diagnostizieren, wenn die etwa 1 cm langen und 0,7 cm breiten Glieder im Stuhl abgehen. Da sich die Proglottiden im frischen Zustand strecken oder kontrahieren, werden sie oft nicht erkannt oder mit Rundwürmern verwechselt. Eine genaue Artbestimmung an den graviden Proglottiden ist oft schwierig. Die Anzahl der Seitenäste des Uterus ist bei *Taenia saginata* meist größer als bei *Taenia solium,* doch ist dieses Merkmal variabel. Die unregelmäßig im Stuhl ausgeschiedenen Eier von *Taenia saginata* lassen sich von den *Taenia solium*-Eiern nicht unterscheiden.

Therapie. Mittel der Wahl zur Chemotherapie ist Niclosamid (Yomesan).

Prophylaxe. Schwerpunkte der allgemeinen prophylaktischen Maßnahmen sind die Abwasserreinigung und die Erfassung der Finnenträger bei der Schlachttieruntersuchung. Stark finniges Fleisch ist genußuntauglich, in schwach finnigem werden die Bandwurmfinnen durch Tiefgefrieren abgetötet. Eine individuelle Prophylaxe besteht im Verzicht auf Genuß rohen Rindfleisches. Hackfleisch sollte vor dem Verzehr mindestens 24 Stunden tiefgefroren werden.

Taenia solium
(solium aus „sosl", arabisch: Kette)

Diese Bandwurmart tritt in einigen Ländern Ost- und Südeuropas, in Süd- und Mittelamerika und einigen anderen Regionen noch häufig auf; in Ländern mit obligatorischer Schlachttieruntersuchung und guten Hygieneverhältnissen ist sie jedoch selten geworden oder ausgestorben.

Morphologie und Entwicklung (s. Abb. 65). Der Scolex von *Taenia solium* hat außer den 4 Saugnäpfen ein mit doppeltem Hakenkranz bewaffnetes Rostellum. Die Länge des Bandwurmes ist mit 3–4 m geringer als die des „Rinderbandwurmes". In den graviden Gliedern ist die Anzahl der Seitenäste des Uterus mit 7–13 (also weniger als 15) gewöhnlich kleiner als bei *Taenia saginata*.

Die Entwicklung verläuft ähnlich wie beim „Rinderbandwurm", doch ist für *Taenia solium* das *Schwein* Zwischenwirt, in dem sich die Finne, *Cysticercus cellulosae,* in 2–3 Monaten zur Infektionsreife entwickelt.

Pathogenese und Krankheitsbild (Taeniasis, Schweinebandwurmbefall). Der Befall des Darmes mit *Taenia solium* verursacht keine oder nur geringfügige Störungen, ähnlich wie bei einer Infektion mit dem „Rinderbandwurm".

Diagnose, Therapie und Prophylaxe. Für die Diagnose und Therapie gelten die für *Taenia saginata* gegebenen Empfehlungen. Zur Prophylaxe ist das Kochen des Schweinefleisches anzuraten.

Zystizerkose

Die Finnen von *Taenia solium* können sich in verschiedenen Organen des Menschen ansiedeln und das Krankheitsbild der Zystizerkose verursachen (Abb. 65).

Die Infektion erfolgt unter unhygienischen Bedingungen durch die orale Aufnahme von Eiern. Andererseits ist es möglich, daß im Verdauungskanal des Menschen Eier aus graviden Proglottiden freiwerden und die ausgeschlüpften Onkosphären eine Infektion verursachen.

Besonders gravierend ist die Zystizerkose des Auges und des zentralen Nervensystems. Im ZNS siedeln sich die Finnen vorwiegend im Großhirn, in den Ventrikeln und im Subarachnoidalraum an. Neben den typischen, etwa erbsengroßen Finnenbläschen mit einer Scolex-Anlage werden im Gehirn Finnenkonglomerate mit Blasen bis zu 6 cm Durchmesser gefunden, die keine Kopfanlage enthalten *(Cysticercus racemosus) Cysticercus cellulosae* siedelt sich auch in der Haut, im Herzen und in der Skelettmuskulatur an und verursacht u. a. rheumatoide Beschwerden.

Bei Lokalisation der Finnen in der Haut kann die Palpation erste Hinweise für das Vorliegen einer Zystizerkose liefern. Hilfsmittel zur Feststellung des Befalles innerer Organe sind die Röntgenuntersuchung und serologische Methoden. Hierbei sind Kreuzreaktionen mit *Echinococcus* zu beachten.

Zur Chemotherapie kann versuchsweise Mebendazol (Vermox) eingesetzt werden (vgl. Therapie des *Echinococcus* S. 458).

4. Echinococcus

Echinococcus granulosus und *Echinococcus multilocularis* parasitieren im Dünndarm von Fleischfressern, ihre Finnen entwickeln sich in verschiedenen Säugetierarten und im Menschen, bei dem die als Echinokokkose bezeichnete Infektion Erkrankungen und Todesfälle verursachen kann.

Morphologie und Entwicklung. Die Echinococcus-Arten sind kleine, nur wenige Millimeter lange Zestoden, deren Scolex mit 4 Saugnäpfen und einem Rostellum mit doppeltem Hakenkranz ausgestattet ist (Abb. 66 a).

Hauptendwirt für *Echinococcus granulosus* ist der Hund, regional spielen auch andere Kaniden (z. B. Schakal, Dingo) eine Rolle. Als Zwischenwirte fungieren vor allem Hauswiederkäuer, Schwein, Pferd, verschiedentlich auch andere Pflanzenfresser. Für *Echinococcus multilocularis* sind Rot- und Polarfuchs die bedeutendsten Endwirte, doch können u. a. auch Hund und Katze Träger dieser Bandwurmart sein. Zwischenwirte sind hauptsächlich Nagetiere (Feldmaus, Rötelmaus u. a.).

Wie bereits erwähnt, entwickeln sich die Finnen beider Echinococcus-Arten auch im Menschen.

Im Dünndarm der Endwirte, die nicht selten mit Tausenden von Echinokokken befallen sind, leben die meisten der erwachsenen Bandwürmer nur etwa 6 Monate; einige haben jedoch eine Lebensdauer bis zu zwei Jahren. In gewissen Zeitabständen lösen sich von den Zestoden die graviden, etwa 500 Eier enthaltenden Glieder ab und gelangen mit dem Kot an die Außenwelt. Bereits während der

---

Abb. 66
a) Echinococcus granulosus aus dem Hundedarm,
b) Finnenblase (E. cysticus) von E. granulosus in der Leber vom Menschen,
c) Schnitt durch eine fertile Blase von E. cysticus:
1 Brutkapsel mit Kopfanlagen, 2 Keimschicht, 3 Kutikularschicht, 4 Wirtsgewebe
d) Finne (E. alveolaris) von E. multilocularis in der Leber vom Menschen,
e) Schnitt durch E. alveolaris aus einem Nagetier:
1 Kopfanlagen, 2 Brutkapselwand, 3 Wand des Finnenbläschens, 4 Kalkkörperchen,
f) Schnitt durch E. alveolaris in der Leber vom Menschen. Die Finnenbläschen sind steril, d. h. sie enthalten keine Kopfanlagen

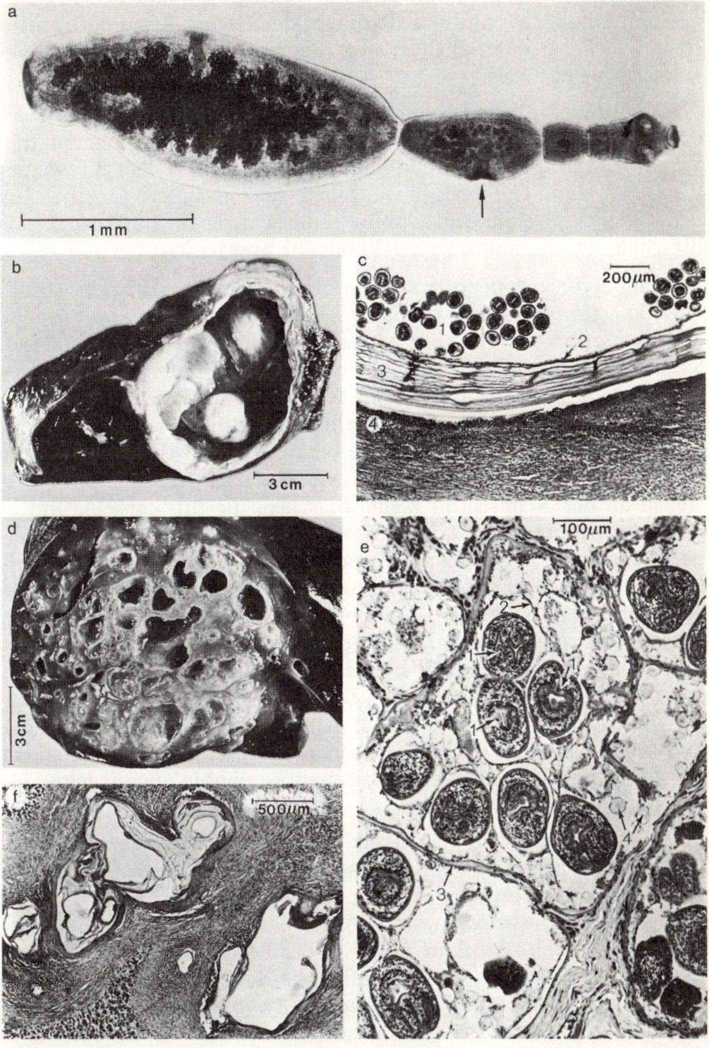

Abb. 66

Darmpassage können aus den Proglottiden Eier freiwerden. Die Eier (Durchmesser ca. 30–40 µm) sind fast kugelig und haben eine radiärgestreifte Hülle. Sie sind von den Eiern der *Taenia*-Arten der Fleischfresser nicht zu unterscheiden, was die Erkennung von Echinokokkenträgern erschwert.

Nach Aufnahme der Echinococcus-Eier durch empfängliche Tiere oder den Menschen werden im Dünndarm die Onkosphären frei. Sie dringen in die Darmwand ein und gelangen auf dem Blutweg in die Leber, zum Teil auch in die Lunge und in andere Organe. Aus den entwicklungsfähigen Onkosphären entstehen zunächst kleine Bläschen, die allmählich zu den Finnen heranwachsen.

Die Finne von *Echinococcus granulosus* wird auch als *Echinococcus cysticus, Echinococcus hydatidosus* oder *Echinococcus unilocularis* („Hülsenwurm", „Hydatide") bezeichnet (hydatis = Wasserblase). Sie stellt im typischen Fall eine mit Flüssigkeit gefüllte, ein- oder mehrkammerige Blase dar, deren Wand aus der inneren, zellulären Keimschicht und der äußeren, azellulären Kutikularschicht besteht. Eine vom Wirt gebildete Bindegewebsschicht umschließt die Finne (Abb. 66 b u. c). Frühestens 5–6 Monate nach der Infektion entstehen an der Keimschicht kleine Bläschen, die Brutkapseln, und in ihnen die Kopfanlagen oder Protoskolizes, die 4 Saugnäpfe und einen doppelten Hakenkranz besitzen. Nach Platzen der dünnen Brutkapseln findet man freie Protoskolizes an der Blasenwand oder losgelöst in der Flüssigkeit. Zusammen mit unverletzten Brutkapseln, deren Trümmern und Kalkkörperchen bilden sie den sogen. „Hydatidensand". Die Größe der Finnen ist abhängig von ihrem Alter und anderen Faktoren, ihr Durchmesser kann zwischen wenigen Millimetern und etwa 30 cm schwanken. Im Menschen findet man relativ häufig Finnen, die kleinere Tochterblasen enthalten. In der Lunge, im Gehirn oder in der Peritonealhöhle angesiedelte Finnen sind meist dünnwandiger als Leberechinokokken.

Einen anderen Aufbau haben die Finnen von *Echinococcus multilocularis:* sie bestehen aus Konglomeraten mikroskopisch kleiner bis maximal haselnußgroßer Bläschen, die von Granulations- oder Bindegewebe umschlossen sind (Abb. 66 d u. e). Die dadurch entstehende alveoläre Struktur findet in der Bezeichnung *Echinococcus alveolaris* ihren Ausdruck. Der Aufbau des Einzelbläschens entspricht im Prinzip dem der *Echinococcus granulosus*-Finnen. Pathogenetisch bedeutsam ist die Tatsache, daß *Echinococcus alveolaris* durch ungeschlechtliche Proliferation ungehemmt, tumorartig wächst und allmählich die befallenen Organe durchdringt.

Der Entwicklungskreislauf ist dann geschlossen, wenn Endwirte Finnen aufnehmen, die reife Protoskolizes enthalten, aus denen sich im Dünndarm innerhalb weniger Wochen geschlechtsreife Stadien entwickeln.

Geographische Verbreitung. *Echinococcus granulosus* kommt in weltweiter Verbreitung, jedoch in regional unterschiedlicher Häufigkeit vor. Im Gegensatz dazu ist *Echinococcus multilocularis* auf herdförmige Endemiegebiete in Europa, Asien (UdSSR, Türkei, Iran, Japan) und Nordamerika (USA, Kanada) beschränkt. Das mitteleuropäische Verbreitungsgebiet umfaßt die Schweiz sowie Teile von Ostfrankreich, Süddeutschland und Österreich. In manchen Gebieten, z. B. in der Schweiz und in Süddeutschland, kommen beide *Echinococcus*-Arten simultan vor.

Epidemiologie. Bei *Echinococcus granulosus* hat der Zyklus Haushund-Haushuftiere die größte epidemiologische Bedeutung, während sich die Entwicklung von *Echinococcus multilocularis* vorwiegend in einem silvatischen Zyklus zwischen Füchsen und Nagern abspielt.

Der Mensch infiziert sich durch orale Aufnahme von *Echinococcus*-Eiern bei direktem Kontakt mit den Bandwurmträgern oder indirekt durch kontaminierte Nahrungsmittel oder Trinkwasser. Eine Verschleppung der Eier durch Insekten auf Nahrungsmittel ist möglich.

Die *Echinococcus*-Eier sind in feuchtem Milieu monatelang lebensfähig, sterben aber bei Austrocknung rasch ab. Sie lassen sich durch Hitze (75–100 ° C) schnell abtöten, die üblichen chemischen Desinfektionsmittel sind unwirksam.

Pathogenese und Krankheitsbild beim Menschen (Echinokokkose). *Echinococcus granulosus:* Die Finnen von *Echinococcus granulosus* siedeln sich solitär oder multipel in etwa 60 % der Fälle in der Leber an, bei 20 % in der Lunge und in den restlichen Fällen in Milz, Niere, Peritonealhöhle, ZNS und anderen Organen. Bei rund 90 % der Infizierten ist nur *ein* Organ befallen. Infektionen werden in allen Altersgruppen, auch bei Kindern unter 10 Jahren, am häufigsten aber zwischen dem 21. und 30. Lebensjahr diagnostiziert.

Der Befall bleibt bei einem Teil der Infizierten jahrelang latent, die Inkubationszeit ist daher unbestimmt. Andererseits können in Abhängigkeit von der Lokalisation und der Größe der Finnen vielfältige Störungen auftreten, für die hier nur Beispiele genannt werden:

*Leber*echinokokken vermögen durch Kompression infolge ihres expansiven Wachstums Störungen der Blutzirkulation und des Galleflusses sowie Atrophie des Lebergewebes mit entsprechenden klinischen Störungen zu verursachen. *Lungen*echinokokken verursachen oft keine Symptome. Klinische Erscheinungen (Schmerzen, Husten, Atembeschwerden) treten jedoch bei Ruptur der relativ dünnwandigen Blasen auf. In solchen Fällen sind manchmal im Auswurf Echinokokkenteile nachweisbar. Im *Gehirn* oder im *Rückenmark* angesiedelte Finnen verursachen neurologische Symptome.

Bei Ruptur von Finnenblasen kann ein allergischer Schock auftreten, außerdem besteht dabei die Gefahr der Ausstreuung von Echinokokkenmaterial („Metastasierung"). Solche Rupturen vermögen aber auch zur Spontanheilung zu führen.

Die Letalität beträgt nach Erfahrungen in der Schweiz 3–4 %.

Echinococcus multilocularis: Die Finne dieser Bandwurmart siedelt sich bei 98 % der Fälle primär in der Leber an, sekundär kann eine „Metastasierung" in die Lunge und in andere Organe erfolgen. Der Parasit besteht aus kleinen Echinokokkenblasen (maximal 1 cm Durchmesser), die eine gallertige Masse, jedoch meist keine Protoskolizes enthalten und von derbem Bindegewebe umschlossen sind (s. Abb. 66 f). Durch zentrale Nekrose des Parasiten entstehen manchmal größere Zerfallshöhlen. Die befallene Leber ist meist vergrößert und von harter Konsistenz.

Die Inkubationszeit ist offenbar sehr lang. Die Infektion tritt in der Regel erst nach dem 18. Lebensjahr, am häufigsten bei Personen zwischen 51 und 60 Jahren, klinisch in Erscheinung. Die Symptome sind uncharakteristisch. Oft werden Oberbauchschmerzen, Ikterus und Lebervergrößerung als erste Anzeichen beobachtet. Die Krankheit nimmt einen chronisch-schleichenden Verlauf und endet in der Regel nach Monaten bis Jahren tödlich.

Diagnose. Die Diagnose kann mit Hilfe serologischer Verfahren ätiologisch abgesichert werden. Durch simultane Anwendung von indirekter Hämagglutination und indirekter Immunfluoreszenz werden rund 95 % der Infizierten erfaßt. Kreuzreaktionen sind bei Zystizerkose zu erwarten. Einige der serologisch negativ reagierenden Patienten erweisen sich im Casoni-Hauttest als positiv.

Therapie. Operable Echinokokken sind chirurgisch zu entfernen. In inoperablen Fällen oder bei Gefahr der Echinokokkenaussaat nach chirurgischem Eingriff kann eine Langzeitbehandlung mit Mebendazol (Vermox) versucht werden, das nach neuesten Untersuchungen bei Versuchstieren eine gewisse Wirkung auf Finnen von *Echinococcus granulosus* und *Echinococcus multilocularis* zeigt.

Prophylaxe. In endemischen Gebieten ist besondere Hygiene beim Umgang mit Hunden, Katzen und Füchsen angezeigt. Hunde und Katzen sind regelmäßig zu entwurmen. Organe von Schlachttieren sollten nur gekocht oder nach längerem Tiefgefrieren an Hunde verfüttert werden. Infektionsgefährdeten Personen sind vorsorgliche serologische Untersuchungen zu empfehlen.

5. Hymenolepis nana (Zwergbandwurm)

Vorkommen und geographische Verbreitung. *Hymenolepis nana* kommt vorwiegend in warmen Ländern vor. Der Parasit ist bei Kindern häufiger anzutreffen als bei Erwachsenen. Endwirte sind auch Nagetiere und der Hund.

Morphologie und Entwicklung. Der Zwergbandwurm ist 1–3 cm lang und etwa 1 mm breit, er besiedelt oft in vielen Exemplaren (einige 100 bis 1000) den Dünndarm des Menschen.

Die Entwicklung weist die Besonderheit auf, daß der Mensch End- und Zwischenwirt zugleich ist. Die Infektion erfolgt durch die orale Aufnahme der Eier. Unter unhygienischen Bedingungen sind daher massive Selbstinfektionen möglich, besonders bei Kindern (Anus-Finger-Mund). Im Dünndarm dringen die aus den Eiern geschlüpften Onkosphären in die Zotten ein und entwickeln sich zu Larven (Zystizerkoiden), die innerhalb weniger Tage in das Darmlumen zurückkehren, wo sie sich in etwa 2–3 Wochen zu adulten Bandwürmern entwickeln. Außerdem ist bei *Hymenolepis nana* noch eine Entwicklung mit Einschaltung eines Zwischenwirtes möglich (Insekten: Flöhe, Speckkäfer usw.).

Krankheitsbild (Zwergbandwurmbefall) und Diagnose. Die Infektionen verlaufen oft latent. Manchmal treten unbestimmte Magen-Darm-Beschwerden auf. Die Eier werden bereits im Darm frei und sind mit den üblichen Stuhluntersuchungsmethoden nachweisbar; sie sind elliptisch und etwa 40 × 50 μm groß. Die Onkosphäre im Inneren des Eies ist zunächst von einer Kapsel umschlossen, von deren Polen mehrere fadenartige Gebilde ausgehen. Nach außen folgt eine weitere Hülle (Abb. 65 f).

Therapie und Prophylaxe. Zur Behandlung wird Niclosamid (Yomesan) eingesetzt, jedoch in höheren Dosierungen als bei Taeniasis. Allgemeine Hygienemaßnahmen und Behandlung der befallenen Personen dienen der Prophylaxe.

III. Nematoda (Fadenwürmer)

Die Nematoden haben einen spindelförmigen, unsegmentierten Körper (nema: Faden). Die Länge der beim Menschen vorkommenden Arten schwankt zwischen wenigen Millimetern und etwa 1 Meter. Die Geschlechter sind getrennt; Männchen sind meist kleiner als

Tabelle 25 Zusammenstellung der im Text erwähnten Nematodenarten

Ordnung	Gattung und Art	Hauptlokalisation der adulten Stadien	Krankheit
Rhabditida	*Strongyloides stercoralis*	Dünndarm	Strongyloidiasis, Zwergfadenwurm-befall
Strongylida	*Ancylostoma duodenale* *Necator americanus*	Dünndarm	Ankylostomiasis, Hakenwurmbefall
	Ancylostoma braziliense, *Ancylostoma caninum*	Larven: Haut	Larva migrans externa, „Hautmaulwurf"
	Trichostrongylus orientalis u. a. Arten	Dünndarm	*Trichostrongylus*-Befall
Ascaridida	*Ascaris lumbricoides*	Dünndarm	Askariasis, Spulwurmbefall
	Toxocara canis *T. mystax*	Larven: innere Organe	Toxokariasis
	Anisakis-Arten	Larven: innere Organe	Anisakiasis, Heringswurmkrankheit
Oxyurida	*Enterobius vermicularis*	Dickdarm	Enterobiasis, Madenwurmbefall
Filariida	*Onchocerca volvulus*	Subkutis	Onchozerkose
	Wuchereria bancrofti *W. lewisi*	Lymphsystem	Filariasis bancrofti
	Brugia malayi	Lymphsystem	Filariasis malayi
	Loa loa	Subkutis	Loiasis
	Dipetalonema perstans	Körperhöhlen	wenig oder apathogen
	D. streptocerca	Subkutis	wenig oder apathogen
	Mansonella ozzardi	Peritonealhöhle	wenig oder apathogen
Dracunculida	*Dracunculus medinensis*	Bindegewebe	Drakunkuliasis, Medinawurmkrankheit
Trichurida	*Trichuris trichiura*	Dickdarm	Trichuriasis, Peitschenwurmbefall
	Trichinella spiralis	Dünndarm Larven: Muskulatur	Trichinellose

Weibchen und mit Begattungsorganen ausgerüstet, die typische Merkmale für die Artbestimmung aufweisen.

Die Entwicklung verläuft vom Ei über 4 Larvenstadien zu den adulten Nematoden; sie ist mit 4 Häutungen verbunden. Einige Arten benötigen für ihre Entwicklung nur den Endwirt, andere außerdem einen Zwischenwirt. Ein Teil der Entwicklung kann sich an der Außenwelt abspielen.

Hinsichtlich ihrer Lokalisation im Menschen lassen sich die Nematoden in Darmbewohner einerseits sowie in Parasiten der Gewebe und des Gefäßsystems andererseits einteilen. Eine scharfe Abgrenzung ist jedoch nicht möglich, zumal eine ganze Reihe von Arten eine Wanderung im Körper ausführt und dabei verschiedene Organsysteme berührt. Aus klinischen Gesichtspunkten erscheint jedoch eine Abhandlung der Nematoden nach dieser Gruppierung zweckmäßig.

1. Infektionen des Darmes mit Nematoden

1.1. Ascaris lumbricoides (Spulwurm)

Vorkommen und geographische Verbreitung. Der Spulwurm (ascaris: Eingeweidewurm) des Menschen ist ein weltweit verbreiteter Parasit, der dort häufig vorkommt, wo höhere Temperaturen und Feuchtigkeit sowie unhygienische Lebensverhältnisse die exogene Entwicklung und die Übertragung begünstigen. Für einige ländliche tropische Gebiete werden maximale Befallsraten um 90 % angegeben. In Mitteleuropa sind autochthone Infektionen selten.

Morphologie und Entwicklung (Abb. 67). Die im Dünndarm lebenden adulten Askariden sind 15–40 cm lang, etwa bleistiftdick und gelblich-rosa gefärbt (Abb. 68 a). Geschlechtsreife Spulwurmweibchen produzieren täglich ca. 200 000 Eier, die mit den Fäzes im ungefurchten Zustand an die Außenwelt gelangen.

Die etwa 60 × 45 µm großen, rund-ovalen Eier sind durch eine dicke Schale mit bräunlicher Färbung und welliger Oberflächenstruktur charakterisiert (Abb. 68 b). Der besondere Aufbau der Schale aus innerer lipidähnlicher Schicht, mittlerer Chitinschicht und äußerer Proteinhülle verleiht den Eiern eine hohe Tenazität. In feuchter Erde können sie monate- bis jahrelang überleben. Bei optimalen Temperaturen von + 20 bis 25 °C sowie bei Zutritt von Feuchtigkeit und Sauerstoff entwickelt sich im Ei innerhalb von etwa 3–6 Wochen eine infektionsfähige 2. Larve.

Die Ansteckung des Menschen erfolgt auf oralem Wege durch Aufnahme larvenhaltiger Eier. Die im oberen Dünndarm ausgeschlüpf-

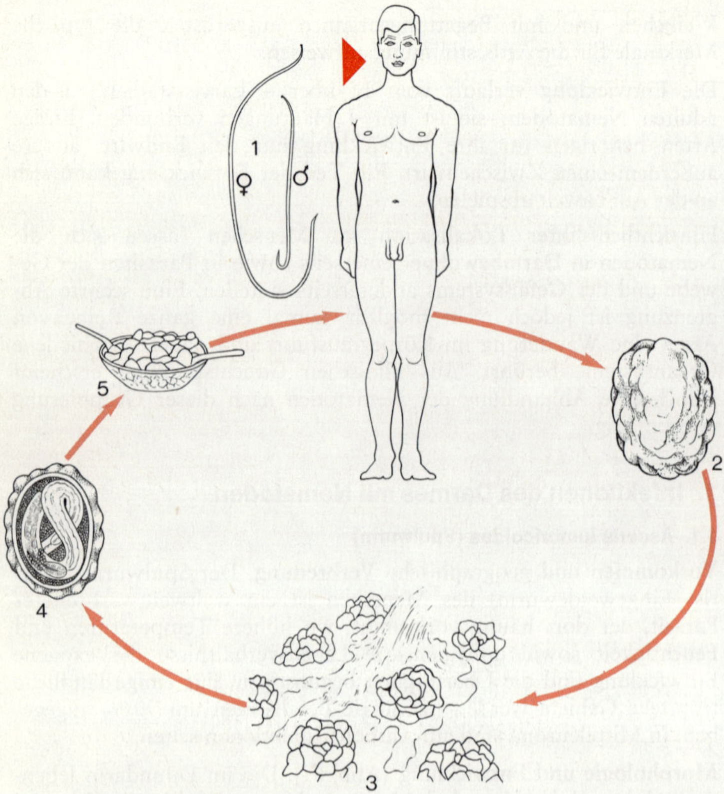

Abb. 67 Entwicklungszyklus von Ascaris lumbricoides:
1 Männchen und Weibchen aus dem Dünndarm, 2 Ei in der Außenwelt, 3 Kontamination von Gemüse mit eihaltigen Fäkalien, 4 Larvenhaltiges, infektionstüchtiges Ei, 5 Infektion durch Verzehr kontaminierter Lebensmittel (nach *Piekarski*, 1973)

ten Larven dringen in Venen der Darmwand ein, sie gelangen im Blutstrom zunächst in die Leber und 1–7 Tage nach der Infektion zur Lunge, wo sie das Kapillarnetz verlassen und in die Alveolen einwandern. In der Lunge häuten sie sich zu 3. und 4. Stadien. Über Trachea und Pharynx erreichen sie schließlich den Verdauungskanal, wo im Dünndarm die Häutung zum 5. Stadium und die weitere Differenzierung zu Adulten erfolgen („trachealer Wanderweg"). Die Präpatenzzeit dauert 7–9 Wochen. Die Lebensdauer der Parasiten beträgt 12–18 Monate.

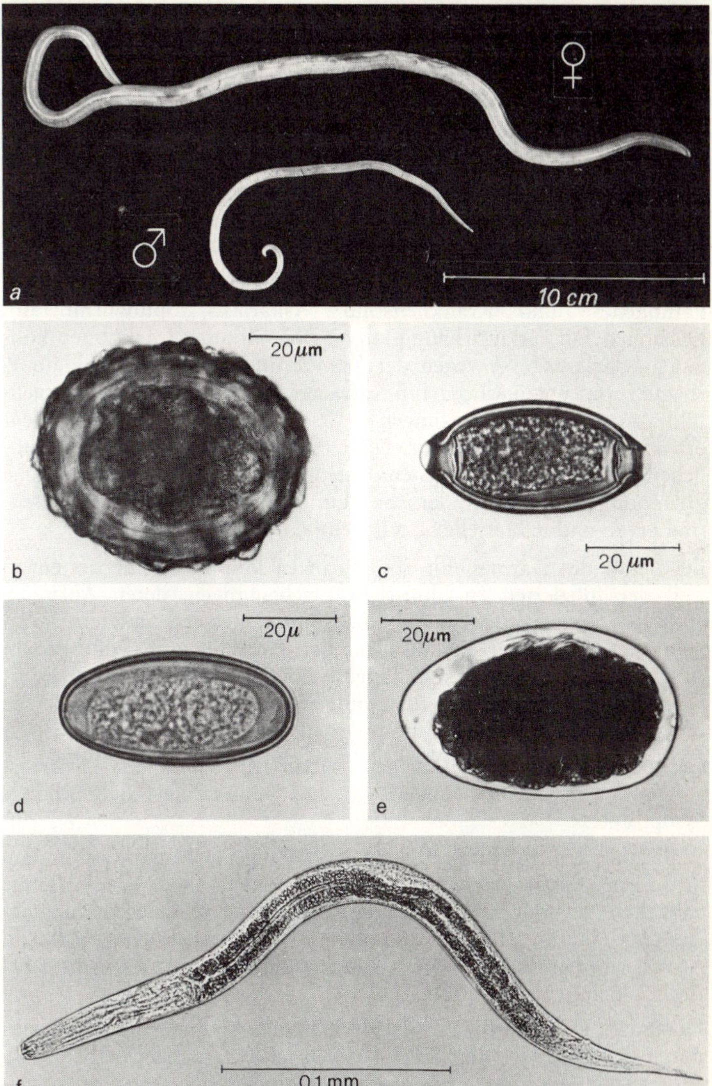

Abb. 68 a) Männchen und Weibchen von Ascaris lumbricoides;
Eier von b) Ascaris lumbricoides, c) Trichuris trichiura, d) Enterobius vermicularis, e) Ancylostoma duodenale;
f) 1. Larve von Strongyloides stercoralis

Epidemiologie. Die infektionstüchtigen *Ascaris*-Eier können mit verunreinigten Nahrungsmitteln, durch kontaminierte Erde und seltener durch Trinkwasser in den Menschen gelangen. Eine Verschleppung der Eier durch Insekten, Vögel, Mäuse usw. ist möglich. Die klebrige Proteinhülle bedingt ein gutes Haftvermögen der Eier an Gegenständen.

Am häufigsten tritt *Ascaris*-Befall bei Kindern auf, die aufgrund ihrer Lebensgewohnheiten besonders infektionsgefährdet sind. Außerdem spielt die Immunitätslage eine Rolle, die älteren Personen in endemischen Gebieten einen partiellen Schutz verleiht.

Pathogenese und Krankheitsbild (Askariasis, Spulwurmbefall). Leichter Befall verläuft häufig latent. Bei stärkeren Infektionen können in der Lunge – wegen der Wanderung der Larven – Hämorrhagien und entzündliche Infiltrationen auftreten, die im Röntgenbild als wolkige Verschattungen in Erscheinung treten. Zugleich liegt oft eine Bluteosinophilie vor. Dieses Syndrom kann mit grippeähnlichen Symptomen einhergehen. In tropischen Gebieten werden hohe Pneumonieraten bei Kindern auf Lungenschädigungen durch *Ascaris*-Larven und bakterielle Sekundärinfektionen zurückgeführt.

Bei Befall des Darmes mit Spulwürmern kommt es nur bei einem Teil der Infizierten zu klinischen Erscheinungen, deren Auftreten u. a. von der Befallstärke, von Mischinfektionen mit anderen Darmhelminthen, von der Lokalisation der Parasiten und vom Ernährungszustand des Wirtes abhängen. Vielfach stehen uncharakteristische Abdominalbeschwerden mit Nausea, Erbrechen, Schmerzen und Durchfall im Vordergrund.

Gelegentlich wandern Askariden in den Magen, in den Pankreasgang oder in die Gallenwege ein und verursachen entsprechende Symptome.

Während der Infektion oder bei häufigem Kontakt mit den flüchtigen *Ascaris*-Antigenen (Laborpersonal!) kann eine Allergie entstehen, die mit asthmatischen Erscheinungen, Ödembildung im Gesicht, Hautausschlägen und andern Symptomen einhergeht. In Afrika wurden Todesfälle bei Kindern auf allergische Prozesse bei *Ascaris*-Befall zurückgeführt.

Diagnose. Der Befall mit geschlechtsreifen Spulwürmern läßt sich durch den Nachweis der Eier im Stuhl leicht feststellen (Abb. 68 b). Wandernde *Ascaris*-Larven sind serologisch durch Antikörpernachweis erfaßbar, doch wird diese Möglichkeit in der Praxis kaum genutzt.

Therapie. Piperazinverbindungen (zahlreiche Handelspräparate), Pyrantelpamoat (Cobantril) und Mebendazol (Vermox) sind gegen

Darmstadien von *Ascaris* hochwirksam. Wanderstadien werden bei üblicher Dosierung nicht erfaßt. Wegen möglicher Nachschübe ist daher die Behandlung nach 2–3 Wochen zu wiederholen.

Prophylaxe. Allgemeine Hygienemaßnahmen wie Abwasserreinigung, gute Körper- und Nahrungsmittelhygiene (Waschen von Obst und Gemüse, Kochen der Nahrungsmittel usw.) sowie regelmäßige anthelminthische Behandlungen befallener Personen in verseuchten Gebieten sind zur Vorbeuge zu empfehlen.

1.2. Trichuris trichiura (Peitschenwurm)

Mit dem Namen „Peitschenwurm" ist die Gestalt dieser Nematoden charakterisiert, deren Körper aus einem haardünnen Vorderteil und einem dickeren, peitschenstielähnlichen Hinterabschnitt besteht.

Vorkommen und geographische Verbreitung. Bei Menschen und Affen kommt *Trichuris trichiura* vor. Dieser Parasit ist zwar weltweit verbreitet, doch findet man ihn – wie *Ascaris lumbricoides* – am häufigsten in feuchtwarmen Gebieten mit niedrigem Hygienestandard.

Morphologie, Entwicklung und Epidemiologie. Die 3–5 cm langen, adulten Nematoden leben im Zäkum, bei starkem Befall auch im unteren Ileum, in der Appendix sowie im Kolon und Rektum. Die Weibchen scheiden dickschalige, gelbbraungefärbte, etwa 50 μm lange Eier aus, die an ihrer typischen zitronenförmigen Gestalt und den hyalinen Polpfröpfen leicht identifizierbar sind (Abb. 68 c). Innerhalb einiger Wochen entwickelt sich im Ei eine infektiöse 2. Larve. In feuchtem Milieu bleiben *Trichuris*-Eier monate- bis jahrelang lebensfähig.

Nach oraler Aufnahme infektionstüchtiger Eier schlüpfen die Larven im Darmkanal aus. Nach einer etwa 10tägigen histotropen Phase in der Dünndarmwand kehren sie ins Darmlumen zurück. Die nach mehreren Häutungen entstandenen adulten Stadien siedeln sich im Dickdarm an. Die Präpatenzzeit beträgt 2–3 Monate, die Lebensdauer der Parasiten einige Jahre.

Feuchtwarmes Klima und unhygienische Lebensweise begünstigen die Infektion, die via Nahrung, Trinkwasser oder auf direktem Wege erfolgen kann. *Trichuris*-Befall findet sich deshalb häufig bei Tropenbewohnern.

Pathogenese und Krankheitsbild (Trichuriasis, Peitschenwurmbefall). Die Peitschenwürmer sind mit dem dünnen Vorderteil in der Schleimhaut verankert, sie nehmen Blut als Nahrung auf. Schwache Infektionen verursachen keine Störungen. Bei starkem Befall mit einigen hundert bis mehreren tausend Peitschenwürmern entstehen katarrhalische oder hämorrhagische Dickdarmentzündungen. Klinisch werden Durchfall mit Blutbeimengungen, Abdominalschmerzen, Gewichtsverlust, Anämie und gelegentlich Rektumprolaps beobachtet. Eine Bluteosinophilie kann vorhanden sein.

Diagnose, Therapie und Prophylaxe. Der *Trichuris*-Befall wird durch den Einachweis im Stuhl diagnostiziert. Ein gut wirksames Medikament ist Mebendazol (Vermox). Die Prophylaxe entspricht der beim Spulwurmbefall empfohlenen.

1.3. Enterobius vermicularis (Madenwurm)

Vorkommen und geographische Verbreitung. Der Madenwurm kommt in allen Teilen der Welt vor, bevorzugt aber die Zonen gemäßigten Klimas. Kinder sind weit häufiger befallen und gewöhnlich auch stärker infiziert als Erwachsene.

Morphologie, Entwicklung und Epidemiologie. *Enterobius vermicularis* hat eine auffallend weiße Farbe. Die Männchen sind 2 bis 5 mm lang, die Weibchen messen 8–13 mm. Ihr Körper endet in einem dünnen, spitzen Schwanz (daher: „Pfriemenschwänze"). Typisch ist der deutliche Endbulbus am Ösophagus.

Die geschlechtsreifen Madenwürmer leben auf der Mukosa des Dickdarmes sowie des unteren Dünndarmes. Nach der Kopulation sterben die Männchen bald ab. Die Weibchen wandern zum Anus, wo sie auf einmal etwa 11 000 Eier auf die Analhaut ablegen. Bei starkem Befall erscheinen oft zahlreiche lebende Madenwürmer in den Fäzes.

Die Eier (50 × 30 μm) sind leicht asymmetrisch, längsoval und dünnschalig (Abb. 68 d). Außen besitzen sie eine klebrige Eiweißschicht, die das Haften der Eier an der Haut und an Gegenständen begünstigt. Frisch abgelegte Eier enthalten einen Embryo, der sich bei Hauttemperatur in 4–6 Stunden zur infektionsfähigen 1. Larve entwickelt. Von der Haut abgefallene Eier bleiben in feuchter Umgebung 2–3 Wochen lebensfähig.

Die Ansteckung erfolgt vorwiegend auf oralem Wege. Sie wird durch verschiedene Übertragungsweisen ermöglicht. Am häufigsten ist im Kleinkindesalter die digitale Übertragung der Eier von der Analgegend zum Mund. Sie wird durch den starken Juckreiz begünstigt, der bei der Eiablage entsteht. Bei älteren Kindern und Erwachsenen spielt die Kontaktübertragung eine größere Rolle. Die klebrigen Eier bleiben an Spielzeug, Gebrauchsgegenständen usw. haften oder werden im Staub aufgewirbelt und so verbreitet. Im Darmkanal schlüpfen aus den aufgenommenen Eiern Larven, die sich durch mehrere Häutungen innerhalb von 5–6 Wochen zur Geschlechtsreife entwickeln.

Weiterhin scheint die Möglichkeit einer „Retrofektion“ zu bestehen. In diesem Falle sollen infektionsfähige Larven bereits am Anus frei werden und in den Darm zurückwandern.

Pathogenese und Krankheitsbild (Enterobiasis, Oxyuriasis, Madenwurmbefall). Die auf der Mukosa des Dickdarmes lebenden Madenwürmer sind ziemlich harmlos. Gelegentlich dringen Entwicklungsformen in die Wand des Dickdarmes und der Appendix ein, wo sie von entzündlichen Reaktionen umgeben werden. Von der Analgegend aus vermögen die Madenwürmer in die Vagina, in den Uterus, den Eileiter und die Bauchhöhle einzuwandern.

Die Hauptbedeutung von *Enterobius* besteht in der Erzeugung eines starken Juckreizes. Nervöse Störungen, Entwicklungsverzögerung, Gewichtsabnahme, Appetitverlust und andere unspezifische Erscheinungen können die Folge sein. In der Analgegend entstehen Kratzeffekte und ekzematöse Hautveränderungen, die sich manchmal auf die gesamte Körperhaut ausbreiten.

Diagnose. Die aufgrund der klinischen Symptome gestellte Diagnose kann durch den Nachweis spontan in den Fäzes abgegangener Madenwürmer und durch die Feststellung der an der Analhaut abgelegten Eier gesichert werden. Zum Einachweis genügen die üblichen Stuhluntersuchungsmethoden nicht; am besten hat sich die „Klebestreifenmethode“ bewährt (S. 509).

Therapie und Prophylaxe. Zur Behandlung sind folgende Mittel geeignet: Pyrantelpamoat (Cobantril), Mebendazol (Vermox) und Pyrviniumpamoat (Molevac) (letzteres färbt den Stuhl rot!). Weniger gut wirksam sind Piperazinverbindungen.

Ziel der Prophylaxe ist die Verhinderung der Eiausstreuung. Dazu dienen verschiedene Maßnahmen, wie Abdecken der Analhaut mit Salben, Sauberhalten der Hände, Auskochen der Wäsche und Reinigung kontaminierter Gegenstände in heißem Wasser.

1.4. Trichostrongylus

Trichostrongylus-Arten sind 4–8 mm lange, haardünne Nematoden, deren exogener Entwicklungszyklus dem der Hakenwürmer entspricht (S. 468). Die Infektion erfolgt durch orale Aufnahme der 3. Larven, die sich direkt im Dünndarm des Menschen ansiedeln und keine Körperwanderung durchlaufen. Reservoir für Infektionen mit *Trichostrongylus orientalis* ist vorwiegend der Mensch, andere Arten (z. B. *Trichostrongylus axei, Trichostrongylus colubriformis)* können von herbivoren Tieren auf den Menschen übergehen. Befall mit diesen Parasiten wurde in verschiedenen außereuropäischen Ländern beobachtet, am häufigsten im Iran. Klinische Erscheinungen treten selten auf, die Infektion hat jedoch differentialdiagnostische Bedeutung, da die *Trichostrongylus*-Eier mit Hakenwurmeiern verwechselt werden können (S. 469).

1.5. Ancylostoma und Necator (Hakenwürmer)

Verschiedene Arten der Familie Ancylostomatidae sind Ursache der Ancylostomiasis oder der Hakenwurmkrankheit des Menschen.

Vorkommen und geographische Verbreitung. Als Krankheitserreger sind vor allem *Ancylostoma duodenale* und *Necator americanus* wichtig, die beide im Dünndarm, vorwiegend im Jejunum parasitieren. Larven von Hakenwürmern der Karnivoren können beim Menschen eine Hautkrankheit verursachen (s. Larva migrans externa, S. 485).

Die geographische Verbreitung der Hakenwürmer ist an höhere Temperaturen (Optimum + 20–30 °C) und ausreichende Feuchtigkeit gebunden, da diese Faktoren die präparasitische Entwicklung beeinflussen. Außerdem spielen die hygienischen Verhältnisse eine Rolle für die Ansteckung. Der Hakenwurmbefall des Menschen ist daher hauptsächlich in den Tropen und Subtropen verbreitet, wo etwa 700 Mio. Personen infiziert sind. In Mitteleuropa findet man Hakenwürmer nur selten bei Rückkehrern aus den Tropen oder bei Gastarbeitern aus südlichen Ländern, eventuell auch bei Gruben- und Tunnelarbeitern.

Morphologie, Entwicklung und Epidemiologie. Die Hakenwürmer des Menschen sind 0,7–1,8 cm lange Nematoden mit hakenförmig nach dorsal abgebogenem Vorderende (ankylos: krumm; stoma: Mund; necator: Töter). Ihre große Mundkapsel trägt am Eingang zahnartige Strukturen *(Ancylostoma)* oder schneidende Platten *(Necator)*, die Männchen besitzen eine gut ausgebildete Bursa copulatrix (durch Muskelzüge gestützte kutikuläre Verbreiterung des Hinterendes, Begattungshilfsorgan). Die von den Weibchen im Dünndarm abgesetzten dünnschaligen, wenige Furchungszellen enthaltenden ovalen Eier (etwa 55–60 µm lang) gelangen mit den Fäzes ins Freie (s. Abb. 68 e). Hier entsteht in etwa 1–2 Tagen eine 1. Larve, welche die Eihülle verläßt und sich nach 2 Häutungen zur infektionsfähigen 3. Larve entwickelt. Da bei der zweiten Häutung die abgelöste Kutikula nicht abgeworfen wird, ist die 3. Larve von einer besonderen Hülle, der sog. „Scheide", umschlossen. Diese Larven sind gegen Trockenheit empfindlich, in feuchtem Boden oder in Wasser bleiben sie jedoch wochenlang lebensfähig.

Die Ansteckung erfolgt vorwiegend auf perkutanem Weg. Arbeiten in Reisfeldern, Barfußgehen auf kontaminiertem Grund und ähnliche Faktoren begünstigen die Infektion. Während des Eindringens in die Haut entledigen sich die Larven der Scheide und wandern in Lymph- oder Blutgefäße ein. Im Blutstrom gelangen sie über die rechte Herzkammer zur Lunge und auf dem „trachealen Wanderweg" (vgl. *Ascaris)* in den Dünndarm, wo sie geschlechtsreif werden. Die Präpatenzzeit beträgt 5–6 Wochen. Nach peroraler Infektion ist wahrscheinlich auch eine direkte Entwicklung im Darm ohne Körperwanderung möglich. Die Lebensdauer der Parasiten kann mehrere Jahre betragen.

Pathogenese. Das Eindringen der Hakenwurmlarven in die Haut kann Juckreiz, Rötung und makulopapulöse Veränderungen verursachen, vor allem an den Extremitäten. Bei der Lungenpassage der Larven sind ähnliche Symptome möglich wie beim *Ascaris*-Befall. Während der intestinalen Phase entfalten die Jugendformen und die adulten Hakenwürmer ihre wesentlichste Schadwirkung. In ihre große Mundkapsel saugen sie einen Schleimhautkopf ein, wobei Blutgefäße eröffnet werden. Das austretende Blut wird von den Hakenwürmern aufgenommen.

Unter dem Einfluß eines starken Befalles kommt es im Dünndarm zur Verkürzung und Verbreiterung der Darmzotten und gleichzeitig zu entzündlichen Veränderungen in der Darmschleimhaut. Diese Alterationen führen zu Resorptionsstörungen von Kohlenhydraten und Lipiden. Ein Hakenwurm saugt in 24 Stunden etwa 0,03–0,05 ml Blut. Auf diese Weise gehen bei einem massiv infizierten Patienten täglich größere Mengen Eisen und Albumin verloren. Können diese Verluste nicht mehr ausgeglichen werden, was besonders bei Mangelernährung der Fall ist, so treten Krankheitserscheinungen auf.

Krankheitsbild (**Ankylostomiasis, Hakenwurmkrankheit**). Die Darmveränderungen bedingen Durchfall mit blutigen Beimengungen, Steatorrhoe, Appetitmangel, Nausea, Blähungen und Bauchschmerzen.

Allgemeine Erscheinungen sind die durch ständigen Blutverlust entstehende Eisenmangelanämie, durch Albuminaustritt verursachte Ödeme und der aus verminderter Nahrungsaufnahme und aus Resorptionsstörungen resultierende Gewichtsverlust. Häufig besteht Bluteosinophilie. Ein schwacher Befall wirkt sich klinisch nicht oder nur geringfügig aus.

Diagnose und Therapie. Die Diagnose wird durch den Nachweis der Eier bei der Stuhluntersuchung gesichert. Die Eier sind dünnschalig-oval, sie enthalten in frischem Zustand nur 2–8 Furchungszellen. Bei Eiern in älteren Stuhlproben liegt eine größere Anzahl Furchungszellen vor, so daß sie nicht von *Trichostrongylus*-Eiern unterscheidbar sind (Abb. 68 e). In diesem Fall muß eine Kultur zur Züchtung der 3. Larven angelegt und eine Differentialdiagnose aufgrund der Larvenbestimmung gestellt werden.

Medikamente mit guter Wirkung gegen Hakenwürmer sind u. a.: Pyrantelpamoat (Cobantril), Mebendazol (Vermox), Bephenium (Alcopar) und Bitoscanat (Jonit).

Prophylaxe. Zur Vorbeugung können folgende Maßnahmen ergriffen werden: Die planmäßige Behandlung der Bevölkerung in einem verseuchten Gebiet, die Eindämmung der Ausstreuung von Hakenwurmeiern durch Anlegen von Aborten, die sachgerechte Beseitigung der Fäkalien sowie der Abwässer und die Einschränkung der perkutanen Infektion durch Vernichtung der 3. Larven (z. B. Ausstreuen von Rohsalz auf Abortfußböden und Tragen von festen Schuhen). Schließlich sei auch hier auf die persönlichen Hygienemaßnahmen hingewiesen.

1.6. Strongyloides stercoralis (Zwergfadenwurm)

Vorkommen und geographische Verbreitung. *Strongyloides stercoralis,* ein Parasit von Mensch, Hund und Affen, kommt vorwiegend in feuchtwarmen Gebieten vor, selten in Zonen mit gemäßigtem Klima.

Morphologie, Entwicklung und Epidemiologie. Parasitisch existieren nur *Strongyloides*-Weibchen, die 2–3 mm lang sind und in der Schleimhaut des Dünndarmes leben, wo sie parthenogenetisch Eier erzeugen. Bereits während der Darmpassage schlüpfen aus den Eiern 1. Larven (0,2–0,3 mm Länge) aus, die im Stuhl ausgeschieden werden (Abb. 68 f). Innerhalb weniger Tage entwickeln sich aus ihnen die infektionsfähigen 3. Larven.

Unter günstigen Bedingungen kann sich aus den 1. Larven eine freilebende Generation von Männchen und Weibchen entwickeln. Aus den befruchteten Eiern der Weibchen gehen wiederum Geschlechtsformen oder aber infektionsfähige Larven hervor. Aufgrund dieser exogenen Vermehrung ist eine massive Umweltkontamination mit *Strongyloides*-Larven möglich.

Die 3. Larven sind gegen Austrocknung sehr empfindlich, bei ausreichender Feuchtigkeit bleiben sie 2–3 Wochen lang lebensfähig.

Der parasitische Abschnitt des Entwicklungszyklus ähnelt dem der Hakenwürmer, da auch bei *Strongyloides* die Infektion perkutan erfolgt und die Larven auf dem trachealen Wanderweg ihren Ansiedlungsort im Dünndarm erreichen. Die Präpatenzzeit beträgt mindestens 17 Tage.

Als Besonderheit ist die Möglichkeit der Autoinfektion zu erwähnen. Die 1. Larven vermögen sich bereits im Darmkanal oder in der Analspalte in infektiöse Larven umzuwandeln und vom Dickdarm oder der perianalen Haut aus in den Organismus einzudringen. Dadurch entstehen unter Umständen massive systemische Infektionen, bei denen *Strongyloides*-Larven in der Kolonwand, in der Wand der Mesenterialgefäße, in den Gallengängen oder in andern Organen gefunden werden. Besonders in solchen Fällen sind auch geschlechtsreife Weibchen in der Lunge, seltener in anderen Organen anzutreffen.

Reservoir für *Strongyloides stercoralis* ist vorwiegend der Mensch, selten wurden von Hunden ausgehende Infektionen beobachtet.

Pathogenese und Krankheitsbild (Strongyloidiasis, Zwergfadenwurmbefall). Pathologische Veränderungen und klinisches Bild stehen in engem Zusammenhang mit dem Wanderweg der Larven.

Hautveränderungen beim Eindringen der Larven treten besonders bei sensibilisierten Personen in Erscheinung. In der Lunge rufen die Parasiten Hämorrhagien und entzündliche Reaktionen hervor, die sich klinisch in Husten und pneumonischen Symptomen manifestieren. Im Darm verursacht *Strongyloides* bei starkem Befall katarrhalische, ödematöse oder ulzerative Enteritiden und auch Kolitiden. In manchen Fällen sind Gefäße, Gallengänge, Harn- und andere Organe von der Infektion betroffen.

Die *Strongyloides*-Infektion kann über viele Jahre latent bleiben und bei Störungen der Immunabwehr, z. B. bei Behandlungen mit Immunsuppressiva, aktiviert werden und infolge von Autoinfektionen zu systemischem Massenbefall führen. Im Zusammenhang mit solchen Behandlungen wurden in den letzten Jahren vermehrt letal verlaufende *Strongyloides*-Infektionen beschrieben.

Bei der manifesten Darm-Strongyloidiasis stehen im klinischen Bild Bauchschmerzen, Nausea, Erbrechen sowie wechselnder Durchfall mit Steatorrhoe im Vordergrund. Mögliche Blutveränderungen sind Eosinophilie, Hypalbuminämie und Elektrolytimbalanzen. In letal verlaufenden Fällen wurden Symptome paralytischen Dünndarmverschlusses bei Fehlen einer Eosinophilie beobachtet.

Auf die mögliche Manifestation der Erkrankung an andern Organsystemen wurde bereits hingewiesen. Infektiöse Larven von *Strongyloides*-Arten von Tieren können das Bild der „Larva migrans externa“ erzeugen (S. 485).

Diagnose. Bei etwa 30–60 % der Infizierten sind 1. Larven im Stuhl nachweisbar (Abb. 68 f). Bessere Resultate erbringt die Untersuchung von Dünndarmsaft. Eine diagnostische Hilfe ist die serologische Untersuchung im indirekten Immunfluoreszenztest.

Therapie und Prophylaxe. Therapeutisch wird vor allem Thiabendazol (Mintezol) eingesetzt. Die Prophylaxemaßnahmen sind ähnlich wie bei Hakenwürmern.

2. Infektionen der Gewebe und des Gefäßsystems mit Nematoden

In dieser Gruppe werden die Filarien, der Medinawurm und *Trichinella spiralis* besprochen. Ferner sind Infektionen berücksichtigt, deren Ursache Larven verschiedener Nematoda-Arten von Tieren sind.

2.1. Filariida

Aus dieser Ordnung sind folgende Arten als Krankheitserreger beim Menschen von Bedeutung: *Wuchereria bancrofti, Brugia malayi, Loa loa* und *Onchocerca volvulus. Dipetalonema perstans* und *Dipetalonema streptocerca* sowie *Mansonella ozzardi* gelten als wenig pathogen; sie sind differentialdiagnostisch zu berücksichtigen (s. Tab. 26). Infektionen mit Filarien faßt man unter dem Sammelbegriff „Filariasis" oder „Filariose" zusammen.

Allgemeines zur Morphologie und Entwicklung. Die Filarien sind fadenförmige (filum: Faden) Nematoden mit schwach entwickelten Mundorganen. Die Länge der beim Menschen vorkommenden Arten schwankt zwischen 2–50 cm, wobei die Weibchen größer sind als die Männchen. Diese haben zwei ungleich lange Begattungsstäbe (Spikula), bei den Weibchen liegt die Geschlechtsöffnung im vorderen Körperabschnitt. Diese setzen embryonierte Eier ab oder gebären lebende Larven, die als Mikrofilarien (= Mf) bezeichnet werden.

Die Mf sind etwa 0,2–0,3 mm lange, schlangenförmige Gebilde, die von der ausgedehnten Eihülle umgeben bleiben (bescheidete Mf) oder aus dieser schlüpfen (unbescheidete Mf) (Abb. 69 a). Sie erscheinen vorwiegend in der Haut *(Onchocerca volvulus, Dipetalonema streptocerca)* oder im Blut (Tab. 26).

Aufgrund des zeitlichen Auftretens der Mf im peripheren Blut unterscheidet man *nichtperiodische* Filarienarten, deren Mf dauernd nachweisbar sind, von den *periodischen* Spezies, bei denen ein Maximum der Mf-Dichte im Blut während der Nacht (nachtperiodisch) oder am Tage (tagperiodisch) besteht. In der übrigen Zeit fehlen Mf im peripheren Blut oder sie sind nur in geringer Zahl vorhanden. Die

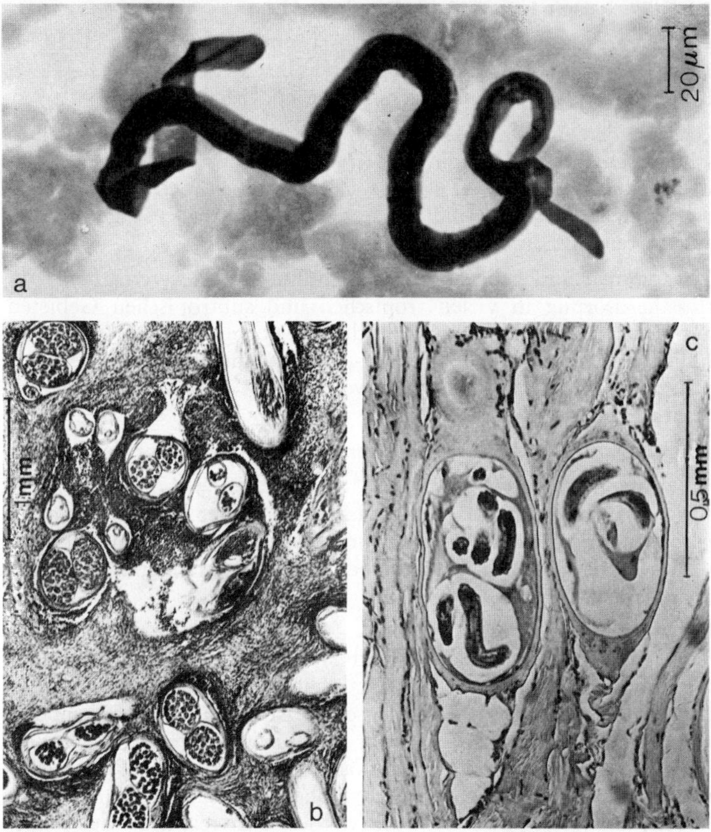

Abb. 69
a) bescheidete Mikrofilarie im Blutausstrich,
b) Schnitt durch Onchocerca-Knoten,
c) Schnitt durch Trichinella-Kapseln in Muskelgewebe

Mehrzahl hält sich währenddessen im Kapillarnetz der Lunge auf. In Anpassung an die Schwankungen der Mikrofilarämie fungieren nacht- oder tagaktive Insekten als Zwischenwirte. Sie nehmen bei einer Blutmahlzeit Mf auf, die sich in der Thoraxmuskulatur über zwei Häutungen zu infektionsfähigen Larven entwickeln. Diese wandern in die Mundorgane des Insekts, gehen bei einem späteren Saugakt in den Stichkanal über und setzen ihre Entwicklung bis zur Geschlechtsreife im menschlichen Organismus fort.

2.1.1. Wuchereria bancrofti und Brugia malayi

(*Wucherer,* Otto: Arzt deutscher Abstammung in Brasilien, 1820 bis 1873; *Bancroft,* Joseph: Tropenarzt in Australien, 1836–1894; Brugia: Gattungsname nach dem Niederländer S. L. *Brug).*

Diese beiden Arten verursachen primäre Veränderungen im Lymphsystem. Die dadurch bedingten Krankheitsbilder werden als „Filariasis bancrofti“ bzw. „Filariasis malayi“ bezeichnet. Nach WHO-Schätzungen von 1974 sind mindestens 250 Mio. Menschen mit diesen Filarienarten infiziert.

Vorkommen und geographische Verbreitung. *Wuchereria bancrofti* tritt herdförmig in vielen tropischen und subtropischen Gebieten auf. Dazu gehören Ägypten, feuchte Regionen Afrikas, Inseln des Indischen Ozeans, Länder in Süd-, Südost- und Ostasien, der südpazifische Raum sowie Gebiete von Mittel- und Südamerika mit mehreren Antilleninseln.

Als natürlicher Endwirt für *Wuchereria bancrofti* ist nur der Mensch bekannt.

Brugia malayi ist in Süd- und Ostasien verbreitet (Indien, Malaysia u. a. Länder Hinterindiens, Südchina, Südkorea, Japan, Indonesien), wobei bestimmte Stämme auch bei Katzen und anderen Tierarten vorkommen.

Entwicklung und Epidemiologie. Zwischenwirte für *Wuchereria bancrofti* und *Brugia malayi* sind Stechmückenarten verschiedener Gattungen mit Nacht- oder Tagaktivität (Tab. 26). Die Entwicklung infektiöser Larven in den Insekten ist nur bei hoher Temperatur und Luftfeuchtigkeit möglich; für *Wuchereria bancrofti* dauert sie bei + 28 °C etwa 12 Tage. Nach der Infektion eines Menschen siedeln sich die Filarien in den Lymphgefäßen und in den Lymphknoten an, wo sie geschlechtsreif werden. Mf treten im Blut frühestens nach 3 Monaten *(Brugia malayi)* bzw. nach 1–2 Jahren *(Wuchereria bancrofti)* auf. Angaben über ihre Kennzeichen sind der Tab. 26 zu entnehmen. Die adulten Parasiten leben mehrere Jahre.

Die Entwicklung der hier in Betracht kommenden Stechmückenarten vollzieht sich in stehenden, permanenten oder temporären Gewässern. Für *Culex pipiens fatigans,* einen wichtigen Vektor von *Wuchereria bancrofti,* sind auch kleinste Wasseransammlungen und Abwassergräben geeignete Brutplätze. Deshalb kann die Infektion von ländlichen Regionen auch auf städtische Slumgebiete übergreifen.

Pathogenese und Krankheitsbild (**Filariasis bancrofti, Filariasis malayi; Infektion mit Wuchereria bzw. Brugia**). Die durch *Wuche-*

reria bancrofti und *Brugia malayi* verursachten pathologischen Zustände werden gemeinsam dargestellt, weil sie einander sehr ähneln. Erste Krankheitserscheinungen können bereits zwei Monate nach der Infektion auftreten, meist dauert jedoch die Inkubationszeit 5 bis 12 Monate oder länger. Bei manchen Personen sind Mf im Blut nachweisbar, doch fehlen klinische Symptome.

Im *akuten Stadium* der Erkrankung entwickelt sich unter dem Einfluß heranwachsender oder adulter Filarien im Lymphsystem eine entzündlich-allergische Reaktion (Lymphangitis und Lymphadenitis). Unregelmäßiges Fieber, Gliederschmerzen, Leukozytose und Eosinophilie, Urtikaria, schmerzhafte Schwellung der Lymphknoten, Hervortreten der Lymphgefäße als rote Stränge, Entzündung des Samenstranges (Funiculitis), der Hoden und Nebenhoden (Orchitis und Epididymitis), Hydrozele sowie Schwellungen verschiedener Haut- und Körperpartien sind klinische Symptome in dieser Krankheitsphase, die in rezidivierenden Schüben von jeweils einigen Tagen Dauer auftreten und mit der Zeit seltener werden.

Die *tropische Eosinophilie* ist ein im Frühstadium der Filarieninfektion auftretendes Syndrom mit Lymphknotenschwellung, asthmoiden Lungenerscheinungen, Milzschwellung, hochgradiger Eosinophilie, teilweise auch mit Fieber. In derartigen Fällen gelingt der Mf-Nachweis in Lymphknoten, jedoch nicht im Blut. Nach Nauck (1975) handelt es sich um eine hyperergische Allgemeinreaktion prädisponierter Personen auf Filarienantigen.

In der *chronischen Phase* wirken sich die in den Lymphbahnen aufgetretenen Veränderungen aus, die zur Behinderung oder Blockade des Lymphflusses und zur Erweiterung von Lymphgefäßen (Lymphvarizen) führen. Zunächst entstehen weiche, ödematöse Schwellungen der Extremitäten, des Skrotums und des Penis, der Mammae und der Vulva. Später nehmen die betroffenen Körperpartien infolge Bindegewebsvermehrung eine derbe Konsistenz an, die Haut ist verdickt und weist ein unregelmäßiges, faltiges Relief auf. Dieses Krankheitsbild wird als „Elephantiasis" bezeichnet. Es entwickelt sich langsam und wird daher vor allem in der Altersgruppe zwischen 20–40 Jahren beobachtet. Wenn Lymphgefäße platzen, tritt Lymphe oder Chylus aus, und es kommt zur Lymph- oder Chylurie, zur Chylozele und Lymphozele oder zur Ansammlung von Chylus in der Peritonealhöhle.

Diagnose. Die Krankheit wird aufgrund der recht charakteristischen klinischen Erscheinungen, die meist mit einer Eosinophilie einhergehen, und des Nachweises von Mf im Blut diagnostiziert. Die Blutproben müssen nötigenfalls nachts entnommen werden (Tab. 26). Methoden zur Färbung sowie zur Anreicherung spärlich im Blut vorhandener Mf sind im technischen Teil angegeben (S. 513). Die Mf der verschiedenen Arten lassen sich in gefärbten Ausstrichen differenzieren (Tab. 26). Im Früh- oder Spätstadium der Infektion sind keine Mf nachweisbar. Besonders in solchen Fällen können immundiagnostische Verfahren wertvolle Hinweise geben. Zu beachten ist, daß *gruppen*spezifische Immunreaktionen auftreten und daher die einzelnen Filarien*arten* auf diesem Wege nicht diagnostizierbar sind. Auch ist die Möglichkeit von Kreuzreaktionen mit Darmhelminthen bei der Immundiagnostik der Filariosen in Betracht zu ziehen.

Therapie. Diäthylcarbamazin (Banocide, Hetrazan, Notézine und andere Handelspräparate) wirkt rasch auf die Mf, die innerhalb einiger Tage nach Therapiebeginn aus dem Blut verschwinden, hat aber einen geringeren Effekt auf adulte Filarien, die bei ausreichender Behandlungsdauer ebenfalls abgetötet werden. Infolge des Parasitenzerfalles treten oft fieberhaft-allergische Nebenwirkungen auf, denen nötigenfalls mit Antihistaminika oder Kortikosteroiden zu begegnen ist.

Frühstadien der Infektion lassen sich mit dieser Behandlung gut beeinflussen, Spätschäden sprechen naturgemäß auf die Chemotherapie nicht an.

Prophylaxe. Zur Vorbeugung werden die Bekämpfung der Mücken wie bei der Malaria (S. 431) und eine Chemoprophylaxe bei der Bevölkerung durchgeführt. Durch eine Diäthylcarbamazin-Gabe von 6 mg/kg pro Monat läßt sich im Verlauf einiger Jahre der Mikrofilarienbefall in der Bevölkerung eines Endemiegebietes reduzieren.

2.1.2. Loa loa

Geographische Verbreitung, Entwicklung und Epidemiologie. Dieser als „Wanderfilarie" bezeichnete Parasit kommt in tropischen Regenwaldgebieten West-, Zentral- und Ostafrikas vor.

Die adulten Parasiten (Tab. 26) und die präadulten Formen leben im Unterhautbindegewebe, in dem sie umherwandern. Erwachsene Filarien siedeln sich auch unter der Konjunktiva an. Die Mf treten periodisch auf und halten sich tagsüber im peripheren Blut auf (Tab. 26). Dementsprechend sind tagaktive Fliegenarten aus der Gruppe der Bremsen (Tabanidae) Zwischenwirte. Wichtige Überträger sind *Chrysops silacea*, *Chrysops dimidiata* und andere Arten. Die Larven dieser Bremsen entwickeln sich im Schlamm an Fluß- und Seeufern und ähnlichen Biotopen. Die adulten Fliegen treten daher nur in feuchten Gebieten auf. Die *Chrysops*-Weibchen nehmen Blut auf, sie stechen am Tage an schattigen Plätzen oder in

Tabelle 26 Filarienarten des Menschen (nach *Nelson*, 1966 und *Sasa*, 1976)

Art	Geographische Verbreitung	Überträger	Adulte[1] Länge (cm)	Lokalisation	Mikrofilarien[2] Kennzeichen	Auftreten	Pathologie
Wuchereria bancrofti	Asien, Pazifik, Afrika, Zentral- und Südamerika	Mücken (*Culex, Anopheles, Aedes*)	M: 2,4–4,0 W: 5,0–10,0	Lymphsystem	244–296 µm bescheidet	Blut (nachtperiodisch, tag- oder nachtsubperiodisch)[4]	Lymphangitis und -adenitis Elephantiasis
Brugia malayi	Süd- und Ostasien	Mücken (*Anopheles, Aedes, Mansonia*)	M: 2,2–2,5 W: 4,3–6,0	Lymphsystem	177–230 µm bescheidet	Blut (nachtperiodisch oder -subperiodisch)	Lymphangitis und -adenitis Elephantiasis
Loa loa	Tropisches Afrika	Fliegen (*Chrysops*)	M: 3,3–3,4 W: 5,0–7,0	subkutanes Bindegewebe	250–300 µm bescheidet	Blut (tagperiodisch)	Hautschwellungen, Befall der Konjunktiva
Onchocerca volvulus	Afrika, Zentral- und Südamerika	Mücken (*Simulium*)	M: 2,0–4,5 W: 23–50	subkutanes Bindegewebe	221–358 µm unbescheidet	Haut (nichtperiodisch)	Hautknoten, Dermatitis, Augenveränderungen
Dipetalonema perstans	Afrika, Südamerika	Mücken (*Culicoides*)	M: 4,5 W: 7,0–8,0	Peritoneal- und Pleurahöhle	190–200 µm unbescheidet	Blut (nachtsubperiodisch)	meist apathogen
Dipetalonema streptocerca	Tropisches Afrika	Mücken (*Culicoides*)	M: [3] W: [3]	subkutanes Bindegewebe	180–240 µm unbescheidet	Haut (nichtperiodisch)	Hautödem, Dermatitis
Mansonella ozzardi	Zentral- und Südamerika	Mücken (*Culicoides*)	M: [3] W: 6,5–8,1	Peritonealhöhle	173–240 µm unbescheidet	Blut (nichtperiodisch)	meist apathogen

[1] M = Männchen, W = Weibchen [2] Nähere Angaben zur Differenzierung der Mikrofilarien bei Nauck, 1975
[3] Es liegen keine genauen Angaben vor [4] Subperiodisch: wenig ausgeprägte Periodizität

Behausungen, wobei sie die infektiösen Larven von *Loa loa* übertragen können.

Die Präpatenzzeit beträgt 5–6 Monate, in einigen Fällen erscheinen auch bei länger bestehender Infektion keine Mf im Blut. Die adulten Filarien leben mehrere Jahre.

Pathogenese und Krankheitsbild (Loiasis, Loa loa-Infektion). Krankheitserscheinungen können 2–12 Monate nach der Infektion auftreten. Sie sind wahrscheinlich vorwiegend allergisch bedingt. Die im Bindegewebe umherwandernden Filarien verursachen an Gliedmaßen, Gesicht und Körper ödematöse Hautschwellungen („Calabar"- oder „Kamerunschwellungen") und juckende Knötchen. Die Infektion ist oft von einer Bluteosinophilie begleitet. Einwanderung eines Parasiten unter die Konjunktiva hat Tränenfluß, Rötungen und andere Symptome zur Folge.

Diagnose, Therapie und Prophylaxe. Die Diagnose stützt sich auf die typischen klinischen Symptome, den Nachweis adulter Parasiten in der Unterhaut oder in der Konjunktiva bzw. der Mf im peripheren Blut, das während des Tages zu untersuchen ist (Tab. 26). Hinsichtlich der Immundiagnostik sei auf S. 476 verwiesen. Zur Therapie ist Diäthylcarbamazin geeignet. Eine individuelle Prophylaxe ist durch Einnahme dieses Mittels in einer Dosis von 5 mg/kg/Tag an 3 aufeinanderfolgenden Tagen 1mal pro Monat möglich.

2.1.3. Dipetalonema-Arten und Mansonella ozzardi

Hinsichtlich dieser differentialdiagnostisch zu berücksichtigenden Arten sei auf die Tab. 26 verwiesen.

2.1.4. Onchocerca volvulus

Diese Filarienart ist Erreger der Onchozerkose, die sich hauptsächlich in Hautveränderungen, Lymphadenopathie und Augenschäden manifestiert. Letztere bedingen die erhebliche Bedeutung der Infektion, von der mindestens 20 Millionen Menschen betroffen sind. Davon sind etwa 250 000 erblindet.

Vorkommen und geographische Verbreitung. Das einzige bekannte Reservoir für *Onchocerca volvulus* ist der Mensch. Der Parasit kommt endemisch in tropischen Gebieten Afrikas, im südlichen Arabien (Jemen) sowie in Mittel- und Südamerika vor (Mexico, Guatemala, Kolumbien, Venezuela, Brasilien). In Afrika reicht das Verbreitungsgebiet vom Senegal und Sudan im Norden bis nach Angola und Malawi im Süden bzw. Tanzania im Osten. Eines der bedeutsamsten Endemiegebiete Afrikas ist das Voltaflußbecken.

Die Infektion wird durch Kriebelmücken (sogen. „black flies") der Gattung *Simulium* übertragen, deren Larven und Puppen in fließenden Gewässern leben. Die Endemieherde befinden sich daher in der Nähe von Flüssen. In bezug darauf wird die durch Onchozerkose verursachte Blindheit als „Flußblindheit“ oder „river blindness“ bezeichnet.

Morphologie und Entwicklung. Die adulten Onchozerken (Tab. 26) leben frei im Binde- oder Fettgewebe, meist jedoch knäuelartig aufgewunden innerhalb von Bindegewebsknoten in der Subkutis oder in tieferen Gewebsschichten (Abb. 69 b). Die Lebensdauer der geschlechtsreifen Parasiten erstreckt sich bis zu 15 Jahren.

Die *Onchocerca*-Weibchen setzen embryonierte Eier oder Mikrofilarien (Mf) ab, die in Gewebsspalten innerhalb der Knoten und der Haut leben. Vom Ansiedlungsort der Weibchen aus wandern sie in andere Hautpartien und befallen auch die Augen, vor allem beim Sitz der Knoten am Kopf oder in der oberen Körperregion. Über die Lymphbahnen können die Mf in den Blutstrom eindringen und auch im Urin, im Sputum und in der Zerebrospinalflüssigkeit erscheinen. Eine Mikrofilarurie kommt in manchen Gebieten bei 15–30 % der Infizierten vor. Die Häufigkeit der Besiedlung der vorderen Augenkammer mit Mf sowie die Mikrofilarurie sind abhängig von der Mf-Dichte in der Haut.

Die relativ großen Mf haben keine Scheide, ihr Auftreten in der Haut ist nichtperiodisch, unterliegt jedoch in einer 24-Stunden-Periode gewissen Schwankungen (Tab. 26). Die Lebensdauer der Mf im Menschen beträgt 6–30 Monate.

Die Mf werden beim Blutsaugen von Simuliiden aufgenommen, in denen sie sich innerhalb von 6–12 Tagen zu infektiösen dritten Larven entwickeln, die bei einer späteren Blutmahlzeit aus den Mundwerkzeugen des Insekts durch den Stichkanal in die Haut eines Menschen eindringen können. Die Entwicklung der Parasiten bis zur Geschlechtsreife nimmt längere Zeit in Anspruch. Mf sind in der Haut frühestens nach 3, meistens aber erst nach 10–20 Monaten nachweisbar.

Epidemiologie. In Afrika wird die Onchozerkose hauptsächlich durch Kriebelmücken der *Simulium damnosum*- und der *Simulium neavei*-Gruppe übertragen, in Lateinamerika sind u. a. *Simulium ochraceum*, *Simulium metallicum* und *Simulium callidum* als Zwischenwirte bekannt.

Die Larven und Puppen der Kriebelmücken entwickeln sich in Fließgewässern.

Die Simuliiden sind am Tage aktiv, ihre Flugfähigkeit ist beträchtlich, so daß sie manchmal viele Kilometer vom Brutplatz entfernt auftreten. Die weiblichen Simuliiden saugen im Freien an Menschen oder Tieren Blut, wobei die verschiedenen Arten unterschiedliche Körperregionen zum Stich bevorzugen, was offenbar für die Lokalisation der *Onchocerca*-Knoten bedeutsam ist.

Die Onchozerkose des Menschen tritt herdförmig entlang der Flußläufe auf. Infektionshäufigkeit und -intensität sowie Schwere der Erkrankung und Rate der Augenschädigungen nehmen in endemischen Gebieten bei der betroffenen Bevölkerung etwa bis zum 50. Lebensjahr zu. Männer sind meist häufiger befallen als Frauen. In hochendemischen Gebieten werden Infektionsraten von nahezu 100 % und Erblindungen bei 5–30 % der Erwachsenen beobachtet.

Pathogenese und Krankheitsbild (Onchozerkose, Onchocerciasis). Pathogenetisch lassen sich Reaktionen gegen adulte Parasiten und gegen Mikrofilarien unterscheiden.

Reaktionen gegen adulte Parasiten: Zunächst leben die heranwachsenden und die adulten Onchozerken frei im Bindegewebe, meist ohne Symptome zu verursachen. Allmählich erfolgt eine Abkapselung in Bindegewebsknoten, die gewöhnlich erst 1–2 Jahre nach der Infektion in Erscheinung treten. Die *Knoten* befinden sich in der Subkutis, besonders an dicht dem Knochen aufliegenden Hautstellen (z. B. Beckenkamm, Rippen, Kopfhaut usw.), wo sie leicht sichtbar und palpabel sind. Sie können sich aber auch in tieferen Gewebsschichten befinden, vor allem in der Nähe der Gelenkkapseln und im intermuskulären Gewebe. Die Durchmesser der Knoten schwanken zwischen wenigen Millimetern und einigen Zentimetern, ihre Konsistenz ist derb. Bei Infizierten in Mexico und Guatemala sitzen die meisten Hautknoten am Kopf, in Afrika dagegen vorwiegend in anderen Körperregionen.

Reaktion gegen Mikrofilarien: Die hauptsächlichsten Veränderungen entstehen durch die Anwesenheit und das Absterben der Mf. Im Frühstadium der Infektion verursachen sie lokal oder am ganzen Körper auftretende *Hautveränderungen* mit Juckreiz, urtikariellen Papeln und verschiedenen Formen von Dermatitis. Bei länger bestehendem Befall können Hautverdickung, Atrophie, Hyperpigmentation oder fleckenförmige Depigmentation („Leopardenhaut") auftreten.

Ferner wird oft eine schmerzlose *Schwellung der Lymphknoten* beobachtet. Vergrößerte, in schlaffen Hautfalten liegende Leistenlymphknoten werden als „hanging groins" (hängende Leisten) beschrieben. Genitale Elephantiasis und Hydrozele, wie sie bei *Wuchereria*-Befall auftreten, werden auch bei *Onchocerca volvulus*-Infektionen beobachtet.

Besonders gravierend sind *Augenveränderungen.* Es handelt sich dabei um „schneeflockenartige" Hornhauttrübungen und im späteren Stadium um eine sklerotisierende Keratitis, die von den Seiten her fortschreitet und häufigste Erblindungsursache ist. Weitere Veränderungen sind Chorioretinitis sowie Neuritis und Atrophie der Sehnerven. Es besteht eine Tendenz zum bilateralen Auftreten dieser Schäden.

Diagnose. Der Parasitennachweis kann durch operative Entfernung und Untersuchung von Hautknoten erbracht werden. Einfacher und sicherer ist die Feststellung von Mf in der Haut mit Hilfe der Skin-snip Methode (S. 513). Bei einem Teil der Infizierten sind Mf auch im Urin nachweisbar. Lebende oder tote Mf lassen sich in der Kornea oder in der vorderen Augenkammer mit Hilfe der Spaltlampe oder eines Ophthalmoskops bei 16–25facher Vergrößerung feststellen. Auf immundiagnostische Verfahren wurde bereits auf Seite 476 hingewiesen.

Der Mazzotti-Test beruht darauf, daß bei mit *Onchocerca volvulus* infizierten Personen wenige Stunden nach einer einmaligen Gabe von Diäthylcarbamazin (2 mg/kg) infolge des Absterbens von Mf allergische Hautreaktionen auftreten (Juckreiz, später Papeln). Der Test wird nach 3 und 24 Stunden beurteilt. Die lokalen und allgemein allergischen Symptome sind zum Teil sehr ausgeprägt. Der Test sollte daher auf keinen Fall bei starkem Befall mit *Onchocerca volvulus* oder bei hoher *Loa loa*-Mikrofilarämie durchgeführt werden.

Therapie. Behandlungsmöglichkeiten sind die operative Entfernung der Knoten und die Chemotherapie. Die Exstirpation der Knoten ist besonders bei deren Sitz am Kopf wichtig. Chemotherapeutisch werden Diäthylcarbamazin (Banocide, Hetrazan und andere Handelspräparate) gegen Mikrofilarien und Suramin (Germanin, Antrypol, Moranyl u. a.) gegen die adulten Filarien eingesetzt. Die Behandlung sollte wegen möglicher allergischer Allgemeinreaktionen unter ärztlicher Überwachung vorgenommen werden.

Prophylaxe. Eine Möglichkeit zur individuellen Chemoprophylaxe existiert nicht. Durch Einleiten von Insektiziden in Gewässer wird in verschiedenen Gebieten versucht, die Simuliiden zu vernichten.

2.2. Dracunculus medinensis (Medina-, Guinea- oder Drachenwurm)

Dieser Parasit kommt beim Menschen und verschiedenen Tierarten in Teilen Afrikas, im Vorderen Orient, in Vorderasien und Indien vor. Die Männchen sind nur 1,5–4 cm lang, die Weibchen erreichen Längen von 50–100 cm, beide leben im Bindegewebe. Die Weibchen verursachen Hautknoten, besonders an den Extremitäten, aus denen sie bei einem Abkühlungsreiz durch Wasser hervortreten. Dabei schwärmen Larven aus, die sich in Flohkrebschen zu infektiösen Larvenstadien entwickeln. Die Infektion erfolgt durch Aufnahme von Trinkwasser, das infizierte Zwischenwirte enthält. Vom Darm des Endwirtes wandern die Parasiten ins Bindegewebe. Die Diagnose erfolgt aufgrund der klinischen Erscheinungen; heute stehen auch immundiagnostische Methoden zur Verfügung. Die mechanische Entfernung des Parasiten durch Aufwickeln auf ein Holzstäbchen ist die älteste Therapiemethode. Seit einigen Jahren werden zur Chemotherapie Metronidazol (Flagyl, Clont), Mebendazol (Vermox) und andere Medikamente eingesetzt. Filtration oder Abkochen des Wassers bietet einen sicheren Schutz vor der Infektion.

2.3. Trichinella spiralis

Vorkommen und geographische Verbreitung. *Trichinella spiralis* parasitiert hauptsächlich in karnivoren und omnivoren Säugetieren, befällt aber auch den Menschen. Hauptverbreitungsgebiet ist die nördliche Hemisphäre, der Parasit kommt jedoch auch in südlichen Regionen vor (Afrika, Asien, Lateinamerika; nicht in Australien). Die Infektionshäufigkeit mit *Trichinella spiralis* ist von Land zu Land sehr unterschiedlich. In den USA, wo eine Trichinenschau der Schlachtschweine nicht vorgeschrieben ist, wurden 1976 insgesamt 96 Trichinellosefälle beim Menschen gemeldet. Im Durchschnitt sind etwa 2 % aller Menschen und 0,1–0,5 % der Schweine Träger von Trichinellen. In Europa hat Polen eine relativ hohe Infektionsrate. In der Schweiz kommt Trichinellose bei wildlebenden Karnivoren und beim Hund vor, jedoch nicht beim Hausschwein. In der Bundesrepublik Deutschland existiert die Trichinellose ebenfalls bei Wildtieren (Wildschwein, Fuchs u. a.); bei Hausschweinen ist sie eine große Seltenheit. Im Jahre 1967 trat jedoch eine Epidemie auf, von der 486 Personen betroffen waren.

Morphologie und Entwicklung. *Trichinella*-Männchen sind 1,4 bis 2 mm lang, Weibchen 3–4 mm. Der vordere Ösophagusteil ist muskulös, der hintere wird von typischen Drüsenzellen („Stichozyten“) umschlossen.

Die Infektion erfolgt durch Aufnahme von Fleisch, das eingekapselte, infektiöse *Trichinella*-Larven enthält. Unter dem Einfluß der Verdauungssäfte werden diese frei und siedeln sich im Dünndarm an, wo innerhalb weniger Tage nach 4 Häutungen geschlechtsreife Stadien entstehen. Nach der Kopulation sterben die Männchen bald ab, die Weibchen leben günstigenfalls 4–6 Wochen. Sie dringen in die Mukosa ein, wo jedes insgesamt 500–1000 Larven absetzt. Auf dem Lymph-Blut-Weg oder durch direkte Einwanderung gelangen diese in Organe und Körpergewebe, eine Weiterentwicklung erfolgt jedoch nur in der quergestreiften Muskulatur, in der sie frühestens 5–7 Tage post infectionem (p. i.) anzutreffen sind.

Die Larven dringen in Muskelfasern ein, die dadurch gewöhnlich nicht zerstört werden. Etwa 2 Wochen p. i. beginnt die befallene Muskelzelle den Parasiten durch Ablagerung hyalinen und fibrillären Materials innerhalb des Sarkolemms einzukapseln. Die Kapselbildung ist nach 6–8 Wochen abgeschlossen. Die ca. 0,4–0,7 mm langen Kapseln haben eine ovale, zitronenförmige Gestalt, an den Polen bilden sich Granulationsgewebe bzw. Fettzellen (Abb. 69 c). Von den Polen ausgehend, kann die Kapsel allmählich verkalken.

Die *Trichinella*-Larven liegen zunächst gestreckt in der Muskelzelle, bis zur 3. Woche p. i. rollen sie sich spiralig ein. In diesem Zeitraum erreichen sie nach weiterer Differenzierung die Infektiosität. Eingekapselt sind sie im Wirt jahrelang lebensfähig (Nachweis beim Menschen bisher 31 Jahre). Der Entwicklungskreislauf schließt sich bei Aufnahme infektiöser Muskeltrichinellen durch einen anderen Wirt.

Epidemiologie. *Trichinella spiralis* hat ein breites *Wirtsspektrum*, das den Menschen, karnivore Tierarten (Hund, Katze, Bär, Marder, Fuchs usw.), Omnivoren (Schwein, Ratte), Meeressäuger (Wal, Seehund u. a.) und andere Säugetiere umfaßt. Neuerdings werden mehrere *Trichinella*-Arten unterschieden.

In vielen Ländern existiert die Trichinellose als „*Naturherdinfektion*“ bei Wildtieren. Der Mensch kann sich daraus direkt infizieren, z. B. durch Verzehr des Fleisches von Wildschweinen oder Bären. Die größte Infektionsgefährdung besteht jedoch dann, wenn sich ein „*synanthroper Zyklus*“ gebildet hat, in dem das Hausschwein eine zentrale Rolle spielt.

Die *Übertragung* der Trichinellen von Tier zu Tier erfolgt vorwiegend durch Verzehr von Fleisch, selten durch Aufnahme von Kot, in dem kurz zuvor aufgenommene Muskeltrichinellen ausgeschieden werden, oder durch Vermittlung von Transportwirten (Arthropoden, Fische).

Eingekapselte Muskeltrichinellen sind sehr widerstandsfähig. In faulendem Fleisch bleiben sie mindestens 4 Monate infektiös. Bei Kühlung (+ 2–4 °C) überleben sie in der Muskulatur 300 Tage, durch Tiefgefrieren auf – 15 °C werden sie erst innerhalb von 20 Tagen abgetötet. Hitze wirkt schnell letal, Trocknen und Pökeln jedoch nicht.

Infektionsquellen für den Menschen sind rohe oder ungenügend erhitzte bzw. gefrorene Fleischprodukte von Tieren, vorwiegend von Haus- und Wildschweinen, seltener von Bären, Hunden, Pferden und anderen Tierarten. Infektionen sind auch mit trichinellösem Trocken- und Pökelfleisch möglich.

Pathogenese. Die Krankheitserscheinungen werden auf direkte Einwirkung der Parasiten und auf allergische Prozesse zurückgeführt. In der Dünndarmschleimhaut verursachen die Trichinellen Hyperämie, Hämorrhagien, Ödembildung und entzündliche Infiltrationen. Durch lebende oder abgestorbene Larven entstehen in der Muskulatur und in anderen Organsystemen Gefäßschäden mit Hämorrhagien sowie degenerative und entzündliche Reaktionen. Letztere beobachtet man in der Muskulatur vorwiegend in nichtbefallenen Muskelfasern bzw. im Interstitium.

Krankheitsbild (Trichinellose). Grad und Dauer der klinischen Erscheinungen hängen von der Infektionsdosis und der Vermehrungsrate der Trichinellen ab. Schon 50–70 *Trichinella*-Larven vermögen Krankheitserscheinungen beim Menschen auszulösen.

Die *intestinale Phase* der Infektion kann sich bereits 1–7 Tage p. i. in Nausea, Erbrechen, gastrointestinalen Störungen, leichtem Fieber und andern Symptomen äußern oder aber latent verlaufen.

Mit der Einwanderung der *Trichinella*-Larven in die Körpergewebe *(extraintestinale Phase)* treten ab dem 7. Tag p. i. u. a. folgende Symptome auf: Muskelschmerzen und -steifheit, Fieber, Lid- und Gesichtsödem, Hautexanthem. Gefürchtete Komplikationen sind Myokarditis und Meningoenzephalitis.

Bluteosinophilie (regelmäßig), erhöhte Aktivität von Lactatdehydrogenase, Myokinase und Kreatinphosphokinase im Serum (häufig) und Kreatinurie (häufig) sind weitere Charakteristika. Serumantikörper sind ab der 3. Woche p. i. nachweisbar.

Die meisten Todesfälle ereignen sich 4–6 Wochen p. i. Die akuten Erscheinungen bestehen je nach Schwere der Erkrankung etwa 1–6 Wochen. Darauf folgt häufig eine völlige Genesung. Es können aber auch über längere Zeit rheumatoide Beschwerden bestehen bleiben.

Diagnose. Eine Diagnose während der intestinalen Phase ist schwierig und gelingt nur selten durch Nachweis von Trichinellen im Stuhl oder Duodenalsaft. Während der extraintestinalen Phase sind *Trichinella*-Larven in Muskel-Biopsie-Proben im Quetschpräparat oder histologisch nachweisbar. Ab der 3. Woche p. i. treten Serumantikörper auf. Klinisch-chemische Befunde (s. oben) liefern weitere diagnostische Hinweise.

Therapie und Prophylaxe. Nach den Ergebnissen von Tierversuchen hat Mebendazol (Vermox) eine gute Wirkung auf Darm- und Muskeltrichinellen. Hitze über 60 °C oder längere Kälteeinwirkung (– 15 °C für 20 Tage) tötet Trichinellen im Fleisch ab. Am sichersten ist ausreichendes Kochen oder Braten. Prophylaktische Fleischuntersuchungen bei Haus- und Wildtieren auf *Trichinella*-Befall sowie die Vermeidung der Verfütterung von Fleischabfällen an Hausschweine sind wichtige Maßnahmen im Rahmen der allgemeinen Bekämpfung.

3. Infektionen durch Nematodenlarven

3.1. Larva migrans externa oder Larva migrans cutanea („Hautmaulwurf", „Creeping eruption")

Infektiöse Larven verschiedener Hakenwurm- und *Strongyloides*-Arten von Tieren vermögen in die obersten Hautschichten des Menschen einzudringen und Papeln, gewundene und entzündlich veränderte Bohrgänge sowie starken Juckreiz zu verursachen. Die Larven sterben nach einiger Zeit ab.

Ätiologisch kommen vor allem *Ancylostoma braziliense* und *Ancylostoma caninum,* Parasiten von Hund und Katze, in Betracht. Die Infektion erfolgt bei Kontakt mit kontaminiertem Boden, z. B. an Badestränden.

Die Diagnose kann meist aufgrund des klinischen Bildes gestellt werden, an dem die Vielzahl der etwa 1–2 mm breiten und mehrere Zentimeter langen Bohrgänge besonders auffällig ist. Zur Behandlung hat sich Thiabendazol (Mintezol) bewährt.

3.2. Larva migrans interna oder Larva migrans visceralis (LMV)

Als Erreger dieser Erkrankung gelten vor allem Larven von Nematoden aus der Gruppe der Spulwürmer von Haus- und Wildtieren. Als Beispiele werden hier die durch *Toxocara* und *Anisakis* bedingten Infektionen aufgeführt.

3.2.1. Toxocara

Den Befall des Menschen mit Larven von Spulwürmern der Gattung *Toxocara* bezeichnet man als Toxokariasis. Ätiologisch sind *Toxocara canis* vom Hund und *Toxocara mystax* von der Katze am bedeutsamsten.

Geographische Verbreitung und Epidemiologie. In allen Teilen der Welt sind Hunde und Katzen, besonders Jungtiere, häufig mit adulten *Toxocara*-Spulwürmern befallen. Diese leben im Dünndarm und scheiden gewöhnlich große Mengen von Eiern aus. Im Freien entwickelt sich im Ei innerhalb von 2–3 Wochen eine infektionsfähige 2. Larve.

Die Ansteckung des Menschen erfolgt durch die akzidentelle Aufnahme infektionstüchtiger Eier. Besonders gefährdet sind Kinder, die engen Kontakt mit Hunden und Katzen pflegen. Die *Toxocara*-Eier können am Fell der Tiere oder an Gegenständen haften bzw. in den Boden oder auf pflanzliche Nahrungsmittel gelangen. In Großbritannien wurden in 24 % von 800 untersuchten Bodenproben aus öffentlichen Anlagen *Toxocara*-Eier festgestellt. Kinderspielplätze, zu denen Hunde und Katzen Zugang haben, sind als potentielle Ansteckungsherde anzusehen.

Bisher liegen Berichte über etwa 200 gesicherte *Toxocara*-Fälle beim Menschen aus allen Kontinenten vor. Diese Zahl scheint jedoch für die Infektionshäufigkeit nicht repräsentativ zu sein, denn mit dem *Toxocara*-Hauttest wurden bei über 10 Jahre alten Personen in London 2,1 % Reagenten festgestellt, in verschiedenen afrikanischen Städten bis 31 %.

Nach der Infektion verlassen die *Toxocara*-Larven im Dünndarm die Eihüllen, dringen in die Darmwand ein und gelangen auf dem Blutweg in Leber, Lunge, ZNS, Auge, Körpermuskulatur und andere Organsysteme. Werden die Larven im Kapillarfilter festgehalten, verlassen sie das Gefäßsystem und beginnen eine Wanderung im betroffenen Organ. Folgen davon sind Blutungen und Gewebszerstörungen sowie entzündliche Reaktionen mit Bildung granulomatöser Herde. Lebende Larven werden in allen Organen außer im ZNS bindegewebig eingekapselt, doch können sie die Kapsel verlassen und weiterwandern. Vermutlich können die Larven jahrelang am Leben bleiben. Bei Affen wurden noch 7 Jahre nach der Infektion überlebende *Toxocara*-Larven festgestellt. Nur äußerst selten entwickeln sich im Darm des Menschen adulte *Toxocara*-Stadien.

Krankheitsbild (Toxokariasis). Klinisch zeigen einige Patienten Eosinophilie mit Hepatomegalie („Eosinophilie-Hepatomegalie-Syndrom"). In anderen Fällen treten kurze Fieberepisoden, milde gastrointestinale Störungen, asthmatische Attacken, pneumonische Erscheinungen, Lymphadenopathie und urtikarielle Hautveränderungen auf. Damit verbunden sind Hyperleukozytose und hohe Eosinophilie. Augenbefall äußert sich meist als Endophthalmitis oder Chorioretinitis. Neuerdings werden durch *Toxocara* bedingte zentralnervöse Störungen mit Lähmungserscheinungen oder epileptiformen Anfällen beschrieben. Insgesamt gesehen ist das klinische Bild sehr vielgestaltig und unspezifisch. Die Infektion kann auch latent verlaufen.

Diagnose. Verdacht auf Toxokariasis besteht bei persistierender Eosinophilie und anderen, oben beschriebenen Erscheinungen. In Leberbiopsien können manchmal granulomatöse Veränderungen, aber nur äußerst selten Larven nachgewiesen werden. Daher bieten immundiagnostische Verfahren oft die einzige Möglichkeit zur ätiologischen Abklärung. Positive Sero- und Hautreaktionen sind bereits 2–3 Wochen nach der Infektion zu erwarten.

Therapie. Die Erfahrungen auf diesem Gebiet sind noch gering. Im Tierversuch und bei Kindern wurde mit Diäthylcarbamazin (Hetrazan, Banocide) eine günstige Wirkung erzielt.

Prophylaxe. Die Prophylaxe besteht in der Bekämpfung des *Toxocara*-Befalles bei Hunden und Katzen. Besonders wichtig ist die Behandlung der Welpen. Weitere Maßnahmen sind: Vermeidung der Kontamination von Kinderspielplätzen mit Hunde- und Katzenkot, persönliche Hygiene.

3.2.2. Anisakis

Larven von *Anisakis*-Arten, die mit rohem Fisch in den Menschen gelangen, wurden als Erreger eosinophiler Granulome des Magen-Darm-Traktes beschrieben, vor allem in den Niederlanden (Anisakiasis, „Heringswurmkrankheit“).

TECHNISCHER TEIL

Mikrobiologische Technik

Mikrobiologisches Arbeiten

Der medizinische Mikrobiologe beschäftigt sich in erster Linie mit *pathogenen* Mikroorganismen. Er muß sich deshalb dauernd vor Infektionen schützen. Auch wer ausschließlich Diagnostik betreibt, hat stets von der Voraussetzung auszugehen, daß das Untersuchungsmaterial möglicherweise infektiös ist.

Beim mikrobiologischen Arbeiten steht heute auf allen Gebieten der Mikrobiologie die Kulturmethode im Vordergrund. Die Kulturmedien, die mit bestimmten Mikroorganismen oder mit Untersuchungsmaterial beimpft werden, sind steril. Man muß vermeiden, daß die Medien durch ubiquitär vorkommende Keime kontaminiert werden.

Die Forderung, Infektionen zu verhüten und den Arbeitsplatz reinzuhalten sowie die Notwendigkeit, sterile Nährböden in jeder Phase des Arbeitsprozesses vor Kontamination zu schützen, gibt der mikrobiologischen Tätigkeit ein ganz bestimmtes technisches Gepräge. Die beiden Kriterien, *Infektionen verhüten* und *nicht kontaminieren,* können nur erfüllt werden, wenn am mikrobiologischen Laboratoriumsplatz eine zweckmäßige Ausrüstung zur Verfügung steht.

Mikrobiologischer Arbeitsplatz. Dieser soll bei guter Beleuchtung aus einer glatten, leicht zu reinigenden, planen Tischfläche bestehen. Notwendig sind Anschlüsse für Wasser, Gas sowie für elektrischen Strom. Wasser ist u. a. für Färbungen erforderlich; Gas bzw. die Gasflamme (Bunsenbrenner) zum sterilen Arbeiten und elektrischer Strom zum Mikroskopieren und zum Betrieb vieler Apparate.

Für die Materialverarbeitung benötigt man einen Platindraht und eine Platinöse, je an einem Halter; Spatel, Pipetten und Objektträger. Weitere Glaswaren wie Reagenzgläser, Petrischalen, Abstelltöpfe sowie Färbeeinrichtungen u. dgl. richten sich nach dem Ausmaß und der Art der durchzuführenden Untersuchungen.

Unentbehrlich ist ein Mikroskop mit der Möglichkeit einer 1000fachen Vergrößerung (Immersionsoptik).

In ein mikrobiologisches Laboratorium, in welchem auch kulturell und serologisch gearbeitet wird, gehören immer eine Zentrifuge, mindestens ein Brutschrank, ein Kühlschrank sowie Sterilisationseinrichtungen.

Wer selbst in größerem Umfange Nährmedien herstellen will, ist angewiesen auf eine besondere Nährbodenküche sowie eine Spülküche mit Desinfektionsmöglichkeiten für gebrauchte Materialien. Ein zeitgemäßes mikrobiologisches Laboratorium, das vielseitige Aufgaben erfüllen will, erfordert immer einen ungleich größeren Material- und Personalaufwand, als es sich der mikrobiologische Laie vorstellt.

Färbungen

Da die Mikroorganismen in der medizinischen Diagnostik meistens in gefärbtem Zustande mikroskopisch betrachtet werden, müssen die gebräuchlichsten Färbungen bekannt sein.

Für Bakterienfärbungen verwendet man meistens basische Anilinfarbstoffe in wäßriger Lösung. Dabei kann man sich einfacher Färbungen, z. B. mit Methylenblau oder Fuchsin bedienen, oder die Differentialfärbung nach Gram benützen. Weil mit den erwähnten Färbungen Mykobakterien (Tuberkelbakterien) nicht zur Darstellung gelangen, ist man zum Erkennen derselben auf die Ziehl-Neelsen-Färbung angewiesen. Beim Arbeiten mit Protozoen wird am häufigsten die Färbung nach Giemsa angewandt.

Um bakterienhaltiges Material färben und anschließend mikroskopisch betrachten zu können, muß das Material in dünner Schicht auf einen Objektträger ausgestrichen, luftgetrocknet und fixiert werden. Meistens wird hitzefixiert, wobei man den getrockneten Objektträger dreimal durch die Bunsenflamme zieht. Beim Färben wird der horizontal gelegte Objektträger während einer bestimmten Zeit mit Farblösung übergossen und nachher mit Wasser abgespült. Er kann auch in einer Küvette stehend gefärbt werden.

Färbung mit Methylenblau

(wässerige Methylenlösung)	1–2 Minuten

Färbung mit Fuchsin

(wässerige Fuchsinlösung)	1–2 Minuten

Färbung nach Gram

Anilinwasser-Gentianaviolett	1/2–1 Minute
Differenzierung mit Lugolscher Lösung (Jod-Jodkalium)	3 Minuten

Entfärben mit Alkohol (96 %)	bis farblos
Spülen mit Wasser	
Gegenfärbung mit verdünnter Fuchsinlösung	10 Sekunden
Spülen mit Wasser	

Färbung nach Ziehl-Neelsen

Konz. Karbolfuchsin, erwärmen	5 Minuten
Entfärben mit konz. Salzsäure (3,0) plus 96 % Alkohol (97,0)	bis farblos
Spülen mit Wasser	
Nachfärben mit Methylenblau	5–10 Sekunden
Spülen mit Wasser	

Färbung nach Giemsa

Giemsa-Stammlösung

Azur-II-Eosin 3,0 plus Azur II 0,8 plus Glyzerin (spez. Gewicht 1,26) 250,0 plus Methanol 250,0

Giemsa-Gebrauchslösung

1 Tropfen Stammlösung mit 1 ml Aqua dest. oder Pufferlösung pH 7,2 verdünnen.

Färbung von Protozoen. Präparate mit Methyl- oder Äthylalkohol 5 Minuten fixieren. Hernach während 20–30 Minuten in Giemsa-Gebrauchslösung färben. Abschließend spülen mit Aqua dest. oder einer Pufferlösung.

Färbung von Treponemen, Rickettsien und Viren. Präparate mindestens 45 Minuten, wenn möglich länger färben. Nach längstens 45 Minuten die Farblösung erneuern. Anstelle von 1 Tropfen Stammlösung, zur Erhöhung der Konzentration der Gebrauchslösung, 2 bis 3 Tropfen Stammlösung auf 1 ml Aqua dest. nehmen.

Kulturverfahren

Bakterien und Pilze

Fast alle einzelligen Mikroorganismen, vor allem Bakterien und Pilze, können auf leblosen Nährsubstraten kultiviert werden. Da die verschiedenen Mikroorganismen unterschiedliche Ansprüche stellen, sowohl an das Nährmedium selbst, als auch an die Bebrütungstemperatur und die atmosphärischen Bedingungen, benötigt man in einem universellen mikrobiologischen Betrieb eine ganze Reihe verschiedener Nährböden, verschiedene Brutschränke sowie Einrichtungen für aerobe und anaerobe Verfahren.

Nährmedien

Grundsubstrat der meisten Medien ist die Fleischwasser-Pepton-Bouillon, allgemein als Nährbouillon oder Bouillon bezeichnet. Eine gewöhnliche Nährbouillon besteht aus:

Fleischwasser	1000,0
Pepton	10,0
NaCl	3,0
Na_2HPO_4	2,0

wobei das Fleischwasser aus Hackfleisch oder mit einem guten Fleischextrakt hergestellt werden kann.

Das pH fast aller Nährmedien wird auf 7,2–7,4 eingestellt.

Der Bouillon können 2–4 % in der Hitze gelöster Agar-Agar zugegeben werden, wodurch nach Erkalten starre (feste) Nährböden entstehen.

Sowohl Bouillon wie agarhaltige Nährmedien kann man durch Zugabe von Zuckern, von eiweißhaltigen Bestandteilen wie Serum, Vollblut, Aszites, oder von Organen und Organextrakten als Medien verbessern. Dadurch ist auch die Vermehrung anspruchsvoller Mikroorganismen gewährleistet.

Will man gezielte Auskunft über die biochemische Aktivität einzelner Bakterienstämme, fügt man den Medien die Substanzen bei, deren mikrobielle Beeinflussung im gegebenen Fall von Interesse ist. Für die Prüfung der biochemischen Aktivität in biochemischen (bunten) Reihen werden verschiedenste Zuckerarten, bestimmte Proteine sowie viele andere Stoffe verwendet und ihre Veränderungen nach erfolgter Inkubation geprüft. pH-Verschiebungen werden durch Indikatoren sichtbar gemacht. Man spricht von *Indikatornährböden.*

Will man das Wachstum unerwünschter Begleitbakterien hemmen, können den Nährböden Hemmsubstanzen beigegeben werden, so daß man über *Selektivmedien* verfügt.

In der experimentellen Mikrobiologie kommen zunehmend synthetische Medien zur Anwendung. Sie besitzen gegenüber den aus biologischen Substraten hergestellten den Vorteil, daß sie immer die gleiche Zusammensetzung aufweisen.

Zur Kultivierung obligat anaerober Mikroorganismen können flüssigen Medien Organbestandteile wie Leber oder Gehirn zugefügt werden oder man kann zur Herabsetzung des Redoxpotentials Natriumthioglycolat beigeben.

In *flüssigen Nährmedien* vermehren sich die Mikroorganismen diffus. Bei gleichzeitiger Anwesenheit mehrerer Bakterienarten besteht nach Vermehrung derselben ebenfalls ein diffuses Gemisch, in welchem höchstens mikroskopisch verschiedene Bakterienarten erkannt, aber nicht voneinander getrennt werden können.

Auf und in *festen Nährmedien* entstehen bei genügender Verdünnung des Ausgangsmaterials Einzelkolonien, die als solche makroskopisch erkennbar sind. Die Kolonien der einzelnen Bakterienarten oder -gattungen weisen unter sich Unterschiede auf, so daß Kolonien verschiedener Mikroorganismen meistens ohne weiteres als solche erkennbar sind. Ausgehend von Einzelkolonien kann man Mischkulturen in Reinkulturen aufteilen, indem man Mikroorganismen von einer Einzelkolonie auf ein frisches, noch steriles Nährsubstrat überimpft. Die Erzeugung von Reinkulturen stellt die Grundlage jeder präzisen und einwandfreien mikrobiologischen Diagnostik dar. Nur reinkultivierte Stämme können auf ihre biologische Aktivität oder auf ihre Pathogenität geprüft werden. Alle Eigenschaften eines Bakterien- oder Pilzstammes dürfen nur an Reinkulturen erforscht werden.

Auf festen Nährmedien, z. B. auf Agarplatten, entstehen submerse Kulturen, wenn das zu untersuchende Ausgangsmaterial dem noch verflüssigten Agar beigegeben wird und zusammen mit diesem erstarrt. Solche submersen Kulturen werden beispielsweise für Keimzählungen benützt, indem man nach erfolgter Bebrütung die gewachsenen Kolonien zählt und von der Voraussetzung ausgeht, daß 1 vermehrungsfähiger Mikroorganismus 1 Kolonie bildet. Kulturen auf festen Medien ergeben immer quantitative Anhaltspunkte.

Oberflächenkulturen (Ausspateln von Untersuchungs- oder flüssigem Kulturmaterial auf die Oberfläche fester Medien) legt man an, wenn man Größe, Form und Farbe der Einzelkolonie beurteilen und sich die Möglichkeit schaffen will, Einzelkolonien zu isolieren. Zur Erzeugung von oberflächlich gelagerten Einzelkolonien muß das Material immer fraktioniert, im Sinne einer zunehmenden Verdünnung ausgespatelt werden (Abb. 70).

Bebrütungstemperatur

Das Temperaturoptimum für die meisten, jedoch nicht für alle menschenpathogenen Mikroorganismen beträgt 37 °C. Es gibt Arten und Gattungen pathogener Mikroorganismen, die sich besser vermehren bei Temperaturen zwischen 27 ° und 32 °C. Bebrütungs-

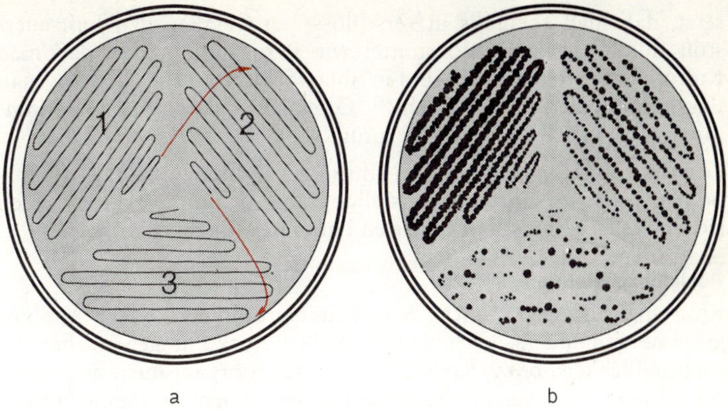

Abb. 70 Fraktioniertes Ausspateln
a = Ösenführung b = gewachsene Kolonien

temperaturen können sogar zur Differenzierung verschiedener Bakterienarten (Gattungen) herangezogen werden.

Für die meisten saprophytären Mikroorganismen liegt die günstigste Bebrütungstemperatur zwischen 20 ° und 30 ° C. Manche vermehren sich bei 37 ° C überhaupt nicht. Da namentlich bei Sterilitätskontrollen auch die Abwesenheit apathogener Keime bewiesen werden muß, dürfen diese nicht oder nicht nur bei 37 ° C bebrütet werden, sondern sind am besten doppelt geführt bei 22 °–25 ° C und bei 37 ° C zu inkubieren.

Aerobe und anaerobe Kulturverfahren

Im allgemeinen bebrütet man Kulturen von Mikroorganismen unter aeroben, d. h. normalen atmosphärischen Umweltbedingungen. Dies ist die technisch einfachste Bebrütungsart. Mit ihr lassen sich alle aerob und fakultativ anaerob sich verhaltenden Mikroorganismen zur Vermehrung bringen.

Da sich einzelne Bakteriengattungen nur unter streng anaeroben Bedingungen vermehren, muß man bei ihrer Kultivierung, aber auch bei jeder umfassenden allgemeinen mikrobiologischen Untersuchung, zusätzliche anaerobe Verfahren zu Hilfe nehmen. Alle anaeroben Methoden zielen darauf hinaus, den Luftsauerstoff aus der Umgebung des Kulturmaterials zu entfernen oder ihn zu binden oder ihn durch ein anderes Gas (Stickstoff) zu ersetzen. Dies wird technisch dadurch ermöglicht, daß man aus Anaerobentöpfen mit einer Vakuumpumpe die Luft absaugt und evtl. durch Stickstoff ersetzt, daß man ebenfalls in verschlossenen Gefäßen den Luftsauerstoff durch ein Oxydationsmittel wie Pyrogallol bindet, daß man Kulturen in festen Medien und in hoher Schicht anlegt oder daß man flüssigen Medien in hoher Schicht Organbestandteile bzw. Natriumthioglykolat (1 ‰) oder beides zufügt.

Genaue Vorschriften über Nährbodenzusammensetzung (Nährbodenrezepte), Nährbodenherstellung und Kulturverfahren finden sich in vielen technisch orientierten Laboratoriumsbüchern.

Resistenzprüfungen

Resistenzprüfungen, auch Sensibilitätsprüfungen oder Antibiogramme genannt (s. auch S. 100), sollen Auskunft geben über die Empfindlichkeit bzw. Resistenz von Mikroorganismen gegenüber Antibiotika oder Chemotherapeutika. Sie dienen als therapeutische Wegleiter.

Sensibilitätsprüfungen werden fast immer kulturell durchgeführt und sollten, abgesehen von Notfallsituationen, nur mit identifizierten Reinkulturen vorgenommen werden. Technisch stehen uns zwei geläufige Methoden zur Verfügung:

Beim *Verdünnungstest* wird in Röhrchen eine Verdünnungsreihe des Chemotherapeutikums angelegt und jeder Verdünnungsstufe die gleiche Einsaatmenge der zu prüfenden Bakterienkultur beigegeben. Nach erfolgter Inkubation kontrolliert man, welche Antibiotikumkonzentration das Bakterienwachstum noch zu verhindern vermag (minimale Hemmkonzentration) und ab welcher Stufe eine Hemmung nicht mehr stattfindet.

Der Verdünnungstest liefert präzise Resultate, ist aber aufwendig, sobald man gleichzeitig eine größere Zahl von Therapeutika in die Prüfung einbeziehen will.

Beim *Agardiffusionstest auf festen Nährmedien* werden verschiedene, an Träger (z. B. Filtrierpapier) gebundene Antibiotika als Plättchen auf die zuvor mit dem zu prüfenden Bakterienstamm beimpfte Nährbodenoberfläche gelegt. Von den Antibiotikum enthaltenden Plättchen aus diffundiert die Hemmsubstanz in den Agar hinein. Je besser die Wirkung eines Medikamentes ist, d. h. je empfindlicher sich der Erreger erweist, um so größer ist der um das Plättchen herum von Bakterienwachstum freibleibende Hof, die Hemmzone. Grundsätzlich ist der Durchmesser dieser Hemmzone Maßstab für die Empfindlichkeit des Bakterienstammes dem betreffenden Chemotherapeutikum gegenüber. Selbstverständlich müssen die Antibiotikaquantitäten in den einzelnen Plättchen sinnvoll aufeinander abgestimmt sein, wobei pharmakodynamische Eigenschaften des Mittels ebenfalls zu berücksichtigen sind (Abb. 71).

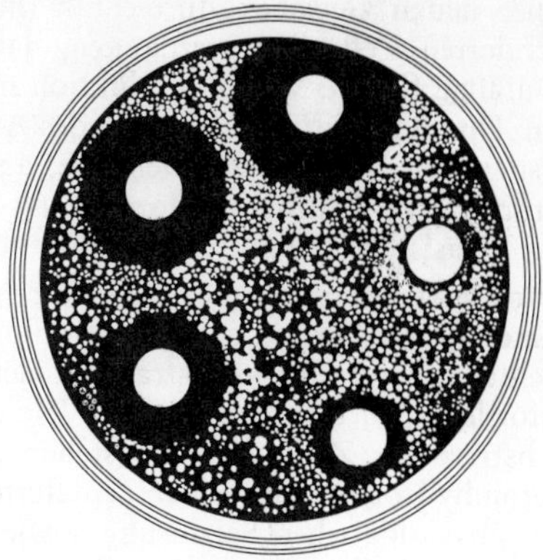

Abb. 71 Resistenzprüfung; Agardiffusionstest

Der Diffusionstest ergibt weniger exakte Resultate als der Verdünnungstest, erweist sich aber als praktisch leicht und ohne großen Aufwand durchführbar. Auf 1 Agarplatte kann man gleichzeitig mindestens 6 verschiedene Medikamente berücksichtigen, deren Wirkung mit einem Blick vergleichbar ist.

Für alle Antibiogramme müssen Nährmedien verwendet werden, die dem zu prüfenden Bakterienstamm ein optimales Wachstum gestatten. Selbstverständlich können Antibiogramme nur sinnvoll sein, wenn sie mit Mikroorganismen vorgenommen werden, die im betreffenden Fall von pathogenetischer Bedeutung sind. Aus diesem Grunde ist es falsch, mit Rücksicht auf die Therapie nur Antibiogramme anzulegen, ohne über die Art des Erregers Bescheid zu wissen. Einem Antibiogramm hat immer die bakteriologische Diagnose voranzugehen.

Ein Erreger wird dann als *resistent* betrachtet, wenn derjenige Chemotherapeutikumspiegel, der in vivo erreichbar ist (Serumtiter), die Vermehrung des Mikroorganismus in vitro nicht mehr zu hemmen vermag.

Viren

Alle Viren lassen sich auf leblosen Nährsubstraten nicht kultivieren, weil sie ausschließlich durch lebende Wirtszellen reproduziert werden. Für die Propagierung von Viren müssen deshalb geeignete, wirtspezifische, lebende Zellen zur Verfügung stehen.

Bis um das Jahr 1950 war man für den Virusnachweis auf Versuchstiere angewiesen, wobei auch der vielseitig verwendbare Hühnerembryo als Versuchstier zu betrachten ist. Es war der Einführung einer neuen Gewebekulturtechnik (mit trypsinvorbehandelten, dispergierten Zellen) zu verdanken, daß Gewebekulturen in großem Umfange für die Virusreproduktion nutzbar gemacht werden konnten. Durch milde Trypsinierung des Ausgangsmaterials gewinnt man dispergierte Zellsuspensionen, die, auf Glas oder Plastik kultiviert, einschichtige Zellrasen (Monolayers) bilden. Diese werden benützt zur Virusisolierung und zur Virusidentifizierung.

Zur Herstellung von Gewebekulturen ist nicht nur frisches Organmaterial erforderlich, sondern ein biologisch oder synthetisch hergestelltes flüssiges Nährsubstrat, das den Zellen (nicht den Viren) die erforderlichen Nährstoffe liefert. Die einfachsten biologischen Nährsubstrate für Zellkulturen bestehen aus einer Lösung von Lactalbuminhydrolysat, aus einer gepufferten, auf pH 7,2–7,4 eingestellten physiologischen Salzlösung sowie aus Serum. Daneben arbeitet man mit halb- oder mit vollsynthetischen Nährmedien. Letztere müssen sämtliche für Zellwachstum und Virusvermehrung notwendigen Aminosäuren und auch sämtliche Spurenelemente enthalten. Wie in der Bakteriologie bieten synthetische Medien den Vorteil einer genau bekannten und konstanten Zusammensetzung.

In den Zellkulturen erzeugen pathogene Viren sog. zytopathische (zytopathogene) Effekte, auf Grund derer die Virusreproduktion (diagnostisch: die Anwesenheit von Virus) überhaupt erkannt wird. Die Art des zytopathischen Effektes, d. h. das morphologische Bild der Zellveränderungen kann man – ähnlich der Größe und Form von Bakterienkolonien – diagnostisch verwerten. Identifiziert werden die Viren fast immer im Neutralisationstest, in welchem die Beigabe von art- oder typenspezifischen Immunseren den zytopathischen Effekt verhindern.

In Analogie zu festen Bakteriennährböden können die Gewebekulturen mit einer sich verfestigenden Agarschicht übergossen werden. Dadurch wird im Gewebe ein diffus um sich greifender zytopathischer Effekt eingedämmt. Es entstehen einzelne Herde (Plaques). Bei genügender Verdünnung der Virusausgangssuspension können diese Plaques gezählt und, ähnlich Bakterienkolonien, auch einzeln isoliert werden.

Tierversuche

Zum Nachweis von pathogenen Mikroorganismen sowie zu experimentellen Zwecken verschiedenster Richtung können Versuchstiere eingesetzt werden. Als Versuchstiere verwendet man in der Mikrobiologie Mäuse, Ratten (selten), Hamster, Meerschweinchen, Kaninchen, z. T. auch höhere Tiere (Affen) sowie Hühnerembryonen. Versuchstiere müssen primär unbedingt frei sein von pathogenen Keimen (s. p. f. = specific pathogen free), und man sollte über ihre genetische Herkunft Bescheid wissen. In den meisten Situationen soll der Mikroorganismus die Möglichkeit haben, sich im Tier zu vermehren und dort pathologisch-anatomische Veränderungen zu verursachen. Bei günstigen Vermehrungsbedingungen lassen sich die Mikroorganismen selbst im Tierkörper mikroskopisch nachweisen. Auch charakteristische Organveränderungen können für das Vorliegen einer spezifischen Affektion pathognomonisch sein.

Voraussetzung eines sinnvollen Tierversuches ist die Pathogenität des betreffenden Mikroorganismus oder seiner Produkte (Toxine) für das verwendete Versuchstier. Dieses muß für den Erreger „empfänglich" sein.

Die Tiere können je nach Versuchsanordnung auf verschiedene Weise infiziert werden. Es kann dies geschehen durch intrakutane, subkutane, intramuskuläre, intravenöse, intraperitoneale, intrazerebrale Injektion oder peroral mit Magensonden, oder konjunktival und intranasal durch Einträufeln infektiösen Materials in die Nasenhöhlen des narkotisierten Tieres. Die Dauer des Tierversuchs ist abhängig vom Erreger und von der zu prüfenden Frage. Je nach Umständen geht das Tier an der Infektion oder Intoxikation zugrunde oder es wird klinisch beobachtet, evtl. im Verlaufe des Versuchs getötet und autoptisch, histologisch wie serologisch untersucht.

In der bakteriologischen Diagnostik verwendet man den Tierversuch nur noch wenig. Er wurde fast restlos durch die Kulturverfahren ersetzt. Bei der Bearbeitung bestimmter experimenteller Fragestellungen ist man hingegen immer noch auf das Versuchstier angewiesen.

Vom Tierversuch macht man auch heute noch in der Virus- und Rickettsiendiagnostik Gebrauch, weil zur Vermehrung von Viren und von intrazellulären Parasiten wie Rickettsien lebende Wirtszellen notwendig sind. Die in der Virologie am häufigsten gebrauchten Versuchstiere sind der Hühnerembryo und die weiße Maus. Bei ersterem kann man die Chorioallantois, das Amnion oder den Dottersack beimpfen. Auch intravenöse Injektionen sind möglich. Die Maus wird in den meisten Fällen, je nach Fragestellung, intraperitoneal, evtl. subkutan und intramuskulär sowie intrazerebral infiziert. Für den Virusnachweis werden vorteilhaft 1–4 Tage alte Säuglingsmäuse verwendet, weil solche für viele an sich nicht mäusepathogene Erreger noch empfänglich sind, gegen die das erwachsene Tier eine natürliche Resistenz aufweist. Wie schon erwähnt, sind auch in der Virologie die Versuchstiere vielfach durch Gewebekulturen ersetzt worden. Auf manchen Gebieten erweist sich jedoch das Versuchstier immer noch empfindlicher als Gewebsexplantate, so daß in der Virusdiagnostik auf Tierversuche nicht ganz verzichtet werden kann.

Die Verarbeitung infektiösen Materials an Versuchstieren (in vivo) ist für den Experimentator mit ungleich größeren Risiken verbunden als die Verarbeitung in vitro. Man kann am Tier nicht in gleicher Weise unter sterilen Kautelen arbeiten wie bei In-vitro-Methoden und muß vielfach damit rechnen, daß der menschenpathogene Erreger vom Versuchstier wieder ausgeschieden wird. Entsprechende Selbstschutzmaßnahmen sind deshalb angezeigt.

Serologische Reaktionen

Serologische Reaktionen sind in vitro vorgenommene Antigen-Antikörper-Reaktionen. Sie müssen so durchgeführt werden, daß die Reaktion, d. h. die Bindung von Antigen und Antikörper, sichtbar wird.

Bei allen serologischen Reaktionen wird entweder mit einem spezifischen Antigen qualitativ und evtl. auch quantitativ nach einem spezifischen Antikörper gefahndet, oder man versucht, mit einem bekannten Antikörper (Immunserum, Testserum) ein Antigen zu erfassen und zu spezifizieren. Das eine von beiden, das Antigen oder der Antikörper, stellt immer die Bekannte dar, das andere, der gesuchte Antikörper oder das zu bestimmende Antigen, die Unbekannte.

Antigen-Antikörper-Reaktionen können technisch auf verschiedene Weise durchgeführt werden. Man wird im allgemeinen diejenige technische Anordnung wählen, die am einfachsten zu verwirklichen ist und/oder die einwandfreiesten Resultate liefert (s. auch S. 45). Am häufigsten werden folgende Methoden verwendet:

a) die Präzipitationsreaktion,
b) die Agglutinationsreaktion,
c) die Komplementbindungsreaktion,
d) der Neutralisationstest (in vivo = Schutzversuch),
e) der Immunfluoreszenztest.

Präzipitationsreaktion

Die Präzipitationsreaktion wird angewandt, wenn das Antigen in gelöster (nicht korpuskulärer) Form vorliegt; z. B. Toxin, artfremdes Eiweiß, Extrakt. Bringt man das gelöste Antigen und das den entsprechenden Antikörper enthaltende Serum in geeignetem Mengenverhältnis zusammen (Äquivalenzzone s. S. 46), bildet sich aus Antigen und Antikörper ein unlöslicher Komplex, der ausfällt (präzipitiert). Die zustandegekommene Antigen-Antikörper-Bindung muß sichtbar sein. Diese Sichtbarmachung kann durch technische Finessen verbessert werden.

Röhrchentest

Führt man den Präzipitationstest in Röhrchen durch, verwendet man vorteilhaft enge Röhrchen oder Kapillaren und überschichtet Antigen und Antikörper sorgfältig, so daß im Grenzbereich der beiden ein Präzipitationsring entsteht, der leicht zu erkennen ist.

Agargel-Präzipitation nach Ouchterlony

In erstarrten Wasseragar werden nach bestimmter Anordnung Löcher gestanzt und in die einzelnen Löcher, je nach Versuchsanordnung und Fragestellung Antigene bzw. Antikörper hineingegeben. Beide diffundieren in den Agar hinaus. Dort, wo Antigen und homologer Antikörper im günstigsten Mengenverhältnis aufeinandertreffen (Äquivalenzzone s. S. 46), entstehen Präzipitationslinien. Diese Methode eignet sich besonders zur Aufteilung und Analyse von Antigen- oder Antikörpergemischen, indem verschiedene Präzipitationslinien verschiedenartige Antigen-Antikörper-Komplexe anzeigen (Abb. 72).

Agargel-Präzipitation nach Elek

Mit dieser Methode kann die Toxinbildung von Bakterienstämmen geprüft werden. Entstehen Toxine, treten dank Anwesenheit von Antitoxin im Nährmedium ebenfalls Präzipitationsphänomene auf.

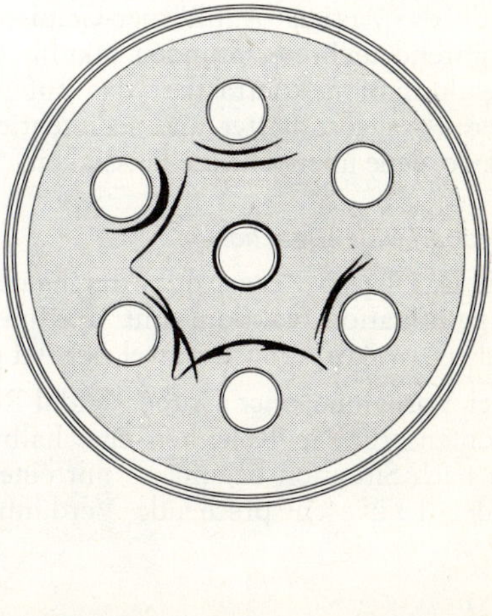

Abb. 72 Agargel-Präzipitation nach Ouchterlony

Agglutinationsreaktion

Die Agglutinationsreaktion wird angewandt, wenn das Antigen in korpuskulärer Form vorliegt oder an die Oberfläche natürlicher oder künstlicher Korpuskel adsorbiert ist. Agglutinationsreaktionen werden vor allem durchgeführt mit Blutzellen und Bakterienzellen. Kommen solche Antigenträger in geeignetem Mengenverhältnis mit Antikörpern zusammen, bilden die Antikörpermoleküle Brücken zwischen einzelnen Rezeptoren und bewirken dadurch Agglutination (Verklumpung) der Partikel. Eine Agglutinationsreaktion kann, je nach Situation, auf dem Objektträger oder im Reagenzglas, nur qualitativ oder auch quantitativ durchgeführt werden.

Objektträgeragglutination

Da jede Antigen-Antikörper-Bindung eine gewisse Zeit beansprucht, darf die Agglutinationsreaktion nur dann auf dem Objektträger durchgeführt werden, wenn der Antikörper in derartiger Stärke vorhanden ist, daß er innerhalb einer oder höchstens weniger Minuten eine einwandfrei wahrnehmbare Agglutination ergibt. Dies ist in der Regel nur dann der Fall, wenn hochwertige Hyperimmunsera vorliegen. Mit solchen werden u. a. Blutkörpercheneigenschaften und Bakterienantigene bestimmt, wobei man einen Tropfen Serum auf den Objektträger bringt und mit dem Antigen mischt.

Reagenzglasagglutination

Wird beispielsweise in einem Patientenserum mit Hilfe eines bestimmten partikulären Antigens ein Antikörper gesucht, kommt die Agglutinationsreaktion nicht so rasch zustande, daß sie auf dem Objektträger beobachtet werden kann (Eintrocknen). Man bringt deshalb das Antigen-Antikörper-Gemisch in ein Reagenzglas, das man während mehrerer Stunden inkubieren kann (37 °C). Bei positiver Agglutination kontrastiert das anfänglich homogen disperse Antigen als agglutinierter und sedimentierter Bodensatz gegen die klargewordene überstehende Flüssigkeit.

Gruber-Widal-Reaktion

Sie ist eine im Reagenzglas durchgeführte quantitative diagnostische Agglutinationsreaktion, mit der im Patientenserum nach spezifischen Antikörpern irgendwelcher Art gesucht wird.

Bei Vornahme einer Gruber-Widal-Reaktion stellt man mit dem Patientenserum in Röhrchen eine halbwertige Verdünnungsreihe her, je nach Situation beginnend mit einer Serumverdünnung von 1 : 10 oder 1 : 25 (entsprechende Verdünnungsreihen 10, 20, 40, 80 ...

oder 25, 50, 100, 200 ...). Man wählt Röhrchen mit einem Durchmesser von ca. 8 mm und arbeitet mit Serum- bzw. Antigenmengen von je 0,5 ml. Den zuerst hergestellten Serumverdünnungen wird

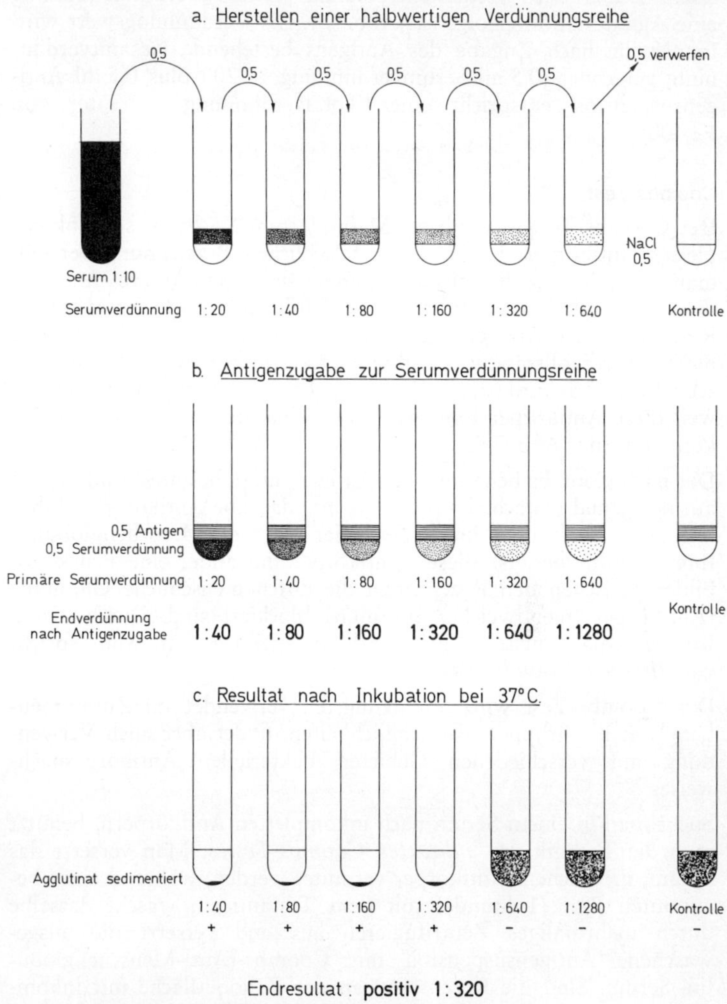

Abb. 73 Gruber-Widal-Agglutinationsreaktion
a) Herstellen einer halbwertigen Verdünnungsreihe
b) Antigenzugabe zur Serumverdünnungsreihe
c) Resultat nach Inkubation bei 37 °C

die gleiche Menge gebrauchsfertigen Antigens (Erythrozyten oder Bakteriensuspension) beigegeben, das Ganze gut gemischt, je nach Situation während 1 bis 16 Stunden bei 37 ° C inkubiert und abgelesen. Dabei wird festgestellt, bis zu welcher Serumverdünnung eine Agglutination erfolgt ist (Abb. 73). Als Verdünnungswert wird immer die nach Zugabe des Antigens bestehende Gesamtverdünnung gerechnet (0,5 ml Serumverdünnung 1 : 200 plus 0,5 ml Antigensuspension entspricht einer Totalverdünnung = Titer von 1 : 400).

Coombs-Test

Der Coombs-Test ist die beste Methode zum Nachweis sog. inkompletter Antikörper. Unter dieser fälschlichen Bezeichnung versteht man Antikörper, die nicht imstande sind, partikuläre Antigene direkt zu agglutinieren. Inkomplette Antikörper blockieren wohl die Rezeptoren der Antigenträger, vermögen aber die Brückenbildung nicht zu vervollständigen. Inkomplette Antikörper sind fast ausschließlich 7 S-Antikörper. Die Bezeichnung inkomplett ist falsch, weil diese Antikörper biologisch hochwirksam, also keineswegs inkomplett sind (Abb. 74).

Der nach Coombs benannte Test ist ein Antiglobulintest und basiert auf der genial einfachen Voraussetzung, daß alle Antikörper Globuline sind. Stellt man im Versuchstier ein Anti-Menschenglobulin-Immunserum her, ist dieser Antikörper imstande, eine Brücke zu bilden zwischen den Rezeptoren, die durch menschliche Globuline (Antikörper irgendwelcher Spezifität) blockiert sind. Durch diesen Brückenschlag entsteht eine sichtbare Agglutination. Man spricht von *direktem Coombs-Test.*

Der Coombs-Test wird am häufigsten verwendet im Zusammenhang mit Blutgruppenunverträglichkeiten, findet aber auch Verwendung auf verschiedenen Gebieten bakteriellen Antikörpernachweises.

Sucht man in einem Serum nach inkompletten Antikörpern, benützt man die Technik des *indirekten Coombs-Testes.* Man versetzt das Serum, in welchem Antikörper vermutet werden, während einer bestimmten Zeit (1 Stunde) mit dem Testantigen, wäscht dasselbe durch mehrmaliges Zentrifugieren aus und versetzt die ausgewaschene Antigensuspension mit Coombs-(Anti-Menschenglobulin-)Serum. Sind die Rezeptoren an der Zelloberfläche mit inkompletten Antikörpern (Globulinen) beladen, führt der Globulinantikörper zur Bildung von Agglutinaten. Das gleiche Coombs-(Anti-Menschenglobulin-)Serum kann zur Eruierung sämtlicher Arten inkompletter menschlicher Antikörper verwendet werden, weil es in

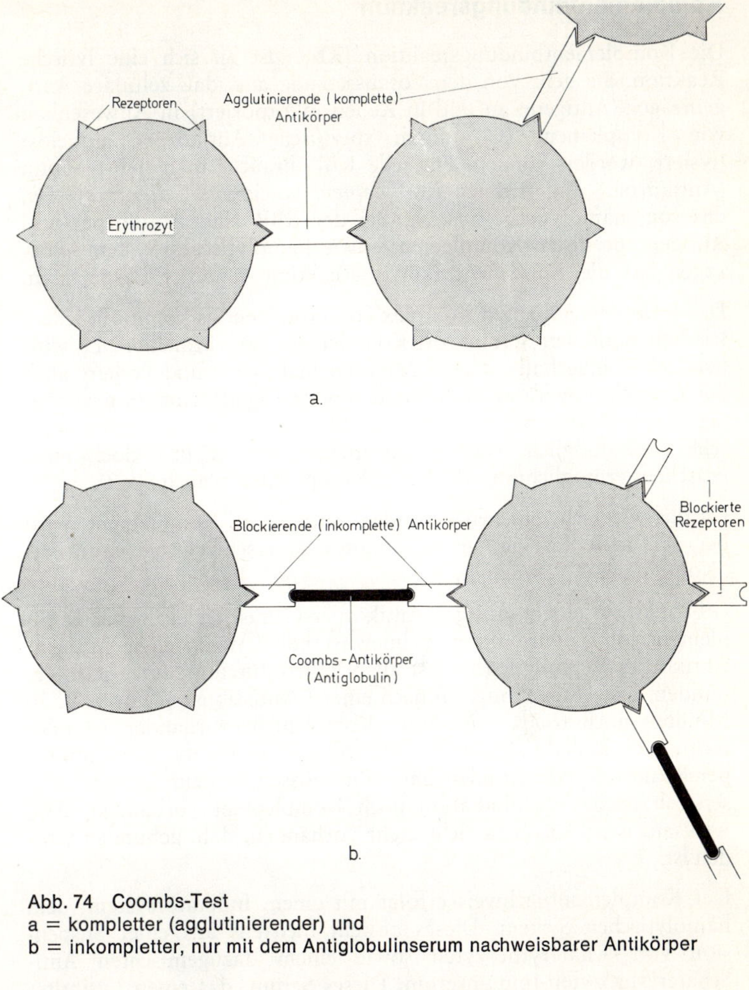

Abb. 74 Coombs-Test
a = kompletter (agglutinierender) und
b = inkompletter, nur mit dem Antiglobulinserum nachweisbarer Antikörper

bezug auf den nachzuweisenden Antikörper unspezifisch ist. Das Anti-Menschenglobulin-Serum ist nur spezifisch für die Spezies Mensch.

(Sucht man bei Tieren nach inkompletten Antikörpern, kann kein Anti-Menschenglobulin-Serum verwendet werden. Beim Pferd muß ein Anti-Pferdeglobulin-Serum oder beim Schwein ein Anti-Schweineglobulin-Serum zur Anwendung gelangen.)

Komplementbindungsreaktion

Die Komplementbindungsreaktion (KBR) ist an sich eine lytische Reaktion. Sie geht von der Voraussetzung aus, daß zelluläre Antigenträger (Antigene an und in Zellen inkorporiert) in Anwesenheit von Komplement (C′) durch spezifische Antikörper aufgelöst (lysiert) werden können. Für jede KBR braucht man nebst Serum (Antikörper) und Antigen *Komplement* sowie ein *Indikatorsystem,* das sog. hämolytische System. Bei der KBR sind Antikörper und Antigen spezifisch, Komplement sowie hämolytisches System – bezogen auf die Antigen-Antikörper-Reaktion – immer unspezifisch.

Das *Komplement* ist ein Komplex von Proteinen. Es kommt in jedem frischen tierischen Serum vor. Komplement ist wärmelabil. Es wird bei 56 °C innerhalb von 30 Minuten inaktiviert und verliert auch bei Zimmertemperatur nach Stunden oder Tagen (temperaturabhängig) seine Wirksamkeit. Ohne Komplement ist keine immunologische Lyse möglich. Das Komplement selbst wirkt jedoch nicht lytisch, es ermöglicht nur die Lysis (Komplement s. auch S. 42).

Da das Meerschweinchen besonders reich ist an Komplement, wird bei der KBR fast immer verdünntes Meerschweinchenserum als „Komplement“ verwendet.

Gibt man zu einem Antigen-Antikörper-Gemisch gleichzeitig Komplement hinzu, wird dieses beim Zustandekommen einer Antigen-Antikörper-Vereinigung in fast allen Fällen miteinbezogen, d. h. gebunden. Die Feststellung, ob nach einer Inkubationszeit von z. B. 30 Minuten noch freies, wirksames Komplement vorhanden ist oder nicht, gibt deshalb Auskunft, ob eine spezifische Antigen-Antikörper-Reaktion stattgefunden hat. Wir müssen demzufolge nachweisen, ob nach der Inkubation noch Komplement vorhanden, d. h. wirksam ist, oder ob es nicht mehr vorhanden, d. h. gebunden worden ist.

Der Komplementnachweis erfolgt mit einem Indikatorsystem, dem hämolytischen System. Dieses besteht meistens aus einer Suspension von Schaferythrozyten sowie einem dazugemischten Anti-Schaferythrozyten-Immunserum. Dieses Serum, das einen Lysintiter von mindestens 1 : 2000 aufweisen muß und in dieser Verdünnung die Blutkörperchen nicht mehr zu agglutinieren vermag, kann die Schaferythrozyten wegen Abwesenheit von Komplement nicht zur Auflösung bringen. Das beschriebene hämolytische System bleibt deshalb unverändert.

Wird das hämolytische System dem Serum-Antigen-Komplement-Gemisch (nach dessen Inkubation) beigegeben, erfolgt nach erneuter

Inkubation während 30 Minuten bei 37 ° C eine Lysis der Schaferythrozyten, oder es erfolgt keine.

Eine Lysis kommt dann zustande, wenn das Komplement vorher nicht gebunden worden ist, also keine Antigen-Antikörper-Reaktion stattfand. *Lysis des hämolytischen Systems* entspricht einer *negativen KBR.*

Die Lysis ist dann nicht mehr möglich, wenn vorher das Komplement dank erfolgter Antigen-Antikörper-Reaktion in diesem Komplex einbezogen (gebunden) worden ist. Das *Ausbleiben* einer *Hämolyse* entspricht einer *positiven KBR.*

Jede KBR kann, in Analogie zur Gruber-Widal-Reaktion, quantitativ durchgeführt werden. Man stellt mit dem zu untersuchenden Serum in Röhrchen oder Plastikschalen halbwertige Verdünnungen her, beginnend mit einer Serumverdünnung von 1 : 4 oder 1 : 10. Zur Serumverdünnung gibt man möglichst gleichzeitig dieselbe Menge gebrauchsfertigen Antigens sowie gebrauchsfertigen Komplements bei. Dieses Gemisch wird während 30 bis maximal 60 Minuten bei 37 ° C oder während ca. 18 Stunden bei 4 ° C (Kältemethode) inkubiert. Inkubationszeiten und Inkubationstemperaturen müssen auf die Wärmelabilität des Komplements Rücksicht nehmen. Nach erfolgter Inkubation wird hämolytisches System (doppelte oder einfache Menge des ursprünglichen Serumvolumens) zugesetzt und nun unter allen Umständen während 30 Minuten bei 37 ° C inkubiert. Röhrchen mit fehlender Hämolyse entsprechen einer positiven, solche mit erfolgter Hämolyse einer negativen Reaktion. Da im Grenzbereich allmähliche Übergänge von positiv zu negativ möglich sind, werden Verdünnungsstufen mit mindestens 50 % Hämolysehemmung noch als positiv bewertet, solche mit weniger als 50 % Hemmung als negativ. Als Serumtiter wird im Gegensatz zur quantitativen Agglutinationsreaktion nur die ursprüngliche Serumverdünnung gewertet (Abb. 75).

Bei der KBR müssen alle am Geschehen beteiligten Komponenten quantitativ genau aufeinander abgestimmt sein. Vor allem das Komplement muß vor Gebrauch gegenüber dem hämolytischen System sowie jedem speziellen Antigen genau titriert werden. Als Komplementeinheit wird die Komplementmenge (Meerschweinchenserum-Verdünnung) bezeichnet, die eben noch imstande ist, dem hämolytischen System zur Lysis zu verhelfen. Für die KBR werden üblicherweise 2 Einheiten Komplement verwendet. Nimmt man zuwenig Komplement, kann überhaupt keine vollständige Hämolyse erfolgen; nimmt man zuviel Komplement, wird möglicherweise nicht alles Komplement gebunden und es entsteht trotz erfolgter Antigen-Antikörper-Reaktion noch Hämolyse. Die KBR findet

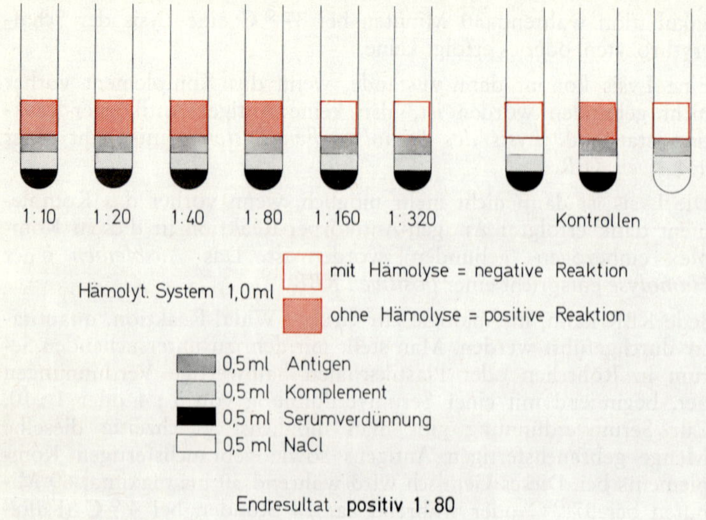

Abb. 75 Quantitative Komplementbindungsreaktion

äußerst vielseitige Anwendung. Sie kann überall eingesetzt werden, wo das Antigen-Antikörper-Gemisch auch Komplement fixiert. Da die KBR in jeder Beziehung einen höheren Aufwand erfordert als z. B. die Gruber-Widal-Agglutinationsreaktion, wird man sie nur dort einsetzen, wo eine Agglutinationsreaktion nicht durchführbar ist. In der medizinischen Diagnostik benützt man die KBR zur serologischen Diagnose der Syphilis sowie zum spezifischen Antikörpernachweis bei Virus- und Rickettsieninfektionen. Wie bei jeder anderen Antigen-Antikörper-Reaktion eruiert man mit der KBR nicht nur Antikörper, sondern identifiziert damit auch Antigene.

Neutralisationstest und Hämagglutinationshemmtest

Die unter dem Namen *Neutralisationstest* bekannte Antigen-Antikörper-Reaktion wird üblicherweise auf Gewebekulturen durchgeführt und dient der Identifizierung von Virusantigenen oder dem Nachweis von Virusantikörpern. Dabei wird von der Voraussetzung ausgegangen, daß das Virus allein zytopathogen wirkt und daß dieser zytopathogene Viruseffekt durch spezifische Antikörper (Immunseren) aufgehoben werden kann.

Technisch wird beim Virusneutralisationstest wie folgt vorgegangen:

Man bestimmt die 50 % infektiöse Dosis (ID_{50}) einer Virussuspension und arbeitet meistens mit einer 100fach höheren Dosis = 100 ID_{50}. Zur Bestimmung von Antikörpern im Serum werden entsprechende Serumverdünnungen während 30–60 Minuten mit dem Virusantigen vermischt. Während dieser Zeit haben im Serum vorhandene Antikörper die Möglichkeit, das Virus zu neutralisieren und festgestellt, ob nach einer auf das Virus abgestimmten Inkubation wird das Serum-Virus-Gemisch auf Zellkulturen übertragen und festgestellt. ob nach einer auf das Virus abgestimmten Inkubationszeit ein zytopathischer Effekt entstanden ist, oder ob derselbe durch spezifische Antikörper verhindert, d. h. neutralisiert wurde. Der Neutralisationstest kann ebenfalls an lebenden Versuchstieren vorgenommen werden. Man bezeichnet ihn dort auch als *Schutzversuch*. Schutzversuche werden nicht nur gegen Viren, sondern auch gegenüber Toxinen durchgeführt.

Der *Hämagglutinationshemmtest,* nach Hirst auch *Hirst-Test* genannt, ist im Grunde auch ein Neutralisationstest. Er basiert auf der Tatsache, daß bestimmte Viren rote Blutkörperchen aktiv zu agglutinieren vermögen. Das Agglutinationsvermögen dieser Viren wird infolge Blockierung derselben durch spezifische Antikörper aufgehoben, weshalb der Hemmtest zum Nachweis von Antikörpern gegen hämagglutinierende Viren verwendet werden kann. Man arbeitet mit standardisierten Erythrozyten- und Virussuspensionen. Wie beim Neutralisationstest ist die Virussuspension während einer bestimmten Zeit mit dem Serum (Antikörper) zu inkubieren, worauf dem Gemisch die Erythrozyten beigegeben werden. Freies Virus hämagglutiniert die Erythrozyten und zeigt dadurch an, daß kein Antikörper vorhanden ist. Durch Antikörper blockiertes Virus vermag nicht mehr zu hämagglutinieren, so daß die ausbleibende (gehemmte) Hämagglutination einem positiven Antikörpernachweis gleichkommt.

Immunfluoreszenztest

Die Methode der Immunfluoreszenz kann nicht nur zum Antigennachweis von Mikroorganismen und Viren angewandt werden, sondern auch zum Nachweis von Antikörpern. Zum Antikörpernachweis benötigt man immer Antigene. Mit fluoreszierenden Farbstoffen konjugiert werden jedoch die Seren. Wenn deren Antikörper mit dem homologen Antigen in Kontakt kommen, fluoresziert dasselbe und wird im Fluoreszenzmikroskop sichtbar.

Bei der *direkten Methode* wird das zu untersuchende Serum selbst fluoreszeinmarkiert und der entstandene Antigen-Antikörper-Komplex direkt nachgewiesen.

Bei der *indirekten Methode* wird das zu untersuchende Serum nicht markiert mit dem Antigen zusammengebracht und der Überschuß wieder abgespült. Anschließend wird fluoreszeinmarkiertes Antiglobulinserum (markiertes Coombs-Serum) (s. S. 502) hinzugefügt, welches das Antigen aufleuchten läßt, wenn zuvor spezifische Antikörper gebunden worden sind.

Parasitologische Diagnostik

Stuhluntersuchungen

Methoden ohne Anreicherung

Stuhlausstrich

Stuhl wird auf einem Objektträger direkt oder verdünnt mit physiologischer Kochsalzlösung ausgestrichen und mit einem Deckglas bedeckt. Mikroskopische Untersuchung zunächst bei schwacher Vergrößerung (Objektiv 4 × oder 10 ×), wenn nötig mit starkem Trockensystem (Objektiv 40 ×).

Nachweismöglichkeiten: vegetative Formen und Zysten von Protozoen, Eier und Larven von Helminthen. Geringer oder mittelgradiger Befall wird oft nicht erfaßt.

Zum Nachweis lebender Amöben sind frischer Stuhl (nicht länger als 10 Min. nach dem Absetzen!) und angewärmte NaCl-Lösung zu verwenden.

Klebestreifenmethode

Zum Nachweis von *Enterobius*-Eiern: durchsichtigen Klebestreifen von etwa 4 cm Länge und 1 cm Breite morgens auf Perianalhaut drücken, abziehen, mit Klebeschicht glatt auf Objektträger pressen und mikroskopisch untersuchen.

Methoden mit Anreicherung

Ziel ist, die Parasitenstadien aus einer größeren Stuhlmenge in einem für die Untersuchung geeigneten Volumen zu konzentrieren sowie störende Stuhlpartikel möglichst zu eliminieren.

MIF-Methode (Merthiolate-Iodine-Formaline)

Zum Fixieren, Färben und Nachweis von Darmprotozoen und -helminthen nach Sapero u. Lawless (1953).

Stammlösungen

Stammlösung I: Merthiolat-Lösung

Merthiolat-Tinktur (Lilly Nr. 99, 1 : 1000)	200 ml
Formaldehyd (38 %ig)	25 ml
Glyzerin	5 ml
Aqua dest.	250 ml

Stammlösung II: Lugolsche Lösung

Kaliumjodid	10,0 g
Jod krist.	5,0 g
Aqua dest.	100 ml

Die Stammlösungen sind in braunen Flaschen aufzubewahren. Stammlösung I ist mehrere Monate haltbar, Lösung II muß alle 3 Wochen frisch hergestellt werden.

Gebrauchsanweisung: unmittelbar vor Gebrauch 9,4 ml Stammlösung I mit 0,6 ml Stammlösung II mischen, erbsengroßes Stück frischen Stuhl (lebenswarm!) zufügen, intensiv vermischen. Die Stammlösung II kann auch erst unmittelbar vor der Verarbeitung der Probe zugegeben werden.

Verarbeitung der Proben

a) *Direkte Untersuchung:*

Röhrchen mindestens 60 Min. stehen lassen. Von Grenzschicht zwischen Flüssigkeit und Sediment einige Tropfen mit Pasteurpipette entnehmen, auf Objektträger überführen, Deckglas auflegen und untersuchen.

b) *Verarbeitung nach Anreicherung:*

- Probe gut durchschütteln und Hälfte der Stuhlsuspension unter Verwendung eines Trichters durch einfache Gazelage in ein 15 ml Zentrifugenröhrchen (= ZR) mit spitzem Boden gießen. Die zweite Hälfte der Stuhlsuspension in gleicher Weise für Doppelbestimmung verarbeiten.
- Zu der im Röhrchen befindlichen Flüssigkeit (3,5–4,5 ml) 1,5–2,0 ml Äther (wenn möglich gekühlt) zufügen.
- Röhrchen mit Gummistopfen verschließen und durch leichtes Schütteln gut durchmischen.
- Stopfen abnehmen und Röhrchen 2 Min. lang stehen lassen. Die Äther-MIF-Stuhlsuspension soll sich in dieser Zeit nicht entmischen. Falls sich Äther als oberste Schicht abscheidet, 0,5–1 ml Wasser zufügen und erneut schütteln.
- Zentrifugieren bei ca. 1600 U/min 1 Minute lang. Es bilden sich 4 Schichten: a) zuoberst Äther mit gelösten Lipiden, b) Detrituslage mit Stuhlpartikeln, c) MIF-Schicht mit Schwebepartikeln, d) Sediment mit Protozoen und Helmintheneiern.
- Detritusschicht mit einer Nadel von der Wand ablösen.
- Überstand aus dem Röhrchen dekantieren, so daß nur das Sediment (maximal 0,5 ml) zurückbleibt.

- Sediment gut durchmischen, tropfenweise mittels Pasteurpipette auf Objektträger überführen, mit Deckglas bedecken und untersuchen.

Nachweismöglichkeiten: Vegetative Formen und Zysten von Amoeben und anderen Protozoen, Eier und Larven von Helminthen.

Flotation mit gesättigter Kochsalzlösung

Etwa 5 g unfixierten Stuhl in einem Mörser mit Hilfe eines Pistills mit *gesättigter* Kochsalzlösung (spez. Gewicht: 1,18–1,20) verrühren und durch ein Kaffeesieb in ein Becherglas (100 ml) oder ähnliches Gefäß gießen. Siebrückstand mit dem Pistill auspressen, Becherglas mit Kochsalzlösung auffüllen. Die Suspension 30 Min. stehenlassen. In dieser Zeit flotieren Eier mit geringerem spez. Gewicht als gesättigte Kochsalzlösung an die Oberfläche. Anschließend von der Oberfläche 8–10 Tropfen mit einer rechtwinklig abgebogenen Öse abnehmen, auf einen Objektträger überführen und mikroskopisch untersuchen. Die Flotation kann auch im Zentrifugenröhrchen vorgenommen und durch Zentrifugation beschleunigt werden. Bei dieser Methode kann Zinksulfat (spez. Gewicht 1,30) als Flotationsmedium verwendet werden.

Nachweismöglichkeiten: Eier von Nematoden, von *Hymenolepis* und *Taenia* (unsicher). Kein Nachweis der Eier von *Diphyllobothrium* und Trematoden.

Sedimentationsverfahren

Etwa 5 g Nativstuhl werden mit der 20- bis 40fachen Menge Leitungswasser (bei Verdacht auf Schistosomiasis mit physiolog. Kochsalzlösung) verrührt und durch ein feinmaschiges Sieb in ein Spitz- oder Becherglas überführt. Nach einer Sedimentationszeit von ca. 15 Min. sinken spezifisch schwere Eier zu Boden. Danach Überstand dekantieren, Flüssigkeit auffüllen und den Vorgang mehrmals wiederholen.

Nachweismöglichkeiten: Eier von Trematoden und *Diphyllobothrium.*

Larvennachweis nach Baermann

5–10 g Nativstuhl werden in ein Gazestück (ca. 12 × 12 cm) eingehüllt, etwas flachgedrückt und in einen zu $^4/_5$ mit Leitungswasser gefüllten Trichter eingehängt, der durch einen Schlauch mit schräg aufgesetzter Klemme verschlossen ist. Dünner Stuhl ist zuvor mit hitzesterilisiertem Sägemehl zu vermengen. Trichter über Nacht stehenlassen. Nematodenlarven wandern aus dem Stuhl aus und sinken in die Schlauchspitze ab. Die ersten Flüssigkeitstropfen werden abgelassen und mikroskopisch untersucht.

Nachweismöglichkeiten: Larven von *Strongyloides* im Nativstuhl, andere Larvenstadien von Nematoden in älteren Stuhlproben oder in Larvenkulturmaterial.

Larvenkultur

5–10 g Nativstuhl mit hitzesterilisiertem Sägemehl gut vermischen, so daß eine feucht-krümelige Masse entsteht. Diese in ein Schraubdeckelglas überführen und bei + 25 °C einige Tage (4 Tage bei *Strongyloides,* 8 Tage bei Hakenwürmern und *Trichostrongylus)* stehenlassen. Im diffusen Licht wandern die Larven an der Glaswand empor und können dann mit dem Pinsel abgenommen und auf einen Objektträger überführt werden, oder sie lassen sich nach dem Baermann-Verfahren aus dem Kulturmaterial isolieren.

Nachweismöglichkeiten: Züchtung dritter Larven von *Strongyloides,* Hakenwürmern oder *Trichostrongylus* zur Differenzierung.

Urinuntersuchungen

Zum Nachweis von *Schistosoma*-Eiern Urin (Endportion) zentrifugieren oder im Spitzglas sedimentieren und Sediment mikroskopisch untersuchen.

Blutuntersuchungen

Nativpräparat

Lebende Trypanosomen und Mikrofilarien können in einem mit physiologischer Kochsalzlösung verdünnten Bluttropfen nativ nachgewiesen werden.

Dünner Ausstrich

Zum Nachweis und zur näheren Differenzierung von Blutprotozoen und Mikrofilarien sind dünne Ausstriche erforderlich, die mit Methanol fixiert und nach Giemsa gefärbt werden (S. 490). Diese Färbung ist auch zum Nachweis von Leishmanien und anderen Gewebeparasiten in Organtupfpräparaten geeignet. Hämatoxylingemische färben Blutmikrofilarien besser an als Giemsa-Farbstoff (vgl. NAUCK, 1975).

Dicker Tropfen

Ein großer Bluttropfen wird auf einem Objektträger an der Luft getrocknet. Anschließend erfolgt die Färbung des unfixierten Präparates nach Giemsa. Die wäßrige Farblösung führt zur Hämolyse, intraerythrozytär gelegene Protozoen werden freigesetzt und gefärbt. Einzelheiten der Parasitenstruktur sind bei dieser Methode weniger gut zu erkennen als beim dünnen Ausstrich, sie führt jedoch zu einer gewissen Anreicherung.

Anreicherung von Blutmikrofilarien nach Knott

Eine frisch entnommene Venenblutprobe wird in der mindestens 5fachen Menge 1–2 %iger Formalinlösung hämolysiert und anschließend zentrifugiert. Das Sediment ist auf Mikrofilarien zu untersuchen, die später gefärbt werden können.

Mikrofilariennachweis in der Haut („Skin-snip“-Methode)

Mit der Spitze einer flach in die Haut eingestochenen, sterilen Injektionskanüle wird ein kleiner Hautkegel angehoben und davon mit einer Rasierklinge ein Epidermisstück von etwa 3 mm Durchmesser abgetrennt. Dieses wird auf einem Objektträger in Wasser oder physiologische Kochsalzlösung eingelegt. Frühestens nach 10 bis 30 Min. wird die Flüssigkeit auf Mikrofilarien untersucht.

Parasitenfixierung

Nematoden können in 4 %igem Formalin, Trematoden in 70 %igem Alkohol fixiert werden. Größere Trematoden sind beim Fixieren zwischen zwei Glasplatten zu pressen. Zestoden (einschließlich Proglottiden) zunächst in Wasser einlegen, bis keine Bewegungen mehr erfolgen, dann zwischen zwei Glasplatten mit 4 % Formalin oder 70 %igem Alkohol fixieren.

Immundiagnostik

Serologische Verfahren

Die meisten zur parasitologischen Diagnostik eingesetzten serologischen Verfahren entsprechen im Prinzip den in der Bakteriologie und Virologie verwendeten (S. 498 u. f.). Deshalb wird hier nur ein Überblick über einige Möglichkeiten der serologischen Diagnostik gegeben (Tab. 27).

Tabelle 27 Serologische Diagnostik bei Parasitosen des Menschen (Auswahl einiger in europäischen Laboratorien etablierter Verfahren)

Parasitosen	Methoden*				
	KBR	PH	IIF	LA	andere
Infektionen mit Protozoen					
Amöbiasis	+	+	+	+	ELISA
Malaria		+	+		ELISA
Toxoplasmose	+		+		SFT
Afrik. Trypanosomiasis (Schlafkrankheit)			+		
Amerik. Trypanosomiasis (Chagas-Krankheit)	+	+	+	+	
Leishmaniose (Kala-Azar)	+	+	+		
Infektionen mit Helminthen					
Schistosomiasis (Bilharziose)		+	+		ELISA
Fasziolose	+	+	+		
Paragonimiasis		+			
Echinokokkose	+	+	+		ELISA
Zystizerkose	+		+		
Toxokariasis			+		DDO MPR
Filariasis	+	+	+		
Trichinellose	+	+	+		MPR, ELISA

* *Erläuterungen:*

KBR: Komplementbindungsreaktion, PH: Passive Hämagglutination, IIF: Indirekte Immunfluoreszenz, La: Latexagglutination, DDO: Doppeldiffusionstest nach Ouchterlony, MPR: Mikropräzipitation mit lebenden Larven (in antikörperhaltigem Serum bilden sich Präzipitate an den Körperöffnungen lebender Larven), SFT: Sabin-Feldman-Test (Seite 412), ELISA: Enzyme Linked Immunosorbent Assay.

Hautteste

Für eine Reihe von Parasitosen sind Hauttestantigene im Handel. Beim Hauttest treten falsch positive Reaktionen relativ häufig auf, außerdem besteht ein gewisses Risiko zu allergischen Allgemeinreaktionen. Deshalb wird heute im allgemeinen der serologischen Untersuchung der Vorzug gegeben.

Weiterführende Lehrbücher und Monographien

Gesamte Mikrobiologie inkl. Bakteriologie

Alexander, M., H. Raettig: Infektions-Fibel, Thieme, Stuttgart 1968

Borneff, J.: Hygiene, 3. Aufl. Thieme, Stuttgart 1977

Buchmann, R. E., E. E. Gibbons: Bergey's Manual of Determinative Bacteriology, 8. Aufl. Williams & Wilkins, Baltimore 1974

Davis, B. D., R. Dulbecco, H. N. Eisen, H. S. Ginsberg, W. B. Wood: Microbiology. Including Immunology and Molecular Genetics. 2. Aufl. Harper & Row, Hagerstown 1973

Dubos, R. J., J. G. Hirsch: Bacterial and Mycotic Infections of Man, 4. Aufl. Pitman, London 1965

Gsell, O., W. Mohr: Infektionskrankheiten, Bd. I/II. Springer, Berlin 1967, 1968

Grumbach, A., W. Kikuth, O. Bonin: Die Infektionskrankheiten des Menschen und ihre Erreger, 2. Aufl. Thieme, Stuttgart 1969

Hallmann, L.: Bakteriologische Nährböden. Thieme, Stuttgart 1953

Hallmann, L., F. Burkhardt: Klinische Mikrobiologie, 4. Aufl. Thieme, Stuttgart 1974

Harris, A. H., M. B. Coleman: Diagnostic Procedures and Reagents, 4. Aufl. Americans Public Health Association, New York 1963

Hawker, L., A. H. Linton, B. F. Folkes, M. J. Carlile: Einführung in die Biologie der Mikroorganismen. Thieme, Stuttgart 1966

Jawetz, E., J. L. Melnick, E. A. Adelberg: Medizinische Mikrobiologie, 3. Aufl. Springer, Berlin 1973

Linzenmeier, G., E. Kuwert, D. Hantschke: Bakterien, Viren, Pilze. Eine nomenklatorische und nosologische Übersicht. Urban & Schwarzenberg, München 1973

Otte, H.-J.: Leitfaden der Medizinischen Mikrobiologie. 5. Aufl. Fischer, Stuttgart 1973

Reploh, H., H.-J. Otte: Lehrbuch der medizinischen Mikrobiologie, 3. Aufl. Fischer, Stuttgart 1968

Salle, A. J.: Fundamental Principles of Bacteriology, 6. Aufl. McGraw-Hill, New York 1967

Schlegel, H. G.: Allgemeine Mikrobiologie. 4. Aufl. Thieme, Stuttgart 1976

Wilson, G. S., A. Miles: Topley and Wilson's Principles of Bacteriology, Virology and Immunity, 6. Aufl., vol. I–II. Arnold, London 1975

Immunologie

Humphrey, I. H., R. G. White: Kurzes Lehrbuch der Immunologie. 2. Aufl. Thieme, Stuttgart 1972

Race, R. R., Ruth Sanger: Blood Groups in Man, 6. Aufl. Blackwell, Oxford 1975

Bakteriengenetik

Bresch, C., R. Hausmann: Klassische und molekulare Genetik, 3. Aufl. Springer, Berlin 1972

Falkow, S.: Infectious multiple drug resistance. Pion, London 1975

Kaudewitz, F.: Molekular- und Mikrobengenetik. Springer, Berlin 1973

Stent, G.: Molecular Genetics. An introductory narrative. Freeman, San Francisco 1971

Chemotherapie

Garrod, L. P., H. P. Lambert, F. O'Grady: Antibiotic and Chemotherapy, 4. Aufl. Churchill Livingstone, Edinburgh 1973

Helwig, H.: Antibiotika – Chemotherapeutika. 3. Aufl. Thieme, Stuttgart 1976

Walter, A. M., L. Heilmeyer: Antibiotika-Fibel, 4. Aufl. Thieme, Stuttgart 1975

Mykologie

Emmons, Ch. W., Ch. H. Binford, J. P. Utz: Medical Mycology. Lea & Febiger, Philadelphia 1963

Müller, E., W. Löffler: Mykologie, 3. Aufl. Thieme, Stuttgart 1977

Polemann, G., A. Stammler, T. Wegmann: Klinik und Therapie der Pilzkrankheiten Thieme, Stuttgart 1961

Virologie

Andrewes, Ch., H. G. Pereira: Viruses of Vertebrates, 2. Aufl. Baillière, Tindall & Cassell, London 1967

Bonin, O.: Quantitativ-virologische Methodik. Thieme, Stuttgart 1973

Burnet, F. M., W. M. Stanley: The Viruses, Bd. I–III. Academic Press, New York 1959

Debré, R., J. Celers: Clinical Virology. Saunders, Philadelphia 1970

Fenner, F., D. O. White: Medical Virology. Academic Press, New York 1970

Grist, N. R., C. A. C. Ross, E. J. Bell, E. J. Stott: Diagnostische Methoden in der klinischen Virologie. Thieme, Stuttgart 1969

Haas, R., O. Vivell: Virus- und Rickettsieninfektionen des Menschen. Lehmann, München 1965

Horsfall, F. L., I. Tamm: Viral and Rickettsial Infections of Man, 4. Aufl. Pitman, London 1965

Marmorosch, K., H. Koprowski: Methods in Virology, Bd. I–IV. Academic Press, New York 1967/68

Starke, G., P. Hlinak: Grundriß der allgemeinen Virologie. VEB Fischer, Jena 1972

Parasitologie

Adams, A. R. D., B. Maegraith: Clinical Tropical Diseases. Blackwell, Oxford 1976

Boch, J., R. Supperer: Veterinärmedizinische Parasitologie, 2. Aufl. Parey, Berlin 1977.

Brown, H. W.: Basic Clinical Parasitology. 4. Aufl. Appleton-Century-Crofts, New York 1975

Cohen, S., E. Sadun: Immunology of Parasitic Infections. Blackwell, Oxford 1976

Edington, G. M., H. M. Gilles: Pathology in the Tropics. 2. Aufl. Arnold, London 1976

Frank, W.: Parasitologie. Ulmer, Stuttgart 1976

Granz, W., K. Ziegler: Tropenkrankheiten. Barth, Leipzig 1976

Maegraith, B. G., H. M. Gilles: Management and Treatment of Tropical Diseases. Blackwell, Oxford 1971

Marcial-Rojas, R. A.: Pathology of Protozoal and Helminthic Diseases. Williams & Wilkins, Baltimore 1971

Nauck, E. G.: Lehrbuch der Tropenkrankheiten. 4. Aufl. Thieme, Stuttgart 1975

Peters, W., H. M. Gilles: A Colour Atlas of Tropical Medicine and Parasitology. Wolfe, London 1977

Piekarski, G.: Lehrbuch der Parasitologie. Springer, Berlin 1954

Piekarski, G.: Medizinische Parasitologie in Tafeln. 2. Aufl. Springer, Berlin 1973

Piekarski, G., W. Mohr: Parasitäre Infektionen. In: Antibiotika-Fibel, 4. Aufl., hrsg. von Otten, H., Plempel, M., W. Siegenthaler. Thieme, Stuttgart 1975

Reichenow, E., H. Vogel, F. Weyer: Leitfaden zur Untersuchung der tierischen Parasiten des Menschen und der Haustiere. Barth, Leipzig 1969

Sasa, M.: Human Filariasis. University Park Press, Baltimore 1976

Singh, B. N.: Pathogenic and Non-Pathogenic Amoebae. MacMillan, London 1975

Tischler, W.: Grundriss der Humanparasitologie, 2. Aufl. Fischer, Jena 1977

Westphal, A.: Spezielle Zoologie, Bd. I: Protozoen. Ulmer, Stuttgart 1974

Wildführ, G., W. Wildführ: Toxoplasmose. Fischer, Leipzig 1975

Woodruff, A. W.: Medicine in the Tropics. Churchill Livingstone, Edinburgh 1974

Fragenkatalog

Eine Auswahl von Fragen aus dem Gesamtgebiet der medizinischen Mikrobiologie und Parasitologie unter Berücksichtigung der Fragentypen A, B, C und D.

Allgemeine Mikrobiologie, Epidemiologie und Infektionslehre

Fragen Typ A: Einfachauswahl; nur *eine* Wahlantwort ist richtig.

1. Das Auflösungsvermögen eines Lichtmikroskopes beträgt:
   A) 10,0 nm
   B) 0,1 μm
   C) 0,25 μm
   D) 1,0 μm
   E) 10,0 μm

2. Die Gramfärbung:
   A) „Rot heißt grampositiv, „blau" heißt gramnegativ
   B) Reihenfolge: Gentianaviolett, Lugolsche Lösung, Alkohol, Wasser, Karbolfuchsin
   C) Reihenfolge: Gentianaviolett, Alkohol, Lugolsche Lösung, Wasser, Karbolfuchsin
   D) Reihenfolge: Karbolfuchsin, Lugolsche Lösung, Alkohol, Wasser, Gentianaviolett
   E) Keine der obigen Angaben ist richtig

3. Chirurgische Instrumente können sicher sterilisiert werden durch:
   A) Einlegen in eine Desinfektionslösung
   B) Auskochen
   C) Anwendung von Wasserdampf, der unter atmosphärischem Druck steht
   D) 180 °C heiße Luft, die während 20 Min. einwirkt
   E) Anwendung von Ultraschall

4. Für die Geißeln gramnegativer Stäbchenbakterien trifft zu:
   A) Sie sind Ausstülpungen der Zytoplasmamembran
   B) Sie sind beim Austausch genetischen Materials zwischen 2 Zellen beteiligt
   C) Sie bestehen aus Protein
   D) Sie entsprechen den O-Antigenen
   E) Sie sind „Haftorgane" der Bakterien

5. Eine Bakterienspezies kann in Typen (oder Vare) unterteilt werden, was bei der Abklärung von Epidemien bedeutungsvoll ist. Welche Typen existieren nicht:
   A) Biotypen
   B) Lysotypen
   C) Morphologische Typen
   D) Resistenztypen
   E) Serotypen
6. Fakultativ anaerobe Bakterien:
   A) Können sich nicht in Gegenwart molekularen Sauerstoffs vermehren
   B) Sind in der Lage, Energie durch Fermentation von Nährsubstraten zu gewinnen
   C) Besitzen keine Zytochromoxydase
   D) Besitzen keine Dehydrogenasen
   E) Besitzen keine Katalase
7. Penicilline und Cephalosporine zeigen folgenden Wirkungsmechanismus:
   A) Sie blockieren die Mureinhydrolasen
   B) Sie beeinflussen die Biosynthese der äußeren Membran der bakteriellen Zellwand
   C) Sie hemmen irreversibel die Mureintranspeptidase
   D) Sie verhindern die Synthese der linearen Polysaccharidketten des Mureins
   E) Sie blockieren die Biosynthese der Zytoplasmamembran
8. Auf welches bakterielle Stoffwechselenzym wirken Sulfonamide ein:
   A) Dihydropteroinsäure-Synthetase
   B) Dihydrofolsäure-Reduktase
   C) Tetrahydrofolsäure-Synthetase
   D) Dihydrofolsäure-Synthetase
   E) p-Aminobenzolsäure-Reduktase
9. Welches der folgenden Antibiotika kann eine aplastische Anämie hervorrufen:
   A) Gentamycin
   B) Vancomycin
   C) Amphotericin B
   D) Chloramphenicol
   E) Tetrazyklin
10. Der Transfer genetischer Information in Bakterien von DNA zu RNA wird bezeichnet als:
    A) Transduktion
    B) Transskription
    C) Transformation
    D) Translation
    E) Rekombination

11. Fermentation im Bakterienstoffwechsel bedeutet:
   A) Übertragung der bei der Oxydation eines organischen Nährsubstrates freiwerdenden Wasserstoffionen und Elektronen auf einen organischen Wasserstoffakzeptor
   B) Übertragung der bei der Oxydation eines organischen Nährsubstrates freiwerdenden Wasserstoffionen und Elektronen von den Coenzymen der gelben Atemfermente auf Sauerstoff
   C) Übertragung der bei der Oxydation eines organischen Nährsubstrates freiwerdenden Wasserstoffionen und Elektronen auf ein anorganisches Salz
   D) Übertragung der bei der Oxydation eines organischen Nährsubstrates freiwerdenden Wasserstoffionen und Elektronen auf Sauerstoff
   E) Bildung organischer Phosphate

12. Letalität bedeutet:
   A) Erkrankte bezogen auf Infizierte
   B) Gestorbene bezogen auf Gesamtbevölkerung
   C) Erkrankte bezogen auf Gesamtbevölkerung
   D) Infizierte bezogen auf Gesamtbevölkerung
   E) Gestorbene bezogen auf Erkrankte

13. Inkubationszeit bedeutet:
   A) Zeitspanne, während welcher ein Patient Erreger ausscheidet
   B) Zeitspanne zwischen Eindringen pathogener Mikroorganismen in einen Wirtsorganismus und Auftreten erster klinischer Krankheitserscheinungen
   C) Zeitspanne zwischen Eindringen pathogener Mikroorganismen in einen Wirtsorganismus und Auftreten nachweisbarer Antikörper
   D) Zeitspanne zwischen Eindringen pathogener Mikroorganismen in einen Wirtsorganismus und Beginn der Ausscheidung dieser Krankheitserreger
   E) Dauer des Fieberstadiums

14. Welche Feststellung charakterisiert lysogene Bakterien:
   A) Sie weisen einen oder mehrere in das Bakterienchromosom integrierte Prophagen auf
   B) Sie sind immun gegenüber lytischen Bakteriophagen
   C) Sie können durch Lysozym aufgelöst werden
   D) Sie stellen Mutanten dar, die in einem Milieu niedrigen osmotischen Druckes lysieren
   E) Sie besitzen kein Murein

15. Eine der folgenden Strukturen kommt bei eukaryotischen Zellen nicht vor:
   A) Zytoplasmamembran
   B) Ribosomen
   C) Murein
   D) Mitochondrien
   E) Kernmembran

Fragen Typ B: Zuordnung; zu jeder numerierten Frage nur *eine* Wahlantwort (A, B, C, D oder E) wählen.

Genetische Begriffe

A) Transposition
B) Transformation
C) Transduktion
D) Transskription
E) Konjugation

bedeutet:

16. Synthese von RNS im Bereich eines Gens

A B C D E

17. Übertragung der genetischen Information zur Kapselbildung bei Pneumokokken durch „nackte" DNS von Spenderzellen auf Rezeptorzellen

A B C D E

18. Genetischer Transfer zwischen 2 Bakterienzellen durch direkten Zellkontakt

A B C D E

19. Übertragung genetischer Information mit Hilfe von Bakteriophagen

A B C D E

20. Exzision eines DNA-Segmentes eines Replikons und Integration in ein anderes Replikon

A B C D E

Infektionsquelle für den Menschen sind bei:

A) Typhus abdominalis
B) Brucellosen
C) Ornithose
D) Tollwut
E) Frühsommer-Enzephalitis

21. Caniden

A B C D E

22. Rind, Schaf, Ziege

A B C D E

23. Vögel

A B C D E

24. Infizierte Zecken

A B C D E

25. Mensch

A B C D E

Fragen Typ C: Kausale Verknüpfung

A: Beide Feststellungen und die Weil-Verknüpfung richtig.

B: Beide Feststellungen richtig, die Weil-Verknüpfung jedoch falsch.

C: Die erste Feststellung richtig, die zweite falsch.

D: Die erste Feststellung falsch, die zweite richtig.

E: Beide Feststellungen falsch.

26. Kapseln von Bakterien sind Determinanten der Pathogenität
weil
sie die Bakterien vor Phagozytose schützen.

A B C D E

27. Prophagen vermehren sich immer synchron mit dem Chromosom ihrer Wirtszelle
weil
die Nukleinsäure der Prophagen die gesamte Information zur Bildung kompletter Bakteriophagenpartikel enthält.

A B C D E

28. Aminoglykosid-Antibiotika wirken bakterizid
weil
ihr Wirkungsmechanismus auf einer irreversiblen Schädigung der Struktur der Zellwand beruht.

A B C D E

29. Bei Krankheiten mit kleinem Kontagionsindex schützt die Isolierung aller Erkrankten vor Weiterverbreitung
weil
es bei kleinem Kontagionsindex zahlreiche nicht erkrankte Träger gibt.

A B C D E

30. Während der exponentiellen Wachstumsphase einer Bakterienkultur sind Betalactam-Antibiotika unwirksam
weil
sie die Biosynthese der Lipopolysaccharidschicht der Zellwand hemmen.

A B C D E

Fragen Typ D: Mehrfache Entscheidung.

Von allen 4 Antworten angeben, ob sie richtig (+) oder falsch (–) sind. Die Gesamtfrage ist nur richtig beantwortet, wenn alle Teilantworten richtig sind.

31. Das Auflösungsvermögen eines Lichtmikroskopes ist abhängig von:

A) Brennweite des Okulars

B) Numerischer Apertur des Objektivs

C) Wellenlänge des verwendeten Lichtes

D) Beleuchtungssystem (kritische oder Köhlersche Beleuchtung)

32. Eine Bakterienzelle unterscheidet sich von einer Pilzzelle durch:
    A) Die Größe
    B) Den Aufbau der Zellwand
    C) Den Zellkern
    D) Die Antibiotika-Empfindlichkeit

33. „Pili" gramnegativer Stäbchenbakterien:
    A) Dienen zur Fortbewegung der Bakterien
    B) Stellen Proteinhohlrohre dar
    C) Sind am Austausch genetischen Materials zwischen zwei Zellen beteiligt
    D) Sind für die Transduktion notwendig

34. Determinanten bakterieller Pathogenität sind:
    A) Toxinbildung
    B) Adhärenz
    C) Polysaccharidkapsel
    D) Penetrationsvermögen

35. Bakterielle Sporen:
    A) Sind Dauerformen der Bakterien
    B) Sind Elemente der sexuellen Vererbung der Bakterien
    C) Kommen nur bei der Familie der Enterobacteriaceae vor
    D) Entstehen aus vegetativen Bakterienzellen

36. Folgende Methoden können zur Resistenzprüfung von Mikroorganismen gegen Chemotherapeutika verwendet werden:
    A) Der Agardiffusionstest
    B) Der Reihenverdünnungstest
    C) Der Agargelpräzipitationstest
    D) Der Immunfluoreszenztest

37. Mit folgenden Mitteln kann man sterilisieren:
    A) Mit gespanntem Wasserdampf von 120 °C
    B) Mit Temperaturen unter minus 80 °C
    C) Mit energiereichen Elektronenstrahlen
    D) Mit Äthylenoxyd

38. Ein vollständiger Impfschutz (Impfimmunität) kann erzeugt werden:
    A) Gegen exotoxinbedingte Krankheiten
    B) Gegen die meisten virämischen Krankheiten
    C) Gegen alle Pilzkrankheiten
    D) Gegen bakterienbedingte enterale Infektionen

39. Breitspektrum-Antibiotika, wie z. B. Tetrazykline, können zur Therapie folgender Infektionskrankheiten eingesetzt werden:
A) Septikämien, verursacht durch gramnegative Stäbchenbakterien
B) Interdigitalmykosen
C) Herpes-zoster-Infektionen
D) Chlamydieninfektionen

40. Anthropozoonosen sind:
A) Milzbrand
B) Lepra
C) Leptospirosen
D) Shigellosen

Immunologie

Fragen Typ A: Einfachauswahl

41. Die Gesamtzahl der Lymphozyten eines erwachsenen Menschen wird auf folgende Größenordnung geschätzt:
A) 10^6
B) 10^8
C) 10^{10}
D) 10^{12}
E) 10^{14}

42. Die variable Domäne der leichten Polypeptidkette eines Immunglobulinmoleküls besteht aus ungefähr der folgenden Zahl von Aminosäuren:
A) 10
B) 100
C) 1 000
D) 10 000
E) 100 000

43. Die Bindungstellen für das Antigen (die Paratope) befinden sich in folgendem Bereich des Antikörpermoleküls:
A) Im F_c-Fragment
B) Im F_{ab}-Fragment
C) Im Scharnierbereich zwischen F_c und F_{ab}
D) Im C-terminalen Bereich der leichten Ketten
E) Im C-terminalen Bereich der schweren Ketten

44. Allen Antikörpern ist folgende Eigenschaft gemeinsam:
A) Ein Molekulargewicht zwischen 100 000 und 200 000
B) Der Besitz von genau zwei identischen Antigen-Bindungsstellen
C) Der Aufbau aus schweren und leichten Polypeptidketten
D) Die Fähigkeit, Komplement zu binden
E) Die Fähigkeit, Phagozytose zu fördern

45. Antikörper werden zur Hauptsache von folgendem Zelltyp gebildet:
A) Eosinophile Granulozyten
B) Plasmazellen
C) Thymozyten
D) Mastzellen
E) Makrophagen

46. An zellulären Immunreaktionen ist hauptsächlich folgender Zelltyp beteiligt:
A) Neutrophile Granulozyten
B) Eosinophile Granulozyten
C) Basophile Granulozyten
D) Gewebs-Mastzellen
E) Kleine Lymphozyten

47. Gewisse Antigene heißen thymus-abhängig, weil:
A) Sie im Thymus gebildet werden
B) Die gegen sie gerichteten Antikörper im Thymus entstehen
C) Gegen diese Antigene keine zirkulierenden Antikörper vorkommen
D) Diese Antigene nur eine verzögerte Überempfindlichkeitsreaktion auslösen
E) Gegen sie gerichtete Antikörper nur mit Hilfe von T-Zellen gebildet werden

48. Unter einer anamnestischen Reaktion versteht man:
A) Die beschleunigte Antikörperbildung nach früheren Kontakten mit dem gleichen Antigen
B) Die Ausbildung einer Überempfindlichkeitsreaktion vom verzögerten Typ
C) Die Ausbildung einer Überempfindlichkeitsreaktion vom Soforttyp
D) Das Ausbleiben einer Hautreaktion nach Desensibilisierung
E) Die Unterdrückung der Tuberkulinreaktion durch eine Maserninfektion

49. Beim Menschen werden anaphylaktische Reaktionen hauptsächlich durch Antikörper folgender Klasse ausgelöst:
A) IgG
B) IgM
C) IgA
D) IgE
E) IgD

50. Unter immunologischer Toleranz versteht man:
A) Den gegenseitig unbehinderten gleichzeitigen Ablauf zweier Immunreaktionen
B) Eine im Vergleich zu nicht-toleranten Kontrolltieren abgeschwächte Immunantwort auf ein gegebenes Antigen
C) Die Tatsache, daß Autoantikörper vorkommen können, ohne Krankheitssymptome auszulösen
D) Die Tatsache, daß gewisse Antigene lange Zeit im Organismus persistieren können
E) Keinen der in A bis D erwähnten Tatbestände

Fragen Typ B: Zuordnung

Immunglobulinklassen

A) IgG
B) IgM
C) IgE
D) IgD
E) IgA

51. In den Körpersekreten in größter Konzentration vorhanden
A B C D E

52. Mütterliche Rhesusantikörper, die das Kind schädigen
A B C D E

53. Hauptrolle in der Anaphylaxie des Menschen
A B C D E

54. Nach Immunisierung als erstes ansteigend
A B C D E

55. Im Serum in größter Konzentration vorhanden
A B C D E

Fragen Typ C: Kausale Verknüpfung

56. Das Neugeborene einer Frau, die in ihrer Kindheit Masern durchgemacht hat, ist selbst immun gegen Masern
weil
Masernantikörper passiv durch die Plazenta von der Mutter auf das Kind übertragen werden.
A B C D E

57. Man zählt die Tuberkulinreaktion zu den verzögerten Überempfindlichkeiten
weil
jene frühestens 3 Wochen nach erstmaliger Infektion mit Tuberkelbakterien positiv wird.
A B C D E

58. Der Nachweis von Autoantikörpern ist nicht beweisend für das Vorliegen einer Autoimmunkrankheit
weil
die meisten Autoantikörper unspezifisch mit vielen Antigenen reagieren.
A B C D E

59. Ist eine Frau rhesus-negativ und ihr Kind Rhesus-positiv, entsteht immer eine Erythroblastosis foetalis
weil
mütterliche Anti-Rhesus-Antikörper der IgG-Klasse durch die Plazenta hindurchtreten können.
A B C D E

60. Ganzkörper-Röntgenbestrahlung hat keine immunosuppressive Wirkung weil

der immunologische Apparat sehr strahlenresistent ist.

A B C D E

Fragen Typ D: Mehrfache Entscheidung

61. Antikörper gleicher Spezifität, die verschiedenen Klassen angehören, unterscheiden sich:

A) In der Art der leichten Kette

B) In der Art der variablen Domäne

C) In der Art der schweren Kette

D) In der Art ihrer F_c-Stücke

62. Die Tuberkulinreaktion:

A) Erreicht ihr Maximum nach 48 Stunden

B) Ist eine zelluläre Immunreaktion

C) Läßt sich mit Serum nicht passiv übertragen

D) Ist eine Form lokaler Anaphylaxie

63. Bei der Arthus-Reaktion spielen eine wichtige Rolle:

A) Antigen-Antikörper-Komplexe

B) Mastzellen

C) Serotonin

D) Granulozyten

64. Unterschiedliche (genetisch verschiedene) Transplantationsantigene können nachgewiesen werden durch:

A) Serologische Reaktionen

B) Lymphozyten-Interaktion in vitro

C) Enzymatische Teste

D) Beim Tier, durch Transplantationsversuche

65. Eine Frau mit der Blutgruppe A und ein Mann mit der Blutgruppe B vermögen zusammen Kinder zu zeugen, die eine der folgenden Blutgruppen aufweisen können:

A) 0

B) A

C) B

D) AB

Spezielle Bakteriologie und Mykologie

Fragen Typ A: Einfachauswahl

66. Die Diagnose der folgenden Krankheit kann nicht durch eine Blutkultur bestätigt werden:
    A) Typhus abdominalis
    B) Leptospirose
    C) Staphylokokken-Sepsis
    D) Diphtherie
    E) Puerperalsepsis

67. Pneumokokken werden typisiert auf Grund ihrer:
    A) Kapselantigene
    B) Biochemischen Aktivität
    C) Tierpathogenität
    D) Färbbarkeit
    E) Phagentypisierung

68. Die Enterobacteriaceen werden in Gattungen unterteilt auf Grund ihrer/ihres:
    A) Biochemischen Aktivität
    B) Verhaltens bei Gram-Färbung
    C) Wachstum auf Agar-Platten
    D) Wachstum auf Gruber-Widal-Platten
    E) Durch keine der obigen Methoden

69. Tuberkelbakterien können optimal kultiviert werden:
    A) In gewöhnlicher Bouillon
    B) Auf gewöhnlichem Nähragar
    C) Nur unter anaeroben Bedingungen
    D) Auf Eiernährböden
    E) Auf Clauberg-Platten

70. Alle aufgeführten Bakterien bilden Exotoxine, mit Ausnahme von:
    A) Staphylococcus aureus
    B) β-hämolysierender Streptokokkus der Gruppe A
    C) Corynebacterium diphtheriae
    D) Clostridium tetani
    E) Salmonella typhi

71. Clostridien sind:
    A) Gramnegativ
    B) Fakultative Anaerobier
    C) Obligate Anaerobier
    D) Bakterien ohne Zellwand
    E) Nur in Sporenform vorkommende Bakterien

72. Folgende Bakterien sind obligate gramnegative Anaerobier:
A) Gonokokken
B) Bacteroides
C) Yersinia pestis
D) Klebsiella
E) Clostridium

73. Passive Immunisierung wird therapeutisch angewandt bei:
A) Grippe
B) Cholera
C) Diphtherie
D) Shigellose
E) Tuberkulose

74. Tetanus-Impfstoff (zur aktiven Immunisierung des Menschen) besteht aus:
A) Abgetöteten virulenten Cl. tetani
B) Lebenden, avirulenten Cl. tetani
C) Entgiftetem Tetanus-Toxin
D) Toxin-Antitoxin-Gemisch
E) Serum eines Tieres, das gegen Tetanus immunisiert worden ist

75. Bei folgender Infektionskrankheit liegt die Infektionsquelle immer beim Tier:
A) Scharlach
B) Shigellose
C) Cholera
D) Keuchhusten
E) Maltafieber (Brucellose)

Fragen Typ B: Zuordnung

Krankheitserreger
A) Staphylokokken
B) Mykobakterium
C) Yersinia
D) Streptokokken
E) Treponema

76. Syphilis
A B C D E

77. Mastitis puerperalis
A B C D E

78. Scharlach
A B C D E

79. Pseudotuberkulose

A B C D E

80. Lepra

A B C D E

Sicherste Verhinderung der Erkrankung durch entsprechende Maßnahmen

A) Schutzimpfung

B) Insektizide

C) Sulfonamid-Prophylaxe

D) Isolierung (Expositionsprophylaxe)

E) Gamma-Globuline

81. Meningokokken-Meningitis

A B C D E

82. Cholera

A B C D E

83. Epidemisches Fleckfieber

A B C D E

84. Hepatitis epidemica

A B C D E

85. Kinderlähmung

A B C D E

Fragen Typ C: Kausale Verknüpfung

86. Die Penicillinasebildung bei Staphylokokken wird durch Penicillin induziert

weil

Staphylokokken einen die Aktivität des Penicillinaseoperons blockierenden Repressor bilden können, der durch Penicillin inaktiviert wird.

A B C D E

87. Scharlach kann in Rachenabstrichen direkt-mikroskopisch (Gram-Präparat) diagnostiziert werden

weil

Streptokokken nur bei Scharlach im Rachen gefunden werden.

A B C D E

88. Eine tuberkulöse Erkrankung muß mit kombinierter Chemotherapie behandelt werden

weil

in Europa über 90 % aller isolierten Tuberkelbakterienstämme gegen einzelne Antituberkulotika resistent sind.

A B C D E

89. Lysogene Diphtheriebakterien sind nicht virulent

weil

das Diphtherietoxin-Gen immer in das Genom eines Bakteriophagen integriert ist.

A B C D E

90. Die Frühdiagnose von Typhus abdominalis erfolgt durch Erregernachweis im Stuhl

weil

Salmonella typhi immer ab Krankheitsbeginn mit dem Stuhl ausgeschieden wird.

A B C D E

91. Die einzige sichere Tetanus-Prophylaxe auf weite Sicht besteht in der aktiven Immunisierung

weil

Clostridium tetani ein obligater Anaerobier ist.

A B C D E

92. Rickettsien können keine Viren sein

weil

Rickettsien RNA und DNA besitzen.

A B C D E

93. Escherichia coli kann beim Menschen keine Infektionen hervorrufen

weil

Escherichia coli Bestandteil der normalen Darmflora ist.

A B C D E

94. Pseudomonas-Infektionen sind bei Verbrennungen häufig

weil

Pseudomonas aeruginosa Pyocyanin bildet.

A B C D E

95. Durch Kochen von Speisen kann Botulismus nicht verhindert werden

weil

Botulinustoxin hitzestabil ist.

A B C D E

Fragen Typ D: Mehrfache Entscheidung

96. Streptococcus pyogenes bildet:

A) Hämolysin

B) Enterotoxin

C) Fibrinolysin

D) Hyaluronidase

97. Mit welchen Methoden können Gonokokken nachgewiesen werden:
   A) Direkte Immunfluoreszenz
   B) Kultivierung
   C) Tierversuch
   D) Gram-Präparat

98. Mycobacterium tuberculosis ist:
   A) Gramnegativ
   B) Säurefest
   C) Obligat anaerob
   D) Zur Kultur auf Spezialmedien angewiesen

99. Die meisten Salmonellen sind:
   A) Für Menschen pathogen
   B) Für Tiere pathogen
   C) Begeißelt
   D) Schwer kultivierbar

100. Gasbrand kann verursacht werden durch:
   A) Clostridium perfringens
   B) Clostridium botulinum
   C) Clostridium histolyticum
   D) Clostridium oedematiens

101. Folgende Mittel werden zur Tuberkulose-Therapie verwendet:
   A) Penicillin
   B) Rifamycin
   C) Isonikotinsäurehydrazid
   D) Streptomycin

102. M. tuberculosis (Typus humanus) kann von M. leprae unterschieden werden auf Grund:
   A) Seiner Säurefestigkeit
   B) Seines Wachstums auf künstlichen Nährmedien
   C) Seiner Meerschweinchen-Pathogenität
   D) Seiner Kaninchen-Pathogenität

103. Shigellen unterscheiden sich von Salmonellen:
   A) Im Verhalten nach Gram
   B) Im Verhalten gegenüber Laktose
   C) Durch die Beweglichkeit
   D) Durch ihre Antigene

104. Eine eiterige Meningitis kann verursacht sein durch:
A) Pneumokokken
B) Meningokokken
C) Hämophilus influenzae
D) Cryptococcus neoformans

105. Enteritis-Erreger (Dünndarm!) sind:
A) Vibrio El Tor
B) Diverse Salmonella-Spezies
C) Shigellen
D) Aspergillus fumigatus

106. Nahrungsmittelintoxikationen können verursacht werden durch:
A) Staphylococcus aureus
B) Clostridium botulinum
C) Streptococcus pyogenes
D) Leptospira icterohaemorrhagiae

107. Bacteroidaceae
A) Gehören zur Normalflora des Menschen
B) Sind obligat anaerobe Bakterien
C) Sind grampositive Stäbchenbakterien
D) Verursachen endogene Infektionen

108. Die Erreger folgender Krankheiten können nicht in Passagen kultiviert werden:
A) Rotz
B) Syphilis
C) Gonorrhoe
D) Lepra (Aussatz)

109. Zu den Krankheiten, die vorwiegend durch das Toxin der Erreger bedingt sind, gehören:
A) Diphtherie
B) Tetanus
C) Staphylokokken-Lebensmittelvergiftung
D) Botulismus

110. Eine lange Inkubationszeit (länger als 2 Wochen) besitzen:
A) Pest
B) Cholera
C) Diphtherie
D) Syphilis

Virologie

Fragen Typ A: Einfachauswahl

111. Ein Virion ist:
   A) Ein ausgereiftes, komplettes, infektionstaugliches Viruspartikel
   B) Ein Viruspartikel ohne Nukleinsäure
   C) Ein Viruspartikel im Stadium des „Uncoating"
   D) Ein an der Zellmembran in Knospung begriffenes Viruspartikel
   E) Ein proteinfreies Viruspartikel

112. Viren lassen sich in vitro:
   A) In jeder beliebigen Zelle vermehren
   B) Nur in Zellen vermehren, die spezifische Rezeptoren besitzen
   C) Nur in Zellen ihres originären Wirtes vermehren
   D) Nur in Zellen embryonalen Ursprungs vermehren
   E) Nur in Zellen bestimmter Organe vermehren

113. Bei einer Virusinfektion treten die ersten Krankheits-Symptome auf:
   A) Nach der Adsorption der infizierenden Viruspartikel an die Zellmembran
   B) Beim Eintritt des Virions in den Organismus
   C) Bei der Bildung der ersten virusinduzierten Enzyme in der Zelle
   D) Bei der Freisetzung der Nukleinsäure des infizierenden Virus in der Zelle
   E) Kurz vor oder nach dem Abschluß der Virusvermehrung

114. Bei der Bekämpfung von Viruskrankheiten ist von ausschlaggebender Bedeutung:
   A) Prophylaxe mit antiviralen Substanzen
   B) Prophylaxe durch aktive Immunisierung
   C) Therapie mit Chemotherapeutika
   D) Therapie mit spezifischen Antiseren
   E) Therapie mit Interferon

115. Rezidive sind bei Herpes labialis häufig. Wo befinden sich die Herpesviren während der Latenz:
   A) Am Ort des Rezidivs
   B) In den regionären Lymphknoten
   C) In den Kapillarendothelien der Mundschleimhaut
   D) Im Trigeminus-Ganglion
   E) „Rezidive" sind immer Neu-Infektionen

Fragen Typ B: Zuordnung

Pathogenese

A) Warzenvirus
B) Masernvirus
C) Rabiesvirus
D) Influenzavirus
E) Varizellenvirus

116. Verbreitung im Organismus von Zelle zu Zelle
A B C D E

117. Verbreitung im Organismus durch das Blut
A B C D E

118. Verbreitung im Organismus via Nervenschiene
A B C D E

119. Nur Infektion des Respirationstraktes
A B C D E

120. Kann Herpes zoster verursachen
A B C D E

Fragen Typ C: Kausale Verknüpfung

121. Röteln ist eine Kinderkrankheit
weil
nur Kinder an Röteln erkranken können.
A B C D E

122. Chlamydien (Psittakose-Erreger) werden zu den Viren gezählt
weil
sich Chlamydien nur intrazellulär vermehren können.
A B C D E

123. Viren werden bei –70 °C inaktiviert
weil
das Kapsid beim Einfrieren in die Kapsomeren zerfällt.
A B C D E

124. Die Differenzierung von Variola- und Vakzinia-Virus muß auf der Chorioallantoismembran des Hühnerembryos erfolgen
weil
elektronenoptisch das Variolavirus und das Vakziniavirus nicht unterschieden werden können.
A B C D E

125. Die Vermehrung des Influenzavirus im Respirationstrakt begünstigt die Entstehung von bakteriellen Sekundärinfektionen
weil
das Influenzavirus ein RNA-Virus ist.
A B C D E

Fragen Typ D: Mehrfache Entscheidung

126. Im Gegensatz zu den Bakterien besitzen Viren:
   A) Keinen eigenen Stoffwechsel
   B) Nur einen Nukleinsäuretyp
   C) Eine wesentlich geringere Antigenität
   D) Eine erhöhte Empfindlichkeit gegenüber Antibiotika

127. Strukturproteine des Virus:
   A) Schützen das Virusgenom vor Inaktivierung durch Nukleasen
   B) Beteiligen sich bei der Adsorption des Partikels an der Zelloberfläche
   C) Bestimmen die Antigenität des Virus
   D) Sind für die Symmetrie des Viruspartikels verantwortlich

128. Der zytopathische Effekt bei der Vermehrung animaler Viren beruht auf:
   A) Immunologischen Phänomenen
   B) Alleiniger Zerstörung des Zellkerns
   C) Hemmung der zellulären Protein- und Nukleinsäuresynthese
   D) Bildung von Lysozym

129. Folgende Kriterien können zur Differenzierung von Viren herangezogen werden:
   A) Die Größe eines Virions
   B) Die Art der Nukleinsäure, welche ein Viruspartikel besitzt
   C) Die Zahl der Kapsomeren im Virion
   D) Das Vorhandensein oder Fehlen einer Hülle

130. Der Nachweis folgender menschenpathogener Viren kann im Hühnerembryo erfolgen:
   A) Influenzaviren
   B) Pockenviren
   C) Adenoviren
   D) Polioviren

131. Für die aetiologische Diagnose einer aktuellen Viruskrankheit eignet/eignen sich folgende(s) Vorgehen:
   A) Entnahme einer Probe für den Virusnachweis in einer frühen Krankheitsphase
   B) Nachweis eines Interferontiters im Patientenserum
   C) Untersuchung „paariger" Seren zum Nachweis eines Antikörpertiteranstieges
   D) Einmaliger Nachweis von virusspezifischen IgM Antikörpern im Serum

132. Folgende Angaben treffen bei Pockenviren zu:
   A) Sie sind die größten animalen Viren
   B) Ihr Durchmesser beträgt 80–100 nm
   C) Sie sind RNA-Viren
   D) Sie sind in eingetrocknetem Material umweltresistent

133. Adenoviren weisen folgende Merkmale auf:
A) Einen kubischen Aufbau
B) Eine Hülle
C) Verursachen Infektionen des Respirationstraktes
D) Sind resistent gegenüber Erwärmung auf 60 °C (30 Min.)

134. Virus-Totimpfstoffe (inaktivierte Viren) weisen gegenüber Lebendimpfstoffen (mitigierte Viren) folgende Nachteile auf:
A) Zur ihrer Herstellung muß bedeutend mehr Virus produziert werden
B) Man muß mindestens zweimal impfen
C) Sie immunisieren schlechter als Lebendimpfstoffe
D) Die Gefahren einer Mutation des verwendeten Virusstammes besteht

135. Folgende Viruserkrankungen weisen eine hohe Letalität auf:
A) Tollwut
B) Mumps
C) Grippe
D) Pocken

Parasitologie

Fragen Typ D: Mehrfache Entscheidung

136. Folgende Krankheiten sind durch Trypanosomen (verschiedener Arten) verursacht:
A) Kala Azar
B) Afrikanische Schlafkrankheit
C) Malaria
D) Chagas-Krankheit

137. Für Trichomonas vaginalis sind folgende Angaben zutreffend:
A) Ist ein begeißeltes Protozoon
B) Wird ausschließlich durch Badewasser übertragen
C) Wird meistens übertragen durch venerischen Kontakt
D) Kommt nicht nur bei der Frau, sondern auch in der männlichen Urethra vor

138. Entamoeba histolytica unterscheidet sich von Entamoeba coli durch:
A) Die Lokalisation im Darmkanal
B) Die Nachweisbarkeit in Stuhlproben
C) Die Kernzahl in den Zysten
D) Die Pathogenität für den Menschen

139. Für eine invasive Amoebiasis sprechen:
A) Das Vorhandensein von Magnaformen
B) Das Vorhandensein von Minutaformen
C) Das Vorhandensein von Amöbenzysten
D) Positive serologische Befunde

140. Toxoplasma gondii kann übertragen werden durch:
A) Kot von Katzen
B) Engen Kontakt mit Hunden
C) Ungekochtes (rohes) Schweinefleisch
D) Intrauterin = konnatal

141. Für Malaria-Plasmodien sind folgende Angaben zutreffend:
A) Man kennt 3 Plasmodium-Arten
B) Alle Plasmodium-Arten werden durch Anophelen übertragen
C) Nur weibliche Anophelen können Überträger sein
D) Die Zahl von jährlichen Neu-Infektionen ist (weltweit) größer als 1 Million

142. Malaria kann verhindert werden durch:
A) Frühzeitige Schutzimpfung
B) Spezifische Chemoprophylaxe
C) Vermeidung des Kontaktes mit Malaria-Kranken
D) Kann nicht verhindert werden

143. Eine frische Malaria-Erkrankung wird diagnostiziert:
A) Durch direkten mikroskopischen Nachweis gefärbter Parasiten im Blut
B) Serologisch
C) Durch Nachweis der Erreger mit Hilfe der Blutkultur
D) Durch Nachweis im Speichel ausgeschiedener Makroformen

144. Spulwurmbefall (Ascaris lumbricoides) kann beim Menschen folgende Erscheinungen hervorrufen:
A) Erbrechen
B) Bluteosinophilie
C) Lungeninfiltrate
D) Keine, d. h. symptomlos verlaufen

145. Für Wuchereria bancrofti (Filariasis bancrofti) sind folgende Angaben zutreffend:
A) Sie wird durch verschiedene Stechmücken-Gattungen übertragen
B) Natürliche Wirte sind außer dem Menschen zahlreiche Haustiere und Nager
C) Sie verursachen Elephantiasis
D) Die Inkubationszeit beträgt höchstens 4 Wochen

Fragen Typ B: Zuordnung

Häufigste Infektionsquelle für den Menschen

A) Trichinella spiralis

B) Taenia saginata

C) Echinococcus granulosus

D) Ascaris lumbricoides

E) Schistosoma haematobium

146. Rind

A B C D E

147. Hund

A B C D E

148. Lungenschnecken (Bulinus)

A B C D E

149. Mensch

A B C D E

150. Rohes Schweinefleisch

A B C D E

Richtige Antworten

1. C
2. B
3. D
4. C
5. C
6. B
7. C
8. A
9. D
10. B
11. A
12. E
13. B
14. A
15. C
16. D
17. B
18. E
19. C
20. A
21. D
22. B
23. C
24. E
25. A
26. A
27. B
28. C
29. D
30. E

31. — + + —
32. + + + +
33. — + + —
34. + + + +
35. + — — +
36. + + — —
37. + — + +
38. + + — —
39. + — — +
40. + — + —
41. D
42. B
43. B
44. C
45. B
46. E
47. E
48. A
49. D
50. B
51. E
52. A
53. C
54. B
55. A
56. A
57. B
58. C
59. D
60. E

61. — — + +
62. + + + —
63. + — — +
64. + + — +
65. + + + +
66. D
67. A
68. A
69. D
70. E
71. C
72. B
73. C
74. C
75. E
76. E
77. A
78. D
79. C
80. B
81. C
82. D
83. B
84. E
85. A
86. A
87. E
88. C
89. D
90. E

91. B
92. A
93. D
94. B
95. E
96. + — + +
97. + + — +
98. — + — +
99. + + + —
100. + — + +
101. — + + +
102. — + + —
103. — — + +
104. + + + +
105. + + — —
106. + + — —
107. + + — +
108. — + — +
109. + + + +
110. — — — +
111. A
112. B
113. E
114. B
115. D
116. A
117. B
118. C
119. D
120. E

121. C
122. D
123. E
124. A
125. B
126. + + — —
127. + + + +
128. — — + —
129. + + + +
130. + + — —
131. + — + +
132. + — — +
133. + — + —
134. + + + —
135. + — — +
136. — + — +
137. + — + +
138. — — + +
139. + — — +
140. + — + +
141. — + + +
142. — + — —
143. + — — —
144. + + + +
145. + — + —
146. B
147. C
148. E
149. D
150. A

Sachverzeichnis

B

C

D

F

G

H

I

J

K

P

S

T

U

V

Schlüssel zum Gegenstandskatalog (GK 2)

für den Ersten Abschnitt der Ärztlichen Prüfung
MEDIZINISCHE MIKROBIOLOGIE
Seiten 85–104 der 2. Auflage 1978

(Die Disposition des Taschenbuches stimmt nicht mit derjenigen des Gegenstandskataloges überein)

10.6. Myxoviren
316–323.

10.7. Paramyxoviren und Rötelnvirus
323–333.

10.8. Picornaviren
289–298.

10.9. Gruppe der Rhinoviren
298–300.

10.10. Rabiesviren
335–340.

10.11. Hepatitisviren
369–377.

11. Immunologie

27–69.

11.1. Die Immunitätsreaktion des Organismus
29–36.

11.2. Antigen
29–36.

11.3. Antikörper
36–41.

11.4 Ablauf einer Immunreaktion
Antigen-Antikörper-Reaktion – serologische Methoden
42–56, 498–508.

11.5. Blutgruppenserologie
59–69.

11.6. Pathogene Wirkung von Immunreaktionen
30, 51–53.

12. Schutzimpfungen

12.1. Grundlagen des Impfschutzes
56–59.

12.2. Aktive Schutzimpfungen gegen bakterielle Erkrankungen
57, 58. Siehe einzelne Kapitel 5. Spezielle Bakteriologie.

12.3. Aktive Schutzimpfungen gegen Viruserkrankungen
57, 281–282. Siehe einzelne Kapitel 10. Spezielle Virologie.